高职高专"十一五"规划教材
——安全技术系列

安全生产技术

何际泽　张瑞明　主编
张良军　主审

化学工业出版社
·北京·

本书以化工安全技术和危险化学品安全管理为行业依托，向机械、电气、建筑、矿山等领域渗透延伸，以安全工程、安全技术和安全管理三个层次要求为编写主线，进行模块化编排，内容主要包括通用安全技术（Ⅰ）和专业安全技术（Ⅲ）两大模块，中间以安全工程应用技术（Ⅱ）模块融会贯通，具有结构严谨，针对性、实用性和可操作性强的特点。

本书介绍了机械安全生产技术、电气及静电安全技术、防火防爆安全技术、特种设备安全技术、职业危害及其控制技术、应急救援与安全评价技术、煤矿及非煤矿山安全技术、建筑工程施工安全技术、化工及危险化学品安全技术等内容。

本书可作为高职高专院校工业环保与安全技术专业、安全技术管理专业的专业基础课教材，也可供化工、安全和环保等相关专业选用，还可供从事安全工程、安全检测、安全评价、安全管理、安全咨询以及申请报考国家注册安全工程师执业资格考试的人员参考。

图书在版编目（CIP）数据

安全生产技术/何际泽，张瑞明主编. —北京：化学工业出版社，2008.7（2023.1重印）

高职高专"十一五"规划教材——安全技术系列

ISBN 978-7-122-03382-6

Ⅰ.安… Ⅱ.①何…②张… Ⅲ.安全生产-高等学校：技术学院-教材 Ⅳ.X93

中国版本图书馆 CIP 数据核字（2008）第 105117 号

责任编辑：张双进 窦 臻　　　　　　　文字编辑：提 岩 李姿娇
责任校对：郑 捷　　　　　　　　　　　装帧设计：王晓宇

出版发行：化学工业出版社（北京市东城区青年湖南街 13 号　邮政编码 100011）

印　　装：北京印刷集团有限责任公司

787mm×1092mm　1/16　印张 24　字数 639 千字　　2023 年 1 月北京第 1 版第 11 次印刷

购书咨询：010-64518888　　　　　　　售后服务：010-64518899
网　　址：http://www.cip.com.cn

凡购买本书，如有缺损质量问题，本社销售中心负责调换。

定　　价：56.00 元

前　言

本书是由全国化工安全技术类专业教育教学指导委员会领导并组织编写的全国高职高专安全生产技术规划教材。

安全生产事关人民群众的生命财产安全，事关改革发展和社会稳定大局。搞好安全生产工作是企业生存与发展的基本要求，是全面建设小康社会、统筹经济社会全面发展的重要内容，是贯彻落实科学发展观，实施可持续发展战略及建设和谐社会的重要组成部分，也是政府履行社会管理和市场监督职能的基本任务。

我国 2002 年 11 月 1 日开始实施《中华人民共和国安全生产法》，2002 年 9 月颁布《注册安全工程师执业资格制度暂行规定》和《注册安全工程师执业资格认定办法》，在全国推行注册安全工程师执业资格制度。自 2004 年以来，相继开考国家注册安全工程师和国家注册安全评价师，这是我国的一项重大举措。推行此项制度，是贯彻落实"安全第一，预防为主"方针，实施"人才兴安"战略的一项治本之策，也是我国安全技术服务和安全管理工作进入一个新阶段的重要标志。

学习安全生产技术课程，其目的是培养高素质、掌握丰富的安全专业技术知识和技能的复合型人才，为社会化的安全科技服务体系，为各类生产经营单位，尤其是普遍缺乏安全专业技术人员和管理人员的中小企业提供职业健康安全领域的技术职务，改善安全生产条件，减少各类职业危害，促使企业建立自我约束、持续改进安全生产长效机制。

本书在编写中以化工安全技术和危险化学品安全管理为行业依托，向机械、电气、建筑、矿山等领域渗透延伸，以安全工程、安全技术和安全管理三个层次要求为编写主线，进行模块化编排，内容包括通用安全技术和专业安全技术两大模块，中间以安全工程应用技术模块融会贯通，力求结构严谨，针对性、实用性和可操作性较强。其中，通用安全技术（模块Ⅰ）部分包括机械安全生产技术、电气及静电安全技术、防火防爆安全技术、特种设备安全技术；安全工程应用技术（模块Ⅱ）部分包括职业危害及其控制技术、应急救援与安全评价技术；专业安全技术（模块Ⅲ）部分包括煤矿及非煤矿山安全技术、建筑施工工程安全技术、化工及危险化学品安全技术。

本教材在编写中力求体现以下特点：第一，从培养技术应用型人才的目标出发，力争做到理论与实际相结合，理论以"必需"和"够用"为度，着重介绍通用安全技术和专业安全技术，有鲜明的技术实用性；第二，内容力求通俗易懂、涉及面宽，突出实际应用技术，兼顾"了解"、"理解"和"掌握"三个层次，在每章开头的"学习指导"中均有明确的说明，以分清重点和主次；第三，以模块化编辑搭建课程体系，为各类院校不同类专业根据实际情况自由搭配选择授课内容提供方便，例如可以选择开设"通用安全生产技术"（模块Ⅰ，约40 学时）、"化工安全技术"[模块Ⅰ＋模块Ⅱ＋模块Ⅲ（第十章），约 60 学时]、"矿山安全技术"[模块Ⅰ＋模块Ⅱ＋模块Ⅲ（第八章），约 60 学时]等课程。

鉴于以上特点，本书可作为高职高专院校工业环保与安全技术专业、安全技术管理专业的专业基础课教材，也可供化工、安全和环保等相关专业选用。根据各院校不同专业的实际需要和课时要求，对模块Ⅰ、Ⅱ、Ⅲ的项目化内容进行自由编排，可作为化工类、机电类、轻工类、冶金类和医药类等专业的安全技术公共选修课选用教材，还可供从事安全工程、安全检测、安全评价、安全管理、安全咨询以及申请报考国家注册安全工程师执业资格考试的人员参考。

参加本书编写工作的人员有：何际泽（第一章、第六章、第七章、第十章）、张瑞明（第五章、第八章）、熊素玉（第二章）、石昌智（第三章）、杨立全（第四章）、李国珍（第九章）。全书由何际泽统稿，张良军审定。

本教材在编写过程中得到了全国化工安全技术类专业教育教学指导委员会、化学工业出版社的领导和同行们的大力支持，主编单位的安全技术教研团队的邱媛博士、苏雪梅高级工程师（国家注册安全工程师和国家注册安全评价师）对本书的编写提出了许多宝贵的意见和建议，在此一并表示感谢！

由于编者水平有限，不妥之处在所难免，恳切希望广大读者不吝指正。

编　者
2008 年 5 月

目　　录

模块 I　　通用安全技术

模块Ⅱ　安全工程应用技术

模块Ⅲ　专业安全技术

模块 I　通用安全技术

第一章　安全工程技术概论

>>> **学习指导**

1. 熟悉安全科学技术的一些基本概念，了解安全工程技术的发展状况。

2. 理解事故致因理论的形成与发展，认识安全人机工程和安全系统工程在安全科学技术领域的重要应用。

3. 掌握安全技术措施计划的编制原则和方法，重点掌握企业安全目标管理的组织与实施办法。

第一节　安全与安全科学技术

一、事故与事故特征

（一）事故的定义

事故定义为：个人或集体在时间进程中，为实现某一意图而采取行动的过程中，突然发生了与人的意志相反的情况，迫使其有目的的行动暂时地或永久地停止的事件。

按照国家标准（GB/T 6441—1986），工伤事故定义为"职工在劳动过程中发生的人身伤害、急性中毒"。具体来说，就是在企业生产活动中所涉及的区域内，在生产过程中，在生产时间内，在生产岗位上，与生产直接有关的伤亡事故；以及在生产过程中存在的有害物质在短期内大量侵入人体，使职工工作立即中断并须进行急救的中毒事故；或不在生产和工作岗位上，但由于企业设备或劳动条件不良而引起的职工伤亡，都应该算作因工伤亡事故而加以统计。

例如，建筑施工事故是指在建筑施工过程中，由于危险因素的影响而造成的工伤、中毒、爆炸、触电等，或由于各种原因造成的各类伤害。建筑施工现场的职工伤亡事故主要有高处坠落、机械伤害、物体打击、触电、坍塌事故等。

（二）伤亡事故的分类

1. 按伤害程度划分

按伤害程度将伤亡事故划分为：

① 轻伤——指损失工作日低于 105 日的失能伤害；

② 重伤——指损失工作日等于或超过 105 日的失能伤害；

③ 死亡——损失工作日定为 6000 日。

2. 按事故严重程度划分

按事故严重程度将伤亡事故划分为：

① 轻伤事故——指只有轻伤的事故；

② 重伤事故——指有重伤而无死亡的事故；

③ 死亡事故——分为重大伤亡事故和特大伤亡事故，重大伤亡事故指一次事故死亡1～

1

2 人的事故,特大伤亡事故指一次事故死亡 3 人以上的事故。

3. 按伤害方式划分

按伤害方式可将伤亡事故划分为物体打击、车辆伤害、机械伤害、起重伤害、触电、淹溺、灼烫、火灾、高处坠落、坍塌、冒顶片帮、透水、放炮、火药爆炸、瓦斯爆炸、锅炉爆炸、容器爆炸、其他爆炸、中毒和窒息以及其他伤害共 20 种。

4. 按伤亡事故的等级划分

原国家建设部把重大事故分为四个等级。原国家建设部 1989 年 3 号令《工程建设重大事故报告和调查程序规定》第三条规定如下。

(1) 一级重大事故　具备下列条件之一者为一级重大事故:

① 死亡 30 人以上;

② 直接经济损失 300 万元以上。

(2) 二级重大事故　具备下列条件之一者为二级重大事故:

① 死亡 10 人以上,29 人以下;

② 直接经济损失 100 万元以上,不满 300 万元。

(3) 三级重大事故　具备下列条件之一者为三级重大事故:

① 死亡 3 人以上,9 人以下;

② 重伤 20 人以上;

③ 直接经济损失 30 万元以上,不满 100 万元。

(4) 四级重大事故　具备下列条件之一者为四级重大事故:

① 死亡 2 人以下;

② 重伤 3 人以上,19 人以下;

③ 直接经济损失 10 万元以上,不满 30 万元。

5. 按事故发生的原因划分

(1) 直接原因　机械、物质或环境的不安全状态;人的不安全行为。

(2) 间接原因　技术上和设计上有缺陷,教育培训不够,劳动组织不合理,对现场工作缺乏检查或指导错误,没有安全操作规程或规程不健全,没有或不认真实施事故防范措施,对事故隐患整改不力等。

(三) 事故特征

1. 事故的概念及分类

事故是以人体为主,在与能量系统关联中突然发生的与人的希望和意志相反的事件。事故是意外的变故或灾祸。事故现象是在人的行动过程中发生的,如以人为中心按事故后果可以分为伤亡事故和一般事故。

伤亡事故,简称伤害,是个人或集体在行动过程中,接触了与周围条件有关的外来能量,该能量作用于人体,致使人体生理机能部分的或全部的损伤的现象。在生产区域中发生的和生产有关的伤亡事故,称为工伤事故。

一般事故,亦称无伤害事故,是指人身没受伤害或只受微伤,停工短暂或与人的生理机能障碍无关的未遂事故。统计表明,事故之中无伤害的一般事故占 90%以上,它比伤亡事故的发生概率大十到几十倍。

2. 事故的特征

为了积极预防事故发生,需要注重深入研究事故的以下特征。

(1) 事故的因果性　因果性是某一现象作为另一现象发生的依据的两种现象之关联性。

事故是相互联系的诸原因的结果。事故这一现象都和其他现象有着直接或间接的联系。在这一关系上看来是"因"的现象,在另一关系上却会以"果"的形式出现,反之亦然。

事故的因果关系有继承性，即多层次性：第一阶段的结果往往是第二阶段的原因。

给人造成伤害的直接原因易于掌握，这是由于它所产生的某种后果显而易见。然而，要寻找出究竟是何种间接原因又是经过何种过程而造成事故后果，却非易事。因为随着时间的推移，会有种种因素同时存在，有时诸因素之间的关系相当复杂，还有某种偶然机会存在。因此，在制定事故预防措施时，应尽最大努力掌握造成事故的直接和间接的原因，深入剖析事故根源，防止同类事故重演。

（2）事故的偶然性、必然性和规律性　从本质上讲，伤亡事故属于在一定条件下可能发生，也可能不发生的随机事件。

事故的发生包含着所谓的偶然因素。事故的偶然性是客观存在的，与人们是否明了现象的原因全不相干。

事故是由于客观某种不安全因素的存在，随时间进程产生某种意外情况而显现出的一种现象。因为事故或多或少地含有偶然的本质，故不易决定它所有的规律。但在一定范围内，用一定的科学仪器或手段，却可以找出近似规律，从外部和表面上的联系找到内部的决定性的主要关系，虽不详尽，却可略知其近似规律。如应用偶然性定律，采用概率论的分析方法，收集尽可能多的事例进行统计分析，可找出根本性问题。

这就是从事故的偶然性找出必然性，认识事故发生的规律性，使事故消除在萌芽状态之中，变不安全条件为安全条件，化险为夷。

（3）事故的潜在性、再现性和预测性　人在生产活动中所经过的时间和空间中不安全的隐患是潜在的，条件成熟时在特有的时间场所就会显现为事故。因此，既要抓本质安全，把事故隐患消灭在设计图纸上；又要抓安全教育，使人认识到在生产过程中潜在的事故隐患，及时加以排除，以保证安全生产。

时间一去不可复返，完全相同的事件也不会再次重复出现。但是，对类似的同种因果联系的事故阻挡其再现性，即防止同类事故重复发生是可能的。

事故是可以预测的。人们基于对过去事故所积累的经验和知识，通过研究构思出一种预测模型，在生产活动开始之前，预测在各种条件下可能出现的危险及其防止措施。为提高预测的可靠性，必须发展和开拓使用高新技术和先进的安全探测仪器。安全工作以预防为主，应及时发现事故的潜在性，根除其隐患，不使之再现为事故，提高预测的可靠性。

二、危险与危险源

1. 危险

危险（Risk），亦称危险性，指来自某种危害而造成的人员伤亡和物质损失的机会。它是由危险严重程度及危险概率表示的可能损失，是表征潜在的危险后果。

2. 危险源

危险源即危险的根源。危险源是指可能导致人员伤亡或物质损失事故的、潜在的不安全因素。因此，各种事故的致因因素都是危险源。事故致因的因素种类繁多，可根据危险源在事故发生中的作用，将其划分为以下两大类。

（1）第一类危险源　根据能量意外释放理论——能量转移论，能量或危险物质的意外释放是伤亡事故发生的物理本质。于是，把生产过程中存在的，可能发生意外释放的能量能源、能量载体或危险物质称作第一类危险源。

为防止第一类危险源导致事故，必须采取措施约束、限制能量或危险物质，控制危险源。在正常情况下，生产过程中的能量或危险物质受到约束或限制，不会发生意外释放，即不会发生事故。但是，一旦这些约束或限制能量、危险物质的措施受到破坏、失效或故障，则将发生事故。

（2）第二类危险源　导致能量或危险物质的约束或限制措施破坏或失效、故障的各种因素，称作第二类危险源。它主要包括物的故障、人为失误和环境因素。

物的故障是指机械设备、装置、元部件等，由于性能低下而不能实现预定功能的现象。物的不安全状态也是物的故障。故障可能是固有的，由于设计、制造缺陷造成的；也可能是由于维修、使用不当，或磨损、腐蚀、老化等原因造成的。

从系统的角度考察，构成能量或危险物质控制系统的元素发生故障，会导致该控制系统的故障而使能量或危险物质失控。故障的发生具有随机性，这涉及系统可靠性问题。

人为失误是指人的行为结果偏离了被要求的标准，即没有完成规定功能的现象。人的不安全行为也属于人为失误。人为失误会造成能量或危险物质控制系统故障，使屏蔽破坏或失效，从而导致事故发生。

环境因素，指人和物存在的环境，即生产作业环境中的温度、湿度、噪声、振动、照明、通风换气以及有毒有害气体存在等。

一起伤亡事故的发生往往是两类危险源共同作用的结果。第一类危险源是伤亡事故发生的能量主体，决定事故后果的严重程度；第二类危险源是第一类危险源造成事故的必要条件，决定事故发生的可能性。

三、安全与安全科学技术

1. 安全

安全，泛指没有危险、不受威胁和不出事故的状态。韦氏大词典将安全定义为："没有伤害、损伤或危险，不遭受危害或损害的威胁，或免除了危害、伤害或损失的威胁"。

生产过程中的安全是指"不发生工伤事故、职业病、设备或财产损失的状况；即指人不受伤害，物不受损失"。

工程上的安全性是用概率上的近似客观量来衡量安全的程度。系统工程中的安全概念与传统的安全定义大不相同。长期以来，人们一直把安全和危险看作截然不同的、相对对立的旧概念。系统安全包含许多创新的安全新概念：认为世界上没有绝对安全的事物，任何事物中都包含有不安全的因素，具有一定的危险性。安全只是一个相对的概念，它是一种模糊数学的概念；危险性是对安全性的隶属度；当危险性低于某种程度时，人们就认为是安全的。安全性（S）与危险性（D）互为补数，即

$$S = 1 - D$$

安全工作贯穿于系统整个寿命期间。在新系统的构思、可行性论证、设计、建造、试运转、运转、维修直到系统废弃的各个阶段都要辨识、评价、控制系统中的"危害"与"危险"，预测和消除"危险源"，全方位地贯彻预防为主的安全生产方针。

2. 安全科学技术

安全学科是一个管理学、生理学与工程学、心理学及医学的交叉学科。安全科学技术是研究人类生存条件下人-机-环境系统之间的相互作用，保障人类生产与生活安全的科学和技术，或者说是研究技术风险导致的事故和灾害的发生和发展规律，以及为防止意外事故或灾害发生所需的科学理论和技术方法，它是一门新兴的交叉科学，具有系统的科学知识体系。

20世纪70年代以来，科学技术飞速发展，随着生产的高度机械化、电气化和自动化，尤其是高技术、新技术应用中潜在的危险常常突然引发事故，使人类生命和财产遭到巨大损失。因此，保障安全，预防灾害事故从被动、孤立、就事论事的低层次研究，逐步发展到系统的综合的较高层次的理论研究，最终导致了安全科学的问世。

现今，安全科学已从多学科分散研究发展为系统的整体研究，从一般工程应用研究提高到技术科学层次和基础科学层次的理论研究。在我国，进入20世纪80年代以后，安全科学

学科建设和理论研究得到了迅速发展。国家标准（GB/T 13745—92）《学科分类与代码》中已将安全科学技术列为一级学科。

安全科学技术是一门新兴的边缘科学，涉及社会科学和自然科学的多门学科，涉及人类生产和生活的各个方面。从学科角度上看，安全科学技术研究的主要内容包括：

①安全科学技术的基础理论，如灾变理论、灾害物理学、灾害化学、安全数学等；

②安全科学技术的应用理论，如安全系统工程、安全人机工程、安全心理学、安全经济学、安全法学等；

③安全专业技术，包括安全工程、防火防爆工程、电气安全工程、交通安全工程、职业卫生工程、安全管理工程等。安全科学技术横跨自然科学和社会科学领域，近十几年来发展很快，直接影响着经济和社会发展。随着安全科学学科的全面确立，人们更深刻地认识了安全的本质及其变化规律，用安全科学的理论指导人们的实践活动，保护职工安全与健康，提高功效，发展生产，创造物质和精神文明，推动社会发展。

四、安全技术的学科门类

要实现安全生产，预防事故，既要靠管理，同时又离不开技术，当然还需要提高所有从业人员的素质，而在这三个方面中，技术是关键。所以，一切安全工作者在掌握尽可能全面的安全管理知识的同时，更应该掌握必要的安全技术。

1. 安全技术的概念

生产过程中往往存在着一些不安全的因素，危害着工人的身体健康和生命安全，同时也会造成生产被动或发生各种事故。为了预防或消除对工人健康的有害影响、避免各类事故的发生、改善劳动条件而采取各种技术措施和组织措施，这些措施的综合，叫做安全技术。

安全技术是生产技术的一个分支，与生产技术紧密相关。安全技术内容丰富，涉及安全工程、安全原理、安全设计、防火防爆、环境保护，以及设备、电气、焊接、起重、防腐等各个专业和领域的技术，是一门综合性应用技术。

2. 安全技术的分类

安全技术是劳动保护科学中的一个学科，它可以分为"产业（部门）劳动保护学"，如煤矿安全技术、冶金安全技术、机械制造安全技术、建筑工程安全技术等；"专门劳动保护学"，如电气安全技术、锅炉与压力容器安全技术、起重安全技术等。

按照行业，安全技术可分为：矿山安全技术、煤矿安全技术、石油化工安全技术、冶金安全技术、建筑安全技术、水利水电安全技术、旅游安全技术等。

按照危险、有害因素的类别，安全技术可分为：防火防爆安全技术、锅炉与压力容器安全技术、起重与机械安全技术、电气安全技术等。

按照导致事故的原因，安全技术可分为：防止事故发生的安全技术和减少事故损失的安全技术。

3. 安全技术的重要性

安全技术主要是运用工程技术手段消除物的不安全因素，实现生产工艺和机械设备等生产条件的本质安全。在生产中，应用安全技术针对不安全因素进行预测、评价、控制和消除，以防止人身伤害事故、设备事故和环境污染，保证生产的安全运行。

安全技术的作用在于消除生产过程中的各种不安全因素，保护劳动者的安全和健康，预防伤亡事故和灾害性事故的发生。采取以防止工伤事故和其他各类生产事故为目的的技术措施，其内容包括：

①使生产装置本质安全化的直接安全技术措施；

②间接安全技术措施，如采用安全保护和保险装置等；

③ 提示性安全技术措施，如使用警报信号装置、安全标志等；

④ 特殊安全措施，如限制自由接触的技术设备等；

⑤ 其他安全技术措施，如预防性实验、作业场所的合理布局、个体防护设备等。

从上述情况看，安全技术所阐述的问题和采取的措施，是以技术为主，是借安全技术来达到劳动保护的目的，同时也要涉及有关劳动保护法规和制度、组织管理措施等方面的问题。因此，安全技术对于实现安全生产，保护职工的安全和健康发挥着重要作用。

五、安全工程技术的发展方向与进展

安全工程技术是一门涉及范围很广、内容极为丰富的综合性学科。它涉及数学、物理、化学、生物、天文、地理等基础科学，电工学、材料力学、劳动卫生学等应用科学，化工、机械、电力、冶金、建筑、交通运输等工程技术科学。在过去几十年中，安全工程的理论和技术随着产业安全的发展和各学科知识的不断深化，取得了较大进展。随着对火灾、爆炸、静电、辐射、噪声、职业病和职业中毒等方面的研究不断深入，安全系统工程学也有很大的发展。工程装置和控制技术的可靠性研究发展很快，工程设备故障诊断技术、安全评价技术以及防火、防爆和防毒的技术及手段都有了很大发展。

1. 危险性评价和安全工程

近年来一些大型企业为了防止重大的灾难性事故，提出了不少安全评价方法。这些方法的核心内容是危险源辨识和危险性评价。所谓危险性是指在各类生产活动中造成人员伤亡和财产损失的潜在性原因，处理不当有可能发展成为事故。安全工程的目的是采取措施，使危险性发展成为事故的可能尽量减少。所以，这种评价也叫做危险性评价，通过确定被评价对象的危险状况，制定相应的安全技术措施。

2. 安全系统工程的开发和应用

安全系统工程学是系统工程理论和方法在安全技术领域应用派生出的一个新的学科。安全系统工程的开发和应用，使安全管理发生根本性的变化，把安全工程学提升到一个新的高度。

安全系统工程是把生产或作业中的安全作为一个整体系统，对设计、施工、操作、维修、管理、环境、生产周期和费用等构成系统的各个要素进行全面分析，确定各种状况的危险特点及导致灾难性事故的因果关系，进行定性和定量的分析和评价，从而对系统的安全性作出准确预测，使系统事故减少至最低程度，在既定的作业、时间和费用范围内取得最佳的安全效果。

3. 人机工程学、劳动心理学和人体测量学的应用

由于多数工业事故都是由于人员失误造成的，因此在工业生产中，人的作用日益受到重视。围绕人展开的研究，如人机工程学、劳动心理学、人体测量学等方面都取得了较大进展。

（1）人机工程学 人机工程学是现代管理科学的重要组成部分。它应用生物学、人类学、心理学、人体测量学和工程技术科学的成就，研究人与机器的关系，使工作效率达到最佳状态。人机工程学的主要研究内容如下：

① 人机协作。人的优点是对工作状况有认知能力和适应能力，但容易受精神状态和情绪变化的支配。而且人易于疲劳，缺乏耐久性。机械则能持久运转，输出能量较大，但对故障和外界干扰没有自适应能力。人和机械都取其长、弃其短，密切配合，组成一个有机体，可以从根本上提高人机系统的安全性和可靠性，获得最佳工作效率。

② 改善工作条件。人在高温、辐射、噪声、粉尘、烟雾、昏暗、潮湿等恶劣条件下容易失误，引发事故，改善工作条件则可以保证人身安全，提高工作效率。

③ 改进机具设施。机具设施的设计应该适合人体的生理特点，这样可以减少失误行为。比如按照以上人机工程学原理设计控制室和操作程序，可以强化安全，提高工作效率。

④ 提高工作技能。对操作者进行必要的操作训练，提高其操作技能，并根据操作技能水平选评其所承担的工作。

⑤ 因人制宜。研究特殊工种对劳动者体能和心智的要求，选派适宜的人员从事特殊工作。

（2）劳动心理学 劳动心理学是从心理学的角度研究照明、色调、音响、温度、湿度、家庭生活与劳动者劳动效率的关系，其主要内容如下。

① 根据操作者在不同工作条件下的心理和生理变化情况，制定适宜的工作和作息制度，促进安全生产，提高劳动效率。

② 发生事故时除分析设备、工艺、原材料、防护装置等方面存在的问题外，同时考虑事故发生前后操作者的心理状态，从而可以从技术上和管理上采取防范措施。

（3）人体测量学 人体测量学是通过人体的测量指导工作场所安全设计、劳动负荷和作息制度的确定以及有关的安全标准的制定。它需要测定人体各部分的相关尺寸，执行器官活动所及的范围。除了生理方面的测定外，还要进行心理方面的测试。人体测量学的成果为人机工程学、安全系统工程等现代安全技术科学所采用。

4. 化工安全技术的新进展

近年来，安全技术领域广泛应用各个技术领域的科学技术成果，在防火、防爆、防中毒、防止装置破损、预防工伤事故和环境污染等方面，都取得了较大发展，安全技术已发展成为一个独立的科学技术体系。人们对安全的认识不断深化，实现安全生产的方法和手段日趋完善。

① 设备故障诊断技术和安全评价技术迅速发展，如无损探伤技术、红外热像技术在压力容器检测中的应用。

② 监测危险状况、消除危险因素的新技术不断出现，如烟雾报警器、火焰监视器、感光报警器、可燃性气体检测报警仪、有毒气体浓度测定仪、噪声测定仪、电荷密度测定仪、嗅敏仪等仪器的投入使用和抗静电添加剂、工艺参数（压力、温度、流速、液位）自动控制与超限保护装置的广泛采用等。

③ 救人灭火技术有了很大进展。高效能灭火剂、灭火机和自动灭火系统等方面取得了很大进展，如空中飞行悬挂机动系统灭火抢救设备等。

④ 预防职业危害的安全技术有了很大进步。在防尘、防毒、通风采暖、照明采光、噪声治理、振动消除、高频和射频辐射防护、放射性防护、现场急救等方面都取得了很大进展。

⑤ 化工生产和化学品贮运工艺安全技术、设施和器具等的操作规程及岗位操作法，化工设备设计、制造和安装的安全技术规范不断趋于完善，管理水平也有了很大提高。

第二节 安全科学技术应用基础理论

一、事故致因理论

几个世纪以来，人类主要是在发生事故后凭主观推断事故的原因，即根据事故发生后残留的关于事故的信息来分析、推论事故发生的原因及其过程。由于事故发生的随机性质，以及人们知识、经验的局限性，使得对事故发生机理的认识变得十分困难。

随着社会的发展、科学技术的进步，特别是工业革命以后工业事故频繁发生，人们在与各种工业事故斗争的实践中不断总结经验，探索事故发生的规律，相继提出了阐明事故为什么会发生、事故是怎样发生的以及如何防止事故发生的理论。由于这些理论着重解释事故发生的原因，以及针对事故致因因素如何采取措施防止事故，所以被称作事故致因理论。事故致因理论是指导事故预防工作的基本理论。

事故致因理论是指探索事故发生及预防规律，阐明事故发生机理，防止事故发生的理论。事故致因理论是用来阐明事故的成因、始末过程和事故后果，以便对事故现象的发生、发展进行明确的分析。

事故致因理论的出现，已有 80 年历史，它是生产力发展到一定水平的产物。在生产力发展的不同阶段，生产过程中出现的安全问题有所不同，特别是随着生产方式的变化，人在生产过程中所处的地位发生变化，引起人们安全观念的变化，产生了反映安全观念变化的不同的事故致因理论。

（一）早期的事故致因理论

早期的事故致因理论一般认为事故的发生仅与一个原因或几个原因有关。20 世纪初期，资本主义工业的飞速发展，使得蒸汽动力和电力驱动的机械取代了手工作坊中的手工工具，这些机械的使用大大提高了劳动生产率，但也增加了事故发生率。因为当时设计的机械很少或者根本不考虑操作的安全和方便，几乎没有什么安全防护装置。工人没有受过培训，操作不熟练，加上长时间的疲劳作业，伤亡事故自然频繁发生。

1. 事故频发倾向概念

1919 年英国的格林伍德（M. Greenwood）和伍慈（H. H. Woods）对许多工厂里的伤亡事故数据中的事故发生次数按不同的统计分布进行了统计检验。结果发现，工人中的某些人较其他人更容易发生事故。从这种现象出发，后来法默（Farmer）等人提出了事故频发倾向的概念。所谓事故频发倾向是指个别人容易发生事故的、稳定的、个人的内在倾向。根据这种理论，工厂中少数工人具有事故频发倾向，是事故频发倾向者，他们的存在是工业事故发生的主要原因。如果企业里减少了事故频发倾向者，就可以减少工业事故。

因此，防止企业中事故频发倾向者是预防事故的基本措施。一方面通过严格的生理、心理检验等，从众多的求职者中选择身体、智力、性格特征及动作特征等方面优秀的人才就业；另一方面，一旦发现事故频发倾向者则将其解雇。显然，由优秀的人员组成的工厂是比较安全的。

2. 海因里希的事故法则

美国安全工程师海因里希（Heinrich）曾统计了 55 万件机械事故，其中死亡、重伤事故 1666 件，轻伤 48334 件，其余则为无伤害事故。从而得出一个重要结论，即在机械事故中，死亡、重伤事故与轻伤和无伤害事故的比例为 1：29：300，国际上把这一法则叫事故法则。这个法则说明，在机械生产过程中，每发生 330 起意外事件，有 300 件未产生人员伤害，29 件造成人员轻伤，1 件导致重伤或死亡。对于不同的生产过程，不同类型的事故，上述比例关系不一定完全相同，但这个统计规律说明了在进行同一项活动中，无数次意外事件，必然导致重大伤亡事故的发生。而要防止重大事故的发生，必须减少和消除无伤害事故，要重视事故的苗子和未遂事故，否则终会酿成大祸。例如，某机械师企图用手把皮带挂到正在旋转的皮带轮上，因未使用拨皮带的杆，且站在摇晃的梯板上，又穿了一件宽大长袖的工作服，结果被皮带轮绞入碾死。事故调查结果表明，他这种上皮带的方法使用已有数年之久。查阅四年病志（急救上药记录），发现他有 33 次手臂擦伤后治疗处理记录，他手下工人均佩服他手段高明，结果还是导致死亡。这一事例说明，重伤和死亡事故虽有偶然性，但是在不安全因素或动作在事故发生之前已暴露过许多次的情况下，如果在事故发生之前，抓住时机，及时消除不安全因素，许多重大伤亡事故是完全可以避免的。

海因里希的工业安全理论是该时期的代表性理论。海因里希认为，人的不安全行为、物的不安全状态是事故的直接原因，企业事故预防工作的中心就是消除人的不安全行为和物的不安全状态。

海因里希的研究说明大多数的工业伤害事故都是由于工人的不安全行为引起的。即使一些工业伤害事故是由于物的不安全状态引起的，则物的不安全状态的产生也是由于工人的缺点、错误造成的。因而，海因里希理论也和事故频发倾向论一样，把工业事故的责任归因于工人。从这种认识出发，海因里希进一步追究事故发生的根本原因，认为人的缺点来源于遗传因素和人员成长的社会环境。

（二）第二次世界大战后的事故致因理论

在第二次世界大战时期，已经出现了高速飞机、雷达和各种自动化机械等。为防止和减少飞机飞行事故而兴起的事故判定技术及人机工程等，对后来的工业事故预防产生了深刻的影响。事故判定技术最初被用于确定军用飞机飞行事故原因的研究。研究人员用这种技术调查了飞行员在飞行操作中的心理学和人机工程方面的问题，然后针对这些问题采取改进措施，防止发生操作失误。战后这项技术被广泛应用于国外的工业事故预防工作中，作为一种调查研究不安全行为和不安全状态的方法，使得不安全行为和不安全状态在引起事故之前被识别和改正。

第二次世界大战期间使用的军用飞机速度快、战斗力强，但是它们的操纵装置和仪表非常复杂。飞机操纵装置和仪表的设计往往超出人的能力范围，或者容易引起驾驶员误操作而导致严重事故。为防止飞行事故，飞行员要求改变那些看不清楚的仪表的位置，改变与人的能力不适合的操纵装置和操纵方法。这些要求推动了人机工程学的研究。

人机工程学是研究如何使机械设备、工作环境适应人的生理、心理特征，使人员操作简便、准确、失误少、工作效率高的学问。人机工程学的兴起标志着工业生产中人与机械关系的重大变化：以前是按机械的特性训练工人，让工人满足机械的要求，工人是机械的奴隶和附庸；现在是在设计机械时要考虑人的特性，使机械适合人的操作。从事故致因的角度，机械设备、工作环境不符合人机工程学要求可能是引起人失误、导致事故的原因。

第二次世界大战后，越来越多的人认为，不能把事故的责任简单地说成是工人的不注意，应该注重机械的、物质的危险性质在事故致因中的重要地位。于是，在事故预防工作中比较强调实现生产条件、机械设备的安全。先进的科学技术和经济条件为此提供了物质基础和技术手段。

（三）近代事故致因理论简介

1. 能量转移理论

（1）能量转移理论的概念　事故能量转移理论是美国的安全专家哈登（Haddon）于1966年提出的一种事故控制论。其理论的立论依据是对事故本质的定义，即哈登把事故的本质定义为：事故是能量的不正常转移。这样，研究事故的控制的理论则从事故的能量作用类型出发，即研究机械能（动能和势能）、电能、化学能、热能、声能、辐射能的转移规律。研究能量转移作用的规律，即从能级的控制技术，研究能量转移的时间和空间规律。预防事故的本质是能量控制，可通过对系统能量的消除、限值、疏导、屏蔽、隔离、转移、距离控制、时间控制、局部弱化、局部强化、系统闭锁等技术措施来控制能量的不正常转移。

（2）能量的类型及其伤害　能量在人类的生产、生活中是必不可少的，人类利用各种形式的能量做功以实现预定的目的。人体自身也是一个能量系统，人的新陈代谢过程是一个吸收、转换、消耗能量，与外界进行能量交换的过程。人在进行生产、生活活动时消耗能量，当人体与外界的能量交换受到干扰时，即人体不能进行正常的新陈代谢时，人员将受到伤害，甚至死亡。人体受到超过其承受能力的各种形式能量作用时，受到的伤害情况见表1-1。

表 1-1 能量类型与伤害

能量类型	产生的伤害	事故类型
机械能	刺伤、割伤、撕裂、挤压皮肤和肌肉、骨折、内部器官损伤	物体打击、车辆损伤、机械伤害、起重伤害、高处坠落、坍塌、冒顶片帮、放炮、火药爆炸、瓦斯爆炸、锅炉爆炸、压力容器爆炸
热能	皮肤发炎、烧伤、烧焦、焚化、伤及全身	灼伤、火灾
电能	干扰神经-肌肉功能、电伤	触电
化学能	化学性皮炎、化学性烧伤、致癌、致遗传突变、致畸胎、急性中毒、窒息	中毒和窒息、火灾

（3）能量观点的事故因果连锁　调查伤亡事故原因发现，大多数伤亡事故都是因为过量的能量，或干扰人体与外界正常能量交换的危险物质的意外释放引起的。并且几乎毫无例外地，这种过量的能量或危险物质的释放都是由于人的不安全行为或物的不安全状态造成。即人的不安全行为或物的不安全状态使得能量或危险物质失去了控制，是能量或危险物质释放的导火线。

美国矿山局的札别塔基斯（Michael Zabetakis）依据能量转移理论，建立了新的事故因果连锁模型，如图 1-1 所示。

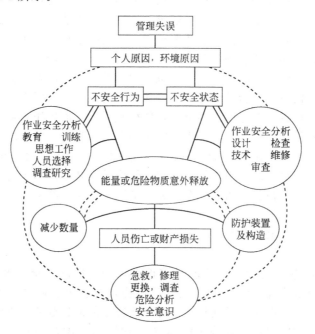

图 1-1　能量转移理论的事故因果连锁模型

（4）防止能量转移的屏蔽措施　从能量转移论出发，预防伤害事故就是防止能量或危险物质的意外转移，防止人体与过量的能量或危险物质接触。我们把约束、限制能量，防止人体与能量接触的措施叫做屏蔽。这是一种广义的屏蔽。

在工业生产中，经常采用的防止能量转移的屏蔽措施主要有以下几种。

① 用安全的能源代替不安全的能源。有时被利用的能源具有的危险性较高，这时可考虑用较安全的能源取代。例如，在容易发生触电的作业场所，用压缩空气动力代替电力，可以防止发生触电事故。但是应该注意，绝对安全的事物是没有的，以压缩空气作动力虽然避免了触电事故，而压缩空气管路破裂、脱落的软管抽打等都带来了新的危害。

② 限制能量。在生产工艺中尽量采用低能量的工艺或设备,这样即使发生了意外的能量释放,也不致发生严重伤害。例如,利用低电压设备防止电击,限制设备运转速度以防止机械伤害,限制露天爆破装药量以防止个别飞石伤人等。

③ 防止能量蓄积。能量的大量蓄积会导致能量突然释放,因此要及时泄放多余的能量以防止能量蓄积。例如,通过接地消除静电蓄积,利用避雷针放电保护重要设施等。

④ 缓慢地转移能量。缓慢地释放能量可以降低单位时间内转移的能量,减轻能量对人体的作用。例如,各种减振装置可以吸收冲击能量,防止人员受到伤害。

⑤ 设置屏蔽设施。屏蔽设施是一些防止人员与能量接触的物理实体,即狭义的屏蔽。屏蔽设施可以被设置在能源上,例如安装在机械转动部分外面的防护罩;也可以被设置在人员与能源之间,例如安全围栏等。人员佩戴的个体防护用品,可被看作是设置在人员身上的屏蔽设施。

⑥ 在时间或空间上把能量与人隔离。在生产过程中也有两种或两种以上的能量相互作用引起事故的情况。例如,一台吊车移动的机械能作用于化工装置,使化工装置破裂而致有毒物质泄漏,引起人员中毒。针对两种能量相互作用的情况,我们应该考虑设置两组屏蔽设施:一组设置于两种能量之间,防止能量间的相互作用;另一组设置于能量与人之间,防止能量达及人体。

⑦ 信息形式的屏蔽。各种警告措施等信息形式的屏蔽,可以阻止人员的不安全行为或避免发生行为失误,防止人员接触能量。根据可能发生的意外释放的能量的大小,可以设置单一屏蔽或多重屏蔽,并且应该尽早设置屏蔽,做到防患于未然。

2. 事故综合原因论

事故综合原因论简称综合论,它是综合论述事故致因的现代理论。综合论认为,事故的发生绝不是偶然的,而是有其深刻原因的,包括直接原因、间接原因和基础原因。事故是社会因素、管理因素和生产中的危险因素被偶然事件触发所造成的后果。

可用下列公式表达:

$$生产中的危险因素＋触发因素＝事故$$

这种模式的结构如图 1-2 所示。

事故的直接原因是指不安全状态(条件)和不安全行为(动作)。这些物质的、环境的以及人的原因构成生产中的危险因素(或称为事故隐患)。

所谓间接原因,是指管理缺陷、管理因素和管理责任。造成间接原因的因素称为基础原因,包括经济、文化、学校教育、民族习惯、社会历史、法律等。

所谓偶然事件触发,是指由于起因物和肇事人的作用,造成一定类型的事故和伤害的过程。

很显然,这个理论综合地考虑了各种事故现象和因素,因而比较正确,有利于各种事故的分析、预防和处理,是当今世界上最为流行的理论。美国、日本和我国都主张按这种模式分析事故。

事故的发生过程是:由"社会因素"产生"管理因素",进一步产生"生产中的危险因素",通过偶然事件触发而发生伤亡和损失。

调查事故的过程则与此相反,应当通过事故现象,查询事故经过,进而依次了解其直接原因、间接原因和基础原因。

二、安全系统工程

安全系统工程作为现代安全管理的一种科学方法,至今已有 30 余年的历史,在我国已经得到广泛的研究、开发和应用。

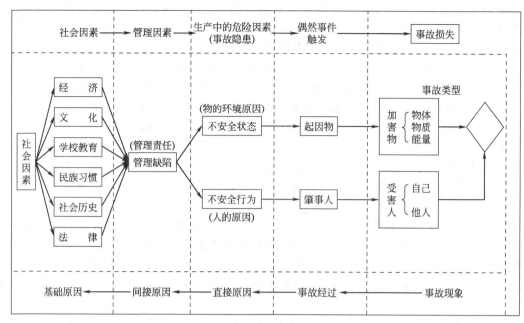

图 1-2 事故综合论模型

安全系统工程是采用系统工程方法,识别、分析、评价系统中的危险性,根据其结果调整工艺、设备、操作、管理、生产周期和投资等因素,使系统可能发生的事故得到控制,并使系统安全性达到最好的状态。

安全系统工程的理论和方法是全面安全管理的科学基础。它的内容包括三个方面。

1. 系统安全分析

系统安全分析在安全系统工程中占有十分重要的地位。为了充分认识系统中存在的危险性,需要对系统进行细致的分析。只有分析得准确,才能在安全评价中得到正确答案。根据需要可以把分析进行到不同的深度,可以是初步的或详细的、定性的或定量的,每种深度都可以得出相应的答案,以满足不同项目、不同情况的要求。

系统安全分析方法很多。一般认为定性系统安全分析方法中,安全检查表、既能定性又能定量的故障类型和影响分析法、事件树分析法和事故树分析法等四种较为实用。

2. 安全评价

系统安全分析的目的就是为了进行安全评价。通过分析了解系统中潜在的危险和薄弱环节之所在、发生事故的概率和可能的严重程度,这些都是评价的依据。

定性分析的结果只能用作定性评价,它能提供系统中危险性的大致情况,只有经过定量的评价才能充分发挥安全系统工程的作用。决策者可以根据评价的结果来选择技术路线。保险公司可以根据企业的不同安全性,规定其保险金额。领导和监察机关可以根据评价结果来督促企业改进安全状况。

安全系统评价的方法目前主要有两个:

① 对系统的可靠性、安全性进行评价;

② 利用生产过程中所需原料,即所谓的物质系数法进行评价。

3. 安全措施

根据评价的结果,可以对系统进行调整,对薄弱环节加以修正。

三、安全人机工程

人机工程学也叫人类工效学,它把人—机器(工具)—环境视为一个系统,协调人机关系，使人在操作中感到安全和舒适，使系统获得最高的效率。

人机工程学研究的范围包括：

（1）研究人和机器的合理分工以及相互适应的问题 即哪些工作适合于机器承担，哪些工作适合于人担任，两者如何相互配合。一般地说，单调的、规律性的复杂运算和笨重、精细的工艺宜于机器承担；设计、监督、突然事件的应急处理宜于人承担。根据人、机各自的特点，设计一个最佳系统，以获得最佳工效。

（2）机器系统中直接由人操作的机构、零件应适合人的使用 显示器、操作器、机具、建筑与照明应适合人的操作和活动。人机工程学不是解决这些机具和结构的强度、刚度和稳定性的问题，而是向设计者提出人机学的参数和要求。例如：设备、用具与身高的比例，办公桌的高度，操作杆的角度，机器围栏的高度，显示器安装的高度等。

（3）为环境控制和生命保护系统提供设计要求和数据 在某些作业场所，作业者要经受尘、毒、噪声、振动、高温、辐射等伤害。为防止这些伤害和污染，必须设计相应的控制和防护设备，同时要考虑意外事故中人身的安全问题。人机工程学能向工程设计者提供人体能承受的极限参数和设计要求。

第三节 安全技术措施计划

生产经营单位为了保证安全资金的有效投入，应编制安全技术措施计划。

一、编制安全技术措施计划的依据

编制安全技术措施计划应以"安全第一，预防为主"的安全生产方针为指导思想，以《中华人民共和国安全生产法》（简称《安全生产法》）等法律、法规、国家或行业标准为依据。目前主要依据有：1963 年国务院颁布的《关于加强企业生产中安全工作的几项规定》；1956 年劳动部、全国总工会颁布的《安全技术措施计划项目总名称表》；1977 年国家计委、财政部、国家劳动总局颁布的《关于加强有计划改善劳动条件工作的联合通知》；1979 年国家计委、国家经委、国家建委颁布的《关于安排落实劳动保护措施经费的通知》；1979 年国务院批转劳动总局、卫生部颁布的《关于加强厂矿企业防尘防毒工作的报告》及《中华人民共和国矿山安全法实施条例》等。

除此以外，编制安全技术措施计划还应依据本单位的实际情况，包括：在安全生产检查中发现而尚未解决的问题；针对可能引发伤亡事故和职业病的主要原因所应采取的技术措施；针对新技术、新工艺、新设备等应采取的安全技术措施；安全技术革新项目和职工提出的合理化建议等。

二、安全技术措施计划的项目

安全技术措施计划的项目包括改善劳动条件、防止事故、预防职业病、提高职工安全素质技术措施。主要有以下几个方面。

① 工业卫生技术措施。指改善对职工身体健康有害的生产环境条件、防止职业中毒与职业病的技术措施，如防尘、防毒、防噪声与振动、通风、降温、防寒等装置或设施。

② 减轻劳动强度等其他安全技术措施。

③ 辅助措施。指保证工业卫生方面所必需的房屋及一切卫生性保障措施，如尘毒作业人员的淋浴室、更衣室或存衣箱、消毒室、妇女卫生室等。

④ 安全宣传教育措施。指提高作业人员安全素质的有关宣传教育设备、仪器、教材和场所等，如劳动保护教育室，安全卫生教材、挂图、宣传画，培训室，安全卫生展

览等。

安全技术措施计划的项目应按《安全技术措施计划项目总名称表》执行，以保证安全技术措施费用的合理使用。

三、编制安全技术措施计划的原则

（1）必要性和可行性原则　编制计划时，一方面要考虑安全生产的需要，另一方面还要考虑技术可行性与经济承受能力。

（2）自力更生与勤俭节约的原则　编制计划时，要注意充分利用现有的设备和设施，挖掘潜力，讲求实效。

（3）轻重缓急与统筹安排的原则　对影响最大、危险性最大的项目应预先考虑，逐步有计划地解决。

（4）领导和群众相结合的原则　加强领导，依靠群众，使计划切实可行，以便顺利实施。

四、安全技术措施计划的编制方法

（1）编制时间　年度安全技术措施计划应与同年度的生产、技术、财务、供销等计划同时编制。

（2）计划内容　编制措施计划一般包括几方面的内容：

① 单位和工作场所；

② 措施名称；

③ 措施内容与目的；

④ 经费预算及来源；

⑤ 负责设计、施工单位及负责人；

⑥ 措施使用方法及预期效果。

（3）编制计划的布置　企业领导应根据本单位具体情况向下属单位或职能部门提出具体要求，进行编制计划布置。

（4）计划项目的确定与编制　下属单位确定本单位的安全技术措施计划项目，并编制具体的计划和方案，经群众讨论后，送上级安全部门审查。

（5）计划的审批　安全部门将上报计划进行审查、平衡、汇总后，再由安全、技术、计划部门联合会审，并确定计划项目，明确设计施工部门、负责人、完成期限，成文后报厂总工程师审批。

（6）计划的下达　厂长根据总工程师的意见，召集有关部门和下属单位负责人审查、核定计划。根据审查、核定结果，与生产计划同时下达到有关部门贯彻执行。

五、安全技术措施计划的实施验收

安全技术措施计划落实到各有关部门和下属单位后，计划部门应定期检查。企业领导在检查生产计划的同时，应检查安全技术措施计划的完成情况。安全管理与安全技术部门应经常了解安全技术措施计划项目的实施情况，协助解决实施中的问题，及时汇报并督促有关单位按期完成。

已完成的计划项目要按规定组织竣工验收。竣工验收时一般应注意：所有材料、成品等必须经检验部门检验；外购设备必须有质量证明书；负责单位应向安全技术部门填报交工验收单，由安全技术部门组织有关单位验收；验收合格后，由负责单位持交工验收单向计划部门报完工，并办理财务结算手续；使用单位应建立台账，按《劳动保护设施管理制度》进行维护管理。

第四节　安全生产目标管理

安全目标管理是我国工业企业实行现代化管理的一项重要内容，有利于加强企业的全面管理。围绕企业总目标制定出安全目标与安全生产责任制和奖惩制度，把目标、职责、考核、奖惩融为一体，既便于管理又便于上级主管部门的检查和考核。目前，在厂长任期目标责任制、承包制、租赁经营制中都已广泛采用安全目标管理。

一、安全生产法规与安全生产

1. 安全生产法规的概念

安全生产法规是指调整在生产过程中产生的同劳动者或生产人员的安全与健康，以及生产资料和社会财富安全保障有关的各种社会关系的法律规范的总和。安全生产法规是国家法律体系中的重要组成部分。我们通常说的安全生产法规是对有关安全生产的法律、行政法规规章、规程、标准的总称。例如全国人大和国务院及有关部委、地方政府颁发的有关安全生产、职业安全卫生、劳动保护等方面的法律、行政法规、规程、决定、条例、规定、规则及标准等，都属于安全生产法规范畴。

2. 我国安全生产法律法规基本体系

安全生产是一个系统工程，需要建立在各种支持基础之上，而安全生产的法规体系尤为重要。按照"安全第一，预防为主"的安全生产方针，国家制定了一系列的安全生产、劳动保护的法规。据统计，建国50多年来，颁布并在用的有关安全生产、劳动保护的主要法律法规有280余项，内容包括综合类、安全卫生类、三同时类、伤亡事故类、女工和未成年工保护类、职业培训考核类、特种设备类、防护用品类和检测检验类。其中以法的形式出现，对安全生产、劳动保护具有十分重要作用的是《中华人民共和国安全生产法》（2002年11月1日实施）、《中华人民共和国矿山安全法》（1993年5月1日实施）、《中华人民共和国劳动法》（1995年1月1日实施）、《中华人民共和国职业病防治法》（2002年5月1日实施），与此同时，国家还制定和颁布了数百项安全卫生方面的国家标准。

根据我国立法体系的特点，以及安全生产法规调整的范围不同，安全生产法律法规体系由若干层次构成。如图1-3所示，按层次由高到低为：国家根本法、国家基本法、劳动综合法、安全生产与健康基本法、专门安全法、行政法规、安全规章、安全标准。宪法为最高层次，各种安全基础标准、安全管理标准、安全技术标准为最低层次。

3. 企业安全生产的组织管理

不同行业、不同规模的企业，安全工作的组织形式也不完全相同。企业应根据安全生产组织工作的具体要求，结合本企业的规模和性质，建立切合实际需求的本企业安全生产组织管理体系。图1-4所示为企业安全生产组织管理的一般网络结构，它主要由三大系统构成管理网络：安全工作指挥系统、安全检查系统和安全监督系统。

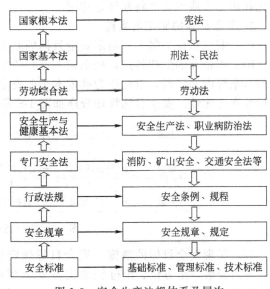

图1-3　安全生产法规体系及层次

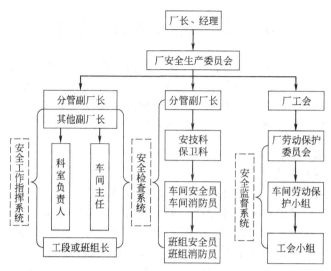

图 1-4　企业安全生产组织管理工作网络

二、安全生产目标管理的内容与实施

1. 安全目标管理概述

（1）安全目标管理　企业在一个时期内围绕安全目标制定措施、考核细则，层层分解、落实，明确职责，定期考核，奖惩兑现，达到安全生产的目的。这种科学管理方法，即称为安全目标管理。

（2）安全目标内容　①工伤事故控制指标。有死亡率、重伤率、负伤频率、直接经济损失等。一般以千人死亡率、重伤率来计算事故指标。根据行业特点，也有以工作量来计算事故指标的。②工业卫生指标。主要有尘、毒、噪声治理的合格率。

（3）安全目标管理的作用

① 合适的目标能够充分激励和调动全体职工的积极性、创造性，起到导向作用。

② 以数值为安全目标，责任明确，便于检查和考核，对企业和责任者起约束作用。

③ 目标管理有利于加强企业全面计划管理，提高管理水平和经济效益，对安全工作科学化和职工素质的提高将起推动作用。

2. 安全目标的制定与实施

（1）安全目标的制定　制定安全目标的原则是根据行业主管部门下达的各项控制考核指标，结合本企业的生产特点，列出切实可行的安全生产目标。全面收集、了解、掌握外部信息和本系统内部资料，以此作为确定本企业安全目标的重要依据，使安全目标具有可靠性、可行性和可比性。安全目标管理程序如图 1-5 所示。

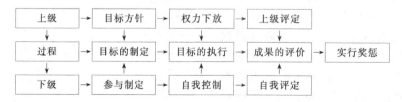

图 1-5　安全目标管理程序

（2）实现安全目标的措施　安全目标确定后，要将目标、考核标准和奖惩细则横向展开，纵向分解，全方位、全过程地实行安全管理，并与单位和安全生产第一责任人的责、权、利挂钩。企业实现安全目标的展开与保障体系见图 1-6。

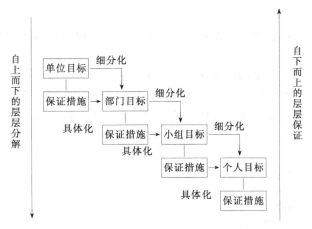

图 1-6 安全目标的展开与保障体系

横向展开指党、团、工会组织及各业务部门，根据职责范围，围绕安全目标建立预防保证体系，制定出实现安全目标的保证措施。

安全目标纵向层层分解，直到采取保证措施为止。越接近个人，目标管理的效果越能起到"自我控制"作用。安全目标自上而下层层分解，实施措施由下往上一级保一级，确保总目标的实现。安全目标的横向展开和纵向展开分别见图 1-7 和图 1-8。

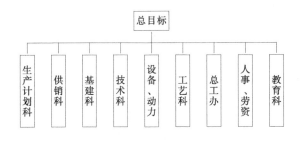

图 1-7 安全目标横向展开图

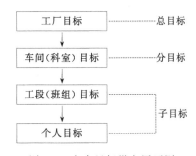

图 1-8 安全目标纵向展开图

三、安全生产目标考核及奖惩

安全目标考核对个人转正、晋级、评比先进以及对企业升级、达标都具有否决权。这样，不但提高了安全管理工作在企业中的地位，而且促进各级领导和广大职工增强责任感，尽职尽责地把各类安全指标控制在最低限度之内，提高了尘毒治理合格率，不断改善劳动条件，保护了职工在生产过程中的安全和健康。

1. 安全目标考核

考核是对安全工作进行全面评价，肯定成绩，找出差距，在目标管理的全过程中更加完善优化管理，有效地控制事故发生。各级单位必须按考核标准定期考核。基层队（车间）对班组、大队对中队（车间）按月考核，厂（处级）对大队（科级）按季考核，总公司对直属单位按年考核。

年终由下往上层层总结，上报安全目标自我评价结果。上一级单位以年度安全目标考核细则为主要内容，对下级的安全工作做全面检查和考核。

2. 奖惩

为了有效地推动安全目标管理，企业和单位可以从企业年度奖金总额中提取一定比例作为奖励基金，该奖金由劳资、财务部门建立专账，主要用于安全生产的评比、表彰和奖励。安全生产奖励奖金由企业安全生产委员会制定出使用办法和实施细则，具体由安全部门掌握使用。

　　奖励能够调动职工积极性，激发职工更加饱满的工作热情，达到有效的自我控制，实现安全目标。

　　惩罚是为了教育职工自觉地遵守各项安全生产法规，约束违章行为，做到安全生产。奖惩严明是现代企业管理的重要手段。通过奖惩强化职工安全意识，增强职工遵守安全生产法规的自觉性，促进安全目标管理的实现，使安全目标年年有新的发展和提高。

复习思考题

1. 什么是全面安全管理？

2. 什么是安全生产责任制？

3. 什么是"三同时"制度？

4. 简述事故致因理论的主要内容。

5. 什么是"三级安全教育"？

6. 安全技术主要有哪些学科门类？

7. 什么是安全系统工程？

8. 什么是安全技术措施计划？

9. 什么是安全目标管理？

10. 安全奖惩的目的是什么？

第二章 机械安全生产技术

>>> **学习指导**

1. 了解机械制造和使用过程中主要设备、场所危险因素的类型，了解重大危险机械的工作特征、危害及其安全防范措施。

2. 理解机械本质安全要求和机械伤害主要类型及预防对策，熟悉常用机械的主要危险部位、安全防护装置及安全技术措施。

3. 掌握机械制造生产过程中工作场所的安全要求和安全防护技术，熟练掌握金属冷、热加工机械的安全技术要求。

机械安全包括设计、制造、安装、调试、使用、维修、拆卸等各阶段的安全，是由组成机械的各部分及整机的安全状态、使用机械的人的安全行为以及由机器和人的和谐关系来保证的，它包括机械产品制造安全和机械设备使用安全两大方面的内容。

第一节 机械安全概述

机械是由若干相互联系的零部件按一定规律装配起来，能够完成一定功能的装置。成套机械装置由原动机、控制操纵系统、传动机构、支撑构件和执行机构组成，各部分相互作用、相互依存，在操作者的指挥下共同完成人类的预期目标。

人们在现代生产和生活中大量使用不断改进的机械设备，提高生活质量、减轻体力劳动、提高劳动生产率。但机械在给人们带来高效、快捷和方便的同时，在其制造、使用、闲置时，乃至报废后，都会带来一定的危险与有害因素，可能对操作人员造成伤害，对设备、财产造成损失，对环境造成危害。因此，机械安全越来越引起人们的重视。

一、机械危害及其产生的原因

（一）机械危害

机械危害是指机械装置运行过程中由危险因素和有害因素导致的危害。危险因素是指能对人造成突发性伤亡或对物造成突发性损害的因素，有害因素是指能对人的健康或对物造成慢性损害的因素。

1. 机械设备在不同状态下的危害

机械设备在规定的使用条件下执行其功能的过程中，以及在运输、安装、调整、维修、拆卸和处理时，无论处于哪个阶段，处于哪种状态，都存在着危险与有害因素，有可能对操作人员造成危害。

（1）正常工作状态　机械设备在完成预定功能的正常工作状态下，存在着不可避免的执行预定功能所必须具备的运动要素，如零部件的相对运动、刀具的旋转和振动等，使机械设备在正常工作状态下存在碰撞、切割、挤压、作业环境恶化等对操作人员安全健康不利的危险因素，并可能产生危害后果。

（2）非正常工作状态　非正常工作状态指在机械设备运转过程中，由于各种原因引起的意外状态，包括故障状态和维修保养状态。

设备的故障不仅可能造成局部或整机的停转，还可能出现异常运转或损坏，影响生产的正常开展，甚至可能对操作人员构成危害，如运转中的砂轮片破损会导致砂轮飞出造成物体打击事故，电器开关故障会产生机械设备不能停机的危险等。

机械设备的维修保养一般都是在停机状态下进行的。由于检修的需要往往迫使检修人员采取一些特殊的做法，如攀高、进入狭小或几乎密闭的空间、将安全装置拆除等，使维护和修理过程容易出现正常操作不存在的危险。

（3）非工作状态 机械设备停止运转处于静止状态时，一般情况下是安全的，但是也不排除发生伤害的可能。如由于环境照度不足导致人员发生碰撞事故；室外机械设备由于稳定性不够在风力作用下发生垮塌、滑移或倾翻等。

2. 机械产生的危害类型

机械危害主要包括两大类：一类是机械本身导致的危害，包括夹挤、碾压、剪切、切割、缠绕或卷入、戳扎或刺伤、摩擦或磨损、飞出物打击、高压流体喷射、碰撞或跌落等危害；另一类是非机械危害，包括电气危害（如电击伤）、温度危害（灼烫和冷冻）、噪声危害、振动危害、电离和非电离辐射危害、因加工或使用各种危险材料和物质产生的危害、未履行安全人机工程学原则而产生的危害等。

（二）机械危害产生的原因

机械危险的伤害实质，是机械能（动能和势能）的非正常做功、流动或转化，导致对人员的接触性伤害。机械危险的主要伤害形式有夹挤、碾压、剪切、切割、缠绕或卷入、戳扎或刺伤、摩擦或磨损、飞出物打击、高压流体喷射、碰撞或跌落等。机械危害因素主要来自以下几个方面。

1. 运动的危险因素

运动部件的危害主要来自机械设备运动的危险部位，包括如下七个方面：

① 旋转的部件，如旋转的轴、凸块和孔洞、旋转的连接器、芯轴，以及旋转的刀具、夹具、风扇叶、飞轮等。

② 旋转部件和成切线运动部件间的咬合，如自动传输皮带和它的传动轴、轮链条和链轮、齿条和小齿轮等。

③ 相向旋转部件间的咬合，如齿轮、轧钢机等。

④ 往复运动和滑动，如锻锤的锤体、压力机械的滑块、剪切机的刀刃、带锯机边缘的齿等。

⑤ 旋转部件与滑动件之间的相对运动，如某些平板印刷机面上的机构、纺织机械等。

⑥ 旋转运动加工件打击，如伸出机床的细长加工件。

⑦ 飞出物伤害，指飞出的切屑、工件、刀具、机械部件等，如铁屑、破碎的砂轮等。

2. 静止的危险因素

静止的危险因素主要包括三方面：①静止的刀具与刀刃、突出较长的机械部分，如表面螺栓、吊钩、手柄等；②引起滑跌、坠落的工作台平面，尤其是平台有水或油时更为危险；③毛坯、工具和设备边缘锋利的飞边及表面粗糙部分，如铸造零件表面等。

3. 其他危险因素

（1）电气危险 电气危险的主要形式是电击、燃烧和爆炸。其产生条件可以是人体与带电体的直接接触；人体接近带高压电体；带电体绝缘不充分而产生漏电、静电现象；短路或过载引起的熔化粒子喷射热辐射和化学效应。

（2）温度危险 温度危险是指因环境温度、热源辐射或接触高温物（材料、火焰或爆炸物）等而引发的危险。高温可对人体产生高温烧伤、烫伤、高温生理反应，甚至引起燃烧或爆炸；低温可导致低温冻伤和低温生理反应。

（3）噪声危险　因机械运转、电气设备使用及空气流动等产生的噪声对人的听觉、生理、心理都可能产生影响，还可能因干扰语言通讯和听觉信号而引发其他危险。

（4）振动危险　振动对人体可造成生理和心理的影响，造成损伤和病变。最严重的振动（或长时间不太严重的振动）可能产生生理严重失调（血脉失调、神经失调、骨关节失调、腰痛和坐骨神经痛等）。

（5）辐射危险　电波、光波、射线、粒子等辐射杀伤人体细胞和机体内部的组织，轻者会引起各种病变，重者会导致死亡。

（6）材料和物质产生的危险　机械加工过程使用的所有设备设施、原辅材料、半成品、废弃物和其他物质都应考虑其是否接触或吸入有害物（如有毒、腐蚀性或刺激性的液、气、雾、烟和粉尘）所导致的危险、火灾与爆炸危险、生物（如霉菌）和微生物（如病毒或细菌）危险。

（7）未履行安全人机学原则而产生的危险　由于机械设计或环境条件不符合安全人机学原则的要求，存在与人的生理或心理特征、能力不协调之处，可能会对操作者生理、心理产生影响，如劳动强度过大、精神负担过重或准备不足、紧张等，导致操作偏差或失误增多，从而产生危险。

4. 危害原因分析

安全隐患可存在于机器的设计、制造、运输、安装、使用、报废、拆卸及处理等各个环节。机械事故的发生往往是多种因素综合作用的结果，用安全系统的认识观点，可以从物的不安全状态、人的不安全行为和安全管理上的缺陷找到原因。我国国家标准 GB 6441—1986《企业职工伤亡事故分类》对物的不安全状态和人的不安全行为作了详细分类。

（1）物的不安全状态　物的安全状态是保证机械安全的重要前提和物质基础。物的不安全状态包括四个方面：

① 防护、保险、信号等装置缺乏或有缺陷；

② 设备、设施、工具附件有缺陷；

③ 个人防护用品、用具缺少或有缺陷；

④ 生产（施工）场地环境不良。

（2）人的不安全行为　在机械使用过程中，人的不安全行为是引发事故的另一重要的直接原因。人的行为受到生理、心理等各种因素的影响，表现是多种多样的。安全意识低、安全知识缺乏和安全技能差是引发事故的主要人为原因。

人的不安全行为主要表现为：①操作错误、忽视安全、忽视警告；②造成安全装置失效；③使用不安全设备或用手代替工具操作；④物体（指成品、半成品、材料、工具、切屑和生产用品等）存放不当；⑤冒险进入危险场所，攀、坐不安全位置（如平台护栏、汽车挡板、吊车吊钩等），在起吊物下作业、停留；⑥机器运转时进行测量工件、加油、修理、检查、调整、焊接、清扫等工作；⑦穿戴不安全装束，在必须使用个人防护用品用具的作业或场合中，忽视其使用；⑧对易燃易爆危险品处理错误。

（3）安全管理缺陷　安全管理水平包括领导的安全意识水平、对设备（特别是对危险设备）的监管、对人员的安全教育和培训、安全规章制度的建立和执行等。安全管理缺陷是事故发生的间接原因。

（三）机械行业的主要伤害类型

机械行业使用的设备设施、原辅材料种类繁多，生产工艺复杂多样，根据《企业职工伤亡事故分类》（GB 6441—1986），机械行业生产过程的主要伤害包括：

（1）物体打击　是指物体在重力或其他外力的作用下产生运动，打击人体而造成人身伤亡事故，如落物、滚石、锤击、碎裂、崩块、砸伤，不包括爆炸引起的物体打击。

（2）车辆伤害 是指企业机动车辆在行驶中引起的人体坠落和物体倒塌、飞落、挤压伤亡事故，不包括起重提升、牵引车辆和车辆停驶时发生的事故。

（3）机械伤害 是指机械设备运动或静止部件、工具、加工件直接与人体接触引起的挤压、碰撞、冲击、剪切、卷入、绞绕、甩出、切割、切断、刺扎等伤害，不包括车辆、起重机械引起的伤害。

（4）起重伤害 是指各种起重作业（包括起重机械安装、检修、试验）中发生的挤压、坠落、物体（吊具、吊重物）打击等。

（5）触电 是指电流流过人体或人与带电体间发生放电引起的伤害，包括接触或靠近各种设备或设施的触电、电工作业时触电、雷击等。

（6）灼烫 是指火焰烧伤、高温物体烫伤、化学灼伤（酸、碱、盐、有机物引起的体内外的灼伤）、物理灼伤（光、放射性物质引起的体内外的灼伤），不包括电灼伤和火灾引起的烧伤。

（7）火灾 是指造成人员伤亡的企业火灾事故。

（8）高处坠落 是指在高处作业中发生坠落造成的伤害事故，包括由高处落地和由平地落入地坑，不包括触电坠落事故。

（9）坍塌 是指物体在外力或重力作用下，超过自身的强度极限或因结构稳定性破坏而造成的事故，如厂房建筑物坍塌等。

（10）中毒和窒息 是指职业性毒物进入人体引起的急性中毒、缺氧窒息性伤害。

（11）化学性爆炸 是指可燃性气体、粉尘等与空气混合形成爆炸混合物，接触引爆源发生的爆炸事故（包括气体分解、喷雾爆炸等）。

（12）物理性爆炸 包括锅炉爆炸、容器超压爆炸等。

（13）其他伤害 是指除上述以外的伤害，如摔、扭、挫、擦等伤害。

二、实现机械安全的途径

（一）机械安全基本要求

机械设备在规定的整个使用期内，不得发生由于机械设备自身缺陷所引起的、目前已为人们认识的各类危及人身安全的事故和对健康造成损害的职业病，避免给操作者带来不必要的体力消耗、精神紧张和疲劳。无论是机器预定功能的设计还是安全防护的设计，都应该遵循以下两个基本途径：选用适当的设计结构，尽可能避免危险或减小风险；通过减少对操作者涉入危险区的需要，降低操作者出现危险的概率。

安全的机械设备必须满足下述条件：

① 足够的抗破坏能力、良好的可靠性和对环境的适应性；

② 不得产生超过标准规定的有害物质；

③ 可靠有效的安全防护；

④ 履行安全人机学的要求；

⑤ 维修的安全性。

机械设备"寿命"的各阶段的安全应包括设计、制造、安装、调整、使用、维修、拆卸及处理；还应考虑机器的各种状态，包括正常作业状态、非正常状态和其他一切可能的状态。决定机械产品安全性的关键首先是设计（机械产品设计和制造工艺设计）阶段采用安全措施；其次，还要通过使用阶段采用安全措施来最大限度地减小风险。

（二）由设计者采取的安全措施

1. 本质安全技术

本质安全技术是指在机械的功能设计中采用的、不需要额外的安全防护装置而直接把安全问题解决的措施，因此也称为直接安全技术措施。本质安全技术是机械设计优先考虑的措施。

利用本质安全技术进行机器预定功能的设计和制造，不需要采用其他安全防护措施，就可以在预定条件下执行机器的预定功能时满足机器自身安全的要求。

（1）功能匹配的安全表面和形状　避免锐边、尖角和凸出部分。在不影响预定使用功能前提下，机械设备及其零部件应尽量避免设计成会引起损伤的锐边、尖角、粗糙的、凸凹不平的表面和较突出的部分。金属薄片的棱边应倒钝、折边或修圆。可能引起刮伤的开口端应包覆。

（2）安全距离的原则　利用安全距离防止人体触及危险部位或进入危险区，是减小或消除机械风险的一种方法。在规定安全距离时，必须考虑使用机器时可能出现的各种状态、有关人体的测量数据、技术和应用等因素。

机械的安全距离包括以下两类距离要求。

① 防止可及危险部位的最小安全距离。它是指作为机械组成部分的有形障碍物与危险区的最小距离，用来限制人体或人体的某部位的运动范围。当人体某部位可能越过障碍物或通过机械的开口去触及危险区时，安全距离足够长，限制其不可能触碰到机械的危险部位，从而避免了危险。

② 避免受挤压或剪切危险的安全距离。当两移动件相向运动或移动件向着固定件运动时，人体或人体的某部位在其中可能受到挤压或剪切。这时，可以通过增大运动件间最小距离，使人的身体可以安全地进入或通过；也可以减小运动件间的最小距离，使人的身体部位伸不进去，从而避免了危险。

（3）限制有关因素的物理量　在不影响使用功能的情况下，根据各类机械的不同特点，限制某些可能引起危险的物理量值来减小危险。例如，将操纵力限制到最低值，使操作件不会因破坏而产生机械危险；限制运动件的质量或速度，以减小运动件的动能；限制噪声和振动等。

（4）使用本质安全工艺过程和动力源　对预定在爆炸气氛中使用的机器，应采用全气动或全液压控制系统和操纵机构，或"本质安全"电气装置，也可采用电压低于"功能特低电压"的电源，以及在机器的液压装置中使用阻燃和无毒液体。

2. 限制机械应力

机械选用的材料性能数据、设计规程、计算方法和试验规则，都应该符合机械设计与制造的专业标准或规范的要求，使零件的机械应力不超过许用值，保证安全系数，以防止由于零件应力过大而被破坏或失效，避免故障或事故的发生。同时，通过控制连接、受力和运动状态来限制应力。

（1）连接应力　采用可靠的紧固方法，对诸如螺栓连接、焊接等，通过采用正确计算、结构设计和紧固方法来限制应力，防止运转状态下连接松动、破坏，紧固失效。

（2）防止超载应力　通过在传动链预先采用"薄弱环节"预防超载（例如，采用"易熔"塞、限压阀、断路器等限制应力），避免主要受力件因超载而被破坏。

（3）避免交变应力　避免在可变应力（主要是周期应力）下零件产生疲劳。例如，钢丝绳滑轮组的钢丝绳在缠绕时，尽量避免其反向弯折导致的疲劳破坏。

（4）回转件的平衡　设计时，对材料的均匀性和回转精度应作出规定，并在使用前经过静平衡或动平衡试验，防止在高速旋转时引起振动，还可能使回转件的应力加大，甚至造成碎裂（如砂轮）。

3. 材料具有良好的安全卫生性能

制造机械的材料、燃料和加工材料在使用期间不得危及工作人员的安全和健康。材料的力学性能，如拉伸强度、剪切强度、冲击韧性、屈服极限等，应能满足执行预定功能的载荷作用要求，材料应具有均匀性。防止由于工艺设计不合理，使材料的金相组织不均匀而产生过大的残余应力；材料应能适应预定的环境条件，如具有抗蚀性、耐老化、耐磨损等能力；应避免采用有毒材料或物质，应能避免机械本身或由于使用某种材料而产生的气体、液体、粉尘、蒸气或其他物质造成的火灾或爆炸危险。若必须使用，则应采取可靠的安全卫生技术措施以保障人员的安全和健康。

对于制造机器的材料、燃料和加工材料，在使用期间应注意以下方面：

（1）承载能力　材料的力学特性，如抗拉强度、抗剪强度、冲击韧性、屈服极限等，应能满足执行预定功能的载荷作用的要求。

（2）对环境的适应性　材料应有良好的环境适应性，机械在预定的环境条件下工作时，应有抗腐蚀、耐老化、耐磨损的能力，不至于受环境中物理、化学、生物的影响而失效，从而避免事故的发生。

（3）材料的均匀性　根据零件的功能，保证材料的均匀性，防止由于工艺设计不合理，使材料的金相组织不均匀而产生残余应力，防止由于内部缺陷（如夹渣、气孔、异物、裂纹）给安全埋下隐患。

（4）避免材料的危险　在设计和制造选材时，应避免采用有毒性的材料或物质；应能避免机器自身或由于使用某种材料而产生的气体、液体、粉尘、蒸气或其他物质造成的火灾和爆炸风险；对可燃、易爆的液体及气体材料，应设计使其在填充、使用、回收或排放时减小危险或无危险。

4. 履行安全人机工程学原则

在现代工业生产中，所有机器和设备都要由人操纵和控制，或者由人监督和维护，人是生产的核心和主导，人—机器—环境—安全形成一个不可分割的系统。因此，要根据人—机器—环境—安全系统要求进行产品设计。

在机械设计中，通过合理分配人机功能、适应人体特性、人机界面设计、作业空间的布置等方面履行安全人机工程学原则，提高机械设备的可操作性和可靠性，使操作者的体力消耗和心理压力降到最低，从而减少操作差错。例如设备所设计、选用和配置的操纵器应与人体操作部位的特性（特别是功能特性、操纵容易程度）以及控制任务相适应。

5. 设计控制系统的安全原则

机械在使用过程中，典型的危险工况有：意外启动；速度变化失控；运动不能停止；运动机器零件或工件掉下飞出；安全装置的功能受阻等。控制系统的设计应考虑各种作业的操作模式或采用故障显示装置，使操作者可以安全地进行干预的措施，并遵循以下原则和方法。

（1）机构启动及变速的实现方式　机构的启动或加速运动应通过施加或增大电压或流体压力去实现，若采用二进制逻辑元件，应通过由"0"状态到"1"状态去实现；相反，停机或降速应通过去除或降低电压或流体压力去实现，若采用二进制逻辑元件，应通过"1"状态到"0"状态去实现。

（2）重新启动的原则　动力中断后重新接通时，如果机械设备自动启动将会产生危险。应采取措施，使动力重新接通时机器不会自行启动，只有再次操作启动装置后机械才能运转。这样可以防止在断电后又通电，或在停机后人员没有充分准备的情况下，由于机器的自发启动产生的危险。

（3）零部件的可靠性　这应作为安全功能完备性的基础，使用的零部件应能承受在预定使用条件下的各种干扰和应力，不会因失效而使机器产生危险的误动作。

（4）定向失效模式　这是指部件或系统的主要失效模式是预先已知的，而且只要失效总是这些部件或系统，这样可以事先针对其失效模式采取相应的预防措施。

（5）关键件的冗余原则　控制系统的关键零部件，可以通过备份的方法减小机械故障率，即当一个零部件失效时，用备用件接替以实现预定功能。当与自动监控相结合时，自动监控应采用不同的设计工艺，以避免共因失效。对于设备关键部位的操纵器，一般应设电器和机械联锁装置。

（6）自动监控　自动监控的功能是保证当部件或元件执行其功能的能力减弱或加工条件变化而产生危险时，以下安全措施开始起作用：停止危险过程，防止故障停机后自行再启动，触发报警器。

（7）可重编程序控制系统中安全功能的保护　在关键的安全控制系统中，应注意采取可靠措施防止储存程序被有意或无意改变。可能的话，应采用故障检验系统来检查由于改变程序而引起的差错。

（8）有关手动控制的原则　手动控制的原则主要包括以下六个方面：

① 手动操纵器应根据有关人类工效学原则进行设计和配置。

② 停机操纵器应位于对应的每个启动操纵器附近。

③ 除了某些必须位于危险区的操纵器（如急停装置、吊挂式操纵器等）外，一般操纵器都应配置于危险区外。

④ 如果同一危险元件可由几个操纵器控制，则应通过操纵器线路的设计，使其在给定时间内，只有一个操纵器有效。但这一原则不能用于双手操纵装置。

⑤ 在有风险的地方，操纵器的设计或防护应做到不是有意识的操作不会动作。

⑥ 操作模式的选择。如果机械允许使用几种操作模式以代表不同的安全水平（如允许调整、维修、检验等），则这些操作模式应装备能锁定在每个位置的模式选择器。选择器的每个位置都应相应于单一操作或控制模式。

（9）特定操作的控制模式　对于必须移开或拆除防护装置，或使安全装置的功能受到抑制才能进行的操作（如设定、示教、过程转换、查找故障、清理或维修等），为保证操作者的安全，必须使自动控制模式无效，采用操作者伸手可达的手动控制模式（如止-动、点动或双手操纵装置），或在加强安全条件下（如降低速度、减小动力或其他适当措施）才允许危险元件运转并尽可能限制接近危险区。

6. 防止气动和液压系统的危险

当采用气动、液压、热能等装置的机械时，必须通过设计来避免与这些能量形式有关的各种潜在危险。

① 借助限压装置控制管路中最大压力不能超过允许值，不因压力损失、压力降低或真空度降低而导致危险。

② 所有元件（尤其是管子和软管）及其连接应密封，要针对各种有害的外部影响加以防护，不因泄漏或元件失效而导致流体喷射。

③ 当机器与其动力源断开时，贮存器、蓄能器及类似容器应尽可能自动卸压，若难以实现，则应提供隔离措施或局部卸压及压力指示措施，以防剩余压力造成危险。

④ 机器与其能源断开后，所有可能保持压力的元件都应提供有明显识别排空的装置和绘制有注意事项的警告牌，提示对机器进行任何调整或维修前必须对这些元件卸压。

7. 预防电的危险

电的安全是机械安全的重要组成部分，机器中电气部分应符合有关电气安全标准的要求。预防电的危险尤其应注意防止电击、短路、过载和静电。

8. 减少或限制操作者涉入危险区的需要

（1）设备具有良好的可靠性和稳定性　可靠性是用可靠度来衡量的。机械或零部件的可靠度是指在规定的使用条件下和规定的期限内执行规定的功能而不出现故障的概率。可靠性应作为机械安全功能完备性的基础。提高机械的可靠性可降低故障率，减小需要查找故障和检修的次数，减小因为失效而使机械产生危险的可能性，从而可以减少操作者面临危险的概率。

设备不应在振动、风载或其他可预见的外在作用下倾覆或产生允许范围外的运动，即具有良好的稳定性。设备若通过形体设计和自身的质量分布不能满足或不能完全满足稳定性要求，则必须设有安全技术措施，以保证其具有可靠的稳定性。

① 规定的使用条件。这是指机械设计时考虑的空间限制，包括环境条件（如温度、压力、湿度、振动、大气腐蚀等）、负荷条件（载荷、电压、电流等）、工作方式（连续工作或断续工作）、运输条件、存贮条件及使用维护条件等。

② 规定的时间。这是指机械设备在设计时规定产品的时间性指标，如使用期、有效期、行驶里程、作用次数等。

③ 规定的功能。这是指机械设备的性能指标，是该机械若干功能全体的总和，而不是其中一个元件或一部分的功能。

（2）采用机械化和自动化技术 机械化和自动化技术可以使人的操作岗位远离危险或有害现场，从而减少工伤事故，防止职业病。

（3）保证调试、检查以及维修保养的安全 设备运行安全检查是设备安全管理的重要措施，是防止设备故障和事故发生的有效方法。设计机械时，应考虑到一些易损零部件拆装和更换的方便性；提供安全接近或站立措施（如梯子、平台、通道）；将机械的调整、润滑、一般维修等操作点设置在危险区外，这样可以减少操作者进入危险区的需要，从而降低操作者出现危险的概率。

9. 使用信息

本质安全技术和安全防护都无效或不完全有效的那些风险，可通过单独或联合使用文字、标记、信号、符号或图表等形式，向使用者传递信息，将遗留风险通知用户，向人们作出说明，提出警告，或用以指导使用者安全、合理、正确地使用机器。使用信息不可用于弥补设计缺陷，更不能代替应该由设计来解决的安全问题，使用信息只起提醒和警告的作用，不能在实质意义上避免风险。

（1）使用信息的一般要求

① 明确机器的预定用途。

② 规定和说明机器的合理使用方法，对不按要求而采用其他方式操作机器的潜在风险，应提出适当的警告。

③ 通知和警告遗留风险，以便在使用阶段采用补救安全措施。

④ 使用信息应贯穿机械使用的全过程，如果需要，甚至还应包括解除指令、拆卸和报废处理在内的所有过程，都应提供必要的信息。

（2）使用信息的类别

① 信号和警告装置。信号和警告的功能是提醒注意，如机器启动、起重机开始运行等；显示运行状态或发生故障，如故障显示灯；危险事件的警告，如超速的报警、有毒物质泄漏的报警。

② 标志、符号、安全色和文字警告。标志也称标识、标记，它是用来说明机械或零部件的性能、规格和型号、技术参数或表达安全信息的标牌。安全标志分为禁止标志、警告标志、指令标志和提示标志四类。安全标志应简单、易辨、醒目、清晰、持久、内容具体且有针对性、含义明确无误、易懂易记。

③ 随机文件。随机文件主要是指操作手册、使用说明书或其他文字说明（例如保修单等）。说明书内容包括安装、搬运、贮存、使用、维修和安全卫生等有关规定，以及在各个

环节对遗留风险提出通知和警告，并给出对策、建议。

10. 附加预防措施

① 着眼紧急状态的预防措施，如急停装置、陷入危险时的躲避和援救保护措施。

② 其他附加措施，如机器的可维修性、断开动力源和能量泄放措施，机器及其重型零部件容易而安全的搬运措施，安全进入机器的措施，机器及其零部件稳定性措施等。

11. 提高设备的可靠性

可靠性是指机器或其零部件在规定的使用条件下和规定期限内执行规定的功能而不出现故障的能力。

可靠性应作为安全功能完备性的基础，通过设计，提高机器的零部件及机械各组成部分的可靠性，从而提高整机的可靠性。通过该途径，可以降低危险故障率，减少需要查找故障和检修的次数，进而减少操作者面临危险的概率。

12. 采用机械化和自动化技术

在生产过程中，用机械设备来补充、扩大、减轻或代替人的劳动，该过程便称为机械化过程。自动化则更进了一步，即机械具有自动处理数据的功能。机械化和自动化技术可以使人的操作岗位远离危险或有害现场，从而减少工伤事故，防止职业病；同时，也对操作人员提出了较全面的素质要求。

（1）操作自动化 在比较危险的岗位或被迫以机器特定的节奏连续参与的生产过程，使用机器人或机械手代替人的操作，使得工作条件不断改善。

（2）装卸搬运机械化 装卸机械化可通过工件的送进滑道、手动回转工作台（分度盘）等措施实现；搬运的自动化可通过采用工业机器人、机械手、自动送料装置等实现。这样可以限制由搬运操作产生的风险，减少重物坠落、磕碰、撞击等接触伤害。装卸应注意防止由于装置与机器零件或被加工物料之间阻挡而产生的危险，以及检修故障时产生的危险。

13. 调整、维修的安全

在设计机器时，应尽量考虑将一些易损而需经常更换的零部件设计得便于拆装和更换；提供安全接近或站立措施（梯子、平台、通道）；锁定切断的动力；机器的调整、润滑、一般维修等操作点配置在危险区外，这样可减少操作者进入危险区的需要，从而减小操作者面临危险的概率。

设计者通过 1～10 所述途径，选用适当的设计结构，尽可能避免危险或减小风险；或者通过 11～13 所述途径，减少对操作者涉入危险区的需要，从而尽可能降低操作者出现危险的概率。

（三）由用户采取的安全措施

1. 向从业人员提供合适的劳动防护用品

个人防护用品是保护劳动者在机器的使用过程中的人身安全与健康所必备的一种防御性装备，在意外事故发生时对避免伤害或减轻伤害程度能起到一定的作用。按防护部位不同，劳动防护用品可分为九大类：安全帽、呼吸护具、眼防护具、听力护具、防护鞋、防护手套、防护服、防坠落护具和护肤用品。

使用个人劳动保护用品时应注意：

① 根据接触危险能量的类别和可能出现的伤害，按规定正确选配。

② 防护用品一定要达到保护功能的要求，并合乎使用条件的技术指标。使用中应注意有效使用期，及时检查和报废。

③ 个人防护用品是保护劳动者安全健康的最后一道防线，既不是也不可取代职业安全卫生防护装置，它不具有避免或减少面临危险的功能，必要时，应与防护装置配合使用。

2. 给从业人员安全的作业场地与工作环境

此处所指作业场地与工作环境是指利用机械进行作业活动的地点、周围区域及通道，应满足下述要求。

(1) 采光　生产场所采光是生产必需的条件，如果采光不良，长期作业，容易使操作者眼睛疲劳，视力下降，产生误操作，或发生意外伤亡事故。同时，合理采光对提高生产效率和保证产品质量有直接的影响。因此，生产场所要有足够的照度，以保证安全生产的正常进行。

① 生产场所的采光。一般白天依赖自然光，在阴天及夜间则由人工照明采光作补充和代替。

② 生产场所的照明。工业企业照明应满足《工业企业照明设计标准》要求。

③ 对厂房一般照明的采光窗设置。厂房跨度大于 12m 时，单跨厂房的两边应有采光侧窗，窗户的宽度应不小于开间长度的 1/2；多跨厂房相连，相连各跨应有天窗，跨与跨之间不得有墙封死。车间通道照明灯要覆盖所有通道，覆盖长度应大于 90% 车间安全通道长度。

(2) 通道要求　通道包括厂区主干道和车间安全通道。厂区主干道是指汽车通行的道路，是保证厂内车辆行驶、人员流动以及消防灭火、救灾的主要通道；车间安全通道是指为了保证职工通行和安全运送材料、工件而设置的通道。

① 厂区主干道的路面要求。车辆双向行驶的主干道，宽度不小于 5m；有单向行驶标志的主干道，宽度不小于 3m。进入厂区门口，危险地段需设置限速牌、指示牌和警示牌。

② 车间安全通道要求。通行汽车的宽度＞3m；通行电瓶车的宽度＞1.8m；通行手推车、三轮车的宽度＞1.5m；一般人行通道的宽度＞1m。

③ 通道的一般要求。通道标记应醒目，画出边沿标记；转弯处不能形成直角；通道路面应平整，无台阶，无坑、沟。道路土建施工应有警示牌或护栏，夜间要有红灯警示。

(3) 设备布局　车间生产设备设施的摆放，相互之间的距离，与墙、柱的距离，操作者的空间，高处运输线的防护罩网，与操作人员的安全都有很大关系。如果设备布局不合理或错误，操作空间窄小，当工件、材料等飞出时，容易造成人员的伤害或意外事故。

车间生产设备分为大、中、小三类。最大外形尺寸分类长度＞12m 者为大型设备，6～12m 者为中型设备，＜6m 者为小型设备。

大、中、小型设备间距和操作空间的规定如下：

① 设备间距（以活动机件达到的最大范围计算）。大型≥2m，中型≥1m，小型≥0.7m。大、小设备间距按最大的尺寸要求计算。如果在设备之间有操作工位，则计算时应将操作空间与设备间距一并计算。若大、小设备同时存在，则大、小设备间距按大的尺寸要求计算。

② 设备与墙、柱距离（以活动机件的最大范围计算）。大型≥0.9m，中型≥0.8m，小型≥0.7m。在墙、柱与设备间有人操作的，应满足设备与墙、柱间和操作空间的最大距离要求。

③ 防罩（网）及护栏要求。高于 2m 的运输线应有牢固的防罩（网），网格大小应能防止所输送物件坠落至地面；对低于 2m 的运输线的起落段两侧应加设护栏，栏高 1.05m。

(4) 物料堆放　生产场所的工位器具、工件、材料摆放不当，不仅妨碍操作，而且容易引起设备损坏和工伤事故。为此，应该做到：

① 生产场所要划分毛坯区，成品、半成品区，工位器具区，废物垃圾区。原材料、半成品、成品应按操作顺序摆放整齐且稳固，一般摆放方位与墙或机床轴线平行，尽量堆垛成正方形。

② 生产场所的工位器具、工具、模具、夹具要放在指定的部位，安全稳妥，防止坠落

和倒塌伤人。

③ 产品坯料等应限量存入，白班存放量为每班加工量的 1.5 倍，夜班存放量为加工量的 2.5 倍，但大件不超过当班定额。

④ 工件、物料摆放不得超高，在垛底与垛高之比为 1：2 的前提下，垛高不超出 2m（单位超高除外），砂箱堆垛不超过 3.5m。堆垛的支撑稳妥，堆垛间距合理，便于吊装。流动物件应设垫块楔牢。

（5）地面状态要求 生产场所地面平坦、清洁是确保物料流动、人员通行和操作安全的必备条件。为此要求：①人行道、车行道和宽度要符合规定的要求。②为生产而设置的深＞0.2m、宽＞0.1m 的坑、壕、池应有可靠的防护栏或盖板。夜间应有照明。③生产场所的工业垃圾、废油、废水及废物应及时清理干净，以避免人员通行或操作时滑跌造成事故。④生产场所地面应平坦、无绊脚物。

3. 安全管理措施

安全管理措施包括对人员的安全教育和培训，建立安全规章制度，对设备（特别是重大、危险设备）的安全监察等。

由用户采取的安全措施对减小设计的遗留风险是很重要的，但是这些措施与技术措施相比，可靠性相对较低，它们都不能用来代替在设计阶段可用来消除危险、减小风险的措施。

（四）安全防护

直接安全技术措施不能或不完全能实现安全时，必须在生产设备总体设计阶段设计出一种或多种专门用来保证人员安全的装置，也称为间接安全技术措施。

安全防护是通过采用安全装置、防护装置或其他手段，对一些机械危险进行预防的安全技术措施，其目的是防止机器在运行时产生各种对人员的接触伤害。防护装置和安全装置有时也统称为安全防护装置。安全防护的重点是机械的传动部分、操作区、高处作业区、机械的其他运动部分、移动机械的移动区域，以及某些机器由于特殊危险形式需要采取的特殊防护等。

1. 安全防护措施的类别

安全防护常采用防护装置、安全装置及其他安全措施。

（1）防护装置 这是通过设置物体障碍方式将人与危险隔离的专门用于安全防护的装置。

（2）安全装置 这是用于消除或减小机械伤害风险的单一装置或与防护装置联用的保护装置。

2. 安全防护装置的一般要求

安全功能是安全防护装置的基本功能，安全防护装置在人和危险之间构成安全保护屏障，在减轻操作者精神压力的同时，也使操作者形成心理依赖。安全防护装置达不到相应的安全技术要求，就不可能安全，即使配备了安全防护装置也不过是形同虚设，甚至比不设置安全防护装置更危险。为此，安全防护装置必须满足与其保护功能相适应的安全技术要求。其基本安全要求如下：

① 结构形式和布局设计合理，具有切实的保护功能，以确保人体不受到伤害；

② 结构要坚固耐用，不易损坏，安装可靠，不易拆卸；

③ 装置表面应光滑、无尖棱利角，不增加任何附加危险，不应成为新的危险源；

④ 装置不容易被绕过或避开，不应出现漏保护区；

⑤ 满足安全距离的要求，使人体各部位（特别是手或脚）无法接触危险；

⑥ 不影响正常操作，不得与机械的任何可动零部件接触，对人的视线障碍最小；

⑦ 便于检查和修理。

需要说明的是，采取的安全措施必须不影响机器的预定功能和使用，而且使用方便。安全防护装置应与机器的工作环境相适应而不易损坏，并对机器使用期间各种模式的操作（如设定、示教、查找故障、维修、清理等）产生的干扰最小。否则，就可能为了追求达到机器的最大效用而导致避开安全措施的行为。

3. 安全防护装置的设置原则

安全防护装置的设置应遵循以下原则。

① 以操作人员所站立的平面为基准，凡高度在 2m 以内的各种运动零部件应设防护。

② 以操作人员所站立的平面为基准，凡高度在 2m 以上，有物料传输装置、皮带传动装置以及在施工机械施工处的下方，应设置防护。

③ 凡在坠落高度基准面 2m 以上的作业位置，应设置防护。

④ 为避免挤压伤害，直线运动部件之间或直线运动部件与静止部件之间的间距应符合安全距离的要求。

⑤ 运动部件有行程距离要求的，应设置可靠的限位装置，防止因超行程运动而造成伤害。

⑥ 对可能因超负荷发生部件损坏而造成伤害的，应设置负荷限制装置。

⑦ 有惯性冲撞运动部件必须采取可靠的缓冲装置，防止因惯性而造成伤害事故。

⑧ 运动中可能松脱的零部件必须采取有效措施加以紧固，防止由于启动、制动、冲击、振动而引起松动。

⑨ 每台机械都应设置紧急停机装置，使已有的或即将发生的危险得以避开。紧急停机装置的标识必须清晰、易识别，并可迅速接近其装置，使危险过程立即停止并不产生附加风险。

4. 防护装置

通常采用壳、罩、屏、门、盖、栅栏、封闭式装置等作为物体障碍，将人与危险隔离。例如，用金属铸造或金属板焊接的防护箱罩，一般用于齿轮传动或传输距离不大的传动装置的防护；金属骨架和金属网制成防护网，常用于皮带传动装置的防护；栅栏式防护适用于防护范围比较大的场合或作为移动机械临时作业的现场防护。

（1）防护装置的功能 其功能包括：

① 防止人体任何部位进入机械的危险区触及各种运动零部件；

② 防止飞出物的打击、高压液体的意外喷射或防止人体灼烫、腐蚀伤害等；

③ 容纳接受可能由机械抛出、掉下、发射的零件及其破坏后的碎片等；

④ 在有特殊要求的场合，防护装置还应对电、高温、火、爆炸物、振动、放射物、粉尘、烟雾、噪声等具有特别阻挡、隔绝、密封、吸收或屏蔽作用。

（2）防护装置的类型 防护装置有单独使用的防护装置（只有当防护装置处于关闭状态时才能起防护作用）和与联锁装置联合使用的防护装置（无论防护装置处于任何状态都能起到防护作用）。按使用方式可分为固定式和活动式两种。

① 固定式防护装置。它是保持在所需位置关闭或固定不动的防护装置，不用工具不可能将其打开或拆除。常见形式有封闭式、固定式。封闭式是将危险区全部封闭，人员从任何地方都无法进入危险区；固定式是不完全封闭危险区，凭借其物理尺寸和离危险区的安全距离来防止或减少人员进入危险区的机会。

② 活动式防护装置。它是通过机械方法（如铁链、滑道等）与机器的构架或邻近的固定元件相连接，不用工具就可以打开的防护装置。常见的有可调式和联锁式防护装置。

可调式防护装置是整个装置可调或装置的某组成部分可调，在特定操作期间调整件保持固定不动。联锁式防护装置是防护装置的开闭状态直接与防护的危险状态相联锁，只要防护装置不关闭，被其"抑制"的危险机器功能就不能执行；只有当防护装置关闭时，被其"抑制"的危险机器功能才有可能执行。在危险机器功能过程中，只要防护装置被打开，就给出停机指令。

（3）防护装置的安全技术要求 防护装置的安全技术要求归纳为以下六个方面：

① 固定防护装置应该用永久固定（通过焊接等）方式或借助紧固件（螺钉、螺栓、螺母等）固定方式，将其固定在所需的地方，若不用工具就不能使其移动或打开。

② 进出料的开口部分尽可能地小，应满足安全距离的要求，使人不可能从开口处接触危险。

③ 活动防护装置或防护装置的活动体打开时，尽可能与防护的机械借助铰链或导链保持连接，防止挪开的防护装置或活动体丢失或难以复原。

④ 活动防护装置出现丧失安全功能的故障时，被其"抑制"的危险机器功能不可能执行或停止执行；联锁装置失效不得导致意外启动。

⑤ 防护装置应是进入危险区的唯一通道。

⑥ 防护装置应能有效地防止飞出物的危险。

5. 安全装置

安全装置通过自身的结构功能限制或防止机器的某种危险，或限制运动速度、压力等危险因素。常见的安全装置有联锁装置、双手操作式装置、自动停机装置、限位装置等。

（1）安全装置的技术特征 安全装置的技术特征表现在以下几个方面：

① 安全装置零部件的可靠性应作为其安全功能的基础，在一定使用期限内不会因零部件失效而使安全装置丧失主要安全功能。

② 安全装置应能在危险事件即将发生时停止危险过程。

③ 安全装置应具有重新启动的功能，即当安全装置动作第一次停机后，只有再次重新启动，机器才能开始工作。

④ 光电式、感应式安全装置应具有自检功能，当安全装置出现故障时，应使危险的机器功能不能执行或停止执行，并触发报警器。

⑤ 安全装置必须与控制系统一起操作并与其形成一个整体。安全装置的性能水平应与之相适应。

⑥ 安全装置的部件或系统的设计应采用"定向失效模式"，考虑关键件的加倍或冗余，必要时还应采用自动监控。

（2）安全装置的种类 安全装置的种类列举如下：

① 联锁装置。这是防止机器零部件在特定条件下（一般只要防护装置不关闭）运转的装置。它可以是机械的、电动的、液压的或气动的。

② 使动装置。这是一种附加手动操纵装置，当机器启动后，只有操纵该使动装置，才能使机器执行预定功能。

③ 止-动操纵装置。这是一种手动操纵装置，只有当手对操纵器作用时，机器才能启动并保持运转；当手放开操纵器时，该操纵装置能自动回复到停止位置。

④ 双手操纵装置。这是两个手动操纵器同时动作的止-动操纵装置。

⑤ 自动停机装置。当人或人体的某一部分超越安全限度，就使机器或其零部件停止运转（或保证其他安全状态）的装置。自动停机装置可以是机械驱动的，如触发线、可伸缩探头、压敏装置等；也可以是非机械驱动的，如光电装置、电容装置、超声装置等。

⑥ 机械抑制装置。这是一种机械障碍（如楔、支柱、撑杆、止转棒等）装置。该装置靠其自身强度支撑在机构中，用来防止某种危险运动发生。

⑦ 限制装置。这是防止机器或机器要素超过设计限度（如空间限度、速度限度、压力

限度等）的装置。

⑧ 有限运动控制装置。它也称为行程限制装置，只允许机器零部件在有限的行程内动作。在该控制装置有下一个分离动作前，机器零部件不能进一步运动。

⑨ 排除装置。通过机械方式，在机器的危险行程期间，将处于危险中的人体部分从危险区排除的装置。

6. 安全防护装置的选择

选择安全防护装置应考虑所涉及的机械危险和其他非机械危险，根据运动件的性质和人员进入危险区的需要决定。对特定机器安全防护应根据对该机器的风险评价结果进行选择。

（1）机械正常运行期间操作者不需要进入危险区的场合 操作者不需要进入危险区的场合，应优先考虑选用固定式防护装置，包括进料、取料装置，辅助工作台，适当高度的栅栏及通道防护装置等。

（2）机械正常运转时操作者需要进入危险区的场合 当操作者需要进入危险区的次数较多、经常开启固定防护装置会带来不便时，可考虑采用联锁装置、自动停机装置、可调防护装置、自动关闭防护装置、双手操纵装置、可控防护装置等。

（3）对非运行状态等其他作业期间需进入危险区的场合 对于机器的设定、示教、过程转换、查找故障、清理或维修等作业，防护装置必须移开或拆除，或安全装置功能受到抑制，可采用手动控制模式、止-动操纵装置或双手操纵装置等。

有些情况下，可能需要几个安全防护装置联合使用。

第二节 金属冷加工机械安全技术

金属冷加工主要包括车、铣、刨、磨和钻等切削加工。金属冷加工的特点是使用的装夹工具和被切削的工件或刀具间有高速相对运动，如果设备防护不好，操作者不遵守操作规程，很容易造成人身伤害和财产损失。

切削加工分为钳工和机械加工（简称机工）两大部分。钳工一般是指通过工人手持工具对工件进行切削加工，其主要内容有划线、錾削、锯切、锉削、刮削、研磨、钻孔、扩孔、攻螺纹、套螺纹、机械装配和修理等；机械加工是指通过工人操纵机床进行切削加工，其主要加工方法有车削、钻削、镗削、磨削、铣削等。

一、金属切削机床及切削安全

1. 金属切削机床简介

金属切削机床是利用切削工具将料坯或工件上的多余材料切除，以获得所需几何形状、尺寸精度和表面质量的机械零件的机器。金属切削机床在工业中起着工作母机的作用，它的应用范围非常广泛。并且，随着科学技术的不断发展，机床的功能越来越多，结构也变得越来越复杂，机床产生的危险性也大大增加，机床的安全问题已成为社会（政府部门、社会团体、制造商、用户）普遍关注的重要问题。它不仅关系到人员的健康、财产的损失，而且还直接影响机床产品在市场的销售和竞争地位。

机床的运动可分为主运动和进给运动。主运动是切削金属最基本的运动，它促使刀具和工件之间产生相对运动，从而使刀具前面接近工件；进给运动使刀具与工件之间产生附加的相对运动。在主运动和进给运动共同作用下，机床即可不断地或连续地切削，并得到具有所需几何形状的加工表面。

机床的种类很多，机床的分类方法也很多，通常按加工性质和所用刀具进行分类。目前，国家标准《金属切削机床型号编制方法》（GB 15375—1994）将机床分为 11 大类，见表 2-1。

表 2-1 机床分类及代号

类别	车床	钻床	镗床	磨床			齿轮加工机床	螺纹加工机床	铣床	刨插床	拉床	锯床	其他机床
代号	C	Z	T	M	2M	3M	Y	S	X	B	L	G	Q

2. 金属切削加工中的主要危险因素

切削加工是利用切削刀具和工件作相对运动，从毛坯（铸件、锻件、型材等）上切除多余的金属层，以获得尺寸、形状和位置精度及表面质量符合图样要求的机械零件，其过程将产生大量切屑。切屑可能对操作者造成伤害，如崩片状切屑可能迸溅伤人，粉末状切屑可能随呼吸进行体内，卷带状切屑连绵不断地缠在工件上，会造成伤人事故及损坏已加工的表面，因此要求采取断屑措施。

金属切削主要的危险源有：机器传动部件外露时，无可靠有效的防护装置；机床执行部件，如夹卡工具、夹具或卡具脱落、松动；砂轮的缺陷；各类限位与联锁装置或操作手柄不可靠；机床的电器部件设置得不规范或出现故障；机床操作过程中的违章作业；工、卡、刀具放置不当；机床本体的旋转部件有突出的销、楔、键；加工超长料时伸出机床尾端的危险件等。

（1）机床设备危险因素

① 静止状态的危险因素。包括切削刀具的刀刃；特别突出的一些机械部分，如卧式铣床立柱后方突出的悬梁。

② 直线运动的危险因素。包括纵向运动部分，如外圆磨床的往复工作台；横向运动部分，如升降台铣床的工作台；直线运动的刀具，如带锯床的带锯条。

③ 回转运动的危险因素。包括单纯回转运动部分，如齿轮、轴、车削的工件；回转运动的突起部分，如手轮的手柄；回转运动的刀具，如各种铣刀、圆锯片等。

④ 组合运动的危险因素。包括直线运动与回转运动的组合，如皮带与皮带轮、齿条与齿轮；回转运动与回转运动的组合，如相互啮合的齿轮。

⑤ 飞出物引发的击伤危险。飞出的刀具、工件或切屑都具有很大的动能，容易对人体造成伤害。

（2）不安全行为引发的危险 由于操作人员违反安全操作规程而发生的事故很多，如未戴防护帽而使长发卷入丝杠；未穿工作服使领带或过宽松的衣袖被卷入机械传动部分；戴手套作业使旋转钻头或切屑与手一起被卷入危险部位；在机床运转时，用手调整机床或测量工件，把手肘支撑在机床上，用手触摸机床的旋转部分。

（3）机床安全防护技术要求 《金属切削机床安全防护通用技术条件》（GB 15760—2004）规定了针对所有金属切削机床和机床附件存在的主要危险采取的基本安全防护技术要求和措施以及验证方法。

金属切削机床安全防护的基本要求如下：

① 防护罩、屏、栏等应完备、可靠。如产生磨屑、切屑和冷却液等飞溅物可能触及人体或造成设备与环境污染的部位，易伤人的机床运动部位（如龙门刨床两端），伸出通道的超长工件，机床周围的减振沟、电缆沟、地下油槽等部位均应安装罩、屏、栏等安全防护装置，并且保证防护装置能够有效、可靠地对危险部位进行防护。

② 防止夹具与卡具松动或脱落的装置应完好，夹具与卡具结构布局应合理，零部件连接部位应完好可靠，与卡具配套的夹具应紧密协调；易松动的连接部位应有防松脱装置（如安全销、对顶螺母、安全爪、锁紧块），各锁紧手柄齐全有效（如车床等刀架或尾座锁紧均不能再摇动）。

③ 砂轮的安全防护装置应完备、可靠。砂轮高速旋转可能对操作者造成各种伤害，产生严重的后果，因此，所有切削加工使用的砂轮都必须安装可靠的防护装置。如内、外圆磨床，平面磨床都装有固定的砂轮防护罩，它将砂轮的周围遮住，以便砂轮破碎时将其碎片罩住，不致伤人。但砂轮罩需要留出适当的开口，以便砂轮进行磨削加工，在保证工作方便和砂轮拆装方便的前提下，开口越小越好。

④ 机床应根据操作情况设置保险装置。如超负荷保险装置（超载时自动松开或停车）、行程限位保险装置（运动部件到预定位置能自动停车或返回）、顺序动作联锁装置（在一个动作未完前，下一个动作不能进行）、意外事故联锁装置（在突然断电时，补偿机构能立即启用或进行机床停车）、紧急制动装置（避免在机床旋转时装卸工件或当发生突然事故时，能及时停止机床运转）、信号报警装置、光电等的保护装置等。

⑤ 操纵杆不得因振动或零件磨损而脱位，操纵手柄应档位分明，与标示符号图文相一致；快速手轮在自动快速进给时能及时脱开；卡爪灵活，卡盘或内方的扳手自由空隙较小而不打滑。

⑥ 机床本体的各种电气配电线路或配电柜，机床总开关及各电气部件、机构的电气线路等应符合规范。

⑦ 机床的局部或移动照明必须采用36V或24V安全电压。不论何种电压的照明电源线，均不许只接一根相线后利用床身载流导电。

⑧ 机床附近应备有专用的排屑器，清除切屑时应使用接屑钩、毛刷或专门的工具，严禁用手直接清除切屑。

⑨ 严格按操作规程进行操作。

二、车床安全技术

1. 车削运动和车床的用途

车床是金属切削加工中应用最广泛的一类机床，在一般机加工车间，车床占机床总数的50%左右。为了使车刀能够从毛坯上切下多余的金属，车削加工时，车床的主轴带动工件作旋转运动，称主运动；车床的刀架带动车刀作纵向、横向或斜向的直线移动，称进给运动。通过车刀和工件的相对运动，使毛坯被切削成一定的几何形状、尺寸和表面质量的零件，以达到图纸上所规定的要求。

车床的加工范围很广，主要加工各种回转表面，其中包括端面、外圆、内圆、锥面、螺纹、回转沟槽、回转成形面和滚花等。普通车床加工尺寸精度一般为IT10～IT8，表面粗糙度值 $R_a = 6.3 \sim 1.6 \mu m$。

2. 普通车床的型号

机床均用汉语拼音字母和数字按一定规律组合进行编号，以表示机床的类型和主要规格。

车床型号 C6132 的含义为：C——车床类；6——普通车床组；1——普通车床型；32——最大加工直径为320mm。

老型号 C616 的含义为：C——车床；6——普通车床；16——主轴中心到床面距离的1/10，即中心高为160mm。

3. 普通车床的组成

根据车床主轴回转中心线的状态不同，车床分为卧式车床与立式车床两大类，其中卧式车床应用最为广泛。C6132型卧式车床结构如图 2-1 所示。

（1）床身　床身是车床的基础零件，用来支撑和连接各主要部件并保证各部件之间有严格、正确的相对位置。床身的上面有内、外两组平行的导轨。外侧的导轨用于大滑板的运动导向和定位，内侧的导轨用于尾座的移动导向和定位。床身的左右两端分别支撑在左右床腿上，床腿固定在地基上。

（2）主轴变速箱　主轴箱用于支撑主轴，并使之以不同转速旋转。主轴是空心结构，以便穿过长棒料。主轴右端有外螺纹，用以连接卡盘、拨盘等附件，内有锥孔，用于安装顶尖。变速箱安装在左床腿内腔中。车床主轴由电动机直接驱动齿轮变速机构，经带传动到主轴箱内。再经变速机构变速，使主轴获得不同的转速。大多数车床的主轴箱和变速箱是合在一体的，称为主轴变速箱。C6132型车床的主轴箱和变速箱是分开的，称为分离驱动，可减小主轴振动，提高零件的加工精度。

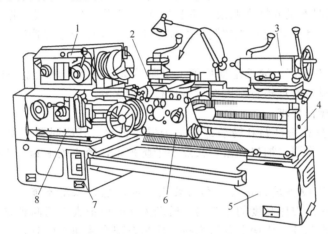

图 2-1　C6132 型卧式车床结构图

1—主轴；2—滑板；3—尾座；4—床身；5—右床腿；6—溜板箱；7—左床腿；8—进给箱

（3）进给箱　它固定在主轴箱下部的床身侧面，用于传递进给运动。改变进给箱外面的手柄位置，可使丝杠或光杆获得不同的转速。

（4）刀架　刀架用来装夹刀具，刀架能够带动刀具作多个方向的进给运动。为此，刀架做成多层结构，从下往上分别是床鞍、中滑板、转盘、小滑板和方刀架，方刀架装在小滑板上，小滑板装在中滑板上。床鞍可带动车刀沿床身上的导轨作纵向移动，用来车外圆、镗内孔等；中滑板可以带动车刀沿床鞍上的导轨作横向运动，用来加工端面、切断面、切槽等；小滑板可相对中滑板改变角度后带动刀具斜进给，用来车削内外短锥面。

（5）尾座　尾座装在床身内侧导轨上，可以沿导轨移动到所需位置，其上可安装顶尖，支撑长工件的后端以加工长圆柱体，也可以安装孔加工刀具加工孔。尾座可横向作少量的调整，用于加工小锥度的外锥面。

（6）溜板箱　溜板箱与床鞍（纵向滑板）连在一起，它将光杆或丝杠传来的旋转运动通过齿轮、齿条机构（或丝杠、螺母机构）带动刀架上的刀具作直线进给运动。

4. 车削加工的不安全因素

车削加工最不安全的因素是切屑的飞溅、车床的附件以及工件造成的伤害。例如：工件、手用工具及夹具、量具放置不当（如卡盘扳手插在卡盘孔内），易造成扳手飞落、工件弹落等伤人事故；开始工作前，工件及装夹附件没有夹紧，则易造成工件飞出伤人事故；车床周围布局不合理、卫生条件不好、切屑堆放不当等，也易造成事故；车床保险装置失灵、缺乏定期检修维护等，也会造成由于机床事故而引发的伤害。此外，由于操作人员的不安全行为也经常导致危险，如未带防护帽、未穿工作服而使长发、领带或过于宽松的衣服卷入机械转动部位、车床运转过程中测量工件、用纱布打磨工件毛刺或用手清除切屑等，都易造成伤害。

5. 事故预防措施

为确保车削加工安全，应采取相应的安全技术措施，并对职工进行必需的安全教育培训，加强安全管理，严格执行安全奖惩制度。

（1）技术措施

① 为防止崩碎切屑对操作者造成伤害，应在车床上安装活动式透明防护挡板，借助气流或乳化液对切屑进行冲洗，也可改变切屑的射出方向。

② 为防止车削加工时暴露在外的旋转部分钩住操作者衣服或将手卷入转动部分造成伤害事故，应使用防护罩式安全装置将危险部位罩住。

③ 机床局部照明不足或灯光刺眼，不利操作者观测，而产生误操作，为此应保证良好的照明；管线布置零乱，妨碍在机器附近的安全出入，应合理布置管线，保证有足够的上部空间，避免磕绊。

④ 车床技术状态不好、缺乏定期检修、保险装置失灵等，将会造成因机床事故而引起的伤害事故，应按设备管理规章制度对设备进行维护保养。

（2）车床安全操作要求

① 开机前，首先检查油路和转动部件是否灵活正常，开机时要按要求正确佩戴劳动防护用品，如穿紧身工作服、袖口扣紧，长发要带防护帽，禁止戴手套，切削工件和磨刀时必须戴眼镜。

② 开机时要观察设备是否正常，车刀要夹牢固，吃刀深度不能超过设备本身的负荷，刀头伸出部分不要超出刀体高度的 1.5 倍，转动刀架时要把大刀退回到安全的位置，防止车刀碰撞卡盘，上落大工件，床面上要垫木板。用吊车配合装卸工件时，夹盘未夹紧工件不允许卸下吊具，并且要把吊车的全部控制电源断开。工件夹紧后车床转动前，须将吊具卸下。

③ 使用砂布磨工件时，砂布要用硬木垫，车刀要移到安全位置，刀架面上不准放置工具和零件，划针盘要放牢。

④ 变换转速应停止车床转动后方可以转换，以免碰伤齿轮；开车时，车刀要慢慢接近工件，以免屑沫进出伤人或损坏工件。

⑤ 工作时间不能随意离开工作岗位，禁止玩笑打闹，有事离开必须停机断电，工作时思想要集中。机器运转中不能测量工件，不能在运转的车床附近更换衣服。未能取得上岗证的人员不能单独操作车床。

⑥ 工作场地应保持整齐、清洁，工件存放要稳妥，不能堆放过高，铁屑应及时处理。电器发生故障应马上断开总电源，及时叫电工检修，不能擅自乱动。

三、钻床安全技术

1. 钻削运动和钻床的用途

钻床是指主要用钻头在工件上加工孔的机床。通常钻头旋转为主运动，钻头轴向移动为进给运动。钻床结构简单，加工精度相对较低，可钻通孔、盲孔，更换特殊刀具，可扩、锪孔，铰孔或进行攻丝等加工。

2. 常用钻床的种类和型号

钻床主要类型有台式钻床、立式钻床、摇臂钻床、铣钻床、深孔钻床、平端面中心孔钻床、卧式钻床几种。常用钻床的型号有如下三种。

（1）台式钻床　Z4012：Z——类代号，钻床；4——组代号，台式；0——系代号；12——主参数，最大钻孔直径 12mm。

（2）立式钻床　Z5125：Z——类代号，钻床；5——组代号，立柱式；1——系代号，方柱；25——主参数，最大钻孔直径 25mm。

（3）摇臂钻床　Z3040：Z——类代号，钻床；3——组代号，摇臂式；0——系代号；40——主参数，最大钻孔直径40mm。

3. 钻床的组成

下面重点介绍摇臂钻床，其结构如图2-2所示。

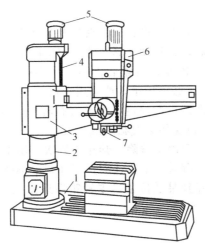

图 2-2　摇臂钻床结构示意图
1—底座；2—立柱；3—摇臂；4—丝杠；5—电动机；6—主轴箱；7—主轴

摇臂钻床是一种摇臂能沿立柱上下移动同时可绕立柱旋转360°，主轴箱还能在摇臂上作横向移动的钻床，由底座、立柱、摇臂、丝杠、主轴箱、主轴等构成，如图2-2所示。工件固定在底座1的工作台上，主轴7的旋转和轴向进给运动由电动机通过主轴箱6实现。主轴箱6可在摇臂3的导轨上横向移动，摇臂借助电动机5及丝杠4的传动，可沿立柱2上下移动，这样可方便地将刀具调整到所需的工作位置。

摇臂钻床适用于对大型工件、复杂工件及多孔工件上孔的加工。

4. 钻床加工不安全因素

钻床加工的主要危险来自旋转的主轴、钻头、钻夹以及随钻头一起旋转的长螺旋形切屑。旋转的钻头、钻夹及切屑易卷住操作者的衣服、手套和头发；工件装夹不牢，在切削力作用下，工件松动歪斜，甚至随钻头一起旋转而伤人；切削中用手清除切屑、用手触摸钻头、主轴等而造成伤害事故；卸下钻头时，用力过大，钻头落下会砸伤脚；机床技术状态不佳、照明不良、制动失灵等都是造成伤害事故的原因。

5. 事故预防措施

为确保钻削加工安全，应采取相应的防护装置和防护措施，并对职工进行必需的安全教育培训，加强现场安全检查，严格执行安全奖惩制度。

（1）技术措施　事故预防的安全技术措施有：

① 转动的主轴、钻头四周设置圆形可伸缩式防护网。

② 各运动部件应设置性能可靠的锁紧装置，钻孔前都应当处于锁紧状态。

③ 使用摇臂钻床时，在横臂回转范围内不准站人，不准堆放障碍物。

④ 钻深孔时要经常抬起钻头排屑，以防止钻头被切屑挤死而折断。

⑤ 工作结束时，应将横臂降到最低位置，主轴箱靠近立柱，以防伤人。

（2）钻床安全操作要求　进行钻削加工时，必须注意以下事项：

① 按规定进行个体防护。如袖口扎紧，长发挽入工作帽内，操作人员严禁戴手套。

② 开车前应检查润滑情况；检查机床传动、离合器、手柄、电门是否正常；检查工具、电气、安全防护装置、冷却液挡水板是否完好；钻床上保险块，挡块不准拆除，并按加工情

况调整好；检查钻头夹头，应安装正确，不准有摆动现象，装卸钻头时不能用锤子打击，一定要用锲铁轻轻敲打。

③ 使用摇臂钻时，摇臂回转范围内不准有障碍物。工作前，摇臂必须卡紧。摇臂钻床在校夹或校正工件时，摇臂必须移离工件并升高，刹好车，必须用压板压紧或夹住工件，以免回转甩出伤人。

④ 工作台面上不要放其他东西，换钻头、夹具及装卸工件时须停车进行。

⑤ 钻头与钻孔中心对准后，各移动夹紧装置一定要固定紧。

⑥ 钻小的工件时，要用台虎钳，钳紧后再钻。严禁用手去煞住转动着的钻头。薄板、大型或长形的工件竖着钻孔时，必须压牢，严禁用手扶着加。

⑦ 使用自动走刀时，要选好进给速度，调整好行程限位块。手动进刀时，一般按照逐渐增压和逐渐减压原则进行，以免用力过猛造成事故。

⑧ 钻头上绕有长铁屑时，要停车清除。禁止用风吹、用手拉，要用刷子或铁钩清除。

⑨ 不准在旋转的刀具下，翻转、卡压或测量工件。手不准触摸旋转的刀具。

⑩ 工作结束时，将横臂降到最低位置，主轴箱靠近立柱，并且都要卡紧。将切屑清扫干净，工作台和工作现场打扫干净。

四、磨床安全技术

磨削加工是借助磨料磨具的切削作用，除去工件表面的多余层，使工件表面质量达到预定要求的加工方法。进行磨削加工的机床称为磨床。

1. 磨床的用途

磨床是以磨料磨具（如砂轮、油石、研磨料）为工具对工件进行精密切削加工的机床。磨削加工的应用范围很广，通常作为零件（特别是淬硬零件）的精加工工序，可以获得很高的加工精度和表面质量，它能完成外圆、内孔、平面以及齿轮、螺纹等成型表面的精加工，还可用于粗加工、切割加工等。近些年磨削加工范围不断扩大，磨床在金属切削机床中所占比例不断上升。磨床可分为万能外圆磨床、普通外圆磨床、内圆磨床、平面磨床、工具磨床以及专用磨床等。下面简单介绍 M1432A 型万能外圆磨床，其结构如图 2-3 所示。

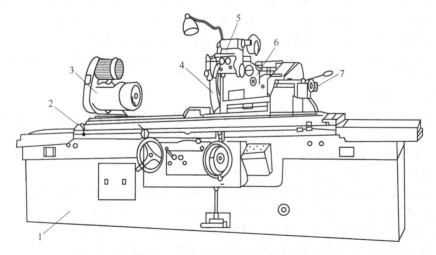

图 2-3 M1432A 型万能外圆磨床

1—床身；2—工作台；3—头架；4—砂轮；5—内圆磨头；6—砂轮架；7—尾架

2. 磨床的组成及运动

床身 1 用来装夹各部件，上部装有工作台和砂轮架，内部装置液压传动系统。床身上的纵向导轨供工作台移动用，横向导轨供砂轮移动用。工作台 2 靠液压驱动，沿床身的纵向导轨作直线往复运动，使工作台实现纵向进给。头架 3 上有主轴，主轴端部可以装夹顶尖、拨盘或卡盘，以便装夹工件，头架可在水平面内偏转一定的角度。尾架 7 的套筒内有顶件，用来支撑工件的另一端。砂轮架 6 用来装夹砂轮，并有单独电动机，通过皮带传动带动砂轮高速旋转。砂轮旋转运动是磨削加工的主运动。

3. 磨削加工的特点和危害

（1）特点　从安全卫生的角度看，磨削加工存在着下述特点：

① 磨具运动速度高。普通磨削速度可达 30～35m/s；高速磨削可达 45～60m/s，甚至更高。它是一般金属切削刀具速度的十几倍到几十倍，其速度还有继续提高的趋势。

② 磨具的非均质结构。磨具是由磨粒、结合剂和孔隙三要素组成的复合结构，其结构强度大大低于由单一均匀材质组成的一般金属切削刀具。

③ 磨削的高热现象。磨具的高速运动、磨削加工的多刃性和微刃性，使磨削区产生大量的磨削热，这不仅容易烧伤工件，而且高温还可使磨具本身发生物理、化学变化，降低磨具强度。

④ 磨具的自砺现象。在磨削过程中，磨具的自砺作用，以及为保持磨具的正确形状而进行的修整，都会产生大量粉尘。

（2）磨削加工过程的不安全因素　由于磨具的特殊结构和磨削的特殊加工方式，导致多种不安全因素危及操作者的安全和身体健康。

磨削机械的运动零部件未加防护或防护不当，旋转砂轮的破碎及磁力吸盘上工件的窜动、飞出是造成伤害事故的主要原因；在砂轮运转时，调整机床、紧固工件或测量工件；工件夹固不牢或电磁盘失灵等原因造成工件飞出伤人。研磨用的易燃稀释剂、油基磨削液及其雾化，磨削时产生的火花，特别是磨削镁合金，也可能引起火灾事故。磨削机械自身的传动系统噪声、干式磨削的排风系统噪声、湿式磨削的冷却系统噪声、高速切削时产生的噪声等多因素的综合作用，使磨削机械运转时产生强烈的噪声，损伤操作者听力。磨削加工是微量切削，切屑细小，尤其是磨具的自砺作用，以及对磨具进行修整，都会产生大量的飘尘。

据测定，干式磨削产生的粉尘中小于 5μm 的颗粒平均占 90.3%，很容易被吸入到人体肺部。长期大量吸入磨削粉尘会导致肺组织纤维化，引起肺尘埃沉着病。湿式磨削采用磨削液及其添加剂，对人体有影响，长期接触可引起皮炎。油基磨削液的雾化会使操作环境恶化，损伤人的呼吸器官。

4. 事故预防措施

为确保磨削加工安全，应采取相应的防护装置和防护措施，并对职工进行必需的安全教育培训，加强现场安全检查，严格执行安全奖惩制度。

（1）技术措施

① 砂轮必须装砂轮防护罩才能使用。砂轮破碎后碎片高速飞出，是构成磨削事故的主要危险源，故应设置具有足够张度、开口角度合理（最大不超过 150°）的砂轮防护罩，罩内最好敷设缓冲材料，以减小碎块二次弹射伤人。

② 在磁力吸盘上装键、垫圈等小尺寸的工件时，四周应加长条形挡铁围栏，以防因磁力小，工件在磨削力作用下叠加挤碎砂轮或工件飞出伤人。

③ 磨削加工时，由于砂轮不断磨损和修整，会产生大量粉尘，且粒径在 5μm 以下的尘粒居多，所以应设吸尘装置或以液体喷淋，以减小粉尘的污染和对操作人员的危害。

④ 磨削加工会产生较大的噪声，可选用低噪声的油泵和降低油泵电机的转速，使用低噪声的溢流阀及浸油型电磁阀等措施降低噪声。

（2）磨床安全操作要求

① 进行磨削加工时，应进行正确的个人防护，主要措施包括：在干式磨削操作中，采取佩戴眼镜或护目镜、固定防护屏等措施有效地保护眼睛；磨削加工操作间应配置有效的局部通风除尘装置，防止干式磨削粉尘危害；移动式砂轮作业因不便使用通风设施，应避免长时间操作，必要时可配备个人防尘呼吸用品；金属研磨工特别注意防止铅化合物等重金属污染，应配备保护服、完善的卫生洗涤设备和必要的医疗管理。

② 除内圆磨削用砂轮、手提砂轮机上直径不大于 50mm 的砂轮，以及金属壳体的金刚石和立方氮化硼的砂轮外，一切砂轮必须在装有砂轮防护罩的磨削机械上使用。

③ 在任何情况下都不允许以超过砂轮安全的速度进行磨削。这项要求通过与之配合的砂轮主轴的合理转速来保障，并应定期校核主轴转速，在更换新砂轮时还应进行必要的验算。

④ 根据砂轮结合剂种类正确选择磨削液。树脂结合剂不能使用碱性物含量大于 1.5% 的磨削液，橡胶结合剂不能使用油基磨削液。使用时，砂轮应全部浸入磨削液中；磨削结束时，应先停止磨削液，砂轮继续旋转到磨削液甩净为止。湿式磨削需设防溅挡板。

⑤ 磨削时，应在砂轮运转平稳后再使工件吃刀，砂轮退出后再停车。工件加工结束或告一段落时，应将有关操纵手柄放在空挡位置。

⑥ 在寒冷工作场地使用砂轮时，应注意逐渐增加负荷直到满足使用要求，保证砂轮温升均匀。低于 0℃不得使用磨削液。

⑦ 定期检查砂轮装置的安全状态。检查重点包括卡盘和主轴缺陷、砂轮直径和厚度的磨损是否过量变形、平衡块是否损坏等，出现异常应及时维修或更换。发生砂轮破坏的机械需检查测定砂轮装置的全部元件，确认安全方可继续使用。

⑧ 磨削镁合金工件容易引起火灾，应保持有效的通风，润湿粉尘，并及时清除通风装置管道里的粉尘，采取严格防护措施。

五、铣床安全技术

铣床是以作旋转运动的多刃刀对作直线运动的金属工件进行铣削加工的机床。通常铣削的主运动是铣刀的旋转运动。铣床可用来加工水平面、阶梯面、沟槽及各种成型面，其生产率比刨床高。

铣床的主要类型有卧式铣床、立式铣床、龙门铣床等。下面以 X6132 万能卧式铣床为例进行介绍，如图 2-4 所示。

1. 铣床的组成

卧式铣床是一种主轴水平布置的升降台铣床，其结构如图 2-4 所示。床身 1 用来固定和支撑铣床上所有的部件。主轴 4 用以安装铣刀并带动铣刀运动。横梁 5 上面装有吊架，用来支撑刀杆外伸的一端，以增加刀杆的刚度。纵向工作台 8 用来安装工件或夹具，并可沿转台上面的水平导轨作纵向移动。转台 9 的作用是能将纵向工作台在水平面内扳转一定角度，以便铣削螺旋槽等。横向工作台 10 位于升降台 11 上面的水平导轨上，可带动纵向工作台作

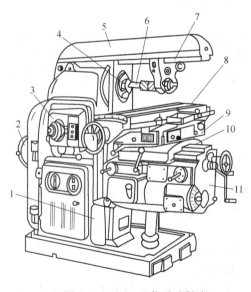

图 2-4　X6132 万能卧式铣床

1—床身；2—电动机；3—主轴变速机构；4—主轴；
5—横梁；6—刀杆；7—吊梁；8—纵向工作台；
9—转台；10—横向工作台；11—升降台

横向移动。升降台 11 可沿床身的垂直导轨上下移动，以调整工作台面到铣刀的距离。

2. 铣床加工不安全因素

高速旋转的铣刀和铣削中产生的振动及飞屑是主要的不安全因素。铣床运转时，用手清除切屑、调整冷却液、测量工件等，均可能使手触到旋转的刀具；操作人员操作时没有带护目镜，被飞溅切屑伤眼，或手套、衣服袖口被旋转的刀具卷进去；工件夹紧不牢，铣削中松动，用手去调整或紧固工件，工件在铣削中飞出；在快速自动进给时，手轮离合器没有打开，造成手轮飞转打人。

3. 事故预防措施

为确保铣削加工安全，应采取相应的防护装置和防护措施，并对职工进行必需的安全教育培训，加强现场安全检查，严格执行安全奖惩制度。

（1）技术措施

① 为防止铣刀伤手事故发生，可在旋转的铣刀上安装活动式防护罩。

② 铣削加工过程中引起铣床的振动，并且产生噪声；当振动传到铣刀刀刃时，将会发生崩刀现象。多数铣床的主轴都装有飞轮以减小铣床的振动。对卧式铣床，可在铣床悬梁上采用防振减振装置。

③ 高速铣削时，在切屑飞出的方向必须安装合适的防护网或防护板，防止飞屑烫人事故。另外，操作者作业时要戴防护眼镜，铣削铸铁零件时要戴口罩。

（2）铣床安全操作要求

① 进行正确的个体防护。如工人应穿紧身工作服，袖口扎紧；长发要戴防护帽；高速铣削时要戴防护镜；铣削铸铁件时应戴口罩；操作时，严禁戴手套，以防将手卷入旋转刀具和工件之间。

② 操作前应检查铣床各部件及安全装置是否安全可靠，检查设备电器部分安全可靠程度是否良好。

③ 机床运转时，不得调整、测量工件和改变润滑方式，以防手触及刀具碰伤手指。

④ 在铣刀旋转未完全停止前，不能用手去制动。

⑤ 铣削中不要用手清除切屑，也不要用嘴吹，以防切屑损伤皮肤和眼睛。

⑥ 装卸工件时，应将工作台退到安全位置，使用扳手紧固工件时，用力方向应避开铣刀，以防扳手打滑时撞到刀具或工夹具。

⑦ 装拆铣刀时要用专用衬垫垫好，不要用手直接握住铣刀。

⑧ 在机动快速进给时，要把手轮离合器打开，以防手轮快速旋转伤人。

六、刨床安全技术

刨床就是在刀具与金属工件的相对直线往复运动中，实现刨削加工的机床，用于加工各种平面和各种沟槽。刨床的主要类型有牛头刨床、龙门刨床。

1. 刨床的组成

牛头刨床如图 2-5 所示，工件安装在工作台 1 上，工作台 1 在滑座 2 上作横向进给运动，进给是间歇运动。底座 6 上装有床身 5，滑枕 4 上带着刀架 3 作往复运动。滑

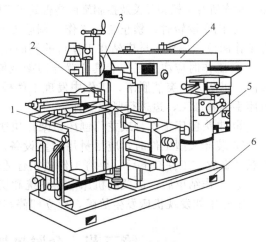

图 2-5 牛头刨床

1—工作台；2—滑座；3—刀架；
4—滑枕；5—床身；6—底座

座 2 可在床身上升降，以适应加工不同高度的工件。

2. 刨床加工不安全因素

是主要的不安全因素有：直线往复运动部件发生飞车；工件未固定牢靠而移动，甚至滑出；飞出的切屑等。此外，机床运转中，装拆工件、调整刀具、测量和检查工件，或操作时站在牛头刨床的正前方等，均容易被刀具、滑枕撞击。

3. 事故预防措施

为保证刨削加工安全，应按刨床安全防护技术要求进行设计和制造，通过设计尽可能排除或减小所有潜在的危险因素；对不能排除的危险，应采取必要的防护措施或设置安全防护装置；对于某些不便防护的危险，应在使用说明书中说明；必要时还应在危险部位设置警告标志，并按规定正确使用。对职工进行必需的安全教育培训，加强现场安全检查，严格执行安全奖惩制度。

（1）技术措施

① 为防止高速切削时，刨床工作台飞出造成伤害，应设置限位开关、液压缓冲器或刀具切削缓冲器。

② 横梁、工作台位置要调整好，以防开车后，工件与滑轨或横梁相撞。

③ 工件、刀具和夹具装夹要牢靠，以防切削中产生工件"移动"甚至滑出，以及刀具损坏或折断，造成设备或人身事故。

④ 机床运转中，不允许装卸工件、调整刀具、测量及检查工件，以防止被刀具、滑枕撞击。

⑤ 牛头刨床工作台或龙门刨床刀架座快速移动时，应将手柄取下或脱开离合器，以免手柄快速转动或飞出伤人。

⑥ 在龙门刨床上设置固定式或可调式防护栏杆，以防止工作台撞击操作者或将操作者压向墙壁或其他固定物。

⑦ 装卸大型工件时，应尽量使用起重设备，工件吊起后，不要站在工件下面，以防意外事故的发生。

（2）刨床安全操作要求

① 进行正确的个体防护。如工人应穿工作服，长发要戴防护帽。

② 开车前应检查和清理遗留在机床工作台面上的物品，机床上不得随意放置工具或其他物品；检查所有手柄和开关及控制旋钮是否处于正确位置；检查工件、刀具及夹具是否装夹牢固。

③ 机床运转时，禁止装卸工作、调整刀具、测量检查工件和清除切屑，操作者不得离开工作岗位；操作人员应站在工作台的侧面观看刨削情况。

④ 工作时应注意工件卡具位置与刀架或刨刀的高度，防止发生碰撞，刀架螺丝要随时紧固，以防刀具突然脱落，工作中发现工件松动，必须立即停车，紧固后再进行加工，禁止边用手推着加工，边进行紧固工作。

⑤ 牛头刨床工作台或龙门刨床刀架作快速移动时，应将手柄取下或脱开离合器。

⑥ 装卸大型工件时，应尽量用起重设备。工件起吊后，不得站在工件的下面，以免发生意外事故。工件卸下后，要将工件放在合适位置，且要放置平稳。

⑦ 工作结束后，应关闭机床电器系统和切断电源。然后再做清理工作，并润滑机床。

工作中如发现机床发生故障，应立即停车并及时报告领导，派机修工修理。

第三节　金属热加工机械安全技术

金属热加工一般是指铸造、锻造、焊接和热处理等工作。其特点是生产过程中常伴随着高温、有害气体、粉尘和噪声等，劳动条件恶劣。因此，在热加工工伤事故中，烫伤、喷溅和砸碰伤害等占到较高比例，安全问题十分重要。

一、热加工中的危险和有害因素

热加工过程劳动条件恶劣，主要导致事故的危险因素包括机械伤害、物体打击、灼烫伤、高处坠落、触电、火灾、爆炸；有害因素主要有高温辐射、粉尘、有毒有害气体、照明不良、噪声、振动等。

二、铸造安全技术

铸造是将熔融金属浇注、压射或吸入铸型型腔中，待其凝固后而得到一定形状和性能铸件的方法。铸造生产是机械制造工业的重要组成部分，它可以生产出外形从几毫米到几十米、质量从几克到几百吨、结构从简单到复杂的各种铸件。在机械制造工业所用的零件毛坯中，约70%是铸件。常用的铸造方法有砂型铸造和特种铸造两大类。其中，特种铸造中又包括熔模铸造、金属型铸造、压力铸造、低压铸造、离心铸造等多种铸造方法。在我国，砂型铸造是当前应用最广泛的一种铸造方法。这种铸造方法劳动条件差，生产中的危险和有害因素较多，故本节侧重以砂型铸造为例进行分析。

（一）铸造加工设备

铸造加工所需设备主要包括：

① 砂处理设备，如碾轮式混砂机、逆流式混砂机、叶片沟槽式混砂机、多边筛等；

② 有造型造芯用的各种造型机、造芯机，如高、中、低压造型机、抛砂机、无箱射压造型机、射芯机、冷和热芯盒机等；

③ 金属冶炼设备，如冲天炉、电弧炉、感应炉、电阻炉、反射炉等；

④ 铸件清理设备，如落砂机、抛丸机、清理滚筒机等。

（二）砂型铸造加工过程及特点

1. 砂型铸造加工过程

砂型铸造包括造型、熔炼与浇注、落砂与清理三个阶段，包括制作木模型、配砂、制芯、造型、合箱、炉料准备、金属熔化、浇注、落砂及清砂等工序。

（1）造型　造型通常分为手工造型和机器造型，是指用型砂及模型等工艺装备制造铸型的过程。即利用根据零件图设计出铸件图及模型图制出的模型及其他工装设备和配制好的型砂制成相应的砂型。

（2）熔炼与浇注　熔炼与浇注包括两个方面。熔炼是指使金属由固态转变成熔融状态的过程，目的是提供化学成分和温度都合格的熔融金属；浇注是指将熔融金属从浇包注入铸型的操作。

（3）落砂与清理　落砂与清理也包括两个方面。落砂是指用手工或机械使铸件与型砂、砂箱分开的操作；清理是指落砂后从铸件上清除表面粘砂、型砂、多余金属（包括浇冒口、氧化皮）等过程的总称。落砂后应及时清理铸件。

清理后的铸件应根据其技术要求仔细检验，判断铸件是否合格。技术条件允许焊补的铸件缺陷应焊补，合格的铸件应进行去应力退火或自然时效，变形的铸件应矫正。

2. 砂型铸造加工的特点

铸造加工多是在高温、高辐射热等恶劣的环境下进行的，易发生重大安全事故。从职业安全保护的角度来看，主要有以下三方面的特点：

① 劳动强度大。砂型铸造工序较多，其中大部分要靠手工劳动完成。

② 作业环境恶劣。高温、粉尘、烟尘、有害气体、照明不良、噪声、振动危害严重。如冲天炉化铁、铁水浇注等都存在高温危害，操作不慎就有被铁水烫伤的可能；配砂、落砂

及清砂等工序粉尘危害都很严重；铸铁熔化、有色金属熔化过程中产生大量粉尘及一氧化碳等有害气体；造型机的强烈振动和风动工具的高频率撞击声等可构成严重的噪声危害。

③ 材料用量大，易造成伤害事故。

（三）铸造加工中的危害及预防措施

根据铸造加工过程的特点，可以分析出在铸造加工过程中存在诸多的不安全因素，可能导致多种危害，需要从管理和技术方面采取措施，控制事故的发生，减少职业危害。

1. 危害

（1）事故危害

① 火灾及爆炸。红热的铸件、飞溅铁水等一旦遇到易燃易爆物品，极易引发火灾和爆炸事故。

② 灼烫。浇注时稍有不慎，就可能被熔融金属烫伤；经过熔炼炉时，可能被飞溅的铁水烫伤；经过高温铸件时，也可能被烫伤。

③ 机械伤害。铸造加工过程中，机械设备、工具或工件的非正常选择和使用，人的违章操作等，都可导致机械伤害。如造型机压伤，设备修理时误启动导致砸伤、碰伤。

④ 高处坠落。由于工作环境恶劣，照明不良，加上车间设备立体交叉，维护、检修和使用时，易从高处坠落。

（2）职业危害

① 尘毒危害。在型砂、芯砂运输、加工过程中，打箱、落砂及铸件清理中，都会使作业地区产生大量的粉尘，若没有有效的排尘措施，易患肺尘埃沉着病；冲天炉、电炉产生的烟气中含有大量对人体有害的一氧化碳，在烘烤砂型或泥芯时也有一氧化碳气体排出；利用焦炭熔化金属，以及铸型、浇包、砂芯干燥和浇铸过程中都会产生二氧化硫气体，如处理不当，将引起呼吸道疾病。

② 噪声振动。在铸造车间使用的震实造型机、铸件打箱时使用的震动器，以及在铸件清理工序中，利用风动工具清铲毛刺，利用滚筒清理铸件等都会产生大量噪声和强烈的振动。

③ 高温和热辐射。铸造生产在熔化、浇铸、落砂工序中都会散发出大量的热量，在夏季车间温度会达到40℃或更高，铸件和熔炼炉对工作人员健康或工作极为不利。

2. 安全卫生技术措施

由于铸造生产的上述特点，所以铸造车间的工伤事故远较其他车间为多。因此，需从多方面采取安全技术措施。

（1）工艺要求

① 工艺布置。应根据生产工艺水平、设备特点、厂区场地和厂房条件等，结合防尘防毒技术综合考虑工艺设备和生产流程的布局。污染较小的造型、制芯工段在集中采暖地区应布置在非采暖季节最小频率风向的下风侧，在非集中采暖地区应位于全面最小频率风向的下风侧。砂处理、清理等工段宜用轻质材料或实体墙等设施与其他部分隔开；大型铸造车间的砂处理、清理工段可布置在单独的厂房内。造型、落砂、清砂、打磨、切割、焊补等工序宜固定作业工位或场地，以方便采取防尘措施。在布置工艺设备和工作流程时，应为除尘系统的合理布置提供必要条件。

② 工艺设备。凡产生粉尘污染的定型铸造设备（如混砂机、筛砂机、带式运输机等），制造厂应配置密闭罩；非标准设备在设计时应附有防尘设施。型砂准备及砂的处理应密闭化、机械化。输送散料状干物料的带式运输机应设封闭罩。混砂不宜采用扬尘大的爬式翻斗加料机和外置式定量器，宜采用带称量装置的密闭混砂机。炉料准备的称量、送料及加料应采用机械化装置。

③ 工艺方法。在采用新工艺、新材料时，应防止产生新污染。冲天炉熔炼不宜加萤石。应改进各种加热炉窑的结构、燃料和燃烧方法，以减少烟尘污染。回用热砂应进行降温去灰处理。

④ 工艺操作。在工艺可能的条件下，宜采用湿法作业。落砂、打磨、切割等操作条件较差的场合，宜采用机械手遥控隔离作业。

• 炉料准备。炉料准备包括金属块料（铸铁块料、废铁等）、焦炭及各种辅料。在准备过程中最容易发生事故的是破碎金属块料。

• 熔化设备。用于机器制造工厂的熔化设备主要是冲天炉（化铁）和电弧炉（炼钢）。冲天炉熔炼过程是：从炉顶加料口加入焦炭、生铁、废钢铁和石灰石，高温炉气上升和金属炉料下降，伴随着底焦的燃烧，使金属炉料预热和熔化以及铁水过热，在炉气和炉渣及焦炭的作用下使铁水成分发生变化。所以，其安全技术主要从装料、鼓风、熔化、出渣出铁、打炉修炉等环节考虑。

• 浇注作业。浇注作业一般包括烘包、浇注和冷却三个工序。浇注前检查浇包是否符合要求，升降机构、倾转机构、自锁机构及抬架是否完好、灵活、可靠；浇包盛铁水不得太满，不得超过容积的80%，以免洒出伤人；浇注时，所有与金属溶液接触的工具，如扒渣棒、火钳等均需预热，防止与冷工具接触产生飞溅。

• 配砂作业。配砂作业的不安全因素有粉尘污染；钉子、铁片、铸造飞边等杂物扎伤；混砂机运转时，操作者伸手取砂样或试图铲出型砂，结果造成手被打伤或被拖进混砂机等。

• 造型和制芯作业。制造砂型的工艺过程叫做造型，制造砂芯的工艺过程叫做制芯。生产上常用的造型设备有震实式、压实式、震压式等，常用的制芯设备有挤芯机、射芯机等。很多造型机、制芯机都是以压缩空气为动力源，为保证安全，防止设备发生事故或造成人身伤害，在结构、气路系统和操作中，应设有相应的安全装置，如限位装置、联锁装置、保险装置。

• 落砂清理作业。铸件冷却到一定温度后，将其从砂型中取出，并从铸件内腔中清除芯砂和芯骨的过程称为落砂。有时为提高生产率，若过早取出铸件，因其尚未完全凝固而易导致烫伤事故。

（2）建筑要求　铸造车间应安排在高温车间、动力车间的建筑群内，建在厂区其他不释放有害物质的生产建筑的下风侧。

厂房主要朝向宜南北向。厂房平面布置应在满足产量和工艺流程的前提下同建筑、结构和防尘等要求综合考虑。铸造车间四周应有一定的绿化带。

铸造车间除设计有局部通风装置外，还应利用天窗排风或设置屋顶通风器。熔化、浇注区和落砂、清理区应设避风天窗。有桥式起重设备的边跨，宜在适当高度位置设置能启闭的窗扇。

（3）除尘

① 炉窑。

• 炼钢电弧炉。排烟宜采用炉外排烟、炉内排烟、炉内外结合排烟。通风除尘系统的设计参数应按冶炼氧化期最大烟气量考虑。电弧炉的烟气净化设备宜采用干式高效除尘器。

• 冲天炉。冲天炉的排烟净化宜采用机械排烟净化设备，包括高效旋风除尘器、颗粒层除尘器、电除尘器。当粉尘的排放浓度在$400\sim600\,mg/m^3$时，最好利用自然通风和喷淋装置进行排烟净化。

② 破碎与碾磨设备。颚式破碎机上部，直接给料，落差小于1m时，可只做密闭罩而不排风。不论上部有无排风，当下部落差大于等于1m时，下部均应设置排风密封罩。球墨机的旋转滚筒应设在全密闭罩内。

③ 砂处理设备、筛选设备、输送设备。以上所列设备及制芯、造型、落砂及清理、铸件表面清理等均应通风除尘。

3. 从业人员安全操作要求

（1）造型作业　造型作业从业人员安全操作要求有：

① 工作场地必须保持整洁，操作人员穿戴好劳动保护品；

② 造型时注意压勺、通气针等物刺伤人，握模型和用手塞砂子时注意铁刺和铁钉；

③ 抹箱时砂子应过筛，以免有杂物伤人；

④ 扣箱和翻箱时，动作要协调一致；

⑤ 不得在砂箱悬挂的情况下修型；

⑥ 使用手提灯时，应注意检查灯头、灯线是否漏电。

（2）化铁炉　化铁炉从业人员安全操作要求为：

① 炉上操作人员一定要穿戴好劳动保护品；

② 场地保持整洁，做好开炉前的准备工作，并检查设备完好情况；

③ 上料不得太满，上料时炉子附近不得有人停留，严禁潮湿及易爆物进入炉内；

④ 化铁炉附近不得有积水。

（3）浇注　浇注作业的安全操作要求有：

① 工作前要穿戴好劳动保护品；

② 开炉前做好一切准备工作，铁水包要烘干，运铁水车要检修完好，道路要畅通，车间内要整洁；

③ 为保证产品质量，一定要坚持"五不浇"的原则，即没埋箱（包抹箱）不浇，没压箱不浇，没打渣不浇，温度低不浇，铁水量不够不浇；

④ 浇注前渣勺应预热；

⑤ 浇注前应准备好堵火窝头，跑火时严禁用手堵铁水；

⑥ 开天车人员应服从浇注人员指挥，抬包浇注时应协调一致；

⑦ 浇注时要引气，不能将头部对着冒口；

⑧ 铁水放花时，浇注人员要坚守岗位，不得慌乱；

⑨浇注后剩余的铁水，一定要倒在干燥合适的地方。

三、锻造安全技术

锻造是金属压力加工的方法之一，它是机械制造生产中的一个重要环节。锻造是在加压设备及工（模）具的作用下，对金属坯料施加压力，使其产生塑性变形，以获得具有一定形状、尺寸和质量的锻件的加工方法。它可以通过一次或多次加压，使处于热态或冷态的金属和合金产生塑性变形，根据锻造加工时金属材料的温度可将锻造分为热锻、温锻和冷锻。除少数具有良好塑性的金属可在常温下锻造外，大多数金属都应加热后锻造成型，将金属加热，能降低其变形抗力，提高其塑性，并使内部组织均匀，以便达到用较小的锻造力获得较大的塑性变形而不破裂的目的。

（一）锻造加工设备

锻造加工的主要设备包括加热设备、压力设备。此外，还要用到许多手用辅助工具。

1. 加热设备

常用的锻造加热设备有火焰炉和电加热炉。火焰炉又可分为手锻炉或称明火炉、反射炉、重油炉、煤气炉，它是利用燃料燃烧产生的热来加热坯料。电加热炉主要有电阻炉和感应电加热器等。

（1）火焰加热炉

① 手锻炉（又称明火炉）。将坯料直接置于固体燃料（一般是焦炭或烟煤）上，利用固体燃料燃烧的火焰对坯料进行加热的炉子叫手锻炉。它的结构简单，砌造容易，使用简便。可以局部加热，但其加热温度不均，量度难以掌握。加热质量差，燃料消耗大，劳动生产率低。主要适于手工锻和小型空气锤上自由锻加热毛坯。

② 反射炉。以煤为燃料的火焰加热炉，其结构如图2-6所示。燃烧室中产生的高温炉气，越过火墙进入加热室，加热坯料。加热室温度可达1350℃左右，废气经烟道排出，燃烧所需的空气由鼓风机供给，经过换热器预热后送入加热室，坯料经炉门装入和取出。这种加热炉在中小批量生产的锻造车间经常采用。

③ 重油炉和煤气炉。重油炉和煤气炉是以重油或煤气为燃料的火焰加热炉。图2-7为室式重油炉结构图。压缩空气和重油分别由两个管道送入喷嘴，压缩空气从喷嘴喷出时，所造成负压能将重油带出并喷成雾状，直接喷入加热室，进行燃烧，从而加热坯料。

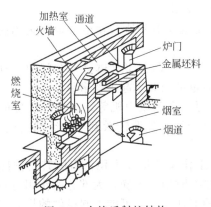

图2-6 火焰反射炉结构

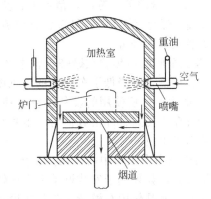

图2-7 重油炉结构

煤气炉的构造与重油炉基本相同，主要区别是喷嘴的结构不同。重油炉、煤气炉常用于加热单件和小批的中小件坯料。

（2）电阻炉和感应电加热器

① 电阻炉是利用电阻加热器通电时所产生的热量作为热源来加热坯料。根据电阻元件不同，电阻炉分为中温电炉（加热器为电阻丝，最高使用温度为950℃）和高温电炉（加热器为硅碳棒，最高使用温度为1300℃）两种。图2-8为箱式电阻丝加热炉。

电阻炉操作简便，控制温度准确，且可通入保护性气体控制炉内气氛，以防止或减少工件加热时的氧化，主要用于精密锻造及高合金钢、有色金属的加热。

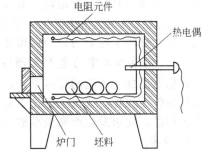

图2-8 箱式电阻丝加热炉

② 感应电加热器是利用电磁感应原理，把坯料放在交变磁场中，使其内部产生感应电流（涡流），从而产生热量来加热坯料。

2. 压力设备

锻造压力设备根据压力机的传动方式、结构形式及产生压力的方式等不同，可有多种类型。按传动方式不同，可分为机械传动、液压传动、电磁及气动压力机；按机身结构不同，可分为开式和闭式机身压力机；按产生压力的方式不同，机械压力机又可分为摩擦压力机和曲柄压力机。机械传动的曲柄压力机是我国工业部门中最基本、最常见的压力机械类型。其中，中、小吨位开式机身机械式曲柄压力机使用量多，手工操作比例大，相应的事故率也高，相关内容将在本章第四节重点讨论。

（二）锻造加工过程及作业条件特点

锻造加工工艺一般包括切割下料、加热、锻造、热处理、清理、检验等加工过程。

从职业安全保护的角度来看，尽管工作条件因锻造形式不同而各异，但都具有操作简单、动作单一且多合作操作、作业频率高等特点，单调重复的作业极易使操作者产生厌倦情绪，导致操作者的操作意识水平下降、精力不集中，引起动作不协调或误操作。强烈的噪声、振动、干热混浊的空气等恶劣的作业环境及较大的精力和体力消耗，造成对操作者生理和心理的不良影响。模具结构设计不合理、工具繁多、机器本身故障等不良因素也会对操作者造成影响。

具体来说，锻造车间有如下特点：

① 锻造生产是在金属灼热的状态下进行的（如低碳钢锻造温度范围在 750～1250℃ 之间），由于有大量的手工劳动，稍不小心就可能发生灼伤。

② 锻造车间里的加热炉和灼热的钢锭、毛坯及锻件不断地散发出大量的热辐射，工人经常受到热辐射的侵害。

③ 锻造车间的加热炉在燃烧过程中产生的烟尘和有毒有害气体排入车间的空气中，不但影响作业环境，还降低了车间内的能见度，因而也可能会引起工伤事故。

④ 锻造生产中所使用的设备如空气锤、蒸汽锤、摩擦压力机等，工作时发出的都是冲击力；设备在承受这种冲击载荷时，本身容易突然损坏（如锻锤活塞杆的突然折断），而造成严重的伤害事故。

⑤ 锻造设备在工作中的作用力很大，它们的工作条件虽较平稳，但因其工作部件所发出的力量很大，如果模子安装调整上出现错误或操作时稍不正确，大部分的作用力就不是作用在工件上，而是作用在模子、工具或设备本身的部件上，就可能引起机件的损坏以及其他严重的设备或人身事故。

⑥ 锻工的工具和辅助工具繁多，在工作中，工具更换非常频繁，存放往往又较杂乱，增加了对这些工具检查的困难，有时还会因"凑合"使用类似的工具而造成工伤事故。

⑦ 锻造设备在运行中产生强烈的噪声和振动，使工作地点嘈杂刺耳，影响人的听觉和神经系统，分散了注意力，因而增加了发生事故的可能性。

（三）锻造加工中的危害及预防措施

根据锻造加工工艺的特点可知，在铸造加工过程中存在多种危害，可能由于设备、模具和环境条件不完善，或由于操作不安全、组织工作不善，或因未曾配备和缺少安全装置及个体防护用品，而引发生产安全事故和职业伤害。

1. 危害

（1）事故危害　锻造加工中的事故危害主要有下面三种。

① 机械伤害。锻造加工过程中，机械设备、工具或工件的非正常选择和使用，人的违章操作等，都可导致机械伤害。如锻锤锤头击伤；打飞锻件伤人；辅助工具打飞击伤；模具、冲头打崩、损坏伤人；原料、锻件等在运输过程中造成的砸伤；操作杆打伤、锤杆断裂击伤等。

② 火灾爆炸。红热的坯料、锻件及飞溅氧化皮等一旦遇到易燃易爆物品，极易引发火灾和爆炸事故。

③ 灼烫。锻造加工坯料常加热至 800～1200℃，操作者一旦接触到红热的坯料、锻件及飞溅氧化皮等，必定被烫伤。

（2）职业危害　加热炉和灼热的工件辐射大量热能，火焰炉使用的各种燃料燃烧产生炉渣、烟尘，对这些如不采取通风净化措施，将会污染工作环境，恶化劳动条件，容易引起伤害事故。

① 噪声和振动。锻锤以巨大的力量冲击坯料，产生强烈的低频率噪声和振动，可引起职工听力降低或患振动病。

② 尘毒危害。火焰炉使用的各种燃料燃烧生产的炉渣、烟尘，空气中存在的有毒有害物质和粉尘微粒。

③ 热辐射。加热炉和灼热的工件辐射大量热能。

2. 安全卫生技术措施

保证锻造加工的安全卫生，首先必须从安全技术措施上，对车间进行合理的布局，在压力机的设计、制造与使用等环节全面加强控制。同时，还需通过技术培训和安全教育，使操作者加强安全意识和提高操作技能；为操作者提供必需的劳动防护用品，以最大限度地减少事故和伤害。

（1）设备安全要求　设备结构不但要保证设备运行中的安全，而且要能保证安装、拆卸和检修等各项工作的安全。此外，还必须便于调整和更换易损件，便于对在运行中要取下检查的零件进行检查。所有设备必须保证：

① 锻造机械的机架和突出部分不得有棱角或毛刺。

② 外露的传动装置必须要有防护罩，防护罩需用铰链安装在锻压设备的不动部件上。

③ 锻造机械的启动装置必须能保证对设备进行迅速开关，并保证设备运行和停车状态的连续可靠。启动装置的结构应能防止设备意外的开动或自动开动。

④ 电动启动装置的按钮盒，其按钮上需标有"启动"、"停车"等字样。停车按钮为红色，其位置比启动按钮高 10～12mm。

⑤ 压力设备配备可靠的安全附件。

⑥ 新安装和经过大修理的锻压设备，应该根据设备图纸和技术说明书进行验收和试验。

（2）作业环境和个体防护

① 加热和锻造设备应设置在正确位置，避免密集在一处，工作流程要合理；锻造车间应有有效的全车间通风（设计良好的自然通风一般已可满足），加热炉要有局部排气系统；高温工作场所应配备冷空气簇射装置，并在门的周围安装风幕。

② 声源应予以封闭或装设吸声板，设备应安装在减振和隔振基础上。

③ 应提供隔热隔声的休息室，给员工提供个体防护用品（特别是听力防护用品），工作节奏应该合理。

3. 从业人员安全操作要求

锻造加工作业环境恶劣，危险和危害因素多，操作工人应认真学习设备安全技术操作规程，加强设备的维护、保养，保证设备的正常运行，防止事故的发生。

① 工作前，要穿好工作服、隔热工作鞋，戴好安全帽和护目镜，工作服应当很好地遮蔽身体，以防烫伤。

② 检查所用的工具、模具是否牢固、良好、齐备；锤头、锤杆有无裂纹，是否松动；气压表等仪表是否正常，气压是否符合规定。

③ 设备开动前，应检查电气接地装置、防护装置、离合器等是否良好，并为设备加好润滑油，空车试运转 5min，确认无误后，方可进行工作。采用机械化传送带运输锻件，要检查传送带上下左右是否有障碍物，传送带试车正常后方可运输。

④ 工房温度较低时，应将工具、模具及设备的有关部分预热到 150～200℃，防止冷态使用造成断裂。

⑤ 工房内的通风设备（如排气扇等）使用前一定要检查，以防叶片脱落或漏电伤人。移动时，风扇叶片应完全停止转动。

⑥ 工作中应经常检查设备、工具、模具等，尤其是受冲击部位是否有损伤、松动、裂纹等，发现问题要及时修理或更换，严禁机床带病作业。

⑦ 锻件在传送时不得随意投掷，以防烫伤、砸伤。大的锻件必须用钳子夹牢，由吊车传送。

⑧ 掌钳工在操作时，钳柄应在人体两侧，不要将钳柄对准人体的腹部或其他部位，以免锻打时钳子突然飞出造成伤害。锻打时掌钳工给司锤工的信号要明确。

⑨ 掌钳时不要把手指放在钳柄之间，也不要把钳口放在锤头行程下面，以防钳口裂开，挤压手指。

⑩ 不得锻打冷料或过烧的坯料，以防飞裂伤人。

⑪ 操作时，严禁用手伸入到锤的下方取、放锻件。不得用手或脚直接清除铁帖上的氧化皮或推传锻打的工件。

⑫ 锻件及工具不得放在人行通道上或靠近机械传送带旁，以保持道路畅通。锻件应平稳地放在指定地点。堆放不能过高，一般应为 0.8m，以防突然倒塌，砸伤、压伤人。

⑬ 锻造操作机运行及热件运送范围内，禁止堆放物品和站人。

⑭ 与生产无关的工具、毛坯、锻件和料头等，不要放在锤的旁边；不准横跨机械传送带或锻造自动线，也不准在其上面递送工具或坯料等。

⑮ 使用脚踏开关锤时，在测量工件时需将脚离开脚踏开关，以防误踏失事。

⑯ 易燃易爆物品不准放在加热炉或热锻件近旁。

⑰ 除工作现场操作人员外，严禁无关人员观看，防止工件飞出击伤人。

⑱ 严格遵守"七不打"的操作规程。

四、热处理安全技术

热处理是将金属放在一定的介质中加热到适宜的温度，并在此温度中保持一定时间后，又以不同速度冷却的工艺方法。通过热处理，可使金属工件具有较高的强度、硬度、韧性及耐磨性等良好的力学性能和较长的工作寿命。热处理一般不改变工件的形状和整体的化学成分，而只是通过改变工件内部的显微组织，或改变工件表面的化学成分，赋予金属某些特殊性质。热处理工艺一般可分为整体热处理（退火、正火、淬火和回火）、表面热处理和化学热处理。

（一）热处理设备

热处理工序中的主要设备是加热炉，还有一些用于矫正、清理、表面强化的补充设备。加热炉可以分为燃料炉和电炉两大类。

1. 燃料炉

燃料炉以固体、液体和气体燃料燃烧产生热源，如煤炉、油炉和煤气炉。它们靠燃烧直接发出的热能量，大都属于一次能源，价值经济、消耗低，但容易使工件表面脱碳和氧化。常用于一般要求的加热工件和材料热处理中，如回火、正火、退火和淬火。

2. 电炉

电炉以电为热能源，即二次能源。按其加热方法不同，又分为电阻炉和感应炉。根据加热工件和材料不同，按工艺要求应配备不同形式的电加热炉。

（1）电阻炉 主要由电阻体作为发热元件的电炉。根据热处理工艺的要求，可进行退火、正火、回火、淬火、渗碳氧化和氮化等处理。

（2）感应炉 通过电磁感应作用，使工件内产生感应电流，将工件迅速加热。感应炉加热是热处理工艺中的一种先进方法，主要用于表面热处理淬火，后来逐步扩大为用于正火、淬火、回火以及化学热处理等。

（二）热处理加工过程及作业特点

热处理过程一般可分为三个步骤：加热、保温、冷却。

加热可采用固体、液体、气体燃料或电加热，也可通过熔融的盐或金属加热。为了避免金属在空气中发生氧化及脱碳现象，金属通常是在保护气氛（气态介质）、熔融盐中或真空中加热的。

在热处理加工过程中，工件的退火、正火、淬火、渗碳等热处理工序都是在高温下进行的，产生很强的热辐射；高频电炉还能产生强度很大的电场和磁场；电加热设备电压高，电流大；而且要用品种繁多的辅助材料，如酸、碱、金属盐、氰盐等。这些辅料有的是具有强烈腐蚀性和毒性的物质，有的易燃、易爆，有的在热处理过程中还能形成对人体有害的气体、粉尘和气溶胶等；淬火油等物质在使用过程中易引起爆炸或燃烧。

（三）热处理加工中的危害及防护措施

在热处理加工过程中，易造成烧伤、烫伤、眼灼伤、触电、火灾、爆炸等事故。

1. 危害

（1）事故危害

① 火灾或爆炸。热处理过程中经常使用的甲醇、乙醇、丙烷、柴油、汽油都是易燃易爆物。热处理操作常在高温下进行，工件温度高，采用燃料炉时，更是有明火存在，不加强管理，极易发生火灾或爆炸事故。

② 灼烫。材料和设备表面温度过高，热辐射可造成烧伤。操作温度很高的等离子、电子射线、光学的和其他类型的炉子可引起眼烧伤。

③ 触电。热处理车间用电量很大，电气设备也比较多，稍有不慎就有发生触电的危险。

（2）职业危害

① 尘毒危害。工作介质在加热过程中，大量蒸发或反应生成大量对人体健康有害的气体、粉尘、气溶胶等。例如氯化钡作加热介质，温度可达 1300℃，氯化钡大量蒸发；氮化工艺过程中有大量氮气排放等。

② 热辐射及光辐射。一些热处理工艺温度高达 900～1200℃，炉前操作工人必然受到高温的热辐射和光辐射。

③ 强电场、磁场对人体造成的不良影响。

2. 热处理的安全防护措施

热处理生产过程中，存在众多的危险和有害因素，因此必须采取有效的安全技术措施。

（1）工作场所按安全要求布置　安装一般箱式热处理炉的车间，主要通道留在中间，宽度应不小于 2～3m。一般情况下，小型炉之间的间距为 0.8～1.2m，中型炉为 1.2～1.5m。为防止火灾，贮油槽一般应设在车间外面的地下室或地坑内；高频、中频感应淬火机房应单独设置，并远离油烟、灰尘和震动较大的地方。氰化间、喷砂间等有毒、有害的设备，应隔离布置并设防护装置。

（2）对工艺设备的安全要求　大型油槽应设置事故回油池，为了保持油的清洁和防止火灾，油槽应装设槽盖；应设置气体捕集和气体净化系统，将一氧化碳、氮氧化物、氯和氟化物、烃类等进行净化。

3. 从业人员安全操作要求

（1）热处理操作的一般安全要求　热处理安全操作要求为：

① 操作前，首先要熟悉热处理工艺规程和所要使用的设备。

② 操作时，必须穿戴好必要的防护用品，如工作服、手套、防护眼镜等。

③ 在加热设备和冷却设备之间，不得放置任何妨碍操作的物品。

④ 混合渗碳剂、喷砂等应在单独的房间中进行，并应设置足够的通风设备。

⑤ 设备危险区（如电炉的电源引线、汇流条、导电杆和传动机构等）应当用铁丝网、栅栏、板等加以防护。

⑥ 热处理用全部工具应当有条理地放置，不许使用残裂的、不合适的工具。

⑦ 车间的出入口和车间内的通路，应当通行无阻。在重油炉的喷嘴及煤气炉的浇嘴附近，应当安置灭火砂箱；车间内应放置灭火器。

⑧ 经过热处理的工件，不要用手去摸，以免造成灼伤。

（2）操作重油炉（包括煤气炉）的安全要求　操作时必须经常对设备进行检查，油管和空气管不得漏油、漏气，炉底不应存有重油。如发现油炉工作不正常，必须立即停止燃烧。油炉燃烧时不要站在炉口，以免火焰灼伤身体。如果发现突然停止输送空气，应迅速关闭重油输送管。为了保证操作安全，在打开重油喷嘴时，应该先放出蒸汽或压缩空气，然后再放出重油；关闭喷嘴时，则应先关闭重油的输送管，然后再关闭蒸汽或压缩空气的输送管。

（3）操作各种电阻炉的安全要求　在使用前，需检查其电源接头和电源线的绝缘是否良好，要经常注意检查启闭炉门自动断电装置是否良好，以及配电柜上的红绿灯工作是否正常。

无氧化加热炉所使用的液化气体，是以压缩液体状态贮存于气瓶内的，气瓶环境温度不许超过 45℃。液化气是易燃气体，使用时必须保证管路的气密性，以防发生火灾和伤亡事故。由于无氧化加热的吸热式气体中一氧化碳的含量较高，因此使用时要特别注意保证室内通风良好，并经常检查管路的密封。当炉温低于 760℃ 或可燃气体与空气达到一定的混合比时，就有爆炸的可能，为此，在启动与停炉时更应注意安全操作，最可靠的办法是在通风及停炉前用惰性气体及非可燃性气体（氮气或二氧化碳）吹扫炉膛及炉前室。

（4）操作盐浴炉的安全要求　使用时应注意，在电极式盐浴炉电极上不得放置任何金属物品，以免变压器发生短路。工作前应检查通风机的运转和排气管道是否畅通，同时检查坩埚内熔盐液面的高低，液面一般不能超过坩埚容积的 3/4。电极式盐浴炉在工作过程中会有很多氧化物沉积在炉膛底部，这些导电性物质必须定期清除。

使用硝盐炉时，应注意硝盐超过一定温度会发生着火和爆炸事故。因此，硝盐的温度不应超过允许的最高工作温度。另外，应特别注意硝盐溶液中不得混入木炭、木屑、炭黑、油和其他有机物质，以免硝盐与炭结合形成爆炸性物质，而引起爆炸事故。

（5）液体氰化的安全要求　进行液体氰化时，要特别注意防止氰化物中毒。进行高频电流感应加热操作时，应特别注意防止触电。操作间的地板应铺设胶皮垫，并注意防止冷却水洒漏在地板上和其他地方。

（6）镁合金热处理的安全要求　进行镁合金热处理时，应特别注意防止炉子"跑温"而引起镁合金燃烧。当发生镁合金着火时，应立即用熔炼合金的熔剂（50%氯化镁＋25%氯化钾＋25%氯化钠熔化混合后碾碎使用）撒盖在镁合金上加以扑灭，或者用专门用于扑灭镁火的药粉灭火器加以扑灭。在任何情况下，都绝对不能用水和其他普通灭火器来扑灭，否则将引起更为严重的火灾事故。

（7）油中淬火操作的安全要求　操作时，应注意采取一些冷却措施，使淬火油槽的温度控制在 80℃ 以下，大型工件进行油中淬火更应特别注意。大型油槽应设置事故回油池。为了保持油的清洁和防止火灾，油槽应装槽盖。

（8）矫正工件的安全操作　矫正工件的工作场地位置应适当，防止工件折断崩出伤人，必要时，应在适当位置装设安全挡板。

（9）其他操作的安全要求　无通风孔的空心件不允许在盐浴炉中加热，以免发生爆炸。有盲孔的工件在盐浴中加热时，孔口不得朝下，以免气体膨胀将盐液溅出伤人。管装工淬火时，管口不应朝向自己或他人。

五、焊接安全技术

焊接是利用局部加热或加压等手段，使分离的两部分金属，通过原子的扩散与结合而形成永久性连接的工艺方法。焊接主要用来连接金属，常用于金属结构件的生产。

焊接方法的种类很多，根据实现金属原子间结合的方式不同，常用的有熔融焊、压力焊、钎焊。

熔融焊是利用外加热源使焊件局部加热至熔化状态，一般还同时熔入填充金属，然后冷却结晶成一体的焊接方法。熔融焊的加热温度较高，焊件容易变形。但接头表面的清洁程度要求不高，操作方便，适用于各种常用金属材料的焊接，应用较广。

压力焊（简称压焊）是对焊件加热（或不加热）并施压，使其接头处紧密接触并产生塑性变形，从而形成原子间结合的焊接方法。压力焊只适用于塑性较好的金属材料的焊接。

钎焊是将低熔点的钎料熔化，利用液态钎料在母材表面润湿、铺展，并与固态母材（焊件）相互扩散实现连接的焊接方法。它与熔焊方法不同，钎焊时母材不熔化。钎焊不仅适用于同种或异种金属的焊接，还广泛用于金属与玻璃、陶瓷等非金属材料的连接。

机械制造业中常用的是属于熔融焊的电焊、气焊与电渣焊，其中尤以电焊应用最广。

（一）电焊

电焊又分为电阻焊与电弧焊两类。前者是利用大的低压电流通过被焊件时，在电阻最大的接头处（被焊接部位）引起强烈发热，使金属局部熔化，同时机械加压而形成的连接；后者则是利用电焊机的低压电流，通过电焊条（为一个电极）与被焊件（为另一个电极）间形成的电路，在两极间引起电弧来熔融被焊接部分的金属和焊条，使熔融的金属混合并填充接缝而形成的。

1. 设备、工具和材料

电焊作业设备、工具都较简单，主要设备有交流焊机、旋转式直流弧焊机和焊接整流器等。电焊机实质上是焊接电源，主要工具包括焊钳、焊枪和焊接电缆。

焊接材料主要是焊条。焊条由金属焊芯和药皮两部分所组成。焊芯的主要作用是作为电极和填充金属，其化学成分直接影响焊缝质量，焊芯通常用含碳、硫、磷较低的专用钢丝制成；药皮的作用主要是稳弧、保护、脱氧、渗合金及改善焊接工艺性。由于焊条药皮中含有钾、钠等元素，能在较低电压下电离，容易引弧并使之稳定燃烧以改善焊条的工艺性能，如能减少焊接飞溅、使焊缝成形美观；药皮在高温下熔化，可产生保护熔渣及隔离气体，减少氧和氮侵入金属熔池；药皮中含有锰铁、硅铁等铁合金，在焊接冶金过程中起脱氧、去硫、渗合金等作用。

2. 危害

（1）事故危害

① 触电。所有电焊工艺共同的主要事故风险是触电。电焊发生触电事故主要有以下几方面的原因：焊机电源线的电压比较高（220V/380V），人体一旦触及，往往会造成事故；焊机的空载电压虽然不高（60～90V），但已超过安全电压，在潮湿、水下和阴雨天等条件下，该电压有可能使触电者伤亡，在电焊过程中，操作者触及空载电压的机会较多（如更换焊条、清理工件和调节焊接电流等），加之思想麻痹等，所以电焊的触电伤亡事故，大多是由于触及空载电压造成的；电焊机和电缆在工作时受腐蚀性粉尘或蒸气作用，在室外作业时受雨雪侵蚀以及机械性损伤等，都容易造成绝缘层的老化、变质、硬化龟裂或破损，从而发生漏电危险；在锅炉、船舱或管道、金属容器里的电焊操作，由于作业空间狭小、金属电导率大或潮湿等原因，触电危险性较大。

② 火灾或爆炸。电焊作业时，电流的热效应可能引起电气火灾，特别是焊接贮存过易燃、易爆物品的容器或管道，或周围有易燃易爆物品，电流的热效应可能引起电气火灾和爆炸事故。

③ 灼烫。焊接时的弧光、溅出的火星及灼热的焊件，都可能导致灼烫伤。

（2）职业危害

① 辐射。焊接中焊工常直接受到弧光辐射（主要是紫外光和红外线的过度照射）和焊接中的电子束产生的 X 射线的照射，会引起眼睛和皮肤的疾病，影响焊工的身体健康。焊接中产生的高频电磁场也会使人头晕疲乏。

② 尘毒危害。焊接过程中，由于高温使金属的焊接部位、焊条、污垢、油漆等蒸发或燃烧，生成有毒有害气体和粉尘，引起中毒或危害操作者健康。

3. 电焊设备和工具安全要求

电焊安全可从电焊设备安全和电焊工具安全两方面考虑。

（1）电焊设备安全　电焊作业的主要设备，应采取下列安全技术措施：①电焊机要有防止过载的热保护装置，各导电部分之间要有良好的绝缘设施，并有良好的保护接地；②弧焊机空载自动断电保护措施。

（2）电焊工具安全　电焊作业时应做到：

① 电焊钳与焊接电线连接要牢固可靠，电焊钳绝缘良好；

② 焊接电缆应有良好的导电能力及良好的绝缘外表。

4. 个体防护

① 保护眼睛不受伤害。使用镶有护目镜片的面罩，减弱电弧光的刺激，过滤紫外线、红外线。

② 防止皮肤不受伤害。穿浅色或白色帆布工作服，工作服袖口要扎紧，扣好袖扣；戴防护手套。

③ 防止急性职业病中毒。装有通风和吸尘设备，使用低尘少害的焊条，佩戴防尘口罩、防毒面具或呼吸滤清器。

④ 防高处坠落。高空作业时，必须挂好安全带，戴好安全帽。

5. 安全操作要求

（1）电焊工必须经过训练，考试合格发给操作证后，才能独立操作。

（2）在操作中，必须严格遵守以下电气安全规定。

① 电焊机必须绝缘良好，其绝缘电阻不得小于 1MΩ，否则不准使用。不准任意搬动接地设备。工作前，首先检查接地线、导线有无损坏，电焊变压器的一次电源线要保证绝缘，其长度宜在 2.5～3m。二次线应使用绝缘线，禁止使用厂房或其他金属物体接起来作导线使用（含零线）。导线接头不超过 2 个，要用绝缘布包好，电线不准拖在行人道路上，要挂起来。

② 电焊机用电焊变压器，应该按照规定时间间歇使用。

③ 电焊机外壳和二次线圈绕组引出线的一端，在电源为三相三线制或单相制系统中，应安装保护性接地线，接地电阻不得超过 4Ω；在电源为三相四线制中性点接地系统中，应安装保护性接零线，其接地线、接零线断面应稍大些。在电焊机二次线圈绕组一端接地或接零时，则焊体本身不该接地，也不应接零，以防工作电流伤人或发生火灾。

④ 在有接地线或接零线的工件上进行电焊时，应将焊件的接地线或接零线的接头暂时断开，焊完后再接上。在焊接与大地紧密相连的工件（如管路、房屋、金属、立柱、有良好接地的铁轨等）时，焊件接地电阻小于 4Ω，则应将电焊机二次线圈绕阻一端接地或接零线的接头暂时断开，焊完后再恢复，总之，不能同时接地或接零（指二次端和焊件）。

⑤ 焊接中没发生电弧时，电压较高，要特别注意防止触电。调整电流或换焊条时，要

放下电把进行。焊接工作结束后，要将电源切断。

（3）进行焊接操作要做到如下要求。

① 在潮湿地点及金属容器内进行作业，要穿绝缘鞋和站在胶垫上。照明灯使用 12V，电焊、尖钳绝缘。使用有滤光镜的面罩，防止电弧射伤眼睛和烫伤面部。面罩与脸不要离得太远，防止电弧和紫外线从侧面射伤面部。

② 工作地点要用屏风围起来，以免电弧、紫外线和火花溅飞渣射伤其他人员。

③ 工作地点周围不要放置易燃易爆物品，严禁焊接未消除压力的容器和带有危险性的爆炸物品。

④ 在高空或井筒内焊接时，要有人在场监护，要系安全带，要用铁板隔开，防止火花或焊渣四处飞溅引起火灾。

（4）禁止焊接有油污、有易燃易爆气体等的容器物品。

（5）禁止在不停电的情况下检修、清扫电焊机或更换保险丝，以防触电。

（二）气焊与气割

气焊是利用可燃气体与助燃气体，通过焊炬进行混合后喷出，经点燃而发生剧烈的氧化燃烧，以此燃烧所产生的热量去熔化工件接头部位的母材和焊丝而达到金属牢固连接的方法。气割是利用可燃气体与氧气混合燃烧的预热火焰，将金属加热到燃烧点，并在氧气射流中剧烈燃烧而将金属分开的加工方法。气割过程实际上是被切割金属在纯氧中的燃烧过程，而不是熔化过程。

1. 设备、工具和常用材料

气焊和气割应用的设备包括气瓶及回火防止器等。应用的工具包括焊炬、割炬、减压器以及胶管等。气焊和气割均需使用气体材料，气体包括助燃气体和可燃气体，助燃气体是氧气，可燃气体有乙炔、液化石油气和氢气等。

气焊还需使用焊接材料。焊接材料有气焊丝和气焊熔剂（焊粉）。气焊用的焊丝起填充金属的作用，焊接时与熔化的母材一起组成焊缝金属。气焊熔剂的采用是为了防止金属的氧化以及消除已经形成的氧化物和其他杂质，在焊接有色金属材料时，必须采用气焊熔剂。

2. 气焊和气割的主要危险和危害

（1）火灾、爆炸和灼烫　气焊与气割所应用的乙炔、液化石油气、氢气和氧气等都是易燃易爆气体，氧气瓶、乙炔瓶、液化石油气瓶都属于压力容器。在焊补燃料容器和管道时，还会遇到其他许多易燃易爆气体及各种压力容器，同时又使用明火，当焊接设备或安全装置有缺陷，或违反操作规程操作时，就极易构成火灾和爆炸的条件，从而引发火灾和爆炸事故。

在气焊与气割的火焰作用下，氧气射流的喷射，使火星、熔珠和铁渣四处飞溅，容易造成灼烫事故。较大的熔珠和铁渣能引着易燃易爆物品，造成火灾和爆炸。

（2）金属烟尘和有毒气体危害　气焊与气割的火焰温度高达 3000℃以上，被焊金属在高温作用下蒸发、冷凝成为金属烟尘。在焊接铝、镁、铜等有色金属及其他合金时，除了这些有毒金属蒸气外，焊粉还散发出燃烧物；黄铜、铅的焊接过程中都能散发有毒蒸气。在补焊操作中，还会遇到其他毒物和有害气体。尤其是在密闭容器、管道内的气焊操作，可能造成焊工中毒事故。

3. 气焊设备安全操作要求

（1）焊、割前准备

① 检查橡胶软管接头、氧气表、减压阀等，应紧固牢靠，无泄漏。严禁油脂、泥垢沾染气焊工具、氧气瓶。

② 严禁将氧气瓶、乙炔发生器靠近热源和电闸箱，并不得放在高压线及一切电线的下

面，切勿在强阳光下曝晒，应放在操作工点的上风处，以免引起爆炸。四周应设围栏，悬挂"严禁烟火"标志，氧气瓶、乙炔气瓶与焊、割炬（也称焊、割枪）的间距应在 10m 以上，特殊情况也应采取隔离防护措施，其间距也不准少于 5m，同一地点有两个以上乙炔发生器，其间距不得小于 10m。

③ 氧气瓶应集中存放，不准吸烟和明火作业，禁止使用无减压阀的氧气瓶。氧气瓶应直立放置，设支架稳固，防止倾倒；横放时，瓶嘴应垫高。氧气瓶应配瓶嘴安全帽和两个防震胶圈。移动时，应旋上安全帽，禁止拖拉、滚动或吊运氧气瓶，禁止戴有油脂的手套搬运氧气瓶。转运时应用专用小车，固定牢靠，避免碰撞。

④ 乙炔气瓶使用前，应检查防爆和防回火安全装置。

⑤ 按工件厚度选择适当的焊炬和焊嘴，并拧紧焊嘴，应无漏气。

⑥ 焊、割炬装接胶管应有区别，不准互换使用，氧气管用红色软管，乙炔管用绿色或黑色软管。使用新软管时，应先排除管内杂质、灰尘，使管内畅通。

⑦ 不得将橡胶软管放在高温管道和电线上，或将重物或热的物件压在软管上，更不得将软管与电焊用的导线敷设在一起。

⑧ 安装减压器时，应先检查氧气瓶阀门接头不得有油脂，并略开氧气瓶阀门出气口，关闭氧气瓶阀门时，须先松开减压器的活门螺丝（不可紧闭）。

⑨ 检查焊（割）炬射吸性能时，先接上氧气软管，将乙炔软管和焊、割炬脱开后，即可打开乙炔阀和氧气阀，再用手指轻按焊炬上乙炔进气管接口，如手感有射吸能力，气流正常后，再接上乙炔管路。如发现氧气从乙炔接头中倒流出来，应立即修复，否则禁止使用。检查设备、焊炬、管路及接头是否漏气时，应涂抹肥皂水，观察有无气泡产生，禁止用明火试漏。

⑩ 焊、割嘴堵塞，可用通针将嘴通一下，禁止用铁丝通嘴。

（2）焊、割中注意事项

① 开启氧气瓶阀门时，禁止用铁器敲击，应用专用工具，动作要缓慢，不要面对减压器。

② 点火前，急速开启焊、割炬阀门，用氧气吹风，检查喷嘴出口。无风时不准使用，试风时切忌对准脸部。点火时，可先把氧气调节阀稍微打开后，再打开乙炔调节阀，点火后即可调整火焰大小和形状。点燃后的焊炬不能离开手，应先关乙炔阀，再关氧气阀，使火焰熄灭后才准放下焊炬，不准放在地上，严禁用烟头点火。

③ 进入容器内焊接时，点火和熄火均应在容器外进行。

④ 在焊、割贮存过油类的容器时，应将容器上的孔盖完全打开，先将容器内壁用碱水清洗干净，然后再用压缩空气吹干，充分做好安全防护工作。

⑤ 氧气瓶压力指针应灵敏正常，瓶中氧气不许用尽，必须预留余压，至少要留 0.1～0.2MPa 的氧气，拧紧阀门，瓶阀处严禁沾染油脂，瓶壳处应注上"空瓶"标记。乙炔瓶比照规定执行。

⑥ 焊、割作业时，不准将橡胶软管背在背上操作，禁止用焊、割炬的火焰作照明。氧气、乙炔软管需横跨道路和轨道时，应在轨道下面穿过或吊挂过去，以免被车轮碾压破坏。

⑦ 焊、割嘴外套应密封性好，如发生过热时，应先关乙炔阀，再关氧气阀，浸水冷却。

⑧ 发生回火时，应迅速关闭焊、割炬上的乙炔调节阀，再关闭氧气调节阀，可使回火很快熄灭。如紧急时（仍不熄火），可拔掉乙炔软管，再关闭一级氧气阀和乙炔阀门，并采取灭火措施。稍等后再打开氧气调节阀，吹出焊、割炬内的残留余焰和碳质微粒，才能再做焊、割作业。

⑨ 如发现焊炬出现爆炸声或手感有振动现象，应快速关闭乙炔阀和氧气阀，冷却后再

继续作业。

⑩ 进行高空焊、割作业时，应使用安全带。高空作业处的下面，严禁站人或工作，以防物体下落砸伤。

（3）焊、割作业完后注意事项

① 关闭气瓶嘴安全帽，将气瓶置放在规定地点。

② 定期对受压容器、压力表等安全附件进行试验检查、周期检查及强制检查。

③ 短时间停止气割（焊）时，应关闭焊、割炬阀门。离开作业场所前，必须熄灭焊、割炬，关闭气门阀，排出减压器压力，放出管中余气。

④ 如发现乙炔软管在使用中脱落、破裂、着火时，应立即熄灭焊、割炬火焰，再停止供气，必要时可折弯软管以熄火。

⑤ 如发现氧气软管着火时，应迅速关闭氧气瓶阀门，停止供氧，但不准用折弯软管的办法熄火。

⑥ 熄灭焊炬火焰时，应先关闭乙炔阀门，再关闭氧气阀门；熄灭割炬则应先关切割氧，再关乙炔和预热氧气阀门，然后将减压器调节螺丝拧松。

⑦ 在大型容器内焊、割作业未完时，严禁将焊、割炬放在容器内，防止焊、割炬的气阀和软管接头泄气，在容器内贮存大量乙炔和氧气，一旦接触火种，将引起燃烧和爆炸。

（三）其他焊接的安全问题

焊接种类众多，安全问题突出，根据作业环境、地点的不同，焊接安全问题也应引起高度重视，粗略可从以下几个方面考虑。

（1）登高焊割作业安全　焊接工作人员在离地面 2m 或 2m 以上地点进行焊接与切割操作时，即称为登高焊割作业。这种作业必须采取安全措施防止发生高处坠落、火灾、电击和物体打击等事故。

（2）水下焊割作业安全　水下作业条件特殊，在水下进行电焊和气割时危险性很大，必须采取特殊的安全防护措施，以免发生爆炸、灼烫及窒息、电击、物体打击等工伤事故。准备工作安全措施和预防安全措施要仔细。

（3）置换焊补安全　置换焊补为焊补前实行严格的惰性介质置换，使可燃物含量远小于下限的焊补方法。这种操作方法中存在爆炸着火的危险性，而且常容易发生恶性事故。

第四节　重大危险机械安全技术

一、冲压机械安全技术

冲压又称板料冲压，它是利用外力使板料产生分离或塑性变形，以获得一定形状、尺寸和性能的加工方法。

用于冲压的材料，一般为塑性良好的各种低碳钢板、铜板、铝板等。有些非金属板料，如木板、皮革、硬橡胶、有机玻璃板、硬纸板等也可用于冲压。冲压件有自重轻、刚性大、强度好、成本低、生产率高、外形美观、互换性能好、一般不再需机械加工等优点，适用于大批量的零件生产和制造，并且主要用来制取各类薄板结构零件。

（一）冲压机械

利用金属模具将钢材或坯料进行分离或变形加工的机械统称为冲压机械。其特点是类型多、品种多、工序简单、速度快，绝大多数是通过压力，以间断的往复运动方式进行工作的，往复运动一次就完成一个工序或一个零件。

目前广泛使用的冲压机械有下列几种：开式压力机；闭式压力机；剪板机；弯板机；多

工位自动压力机。本节仅重点介绍冲床和剪板机（剪床）。

1. 冲床

冲床又称曲柄压力机。按其结构可分为单柱式和双柱式两种。

（1）曲柄压力机组成 曲柄压力机由机身、动力传动系统、工作机构和操纵系统组成。

① 机身。机身由床身、底座和工作台三部分组成，工作台上的垫板用来安装下模。机身大多为铸铁材料，而大型压力机采用钢板焊接而成。前者阻尼系数高，对减少振动和噪声有利；后者强度、刚度较高，但设计不当会产生较大的振动和噪声。机身首先要满足刚度、强度条件，有利于减振降噪，保证压力机的工作稳定性。

② 动力传动系统。动力传动系统由电动机、传动装置（齿轮传动或带传动）以及飞轮组成，其中电动机和飞轮是动力部件。飞轮安装在传动轴或主轴上，可以使负荷不均匀的压力机能量得到充分利用。在压力机的空行程，飞轮靠自身转动惯量蓄积动能；在冲压工件瞬间受力最大时，飞轮放出蓄积的能量，不仅减小了电动机的功率消耗，而且均衡了压力机负荷，能量利用合理，减少振动。有的冲压机利用大齿轮或大皮带轮起到飞轮的作用。

③ 工作机构。工作机构是曲轴、连杆和滑块组成的曲柄连杆机构。曲轴是压力机最主要的部分，它的强度决定压力机的冲压能力；连杆是连接件，它的两端与曲轴、滑块铰接；装有上模的滑块是执行元件，最终实现冲压动作。输入的动力通过曲轴旋转，带动连杆上下摆动，将旋转运动转化成滑块沿着固定在机身上导轨的往复直线运动。

④ 操纵系统。操纵系统包括离合器、制动器和操纵机构，是曲柄连杆机构的控制装置，用来结合或分离动力。离合器与制动器工作异常，会导致滑块运动失去控制，引发冲压事故。离合器和制动器既是保证压力机正常工作的传动部件，又是保证作业安全的安全装置。操纵系统是安全检查的重点。

（2）工作原理 开式双柱可倾斜式冲床的外形和传动示意图如图 2-9 所示。

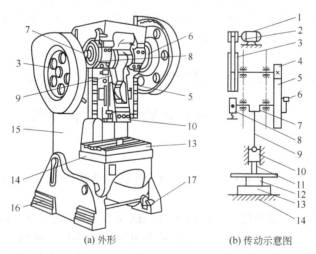

(a) 外形 (b) 传动示意图

图 2-9 开式双柱可倾斜式冲床

1—电动机；2—小带轮；3—大带轮；4—小齿轮；5—大齿轮；6—离合器；
7—曲轴；8—制动器；9—连杆；10—滑块；11—上模；12—下模；
13—垫板；14—工作台；15—床身；16—底座；17—脚踏板

电动机 1 通过 V 带轮 2 和 3 带动小齿轮 4 转动，再通过小齿轮 4 带动大齿轮 5 转动。当踩下脚踏板 17 时，离合器 6 闭合，大齿轮 5 带动曲轴 7 再通过连杆 9 带动滑块 10 作上下往复运动（上下往复运动一次称一个行程）。冲模的上模装在滑块上，随滑块上下运动，上、下模结合一次，即完成一次冲压工序；松开脚踏板时，离合器解开，大齿轮5即在曲柄上空转，借助制动器8的作用，曲柄就停在上极限位置，以便下一次冲压。冲床可单行程工作，也可实现连续工作。

冲床的主要技术参数如下。

① 公称压力（吨位）。冲床工作时，滑块上所允许的最大作用力，常用kN表示。

② 滑块行程。曲柄旋转时，滑块从最上位置到最下位置所走过的距离（mm）。

③ 封闭高度。滑块在行程达到最下位置时，其下表面到工作台面的距离（mm）。冲床的封闭高度应与冲模的高度相适应。冲床连杆的长度一般都是可调的，调节连杆的长度即可对冲床的封闭高度进行调整。

从安全角度来说，操作冲床时应注意：冲压工艺所需的冲剪力要低于冲床的公称压力；开机前，应锁紧一切调节和紧固螺栓，以免模具等松动而造成设备、模具损坏和人身安全事故。

2. 剪板机

剪板机用于将板料剪成一定宽度的条料，以供冲压使用。

剪板机的外形及传动原理如图2-10所示。电动机1带动带轮轴2转动，通过齿轮传动及牙签式离合器3带动曲轴4传动，使装有上刀片的滑块5上下运动，完成剪切动作。6是工作台，其上装有下刀片。制动器7与离合器配合，可使滑块停在最高位置。

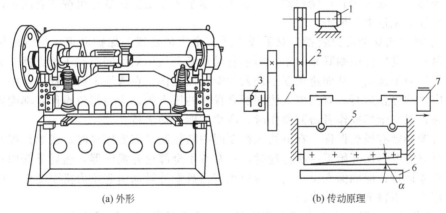

(a) 外形　　　　　　　　　　(b) 传动原理

图2-10　剪板机结构示意图

1—电动机；2—轴；3—牙签式离合器；4—曲轴；5—滑块；6—工作台；7—制动器

（二）冲压加工过程及作业特点

冲压作业一般分为送料、定料、操纵设备、出件、清理废料、工作点布置等工序。

这些工序因其多用人工操作，用手或脚去启动设备，用手工甚至用手直接伸进模具内进行上下料、定料作业，加之冲压作业操作单调、频繁，且处于较大的噪声和振动环境中，容易引起精神疲劳，极易发生操作失误而导致伤害事故。

（三）冲压加工中的危害及安全技术措施

目前，我国许多企业的冲压加工生产还基本上处于手工操作阶段，不少工序仍需操作者将手伸入到模区内操作。从安全健康的角度来看，设备工作时噪声大、振动大、工作场所窄小、阴暗，容易使操作者产生厌倦情绪，注意力不集中，容易因误操作而发生事故。同时，也容易发生模具或工件滑落砸伤等事故。

1. 危害

（1）事故危害　冲压作业事故危害主要是来自于加工区的机械伤害和物体打击伤害，伤害部位主要是作业者的手部。各个危险部位事故常表现为以下几种形式：手工送料或取件时，动作失误而切伤人手；冲压机械本身故障，尤其是安全防护装置失灵造成意外事故；多人操作的大型冲压机械，因为相互配合不好，动作不协调，引发伤人事故；在模具的起重、安装、拆卸时易造成砸伤、挤伤事故；液压元件超负荷作业，压力超过允许值，使高压液体冲出伤人；齿轮或传动机构将人员绞伤。

（2）职业危害 冲压作业职业危害主要是机械运动过程中产生的噪声和振动。如各传动零部件摩擦、冲击、振动时产生的噪声，离合器结合时的撞击声，工件被冲压时产生的声响，工件及边角余料撞击地面或料箱时发出的声响等。操作人员处在振动、噪声的环境中，身心健康受到影响，同时还易诱发各种安全事故，尤其是人身伤害事故。

2. 安全卫生技术措施

为使操作者在冲压生产中得到安全保障，并实现最大生产率，首先应提高冲压机械本身的安全性和可靠性，根据使用的设备、模具和工件形状，合理选择安全装置，尽可能以机械化、自动化上下料来代替手工劳动。

冲压机械配置的安全防护装置必须保证：当滑块向下运行时，操作者身体的任何部位都不可能进入或停留于工作危险区界限之内；或者操作者身体任何部位进入工作危险区界限以内时，滑块立即被制动。

（1）安全防护装置 冲压机械配安全防护装置一般应首先选用双手操作式安全装置，根据需要再加检测式安全装置；栅栏式、推手式、牵手式安全防护装置可按需要配置，其动作应灵活、可靠、无过重的撞击。

① 双手操作式安全防护装置。双手操作式安全防护装置的保护原理，是将滑块的下行程运动与对双手动作的限制联系起来，即强制操作者必须用双手同时按压操纵器，离合器才结合，使滑块向下运动，从而避免双手进入危险区而受伤。在滑块下行过程中，松开任一按钮，滑块应立即停止运行。对需多人协同配合操作的压力机，应为每位操作者都配置双手操作按钮，并且只有全部操作者协同操作时，滑块才能启动运行。

此类装置必须有措施保证：在滑块运行期间中断控制又需要恢复时，或单行程操作在滑块达到上死点需要再次开始下一次行程时，只有双手全部松开操纵器，然后重新用双手再次启动，滑块才运行；应确保安全距离；为防止按钮被意外触动引起压力机误动作，按钮还应装在开关箱内，不得突出箱体表面。

② 检测式安全装置。检测式安全装置是一种安全性能好、敏感度高、比较先进的压力机安全装置，有光线感应式、人体感应式等。

• 光线感应式安全装置。一般是在压力机上设置投光器和受光器，形成光幕，将危险区包围。当人体某部位进入危险区时，使光线受阻，光电信号转变为电信号，经过放大，由于安全装置的线路与滑块运行的控制线路联锁，所以，电路迅速被切断，滑块停止运动或不能启动，有效保障了安全。光线式的光可采用一般的可见光，也可采用红外线等。此种保护装置应具有自检功能和自保功能，要使它不受装置投射光线以外的光源的干扰影响。目前，这类安全装置在压力机上用得较多。

• 人体感应式安全装置。其原理是利用敏感元件构成一定电容的电容器，一般放在通过危险区的必经之路上，当手伸入危险区时，电容量发生变化，与之相连的振荡器振幅减弱或停止振荡，再通过放大器和继电器使压力机停止运动或不能启动。

③ 栅栏式安全防护装置。栅栏，即危险区的围板，将危险区隔离，使人体无法进入。常用的有固定栅栏与活动栅栏两种。

• 固定栅栏。栅栏固定在机身上，在滑块运行的全行程期间，栅栏都打不开，将人体隔离在危险区之外。不但在作业区前面，而且在作业区背面及两侧也应安装栅栏，防止人体部位绕过安全装置从上、下、背、侧面进入危险区。为此，栅栏之间的间隙，取送料口的开口尺寸等要从人体的测量参数出发，确保人体任何部位无法进入危险区。

●活动栅栏。活动栅栏式安全装置在滑块运行的下行程期间，保护操作者的人身安全。活动栅栏主要由框架、防护栅栏（活动体）及联锁机构组成。活动体的关闭动力可以来自压力机的滑块或连杆，也可以与离合器的控制线路联锁。这样保证滑块在下行程期间，活动体关闭实施保护，并且联锁机构作用，使活动体不能随意打开，只有在滑块回程期间栅栏才能打开，才可以出料和进行下一次的冲压准备工作。在活动体的开启期间，由于电气与机械的联锁，滑块不能动作，只有活动体就位起作用，滑块才能启动。

④ 冲压手用安全工具。在冲压操作过程中，采用安全的手用工具完成送料、定位、取件及清理边角料等操作，可防止手指发生伤害事故。常用的手用安全工具如下：

●专用夹钳。在大量生产同类零件时，可根据零件的具体形状和尺寸，设计专用夹钳，使之能夹持方便、稳定，适用于中等重量及大小的零件。

●弹性夹钳。适用于重量轻、体积小、壁薄的小零件生产，可根据零件形状、尺寸，设计合适的机构。利用夹钳的弹性夹持零件非常灵活、方便。

●磁力吸盘。适用于钢质薄片型较小零件，由于零件有较平的吸取处，操作方便。

●气动卡钳。适用于较大的、形状也较复杂的零件，可根据工件的形状和卡持的部位设计卡钳的结构。这种卡钳能减轻手部的用力和劳动强度。

使用手用工具在安全上应注意：在手用工具完全撤出模具闭合区后，方可进行冲击，否则可能发生损坏模具和伤人事故，使用安全手用工具也不是绝对安全的；操作过程中要始终坚持使用，不可断断续续；手用工具尽可能用轻金属及非金属材料制作，防止操作不当，发生损坏冲压设备及模具的事故。

⑤ 安全监控系统的要求。压力机的安全监控系统应对其运行状况、安全情况进行监督，对不正常情况给以声、光信号显示和警示，直到断开联锁电路，并使滑块被制动或停机。必要时，还应对停止状况进行监督、控制和信号显示。

（2）作业环境和个体防护　作业环境的基本要求和个体防护措施主要有：①按设计标准对设备合理布局，保证车间通道畅通、地面平整、照明适度、物料堆放安全有序；②对设备基础进行减振和隔振处理，将强烈噪声设备单独设置在隔声室内；③提供隔声休息室，给员工提供个体防护用品（特别是听力防护用品），工作节奏应该合理。

3. 从业人员安全操作要求

（1）一般冲压工　采用机械压力机做冲裁、成型时，应遵守以下规定：

① 暴露在外的传动部件，必须安装防护罩，禁止在卸下防护罩的情形下开车或试车。

② 开车前应检查设备及模具的主要紧固螺栓有无松动，模具有无裂纹，操纵机构、急停机构或自动停止装置、离合器、制动器是否正常，必要时，对大压床可开动点动开关试车，对小压床可用手扳试车，试车过程要注意手指安全。

③ 模具安装调试应由经培训的模具工进行，安装调试时应采取垫板等措施，防止上模零件坠落伤手，冲压工不得擅自安装调试模具，模具的安装应使闭合高度正确，尽量避免偏心载荷，模具必须紧固牢靠，经试车合格，方能投入使用。

④ 工作中注意力要集中，禁止边操作、边闲谈或抽烟；送料、接料时严禁将手或身体其他部分伸进危险区内，加工小件应选用辅助工具（专用镊子、钩子、吸盘或送接料机构）。

⑤ 模具卡住坯料时，只准用工具去解脱和取出。

⑥ 两人以上操作时，应定人开车，统一指挥，注意协调配合好。

⑦ 发现冲压床运转异常或有异常声响，如敲键声、爆裂声，应停机查明原因。传动部

件或紧固件松动，操纵装置失灵发生连冲，模具裂损应立即停车修理。

⑧ 在排除故障或修理时，必须切断电源、气源，待机床完全停止运动后方可进行。

⑨ 每冲完 1 个工件，手或脚必须离开按钮或踏板，以防止误操作，严禁用压住按钮或脚踏板的办法，使电路常开，进行连车操作。

⑩ 操作中应站稳或坐好，无关人员不许靠近冲床或操作者。

⑪ 生产中坯料及工件堆放要稳妥、整齐、不超高，冲压床工作台上禁止堆放坯料或其他物件，废料应及时清理。

⑫ 工作完毕，应将模具落靠，切断电源、气源，并认真收拾所用工具和清理现场。

（2）剪板机操作工　剪板机操作工使用剪板机前，应根据板料厚度和材质调整好上下刃口的间隙，通常板材厚度越大，材质越硬，则应取的间隙就越大。剪切的板料厚度应小于或等于剪床允许剪裁的最大厚度。先初步调整好宽度尺寸，然后开机。

操作剪板机时的注意事项：

① 工作前要认真检查剪板机各部是否正常，电气设备是否完好，润滑系统是否畅通。

② 清除台面及其周围放置的工具、量具及边角废料。

③ 要根据剪板厚度，初调整剪板机的剪刀间隙，用同种废料试剪，检查切边质量，如毛刺太大，则再精调间隙，接着检查板条宽度，准确调整好锁紧定尺，方可开机正式剪切生产。

④ 不要独自 1 人操作剪板机，应由 2～3 人协调进行送料、控制尺寸精度及取料等，并确定由 1 人统一指挥。

⑤ 不准同时剪切 2 种不同规格、不同材质的板料，不得叠料剪切，剪切的板料要求表面平整，不准剪切无法压紧的窄板料。

⑥ 剪板机的皮带、飞轮、齿轮以及轴等运动部位必须安装防护罩。

⑦ 剪板机操作者送料的手指离剪刀口应保持最少 200mm 的距离，并且离开压紧装置。

⑧ 在剪板机上安置的防护栅栏不能挡住操作者眼睛而看不到裁切的部位。

⑨ 作业后产生的废料有棱有角，操作者应及时清除，防止被刺伤、割伤。

二、木工机械安全技术

木材加工是指通过刀具破坏木材纤维之间的联系，从而改变木料形状、尺寸和表面质量的加工工艺过程。进行木材加工的机械统称为木工机械。从原木采伐到木制品最终完成的整个过程中，要经过木材的防腐处理、人造板的生产、天然木和人造板机械加工、成品的装配和表面修饰等很多工序，而每个环节都离不开木工机械。

本节重点讨论木材机械加工环节的安全问题。

（一）木工机械

木工机械是一种借助于锯、刨、车、铣、钻等加工方法，把木材加工成木模、木器及各类器械的机器。木工机械种类多，使用量大，广泛应用于建筑、家具业、木模加工、家庭装修等行业。木工机械加工原理与金属切削加工基本相似，但由于木材的天然生长特性以及由此而造成的木工机械刀具运动的高速度，在木工机械上发生的工伤事故远远高于金属切削机床，其中平刨床、圆锯机和带锯机是事故发生率较高的几种木工机械。

1. 木工平刨床

木工刨床是用来将板料或方料的面刨平的机械。木工刨床一般分为平面刨床、压刨床，以及平面刨和压刨组合机。

木工平刨床是专门用于木料平面加工的机械，是木材加工必不可少的基本设备。平刨床通过刨刀轴纵向旋转，对横向进给的木料进行铣削，来实现木材的平面加工。木工平刨床主要由机身、工作台、刀轴及其驱动装置三大部分组成（见图 2-11）。

（1）机身　机身一般由铸铁铸成整体结构，是整个机器的支撑部分。机身外侧支架上装有导尺，用来引导木料的进给。机身应满足的安全要求为：

① 有足够的刚度、良好的抗震性和稳定性；

② 符合安全人机学的原则，满足人体半站立操作的高度要求和足够的操作活动空间；

③ 机身外形尽量采用圆角和圆滑曲面，避免利棱锐角；

④ 结构设计要方便通风除尘装置的配置，具有畅通的排屑通道。

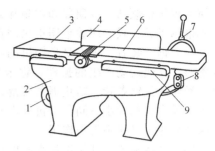
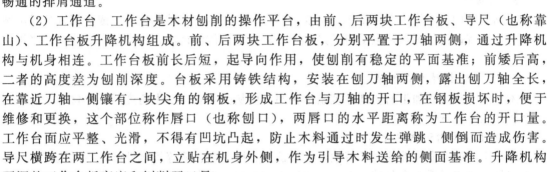

图 2-11　木工平刨床

1—电动台；2—机身；3，6—工作台面；4—导尺；5—刀轴；7—工作台调整手柄；8—电钮；9—偏心轴架护罩

（2）工作台　工作台是木材刨削的操作平台，由前、后两块工作台板、导尺（也称靠山）、工作台板升降机构组成。前、后两块工作台板，分别平置于刀轴两侧，通过升降机构与机身相连。工作台板前长后短，起导向作用，使刨削有稳定的平面基准；前矮后高，二者的高度差为刨削深度。台板采用铸铁结构，安装在刨刀轴两侧，露出刨刀轴全长，在靠近刀轴一侧镶有一块尖角的钢板，形成工作台与刀轴的开口，在钢板损坏时，便于维修和更换，这个部位称作唇口（也称刨口），两唇口的水平距离称为工作台的开口量。工作台面应平整、光滑，不得有凹坑凸起，防止木料通过时发生弹跳、侧倒而造成伤害。导尺横跨在两工作台之间，立贴在机身外侧，作为引导木料送给的侧面基准。升降机构可调整工作台板高度和刨削开口量。

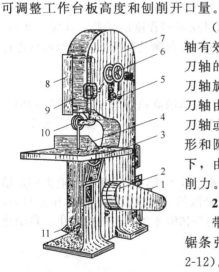

图 2-12　带锯机的组成

1—电动机；2—皮带防护罩；3—台面；4—锯比；5，6—上锯轮的调整手轮；7—机身；8—防护罩；9—固定螺丝；10—锯卡子；11—脚踏制动

（3）刀轴及其驱动装置　刀轴是平刨床的工作装置。刀轴有效长度与工作台面等宽，刨削工件的最大宽度取决于刀轴的有效长度，并以刀轴长度作为平刨床的基本参数。刀轴旋转切削工件的动力由电动机通过皮带传动装置供给。刀轴由刨刀体、主轴和刨刀片组成，装入刀片后总称为刨刀轴或刀轴。刨刀体是用来安装刀片的金属本体，有棱柱形和圆柱形两种。刀片用来刨削木料，在通常的切削状态下，由于刀轴的高转速，使刀片受的离心力远远大于切削力。

2. 带锯机

带锯机主要由机身、上下锯轮及锯轮的升降和倾斜装置、锯条张紧装置、锯卡装置、制动装置等部分组成（见图 2-12）。

（1）机身　机身的作用是支持上下锯轮，将锯机各部分连接成一整体。一般用铸钢或铸铁制造，应与基础牢固结合，尽量低的重心使机身有足够的抗振性和稳定性。机身立柱上有垂直导轨供锯轮托架升降。机身尽量采用封闭式。

（2）锯轮　锯轮有上、下两个，用来装挂锯条。下锯轮为主动轮，由电动机通过皮带传动装置驱动。应尽量降低整机的重心位置，下锯轮一般比上锯轮重 2.5～4.5 倍。下锯轮多为轮辐板很厚的整体铸件圆盘，起飞轮作用，安装后须经静平衡试验。上锯轮是从动轮，质量较轻。

（3）锯轮升降倾斜装置　该装置的作用是通过升降机构移动上锯轮，调节锯轮中心距，并使上锯轮稍倾斜，以便装卸锯条和调节锯条的张紧度。小型带锯机采用手动方式，大型带锯机采用机动方式。多数带锯机采用重锤式平衡装置来平衡锯条的张紧力。

（4）锯卡装置 锯卡是带锯机的导向装置，其作用是保持锯切木料段的锯条平直，防止锯条由于高速运动产生的振动。锯卡后面滑轮的功能是导引锯条，并当锯切力使锯条后偏时，滑轮顶住锯条背，防止锯条脱落。下锯卡直接固定在工作台底面上，上锯卡装在机身臂架上，随木料的大小不同可沿机身滑轨上下移动。锯卡与锯条的间隙必须适中，过紧会使锯条摩擦发热，过松则失去作用。

（5）制动装置 其作用是克服电动机停转后锯轮的运动惯性。该装置多采用摩擦制动方式，用手柄或脚踏板借助杠杆或偏心机构进行控制。

（6）附属设施 大型带锯机的作业对象原木体大笨重，附属设施有跑车、原木上车装置、翻木装置、卸料装置等。小型带锯机一般只有主机。

3. 圆锯机

圆锯机结构比带锯机简单得多，主要由锯身、工作台、主轴和锯片组成。圆锯片是沿圆周均匀分布有锯齿的圆盘，电动机通过皮带传动将动力传给锯轴，带动锯片高速旋转来锯切木料。

（二）木工机械加工特点

木材加工与金属加工的切削原理基本相同，但从劳动安全卫生角度看，木材加工有区别于金属加工的特殊性。

1. 加工对象为天然生长物

由于木材的各向异性的力学特性，使其抗拉、压、弯、剪等机械性能在不同纹理方向有很大差异，加工时受力变化较复杂。天然缺陷或在加工中产生的缺陷破坏了木材完整性和均匀性；由于含水率的变化，干缩湿胀的特性，使木材会出现不同程度的翘曲、开裂、变形；木材的生物活性使木材含有真菌或滋生细菌；有些木材还带有刺激性物质，需要对木材进行防护处理。

2. 木工机械刀具运动速度高

由于木材天然纤维分布和导热性差的特点，必须通过刀具的高速切削来获得较好的加工表面质量。木工机械是高速机械，一般刀具速度可高达 $2500\sim4000r/min$，甚至达每分钟上万转。

3. 敞开式作业和手工操作

木材的天然特性和不规则形状，给装卡和封闭式作业造成困难，木工机械作业大多是暴露敞开式的；作业场地的流动性，使木材加工大量处于分散的、小规模的、个体作业状态，手工操作比例高。木材加工的低水平状态长期存在，特别是初级木材加工的机械化、自动化水平普遍不高。

4. 易燃易爆性

木材加工的原材料、半成品和成品、废弃刨花和木屑、抛光粉尘以及表面修饰用料（如油漆、浸渍、贴面等）都是易燃易爆物。

5. 作业环境恶劣

木工机械加工过程中有强烈的机械噪声和大量的木尘，一方面直接损害操作者的健康，另一方面，影响操作者的对听觉、视觉信息的接收。

（三）木工机械运行中的危害及预防措施

1. 危害

由于具有刀轴转速高、多刀多刃、手工进料、自动化水平低，加之木工机械切削过程中噪声大、振动大、粉尘大、作业环境差，工人的劳动强度大，易疲劳，操作人员不熟悉木工机械性能和安全操作技术，或不按安全操作规程操纵机械，没有安全防护装置或安全防护装置失灵等种种原因，导致木工机械伤害事故多发。

（1）事故危害

① 机械伤害。机械伤害主要包括刀具的切割伤害、木料的冲击伤害、飞出物的打击伤害，这些是木材加工中常见的伤害类型。如由于木工机械多采用手工送料，当用手推压木料送进时，往往遇到节疤、弯曲或其他缺陷，而使手与刀刃接触，造成伤害甚至割断手指；锯切木料时，剖锯后木料向重心稳定的方向运动；木料含水率高、木纹、疖疤等缺陷而引起夹锯；在刀具水平分力作用下，木料向侧面弹开；经加压处理变直的弯木料在加工中发生弹性复原等；刀具自身有缺陷（如裂纹、强度不够等）；刀具安装不正确，如锯条过紧或刨刀刀刃过高；重新加工有钉子等杂物的废旧木料等。其他机械伤害，接触运动零部件、机器上突出部位刮碰引起伤害等发生较少。

② 火灾和爆炸。火灾危险存在于木材加工全过程的各个环节，木工作业场所是防火的重点。悬浮在空间的木粉尘在某些情况下还会发生爆炸危险。

（2）职业危害

① 木材的生物、化学危害。木材的生物效应可分有毒性、过敏性、生物活性等，可引起许多不同发病症状和过程，例如皮肤症状、视力失调、对呼吸道黏膜的刺激和病变、过敏病状，以及各种混合症状。化学危害是因为木材防腐和粘接时采用了多种化学物质，其中很多会引起中毒、皮炎或损害呼吸道黏膜，甚至诱发癌症。

② 木粉尘危害。木料加工产生大量的粉尘，小颗粒木尘沉积在鼻腔或肺部，可导致鼻黏膜功能下降，甚至导致木肺尘埃沉着病（俗称尘肺）。

③ 噪声和振动危害。木工机械是高噪声和高振动机械，加工过程中噪声大、振动大，使作业环境恶化，影响职工身心健康。

2. 木工机械安全技术措施

在木材加工诸多危险因素中，机械伤害的危险性大，发生概率高，火灾爆炸事故更是后果严重。其他危险因素对人体健康构成长期的伤害，这些问题应在木材加工行业的综合治理中统筹考虑。

大多数木工机械都有不同程度的危险或危害。有针对性地增设安全装置，是保护操作者身心健康和安全，促进和实现安全生产的重要技术措施。在设计上，应使木工机械具有完善的安全装置，包括安全防护装置、安全控制装置和安全报警信号装置等。

在设计木工机械时，应按照"有轮必有罩、有轴必有套和锯片有罩、锯条有套、刨（剪）切有挡，安全器送料"的要求，对各种木工机械配置相应的安全防护装置，尤其徒手操作接触危险部位的，一定要有安全防护措施。完善的木工机械安全装置包括安全防护装置、安全控制装置和安全报警信号装置等，对缺少安全装置或其失效的机械设备，应禁止或限制使用。

① 带连接件和紧固件的刀具和刀具主轴，必须用能承受最高许用转速的应力、切削应力和制动过程的应力的材料制造。

② 若刀具主轴停机后的惯性运动存在人与刀具接触的危险，则应安装自动制动器，使刀具主轴在足够短的时间内停止运动；在安装、调整刀具时，可能引起转动而造成伤害的刀具主轴，必须采取安全措施对其进行防护。

③ 在存在工件抛射风险的机床上，必须设有相应的安全防护装置，这些安全装置必须保证能防护机床整个工件通道，能承受撞到其上的力。

④ 手动进给机床，必须选择安装防止手与刀具接触的可调式防护装置、自调式防护装置或自动停机装置；提供和使用带防护功能的安全进给附件；工作台必须能保证工件的安全

给进，导向板应能保证工件给进中的正确位置，为了避免工件导向的中断，工作台和导向板必须有一光滑的表面，且缺陷和凹坑尽量少；用手推动的移动工作台还必须采取防止脱落的措施。

⑤ 机械进给机床必须采用单一或组合的安全防护装置保证刀具和给进辊、输送链、滑板等进给机构的安全；机械进给机床的刀具和工件进给装置必须设置限位开关、固定撞块、离合器等限位装置，必要时应设置缓冲装置。

⑥ 传动装置（如带和带轮、链和链轮、变速齿轮等）若不是装在机体内（由机床外壳来防护），则应采用固定式防护装置来防护；若操作者需把手伸入这范围，则应用活动式防护装置来防护；经常开启的遮盖运动部件的门，打开时若有一定的危险应将门内涂成黄色，门外设置警告标志。

⑦ 在适合的场合与有助于安全的场合，必须采用自动化，尤其是进给系统。可能时可采用诸如机械手、料仓等供料和取料装置、输送装置，但由于这些装置带来的附加危险必须加以防护。

⑧ 夹紧装置应保证出现能量供应故障时还能保持夹紧状态。机械进给的机床上的操纵系统必须保证能量保持在夹紧装置中，工件夹紧后，机床加工部分才能运行。在必需的场合，必须对工件的夹紧（如机动夹紧、真空夹紧）采取防护措施。

⑨ 对产生噪声、木粉尘或挥发性有害气体的机械设备，要配置与其机械运转相连接的消声、吸尘或通风装置，阻止或减少粉尘和木屑堆集在机床上或机罩内；有效地从机床上收取粉尘和木屑，以消除或减轻职业危害，维护职工的安全和健康。

⑩ 在装设正常启动和停机操纵装置的同时，还应专门设置遇事故需紧急停机的安全控制装置。

3. 从业人员安全操作要求

① 木工机械必须设专人操作，并执行"十字作业法方针"严禁非操作工上机操作。

② 工作前必须检查电源接线是否正确，各电器部件的绝缘是否良好，机身是否有可靠的保护接地或保护接零。检查锯片安装是否正确，紧固是否良好，各安全罩、防护器等安全装置是否齐全有效。

③ 使用前必须空车试运转，转速正常后，再经 2～3min 空运转，确认无异常后，再送料进行工作。

④ 机械运转过程中，禁止进行调整、检修和清扫工作，作业人员衣袖要扎紧，不准戴手套。

⑤ 加工旧料前，必须将铁钉、灰垢、冰雪等清理干净后再上机加工。

⑥ 操作时必须注意木材情况，遇到硬木、节疤、残茬要适当减慢推料、进料速度，严禁手指按在节疤上操作，以防木料跳动或弹起伤人。

⑦ 加工 2m 以上较长木料时应由两人操作，一人在上手送料，一人在下手接料，下手接料者必须在木头越过危险区后方准接料，接料后不准猛拉。

⑧ 操作者应戴防护眼镜，各种保护装置必须齐全有效，严禁任何人站在锯片旋转的切线方向，木料锯至末端时，要用木棒推送木料，截断木料要用推板推进，锯短料时一律使用推棍，不准用手推进，进料速度不得过快，用力不得过猛，长度不足 50cm 的短料禁止上圆锯机。

⑨ 工作完毕，必须将锯末清扫干净，并拉闸断电，锁好电闸箱方准离开。

⑩ 操作棚（室）内严禁抽烟或烧火取暖，必须设立消防器材及设施。

4. 几种常用木工机械的安全装置

（1）木工平刨床安全防护　刨床对操作者的人身伤害，一是徒手推木料容易伤害手指，二是刨床噪声产生职业危害。通过对木工平刨床自身各组成部分进行安全设计，可使事故发生时伤害程度减小，但从根本上避免伤害，需解决手不触碰刀轴的问题，所以必须对加工区即刀轴外露部分进行重点防护。我国现在的平刨床安全装置中，使用最多的是护指键式、护罩式和电容感应式安全装置。较实用有效的方法是在刨切危险区域设置安全防护装置，并限定与台面的间距，可阻挡手指进入危险区域，实际应用效果较好。降低噪声可采用开有小孔的定位垫片，能降低噪声 10～15dB（A）。

（2）带锯机安全装置 带锯机的安全装置采用多种形式的防护罩：固定式防护罩［见图 2-13(a)］将不参加工作的锯条封闭起来；活动式防护罩［见图 2-13(b)］的罩体可以侧向打开，方便调节锯条；高度可调式防护罩［见图 2-13(c)］，可根据锯切木料的厚度，调节防护罩的防护高度。

(a) 固定式防护罩　　　　(b) 活动式防护罩　　　　(c) 可调式防护罩

图 2-13　带锯机安全装置

带锯机的各个部分，除了锯卡、导向辊的底面到工作台之间的工作部分外，都应用防护罩封闭。锯轮应完全封闭。锯轮罩的外圆面应该是整体的。锯卡与上锯轮罩之间的防护装置应罩住锯条的正面和两侧面，并能自动调整，随锯卡升降。锯卡应轻轻附着锯条，保证用手溜转锯条时应无卡塞现象。

带锯机主要采用液压可调式封闭防护罩遮挡高速运转的锯条，使裸露部分与锯割木料的尺寸相适应，既能有效地进行锯割，又能避免异常情况下锯条对操作者造成伤害；同时可以防止工人在操作过程中手指误触锯条造成伤害事故。对锯条裸露的切割加工部位，应设置相应的网状防护罩，防止加工锯屑等崩弹伤人。

装设锯盘制动控制器。当带锯机停机或破损时，能使其能迅速停机，避免高速运转的惯性带来伤害。

（3）圆锯机安全装置 圆锯机的安全装置采用覆盖式安全防护罩（见图 2-14）和分料刀。防护金属罩应能随锯切木料的大小调整高度，使外露的锯片越小越好；罩体应承受木料意外冲击的足够强度；在操作台下部暴露的锯片也应防护。

分料刀的作用是使锯解的木料分开，防止夹锯的木料突然分离打击伤人。分料刀的厚度应比锯片稍厚，比锯路略窄。

圆锯机安全装置通常由防护罩、导板、分离刀和防木料反弹挡架组成。弹性可调式安全防护罩可随其锯剖木料尺寸大小而升降，既便于推料进锯，又可防止手过度靠近圆锯片，还能控制锯屑飞溅和木料反弹；过锯木料由分离刀扩张锯口，防止因夹锯造成木材反弹，并有助于提高锯割效率。

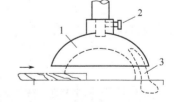

图 2-14　圆锯机安全装置
1—罩壳；2—调紧螺栓；
3—分料刀

圆锯机的噪声、木尘也是严重的职业危害，直接损害操作者的健康，应进行相应的消声、防尘处理。

复习思考题

1. 机械设备的危险与有害因素各有哪些？

2. 什么是本质安全技术？为保证机械设备的本质安全，在设计中应从哪些方面考虑安全？

3. 安全防护装置的一般安全要求包括哪些内容？

4. 金属切削加工过程中有哪些危险因素？怎样保证加工过程的安全？

5. 常用金属切削加工机床有哪些？各类机床分别有哪些不安全因素？怎样控制？

6. 压力加工的不安全因素有哪些？可采取哪些措施保证安全？

7. 在实际生产操作中如何提高机械设备的可靠性？

8. 试解释型号为 C6132 的车床的含义。

9. 请说明型号为 Z3040 的钻床的含义。

10. 请简述铸造技术中浇注作业的安全操作要求。

11. 请分析说明气焊和气割的主要危险和危害。

12. 木工机械有哪些不安全因素？怎样进行安全防护？

第三章 电气及静电安全技术

>>> 学习指导

　　1. 了解电击和电伤的危害、电磁场伤害的机理；了解静电的特性及危害，雷电的种类及危害。

　　2. 熟悉 IT、TT 和 TN 系统的构成，理解保护接零、接地的适用范围和工作原理，掌握变配电站危险点及安全技术要求。

　　3. 掌握电磁场伤害的防护措施和防静电措施，掌握防雷装置的类型、作用及人身防雷措施。

第一节 工厂供电的安全运行及维护

一、工厂供电概述

1. 工厂供电系统概况

　　一般中型工厂的电源进线电压是 6～10kV，先经过高压配电所，然后由高压配电线路将电能输送给各车间变电所，降低成一般用电设备所需的电压（如 380V/220V）。

　　图 3-1 是一个典型的中型工厂供电系统的电气主接线示意图。图 3-2 是上述工厂供电系统的平面布线示意图。为了使图形简单清晰，电气主接线图和电气平面图上的三相线路只用一根线来表示，即绘成单线图形式。关于国家标准规定的电工系统图图形符号（GB 312—64）和电气平面图图形符号（GB 313—64），可参考有关标准或手册。

　　从图 3-1 可以看出，这个厂的高压配电所（HDS）有两条 6～10kV 的电源进线，分别接在高压配电所的两段母线上。这两段母线间装有一个分段隔离开关，形成所谓"单母线分段制"。当任一条高压电源线发生故障或进行检修而被切除后，可利用分段隔离开关来恢复对整个配电所（特别是其重要负荷）的供电，即分段隔离开关闭合后由另一条高压电源线供电给整个配电所。最常见的运行方式是一条电源线工作，另一条电源线备用。分段隔离开关闭合，整个配电所由一个电源供电。

　　从图 3-2 可以看出，这个高压配电所有四条高压配电线，供电给三个车间变电所（STS），其中 1 号和 3 号变电所都只装有一台主变压器，而 2 号变电所装有两台，并分别由两段母线供电，其低压侧又采用单母线分段制，对重要的用电设备可由两段母线交叉供电。车间变电所的低压侧，设有低压联络线相互连接，以提高供电系统运行的可靠性和灵活性。

　　此外，该配电所有一条高压配电线，直接供电给一组高压电动机；另一条高压配电线，直接与一组用来提高全厂功率数的高压电容器相连。

　　对于小型工厂，一般只设一个简单的降压变电所，其容量只相当于图 3-1 中的一个车间变电所。用电量 100kW 以下的小型工厂，通常采用低压供电，因此只需设置一个低压配电室就行了。

　　对于大型工厂及某些电源进线电压为 35kV 及以上的中型工厂，一般经过两次降压，也就是电源进厂以后，线经总降压变电所（HSS），将 35kV 及以上的电压降为 6～10kV 电压，然后通过高压配电线将电能送到各个车间变电所,再降到一般低压用电设备所需的电压,如图 3-3 所示。但也有的 35kV 进线的工厂,只经一次降至,直接降为低压,供用电设备使用,这种供电方式叫做高压深入负荷中心的直配方式。

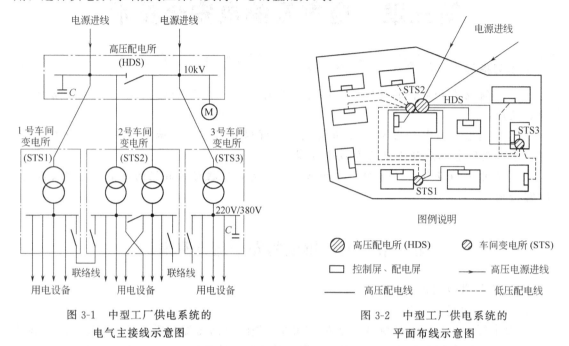

图 3-1 中型工厂供电系统的
电气主接线示意图

图 3-2 中型工厂供电系统的
平面布线示意图

由以上分析可知,配电所的任务是接受电能和分配电能,而变电所的任务是接受电能、变换电压和分配电能,两者的区别主要在于变电所多了变换电压的电力变压器。

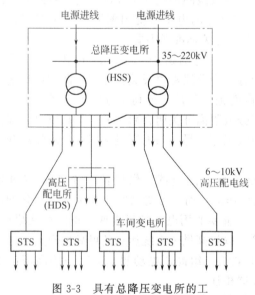

图 3-3 具有总降压变电所的工
厂供电系统主接线图

2. 发电厂和电力系统简介

由于电能的生产、输送、分配和使用的全过程,实际上是在同一瞬间实现的。这个全过程是一个紧密联系的整体。所以这里除了要简述工厂供电系统的概况外,还要简介发电厂和电力系统的基本知识,使大家了解工厂供电系统电源发电的情况,有利于更好地做好工厂供电工作。

(1)发电厂 发电厂又称发电站,是将自然界蕴藏的各种一次能源转换为电能(二次能源)的工厂。发电厂按它所利用的能源不同,可分为水力发电厂、火力发电厂、原子能发电厂以及风力发电厂、地热发电厂、太阳能发电厂等类型。

水力发电厂简称水电厂或水电站,它利用水流的位能来生产电能。当控制水流的闸门打开时,水流沿进水管进入水轮机蜗壳室,冲动水轮机,带动发电机发电。由于水电站的发电容量与水电站所在地点上下游水位差(即落差,也称水头)和流过水电站水轮机的水量(即流量)的乘积成正比,所以建设水电站必须用人工的办法来提高水位。最常用的办法就是在河流上建筑一个很高的拦河坝,形成水库，提高上游水位，使坝的上下游形成尽可能大的落差，电站就建在堤坝的后面，这种水电站叫做坝后式水电站。我国一些大型水电站差不多都属于这种类型。另一种提高水位的办法是在具有相当坡度的弯曲河段上游筑一堤坝，拦住河水，然后利用沟渠或隧道，将水直接引至建在河段末端的水电站，这种水电站叫做引水式水电站。还有一种水电站是上述两种方式的综合，由高坝和引水渠道分别提高一部分水位，这种水电站叫做混合式水电站。

火力发电厂简称火电厂或火电站，它利用燃料的化学能来生产电能。我国的火电厂以燃煤为主。为了提高燃料效率，现代火电厂都把煤块粉碎成煤粉燃烧。煤粉在锅炉的炉膛内充分燃烧，将锅炉内的水烧成高温高压的蒸汽，推动汽轮机转动，使与它连轴的发电机旋转发电。现代火电厂一般都考虑了"三废"（废渣、废水、废气）的综合利用，并且在发电的同时还进行供热。这种兼供热的火电厂，称为热电厂或热电站。

原子能发电厂简称核电站。它的生产过程与火电厂基本相同，只是以原子反应堆（原子锅炉）代替了燃煤锅炉，以少量的"核燃料"代替了大量的煤炭。由于原子能是极其巨大的能源，而且核电站的建设有其重要的经济和科研价值，所以世界上很多国家都很重视核电站的建设，原子能发电量的比重在逐年增长。

（2）电力系统 为了充分利用动力资源，减少燃料运输，降低发电成本，因此有必要在有水力资源的地方建造水电站，而在有燃料资源的地方建造火电厂。但是这些有动力资源的地方，往往离用电中心较远，所以必须用高压运电线路进行远距离输电，如图 3-4 所示。

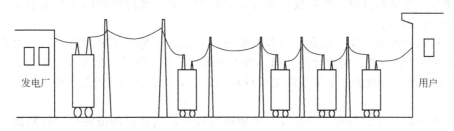

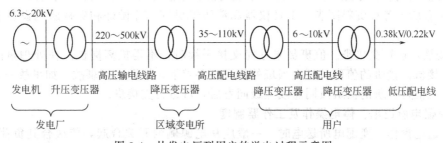

图 3-4 从发电厂到用户的送电过程示意图

由各种电压的电力线路将一些发电厂、变电所和电力用户联系起来的一个发电、输电、变电、配电和用电的整体，叫做电力系统。

电力系统中各级电压的电力线路及其联系的变电所，叫做电力网，简称电网或网络。电网往往按电压等级来区分，如 10kV 电网、380V/220V 电网等。这里所说的电网实际指的是电力线路。电网也可按电压高低和供电范围大小分为区域电网和地方电网。区域电网的范围大，电压一般在 110kV 及以上。地方电网的范围小，电压一般不超过 35kV。工厂电网就属于地方电网的一种。

建立大型电力系统，可以更经济合理地利用动力资源（首先充分利用水力资源），减少电能损耗，降低发电成本，保证供电质量（即电压和频率合乎规范要求），并大大提高供电的可靠性，有利于整个国民经济的发展。

二、工厂变配电所设备的运行维护

变电所担负着从电力系统受电，经过变压，然后配电的任务。配电所担负着从电力系统受电，然后直接配电的任务。显然，工厂变配电所是工厂供电系统的枢纽，在工厂里占有特殊重要的地位。工厂配电所设备主要有高压一次设备（如高压熔断器、高压隔离开关、高压负荷开关、高压断路器以及高压开关柜等）、低压一次设备（如低压熔断器、低压刀开关、低压自动开关和低压配电屏等）和变压器。为了保证工厂供电系统安全运行，必须做好工厂变配电所设备的运行维护工作，其具体要求有以下几个方面。

1. 变配电所的值班制度和值班员职责

（1）变配电所的值班制度 工厂变配电所的值班制度有轮班制、在家值班制和无人值班制等。从发展方向来说，工厂变配电所肯定要向自动化和无人值班的方向发展。但是当前，工厂变配电所仍采取以三班轮换的值班制度为主，而值班员则分成三组或四组，轮流值班，一些小厂的变配电所及大中型厂的一些车间变电所，则往往采用无人值班制，仅由工厂的维修电工或总变配电所的值班电工每天定期巡视检查。有高压设备的变配电所，为保证安全，一般应两人值班。

（2）值班员职责 值班员职责如下：

① 遵守变配电所值班工作制度，坚守工作岗位，做好变配电所的安全保卫工作，确保变配电所的安全运行。

② 积极钻研本职工作，认真学习和贯彻有关规程，熟悉变配电所的一、二次系统的结线以及设备的安装位置、结构性能、操作要求和维护保养方法等，掌握安全用具和消防器材的使用方法及触电急救法，了解变配电所现在的运行方式、负荷情况及负荷调整、电压调节等措施。

③ 监视所内各种设备的运行情况，定期巡视检查，按规定抄报各种运行数据，记录运行日志。发现设备缺陷和运行不正常时，及时处理，并做好有关记录，以备查考。

④ 按上级调度命令进行操作，发生事故时进行紧急处理，并做好有关记录，以备查考。

⑤ 保管所内各种资料图表、工具仪器和消防器材等，并做好和保持所内设备和环境的清洁卫生。

⑥ 按规定进行交接班。值班员未办完交接手续时，不得擅离岗位。在处理事故时，一般不得交接班。接班的值班员可在当班的值班员要求下，协助处理事故。如事故一时难于处理完毕，在征得接班的值班员同意或上级同意后，可进行交接班。

2. 变配电所送电、停电操作及工作票制度

（1）送电操作 变配电所送电时，一般应从电源侧的开关合起，依次合到负荷侧开关。按这种程序操作，可使开关的闭合电流减至最小，比较安全。在有高压断路器-隔离开关及有低压断路器-刀开关的电路中，送电时，一定要按照母线侧隔离开关（或刀开关）—负荷侧隔离开关（或刀开关）—断路器的合闸顺序依次操作。例如，图3-5所示为一高压变配电所主线图，该所在停电检修好以后，要恢复 WL_1 送电，而 WL_2 作为备用。

送电操作程序如下：

① 检查整个变配电所的电气装置上确实无人工作后，拆除临时接地线和标示牌，拆除接地线时，应先拆线路端，再拆接地端。

② 检查两路进线 WL_1、WL_2 的开关均在断开位置后，合上两段高压母线 W_{B1} 和 W_{B2} 之间的联络隔离开关，使 W_{B1} 和 W_{B2} 能够并列运行。

③ 依次合上 WL_1 上所有隔离开关，然后合上进线断路器。如合闸成功，则说明 W_{B1} 和

W_{B2}是完好的。

④ 合上接于 W_{B1} 和 W_{B2} 的电压互感器电路的隔离开关，检查电源电压是否正常。

⑤ 合上所有高压出线上的隔离开关，然后合上所有高压出线上的断路器，对所有车间变电所的主变压器送电。

⑥ 合上 No.2 车间变电所主变压器低压侧的刀开关，再合上低压断路器。如合闸成功，说明低压母线是完好的。

⑦ 通过接于两段低压母线上的电压表检查低压是否正常。

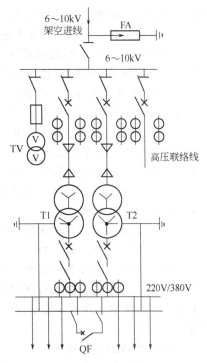

图 3-5　变电所主线图

⑧ 合上 No.2 车间变电所所有低压出线的刀开关，然后合上低压断路器，或合上低压熔断器式刀开关，使所有低压出线送电。至此整个高压配电所及其附设车间变电所全部投入运行。如果变配电所是事故停电以后的恢复送电，则操作程序与变配电所所装设的开关类型有关。

如果电源进线装设的是高压断路器，则高压母线发生短路故障时，断路器自动跳闸。在故障消除后，则可直接合上断路器来恢复送电。

如果电源进线装设的是高压负荷开关，则在故障消除后，先更换熔断器的熔管后，才能合上负荷开关来送电。

如果电源进线装设的是高压隔离开关-熔断器，则在故障消除后，应先更换熔断器的熔管，并断开所有出线开关，再合上隔离开关，最后合上所有出线开关才能恢复送电。如果电源进线装设的是跌开式熔断器，也必须如此操作才行。

（2）停电操作　变配电所停电时，一般应从负荷侧的开关拉起，依次拉到电源侧开关。按这种程序操作，可使开关的开断电流减至最小，也比较安全。但是在有高压断路器-隔离开关及有低压断路器-刀开关的电路中，停电时，一定要按照断路器—负荷侧隔离开关（或刀开关）—母线侧隔离开关（或刀开关）的拉闸顺序依次操作。

以图 3-5 所示的高压变配电所为例，说明停电检修的操作程序。

停电操作程序如下：①断开所有高压出线上的断路器，然后拉开所有出线上的隔离开关；②断开进线上的断路器，然后断开进线上的所有隔离开关；③在所有断开的断路器手柄上挂上"有人工作、禁止合闸"的标示牌；④在电源进线末端、进线隔离开关之前悬挂临时接地线。安装接地线时，应先接地端，再接线路端。

（3）工作票制度　为了确保供电系统运行安全，防止误操作，一般均实行工作票制度。倒闸操作人员根据值班调度员命令，填写倒闸工作票。倒闸操作前，应按工作票顺序与模拟电路图核对相符。操作前后都应检查核对现场设备名称、编号和开关刀闸分合的位置，倒闸操作应由两人进行，一个操作，一个监护。操作完毕后，应立即报告发令人。

进行事故处理时，可根据值班调度员命令直接进行倒闸操作，不必填写工作票。

3. 电力变压器的运行维护

（1）一般要求　电力变压器是变电所内最关键的设备，保证变压器的正常运行是十分重要的。在有人值班的变电所内，每小时抄表一次。如果变压器在过负荷下运行，则至少每半小时抄表一次。无人值班的变电所，应于每次定期巡视时，记录变压器的电压、电流和上层油温。变压器应定期进行外部检查。

（2）巡视项目　巡视项目主要包括以下几个方面：

① 检查变压器的音响是否正常。正常的音响是均匀的嗡嗡声，如音响较平常沉重，说明变压器过负荷；如音响尖锐，说明电源电压过高。

② 检查油温是否超过允许值。变压器上层油温一般不超过 85℃，最高不超过 95℃。油温过高，可能是变压器过负荷引起，也可能是变压器内部故障引起。

③ 检查油枕及气体继电器的油位和油色，检查各密封处的渗油和漏油现象。油面过高，可能是冷却装置运行不正常或变压器内部故障等造成的油温过高所引起油面过低，可能有渗油现象。变压器油正常应为透明略带浅黄色，如油色变深变暗，则说明油质变坏。

④ 检查瓷套管是否清洁，有无破损裂纹和放电痕迹；高低压接头的螺栓是否紧固，有无接触不良和发热现象。

⑤ 检查防爆膜是否完整无损，吸湿器是否畅通，硅胶是否已吸湿饱和。

⑥ 检查接地装置是否完好。

⑦ 检查冷却、通风装置是否正常。

⑧ 检查变压器及其周围有无其他影响其安全运行的异物（如易燃、易爆物体等）和异常现象。在巡视中发现的异常情况，应记入专用记录本内；重要情况应及时汇报上级，请示处理。

4. 配电装置的运行维护

（1）一般要求　配电装置应定期进行巡视检查，以便及时发现运行中出现的设备缺陷和故障。在有人值班的变配电所内，配电装置应每班或每天进行外部检查一次。在无人值班的变配电所内，配电装置至少每月检查一次。如遇短路引起开关跳闸或其他特殊情况（如雷击时），应对设备进行特别检查。

（2）巡视项目　配电装置的巡视项目包括以下几方面：

① 根据母线及接头的外观或其温度指示装置（如变色漆、示温蜡）的指示，检查母线及接头的温度是否超出允许值。

② 检查开关电器中所装的绝缘油颜色和油位是否正常，有无漏油现象，油位指示器是否无破损。

③ 检查绝缘瓷瓶是否脏污、破损，有无放电痕迹。

④ 检查电缆及其终端头有无漏油及其他异常现象。

⑤ 检查熔断器的熔体是否熔断，熔管有无破损和放电痕迹。

三、工厂电力线路的运行和维护

1. 架空线路的运行维护

（1）一般要求　对厂区架空线路，一般要求每月进行一次巡视检查。如遇大风大雨及发生故障等特殊情况时，增加巡视次数。

（2）巡视项目　对架空线路的巡视检查，一般应该注意以下几点：

① 电杆有无倾斜、变形、腐朽、损坏及基础下沉等现象。如有时，应设法修理。

② 沿线路的地面是否堆放有易燃、易爆和强腐蚀性物体。如有时，应立即设法挪开。

③ 沿线路周围有无危险建筑物。应尽可能保证在雷雨季节和大风季节里，这些建筑物不致对线路造成损坏。

④ 线路上有无树枝、风筝等杂物悬挂。如有时，应设法消除。

⑤ 拉线和扳桩是否完好，绑扎线是否紧固可靠。如有问题时，应设法修理或更换。

⑥ 导线的接头是否接触良好，有无过热发红、严重氧化、腐蚀或断脱现象，绝缘子有

无污损和放电现象。如有时，应设法检修。

⑦ 避雷装置的接地是否良好，接地线有无锈断情况。在雷雨季节到来之前，应重点检查，以确保防雷安全。

⑧ 其他危及线路安全运行的异常情况。

运行人员应将巡线中发现的问题记入记录本内，较重要的异常情况，应及时报告上级，以便采取措施，迅速处理。

2. 电缆线路的运行维护

（1）一般要求　电缆线路一般是敷设在地下的。要做好电缆的运行维护工作，就需全面了解电缆的敷设方式、结构布置、走线方向及电缆头位置等。对电缆线路，一般要求每季进行一次巡视检查，并应经常监视其负荷大小和发热情况。如遇大雨、洪水等特殊情况及发生故障时，需临时增加巡视次数。

（2）巡视项目　对电缆线路的巡视检查，一般应注意以下几点：

① 电缆终端头及瓷套管有无损坏及放电痕迹。对填充有电缆胶（油）的电缆终端头，还应检查有无漏油溢胶现象。

② 对明敷的电缆，应检查电缆外表有无锈蚀、损坏，沿线挂钩或支架有无脱落，线路上及附近有没有堆放易燃易爆及强腐蚀性物体。

③ 对暗敷及埋地的电缆，应检查沿线的盖板和其他盖物是否完好，有无挖掘痕迹，路线标桩是否完整无缺。

④ 电缆沟内有无积水或深水现象，是否堆有杂物及易燃易爆物品。

⑤ 线路上各种接地是否良好，有无松动、断股和锈蚀现象。

⑥ 其他危及电缆安全运行的异常情况。

运行人员应将巡线中发现的问题记入专用记录本内，较重要的异常情况，应及时报告上级，以便采取措施，迅速处理。

3. 车间配电线路的运行维护

（1）一般要求　要搞好车间配电线路的运行维护工作，也必须全面了解车间配电线路的布线情况、结构形式、导线型号规格及配电箱和开关的位置等，并了解车间负荷的要求、大小及车间变电所的有关情况。对车间配电线路，有专门的维护电工时，一般要求每周进行一次巡视检查。

（2）巡视项目　巡视检查时，一般应注意以下几点：

① 检查导线的发热情况。例如裸母线在正常运行时的最高允许温度一般为70℃。如果温度过高，将使母线接头处氧化加剧，接触电阻增大，运行情况迅速恶化，最后可能引起接触不良或短路。所以一般要在母线接头处涂以变色漆或示温蜡，以检查其发热情况。

② 检查线路的负荷情况。线路的负荷电流不得超过导线的允许载流量，否则导线要过热。对于绝缘导线来说，导线过热还可能引起绝缘燃烧，造成严重的电气失火事故。所以运行维护人员要经常注意线路的负荷情况。一般用钳形电流表来测量线路的负荷电流。

③ 检查配电箱、分线盒、开关、熔断器等的运行情况，着重检查母线接头有无氧化、过热变色和腐蚀等情况，接线有无松脱、放电和烧毛的现象，螺栓是否紧固。

④ 检查线路上和线路周围有无影响线路安全运行的异常情况。绝对禁止在绝缘导线上悬挂物体，禁止在线路近旁堆放易燃易爆物体。

⑤ 对敷设在潮湿、有腐蚀性物质的场所的线路和设备，要做好定期的绝缘检查，绝缘电阻一般不得低于 $0.5 M\Omega$。

四、工厂供电系统的保护装置

为了保证工厂供电系统的安全运行，避免负荷和短路的影响，所以在工厂供电系统中都安装一定数量和不同类型的保护装置。工厂供电系统的保护装置有：熔断器保护、自动开关保护和继电保护。

1. 熔断器保护

熔断器是一种简单而有效的保护电器，在电路中主要起短路保护作用。熔断器主要由熔体和安装熔体的绝缘管（绝缘座）组成。使用时，熔体串接于被保护的电路中，当电路发生短路故障时，熔体被瞬时熔断而分断电路，起到保护作用。

（1）常用的熔断器

① 插入式熔断器如图3-6所示，它常用于380V及以下电压等级的线路末端，作为配电支线或电气设备的短路保护用。

② 螺旋式熔断器如图3-7所示。熔体的上端盖有一熔断指示器，一旦熔体熔断，指示器马上弹出，可透过瓷帽上的玻璃孔观察到，它常用于机床电气控制设备中。螺旋式熔断器分断电流较大，可用于电压等级500V及其以下、电流等级200A以下的电路中，作短路保护。

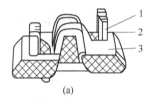 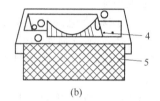

图 3-6　插入式熔断器

1—动触点；2—熔体；3—瓷插件；4—静触点；5—瓷座

③ 封闭式熔断器分有填料熔断器和无填料熔断器两种，如图3-8和图3-9所示。有填料熔断器一般用方形瓷管，内装石英砂及熔体，分断能力强，用于电压等级500V以下、电流等级1kA以下的电路中。无填料密闭式熔断器将熔体装入密闭式圆筒中，分断能力稍小，用于500V以下、600A以下电力网或配电设备中。

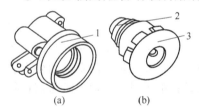

图 3-7　螺旋式熔断器

1—底座；2—熔体；3—瓷帽

④ 快速熔断器主要用于半导体整流元件或整流装置的短路保护。由于半导体元件的过载能力很低，只能在极短时间内承受较大的过载电流，因此要求短路保护具有快速熔断的能力。快速熔断器的结构和有填料封闭式熔断器基本相同，但熔体材料和形状不同，它是以银片冲制的有V形深槽的变截面熔体。

⑤ 自复熔断器采用金属钠作熔体，在常温下具有高电导率。当电路发生短路故障时，短路电流产生高温使钠迅速汽化，气态钠呈现高阻态，从而限制了短路电流。当短路电流消失后，温度下降，金属钠恢复原来的良好导电性能。自复熔断器只能限制短路电流，不能真正分断电路。其优点是不必更换熔体，能重复使用。

（2）熔断器的结构和特性　熔断器主要由熔体、外壳和支座三部分组成，其中熔体是控制熔断特性的关键元件。熔体的材料、尺寸和形状决定了其熔断特性。熔体材料分为低熔点和高熔点两类。低熔点材料如铅和铅合金，其熔点低，容易熔断，由于其电阻率较大，故制成熔体的截面尺寸较大，熔断时产生的金属蒸气较多，只适用于低分断能力的熔断器。高熔点材料如铜、银，其熔点高，不容易熔断，但由于其电阻率较低，可制成比低熔点熔体小的截面尺寸，熔断时产生的金属蒸气少，适用于高分断能力的熔断器。熔体的形状分为丝状和带状两种。改变变截面的形状可显著改变熔断器的熔断特性。

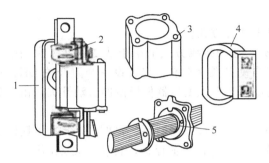

图 3-8　有填料封闭管式熔断器
1—瓷底座；2—弹簧片；3—管体；
4—绝缘手柄；5—熔体

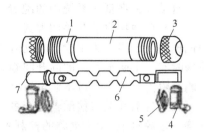

图 3-9　无填料密闭管式熔断器
1—铜圈；2—熔断管；3—管帽；4—插座；
5—特殊垫圈；6—熔体；7—熔片

熔断器具有反时延特性，即过载电流小时，熔断时间长；过载电流大时，熔断时间短。所以，在一定过载电流范围内，当电流恢复正常时，熔断器不会熔断，可继续使用。熔断器有各种不同的熔断特性曲线，可以适用于不同类型保护对象的需要。

（3）熔断器的分类　熔断器根据使用电压可分为高压熔断器和低压熔断器。根据保护对象可分为保护变压器用和一般电气设备用的熔断器、保护电压互感器的熔断器、保护电力电容器的熔断器、保护半导体元件的熔断器、保护电动机的熔断器和保护家用电器的熔断器等。根据结构可分为敞开式、半封闭式、管式和喷射式熔断器。

敞开式熔断器结构简单，熔体完全暴露于空气中，由瓷柱作支撑，没有支座，适于低压户外使用。分断电流时，在大气中产生较大的声光。

半封闭式熔断器的熔体装在瓷架上，插入两端带有金属插座的瓷盒中，适于低压户内使用。分断电流时，所产生的声光被瓷盒挡住。

管式熔断器的熔体装在熔断体内，然后插在支座或直接连在电路上使用。熔断体是两端套有金属帽或带有触刀的完全密封的绝缘管。这种熔断器的绝缘管内若充以石英砂，则分断电流时具有限流作用，可大大提高分断能力，故又称作高分断能力熔断器。若管内抽真空，则称作真空熔断器。若管内充以 SF_6 气体，则称作 SF_6 熔断器，其目的是改善灭弧性能。由于石英砂、真空和 SF_6 气体均具有较好的绝缘性能，故这种熔断器不但适用于低压也适用于高压。

喷射式熔断器是将熔体装在由固体产气材料制成的绝缘管内。固体产气材料可采用电工反白纸板或有机玻璃材料等。当短路电流通过熔体时，熔体随即熔断产生电弧，高温电弧使固体产气材料迅速分解产生大量高压气体，从而将电离的气体带电弧在管子两端喷出，发出极大的声光，并在交流电流过零时熄灭电弧而分断电流。绝缘管通常是装在一个绝缘支架上，组成熔断器整体。有时绝缘管上端做成可活动式，在分断电流后随即脱开而跌落，此种喷射式熔断器俗称跌落熔断器，一般适用于电压高于 6kV 的户外场合。

此外，熔断器根据分断电流范围还可分为一般用途熔断器、后备熔断器和全范围熔断器。一般用途熔断器的分断电流范围指从过载电流大于额定电流 1.6～2 倍起，到最大分断电流的范围。这种熔断器主要用于保护电力变压器和一般电气设备。后备熔断器的分断电流范围指从过载电流大于额定电流 4～7 倍起至最大分断电流的范围。这种熔断器常与接触器串联使用，在过载电流小于额定电流 4～7 倍的范围时，由接触器来实现分断保护，主要用于保护电动机。

随着工业发展的需要，还制造出适于各种不同要求的特殊熔断器，如电子熔断器、热熔断器和自复熔断器等。

2. 自动开关保护

自动开关在低压系统中的配置，通常有以下几种方式。

（1）单独接自动开关的方式 见图 3-10(a)。这种接线方式适用于从变压器二次侧引出的低压供电干线。为了检修自动开关安全，在自动开关 ZK 前，宜装设一个刀开关 DK，使检修时有一个明显可见的断开间隙，用以隔离电源。但主变压器低压侧的自动开关，由于高压侧有隔离开关，则可不装设刀开关。

（2）自动开关与接触器配合的方式 见图 3-10（b）。这种接线方式适用于操作频繁的电路。接触器 JC 用作电路的控制器，热继电器 RJ 用作过负荷保护，自动开关 ZK 用作短路保护。

（3）自动开关与熔断器配合的方式 见图 3-10(c)。这种接线方式适用于自动开关断流能力不足以断开电路的短路电流情况。因此自动开关只装热脱扣器和失压脱扣器，在过负荷和失压时能够断开电路，而电路发生短路时，必须依靠熔断器进行保护。

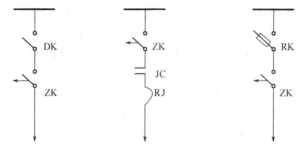

(a)单独接自动开关 (b)自动开关与接触器配合 (c)自动开关与熔断器配合

图 3-10 自动开关的配置方式

3. 继电保护

由于中小型工厂供电的线路一般都不很长，电压也不很高，容量不很大，因此中小型工厂供电线路的继电保护一般相当简单。作为相间短路保护，通常用带限时的过电流保护，有时也配合使用电流断保护。在发生相间短路故障时，继电保护装置作用于高压断路器，使之跳闸，切除短路故障。

继电保护器按其组成元件分为电磁型和晶体管型两大类，其中电磁型继电器按其结构原理分为电磁式、感应式等继电器。

第二节 触电防护技术

一、触电事故及其影响因素

电气事故是电气安全的主要研究和管理对象，掌握电气事故的特点和事故的分类，对做好电气安全工作具有重要的意义。根据电能的不同作用形式，可将电气事故分为触电事故、静电事故、雷电事故、电磁辐射事故、电气火灾和爆炸事故等几个方面。其中触电事故尤为常见。

1. 触电事故的种类

触电事故是电流的能量直接或间接作用于人体造成的伤害。当人体接触带电体时，电流会对人体造成不同程度的伤害，即发生触电事故。触电事故对人体的伤害可以分为两种类型，即电伤和电击。

（1）电伤 电伤是指由于电流的热效应、化学效应和机械效应对人体的外表造成的局部伤害，如电灼伤、电烙印、皮肤金属化等。

① 电灼伤。电灼伤一般分接触灼伤和电弧灼伤两种。接触灼伤发生在高压电击事故中电流流过的人体皮肤进出口处，一般进口处比出口处灼伤严重，灼伤处呈现黄色或褐黑色，并可累及皮下组织、肌腱、肌肉及血管，甚至使骨骼呈现炭化状态，一般需要治疗的时间较长。当发生带负荷误拉合隔离开关及带地线合隔离开关时，所产生强烈的电弧都可能引起电弧灼伤，其情况与火焰烧伤相似，会使皮肤发红、起泡，组织烧焦、坏死。

② 电烙印。电烙印发生在人体与带电体之间有良好的接触部位处，在人体不被电击的情况下，在皮肤表面留下与带电接触体形状相似的肿块痕迹。电烙印往往造成局部的麻木和失去知觉。

③ 皮肤金属化。皮肤金属化是由于高温电弧使周围金属熔化、蒸发并飞溅渗透到皮肤表面形成的伤害。

电伤在不是很严重的情况下，一般无致命危险。

（2）电击 电击是指人体触及带电体并形成电流通路而对人体造成的伤害。它会破坏人的心脏、中枢神经系统和肺部的正常工作，使人出现痉挛、窒息、心颤、心脏骤停等症状，甚至危及生命。在低压系统通电电流不大、通电时间不长的情况下，电流引起人体心室颤动是电击致死的主要原因。在通常通电电流较小但通电时间较长的情况下，电流会造成人体窒息而导致死亡。一般人体遭受数十毫安工频电流电击时，时间稍长即会致命。绝大部分触电死亡事故都是由于电击造成的。通常所说的触电事故基本上是指电击事故。电击事故一般又可以分为直接电击和间接电击。直接电击是指人体直接接触正常运行的带电体所发生的电击；间接电击则是电气设备发生故障后，人体触及意外带电部位所发生的电击。故直接电击也称为正常情况下的电击，而间接电击也称为故障情况下的电击。

2. 触电事故对人体伤害程度的影响因素

触电所造成的各种伤害，都是由于电流对人体的作用而引起的。它是电流通过人体内部时，对人体造成的种种伤害作用，如电流通过人体时会引起针刺感、压迫感、打击感等。大量的事实表明，发生触电事故时，电流比电压对人体的伤害更直接。电击伤害的影响因素主要有如下几个方面。

（1）电流强度及电流持续时间 电流对人体的伤害与流过人体电流的持续时间有着密切的关系，电流持续时间越长，对人体的危害越严重。一般工频电流 15～20mA 以下及直流 50mA 以下对人体是安全的，但如果持续时间很长，即使电流小到 8～10mA，也可能使人致死。对于常用的工频交流电，按照通过人体的电流大小和通电时间长短，将会引起人体的不同生理反应，具体见表 3-1。

表 3-1 电流大小和通电时间长短对人体生理反应的影响

电流范围/mA	通电时间	人体生理反应
0～0.5	连续通电	没有感觉
0.5～5	连续通电	开始有感觉,手指、腕等处有痛感,没有痉挛,可以摆脱带电体
5～30	数分钟以内	痉挛,不能摆脱带电体,呼吸困难,血压升高,是可忍受的极限
30～50	数秒钟到数分钟	心脏跳动不规则,昏迷,血压升高等
50～数百	低于心脏搏动周期	受强烈冲击,但未发生心室颤动
	超过心脏搏动周期	昏迷,心室颤动,接触部位留有电流通过的痕迹
超过数百	低于心脏搏动周期	发生心室搏动,昏迷,接触部位留有电流通过的痕迹
	超过心脏搏动周期	心脏停止跳动,昏迷,造成可能致命的电灼伤

（2）人体电阻　人体被电击时，流过人体的电流在接触电压一定时由人体的电阻决定，人体电阻愈小，流过的电流愈大，人体所遭受的伤害也愈大。一般情况下，人体电阻可按 $1000 \sim 2000 \Omega$ 考虑。为了保险起见，通常取为 $800 \sim 1000 \Omega$。如果角质层有损坏，则人体电阻将大大降低。

（3）作用于人体的电压　当人体电阻一定时，作用于人体的电压越高，则流过人体的电流越大，其危险性越大，对人体的伤害也就越严重。当人体接触电流后，随着电压的升高，人体电阻会有所下降；若接触了高压电，则因皮肤受损破裂而会使人体电阻下降，通过人体的电流也就会随之增大。实验证实，电压高低对人体的影响及允许接近的最小安全距离见表3-2。

表 3-2　电压对人体的影响及允许接近的最小安全距离

接触时的情况		允许接近的最小安全距离/m	
电压/V	对人体的影响	电压/V	设备不停电时的安全距离/m
10	全身在水中时跨步电压	10	0.7
20	为湿手的安全界限	$20 \sim 35$	1.0
30	为干燥的安全界限	44	1.2
50	对人体生命没有危险的安全界限	$60 \sim 110$	1.5
$100 \sim 200$	危险急剧增大	154	2.0
200 以上	危及生命安全	220	3.0
3000	被带电体吸引	330	4.0
10000 以上	有被弹开而脱离危险的可能	500	5.0

（4）电流路径　当电流路径通过人体心脏时，其电击伤害程度最大。左手至右脚的电流路径中，心脏直接处于电流通路内，因而是最危险的；右手至左脚的电流路径的危险性相对较小；左脚至右脚的电流路径危险性小，但人体可能因痉挛而摔倒，导致电流通过全身或发生二次事故而产生严重后果。

（5）电流种类及频率　当电压在 $250 \sim 300V$ 以内时，人体触及频率为 $50Hz$ 的交流电，比触及相同电压的直流电的危险性大 $3 \sim 4$ 倍，但高频率的电流通常以电弧的形式出现，因此有灼伤人体的危险。

（6）人体状态　电流对人体的作用与人的年龄、性别、身体及精神状态有很大关系。

总的来说，影响电流对人体的伤害程度的因素主要有：通过人体电流的大小、电流通过人体的持续时间与具体路径、电流的种类和频率的高低、人体健康状况等。其中，通过人体电流的大小和触电时间的长短最主要。

二、触电事故发生的原因及规律

1. 人体被电击方式

在低压情况下，人体被电击方式有人体与带电体的直接接触电击和间接电击两大类。

（1）人体与带电体的直接电击　人体与带电体的直接接触电击可分为单相电击和两相电击。

① 单相电击。人体接触三相电网中带电体的某一相时，电流通过人体流入大地，这种电击方式称为单相电击。

中性点直接接地系统的单相电击如图 3-11(a) 所示。当人体触及某一相导体时，相电压作用于人体，电流经过人体、大地、系统中性点接地装置、中性线形成闭合回路，由于中性点接地装置的电阻 R_0 比人体电阻小得多，则相电压几乎全部加在人体上。设人体电阻 R_r 为 1000Ω，电源相电压 U_{ph} 为 $220V$，则通过人体的电流 I_r 约为 $220mA$，这足以使人致命。

一般情况下，鞋子有一定的限流作用，人体与带电体之间以及站立点与地之间也有接触电阻，所以实际电流比 220mA 要小，人体电击后，有时可以摆脱。但人体由于遭受电击的突然袭击，慌乱中易造成二次伤害事故，例如空中作业人体被电击时摔到地面等。所以电气工作人员工作时应穿合格的绝缘鞋，在配电室的地面上应垫有绝缘橡胶垫，以防电击事故的发生。

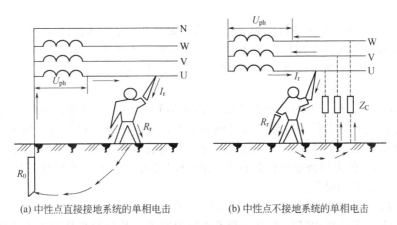

(a) 中性点直接接地系统的单相电击　　　(b) 中性点不接地系统的单相电击

图 3-11　单相电击示意图

中性点不接地系统的单相电击如图 3-11（b）所示。当人站立在地面上，接触到该系统的某一相导体时，由于导线与地之间存在对地阻抗 Z_c（由线路的绝缘电阻 R 和对地电容 C 组成），则电流以人体接触的导体、人体、大地、另两相导线对地阻抗 Z_c 构成回路，通过人体的电流与线路的绝缘电阻及对地电容的数值有关。在低压系统中，对地电容 C 很小，通过人体的电流主要取决于线路的绝缘电阻 R。正常情况下，R 相当大，通过人体的电流很小，一般不致造成对人体的伤害；但当线路绝缘下降，R 减小时，单相电击对人体的危害仍然存在。而在高压系统中，线路对地电容较大，则通过人体的电容电流较大，这将危及被电击者的生命。

② 两相电击。当人体同时接触带电设备或线路中的两相导体时，电流从一相导体经人体流入另一相导体，构成闭合回路，这种电击方式称为两相电击，如图 3-12 所示。此时，加在人体上的电压为线电压，接近相电压的两倍，因此，两相电击比单相电击的危险性更大。

（2）间接电击　间接电击是由于电气设备绝缘损坏发生接地故障，设备金属外壳及接地点周围出现对地电压引起的，它包括跨步电压电击和接触电压电击。

① 跨步电压电击。当电气设备或载流导体发生接地故障时，接地电流将通过接地体流向大地，并在地中接地体周围作半球形的散流。此时，人在有电位分布的故障区域内行走时，两脚之间呈现电位差，即跨步电压，由跨步电压引起的电击叫跨步电压电击。

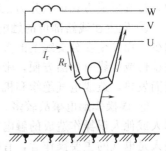

图 3-12　两相电击示意图

② 接触电压电击。电气设备由于绝缘损坏、设备漏电，使设备的金属外壳带电。接触电压是指人触及漏电设备的外壳后，加于人手与脚之间的电位差。脚距漏电设备 0.8m、手触及设备处距地面垂直距离 1.8m 时，由接触电压引起的电击叫接触电压电击。若设备外壳不接地，在此接触电压下的电击情况与单相电击情况相同；若设备外壳接地，则接触电压为设备外壳对地电位与人站立点的对地电位之差。当人需要接近漏电设备时，为防止接触电压电击，应戴绝缘手套、穿绝缘鞋。

2. 触电事故发生的原因

造成触电事故发生的原因很多，人们从大量的触电事故分析及生产实际中，总结出以下一些造成触电事故的主要原因：

① 缺乏电气安全知识。如带电拉高压隔离开关；用手触摸破的胶盖刀闸；儿童玩弄带电导线等。

② 违反操作规程。如在高低压共杆架设的线路电杆上检修低线或广播线；剪修高压线附近树木而接触高压线；在高压线附近施工，或运输大型货物，施工工具和货物碰击高压线；带电接临时明线及临时电源；火线误接在电动工具外壳上；用湿手拧灯泡；带式照明灯使用的电压不符合安全电压等。

③ 电气设备不合格。如闸刀开关或磁力启动器缺少护壳而触电；电气设备漏电；电炉的热元件没有隐蔽；电器设备外壳没有接地而带电；配电盘设计和制造上的缺陷，使配电盘前后带电部分易于触及人体；电线或电缆因绝缘磨损或腐蚀而损坏；在带电下拆装电缆等。

④ 维修不善。如大风刮断的低压线路未能及时修理；胶盖开关破损长期不修；瓷瓶破裂后火线与拉线长期相碰等。

⑤ 偶然因素。如大风刮断的电线恰巧落在人体上等。

从以上触电原因分析中可以看出，除了偶然因素外，其他的都是可以避免的。

3. 触电事故发生的规律

触电事故往往发生很突然，且常常在极短时间内就可能造成严重后果。但触电事故也有一定的规律，根据对触电事故的统计分析，从触电事故的发生频率上看，可得出如下规律：

① 触电事故的季节性明显。统计资料表明，一年之中二、三季度事故较多，而且 6～9 月最集中。这与夏秋季多雨、天气潮湿、降低了电气设备的绝缘性能有关。

② 低压触电事故多于高压触电事故。主要原因是低压设备多，低压电网广泛，与人接触机会多，加工低压设备管理不严，思想麻痹等。低压触电事故主要发生在远离变压器和总开关的分支线路部分，尤其是线路的末端，即用电设备上，包括照明和动力设备。其中属于人体直接接触正常运行带电体的直接电击者要少于间接触及者，即因电气设备发生故障，人体触及意外带电体而发生触电事故的较多。

③ 单相触电事故多，占总触电事故的 70％以上。低压系统触电事故大多数是电击造成的，按其形成方式可以分为三种电击：单线电击、双线电击和跨步电压电击。

④ 发生在线路部位的触电事故较普遍。线路部位触电事故发生在变压器出口总干线上的少，而发生在分支线上的多，且发生在远离总开关线路部分的更为普遍。这是因为，人们在检修或接线时贪图方便，带电接线。插销、开关、熔断器、接头等连接部位，容易接触不良而发热，造成电气绝缘和机械强度下降，致使这些部位易发生触电事故。

⑤ 误操作触电事故较多。由于电气安全教育不够，电气安全措施不完备，致使受害者本人或他人误操作造成的触电事故较多。从触电者的年龄来看，青、中年普通工人较多，这些人是电气的主要操作者，有的还缺乏电气安全知识、经验不足，以及思想麻痹等。

三、电击接触的防护

触电事故按造成事故的原因来分，又可以分为直接接触触电和间接接触触电事故。直接接触触电是指人体触及正常运行的设备和线路的带电体，造成的触电；间接触电是指设备和线路发生故障时，人体触及正常情况下不带电而故障时带电的带电体而造成的触电。

（一）直接电击的防护措施

直接电击保护又称正常工作的电击保护，也称为基本保护，主要是防止直接接触到带电体。其主要措施有绝缘、采用安全电压、屏护与电气安全间距和采用电气安全用具 4 项措施。

1. 绝缘

所谓绝缘就是用绝缘材料把带电体封闭起来,借以隔离带电体或不同电位的导体,使电流能按一定的通路流通。良好的绝缘既是保证设备和线路正常运行的必要条件,也是防止人体触及带电体的基本措施。电气设备的绝缘只有在遭受到破坏时才能除去。绝缘材料又称电介质,它在直流电流的作用下,只有极小的电流通过,其电阻率大于 $10^9\Omega\cdot cm$。绝缘材料的品种很多,通常分为气体绝缘材料、液体绝缘材料和固体绝缘材料三大类。电气设备的绝缘材料在运行过程中,由于各种因素的长期作用,会发生一系列的化学物理变化,从而导致其电气性能和机械性能的逐步劣化,这一现象称为绝缘老化。一般在低压电气设备中,绝缘老化主要是热老化。衡量一种绝缘材料性能好坏主要有绝缘电阻等性能指标。

2. 采用安全电压

所谓安全电压是指为了防止触电事故而由特定电源供电时所采用的电压系列。安全电压又称安全特低电压,其安全值取决于人体允许电流和人体电阻的大小。

我国标准规定工频电压有效值的限值为 50V、直流电压的限值为 120V。我国标准还推荐:当接触面积大于 $1cm^2$、接触时间超过 1s 时,干燥环境中工频电压有效值的限值为 33V,直流电压限值为 70V;潮湿环境中工频电压有效值的限值为 16V,直流电压限值为 35V。限值是在任何运行情况下,任何两导体间可能出现的最高电压值。

我国标准规定工频电压有效值的额定值有 42V、36V、24V、12V 和 6V。特别危险环境中使用的手持电动工具应采用 42V 安全电压;在有电击危险环境中使用的手持照明灯和局部照明灯应采用 36V 或 24V 安全电压;金属容器内、隧道内、水井内以及周围有大面积接地导体等工作地点狭窄、行动不便的环境或特别潮湿的环境应采用 12V 安全电压;水下作业等场所应采用 6V 安全电压。当电气设备采用 24V 以上安全电压时,必须采取直接接触电击的防护措施。

3. 屏护和电气安全间距

屏护和电气安全间距是最为常用的电气安全措施之一。从防止电击的角度而言,屏护和安全间距属于防止直接接触的安全措施。此外,屏护和安全间距还是防止短路、故障接地等电气事故的安全措施之一。

(1) 屏护　所谓屏护是指采用遮栏、护罩、护盖、箱匣等把危险的带电体同外界隔离开来的安全防护措施。屏护的特点是屏护装置不直接与带电体接触,对所用材料的电气性能无严格要求,但应有足够的机械强度和良好的耐火性能。屏护装置按使用要求分为永久性屏护装置和临时性屏护装置,前者如配电装置的遮栏、开关的罩盖等;后者如检修工作中使用的临时屏护装置和临时设备的屏护装置等。屏护装置按使用对象分为固定屏护装置和移动屏护装置,如母线的护网就属于固定屏护装置;而跟随天车移动的天车滑线屏护装置就属于移动屏护装置。屏护装置主要用于电气设备不便于绝缘或绝缘不足以保证安全的场合。

以下场合需要屏护:①开关电器的可动部分,如闸刀开关的胶盖、铁壳开关的铁壳等;②人体可能接近或触及的裸线、行车滑线、母线等;③高压设备,无论是否有绝缘;④安装在人体可能接近或触及场所的变配电装置;⑤在带电体附近作业时,作业人员与带电体之间、过道、入口等处应装设可移动临时性屏护装置。

(2) 安全间距　安全间距是指带电体与地面之间,带电体与其他设备和设施之间,带电体与带电体之间必要的安全距离。间距的作用是防止触电、火灾、过电压放电及各种短路事故,以及方便操作。其距离的大小取决于电压高低、设备类型、安装方式和周围环境等。一般包括线路间距、用电设备间距和检修间距等几种类型。线路间距又可分为架空线路间距、户内线路间距和电缆线路间距,其中户内线路间距要求见表 3-3。

表 3-3 户内低压线路与工业管道和工艺设备之间的最小距离　　　　　　单位：mm

布　线　方　式		穿金属管导线	电　缆	明设绝缘导线	裸导线	起重机滑触线	配电设备
煤气管	平行	100	500	1000	1000	1500	1500
	交叉	100	300	300	500	500	—
乙炔管	平行	100	1000	1000	2000	3000	3000
	交叉	100	500	500	500	500	—
氧气管	平行	100	500	500	1000	1000	1500
	交叉	100	300	300	500	500	—
蒸汽管	平行	1000(500)	1000(500)	1000(300)	1000	1000	500
	交叉	300	300	300	500	500	—
暖热水管	平行	300(200)	500	300(200)	1000	1000	100
	交叉	100	100	100	500	500	—
通风管	平行	—	200	200	1000	1000	100
	交叉	—	100	100	500	500	—
上下水管	平行	—	200	200	1000	1000	100
	交叉	—	100	100	500	500	—
压缩空气管	平行	—	200	200	1000	1000	100
	交叉	—	100	100	500	500	—
工艺设备	平行	—	—	—	1500	1500	100
	交叉	—	—	—	1500	1500	—

　　明装的车间低压配电箱底口的高度可取 1.2m，暗装的可取 1.4m。明装电能表板底距地面的高度可取 1.8m。常用开关电器的安装高度为 1.3～1.5m，开关手柄与建筑物之间保留 150mm 的距离，以便于操作。墙用平开关，离地面高度可取 1.4m。明装插座离地面高度可取 1.3～1.8m，暗装的可取 0.2～0.3m。户内灯具高度应大于 2.5m；受实际条件约束达不到时，可减为 2.2m；低于 2.2m 时，应采取适当安全措施。当灯具位于桌面上方等人碰不到的地方时，高度可减为 1.5m。户外灯具高度应大于 3m，安装在墙上时可减为 2.5m。起重机具至线路导线间的最小距离，1kV 及 1kV 以下者不应小于 1.5m，10kV 者不应小于 2m。

4. 电气安全用具

　　电气安全用具是用来防止工作人员触电、坠落、灼伤等人身事故，保证工作人员安全的各种专用电工用具。主要包括起绝缘作用的绝缘安全用具，如绝缘棒、绝缘鞋等；起验电作用的电压指示器；登高作业用的保安腰带以及保证检修安全的临时接地线、遮栏、标示牌等。电气工作人员在进行电气作业时必须按规定配带和使用电气安全工具。

（二）间接电击的防护措施

　　间接电击保护又称故障下的电击保护，也称附加保护，一般采用以下措施。

1. 保护接地

　　保护接地就是将在正常情况下不带电、在故障情况下可能呈现危险的对地电压的金属部分同大地紧密地连接起来，把设备上的故障电压限制在安全范围内的安全措施。保护接地常简称为接地。

　　（1）保护接地的原理　　保护接地应用十分广泛，属于防止间接接触电击的安全技术措施，保护接地也称"IT"保护系统，其电路原理图如图 3-13 所示。

保护接地的作用原理是利用数值较小的接地装置电阻（低压系统一般应控制在 4Ω 以下）与人体电阻并联，将在故障情况下可能呈现危险的对地电压的金属部分同大地紧密连接起来，把漏电设备上的故障电压大幅度地降低至安全范围内的措施。此外，由于

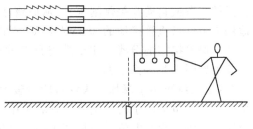

图 3-13　IT 系统原理图

人体电阻远大于接地电阻，由于并联分流作用，通过人体的故障电流将远比流经接地装置的电流要小得多，对人体的危害程度也就极大地减小了。

（2）接地装置　接地装置是由埋入土中的金属接地体（角钢、扁钢、钢管等）和连接用的接地线构成。运行中的电气设备的接地装置应始终保持良好的状态。接地体有自然接地体和人工接地体两种类型。自然接地体是指用于其他目的但与土壤保持紧密接触的金属导体，如埋设在地下的金属管道；人工接地体可采用钢管、圆钢、扁钢或废钢材制成。接地线即连接接地体与电气设备接地部分的金属导体，有自然接地线与人工接地线之分，还可分为接地干线与接地支线。

（3）接地装置的安装　人工接地体在土中的埋设深度不应小于 0.5m，机电系统接地体一般埋设深度为 0.6～0.8m。人工接地体的长度宜为 2.5m，人工垂直接地间的距离及人工水平接地体间的距离宜为 5m，当受地方限制时适当减小。埋于土中的人工垂直接地体宜采用角钢、钢管或圆钢，埋于土中的人工水平接地体宜采用扁钢或圆钢，圆钢直径不应小于 10mm，扁钢截面不应小于 100mm²，其厚度不应小于 4mm，角钢厚度不应小于 4mm，钢管壁厚不应小于 3.5mm，在腐蚀性较强的土中，应采取热镀锌防护措施或加大截面，接地线应与水平接地体的界面相同。埋于土中的接地装置，其连接方式应采用焊接，并在焊接处作防腐处理。在接地电阻检测点和不许焊接的地方，才允许用螺栓连接，采用螺栓连接时，接地线间的接触面、螺栓螺母和垫圈均应镀锌。将室外接地装置的接地线或镀锌角钢引入室内后，应将室内设备的防雷线路与之连接。接地线路规格由具体情况而定，直径应不小于 6mm。

2. 保护接零

保护接零是指将电气设备在正常情况下不带电的金属部分（外壳），用导线与电压电网的零线（中性线）连接起来。与保护接地相比，保护接零能在更多的情况下保证人身的安全，防止触电事故。

（1）保护接零的原理　保护接零也是防止间接电击的安全措施。保护接零也称"TN"保护系统，其作法就是将设备外壳与电网的中性线连接起来，其工作原理见图 3-14。保护接零一般与熔断器、自动开关等保护装置配合，在实施保护接零的低压系统中，电气设备一旦发生了单项碰壳漏电故障，便形成了一个单项短路回路，短路电流就由相线流经外壳到零线，再回到中性点。因该回路中不包含工作接地电阻与保护接地电阻，整个故障回路的电阻、电

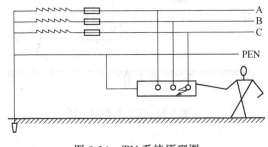

图 3-14　TN 系统原理图

抗都很小，所以有足够大的故障电流使线路上的保护装置在最短时间内迅速动作（如熔丝熔

断、保护装置或自动开关跳闸等），从而将故障的设备电源断开，保障了人身安全。保护接零适用于中性点直接接地的380V/220V三相四线制电网。

（2）保护接零的分类 TN系统有三种类型，即TN-S系统、TN-C-S系统和TN-C系统，分别见图3-15～图3-17。

TN-S系统可用于爆炸、火灾危险性较大或安全要求较高的场所，适宜于独立附设变压电站的车间，也适用于科研院所、计算机中心、通信局站等。正常工作条件下，外露导电部分和保护导体呈现零电位——最"干净"系统。

TN-C-S系统适宜于厂内设有总变压器，厂内低压配电的场所及民用楼房等。

TN-C系统可用于爆炸、火灾危险性不大，用电设备较少，用电线路简单且安全条件较好的场所。

（3）采用保护接零的基本要求 保护接零应符合的基本要求如下：①三相四线制低压电源的中性点必须接地良好，工作接地电阻应符合要求；②采用保护接零方式时，必须装设足够数量的重复接地装置；③在起保护作用的零线上，绝不允许装设熔断器和开关；④在同一供电系统中，不允许装设接地不接零；⑤所有电气设备的保护零线，应以"并联"方式连接到零干线上。

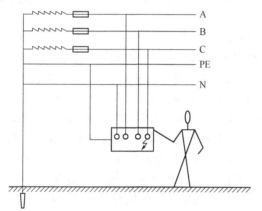

图3-15 TN-S系统原理图

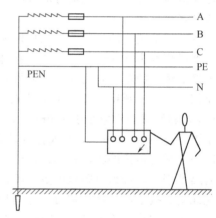

图3-16 TN-C-S系统原理图

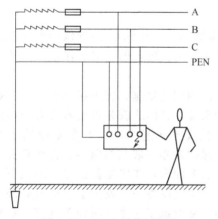

图3-17 TN-C系统原理图

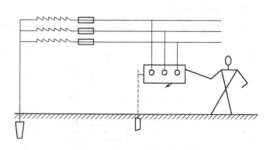

图3-18 TT系统原理图

3. 工作接地

工作接地也称为"TT"系统，如图3-18所示。TT系统中，若不采用保护接地，当人体接触一相碰壳的电气设备时，人体相当于发生单相电击，作用于人体接触电压为220V，足以使人致命。

若采用保护接地，电流将经人体电阻和设备接地电阻的并联支路及电源中性点接地电阻、电源形成回路，人体的接触电压为110V，对人身安全仍有致命的危险。所以，在中性点直接接地的低压系统中，电气设备的外壳采用保护接地仅能减轻电击的危险程度，并不能保证人身安全；对于一般的过流保护，实现速断是不可能的。因此，一般情况下不能采用TT系统，如确有困难不得不采用，则必须将故障持续时间限制在允许范围内。在TT系统中，故障最大持续时间原则上不得超过5s。TT系统主要用于低压共用用户，即用于未装备配电变压器，从外面引进低压电源的小型用户。

四、漏电保护器

漏电保护器也叫触电保安装置或残余电流保护装置，它主要用于防止由于间接接触和直接接触引起的单相触电事故，它还可以用于防止因电气设备漏电而造成的电气火灾爆炸事故，有的漏电保护器还具有过载保护、过压保护和欠压保护、缺相保护等功能。漏电保护器主要用于1000V以下的低压系统和移动电动设备的保护，也可用于高压系统的漏电检测。

1. 漏电保护器的基本结构和工作原理

漏电保护器的基本结构由三部分组成，即检测机构、判断机构和执行机构。在电力系统中，当有人触电或者设备漏电时，一般会出现两种异常现象，一是产生漏电电流（漏电是指电器绝缘损坏或其他原因造成导电部分碰壳时，如果电器的金属外壳是接地的，那么电就由电器的金属外壳经大地构成通路，从而形成电流，即漏电电流，也叫做接地电流），二是出现漏电电压。因为电气设备在正常工作条件下，从电网流入的电流和流回电网的电流总是相等的，但当电气设备漏电或有人触电时，流入电气设备的电流就有一部分直接流入大地或经过人体流入大地，这部分流入大地并且经过大地回到变压器中性点的电流就是漏电电流。有了漏电电流，从电气设备流入电网的电流和从电网流入电气设备的电流就不相等了。另外，电气设备正常工作时，壳体对地电压是为零的，在电气设备漏电时，壳体对地电压就不为零了，而出现的对地电压就叫漏电电压。

漏电保护器的工作原理如图3-19所示。在电路正常情况下，由KCL定律可知，通过TA一次侧电流的相量和等于零→TA铁心中磁通的相量和也为零→TA二次侧不产生感应电动势→漏电保护装置不动作→系统保持正常供电。

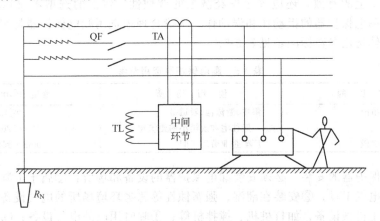

图3-19 漏电保护器工作原理图

TA—零序电流互感器；QF—主开关；TL—主开关QF的分离脱扣器线圈

当电路发生漏电或有人触电时，漏电电流的存在→通过TA一次侧各相负荷电流的相量和不再等于零（即产生了残余电流）→TA铁心中磁通的相量和也不再为零（在铁心中产生交变磁通）→TA 二次侧产生感应电动势（漏电信号）→中间环节进行处理和比较→（当达到预定值时）主开关分离脱扣器线圈 TL 通电→主开关 QF 被驱动自动跳闸→迅速切断被保护电路的供电电源→实现保护。

2. 漏电保护器的分类

漏电保护器按照不同的分类方法可分为不同的类型，如按检测信号分，可分为电压型和电流型；按放大机构分，可分为电子式和电磁式；按漏电动作电流分，可分为高灵敏度、中灵敏度和低灵敏度。动作电流可分为 0.006A、0.01A、0.015A、0.03A、0.05A、0.075A、0.1A、0.2A、0.3A、0.5A、1A、3A、5A、10A、20A 等 15 个等级，其中 30mA 以下（包括 30mA）属于高灵敏度，主要用于防止各种人身触电事故；30mA 以上及 1000mA 以下（包括 1000mA）的属于中灵敏度，用于防止触电事故和漏电火灾事故；1000mA 以上属于低灵敏度，用于防止漏电火灾和监视一相触电事故。为了避免误动作，保护装置的不动作电流不得低于额定动作电流的一半。此外，还可以按相数分为单相和三相，按动作时间分为快速型、定时限型和延时限型等。

漏电保护器的动作时间是指动作时的最大分段时间。快速型和定时限型漏电保护器的动作时间见表 3-4。延时限型只能用于动作电流 30mA 以上的漏电保护器，其动作时间可选为0.2s、0.4s、0.8s、1s、1.5s 及 2s。防止触电的漏电保护，宜采用高灵敏度、快速型漏电保护器，其动作电流与动作时间的乘积不应超过 30mA·s。

表 3-4　漏电保护器的动作时间

额定动作电流 $I_{\Delta N}$/mA	额定电流/A	动作时间/s		
		$I_{\Delta N}$	$2I_{\Delta N}$	$5I_{\Delta N}$
≤30	任意值	0.2	0.1	—
>30	任意值	0.2	0.1	0.04
	≥40	0.2	—	0.15

3. 漏电保护器的应用

（1）漏电保护器的选用　选择漏电保护器时，首先根据保护对象的不同要求进行选型，既要保证在技术上的有效，还应该考虑经济上的合理性。错误的选型不仅达不到保护的目的，还会造成漏电保护器的拒动作和误动作。正确合理地选用漏电保护器是实施漏电保护措施的关键。具体选用参数标准参见表 3-5。

表 3-5　漏电保护器选用参考

保　护　目　的	使　用　场　所	额定动作电流/mA
防止人身触电事故	浴室、游泳池、隧道等	≤10
防止火灾	一般住宅和规模小的建筑物	≤200
防止电气设备烧毁	厂矿企业劳动车间	100mA 到数安培

（2）漏电保护器的安装　必须安装漏电保护器的设备和场所：①属于 I 类的移动式电气设备及手持式电气工具；②安装在潮湿、强腐蚀性等恶劣环境场所的电气设备；③建筑施工工地的电气施工机械设备，如打桩机、搅拌机等；④临时用电的电气设备；⑤宾馆、饭店及招待所客房内及机关、学校、企业、住宅等建筑物内的插座回路；⑥游泳池、喷水池、浴池的水中照明设备；⑦安装在水中的供电线路和设备；⑧医院里直接接触人体的电气医用设备；⑨其他需要安装漏电保护器的场所。

（3）有关漏电保护器安装、检查、使用中一般的要求　漏电保护器的安装、检查等应由专业电工负责进行，对电工应进行有关漏电保护器知识的培训、考核，内容包括漏电保护器的原理、结构、性能、安装使用要求、检查测试方法、安全管理等。

五、触电的救护

人受到电击后，往往会出现神经麻痹、呼吸中断、心脏停止跳动等症状，呈昏迷不醒的状态，这时必须迅速进行现场救护。因此，每个电气工作人员和有关人员必须熟练掌握电击急救的方法。电击急救的具体要求应做到八字原则，即迅速（脱离电源）、现场（进行抢救）、准确（姿势）、坚持（抢救），同时应根据伤情需要，迅速联系医疗部门救治。

1. 脱离电源

（1）脱离高压电源　高压电源电压高，一般绝缘物对救护人员不能保证安全，而且往往电源的高压开关距离较远，不易切断电源，发生电击时应采取下列措施：

① 立即通知有关部门停电；

② 戴好绝缘手套、穿好绝缘靴，拉开高压断路器（高压开关）或用相应电压等级的绝缘工具拉开跌落式熔断器，切断电源。救护人员在操作时应注意保持自身与周围带电部分有足够的安全距离。

（2）注意事项　抢救电击者脱离电源中的注意事项：

① 救护人员不得采用金属和其他潮湿的物品作为救护工具；

② 未采取任何绝缘措施时，救护人员不得直接触及电击者的皮肤或潮湿衣服；

③ 在使电击者脱离电源的过程中，救护人员最好用一只手操作，以防自身电击；

④ 当电击者站立或位于高处时，应采取措施防止电击者脱离电源后摔跌；

⑤ 夜晚发生电击事故时，应考虑切断电源后的临时照明，以利救护。

2. 现场急救

电击者脱离电源后，应迅速正确判定其电击程度，有针对性地实施现场紧急救护。

（1）电击者伤情的判定　电击者如神态清醒，只是心慌、四肢发麻、全身无力，但没失去知觉，则应使其就地平躺，严密观察，暂时不要站立或走动。电击者如神志不清、失去知觉，但呼吸和心脏尚正常，应使其舒适平卧，保持空气流通，同时立即请医生或送医院诊治。并随时观察，若发现电击者出现呼吸困难或心跳失常，则应迅速用心肺复苏法进行人工呼吸或胸外心脏按压。

如果电击者失去知觉，心跳呼吸停止，则应判定电击者是否属假死症状。电击者若无致命外伤，没有得到专业医务人员证实时，不能判定电击者死亡，应立即对其进行心肺复苏。应在10s内用看、听、试的方法（如图3-20所示）判定电击者的呼吸、心跳情况。

看——看伤员的胸部、腹部有无起伏动作；

听——用耳贴近伤员的口鼻处，听有无呼吸的声音；

试——试测口鼻有无呼气的气流，再用两手指轻试一侧（左或右）喉结旁凹陷处的颈动脉有无搏动。若看、听、试的结果既无呼吸又无动脉搏动，可判定呼吸心跳停止。

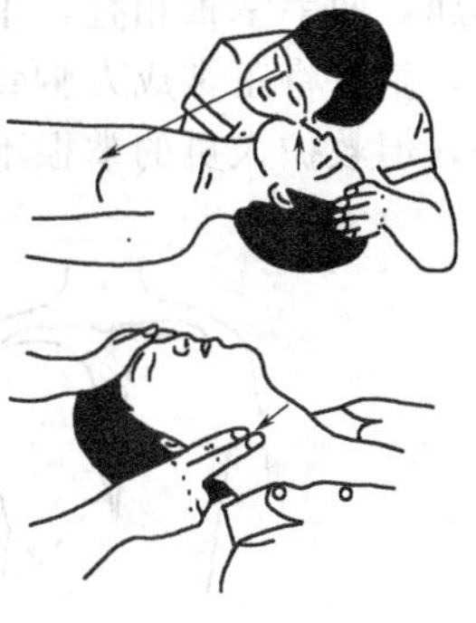

（2）心肺复苏法　电击伤人员呼吸和心跳均停止时，应立即按心肺复苏支持生命的三项基本措施，正确地进行就地抢救。

① 畅通气道。电击者如呼吸停止，抢救时重要的一环是始终确保气道畅通，如发现伤员口内有异物，可将其身体及头部同时旋转，迅速用一个手指或用两手指交叉从口角处插入，取出异物。操作中要防止将异物推到咽喉深部。

图 3-20　心肺复苏术

畅通气道可以采用仰头抬颏法，如图 3-21 所示。用一只手放在电击者前额，另一只手的手指将其下颌骨向上抬起，两手协同将头部推向后仰，舌根随之抬起。严禁用枕头或其他物品垫在电击者头下，因为头部抬高前倾会加重气道阻塞，且使胸外按压时流向脑部的血流减少，甚至消失。

图 3-21　仰头抬颏法畅通气道

图 3-22　口对口人工呼吸

② 口对口（鼻）人工呼吸。在保持电击者气道通畅的同时，救护人员在电击者头部的右边或左边，用一只手捏住电击者的鼻翼，深吸气，与伤员口对口紧合，在不漏气的情况下，连续大口吹气两次，每次 1～1.5s，如图 3-22 所示。如两次吹气后试测颈动脉仍无搏动，可判断心跳已经停止，要立即同时进行胸外按压。

除开始大口吹气两次外，正常口对口（鼻）人工呼吸的吹气量不需过大，但要使电击人的胸部膨胀，每 5s 吹一次（吹 2s，放松 3s）。对电击的小孩，只能小口吹气。

救护人换气时，放松电击者的嘴和鼻，使其自动呼气。吹气时如有较大阻力，可能是头部后仰不够，应及时纠正。

电击者如牙关紧闭，可口对鼻人工呼吸。口对鼻人工呼吸时，要将伤员嘴唇紧闭，防止漏气。

③ 胸外按压。人工胸外按压法的原理是用人工机械方法按压心脏，代替心脏跳动，以达到血液循环的目的。凡电击者心脏停止跳动或不规则的颤动时，可立即用此法急救。

首先，要确定正确的按压位置。确定正确按压位置的步骤为：右手的食指和中指沿电击者的右侧肋弓下缘向上，找到肋骨和胸骨结合点的中点；两手指并齐，中指放在切迹中点（剑突底部），食指放在胸骨下部；另一只手的掌根紧挨食指上缘，置于胸骨上，即为正确按压位置，如图 3-23 所示。

其次，保持正确的按压姿势。正确的按压姿势为：使电击者仰面躺在平硬的地方，救护人员立或跪在伤员一侧肩旁，救护人员的两肩位于伤员胸骨正上方，两臂伸直，肘关节固定不屈，两手掌根相叠，手指翘起，不接触电击者胸壁；以髋宽关节为支点，利用上身的重力，垂直将正常成人胸骨压陷 3～5cm（儿童和瘦弱者酌减）；压至要求程度后，立即全部放松，但救护人员的掌根不得离开胸壁，如图 3-24 所示。

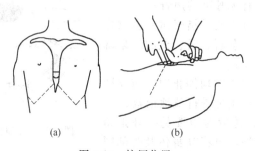

(a)　　　　　　　(b)

图 3-23　按压位置

图 3-24　按压姿势

再次，按压必须有效。按压有效的标志是按压过程中可以触及颈动脉搏动。操作频率分别为：胸外按压要以均匀速度进行，每分钟 80～100 次，每次按压和放松的时间相等；胸外按压与口对口（鼻）人工呼吸同时进行，其节奏为单人抢救时，每按压 15 次后吹气 2 次，反复进行，双人抢救时，每按压 5 次后由另一人吹气 1 次，反复进行。

3. 抢救过程中的再判定

胸外按压和口对口（鼻）人工呼吸 1min 后，应再用看、听、试方法在 5～7s 时间内对电击者呼吸及心跳是否恢复进行判定。

若判定颈动脉已有搏动但无呼吸，则暂停胸外按压，再进行 2 次口对口（鼻）人工呼吸，接着每 5s 吹气一次。如果脉搏和呼吸均未恢复，则继续坚持心肺复苏法抢救。

在抢救过程中，要每隔数分钟再判定一次，每次判定时间均不得超过 5～7s。在医务人员未接替抢救前，现场抢救人员不得放弃现场抢救。

4. 现场急救注意事项

现场急救注意事项有：

① 现场急救贵在坚持；

② 心肺复苏应在现场就地进行；

③ 现场电击急救时，对采用肾上腺素等药物应持慎重态度，如果没有必要的诊断设备条件和足够的把握，不得乱用；

④ 对电击过程中的外伤特别是致命外伤（如动脉出血等）也要采取有效的方法处理。

5. 抢救过程中电击伤员的移动与转院

心肺复苏应在现场就地坚持进行，不要为方便而随意移动伤员，如确需要移动时，抢救中断时间不应超过 30s。

移动伤员或将伤员送医院时，应使伤员平躺在担架上，并在其背部垫以平硬宽木板。在移动或送医院过程中，应继续抢救。心跳、呼吸停止者要继续用心肺复苏法抢救，在医务人员未接替救治前不能中止。

应创造条件，用塑料袋装入碎冰屑做成帽子状包绕在伤员头部，并露出眼睛，使脑部温度降低，争取心、肺、脑完全复苏。

6. 电击伤员好转后处理

如果电击者的心跳和呼吸经抢救后均已恢复，则可暂停心肺复苏法操作。但心跳、呼吸恢复的早期有可能再次骤停，应严密监护，不能麻痹，要随时准备再次抢救。初期恢复后，伤员可能神志不清或精神恍惚、躁动，应设法使其安静。

7. 外伤处理

对于电伤和摔跌造成的人体局部外伤，在现场救护中也不能忽视，必须作适当处理，防止细菌侵入感染，防止摔跌骨折刺破皮肤及周围组织、刺破神经和血管，避免引起损伤扩大，然后迅速送医院治疗。

外伤处理主要有：

① 一般性的外伤表面，可用无菌盐水或清洁的温开水冲洗后，用消毒纱布、防腐绷带或干净的布片包扎，然后送医院治疗。

② 伤口出血严重时，应采用压迫止血法止血，然后迅速送医院治疗；如果伤口出血不严重，可用消毒纱布叠几层盖住伤口，压紧止血。

③ 高压电击时，可能会造成大面积严重的电弧灼伤，往往深达骨骼，处理起来很复杂。现场可用无菌生理盐水或清洁的温开水冲洗，再用酒精全面消毒，然后用消毒被单或干净的布片包裹送医院治疗。

④ 对于因电击摔跌而四肢骨折的电击者，应首先止血、包扎，然后用木板、竹竿、木棍等物品临时将骨折肢体固定，然后立即送医院治疗。

第三节　静电安全技术

一、工业静电的产生

静电通常是静止的电荷，就是在绝缘体或导体上聚集的正电荷或负电荷。"静"这个词的简单意思是在两个物体之间的电容量有所降低之前，电荷不会由于电动力而被平衡或迁移。工艺过程中产生的静电能虽然不大，但因其电压可能很高，容易发生放电，如果其周围存在爆炸性气体混合物、爆炸性粉尘，则可能引发爆炸和火灾。除此之外，静电也可能给人以电击，造成二次事故，还可能妨碍生产。为了便于正确理解静电防护的机理，首先需要对静电的产生有个大致的了解。

1. 接触起电

物质都是由分子组成，分子是由原子组成，原子中有带负电的电子和带正电荷的质子。在正常状况下，一个原子的质子数与电子数量相同，正负电荷平衡，所以对外表现出不带电的现象。但是电子环绕于原子核周围，遇到足够的外力时即脱离轨道，离开原来的原子 A，而侵入其他的原子 B。A 原子因缺少电子数而呈现出带正电现象，称为阳离子；B 原子因增加电子数而呈现出带负电现象，称为阴离子。在日常生活中，任何两个不同材质的物体接触后再分离（摩擦），即可产生静电，如人在绝缘地面上走动时，鞋底和地面不断地紧密接触和分离，使地面和鞋底分别带上不同符号的电荷。若人穿塑料底鞋，在胶板地面上走动时，可使人体带 2～3kV 负电压，这就是因接触产生的静电。

2. 感应起电

在工业生产中，带静电的物体能使附近不相连的导体，如金属管道、零件表面的不同部位或人体出现带有电荷的现象，这就是静电感应起电。如当人走近已带电的物体或人时，将引起静电感应，感应所得的与带电物体（或人）符号相同的电荷通过鞋底移向大地，或通过正在操作接地设备的手移向大地，使人体上只带一种符号的电荷。当人离开带电物体（或人）时，人体就带有了静电。这就是人体的感应起电。

3. 吸附起电

某种极性的离子或带电粉尘附着到与地绝缘的固体或人体上，能使该物体或人体带上静电或改变其带电状况。如带电微粒或小液滴（水汽、油气等）的空间活动后，由于带电微粒或小液滴降落在人体上，被人体所吸附而使人体带电。又如在粉体粉碎及混合等车间工作的人，会有很多带电的粉体颗粒附着在人体上，使人体带电。物体或人体获得电荷的多少，取决于物体对地电容及周围条件，如空气湿度、物体形状等。

以上三种方式都能使人体带上静电，而影响人体静电的因素主要有如下三方面。

（1）起电速率和人体对地电阻对人体起电的影响　起电速率是单位时间内的起电量。它是由人的操作速度或活动速度决定的。人的操作速度或活动速度越大，起电速率就越大，人体的起电电位就越高；反之，起电速率就越小，人体的起电电位就越低。

人体的对地电阻对人体的饱和带电量和带电电位也有影响。在起电速率一定的条件下，对地电阻越大，对地放电时间常数就越大，饱和带电量越大，人体带电电位也越高。

（2）衣装电阻率对人体起电的影响　实践经验告诉人们，在现代化生产和运输所达到的速率下，常常是电阻率高的介质起电量大。人的衣装材料一般属于介质（抗静电工作服除外）。高电阻率介质的放电时间常数大，因而积累的饱和电荷也大，所以不同质料的衣装对人体的起电量有不同的影响。

（3）人体电容对人体起电的影响　人体电容是指人体的对地电容。它是随人体姿势、衣装厚薄和材质不同而不同的可变量。人体电容一般为 100～200pF，特殊场合下可达 300～

600pF。不同场合人体电容的变化是很大的。人体带电后，如果放电很慢，这时人体电容的减小会引起人体电位升高从而使静电能量增加。

在工业生产中，除了上述静电起电方式外，另外还有压电效应起电、电解起电、极化起电、飞沫带电以及喷出带电等方式。需要指出的是，在实际生产活动中，产生静电的方式不是孤立单一的，如摩擦中起电的方式就包括接触起电、热电效应起电、压电效应起电等形式。

二、静电的特点与危害

1. 静电的特点

（1）静电电压高　静电能量不大，但其电压很高。带静电的物体表面具有电位的大小与电量 Q 成正比、与物体分布电容 C 成反比，所以当物体带电量一定时，改变物体的电容可以获得很高的电压。实践表明，固体静电可达 20000V 以上，液体静电和粉体静电可达数万伏，气体和蒸汽静电可达 10000V 以上，人体静电也可达 10000V 以上。

（2）静电泄漏慢　非导体上静电泄漏很慢是静电的另一特点。理论证明，静电电荷全部泄漏需要无限长的时间，所以人们用"半衰期"这一概念去衡量物体静电泄漏的快慢。所谓半衰期就是带电体上电荷泄漏到原来一半时所需要的时间，用公式表示为：

$$t_{1/2} = 0.69RC$$

由于积累静电的材料的电阻率都很高，其电阻 R 也都很大，所以其上静电泄漏的半衰期就很长，其上静电泄漏都很慢。

（3）静电影响因素多　静电产生和积累受到材质、杂质、物料特征、工艺设备（如几何形状、接触面积）和工艺参数（如作业速度）、湿度和温度、带电历程等因素的影响。由于影响静电因素众多，静电事故的随机性强。

（4）静电屏蔽　静电场可以用导电的金属加以屏蔽。可以用接地的金属网、容器等将静电屏蔽起来，不使外界遭受静电的危害。相反，使屏蔽的物体不受外电场感应起电，也是"静电屏蔽"，静电屏蔽在安全生产上广为利用。

静电除上述特点外，还具有远端放电、尖端放电等特性。

2. 静电的危害

工业生产中所产生的静电，其可能造成的危害主要表现为爆炸和火灾、静电电击、妨碍生产。

（1）爆炸和火灾　静电电量虽然不大，但因其电压很高而容易发生放电，产生静电火花。在具有可燃液体的作业场所（如油品装运场所），可能因静电火花引起火灾；在具有爆炸性粉尘或爆炸性气体（如煤粉、面粉、铝粉、氢气等）、蒸气的作业场所，可能因静电火花引起爆炸。

（2）静电电击　当人体接近带静电体的时候，带静电荷的人体（人体所带静电电压可达上万伏）在接近接地体时就有可能发生电击。由于静电能量很小，静电电击不会直接致命，但可能因电击坠落摔倒引起二次事故。

（3）妨碍生产　在某些生产过程中，如不清除静电，将会妨碍生产或降低产品质量。例如，在纺织行业，静电使纤维缠结，吸附尘土，降低纺织品质量；在印刷行业，静电使纸张不齐，不能分开，影响印刷速度和质量；静电还可能引起电子元件误动作。

三、静电防护技术

1. 静电消散

中和与泄漏是静电消失的两种主要方式。中和主要是通过空气发生的；后者主要是通过带电体本身及与其相连接的其他物体发生的。

（1）静电中和 正、负电荷相互抵消的现象称为电荷中和。空气中自然存在的带电粒子极为有限，中和速度十分缓慢，一般不会被觉察到。带电体上的静电通过空气迅速的中和发生在放电时。在实际中，放电的形式主要有如下几种：

① 电晕放电。发生在带电体尖端附近局部区域内。电晕放电的能量密度不高，如不发展则没有引燃一些爆炸性混合物的危险。

② 刷形放电。火花放电的一种，其放电通道有很多分支。刷形放电释放的能量一般不高，应注意其局部能量密度具有引燃一些爆炸性混合物的能力。传播型刷形放电是刷形放电的一种。传播型刷形放电形成密集的火花，火花能量较大，引燃的危险性也较大。

③ 火花放电。放电通道火花集中的火花放电。在易燃易爆场所，火花放电有很大的危险。

④ 雷型放电。由大范围、高电荷密度的空间电荷云引起，能发生闪电状的雷型放电。因其能量大，引燃危险性也大。

（2）静电泄漏 物体表面泄漏和内部泄漏是绝缘体上静电泄漏的两条途径。静电表面泄漏过程，其泄漏电流遇到的是表面电阻；静电内部泄漏过程，其泄漏电流遇到的是体积电阻。人们用"半衰期"这一概念去衡量物体静电泄漏的快慢。影响物体静电泄漏因素众多，但由于空气湿度增加能使绝缘体表面电阻大大降低，所以通过增大空气湿度可以加快绝缘体上静电泄漏速度。

2. 防静电安全措施

静电最为严重的危险就是引起爆炸和火灾。因此，静电安全防护主要是对爆炸和火灾的防护。这些措施对于防止静电电击和防止静电影响产生也是有效的。

（1）环境危险程度控制 静电引起爆炸和火灾的条件之一是有爆炸性混合物存在。为防止静电的危险，可采取代替易燃介质、降低爆炸性混合物的浓度、减少氧化剂含量等措施，控制所在环境爆炸和火灾危险程度。

（2）工艺控制 为了有利于静电的泄漏，可采用导电性工具。为了减轻火花放电和感应带电的危险，可采用阻值为 $10^7 \sim 10^9 \Omega$ 的导电性工具。为了防止静电产生危险放电，燃油在管道流动要尽量缓慢。为了防止静电放电，在液体灌装过程中不得进行取样、检测或测温操作。进行上述操作前，应使液体静置一定时间，使静电得到足够的消散或松弛。为了避免液体在容器内喷射或溅射，应将注油管道延伸至容器底部；装油前清除罐底积水和污物，以减少附加静电。

（3）接地 接地是消除静电危害最简单直接的方法，静电接地的连接线应保证足够的机械强度和化学稳定性，连接应当可靠，不得有任何中断之处。静电接地一般可与其他接地共用，但注意不得由其他接地引来危险电压，以免导致火花放电。静电接地的接地电阻原则不超过 $1 M \Omega$ 即可，对于金属导体，为了检测方便，要求接地电阻不超过 $100 \sim 1000 \Omega$。

在有火灾和爆炸危险的场所，为了避免静电火花造成事故，应采取如下接地措施：

① 凡用来加工、贮存、运输各种易燃液体、气体和粉体的设备、贮存池、贮存缸以及产品输送设备、封闭的运输装置、排注设备、混合器、过滤器、干燥器、升华器、吸附器等都必须接地。如果袋形过滤器由纺织品类似物品制成，可以用金属丝穿缝并予以接地。某些危险性较大的场所，为了使转轴可靠接地，可采用导电性润滑油或采用滑环、碳刷接地。

② 厂区及车间的氧气、乙炔等管道必须连接成一个连续的整体，并予以接地。

③ 注油漏斗、浮动缸顶、工作站台等辅助设备或工具均应接地。

④ 汽车油槽车行驶时，由于汽车轮胎与路面有摩擦，汽车底盘上可能产生危险的静电电压。为了导走静电电荷，油槽车应带金属链条，链条的上端和油槽车底盘相连，另一端与大地接触。

（4）增湿　增湿即增加现场空气的相对湿度。随着湿度的增加，绝缘体表面上结成薄薄的水膜能使其表面电阻大为降低，同时降低带静电绝缘体的绝缘性，增强其导电性，减小绝缘体通过本身泄放电荷的时间常数，提高泄放速度，限制静电电荷的积累。

生产场所通过安装空调设备、喷雾器等来提高空气的湿度，消除静电危险。从消除静电危害的角度考虑，保持相对湿度在70％以上较为适宜。

（5）加抗静电添加剂　抗静电添加剂具有良好吸湿性或导电性，是特制的辅助剂。在易产生静电的材料中加入某种极微量的抗静电添加剂，能加速对静电的泄漏，消除静电的危险。

（6）中和　这种方法是采用静电中和器或其他方式产生与原有静电极性相反的电荷，使已产生的静电得到中和而消除，避免静电积累。

（7）加强静电安全管理　静电安全管理包括制定相关静电安全操作规程、静电安全指标和开展静电安全教育、静电检测等内容。

第四节　雷击防护技术

一、雷电的基础知识

1. 雷电的产生

雷电是自然界的一种大气放电现象，当空气中的电场强度达到一定程度时，在两块带异号电荷的雷云之间或雷云与地之间的空气绝缘被击穿而剧烈放电，出现耀眼的电光，同时，强大的放电电流所产生的高温使周围的空气或其他介质发生猛烈膨胀，发出震耳欲聋的响声，称为雷电。当雷电电流流过地表的被击物时，具有极大的破坏性，其电压可达数百万至数千万伏，电流达几十万安，造成人畜伤亡、建筑物炸毁或燃烧、线路停电、电气设备损坏及电子系统中断等严重事故。

带电积云是构成雷电的基本条件。积雨云里的气流，使云滴、冰晶受到冲击而发生激烈的碰撞和摩擦，因而破裂分离，同时带上电荷。带正电的小冰晶被气流带到云的顶部，而带负电的大冰晶较重，则下沉到云的下层。这样的积雨云的不同部位就聚集着正电荷或负电荷。当云层里的电荷越积越多，达到一定强度时，或带不同电荷的积云相互接近到一定程度，以及带电积云与大地凸出物接近到一定程度时，就会把阻挡它们结合的空气层击穿。由于云中的电流很强，击穿通道上的空气就会被烧得极为炽热，可达1800～2800℃（为太阳表面温度的3～5倍），发出耀眼的白光——闪电。闪道上的高温，使空气膨胀、水滴汽化膨胀，从而产生冲击波，并发出强烈的爆炸般的轰鸣——雷声。

2. 雷电的种类

雷电的实质是大气中的放电现象，根据雷电的不同形状，大致可以分为片状、线状和球状三种形式，其中最常见的线状。从危害角度分类，雷电可分直击雷、感应雷（包括静电感应和电磁感应）、球雷和雷电侵入波。

（1）直击雷　闪电直接击在建筑物、其他物体、大地或防雷装置上产生电效应、热效应和机械效应的现象称为直击雷。由于受直接雷击，被击的建筑物、电气设备或其他物体会产生很高的电位，而引起过电压，这时流过的雷电流又很大（达几千安到几百千安），这样极易使电气设备或建筑物损坏，并引起火灾或爆炸事故。当雷击中架空输电线时，也会产生很高的电压（达几千千伏），不仅会常常引起线路放电，造成线路发生短路事故，而且这种过电压还会以波动的形式迅速向变电所、发电厂或其他建筑物内传播，使沿线安装的电气设备绝缘受到严重威胁，往往引起绝缘击穿起火等严重后果。

（2）感应雷　感应雷也称雷电感应，分为静电感应和电磁感应两种。静电感应是在雷云接近地面，在架空线路或其他凸出物顶部感应出大量电荷引起的。在雷云与其他部位放电后，架空线路或凸出物顶部的电荷失去约束，以雷电波的形式，沿线路或凸出物极快地传播。电磁感应是由雷击后伴随的巨大雷电流在周围空间产生迅速变化的强磁场引起的，这种磁场能使附近金属导体或金属结构感应出很高的电压。

（3）球雷 球雷是雷电放电时形成的发红光、橙光、白光或其他颜色光的火球，是一团处在特殊状态下的带电气体。其直径多为 20cm 左右，运动速度约为 2m/s，存在时间为数秒到数分钟之间。

（4）雷电侵入波 由于雷电对架空线路和金属管道的作用，雷电波可能沿着这些管线侵入屋内，危及人身安全或损坏设备。直击雷和感应雷都能在架空线路或空中金属管道上产生沿线路或管道的两个方向迅速传播的雷电侵入波。雷电侵入波的传播速度在架空线路中约为 300m/s，在电缆中约为 150m/s。由于雷电侵入波造成高电位的侵入而发生雷害事故，在整个雷害事故中占 71%，比例最大，故对高电位侵入的防护应从多方面考虑。

3. 雷电的危害

雷电对设备和建筑物放电时，强大的雷电流也能在电流通道上产生大量的热量，使温度上升到数千摄氏度，在电气设备上产生过电压，对电气设备和建筑物造成巨大的破坏，对人身构成巨大的威胁。它的主要危害分述如下。

（1）电性质作用的破坏 雷击电力系统电气设备或输电线路时，产生的直击雷过电压幅值高，足以使其绝缘损坏，造成事故；感应产生的过电压虽然其幅值有限，但也会对设备和人身安全构成严重的威胁。

（2）热性质作用的破坏 雷电流流过电气设备、厂房及其他建筑物时，其热效应足以使可燃物迅速着火燃烧；当雷击易燃易爆物体，或雷电波入侵有易燃易爆物体的场所时，雷电放电产生的弧光与易燃易爆物接触，会引起火灾和爆炸事故。

（3）机械性质作用的破坏 雷击建筑物时，雷电流流过物体内部，使物体及附近温度急剧上升。由于高温效应，物体中的气体和物体本身剧烈膨胀，其中的水分及其组成物质迅速分解为气体，产生极大的机械力，加上静电排斥力的作用，将使建筑物造成严重劈裂，甚至爆炸变成碎屑。

（4）雷电放电的静电感应和电磁感应的破坏 雷云的先导放电阶段，虽然其放电时间较长，放电电流较小，也并没有击中建筑物和设备，但先导通道中布满了与雷云同极性的电荷，并在其附近的建筑物和设备上感应出异号的束缚电荷，使建筑物和设备上的电位上升，这种现象叫雷电放电的静电感应。由静电感应产生的设备和建筑物的对地电压可以击穿数十厘米的空气间隙，这对一些存放易燃易爆物质的场所来说是危险的。另外，由于静电感应，附近的金属物之间也会产生火花放电，引起燃烧、爆炸。当输电线路或电气设备附近落雷时，虽然没有造成直击，但雷电放电时，由于其周围电磁场的剧烈变化，在设备或导线上产生感应过电压，其值最大可达 500kV。这对于电压等级较低、绝缘水平不高的设备或输电线路是非常危险的。若在引入室内的电力线路或配电线路上产生过电压，不仅会损坏设备，还会造成人身伤亡事故。

（5）雷电对人身的伤害 人体若直接遭受雷击，其后果是不言而喻的，多数雷电伤人事故是由雷击后的过电压所产生的。过电压对人体伤害的形式可分为冲击接触过电压对人体的伤害、冲击跨步过电压对人体的伤害及设备过电压对人体的反击三种。

（6）雷电侵入波的伤害 雷击物体时，强大的雷电流沿着其接地体流入大地。雷电冲击电流向大地四周发散所形成的散流使接地点周围形成伞形分布的电位场，人在其中行走时两脚之间出现一定的电位差，即冲击跨步电压；雷电流通过设备及其接地装置时会产生冲击高压，人触及设备时手脚之间的电位差就是冲击接触电压；反击伤害是指避雷针、架构、建筑物及设备等在遭受雷击、雷电流流过时产生很高的冲击电位，当人与其距离足够近时，对人体产生放电而使人体受到的伤害。

为了防止雷电对人身伤害事故的发生，《电业安全工作规程》规定，电气运行人员在巡视设备时，雷雨天气不得接近避雷针及其引下线 5m 之内。

4. 雷电的参数

雷电参数主要有雷暴日、雷电流幅值、雷电流陡度和冲击过电压等。

（1）雷暴日　只要一天之内能听到雷声的就算一个雷暴日。年雷暴日数用来衡量雷电活动的频繁程度。雷暴日通常指一年内的平均雷暴日数，即年平均雷暴日，单位 d/a。雷暴日数越大，说明该地雷电活动越频繁。如我国广东省的雷州半岛和海南岛一带雷暴日在 80d/a 以上，北京、上海约为 40d/a，天津、济南约为 30d/a 等。在我国把年平均雷暴日不超过 15d/a 的地区划为少雷区，而超过 40d/a 划为多雷区。在防雷设计时，需要考虑当地雷暴日的大小。

（2）雷电流幅值　雷电流幅值是指雷云主放电时冲击电流的最大值。影响雷电流幅值大小的因素很多，其中主要与雷云所积累的电荷和被击物体阻抗有关。如雷击在地面时，土壤电阻率愈小，则地中的电荷越容易集中和释放，雷电流就越大；反之就较小。雷电流的幅值一般可达数十千安至数百千安，为此，雷电流的破坏力十分巨大。

（3）雷电流陡度　雷电流陡度是指雷电流随时间上升的速度。一般来说，雷电流冲击波波头陡度可达 50kA/s，平均陡度约 30kA/s。雷电流陡度越大，对电气设备造成的危害也越大。

（4）冲击过电压　冲击过电压是指雷云主放电时所产生的电压，其大小一般与雷电流的大小、防雷装置的冲击接地电阻、雷电流陡度等因素有关。

二、防雷基本措施

根据不同的保护对象，对直击雷、雷电感应、雷电侵入波应采取适当的安全措施。常用的防雷装置主要有避雷针、避雷线、避雷网、避雷带及避雷器等。完整的防雷装置包括接闪器、引下线和接地装置。而上述避雷针、避雷线、避雷网、避雷带及避雷器实际上都只是接闪器。除避雷器外，它们都是利用其高出被保护物的突出地位，把雷电引向自身，然后通过引下线和接地装置把雷电流泄入大地，使被保护物免受雷击。避雷针、网、带主要用于露天的变配电设备保护；避雷线主要用于保护电力线路及配电装置；避雷网、带主要用于建筑物的保护；避雷器主要用于限制雷击产生过电压，保护电气设备的绝缘。各种防雷装置的具体作用如下。

1. 直击雷的防护措施

（1）避雷针　避雷针是利用尖端放电原理，其保护原理就其本质而言是"引雷"。当雷云接近地面时，避雷针利用在空中高于其被保护对象的有利地位，把雷电引向自身，将雷电流引入大地，从而达到使被保护物"避雷"的目的。

避雷针由三部分组成：雷电接受器、接地引下线和接地体。

（2）避雷线　避雷线由架空地线、接地引下线和接地体组成。架空地线是悬挂在空中的接地导体，其作用和避雷针一样，对被保护物起屏蔽作用，将雷电流引向自身，并通过引下线安全泄入地下。因此，装设避雷线也是防止直击雷的主要措施之一。

（3）避雷器　避雷器的作用是限制过电压幅值，保护电气设备的绝缘。避雷器与被保护设备并联，当系统中出现过电压时，避雷器在过电压作用下，间隙击穿，将雷电流通过避雷器、接地装置引入大地，降低了入侵波的幅值和陡度；过电压之后，避雷器迅速截断在工频电压作用下的电弧电流（即工频续流），从而恢复正常。

现在所使用的避雷器主要有管型避雷器、阀型避雷器和氧化锌避雷器三种。阀型避雷器的地线应和变压器外壳、低压侧中性点接在一起共同接地。

（4）避雷网 避雷网主要用来保护建筑物，分为明装避雷网和笼式避雷网两大类。沿建筑物上部明装金属网格作为接闪器，沿外墙装引下线接到接地装置上，称为明装避雷网。一般建筑物中采用这种方法。而把整个建筑物中的钢筋结构体连成一体，构成一个大型金属网笼，称为笼式避雷网，其又可分为全部明装避雷网、全部暗装避雷网和部分明装部分暗装避雷网等几种。一般而言，使用避雷带或避雷网的保护性能比避雷针的要好些。

2. 雷电感应的防护措施

有爆炸和火灾危险的建筑物、重要的电力设施应考虑感应雷的防护。为了防止静电感应雷产生的过电压，应将建筑物内的设备、管道、构架、钢屋架、电缆金属外皮等较大金属物和突出屋面的放散管、风管等金属物，均与防雷电感应的接地装置相连。为了防止电磁感应，平行敷设的管道、构架和电缆金属外皮等长金属物，其净距小于 100mm 时，须用金属线跨接，跨接点之间的距离不应超过 30mm；交叉相距小于 100mm，交叉处也应用金属线跨接。

此外，长金属物的弯头、阀门、法兰盘等连接处的过度电阻大于 0.03Ω 时，连接处也应用金属线跨接。在非腐蚀环境，对于不少于 5 根螺栓连接的法兰盘可不跨接。防电磁感应的接地装置也可与其他接地装置共用。

3. 雷电侵入波的防护措施

雷电侵入波造成的伤害事故很多，特别在电气系统。变配电装置，可能有雷电侵入波进入室内的建筑物应考虑雷电冲击波防护。为了防止雷电冲击波侵入变配电装置，可在线路引入端安装阀型避雷器。阀型避雷器上端接在架空线路上，下端接地。正常时，避雷器对地保持绝缘状态；当雷电冲击波到来时，避雷器被击穿，将雷电引入大地；冲击波过去后，避雷器自动恢复绝缘状态。

对于建筑物，可采用以下措施：①全长直接埋地电缆供电，入户处电缆金属外皮接地；②架空线转电缆供电，架空线与电缆连接处装设阀型避雷器，避雷器、电缆金属外皮、绝缘子铁脚、金具等一起接地；③架空线供电，入户处装设阀型避雷器或保护间隙，并与绝缘子铁脚、金具等一起接地。

4. 防雷装置的施工与检测要求

（1）施工要求 防雷是系统工程，事关人身和设备安全的大事，相关法律法规有严格规定，对从事防雷工程专业设计、施工的单位和个人实行资质和资格管理。设计方案必须报相应的政府审批中心审批后才能施工。违反资质资格管理规定，擅自设计、施工要受法律法规的惩罚，被警告，被责令整改，还可能受到三千到三万元处罚，给他人造成损失的，还要依法承担赔偿责任。专业防雷工程应由具备相应资质的单位实施。

一般多层建筑的防雷装置施工方法是：沿屋脊、屋檐及屋面两侧的斜边上装避雷带；若屋面为平顶，则沿屋面四周或女儿墙上架设避雷带，避雷带距外墙边的距离宜小于或等于避雷带支起的高度。

为避免接闪部分的振动力，可将避雷带支起 10～20cm，支点间距不应大于 1.5m，一般取 1m。若屋顶有水箱，因水箱高出屋顶，因此在水箱顶部四周亦应安装避雷带。采用避雷带防雷时，屋面上任何一点距避雷带的距离不应大于 10m。如果屋面宽度超过 20m 时，可增加避雷带，用避雷带组成 20m×20m 的网格。避雷带一般用 25mm×4mm 镀锌扁钢做成，女儿墙上的避雷带也可用装饰金属栏杆。避雷带至少有两根引下线和防雷接地极相连，引下线应对称设置。引下线之间距离对于一般建筑不大于 24m。引下线可明装亦可暗装，明装一般用 25mm×4mm 镀锌扁钢，明装引下线与建筑物墙面间隙一般不小于 15mm。明装引下线是在建筑物外墙土建施工完后进行的。当引下线与支架焊接连接时，在引下线与墙之间应衬垫铁皮，避免焊接飞溅沾污墙面。焊接完后再拿走铁皮。暗装引下线则利用柱头主钢筋，这在土建施工时完成。

（2）检测要求　防雷装置应由具备防雷专业检测资质的单位派出具有检测资格的人员检测，自检没有法律效力。对于有关专业部门所属的一些有自检能力和要求的大中型企事业单位，须向当地气象主管机构申请，接受审查，经省气象局防雷装置检测资质评审委员会评审合格，取得防雷装置检测的单位资质和个人资格，并接受省防雷减灾局的资质、资格管理，接受市级气象主管机构的监督管理和检测质量抽查，在这个前提下，可以在本单位范围内开展合法的防雷装置年度检测工作。

三、建（构）筑物、化工设备及人体的防雷措施

1. 建（构）筑物的防雷

（1）建筑物防雷的目的　建筑物防雷是为了使建筑物（构筑物）防止或者极大地减少雷击建筑物而发生雷害损失。其意义主要如下：

① 当建筑物遭受直击雷或雷电波侵入时，可以保护建筑物内的人员人身安全；

② 当建筑物遭受直击雷时，防止建筑物被破坏；

③ 保护建筑物内部存放的危险物品，不会因雷击或雷电感应而引起损坏、燃烧和爆炸；

④ 保护建筑物内部贵重机电设备和电气线路不受损坏；

⑤ 保护电气系统或电子设备不受雷电电磁脉冲的干扰，使其能正常工作。

（2）建筑物防雷分类　建筑物按火灾和爆炸危险性、人身伤亡的危险性、政治经济价值分为三类。不同类别的建筑物有不同的防雷要求。

① 第一类防雷建筑物一般指制造、使用或贮存炸药、火药、起爆药、火工品等大量危险物质，遇电火花会引起爆炸，从而造成巨大破坏或人身伤亡的建筑物或具有特别用途的建筑物。如军火库、国家级的会堂、办公楼、档案馆、国际性航空港、国家重点文物保护的建筑物以及高度在100m以上的建筑物。

② 第二类防雷建筑物一般指对国家政治或国民经济有重要意义的建筑物以及制造、使用或贮存爆炸危险物质，但电火花不易引起爆炸，或不致造成巨大破坏或人身伤亡的建筑物或具有特别用途的建筑物。如省部级办公楼、省重点文物保护的建筑物以及19层以上的住宅建筑和高度在50m以上的其他民用建筑物等。

③ 第三类防雷建筑物一般指除第一类、第二类防雷建筑物以外需要防雷的建筑物。如高度为15m及以上的烟囱、水塔等孤立建筑物或构筑物。

（3）建筑物的防雷措施

① 直击雷的防护。第一类防雷建筑物的直击雷防护措施就是装设独立避雷针或架空避雷网（线），第二类和第三类防雷建筑物的直击雷防护措施就是装设在建筑物上的避雷针或避雷网（带）或由其混合组成的接闪器。

② 感应雷的防护。第一类和第二类防雷建筑物均采取防止感应雷措施。感应雷的防护主要有两方面：为了防止静电感应雷产生的过电压，应将建筑物内的设备、管道、构架、钢屋架、电缆金属外皮等较大金属物和突出屋面的放散管、风管等金属物，均与防雷电感应的接地装置相连。为了防止电磁感应，平行敷设的管道、构架和电缆金属外皮等长金属物，其净距小于100mm时，须用金属线跨接，跨接点之间的距离不应超过30mm；交叉相距小于100mm，交叉处也应用金属线跨接。

③ 雷电波侵入防护。第一类、第二类和第三类防雷建筑物均应采取防止感应雷措施。就雷电波侵入的防护而言，随防雷建筑物类别和线路的形式不同，防护措施要求也不一样。

主要措施如低压线路全线用全长直接埋地电缆供电，入户处电缆金属外皮接地；架空线转电缆供电，架空线与电缆连接处装设阀型避雷器，避雷器、电缆金属外皮、绝缘子铁脚、金具等一起接地；架空线供电，入户处装设阀型避雷器或保护间隙，并与绝缘子铁脚、金具等一起接地。

2. 化工设备的防雷

（1）化工设备防雷的基本要求　化工设备防雷安装制作的基本要求主要有如下几点。

① 当罐顶钢板厚度大于 4mm，且装有呼吸阀时，可不装设防雷装置。但油罐体应作良好的接地，接地点不少于 2 处，间距不大于 30m，其接地装置的冲击接地电阻不大于 30Ω。

② 当罐顶钢板厚度小于 4mm 时，虽装有呼吸阀，也应在罐顶装设避雷针，且避雷针与呼吸阀的水平距离不应小于 3m，保护范围高出呼吸阀不应小于 2m。

③ 浮顶油罐（包括内浮顶油罐）可不设防雷装置，但浮顶与罐体应有可靠的电气连接。

④ 非金属易燃液体的贮罐应采用独立的避雷针，以防止直接雷击。同时，还应有感应雷措施。避雷针冲击接地电阻不大于 30Ω。

⑤ 覆土厚度大于 0.5m 的地下油罐，可不考虑防雷措施，但呼吸阀、量油孔、采气孔应做良好接地，接地点不少于 2 处，冲击接地电阻不大于 10Ω。

⑥ 易燃液体的敞开贮罐应设独立避雷针，其冲击接地电阻不大于 5Ω。

⑦ 户外架空管道的防雷。户外输送可燃气体、易燃或可燃体的管道，可在管道的始端、终端、分支处、转角处以及直线部分每隔 100m 处接地，每处接地电阻不大于 30Ω。当管道与爆炸危险厂房平行敷设的间距小于 10m 时，在接近厂房的一段，其两端及每隔 30m～40m 应接地，接地电阻不大于 20Ω。当管道连接点（弯头、阀门、法兰盘等）不能保持良好的电气接触时，应用金属线跨接。接地引下线可利用金属支架，若是活动金属支架，在管道与支持物之间必须增设跨接线；若是非金属支架，必须另作引下线。接地装置可利用电气设备保护接地的装置。

（2）罐、塔、容器固定设备的接地

① 室外的罐、塔、容器一般已设有防雷接地，可不必单独安装静电接地。但应按照静电接地的要求进行检查，对大于 50m³ 或直径在 2.5m 以上的罐、塔、容器接地部分不得少于 2 处，接地点应对称布置，其间距小于 30m。

② 罐、塔等设备原则上要求在每个部件上进行重复接地，接地线的位置应远离物料的进出口处。

③ 罐、塔、容器内外的各金属部件及进入罐内的工具部件，均应保证有可靠的防静电接地。

（3）管网系统的接地

① 输送易燃可燃的液体、气体、粉体及其混合物的管道系统，应在管道的始端、末端通过机泵、油罐等设备有可靠的接地连接。

② 管网内的过滤器、缓冲器等应设置接地连接点。

③ 管道系统接地一般采用焊接式，通过端子压接的方法，将接地线与接地端子牢固地连接。如果管网系统中有部分管路或部件是非导体，除须将导体管路之间进行跨接并接地外，其非导体的管段还应在其表面设置导电的屏蔽层。具体作法是用裸铜软线作螺旋状缠绕或在其表面上装设金属网，也可以采用喷涂导电覆盖层的办法，加强电荷的泄漏。

④ 设备、管道采用金属法兰连接时，必须保证 2 个以上的螺栓有可靠的连接，其间的接触电阻不大于 10Ω。在一般情况下，可不另装跨接线。

（4）装卸站台、码头区的接地

① 装卸站台、鹤管、管线、铁轨及铁路始端、末端，应连接成电气通路并接地。装油

开始前，必须将专用地线夹接在车辆的指定位置上。

② 装卸站台及油库内的铁轨除接地外，还必须采用保护接零，即栈区内所有接地线均应与电气设备的零干线接在一起，以防轨道与零线间的电位差造成危害。

③ 金属结构的油船浮在水面上时，不需要再单独接地。但船上的设备、部件、管线等，均须对船体有电气上的连接。

陆地上管线与船上管线用绝缘软管连接时，两侧不应有跨接线，应分别各自使用各自原有接地系统。

（5）汽车装油台及油、液化气罐车的接地

① 汽车装油台及鹤管等活动部分应接地，装油开始前，必须将专用接地线装接在槽车的指定位置上。接地线的安装应在槽车开盖前，接地线的拆除应在装油操作完毕之后，并已封闭罐盖，再经过规定时间静置之后才可进行。

② 当装油鹤管为非金属软管时，应使用导电耐油橡胶管。如使用的是普通耐油橡胶管，应在其表面外皮上缠绕直径不小于 2mm 的软铜线与管头和管路相连，通过管路接地。

③ 液化气槽车装气时，亦应按照规定安装、拆卸地线，活动软管应有导电性能。

④ 装载油（液化气）的汽车应尽量使用导电性材料的轮胎，以利于接地。同时，在车体上必须装有电阻值在 $140\sim200\Omega$ 之间的导电拖带。

⑤ 各种类型的接地装置与车体连接时，连接的位置应在车站的侧面或后部，应远离物料的装入口、泄放口。

3. 人体的防雷

发电厂、变电站、输电线路等电气设备及建筑物、构筑物等，都安装了尽可能完善的防雷保护装置，使雷电对电气设备及工作人员的威胁大大减小。根据对雷电触电事故分析所得的经验，必须从以下几方面注意预防雷电电击，保证人身安全。

① 雷雨时，发电厂、变电站的工作人员应尽量避免接近容易遭到雷击的户外配电装置；在进行巡回检查时，应按规定的路线进行；在巡视高压屋外配电装置时，应穿绝缘鞋，且不得靠近避雷针和避雷器。

② 雷雨时，禁止在室外和室内的架空引入线上进行检修和试验工作；若正在做此类工作，应立即停止，并撤离现场。

③ 雷雨时，应禁止屋外高空检修、试验工作，禁止户外高空带电作业及等电位工作。

④ 对输配电线路的运行和维护人员，雷雨时，严禁进行倒闸操作和更换熔断器的工作。

⑤ 雷雨时，非工作人员应尽量减少外出。如果外出工作中遇到雷雨，应停止高压线路上的工作，并就近进入下列场所暂避：有防雷设备或有宽大金属架的建筑物内；有金属顶盖和金属车身的汽车，封闭的金属容器等；依靠建筑物屏蔽的街道，或有高大树木屏蔽的公路，但最好要在墙壁和树干 8m 以外。进入上述场所后，切不要紧靠墙壁、车身和树干。

⑥ 雷雨时，应尽量不到或离开下列场所和设施：小丘、小山、沿河小道；河、湖、海滨和游泳池；孤立突出的树木、旗杆、宝塔、烟囱和铁丝网等处；输电线路铁塔，装有避雷针和避雷线的木杆等处；没有保护装置的车棚、牲畜棚和帐篷等小建筑物和没有接地装置的金属顶凉亭；帆布篷的吉普车，非金属顶或敞篷的汽车和马车。

⑦ 在旷野中遇到雷雨时，应注意：铁锹、长工具、步枪等不要仰上扛在肩上，要用手提着；有金属的伞不要撑开打着，要提着；人多时不要挤在一起，要尽量分散隐蔽；遇球雷（滚动的火球）时，切记不要跑动，以免球雷顺着气流追赶。

⑧ 雷雨时，室内人员应注意尽量远离电灯线、电话线、有线广播线、收音机一类的电源线和电视机天线等。

复习思考题

1. 常见人身电击方式有哪些？

2. 直接电击和间接电击应采取什么措施进行防护？

3. 逻辑接地与电气接地有何区别？

4. 低压配电系统中 IT、TT、TN 接地方式有何差异？

5. 雷电的破坏作用有哪些？

6. 防雷装置有哪些？

7. 简述静电的危害及防静电安全措施。

8. 电气运行操作的一般原则有哪些？

9. 哪些电气设备和场所需要安装漏电保护器？

10. 室内配线有何基本要求和工序？

11. 简述电流对人体的作用有哪些。

12. 静电具有哪些特殊性？

13. 化工安全生产中常采取的防雷措施有哪些？

14. 工业企业安全生产中应采用哪些防触电措施？

15. 企业员工如何进行触电急救？

第四章　防火防爆安全技术

>>> **学习指导**

1. 了解火灾爆炸的基本概念和防火防爆安全知识，了解爆炸分类、爆炸机理及爆炸极限的影响因素。

2. 理解各类火灾发生的特点、发展规律及危害性，熟悉火灾探测方法，掌握火灾烟气控制技术和生产性粉尘爆炸的控制措施。

3. 掌握灭火原理、灭火方法和火灾危险性分析方法，熟练掌握火场人员紧急疏散方式及逃生路线的选择，重点掌握初起火灾的扑救技术。

第一节　燃烧与爆炸基本原理

燃烧在生产和生活领域里，是应用得最为广泛的一种氧化反应，然而对于燃烧的实质，在长时期里却得不到正确的认识。直到上世纪初，才由苏联科学家谢苗诺夫创建了燃烧的链式反应理论，这是近代用来解释燃烧实质的基本理论，它得到了世界各国化学界的公认。目前，世界各国存在着严重的火灾和爆炸事故，因此，有关燃烧和爆炸的科学研究受到普遍的重视。

一、燃烧理论

1. 燃烧素学说

18 世纪以前欧洲盛行燃烧素学说。燃烧素学说认为某种物体之所以能燃烧是因为其中含有一种燃烧素。燃烧素学说认为火是由无数细小活跃的微粒构成的物质实体，由这种火微粒构成的火的元素就是燃烧素，物质如果不含有燃烧素，则不能燃烧。如蜡烛的燃烧，当燃烧素都跑出来以后，蜡烛也就熄灭了。

燃烧素学说始终没有说明燃烧素是什么成分组成的物质。显然，这种学说的建立不是以科学根据为基础，而是凭空臆造出一个"燃烧素"来的。所以，燃烧素学说实际上是唯心主义的，不科学的。

由于燃烧素学说的影响，大大地阻碍了人们对燃烧实质的研究。在燃烧素学说之后，还有不少学说和理论。例如，"四元素学说"认为燃烧是"火、水、空气、土"这四种元素的作用，四元素学说解释木材的燃烧现象时认为，木材燃烧时所产生的明显火焰为"火素"，蒸发散出的潮气（湿气）为"水素"，上升的烟为"空气素"，所剩余的物质为"土素"。"汞硫盐学说"认为火焰的发生是因为物体中含有硫，气体逸出为汞素，剩余的灰为所含的盐质等。

2. 燃烧的氧学说

法国化学家拉瓦锡（1743—1794）于 1777 年提出了燃烧的氧学说，认为燃烧是可燃物与氧的化合反应，同时放出光和热。拉瓦锡指出，物质里根本不存在一种所谓燃烧素的成分。燃烧的氧学说的建立是对燃烧科学的一大贡献，它宣告了燃烧素学说的破灭。

3. 燃烧的分子碰撞理论

化学上将强烈的氧化反应并有热和光同时发生的现象定义为燃烧。热和光只是说明燃烧过程中发生的物理现象，那么燃烧的这种氧化反应是怎样发生的，燃烧的实质又是什么呢？燃烧的分子碰撞理论认为：燃烧这种氧化反应是由可燃物和助燃物这两种气体分子的互相碰撞而引起的。众所周知，气体的分子都是处于急速运动的状态中，并且不断地彼此互相碰撞，当两个分子发生碰撞时，则有可能发生化学反应。

近代用链式反应理论来解释燃烧的实质，而在这个理论之前除有燃烧的分子碰撞理论外，还有活化能理论和过氧化物理论等。

4. 活化能理论

为了使可燃物和助燃物分子间发生氧化反应，仅仅依靠两种分子发生碰撞作用还不够，这是因为在互相碰撞的分子间会产生一般的排斥力，也就是说在通常的条件下，这些分子没有足够的能量来发生氧化反应。只有当一定数量的分子获得足够的能量以后，才能在碰撞时引起分子的组成部分产生显著的振动，使分子中的原子或原子群之间的结合减弱，引起键的

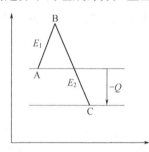

图 4-1 反应中分子
活化能的变化情况

削弱，使分子各部分的重排才有可能，亦即有可能引起化学反应。这些具有足够能量的，在互相碰撞时会发生化学反应的分子称为活化分子。活化分子所具有的能量要比普通分子平均能量高出一定值。使普通分子变为活化分子所必需的能量，称为活化能。

图 4-1 所示为反应中分子活化能的变化情况。A 表示系统开始时的动力状态，当这个系统接受转入活性状态 B 所必需的能量 E_1 后，将引起化学反应，并且这个系统将在减弱能量 E_2 的情况下进入结束状态 C。能量差 $E_1-E_2=-Q$（$E_2>E_1$），这一差数为反应的热效应。活化能理论指出了可燃物和助燃物气体分子发生氧化反应的可能性及其条件。

5. 过氧化物理论

过氧化物理论认为分子在各种能量（热能、辐射能、电能、化学反应能）的作用下可以被活化。比如在燃烧反应中，首先是氧分子（O＝O）在热能作用下活化，被活化的氧分子的双键有一个键断开，形成过氧基—O—O—。这种基能结合于被氧化物质的分子上面形成过氧化物。

$$A+O_2 = AO_2$$

在过氧化物的分子中有—O—O—基，这个过氧基中的氧原子比游离态分子中的氧原子更不稳定，因此，过氧化物是强氧化剂，不仅能氧化过氧化的物质 A，而且也能氧化氧分子很难氧化的物质 B。

$$AO_2+A = 2AO \qquad AO_2+B = AO+BO$$

例如，氢气与氧气的燃烧反应，通常直接表达为 $2H_2+O_2 = 2H_2O$。

按照过氧化物理论，认为先是氢气和氧气生成过氧化氢，而后才是过氧化氢再与氢气反应生成水。其反应式为：

$$H_2+O_2 = H_2O_2 \qquad H_2O_2+H_2 = 2H_2O$$

有机过氧化物通常可看作过氧化氢 H—O—O—H 的衍生物，在其中有一个或两个氢原子被烃基所取代而成为 H—O—O—R 或 R—O—O—R。所以，过氧化物是可燃物质被氧化时的最初产物，它们是不稳定的化合物，能够在受热、撞击、摩擦等情况下分解而产生自由基和原子，从而又促使新的可燃物质的氧化。

过氧化物理论在一定程度上解释了为什么物质在气态下有被氧化的可能性。后来，巴赫又提出了另一种说法，即易氧化的可燃物质具有足以破坏氧分子一个单键所需的"自由能"，所以不是可燃物质本身而是它的自由基被氧化。这种观点就是近代关于氧化作用的链式反应

理论的基础。

6. 链式反应理论

链式反应理论是由前苏联科学家谢苗诺夫提出的。他认为物质的燃烧经历以下过程：可燃物质或助燃物质先吸收能量而离解成为自由基，与其他分子相互作用形成一系列连锁反应，将燃烧热释放出来。这可以通过氯气和氢气的作用来说明，氯气在光的作用下被活化成活性分子，于是构成一连串的反应：

$$Cl_2 + h\nu (光量子) \Longrightarrow Cl\cdot + Cl\cdot \qquad 链的引发$$
$$Cl\cdot + H_2 \Longrightarrow HCl + H\cdot$$
$$H\cdot + Cl_2 \Longrightarrow HCl + Cl\cdot \qquad 链的传递$$

以次类推
$$Cl\cdot + H_2 \Longrightarrow HCl + H\cdot$$
$$H\cdot + Cl_2 \Longrightarrow HCl + Cl\cdot$$
$$Cl\cdot + Cl\cdot \Longrightarrow Cl_2$$
$$H\cdot + H\cdot \Longrightarrow H_2 \qquad 链的中断$$

上列反应式表明：最初的自由基是在某种能源的作用下生成的，产生自由基的能源可以是受热分解或受光照、氧化、还原、催化和射线照射等。自由基由于比普通分子平均动能具有更多的活化能，所以其活动能力非常强，在一般条件下是不稳定能，容易与其他物质分子进行反应而生成新的自由基或者自行结合成稳定的分子。因此，利用某种能源设法使反应物产生少量的活性中心——自由基时，这些最初的自由基即可引起连锁反应，因而使燃烧得以持续进行，直至反应物全部反应完毕。在连锁反应中，如果作用中心消失，就会使连锁反应中断，而使反应减弱直至燃烧停止。

总的来说，连锁反应机理大致可分为三段：①链引发，即自由基生成，是链的反应开始；②链传递，自由基作用于其他参与反应的化合物产生新的自由基；③链终止，即自由基的消耗，使连锁反应终止。

综上所述，燃烧是一种复杂的物理化学反应。光和热是燃烧过程中发生的物理现象，自由基的连锁反应则说明了燃烧反应的化学实质。按照链式反应理论，燃烧不是两个气态分子之间直接起作用，而是它们的分裂物——自由基这种中间产物进行的链式反应。

二、燃烧的类型

燃烧是同时放热发光的氧化反应，燃烧可分为自燃、闪燃、着火等类型，每一种类型的燃烧都有其各自的特征。研究防火技术，就必须具体地分析每一类型燃烧发生的特殊原因，才能有针对性地采取行之有效的防火与灭火措施。

（一）自燃与自燃点

可燃物质受热升温，不需要明火条件就能自行燃烧的现象称为自燃。引起自燃的最低温度称为自燃点，例如黄磷的自燃点为30℃，煤的自燃点为320℃。自燃点越低则火灾危险性越大。

1. 物质自燃过程

可燃物质与空气接触，并在热源作用下，温度升高，先是开始缓慢氧化同时放出热量，该热量可提高可燃物质的温度，促使氧化反应速率加快。但与此同时也存在着向周围的散热损失，当可燃物质氧化产生的热量小于散失的热量时，可燃物质的温度不能自行上升达到自燃点，可燃物质便不能自行燃烧。如果可燃物被加热到较高温度，反应速率较快，或由于散热条件不良，氧化产生的热量不断聚积，温度升高而加快氧化速率，在此情况下，当产生的热量超过散失量时，反应速率的不断加快使温度不断升高，直至达到可燃物的自燃点而发生自燃现象。可燃物质受热升温发生自燃及其燃烧过程的温度变化情况见图4-2。

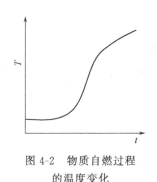

图 4-2 物质自燃过程
的温度变化

图中的曲线表明可燃物在开始加热时，由于许多热量消耗于熔化、蒸发或发生分解，因此可燃物的缓慢氧化放出的热量很少并很快散失，可燃烧物质的温度只是略高于周围的介质。当温度继续上升时，可燃物质氧化反应速率较快，不过由于此时的温度不高，氧化反应放出的热量尚不足以超过向周围的散热量。如不继续加热，温度不再升高，可燃物的氧化过程是不会转为燃烧的；若继续加热升高温度时，由于氧化反应速率继续加快，除热源作用外，反应放出热量亦较多，可燃物的温度迅速升高达到自燃点。此时，氧化反应产生的热量与散失的热量相等，当温度再稍微升高超过这种平衡状态时，即使停止加热，温度亦能自行快速升高，但此时火焰暂时还未出现，一直达到较高的温度时，才出现火焰并燃烧起来。

2. 自燃的分类

根据促使可燃物质升温的热量来源不同，自燃可分为受热自燃和本身自燃两种。

（1）受热自燃　可燃物质由于外界加热，温度升高至自燃点而发生自行燃烧的现象，称为受热自燃。例如火焰加热铁锅引起锅里油类的自燃。受热自燃是引起火灾事故的重要原因之一，在火灾案例中，有不少是因受热自燃引起的。

生产过程中发生受热自燃的原因主要有以下几种：

① 可燃物质靠近或接触热量大和温度高的物体时，通过热传导、对流和辐射作用，有可能将可燃物质加热升温到自燃点而引起自燃。例如可燃物质靠近或接触加热炉、暖气片、电热器或烟囱等灼热物体。

② 在熬炼（如熬油、熬沥青等）或热处理过程中，温度过高达到可燃物质的自燃点而引起着火。

③ 由于机器的轴承或加工可燃物质机器设备的相对运动部件缺乏润滑、冷却或缠绕纤维物质，增大摩擦力，产生大量热量，造成局部过热，引起可燃物质受热自燃。在纺织工业、棉花加工厂等由此原因引起的火灾较多。

④ 放热的化学反应会释放出大量的热量，有可能引起周围的可燃物质受热自燃。例如在建筑工地上由于生石灰遇水放热，引起可燃材料的着火事故等。

⑤ 气体在很高压力下突然压缩时，释放出的热量来不及导出，温度会骤然增高，能使可燃物质受热自燃。可燃气体与空气的混合气体在绝热压缩时，高温会引起混合气体的自燃和爆炸。

此外，温度已超过自燃点的可燃物质一旦与空气接触也能引起着火。

（2）本身自燃　可燃物质出于本身的化学反应、物理或生物作用等所产生的热量，使温度升高至自燃点而发生自行燃烧的现象，称为本身自燃。本身自燃与受热自燃的区别在于热的来源不同，受热自燃的热来源于外部加热，而本身自燃的热是来自可燃物质本身化学或物理的热效应，所以亦称自热自燃。在一般情况下，本身自燃的起火特点是从可燃物质的内部向外炭化、燃烧，而受热自燃往往是从外部向内燃烧。由于可燃物质的本身自燃不需要外部热源，所以在常温下甚至在低温下也能发生自燃。因此能够发生本身自燃的可燃物质比其他可燃物质的火灾危险性更大。

热源来自化学反应的本身自燃，例如油脂在空气（或氧气）中的自燃。油脂是由于本身的氧化和聚合作用而产生热量，在散热不良造成热量积聚的情况下，使得温度升高达到自燃点而发生燃烧的。因此，油脂中含有能够在常温或低温下氧化的物质越多，其自燃能力就越大；反之，自燃能力就越小。油类可分为动物油、植物油和矿物油三种，其中自燃能力最大的是植物油，其次是动物油，而矿物油如果不是废油或者没有掺入植物油是不能自燃。有些浸入矿物质润滑油的纱布或油棉丝堆积起来亦能自燃，这是因为在矿物油中混杂有植物油的缘故。

综上所述，由于双键的存在，具有较高的键能，即不饱和脂肪酸具有较多的自由能，于室温下便能在空气中氧化，并放出热量；而且在不饱和脂肪酸发生氧化的同时，还进行聚合反应。聚合反应过程也能在常温下进行，并放出热量。这种过程如果循环持续地进行下去，在通风散热不良的条件下，由于热量积累升温，就能使浸渍不饱和油脂的物品自燃。

（二）闪燃与闪点

可燃液体的温度越高，蒸发出的蒸气也越多。当温度不高时，液面上少量的可燃蒸气与空气混合后，遇着火源而发生（延续时间少于 5s）的燃烧现象，称为闪燃。除了可燃液体以外，某些能蒸发出蒸气的固体，如石蜡、樟脑等，其表面上所产生的蒸气可以达到一定的浓度，与空气混合而成为可燃的气体混合物，若与明火接触，也能出现闪燃现象。

可燃液体蒸发出的可燃蒸气与空气构成混合物，并在与火源接触时发生闪燃的最低温度，称为该液体的闪点。闪点越低，则火灾危险性越大。如乙醚的闪点为 -45℃，煤油为 28～45℃，说明乙醚比煤油的火灾危险性大，乙醚也具有低温火灾危险性。

闪燃现象是可燃液体发生着火的前奏，从消防观点来说，闪燃就是危险的警告。因此，研究可燃液体火灾危险性时，闪燃现象是必须掌握的一种燃烧类型。

（三）着火与着火点

可燃物质在被火源点燃后，若该点上燃烧所放出的热量足以把邻近的可燃物提高到燃烧所必需的温度，火焰就会蔓延开来。所谓着火就是可燃物质与火源接触而能燃烧，把火源去掉后仍能保持继续燃烧的现象。可燃物质发生着火的最低温度称为着火点或燃点，例如木材的着火点为 296℃，纸张为 130℃等。所有固体、液体和气态可燃物质都有其着火点。

控制可燃物质的温度在燃点以下是预防发生火灾的措施之一。在火场上，如果有两种燃点不同的物质处在相同的条件下，受到火源作用时，燃点低的物质首先着火。所以，存放燃点低的物质的地方通常是火势蔓延的主要方向。用冷却法灭火，其原理就是将燃烧物质的温度降低到燃点以下，使燃烧停止。

（四）物质的燃烧历程

可燃物质在燃烧时，由于状态的不同，会发生不同的变化。比如可燃液体的燃烧并不是液相与空气直接反应而燃烧，它一般是先受热蒸发为蒸气，然后再与空气混合而燃烧。某些可燃性固体（如硫、磷、石蜡）的燃烧是先受热熔融，再汽化为蒸气，而后与空气混合而燃烧。另一些可燃性固体（如木材、沥青、煤）的燃烧则是先受热分解放出可燃气体和蒸气，然后与空气混合而燃烧，并留下若干固体残渣。由此可见，绝大多数液态和固态物质是在受热后汽化或分解成为气态，它们的燃烧是在气态下进行的，并产生火焰。有的可燃固体（如焦炭等）不能成为气态的物质，在燃烧时则呈炽热状态，而不呈现出火焰。由于绝大多数的可燃物质的燃烧都是在气态下进行的，故研究燃烧过程应从气体反应的历程着手。

综上所述，根据可燃物质燃烧时的状态不同，燃烧有气相燃烧和固相燃烧两种情况。气相燃烧是指在进行燃烧反应过程中，可燃物和助燃物均为气体，这种燃烧的特点总是有火焰产生。气相燃烧是一种最基本的燃烧形式，因为绝大多数可燃物质（包括气态、液态和固态可燃物质）的燃烧都是在气态下进行的。固相燃烧是指在燃烧反应过程中，可燃物质为固态，这种燃烧也称表面燃烧。燃烧的特征是燃烧时没有火焰产生，只呈现光和热，例如焦炭的燃烧就是固相燃烧，金属燃烧也属于表面燃烧，无汽化过程，燃烧温度较高。

三、爆炸及其种类

由于爆炸事故是在意想不到的情况下突然发生的，因此人们往往认为爆炸是难于预防的，甚至会产生一种侥幸心理。实际上，只要认真研究爆炸的过程及其规律，采取有效的防护措施，生产和生活中的这类事故是可以预防的。

1. 爆炸现象

广义地说，爆炸是物质在瞬间以机械功的形式释放出大量气体和能量的现象。由于物质状态的急剧变化，爆炸发生时会使压力猛烈增高并产生巨大的声响。上述所谓"瞬间"，就是说爆炸发生在极短的时间内，通常是在 1s 内完成。人们利用爆炸时产生的机械功，在采矿、修筑铁路、水库等时，开山放炮，用来移山倒海，大大地加快了工程的进度，使得用手工和一般工具难以完成的任务得以实现。但是，爆炸一旦失去控制，就会酿成工伤事故，造成人身和财产的巨大损失，使生产受到严重影响。

应当指出，生产中某些完全密闭的耐压容器，虽然其中的可燃混合气发生爆炸，但由于容器是足够耐压的，所以容器并没有被破坏，这与乙炔罐里可燃混合气爆炸的结果是不相同的。这说明爆炸和容器设备的破坏没有必然的联系，容器的破坏不仅可以由爆炸引起，而且其他物理原因（如容器内介质的体积膨胀，使压力上升）也同样可以引起一般的破坏现象。因此压力瞬时的急剧上升才是爆炸的主要特征。

2. 爆炸的分类

（1）按照爆炸能量来源不同的爆炸分类

① 物理性爆炸。这是由物理变化（温度、体积和压力等因素）引起的。在物理性爆炸的前后，爆炸物质的性质及化学成分均不改变。锅炉的爆炸是典型的物理性爆炸，其原因是过热的水迅速蒸发出大量蒸汽，使蒸汽压力不断提高，压力超过锅炉的极限强度时，就会发生爆炸。又如，氧气钢瓶受热升温，引起气体压力增高，压力超过钢瓶的极限强度时即发生爆炸。发生物理性爆炸时，气体或蒸气等介质潜藏的能量在瞬间释放出来，会造成巨大的破坏和伤害。物理性爆炸是蒸气和气体膨胀力作用的瞬时表现，它们的破坏性取决于蒸气或气体的压力。

② 化学性爆炸。这是物质在短时间内完成化学变化，形成其他物质，同时产生大量气体和能量的现象。例如用来制作炸药的硝化棉在爆炸时放出大量热量，同时生成大量气体（CO、CO_2、H_2 和水蒸气等），爆炸时的体积竟会突然增大 47 万倍，燃烧在几万分之一秒内完成。由于一方面生成大量气体和热量，另一方面燃烧速度又极快，在瞬间内生成的大量气体来不及膨胀和扩散，因此仍保持着很小的体积。由于气体的压力同体积成反比，气体的体积越小，压力就越大，而且这个压力产生极快，就连最坚固的钢板、最坚硬的岩石也经受不住。同时，爆炸还会产生强大的冲击波，这种冲击波不仅能推倒建筑物，对在场人员还具有杀伤作用。化学反应的高速度同时产生大量气体和大量热量，这是化学性爆炸的三个基本要素。

③ 核爆炸。这是某些物质的原子核发生裂变反应或聚变反应时，释放出巨大能量而发生的爆炸，如原子弹、氢弹的爆炸。

（2）按照爆炸反应的相的不同的爆炸分类

① 气相爆炸。包括可燃性气体和助燃性气体混合物的爆炸；气体的分解爆炸；液体在喷雾状态剧烈燃烧时引起的爆炸，称喷雾爆炸；飞扬悬浮于空气中的可燃粉尘引起的爆炸等。

② 液相爆炸。包括聚合爆炸、蒸发爆炸以及由不同液体混合所引起的爆炸。例如硝酸和油脂，液氧和煤粉等混合时引起的爆炸；熔融的矿渣与水接触或钢包与水接触时，由于过热发生快速蒸发引起的蒸汽爆炸等。

③ 固相爆炸。包括爆炸性化合物及其他爆炸性物质的爆炸（如乙炔铜的爆炸）；导线因电流过载，由于过热，金属迅速汽化而引起的爆炸等。

（3）按照爆炸的瞬时燃烧速度的不同的爆炸分类

① 轻爆。物质爆炸时的燃烧速度为每秒数米，爆炸时无多大破坏力，音响也不太大。如无烟火药在空气中的快速燃烧，可燃气体混合物在接近爆炸浓度上限或下限时的爆炸即属于此类。

② 爆炸。物质爆炸时的燃烧速度为每秒十几米至数百米，爆炸时能在爆炸点引起压力激增，有较大的破坏力，有震耳的声响。可燃性气体混合物在多数情况下的爆炸，以及被压榨火药遇火源引起的爆炸等即属于此类。

③ 爆轰。物质爆炸的燃烧速度为 $1000 \sim 7000 \text{m/s}$。爆轰的特点是突然引起极高的压力，并产生超音速的"冲击波"。由于形成的冲击波由它本身的能量所支持，迅速传播并能远离爆轰的地点而独立存在，同时可引起该处的其他爆炸性气体混合物或炸药发生爆炸，从而发生"殉爆"现象。

四、爆炸机理及爆炸极限

1. 爆炸反应历程

可燃气体、蒸气或粉尘预先与空气均匀混合并达到爆炸极限，这种混合物称为爆炸性混合物。

爆炸大多随着燃烧而发生。燃烧理论的观点认为：当燃烧在某一定空间内进行时，如果散热不良会使反应温度不断提高，温度的提高又会促使反应速率加快，如此循环进展而导致发生爆炸。即爆炸是由于反应的热效应而引起的，称为热爆炸。但在另一种情况下，爆炸现象不能简单地用热效应来解释，而是由于链式反应的结果。

根据链式反应理论，增加气体混合物的温度可使连锁反应的速度增加，使因热运动而生成的自由基数量增加。在某一温度下，连锁的分支数超过中断数，这时反应便可以加速并达到混合物自行着火的反应速率，所以可认为气体混合物自行着火的条件是，连锁反应的分支数大于中断数。当连锁分支数超过中断数时，即使混合物的温度保持不变，仍可导致自行着火。在一定的条件下，就会发生爆炸。

综上所述，爆炸性混合物发生爆炸有热反应和链式反应两种不同的机理。至于在什么情况下发生热反应，什么情况下发生链式反应，需根据具体情况而定，甚至同一爆炸性混合物有时也会有所不同。

2. 爆炸极限

如图 4-3 所示为氢气和氧气按完全反应的浓度组成的混合气发生爆炸的温度和压力区间。从图中可以看出当压力很低温度不高

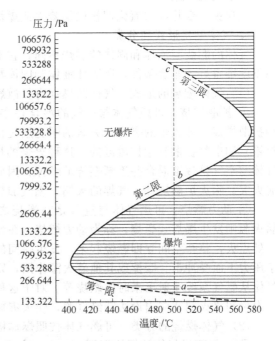

图 4-3 氢气和氧气混合物（2：1）爆炸区间

时，例如在温度 500℃ 和压力不超过 200Pa 时，自由基容易扩散碰撞器壁销毁，此时连锁中断速度超过支链产生速度，因而反应进行较慢，混合物不会发生爆炸；当温度为 500℃，压力升高到 200～6666Pa 之间时（如图中的 a 点和 b 点之间），由于产生支链速度大于销毁速度，链反应很猛烈，就会发生爆炸；压力继续提高超过 b 点（大于 6666Pa）以后，由于混

合物内分子的浓度增高,容易发生链中断反应,致使自由基销毁速度又超过链产生速度,链反应速率趋于缓和,混合物又不会发生爆炸了。图中 a 点和 b 点时的压力,即 200Pa 和 6666Pa 分别是混合物在 500℃ 的爆炸低限和爆炸高限。随着温度增加,爆炸极限会变宽。这是由于链反应需要一定的活化能,链分支反应速率,随着温度升高而增加,链终止的反应却随着温度的升高而降低,故升高温度对产生链反应有利,结果使爆炸极限变宽,在图上呈现半岛型。压力再升高超过 c 点(大于 666610Pa)时,开始出现下列反应:

$$H\cdot + O_2 \longrightarrow HO_2\cdot$$
$$HO_2\cdot + H_2 \longrightarrow H\cdot + H_2O_2$$
$$HO_2\cdot + H_2O \longrightarrow OH\cdot + H_2O_2$$

反应产生自由基 $H\cdot$ 和 $OH\cdot$,这两个反应是放热的,结果使反应释放出的热量,超过从器壁散失的热量,从而使混合物的温度升高,进一步加快反应,促使释放出更多热量,导致热爆炸的发生。

第二节 危险化学品燃烧爆炸特性

凡具有爆炸、易燃、毒害、腐蚀、放射性等性质,在运输、装卸、贮存和保管过程中,容易造成人身伤亡和财物损坏而需要特别防护的物品,均属危险物品。

根据 GB 6944—86《危险货物分类与品名编号》,危险物品共分九类,具体内容参见本书第十章相关内容,本节着重讨论二、三、四、五类危险物品的燃烧爆炸特性。

一、可燃气体

凡遇火、受热或与氧化剂接触能着火或爆炸的气体,统称可燃性气体。

1. 气体燃烧形式和分类

气体的燃烧与液体和固体的燃烧不同,它不需要经过蒸发、融化等过程,气体在正常状态下就准备好了燃烧条件,所以比液体和固体都容易燃烧。

(1)气体燃烧的形式 气体的燃烧有扩散燃烧和动力燃烧两种形式。

① 扩散燃烧。可燃气体与空气的混合是在燃烧过程中进行的,并发生稳定式的燃烧称为扩散燃烧。如火炬的燃烧,火焰的明亮层是扩散区,可燃气体和氧是分别从火焰中心(燃料锥)和空气扩散到达扩散区的。这种火焰的燃烧速度很低,一般小于 0.5m/s。由于可燃气体与空气是逐渐混合并逐渐燃烧消耗掉,因而形成稳定式的燃烧,只要控制得好就不会形成火灾。除火炬燃烧外,气焊的火焰、燃气加热等也属于这类扩散燃烧。

② 动力燃烧。可燃气体与空气是在燃烧之前按一定比例均匀混合的,形成预混气体,遇火源则发生爆炸式燃烧,称为动力燃烧。在预混气体的空间里充满了可以燃烧的混合气,一处点火,整个空间立即燃烧起来,发生瞬间的燃烧,即爆炸现象。此外,如果可燃气体处于压力下而受冲击、摩擦或其他着火源作用,则发生喷流式燃烧。如气井的井喷火灾,高压气体从燃气系统喷射出来时的燃烧等。对于这种喷流燃烧形式的火灾,较难扑救,需较多救火力量和灭火剂,应当设法断绝气源,使火灾彻底熄灭。

(2)气体燃烧的分类 可燃气体按照爆炸极限分为两级。

① 一级可燃气体的爆炸下限<10%,如氢气、硫化氢、水煤气、天然气等绝大多数气体均属此类。

② 二级可燃气体的爆炸下限≥10%,如氨、一氧化碳、发生炉煤气等少数可燃气体属于此类。

在生产和贮存可燃气体时,将一级可燃气体划归为甲类火灾危险,二级可燃气体划归为乙类火灾危险。

2. 可燃气体的燃烧速度

在通常情况下，单一化学组分的气体（如氢气）比组成复杂的气体（如甲烷）的燃烧速度快，因为后者需要经过受热、分解、氧化过程才能开始燃烧，并且动力燃烧速度高于扩散燃烧速度。

气体的燃烧速度常以火焰传播速度来衡量。可燃气体混合物的火焰传播速度受多种因素的影响，首先是与可燃气体的浓度有关；其次，混合物中的惰性气体浓度增加，由于消耗热能而使火焰传播速度降低；第三，混合物的初始温度越高，火焰传播速度越快。第四，火焰传播速度在不同直径的管道中测试结果表明，一般随着管道直径的增加，火焰传播速度增大，但有个极限值，管道直径超过这个极限值，火焰传播速度不再增大；反之，当管道直径减小，火焰传播速度减慢，也有个极限值，当管道直径小于某一数值时，火焰就不能传播。

3. 影响气体爆炸极限的因素

可燃气体（蒸汽）的爆炸极限受很多因素影响，主要有以下几个方面。

（1）温度　混合物的原始温度越高，则爆炸下限降低，上限增高，爆炸极限范围扩大，爆炸危险性增加。混合物温度升高使其分子内能增加，引起燃烧速度加快，而且由于分子内能的增加和燃烧速度的加快，使原来含有过量空气（低于爆炸下限）或可燃物（高于爆炸上限）而不能使火焰蔓延的混合物浓度变成可以使火焰蔓延的浓度，从而改变了爆炸极限范围。

（2）含氧量　混合物中含氧量增加，爆炸极限范围扩大，尤其爆炸上限提高得更多。

（3）惰性介质　如果在爆炸混合物中掺入不燃烧的惰性气体（如二氧化碳、水蒸气、氩气、氮气等），随着惰性气体所占百分数的增加，爆炸极限范围则缩小，惰性气体的浓度提高到某一数值，亦可使混合物变成不能爆炸。一般情况下，惰性气体对混合物爆炸上限的影响较之对下限的影响更为显著。因为惰性气体浓度加大，表示氧的浓度相对减小，而在上限中氧的浓度本来已经很小，故惰性气体浓度稍微增加一点即产生很大影响，而使爆炸上限显著下降。

（4）压力　混合物的原始压力对爆炸极限有很大影响，压力增大，爆炸极限范围扩大，尤其是爆炸上限显著提高。

（5）容器　如前所述，容器直径越小，火焰在其中越难蔓延，混合物的爆炸极限范围则越小。当容器直径或火焰通道小到某一数值时，火焰不能蔓延，可消除爆炸危险，这个直径称为临界直径。

（6）能源　能源的性质对爆炸极限范围的影响是，能源强度越高，加热面积越大，作用时间越长，则爆炸极限范围越宽。

各种爆炸性混合物都有一个最低引爆能量，即点火能量，它是指能引起爆炸性混合物发生爆炸的最小火源所具有的能量。它也是混合物爆炸危险性的一项重要的性能参数。爆炸性混合物的点火能量越小，其燃烧爆炸危险性就越大。

火花的能量、热表面的面积、火源与混合物的接触时间等，对爆炸极限均有影响。此外，光对爆炸极限也有影响。如氢和氯的混合，在黑暗处反应十分缓慢，但在强光照射下，则发生剧烈反应（连锁反应）并导致爆炸。

二、可燃液体

凡遇火、受热或与氧化剂接触能着火和爆炸的液体，称为可燃液体。

1. 燃烧形式和液体火灾

大部分液体的燃烧是由于受热汽化形成蒸气以后，按气体的燃烧方式（扩散燃烧或动力燃烧）进行。液面上的蒸气点燃后则产生火焰并出现热量的扩展，火焰向液体传热的方式主要是对流和传导。

(1) 沸溢火灾 贮槽内的液体在燃烧过程中,如果延续的时间较长,除了表面被加热外,其里层也会逐渐被预热。对于沸腾温度比贮槽侧壁温度高的可燃液体,其里层的加热是以传导方式进行的,随着离开液面距离的加大,里层的温度很快下降。因此,这类液体燃烧时里层预热的情况是不严重的。

对于沸腾温度比贮槽侧壁温度低的可燃液体,是以对流的方式沿整个深度进行加热的。这种在较大深度内进行的加热,可造成该液体(尤其是含有水分时)由于剧烈沸腾而溢出或溅落在附近地面,使火蔓延。

由多种成分组成的液体在燃烧时,液相和气相的成分发生变化。例如重油、黑油等石油产品的燃烧,由于分馏的结果,液相上层逐渐积累起沥青质、树脂质及焦炭的产物,这些产物的密度都大于液体本身,因而就往下沉并加热深处的液体。如果油中含有自由水,就有可能使水沸腾而使石油产品从槽中溢出,扩大火灾的危险性。

(2) 喷溅火灾 当贮槽内有水垫时,沸腾温度比贮槽温度低的可燃液体,或者由多种成分组成的可燃液体的分馏产物,将以对流的方式使高温层在较大深度内加热水垫,水便汽化产生大量蒸汽,随着蒸汽压力的逐渐增高,达到蒸汽压力足以把其上面的油层抛向上空,而向四周喷溅。油罐发生沸溢的原因,是由于贮存液体有较大的黏度、较高的沸点及油品中有一定水分。油罐发生喷溅的原因是罐内液体的沸腾温度比贮罐侧壁温度低。

油罐火灾发生沸溢或喷溅时,使大量燃烧着的油涌出罐外,四处流散,不但会迅速扩大火灾范围,而且还会威胁扑救人员的安全和毁坏灭火器材,具有很大的危险性。

(3) 喷流火灾 处于压力下的可燃液体,燃烧时呈喷流式燃烧。如油井井喷火灾,高压燃油系统从容器、管道喷出的火灾等。喷流式燃烧速度快,冲力大,火焰传播迅速,在火灾初起阶段如能及时切断气源(如关闭阀门等)较易扑灭;燃烧时间延长,能造成熔孔扩大,窑门或井口装置被严重烧损等,会迅速扩大火势,则较难扑救。

2. 可燃液体的分类

(1) 可燃液体根据闪点不同的分类 分为:①低闪点液体,闪点低于−18℃;②中闪点液体,闪点为−18℃至低于23℃;③高闪点液体,闪点为23~61℃。

绝大多数的可燃液体是有机化合物,它们的分子量较小。这些分子易于挥发特别是受热后挥发得更快,所挥发出来的这些可燃气体遇到火花或受热,立即就与空气中的氧发生剧烈反应而燃烧,甚至引起爆炸。所以,可燃液体有很大的火灾爆炸危险性。

(2) 可燃液体按化学性质和商品类别不同的分类

① 化学化工原料及溶剂,如汽油、苯、乙醇、甲醚、丙酮等。

② 硅的有机化合物,如二乙二氯硅烷、三氯硅烷等。

③ 各种易燃性油漆类,如硝基清漆、稀释剂等。

④ 各种树脂和黏合剂,如生松香和黏合剂等。

⑤ 各种油墨和调色油,如影写板油墨等。

⑥ 含有易燃液体的物品,如擦铜水等。

⑦ 盛放于易燃液体中的物品,如金属镧、铷、铈等盛放于易燃液体煤油中。

⑧ 其他,如二硫化碳、胶棉液等。

3. 液体的燃烧速度

液体的燃烧速度取决于液体的蒸发,液体在其自由表面上进行燃烧时,燃烧的速度可有两种表示方法,一是单位时间被燃烧消耗的液层厚度,称为液体的直线速度;二是单位时间内每单位面积上被燃烧消耗的液体质量,称为液体的质量速度。为了加快液体的燃烧速度和燃烧效率可采用喷雾燃烧。若在油中掺水,即为乳化燃烧。

三、可燃固体

凡遇火、受热、撞击、摩擦或与氧化剂接触能着火的固体物质，统称为可燃固体。

1. 固体燃烧过程和分类

熔点低的固体物质燃烧时，是受热后先熔化，再蒸发产生蒸气并分解、氧化而燃烧，例如沥青、石蜡、松香、硫、磷等。复杂的固体物质燃烧时，是受热物质直接分解放出气态产物，气态产物再氧化燃烧，例如木材、煤、纸张、棉花、塑料、人造纤维等。焦炭和金属等燃烧时呈炽热状态，无火焰发生，属于无焰燃烧。

复杂固体物质的燃烧，从防火角度出发以木材的燃烧最值得注意。木材遇到火焰时，先是受热升温，在110℃以下只放出水分，130℃时开始分解，150～200℃以下分解出来的主要是水和二氧化碳，并不能燃烧，在200℃以上分解出一氧化碳、氢和碳氢化合物，此时木材开始燃烧，到300℃时放出的气体产物最多，燃烧也最强烈。

木材的燃烧除了产生气态产物的有火焰燃烧外，还有木炭的无火焰燃烧。在开始燃烧析出可燃气体时，木炭不能燃烧，因为火焰阻止氧接近木炭。随着木炭层的加厚阻碍了火焰的热量传入里层的木材，因而减少了气态物质的分解。火焰变弱，于是木炭灼热而燃烧，木材表面的温度也随之升高，达到600～700℃。木炭的燃烧又使木炭厚度变薄，露出新的木材，进行分解。这样一直继续到全部木材分解完毕。此后就只有木炭的燃烧，再没有火焰发生。

木材在有火陷燃烧阶段对火灾发展起着决定的作用，这阶段所占的时间虽短，但所放出的热量大，火焰的高温与热辐射促使火灾蔓延。因此，在灭火工作中控制木材的有火陷燃烧最为重要。

固体按燃烧的难易程度分为易燃固体和可燃固体两类。在危险物品的管理上，对于熔点较高的可燃性固体通常以燃点300℃作为划分易燃固体和可燃固体的界线。

易燃固体按危险性程度又可分为一、二两级。一级易燃固体的燃点低，易于燃烧和爆炸，燃烧进度快，并能放出剧毒的气体，例如红磷、三硫化磷、五硫化磷、二硝基甲苯、闪光粉等；二级易燃固体的燃烧性能比一级易燃固体差，燃烧速度较慢，燃烧产物的毒性较小，例如硫黄、萘、镁粉、铝粉、锰粉等。

2. 可燃固体的火灾危险性

（1）燃点　燃点是表征固体物质火灾危险性的主要参数。燃点低的可燃固体在能量较小的热源作用下或者受撞击、摩擦等，会很快受热升温达到燃点而着火。所以，可燃固体的燃点越低，越容易着火，火灾危险性就越大。控制可燃物质的温度在燃点以下是防火措施之一。

（2）熔点　物质由固态转变为液态的最低温度称为熔点。熔点低的可燃固体受热时容易蒸发或汽化，因此燃点也较低，燃烧速度则较快。某些低熔点的易燃固体还有闪燃现象，如萘、二氯化苯、聚甲醛、樟脑等，其闪点大都在100℃以下，所以火灾危险性大。

（3）自燃点　可燃固体的自燃点一般都低于可燃液体和气体的自燃点，大体上介于180～400℃之间。这是由于固体物质组成中，分子间隔小，单位体积的密度大，因而受热时蓄热条件好。可燃固体的自燃点越低，其受热自燃的危险性就越大。

有些可燃固体达到自燃点时，会分解出可燃气体与空气发生氧化而燃烧，这类物质的自燃温度一般较低，例如纸张和棉花的自燃温度为130～150℃。熔点高的可燃固体的自燃点比熔点低的可燃固体的自燃点低一些，粉状固体的自燃点比块状固体的自燃点低一些。此外，可燃固体与空气接触的表面积越大，其化学活性亦越大，越容易燃烧，并且燃烧速度也越快。所以，同样的可燃固体，如单位体积的表面积大的，其危险性就大。例如铝粉比铝制品容易燃烧，硫粉比硫块燃烧快等。由多种元素组成的复杂固体物质（如棉花、硝酸纤维等），其受热分解的温度越低，火灾危险性则越大。

粉状的可燃固体，飞扬悬浮在空气中并达到爆炸极限时有发生爆炸的危险。

3. 粉尘爆炸

粉尘爆炸的危险性存在于不少工业生产部门，目前已发现下述七类粉尘具有爆炸性：①金属，如镁粉、铝粉；②煤炭，如活性炭和煤；③粮食，如面粉、淀粉；④合成材料，如塑料、染料；⑤饲料，如血粉、鱼粉；⑥农副产品，如棉花、烟草；⑦林产品，如纸粉、木粉等。

（1）粉尘爆炸机理　飞扬悬浮于空气中的粉尘与空气组成的混合物也和气体或蒸气混合物一样具有爆炸下限和爆炸上限。粉尘混合物的爆炸反应也是一种连锁反应，即在火源作用下，产生原始小火球，随着热和活性中心的发展和传播，火球不断扩大而形成爆炸。

与气体混合物的爆炸相比较，粉尘混合物的爆炸有下列特点：

① 粉尘混合物爆炸时，其燃烧并不完全（这和气体或蒸气混合物有所不同）。例如煤粉爆炸时，燃烧的基本是所分解出来的气体产物，灰渣是来不及燃烧的。

② 有产生二次爆炸的可能性。因为粉尘初次爆炸的气浪会将沉积的粉尘扬起，在新的空间形成达到爆炸极限的混合物质而产生二次爆炸，这种连续爆炸会造成严重的破坏。

③ 爆炸的感应期较长。粉尘的燃烧过程比气体的燃烧过程复杂，有的要经过尘粒表面的分解或蒸发阶段，有的是要有一个由表面向中心燃烧的过程，因而感应期较长，可达数十秒，为气体的数十倍。

④ 粉尘点火的起始能量大，达 10J 数量级，为气体的近百倍。

⑤ 粉尘爆炸会产生两种有毒气体，一种是一氧化碳，另一种是爆炸物（如塑料）自身分解的毒性气体。

（2）爆炸极限　粉尘混合物的爆炸危险性是以其爆炸浓度下限（g/m^3）来表示的。这是因为粉尘混合物达到爆炸下限时，所含固体物已相当多，以云雾（尘云）的形状而存在，这样高的浓度通常只有设备内部或直接接近它的发源地的地方才能达到。至于爆炸上限因为浓度太高，以致大多数场合都不会达到，所以没有实际意义，例如糖粉的爆炸上限为 $13.5kg/m^3$。

粉尘混合物的爆炸下限不是固定不变的，它的变化与下列因素有关：分散度、湿度、火源的性质、可燃气含量、氧含量、惰性粉尘和灰分、温度等。一般来说，分散度越高，可燃气体和氧的含量越大，火源强度、原始温度越高，湿度越低，惰性粉尘和灰分越少，爆炸范围也就越大。

粒度越细的粉尘，其单位体积的表面积越大，越容易飞扬，所需点火能量越小，所以容易发生爆炸。随着空气中氧气量的增加，爆炸浓度范围则扩大。有关资料表明，在纯氧中的爆炸浓度下限能下降到只有在空气中的 1/3～1/4，当尘云与可燃气体共存时，爆炸浓度相应下降，而且点火能量也有一定程度的降低，因此可燃气体的存在会大大增加粉尘的爆炸危险性；爆炸性混合物中的惰性粉尘和灰分有吸热作用，例如煤粉中含 11% 的灰分时还能爆炸，而当灰分达 15%～20% 时，就很难爆炸了；空气中的水分除了吸热作用之外，水蒸气占据空间，稀释了氧含量而降低粉尘的燃烧速度，而且水分增加了粉尘的凝聚沉降，使爆炸浓度不易出现；当温度和压力增加，含水量减少时，爆炸浓度极限范围扩大，所需点火能量减小。

四、其他危险物品

1. 遇水燃烧物质

凡与水或潮气接触能分解产生可燃气体，同时放出热量而引起可燃气体的燃烧或爆炸的物质，称为遇水燃烧物质。遇水燃烧物质也能与酸或氧化剂发生反应，而且比遇水发生的反应更为剧烈，其着火爆炸的危险性更大。

（1）分类　遇水燃烧物质都具有遇水分解，产生可燃气体和热量，能引起火灾的危险或爆炸性。这类物质引起着火有两种情况，一是遇水发生剧烈的化学反应，释放出的高热能把反应产生的可燃气体加热至自燃点，不经点火也会着火燃烧，如金属钠、碳化钙等。碳化钙与水化合的反应式如下：

$$CaC_2 + 2H_2O == C_2H_2 \uparrow + Ca(OH)_2 + Q$$

反应的热量在积热不散的条件下，能引起乙炔自燃爆炸：

$$2C_2H_2 + 5O_2 == 4CO_2 + 2H_2O + Q$$

另一种是遇水能发生化学反应，但释放出的热量较少，不足以把反应产生的可燃气体加热至自燃点。不过，当可燃气体一旦接触火源也会立即着火燃烧，如氢化钙、保险粉（连二亚硫酸钠）等。

遇水燃烧物质引起爆炸有下列两种情况。一是遇水燃烧物质在容器内与水（或吸收空气中的水蒸气）作用，放出可燃气体和热量与容器内空气形成爆炸性混合气而发生爆炸；或由于气体体积膨胀，使压力逐渐增大；或在受热、撞击、摩擦、震动等外力作用下，造成容器胀裂而引起爆炸，如电石桶的爆炸。二是由于燃烧物质与水相互作用，发生剧烈的化学反应，释放出的可燃气体迅速与周围空气混合达到爆炸极限，由于自燃（反应释放出热量的加热）或遇明火而引起爆炸，如金属钠、钾等。

根据遇水或受潮后发生反应的剧烈程度和危险性大小，遇水燃烧物质可分为一、二两级。一级遇水燃烧物质，遇水发生剧烈的反应，单位时间内产生可燃气体多而且放出大量热量，容易引起燃烧爆炸。属于一级遇水燃烧物质的主要有活泼金属（如钾、钠、铷、锶、铯金属）及其氢化物、硫的金属化合物、磷化物和硼烷等。二级遇水燃烧物质遇水发生的反应比较缓慢，放出的热量比较小，产生的可燃气体一般需在火源作用下才能引起燃烧。属于二级遇水燃烧物质的有金属钙、锌粉、亚硫酸钠、氢化铝、硼氢化钾等。

在生产、贮存中，把所有遇水燃烧物质划为甲类火灾危险。

（2）遇水燃烧物质的火灾爆炸危险性　各类遇水燃烧物质与水接触后，除了反应的剧烈程度和释放出的热量不同之外，所产生的可燃气体的性质也有所不同。

① 生成氢的燃烧或爆炸。有些遇水燃烧物质在与水作用的同时放出氢气和热量，由于自燃或外来火源作用引起氢气的着火或爆炸。具有这种性质的遇水燃烧物质有活泼金属及其合金、金属氢化物、硼氢化物、金属粉末等几类。例如金属钠与水的反应：

$$2Na + 2H_2O == 2NaOH + H_2 \uparrow + 371.8kJ$$

这类遇水燃烧物质除了存在氢气的着火或爆炸之外，那些尚未来得及反应的金属会随之燃烧或爆炸。又如锌粉与水的反应：

$$Zn + H_2O == ZnO + H_2 \uparrow$$

此反应放出的热量较少，不至于直接引起氢气的燃烧爆炸。

② 生成碳氢化合物的着火爆炸。有些遇水燃烧物质与水作用时，生成碳氢化合物，由于反应热引起受热自燃或外来火源作用下，造成碳氢化合物的着火爆炸。具有这种性质的遇水燃烧物质主要有金属碳化合物、有机金属化合物等，例如甲基钠与水的反应：

$$CH_3Na + H_2O == NaOH + CH_4 \uparrow + Q$$

③ 生成其他可燃气体的燃烧爆炸。还有一些遇水燃烧物质如金属磷化物、金属氮化物、

金属硫化物和金属硅的化合物等，与水作用时生成磷化氢、氨气、硫化氢和四氢化硅等。例如磷化钙与水的反应：

$$Ca_3P_2 + 6H_2O \rightleftharpoons 3Ca(OH)_2 + 2PH_3\uparrow + Q$$

由于磷化氢的自燃点低（45～60℃），能在空气中自燃。

从以上讨论可以看出，遇水燃烧物质的类别多，遇水生成的可燃气体不同，因此其危险性也有所不同。总的来说，遇水燃烧物质的危险性主要有以下几方面。

① 燃烧性。这是遇水燃烧物质共同的危险性。因此，在贮存、运输和使用时，应注意防水、防潮、防雨雪。遇水燃烧物质着火时，不准用水或酸碱泡沫灭火剂及泡沫灭火剂扑救。因为酸碱泡沫灭火剂是利用碳酸氢钠溶液和硫酸溶液的作用，产生二氧化碳气体进行灭火的。其反应式为：

$$2NaHCO_3 + H_2SO_4 \rightleftharpoons Na_2SO_4 + 2H_2O + 2CO_2\uparrow$$

在泡沫灭火剂中是利用碳酸氢钠溶液和硫酸铝溶液的作用，产生二氧化碳进行灭火的。其反应式为：

$$6NaHCO_3 + Al_2(SO_4)_3 \rightleftharpoons 3Na_2SO_4 + 2Al(OH)_3 + 6CO_2\uparrow$$

从以上反应式可以看出，这些灭火剂是以溶液为药剂的，溶液中含有大量的水，所以用这两种灭火剂来扑救遇水燃烧物质的火灾是不适宜的。

酸碱灭火器和泡沫灭火器喷射出来的液体中，多少都含有尚未作用的残酸。因此，用此类灭火剂来扑救遇水燃烧物质的火灾，犹如火上加油，会引起更大危险。遇水燃烧物质的火灾应用干砂、干粉灭火剂、二氧化碳灭火剂等进行扑救。

② 自燃性。有些遇水燃烧物质如碱金属、硼氢化合物放置于空气中即具有自燃性，有的（如氢化钾）遇水能生成可燃气体放出热量而具有自燃性。因此，这类遇水燃烧物质的贮存必须与水及湿气等隔离。由于锂、钠、钾、铷、铯及钠钾合金等金属不与煤油、汽油、石蜡等作用，所以可把这些金属浸没于矿物油或液体石蜡等不吸水分物质中密封贮存。采取这种措施能使这些遇水燃烧物质与空气和水蒸气隔离，以免变质和发生危险。

③ 爆炸性。有些遇水燃烧物质如电石等，由于与水作用生成可燃气体与空气形成爆炸性气体混合物，或装盛遇水燃烧物质的容器由于气体膨胀或装卸、搬运的震动撞击及受其他外界因素的影响，有发生爆炸的危险性，因此装卸作业时不得翻滚、撞击、摩擦、倾倒等，必须轻装轻卸。如发现容器有鼓包等可疑现象，应及时妥当处理。应将鼓包的电石桶移到室外，把桶内气体放出，修复后方可库存。

④ 其他危险性。有的遇水燃烧物质遇水作用的生成物（如磷化物）除易燃性外，还有毒性；有的虽然与水接触，反应不很激烈，放出热量不足以使产生的可燃气体着火，但遇到外来火源还是有着火爆炸的危险性。因此，搬运场所应当通风散热良好并严禁火源接近。

2. 自燃性物质

凡是无需明火作用，由于本身氧化反应或受外界温度、湿度影响，受热升温达到自燃点而自行燃烧的物质称为自燃性物质。

（1）自燃性物质的分类 自燃性物质都是比较容易氧化的，在着火之前所进行的是缓慢的氧化作用，而着火时进行的是剧烈的氧化反应，根据自燃的难易程度及危险性大小，自燃性物质可分为两类：

① 一级自燃物质。此类物质与空气接触极易氧化，反应速率快；同时它们的自燃点低，易于自燃，火灾危险性大。例如黄磷、铝铁熔剂等。

② 二级自燃物质。此类物质与空气接触时氧化速度缓慢，自燃点较低，如果通风不良，积热不散也能引起自燃。例如油污、油布等带有油脂的物品。

（2）自燃性物质的燃烧性质 自燃性物质由于化学组成不同，以及影响自燃的条件（如温度、湿度、杂质、助燃物、通风条件等）不同，因此有各自不同的特征。

① 化学性质活泼，极易氧化而引起自燃的自燃性物质。例如黄磷，它是一种淡黄色蜡状的半透明固体，非常容易氧化，自燃点很低，只有 34℃左右。即使在通常温度下，置于空气中也能很快引起自燃，燃烧后生成五氧化二磷烟雾。

$$4P+5O_2 =\!=\!= 2P_2O_5+3098.2kJ$$

五氧化二磷是有毒物质，遇水还能生成剧毒的偏磷酸。

由于黄磷不与水发生作用，所以通常都把黄磷浸没在水里贮存和运输。如果在运输时，发现包装容器破损渗漏，或水位减少不能浸没全部黄磷时，应立即加水并更换容器处理，否则会引起火灾。如遇到黄磷着火情况，可用长柄铁夹等工具把燃着的黄磷投入盛有水的桶中即可消除事故，但不可用高压水枪冲击着火的黄磷以防被水冲散的黄磷扩大火势。

② 化学性质不稳定，容易发生分解导致自燃的自燃性物质。如硝化纤维及其制品，由于本身含有硝酸根（NO_3^-），化学性质很不稳定，在常温下就能于空气中缓慢分解，阳光作用及受潮会加快氧化速度，放出一氧化氮（NO）。一氧化氮不稳定，会在空气中与氧化合生成二氧化氮，而二氧化氮会与潮湿空气中的水化合生成硝酸或亚硝酸。

$$3NO_2+H_2O =\!=\!= 2HNO_3+NO$$

硝酸或亚硝酸会进一步加速硝化纤维及其制品的分解，放出的热量也越来越多，当温度达到自燃点（120～160℃）时，即发生自燃。燃烧速度极快，并能产生有毒和刺激性气体。

硝化纤维及其制品着火时，可用泡沫和水进行扑救，但表面的火扑灭后，物质内部因有大量氧气还会继续分解，仍有复燃的可能性，所以应及时将灭火后的物质深埋。

③ 分子具有高的键能，容易在空气中与氧发生氧化作用的自燃性物质。某些自燃性物质的分子中含有较多的不饱和双键（—C＝C—），因而在空气中容易与氧气发生氧化作用，并放出热量，如果通风不良，热量聚集不散，就会逐渐达到自燃点而引起自燃。例如桐油的主要成分是桐油酸甘油酯，其分子含有 3 个双键，化学性质很不稳定。经制成油纸、油布、油绸等自燃性物质之后，桐油与空气中氧接触的表面积大大增加，在空气中缓慢氧化放出的热量增多，加上堆放、卷紧的油纸、油布、油绸等散热不良，造成积热不散，温度升高到自燃点而引起自燃。尤其是空气潮湿的情况下，更易促使发生自燃。因此，自燃性物质中的二级自燃物质常用分格的透风笼箱作包装箱，目的是把自燃物品中经氧化而释放出的热量不断地散失掉，不至于造成热量的积累，避免发生自燃引起火灾。

3. 氧化剂

凡能氧化其他物质，即在氧化-还原反应中得到电子的物质称为氧化剂。在无机化学反应中，可以由电子的得失，或化合价的变化来判断氧化还原反应。在有机化学反应中常把与氧的化合或失去氢的反应称为氧化反应，而将与氢的化合或失去氧的反应称为还原反应，把在反应中失去氧或获得氢的物质称为氧化剂。

（1）氧化剂的分类 按化学组成把氧化剂分为无机氧化剂和有机氧化剂两大类。

① 无机氧化剂按氧化能力的强弱分为两级。

一级无机氧化剂主要是碱金属或碱土金属的过氧化物和盐类，例如过氧化钠、高氯酸钾、硝酸钾、高锰酸钾等。这些氧化剂的分子中含有过氧基（—O—O—）或高价态元素 [N(Ⅴ)、Cr(Ⅵ)、Mn(Ⅶ) 等]，极不稳定，容易分解，氧化性能很强，是强氧化剂，能引起燃烧或爆炸。

二级无机氧化剂虽然也容易分解，但比一级氧化剂稳定，是较强氧化剂能引起燃烧。除一级无机氧化剂外的所有无机氧化剂均属此类。例如亚硝酸钠、亚氯酸钠、连二硫酸钠、重铬酸钠、氧化银等。

② 有机氧化剂按照氧化能力的强弱分两级。

一级有机氧化剂主要是有机物的过氧化物或硝酸化合物，这类氧化剂都含有过氧基（—O—O—）或高价态氮原子，极不稳定，氧化性能很强是强氧化剂，如过氧化苯甲酰、硝酸胍等。

二级有机氧化剂是有机物的过氧化物，如过氧醋酸、过氧化环己酮等这类氧化剂虽然也容易分解出氧气，但化学性质比一级氧化剂稳定。

无机氧化剂和有机氧化剂中，都有不少过氧化物类的氧化剂。有机氧化剂由于含有过氧基，受到光和热的作用，容易分解放出氧，常因此发生燃烧和爆炸。

氧化剂氧化性强弱的规律，对于元素来说，一般是非金属性强，其氧化性就越强，化合物中若含有高价态的元素，而且这个元素化合价越高，其氧化性就越强。

（2）氧化剂的危险性　氧化剂的危险性主要有以下几方面。

① 氧化性或助燃性。氧化剂具有强烈的氧化性能，在接触易燃物、有机物、还原剂时能发生氧化反应，剧烈时会引起燃烧。

② 燃烧爆炸性。许多氧化剂，特别是无机氧化剂当它们受热、撞击、摩擦等作用时，容易迅速分解，产生大量气体和热量，因此有引起爆炸的危险，大多数有机氧化剂是可以燃烧的，在遇明火或其他爆炸力作用下，容易引起火灾。

③ 毒害性和腐蚀性。许多氧化剂不仅本身有毒，而且在发生变化后能产生毒害性气体，例如三氧化铬（铬酸酐）既有毒性也有腐蚀性。活泼金属的过氧化物、各种含氧酸等，有很强的腐蚀性，能够灼伤皮肤和腐蚀其他物品。

4. 爆炸性物质

凡是受到高热、摩擦、撞击或受到一定物质激发能瞬间发生分解反应，并以机械功的形式在极短时间内放出能量的物质，统称为爆炸性物质。

（1）分类　爆炸性物质按组成成分为爆炸化合物和爆炸混合物两大类。

① 爆炸化合物。这类爆炸性物质具有一定的化学组成，它们的分子中含有一种爆炸基团（例如叠氮化合物的—N≡N≡N—，乙炔化合物的 —C≡C— 等），这种基团很不稳定，容易被活化，当受到外界能量的作用时，它们的键很容易破裂，从而激发起爆炸反应。

② 爆炸混合物。它是由两种或两种以上的爆炸组分和非爆炸组分经机械混合而成的，例如硝铵炸药、黑色火药等。

爆炸性物质按用途分为起爆药、爆破药、发射药和烟火剂四种。起爆药主要作为引爆剂，用来激发次级炸药的爆轰。其特点是感度较高，在很小的能量作用下就容易爆轰，而且从燃烧到爆炸的时间非常短。常用的起爆药有雷汞、叠氮铅和二硝基重氮酚。爆破药是用来破坏障碍物的炸药，对外力作用的感度较低，一般都需要起爆药来引爆。常用的爆破药有梯恩梯、黑索金、硝铵炸药等。发射药主要用作爆竹、枪弹或火箭的推进剂，它们的主要变化形式是迅速燃烧，如黑火药和硝化棉火药等。烟火剂是一些成分不定的混合物，其主要成分有氧化剂、可燃剂和显现颜色的添加剂。它们的主要变化形式是燃烧，在特殊情况下也能爆轰。常用的烟火剂有照明剂、信号剂、燃烧剂、发烟剂等，用来装填照明弹、燃烧弹、信号弹、烟幕弹等。

（2）炸药的爆炸性能　炸药的爆炸性能主要有感度、威力、猛度、殉爆、安定性等。

① 感度。炸药的感度又称敏感度，是指炸药在外界能量（如热能、电能、光能及起爆能等）的作用下发生爆炸变化的难易程度，是衡量爆炸稳定性大小的一个重要指标。通常是以引起爆炸变化的最小外界能量来表示的，这个最小的外界能量，习惯上称之为引爆冲能。很显然，所需的引爆冲能愈小，其敏感度越高，反之则越低。

影响炸药的敏感度的因素很多，主要有化学结构、物态、温度、密度、细度和杂质等几种。

② 威力是指炸药爆炸时做功的能力，亦即对周围介质的破坏能力。爆炸时产生的热量愈大，气态产物生成物愈多，爆炸温度愈高，其威力也就愈大。

③ 猛度是指炸药在爆炸后爆炸产物对周围物体破坏的猛烈程度，用来衡量炸药的局部破坏能力。温度愈大，则表示该炸药对周围介质的粉碎破坏程度愈大。猛度的测量是用50g炸药放在铅柱中，以其在爆炸后被压缩而减少的高度数值（以 mm 计）表示。

④ 殉爆就是当一个炸药药包爆炸时，可以使位于一定距离处，与其没有什么联系的另个炸药药包也发生爆炸的现象。起始爆炸的炸药包称为主发药包，受它爆炸影响而爆炸的药包称为被发药包。因主发药包爆炸而能引起被发药包爆炸的最大距离，称为殉爆距离。引起殉爆的主要原因是主发药包爆炸而引起的冲击波的传播作用。

⑤ 安定性指炸药在一定贮存期间内，不改变其物理性质、化学性质和爆炸性质的能力。

第三节　防火防爆技术与设施

一、控制可燃物技术

1. 燃烧的条件

燃烧是有条件的，它必须在可燃物质、助燃物质和着火源这三个基本条件的相互作用下才能发生，发生燃烧的条件必须是可燃物质和助燃物质共同存在并构成一个燃烧系统，同时要有导致着火的火源。

（1）可燃物　所有物质分成可燃物质、难燃物质和不可燃物质三类。可燃物质是指在火源作用下能被点燃，并且当火源移去后能维持继续燃烧，直至燃尽；难燃物质为在火源作用下能被点燃并阴燃，当火源移去后不能维持继续燃烧；不可燃物质在正常情况下不会被点燃。可燃物质是防爆与防火的主要研究对象。凡是能与空气、氧气和其他氧化剂发生剧烈氧化反应的物质，都称为可燃物质。它的种类繁多，按其状态不同可分为气态、液态和固态三类；按其组成不同，可分为无机可燃物质和有机可燃物质两类，前者如氢气、一氧化碳等，后者如甲烷、乙炔等。

（2）助燃物（氧化剂）　凡是具有较强的氧化性能，能与可燃物质发生化学反应并引起燃烧的物质称为助燃物或氧化剂，氧气是最常见的一种氧化剂，由于空气中有21％的氧气，因此人们的生产生活空间，被氧化剂包围。多数可燃物都能在空气中燃烧，在采取防火措施时不易被消除。另外，生产和生活中的很多物质也都是氧化剂，如氟、氯、溴、碘及硝酸盐、氯酸盐、高锰酸盐、双氧水等都是氧化剂。

（3）着火源　具有一定温度和热量的能源，或者说能引起可燃物质着火的能源称为着火源。生产和生活中的化学能、电能、机械能及核能都能转化成着火源。

（4）相互作用　燃烧的三个基本条件必须相互作用，燃烧才能发生和持续进行。

2. 控制可燃物技术

（1）控制可燃物　控制燃烧三个基本条件中的任何一条，都可防止火灾的发生。如果采取消除燃烧条件中的两条，就更具安全可靠性。例如在电石库防火条例中，通常采取防止火源和防止产生可燃物乙炔的各种有关措施。

控制可燃物的措施主要有：①在生活中和生产的可能条件下，以难燃和不燃材料代替可燃材料，如用水泥代替木材建筑房屋；②降低可燃物质（可燃气体、蒸气和粉尘）在空气中的浓度，如在车间或库房采取全面通风或局部排风，使可燃物不易积聚，从而不会超过最高允许浓度；③防止可燃物质的跑、冒、滴、漏，对那些相互作用能产生可燃气体或蒸气的物品应加以隔离，分开存放。例如电石与水接触会相互作用产生乙炔气，所以必须采取防潮措施，禁止自来水管道、热水管道通过电石库等。

（2）隔离法　隔离法就是将可燃物与着火源隔离开来，燃烧就会停止。例如装有可燃气体或可燃液体的容器或管道着火时，应立即采取以下措施：①设法关闭容器或管道的阀门，使可燃物与火源隔离，阻止可燃物进入着火区；②将可燃物从着火区转移到安全场所，或在火场及其临近的可燃物之间形成一道"水墙"进行隔离；③阻拦正在流散的可燃物进入火场，拆除与火源比邻的易燃建筑物等。

（3）冷却法　冷却法就是将燃烧物的温度降低到着火点以下，使燃烧停止；或将临近着火场的可燃物温度降低到燃点以下，避免形成新的燃烧条件。如常用水和干冰（二氧化碳）降温灭火。

二、控制助燃物技术

1. 助燃物的定义

所谓助燃物，通俗地说是指帮助可燃物燃烧的物质，确切地说是指能与可燃物质发生燃烧反应的物质。化学危险物品分类中的氧化剂类物质均为助燃物。除此之外，助燃物还包括一些未列入化学危险物品的氧化剂，如正常状态下的空气等。为了明确助燃物的种类，应首先了解列入危险物品的氧化剂的种类，在此基础上，再了解未列入危险物品氧化剂类的助燃物有哪些种类。危险物品分类中的氧化剂是指具有强烈氧化性能且易引起燃烧或爆炸的一类物质，这类物质按其不同性质，在不同条件下，遇酸、碱或受潮湿、强热、摩擦、撞击或与易燃的有机物、还原剂等接触，即能分解引起燃烧或爆炸。

2. 控制助燃物技术

氧化剂的控制措施主要有：

① 氧化剂在贮存和运输时，应防止受热、摩擦、撞击；

② 有些氧化剂遇水（如过氧化物）、遇酸，能降低稳定性并增强其氧化性，对此类氧化剂在贮运时应注意通风、防潮湿，并且与酸、碱、还原剂、可燃粉状物等隔离，防止发生火灾和爆炸。

三、控制着火源

工业生产过程中，存在着多种引起火灾和爆炸的火源，例如化工企业中常见的火源有明火、化学反应热、化工原料的分解自燃、热辐射、高温表面、摩擦和撞击、绝热压缩、电气设备和线路的过热和火花、静电放电、雷击和日光照射等。消除火源是防火与防爆的最基本措施，控制着火源，对防止火灾和爆炸事故的发生具有极其重要的意义。

下面着重讨论一般工业生产中常见着火源的防范措施。

1. 明火

明火指敞开的火焰、火星和火花等，敞开火焰具有很高的温度和很高的能量是引起火灾的主要着火源。

工厂中熬炼油类、固体的沥青、蜡等各种可燃物质，是容易发生事故的明火作业。熬炼过程中由于物料含有水分、杂质，或由于加料过满而在沸腾时溢出锅外，或是由于烟道裂缝窜火及锅底破漏，或是加热时间长、温度过高等都有可能导致着火事故。因此，在工艺操作过程中，加热易燃液体时，应当采用热水、水蒸气或密闭的电器以及其他安全的加热设备。如果必须采用明火，设备应该密闭，炉灶应用封闭的砖墙隔绝在单独的房间内，周围及附近地区不得存放可燃易爆物质。点火前炉膛应用惰性气体吹扫，排除其中的可燃气体或蒸气与空气的爆炸性混合气，对熬炼设备应经常进行检查，防止烟道窜火和熬锅破漏。为防止易燃物质漏入燃烧室，设备应定期做水压试验和气压试验。熬炼物料时不能装得过满，应留出一定的空间。为防止沸腾时物料的溢出，可在锅沿外围设置金属防溢槽，使溢出锅外的物料不致与灶火接触。此外，应随时清除锅沿上的可燃积垢。为避免锅内物料温度过高，操作者一定要坚守岗位，监护温升情况，有条件的可采用自动控温仪表。

喷灯是常用的加热器具，尤其是在维修作业中，多用于局部加热、解冻、烤模和除漆等。喷灯的火焰温度可高达 1000℃ 以上，这种高温明火的加热器具如果使用不当，就有造成火灾或爆炸的危险。使用喷灯解冻时，应将设备和管道内的可燃性保温材料清除掉，加热作业点的可燃易爆物质也应彻底清除。在防爆车间和仓库使用喷灯，必须严格遵守厂矿企业的用火证制度，工作结束时应仔细清查作业现场是否留下火种，应注意防止被加热物件和管道由于热传导而引起火灾。使用过的喷灯应及时用冷水冷却，放掉余气妥善保管。

在存在火灾和爆炸危险的场地，如厂房、仓库、油库等地，不得使用蜡烛、火柴或普通灯具照明；汽车、拖拉机一般不允许进入，如确需进入，其排气管上应安装火星熄灭器。在有爆炸危险的车间和仓库内，禁止吸烟和携带火柴、打火机等。为此，应在醒目的地方张贴警惕标志以引起注意。如果绝对禁止吸烟很难做到，而又有一定的条件，可在附近划出比较安全的地方，准许在其中点火吸烟。

明火与有火灾及爆炸危险的厂房和仓库等相邻时，应保证足够的安全间距，例如化工厂内的火炬与生产装置、油罐和隔油池应保持 100m 的防火间距。

2. 摩擦和撞击

摩擦和撞击往往是可燃气体、蒸气和粉尘、爆炸物品等着火爆炸的根源之一。例如机器轴承的摩擦发热，铁器和机件的撞击，钢铁工具的相互撞击，砂轮的摩擦等都能引起火灾。甚至铁桶容器裂开时，亦能产生火花，引起逸出的可燃气体或蒸气着火。

在有爆炸危险的生产中，机件的运转部分应该用两种材料作成，其中之一是不发生火花的（如铜、铝）有色金属材料。机器的轴承等转动部分，应该有良好的润滑，并经常清除附着的可燃污垢。敲打工具应用铍铜合金或包铜的钢作成。地面应铺沥青、菱苦土等较软的材料。输送可燃气体或易燃液体的管道应做耐压试验和气密性检查，以防止管道破裂、接口松脱而跑漏物料引起着火。搬运贮盛可燃气体和易燃液体的金属容器时，应当用专门的运输工具，禁止在地面上滚动、拖拉或抛掷，并防止容器的互相撞击，以免产生火花，引起燃烧或容器爆裂造成事故。吊装可燃易爆物料用的起重设备和工具，应经常检查，防止用绳等断裂下坠发生危险。如果机器设备不能用不发生火花的各种金属制造，应当使其在真空中或惰性气体中操作。

3. 电气设备

电气设备或线路出现危险温度、电火花和电弧时，就成为引起可燃气体、蒸气和粉尘着火、爆炸的一个主要着火源。电气设备发生危险温度的原因是由于在运行过程中设备和线路的短路，接触电阻过大，超负荷或通风散热不良等造成的。发生上述情况时，设备的发热量增加，温度急剧上升，出现大大超过允许温度范围（如塑料绝缘线的最高温度不得超过70℃，橡皮绝缘线不得超过 60℃）的危险温度，不仅能使绝缘材料、可燃物质和积落的可燃灰尘燃烧，而且能使金属熔化，酿成电气火灾。

电火花可分为工作火花和事故火花两类，前者是电气设备（如直流电焊机）正常工作时产生的火花，后者是电气设备和线路发生故障或错误作业出现的火花。

电火花一般具有较高的温度，特别是电弧的温度可达 5000～6000K，不仅能引起可燃物质燃烧，还能使金属熔化飞溅，构成危险的火源。在有着火爆炸危险的场所，或在高空作业的地面上存放可燃易爆物品，是引起电气火灾和爆炸事故的原因之一。

保证电气设备的正常运行，防止出现事故火花和危险温度，对防火防爆有着重要意义。要保证电气设备的正常运行，则要保持电气设备的电压、电流温升等参数不超过允许值，保持电气设备和线路的绝缘能力以及良好的连接等。

电气设备和电线的绝缘，不能受到生产过程中产生的蒸汽及气体的腐蚀。因此电线应采用铁管线，电线的绝缘材料要具有防腐蚀的功能。

在运行中，应保持设备及线路各导电部分连接可靠，活动触头的连接要光滑，并要保证足够的触头压力，以保持接触良好。固定接头时特别是铜、铝接头要接触紧密，保持良好的导电性能。在具有爆炸危险的场所，可拆卸的连接应有防松措施。铝导线间的连接应采用压接、熔焊或钎焊，不得简单的采用缠绕接线。电气设备应保持清洁，因为灰尘堆积和其他脏污既降低电气设备的绝缘又妨碍通风和冷却，还可能由此引起着火。因此，应定期清扫电气设备，以保持清洁。

具有爆炸危险的厂房内，应根据危险程度的不同，采用防爆型电气设备。按照防爆结构和防爆性能的不同特点，防爆电气设备可分为增安型、隔爆型、充油型、充砂型、通风充气型、本质安全型、无火花型、特殊型等。

增安型（防爆安全型）是指在正常运行时不产生电火花、电弧和危险温度的电气设备，如防爆安全型高压水银荧光灯。

隔爆型是指在电气设备发生爆炸时，其外壳能承受爆炸性混合物在壳内爆炸时产生的压力，并能阻止爆炸火焰传播到外壳周围，不致引起外部爆炸性混合物爆炸的电器设备，如隔爆型电动机。

充油型（防爆充油型）是指将可能产生火花的电气设备、电弧或危险温度的带电部分浸在绝缘油中，从而不会引起油面上爆炸性混合物爆炸的电气设备。

通风充气型（防爆通风充气型或正压型）是指向设备内通入新鲜空气或惰性气体，并使其保持正压，能阻止外部爆炸性混合物进入内部引起爆炸的电气设备。

本质安全型（原称安全火花型）是指在正常或故障情况下产生的电火花，其电流的数值均小于所在场所爆炸性混合物的最小引爆电流，而不会引起爆炸的电气设备。

特殊型（防爆特殊型）是指结构上不属于上列各种类型的防爆电气设备，如浇注环氧树脂及填充石英砂的防爆电气设备。

4. 静电放电

生产和生活中的静电现象是一种常见的带电现象，静电防护的研究得到了普遍的重视，它的危害性已逐步为人们所认识。据有关统计资料表明，由于静电引起火灾和爆炸事故的工艺过程以输送、研磨、搅拌、喷射、卷缠和涂层等居多；就行业来说，以炼油、化工、橡胶、造纸、印刷和粉末加工等居多。生产过程中产生的静电可以由几伏到几万伏，对多数可燃气体（蒸气）与空气的爆炸性混合物来说，它们的点火能量在 0.3mJ 以下，当静电电压在 3000V 以上时，就能点燃。某些易燃液体，如汽油、乙醚等的蒸气与空气混合物，甚至在 300V 时就能引起燃烧或爆炸。此外，静电还可能造成电击，在某些部门如纺织、印刷、粉体加工等，还会妨碍生产和影响产品的质量。

静电防护主要是设法消除或控制静电的产生和积累的条件，主要有工艺控制法、泄漏法和中和法等。工艺控制法就是采取适当选用材料、改进设备和系统的结构、限制流体的速度以及净化输送物料、防止混入杂质等措施，控制静电产生和积累的条件，使其不会达到危险程度。泄漏法就是采取增湿、导体接地、采用抗静电添加剂和导电性地面等措施，促使静电电荷从绝缘体上自行消散。中和法是在静电电荷密集的地方设法产生带电离子，使该处静电电荷被中和，从而消除绝缘体上的静电。

为防止静电放电火花引起的燃烧爆炸，可根据生产过程中的具体情况采取相应的防静电措施，例如将容易积聚电荷的金属设备、管道或容器等安装可靠的接地装置以消除静电，是防止静电危害的基本措施之一。下列生产设备应有可靠的接地：输送可燃气体和易燃液体的管道以及各种闸门、装油设备和油罐车（包括装油桥台、铁轨、油桶、加油用鹤管和漏斗等）；通风管道上的金属网过滤器，生产或加工易燃液体和可燃气体的设备贮罐，输送可燃粉尘的管道和生产粉尘的设备以及其他能够产生静电的生产设备。防静电接地的每处接地电阻不宜超过 300Ω，为消除各部件的电位差，可采用等电位措施。例如在管道法兰之间加装连接线，既可以消除两者之间的电位差，又可以造成良好的电气通路，以防止静电放电火花。

流体在管道中的流速必须加以控制，例如易燃液体在管道中的流速不宜超过 4～5m/s，可燃气体在管道中的流速不宜超过 6～8m/s。灌注液体时，应防止产生液体飞溅和剧烈搅拌现象。向贮罐输送液体的导管，应放在液面之下或将液体沿容器的内壁缓慢流下，以免产生静电。易燃液体罐装结束时，不能立即进行取样等操作，因为在液面上积聚的静电荷不会很快消失，易燃液体蒸汽也比较多。因此应经过一段时间，待静电荷减少后，再进行操作，以防静电放电火花引起着火爆炸。

在具有爆炸危险的厂房内，一般不允许采用皮带传动，采用三角皮带比较安全些。但最好的方法是安装单独的防爆式电动机，即电动机和设备之间用轴直接传动或经过减速器传动。采用皮带传动时，为防止传动皮带在运转中产生静电发生危险，可每隔 3～5 天在皮带上涂抹一次防静电的涂料。此外，还应防止皮带下垂，皮带与金属接地物的距离不得小于 20～30cm，以减小对接地金属物放电的可能性。

增高厂房或设备内空气的湿度，也是防止静电的基本措施之一。当相对湿度在 65％～70％以上时，能防止静电的积聚。对于不会因空气湿度而影响产品质量的生产，可用喷水或喷水蒸气的方法增加空气湿度。

生产和工作人员应尽量避免穿尼龙或毛的确良等易产生静电的工作服，而且为了消除人身上积聚的静电，最好穿布底鞋或胶鞋，工作地点宜采用水泥地面。

四、控制工艺参数技术

1. 可燃气体的工艺参数控制

（1）爆炸极限　可燃气体的爆炸极限是表征其爆炸危险性的一种主要技术参数，爆炸极限范围越宽，爆炸下限浓度越低，爆炸上限浓度越高，即燃烧爆炸危险性越大。

（2）爆炸危险度　可燃气体或蒸汽的爆炸危险性还可以用爆炸危险度来表示，爆炸危险度即是爆炸浓度极限范围与爆炸下限浓度之比值。

$$爆炸危险度 = \frac{爆炸上限浓度 - 爆炸下限浓度}{爆炸下限浓度}$$

爆炸危险度说明，气体或蒸汽的爆炸浓度极限范围越宽，爆炸下限浓度越低，爆炸上限浓度越高，其爆炸危险性就越大。

（3）传爆能力　传爆能力是爆炸性混合物传播燃烧爆炸能力的一种度量参数，用最小传爆断面表示。当可燃性混合物的火焰经过两个平面间的缝隙或小直径管子时，如果其断面小到某个数值，由于自由基销毁的数量增加而破坏了燃烧条件，火焰即熄灭，这种阻断火焰传播的原理称为缝隙隔爆。爆炸性混合物的火焰尚能传播而不熄灭的最小断面称为最小传爆断面。设备内部的可燃混合物被点燃后，通过 25mm 长的接合面，能阻止将爆炸传至外部的可燃混合气的最大间隙称为最大试验安全间隙。

（4）爆炸压力和威力指数　可燃性混合物爆炸时产生的压力为爆炸压力，它是度量可燃性混合物将爆炸时产生的热量用于做功的能力。发生爆炸时，如果爆炸压力大于容器的极限强度，容器便发生破裂。各种可燃气体或蒸汽的爆炸性混合物，在正常条件下的爆炸压力，一般都不超过 1MPa，但爆炸后压力的增长速度却是相当大。

气体爆炸的破坏性还可以用爆炸威力来表示。爆炸威力是反映爆炸对容器或建筑物冲击度的一个量，它与爆炸形成的最大压力有关，同时还与爆炸压力的上升速度有关。

（5）自燃点 可燃气体的自燃点不是固定不变的数值，而是受压力、密度、容器直径、催化剂等因素的影响。一般规律为受压越高，自燃点越低；密度越大，自燃点越低；容器直径越小，自燃点越高。可燃气体在压缩过程中（例如在压缩机中）较容易发生爆炸，其原因之一就是自燃点降低的缘故。在氧气中测定时，所得自燃点数值一般较低，而在空气中测定则较高。

（6）化学活泼性 可燃气体的化学活泼性越强，其火灾爆炸的危险性越大。化学活泼性强的可燃气体在通常条件下，能与氯气、氧气及其他氧化剂起反应，发生火灾和爆炸。气态烃类分子结构中的不饱和键越多，化学活泼性越强，火灾爆炸的危险性越大。例如乙烷、乙烯和乙炔分子结构中的价键分别为单键、双键和叁键，则它们的燃烧爆炸和自燃的危险性依次增加。

（7）相对密度 与空气相对密度相近的可燃气体容易互相均匀混合，形成爆炸性混合物；比空气相对密度大的可燃气体，沿着地面扩散并容易窜入沟渠、厂房死角处长时间聚集不散，遇火源则发生燃烧或爆炸；比空气相对密度小的可燃气体容易扩散，而且能顺风飘动，会使燃烧火焰蔓延扩散。应当根据可燃气体的密度特点，正确选择通风排气口的位置，确定防火间距值以及采取防止火势蔓延的措施。

（8）扩散性 扩散性是指物质在空气及其他介质中的扩散能力。可燃气体（蒸气）在空气中的扩散速度越快，火灾蔓延扩展的危险性就越大。气体的扩散速度取决于扩散系数的大小。

（9）可压缩性和受热膨胀性 气体和液体比较，有很大的弹性。气体在压力和温度的作用下，容易改变其体积，受压时体积缩小，受热时体积膨胀。当容积不变时，温度与压力成正比，则气体受热温度越高，它膨胀后形成的压力也越大。

2. 可燃液体的工艺参数控制

影响可燃液体火灾爆炸危险性的主要技术参数是闪点和爆炸极限。此外，还有液体的其他性能，如相对密度、流动扩散性、沸点、饱和蒸气压和膨胀性等。

（1）饱和蒸气压 饱和蒸气是指在单位时间内从液体蒸发出来的分子数等于回到液体里的分子数的蒸气。在密闭容器中，液体都能蒸发成饱和蒸气，饱和蒸气所具有的压力叫做饱和蒸气压，以 Pa 表示。可燃液体的蒸气压力越大，则蒸发速度越快，闪点越低，所以火灾危险性越大。蒸气压力是随着液体温度而变化的，即随着温度的升高而增加，超过沸点时的蒸气压力，能导致容器爆裂，造成火灾蔓延。

（2）爆炸极限 可燃液体的爆炸极限有两种表示方法，一是可燃蒸气的爆炸浓度极限，有上、下限之分，以"%"（体积分数）表示；二是可燃液体的爆炸温度极限，也有上、下限之分，以"℃"表示。因为可燃蒸气的浓度是可燃液体在一定的温度下形成的，因此爆炸温度极限就体现着一定的爆炸浓度极限，两者之间有相应的关系。

（3）闪点 可燃液体的闪点越低，则表示越易起火燃烧。因为在常温甚至在冬季低温时，只要遇到明火就可能发生闪燃，所以具有较大的火灾爆炸危险性。可燃液体的闪点随其浓度而变化，两种可燃液体混合物的闪点，一般是位于原来两液体的闪点之间，并且低于这两种可燃液体闪点的平均值。在易燃的溶剂中掺入四氯化碳，其闪点即提高，加入量达到一定数值后，即不会出现闪燃现象。

（4）受热膨胀性 热胀冷缩是一般物质的共性。可燃液体贮存于密闭容器中，受热时由于液体体积的膨胀，蒸气压也会随之增大，有可能造成容器的鼓胀，甚至引起爆炸事故。

（5）其他燃爆性质

① 沸点。液体沸腾时的温度，亦即蒸气压等于大气压力时的温度称为沸点。沸点低的可燃液体，蒸发速度快，闪点低，因而容易与空气形成爆炸性混合物。所以，可燃液体的沸

点越低，其火灾和爆炸危险性越大。低沸点的液体在常温下，其蒸气数量与空气能形成爆炸性混合物。

② 相对密度。同体积的液体和水的质量之比，称为相对密度。可燃液体的相对密度大多小于1。则蒸发速度越快，闪点也越低，因而其火灾爆炸的危险性越大。可燃蒸气的相对密度是其摩尔质量和空气摩尔质量之比。大多数可燃蒸气的相对密度都比空气大，能沿着地面漂浮，遇到着火源就会发生火灾和爆炸。

比水轻且不溶于水的液体着火时，不能用直流水扑救。比水重且不溶于水的可燃液体（如二硫化碳）可贮存于水中，既能安全防火，又经济方便。

③ 流动扩散性。流动性强的可燃液体着火时，会促使火势的蔓延，扩大燃烧面积。流动性的强弱与其黏度有关，黏度越低，则液体的流动扩散性越强，反之，就越差。可燃液体的黏度与自燃点的关系为，黏稠液体的自燃点比较低，不黏稠液体的自燃点比较高。

④ 带电性。大部分可燃液体是高电阻率的电介质（电阻率在 $10\sim15\Omega\cdot cm$ 范围内），具有带电能力，如醚类、酮类、酚类、芳香类、石油及其产品等。有带电能力的液体在罐装、运输和流动过程中，都有因摩擦产生静电放电而发生火灾的危险。醇类、醛类和羧酸类不是电介质，电阻率低，一般都没有带电能力，其静电火灾危险性较小。

⑤ 分子量。同一类有机化合物中，一般是分子量越小，沸点越低，闪点也越低，所以火灾爆炸危险性也越大。

3. 可燃固体的工艺参数控制

（1）燃点　燃点是表征固体物质火灾危险性的主要参数。燃点低的可燃固体在能量较小的热源作用下，或者受撞击、摩擦等，会很快受热升温达到燃点而着火。所以，可燃固体的燃点越低，越容易着火，火灾危险性就越大。控制可燃物质的温度在燃点以下是防火措施之一。

（2）熔点　物质由固态转变为液态的最低温度称为熔点。熔点低的可燃固体受热时容易蒸发或汽化，因此燃点也较低，燃烧速度则较快。某些低熔点的易燃固体还有闪燃现象，如萘、二氯化苯、聚甲醛、樟脑等，其闪点大都在100℃以下，所以火灾危险性大。

（3）自燃点　可燃固体的自燃点一般都低于可燃液体和气体的自燃点，大体上介于180～400℃之间。这是由于固体物质组成中，分子间隔小，单位体积的密度大，因而受热时蓄热条件好。可燃固体的自燃点越低，其受热自燃的危险性就越大。

五、防止火势蔓延技术

采取预防措施是防止火灾的根本办法。为此，应当分析有关火灾发展过程的特点，从而采取相应的预防措施。

1. 火灾发展过程的特点

燃烧失去控制发生火灾时，将经历下列发展阶段：

① 酝酿期，可燃物在热的作用下蒸发析出气体、冒烟和阴燃；

② 发展期，火苗蹿起，火势迅速扩大；

③ 全盛期，火焰包围整个可燃物体，可燃物全面着火，燃烧面积达到最大限度，燃烧速度最快，放出强大辐射热，温度高，气体对流加剧；

④ 衰灭期，可燃物质减少，火势逐渐衰弱终止熄灭。

2. 影响火灾变化的因素

（1）可燃物的数量　可燃物数量越多，火灾载荷密度越高，则火势发展越猛烈；如果可燃物较少，火势发展较弱；如果可燃物之间不相互连接，则一处可燃物燃尽后，火灾就熄灭。

（2）空气流量　室内火灾初起阶段，燃烧所需的空气量足够时，只要可燃的物质数量多，燃烧就会不断发展。但是随着火势的逐步扩大，室内空气量逐渐减少，这时只有从室外补充空气，即增加空气的流量，燃烧才能继续，并不断扩大；如果空气供应不足，火势会趋向减弱。

（3）蒸发潜热　可燃液体和固体是在受热后蒸发出气体的燃烧，液体和固体需要吸收一定的热量才能蒸发，这个热量称蒸发潜热。一般固体的蒸发潜热大于液体，液体大于液化气体。蒸发潜热越大的物质越需要较多的热量才能蒸发，火灾发展速度越慢；反之，蒸发潜热越小的物质，越容易蒸发，火灾发展越快。因此可燃液体和固体单位时间内产生的可燃气体与外界供给的热量成正比，与它们的蒸发潜热成反比。

3. 防止火灾蔓延的基本措施

防止火灾蔓延的基本措施有：

① 严格控制着火源；

② 监视酝酿期特征；

③ 采用耐火材料；

④ 阻止火焰的蔓延；

⑤ 限制火灾可能发展的规模；

⑥ 组织训练消防队伍；

⑦ 配备相应的消防器材。

六、防火防爆安全设施

防火与防爆安全装置主要有阻火装置、泄压装置和指示装置等。

1. 阻火装置

阻火装置的作用是防止火焰窜入设备、容器与管道内，或阻止火焰在设备和管道内扩展。其工作原理是在可燃气体进出口两侧之间设置阻火介质，当一侧着火时，火焰的传播被阻止而不会向另一侧燃烧。常用的阻火装置有安全水封、阻火器和单向阀。

（1）安全液封　这类阻火装置以液体作为阻火介质。目前广泛使用安全水封，它以水作为阻火介质，一般装置在气体管线与生产设备之间。常用的安全水封有开敞式和封闭式两种。

① 开敞型安全水封的构造和工作原理。它由罐体和两根管子——进气管和安全管组成。正常工作状态时，可燃气体经进气管进入罐内，再从出气管逸出，此时安全管里的水柱与罐内气体压力平衡。发生火焰倒燃时，由于进气管插入液面较深，安全管首先离开水面，火焰被水所阻止而不会进入另一侧。安全管与进气管同心安置的开敞式安全水封，它的结构比较紧凑，水位计用以观察罐内的水量是否符合要求，分水板为减少进气时引起水的剧烈搅动，形成气泡；分水板促使气水分离，避免可燃气出气时带水过多。开敞式安全水封适用于压力较低的燃气系统。

② 封闭式安全水封的构造和工作原理。正常工作时，可燃气体由进气管流入，经逆止阀、分气板、分水板和分水管（减少乙炔带水现象），从出气管输出。发生火焰倒燃时，罐内压力增高，压迫水面，并通过水层使逆止阀瞬时关闭，进气管暂停供气。同时，倒燃的火焰和气体将罐体顶部的防爆膜冲破，散发到大气中。由于水层也起着隔火作用，因此能比较有效地防止火焰进入另一侧。逆止阀在火焰倒燃过程中，只能暂时切断可燃气气源，所以在发生倒燃后，必须关闭可燃气总阀，更换防爆膜，才能继续使用。封闭式水封适用于压力较高的燃气系统。

（2）阻火器　这类阻火装置的工作原理是，火焰在管中蔓延的速度随着管径的减小而减小，最后可以达到一个火焰不蔓延的临界直径。这一现象按照链式反应理论的解释是，管子直径减小，器壁对自由基（作用中心）的吸附作用程度增加。按照热损失的观点来分析，管壁受热面积和混合气体体积之比为：

$$2\pi rh / \pi r^2 h = 2/r$$

当管径为 10cm 时，其比值等于 0.4；当管径为 2cm 时，其比值等于 2。由此可见，随着管子直径的减少，热损失就逐渐增大，燃烧温度和火焰传播速度就相应降低。当管径小到某个极限位置时，管壁的热损失大于反应热，从而使火焰熄灭。阻火器就是根据上述原理制成的，即在管路上连接一个内装细孔金属网或砾石的圆筒，则可以阻止火焰从圆筒的一侧蔓延到另一侧。

影响阻火器性能的因素是阻火层的厚度及其孔隙直径和通道的大小。某些气体和蒸气阻火器孔隙的临界直径如下，甲烷 0.4～0.5mm，氢及乙炔 0.1～0.2mm，汽油及天然石油气 0.1～0.2mm。

金属网阻火器是用若干具有一定孔径的金属网把空间分隔成许多小孔隙，对于一般有机溶剂采用 4 层金属网已可阻止火焰扩展，通常采用 6～12 层。

砾石阻火器是用砂粒、卵石、玻璃球或铁屑、铜等作为填充料，这些阻火介质使阻火器内的空间分隔成许多非直线性小孔隙，当可燃气体发生倒燃时，这些非直线性微孔能有效地阻止火焰的蔓延，其阻火效果比金属网阻火器更好。

（3）单向阀 单向阀亦称逆止阀，其作用是仅允许可燃气体或液体向一个方向流动，遇到倒流时即自行关闭，从而避免在燃气或燃油系统中发生流体倒流，或高压窜入低压造成容器管道的爆裂，或发生回火时火焰的倒吸和蔓延等事故。

在工业生产上，通常在系统中流体的进口与出口之间，与燃气和燃油管道及设备相连接的辅助管线上，高压与低压系统之间的低压系统上，或压缩机和油泵的出口管线上安装单向阀。

2. 泄压装置

泄压装置包括安全阀和爆破片。

（1）安全阀 安全阀的作用是为了防止设备和容器内压力过高而爆炸，包括防止物理性爆炸（如锅炉与压力容器、蒸馏塔等的爆炸）和化学性爆炸（如乙炔发生器的乙炔受压分解爆炸）。当容器和设备内的压力升高超过安全规定的限度时，安全阀即自动开启，泄出部分介质，降低压力至安全范围内再自动关闭，从而实现设备和容器内压力的自动控制，防止设备和容器的破裂爆炸。安全阀在泄出气体或蒸气时，产生动力声响还可起到报警的作用。

安全阀按其结构和作用原理分为静重式、杠杆式和弹簧式等。目前多用弹簧式安全阀，它由弹簧、阀杆、阀芯、阀体和调节螺栓等组成。弹簧式安全阀是利用气体压力与弹簧压力之间的压力差变化，来达到自动开启或关闭的要求。弹簧的压力由调节螺栓来调节，这种安全阀有结构紧凑、轻便和灵敏可靠等优点。

为使安全阀经常保持灵敏有效，应定期做排气试验，防止排气管、阀体及弹簧等被气流中的灰渣、黏性杂质及其他物料堵塞黏结；应经常检查是否有漏气或不停地排气等现象，并及时检修。安全阀漏气的原因一般是密封面被腐蚀或磨损而产生凹坑沟痕，阀芯与阀座的同心度由于安装不正确或其他原因而被破坏，以及装配质量不好等。

设置安全阀时应注意下列几点：

① 压力容器的安全阀最好直接装设在容器本体上。液化气体容器上的安全阀应安装在气相部分，防止排出液态物料，发生事故。

② 安全阀用于排泄可燃气体时，如直接排入大气，则必须引至远离明火或易燃物，而且是通风良好的地方，排放管必须逐段用导线接地以消除静电的作用。如果可燃气体的温度

高于它的自燃点，应考虑防火措施或将气体冷却后再排入大气。

③ 安全阀用于泄放可燃液体时，宜将排泄管接入贮槽、污油罐或其他容器；用于泄放高温油气或易燃、可燃液体等遇空气可能立即着火的物质时，宜接入密闭系统的放空塔或贮槽。

④ 室内的设备如蒸馏塔、可燃气体压缩机的安全阀、放空口应引出房顶，并高于房顶2m以上。

（2）爆破片 爆破片又称防爆膜、泄压膜，是一种断裂型的安全泄压装置。它的一个重要作用是当设备发生化学性爆炸时，保护设备免遭破坏。其工作原理是根据爆炸发展过程的特点，在设备或容器的适当部位设置一定大小面积的脆性材料，构成薄弱环节。当爆炸刚发生时，这些薄弱环节在较小的爆炸压力作用下，首先遭受破坏，立即将大量气体和热量释放出去，爆炸压力也就很难再继续升高，从而保护设备或容器的主体免遭更大损坏，使在场的生产人员不致发生致命的伤亡。

爆破片的另一个作用是，如果压力容器的介质不洁净、这些杂质有可能堵塞安全阀，使得阀门不能按规定的压力开启，失去了安全阀泄压作用，此时只得用爆破片作为泄压装置。

此外，对于工作介质为剧毒气体或在可燃气体（蒸气）里含有剧毒气体的压力容器，其泄压装置也应采用爆破片，而不宜用安全阀，以免污染环境，因为对于安全阀来说，微量的泄漏是难免的。

爆破片的安全可靠性决定于爆破片的厚度、泄压面积和膜片材料的选择。

凡有重大爆炸危险性的设备、容器及管道，都应安装爆破片，例如气体氧化塔、球磨机、进焦煤炉的气体管道、乙炔发生器等。

3. 指示装置

用于指示系统的压力、温度和水位的装置称指示装置。它使操作者能随时观察了解系统的状态，以便及时加以控制和妥善处理。常用的指示装置有压力表、温度计和水位计（或水位龙头）。

压力表的使用应注意下列几点：①应经常注意检查指针转动与波动是否正常，如发现有指示不正常的现象时，应立即停止使用，并报请维修；②压力表应保持洁净，表盘上的玻璃明亮清晰，指针所指示的压力能清楚易见；③压力表的连接管要定期吹洗，防止堵塞；④压力表应定期校验。

七、灭火器材

我国目前生产的灭火器主要有泡沫灭火器、二氧化碳灭火器、卤代烷灭火器、四氯化碳灭火器、1211（二氟一氯一溴甲烷）灭火器、干粉灭火器、清水灭火器等。按灭火器的驱动形式可分为贮气瓶式，即灭火剂是由贮气瓶中的压缩气体或液化气体驱动的灭火器（如清水灭火器）；贮压式，即灭火剂是由贮存于同一容器内的压缩气体或灭火剂自身的压力驱动的（如干粉灭火器、二氧化碳灭火器和1211灭火器等）；化学反应式，即灭火剂是由化学反应产生的气体压力驱动的（如化学泡沫灭火器等）。

按照灭火器适宜扑灭的可燃物质分为四类，用于扑灭A类物质（如木材、纸张、布匹、橡胶和塑料等）的火灾，称A类灭火器，如清水灭火器；用了扑灭B类物质（各种石油产品和油脂等）和C类物质（可燃气体）的火灾，称B、C类灭火器，如化学泡沫灭火器、干粉灭火器、二氧化碳灭火器等；用于扑灭D类物质（钾、钠、钙、镁等轻金属）的火灾，称D类灭火器，如轻金属灭火器；此外还有ABCD类灭火器又称通用灭火器，如磷铵干粉灭火器等。

1. 泡沫灭火器

泡沫灭火器有手提式和推车式泡沫灭火器两类，由筒身、筒盖、瓶胆、瓶胆盖、喷嘴和螺母等组成。使用手提式泡沫灭火器时，应将灭火器竖直向上平稳地提到火场（不可倾倒）后，再倾倒筒身略加晃动，使磷酸氢钠和硫酸铝混合，产生泡沫从喷嘴喷射出去进行灭火。

使用注意事项：

① 若喷嘴被杂物堵塞，应将筒身平放在地面上，用铁丝疏通喷嘴，不能采取打击筒体等措施。

② 在使用时筒盖和筒底不朝人身，防止发生意外爆炸时筒盖、筒底飞出伤人。

③ 应设置在明显易于取用的地方，而且应防止高温和冻结。

④ 使用三年后的手提式泡沫灭火器，其筒身应做水压试验。平时应经常检查泡沫灭火器的喷嘴是否畅通，螺帽是否拧紧。每年应检查一次药剂是否符合要求。

2. 二氧化碳灭火器

二氧化碳灭火器有手提式和鸭嘴式灭火器两类，其基本结构是由钢瓶（筒体）、阀门、喷筒（喇叭）和虹吸管四部分组成，钢瓶是用无缝钢管制成，肩部打有钢瓶的重量、CO_2重、钢瓶编号、出厂年月等钢字。

阀门用黄铜制造，手轮由铝合金铸造。阀门上有安全膜，当压力超过允许极限时即自行爆破，起泄压作用。喷筒用耐寒橡胶制成。虹吸管连接在阀门下部，伸入钢瓶底部，管子下部切成30°的斜口，以保证二氧化碳能连续喷完。

筒身内二氧化碳在使用压力（15MPa）下处于液态，打开二氧化碳灭火器后，压力降低，二氧化碳由液体变成气体。由于吸收汽化热，喷嘴边的温度迅速下降，当温度下降到−78.5℃，二氧化碳将变成雪花状固体（常称干冰）。因此，由二氧化碳灭火器喷出来的二氧化碳，常常是呈雪花状的固体。

鸭嘴式二氧化碳灭火器使用时只要拔出保险销，将鸭嘴压下，即能喷出二氧化碳灭火。手提式二氧化碳灭火器（MT 型）只需将手轮逆时针旋转，二氧化碳即能喷出灭火。

使用注意事项：

① 二氧化碳灭火剂对着火物质和设备的冷却作用较差，火焰熄灭后，温度可能仍在燃点以上，有发生复燃的可能，故不适用于空旷地域的灭火。

② 二氧化碳能使人窒息，因此，在喷射时人要站在上风处，尽量靠近火源。在空气不流畅的场合，如乙炔站或电石破碎间等室内喷射后，消防人员应立即撤出。

③ 二氧化碳灭火器应定期检查，当二氧化碳重量减少 1/10 时，应及时补充装灌。

④ 二氧化碳灭火器应放在明显易于取用的地方，且应防止气温超过 42℃并防止日晒。

3. 四氯化碳灭火器

四氯化碳灭火器由筒身、阀门、喷嘴、手轮等组成。在使用时，应颠倒灭火器，然后按逆时针方向转动手轮，打开阀门，四氯化碳即从喷嘴喷出，进行灭火。

使用注意事项：①四氯化碳是一种阻火能力很强的灭火剂，但是如前所述，在不少条件下能生成盐酸和光气。所以，在使用四氯化碳灭火器时，必须戴防毒面具，并站在上风处。②四氯化碳灭火器在扑救电气火灾时，应与电气设备保持一定距离。③四氯化碳灭火器应设在明显而易于取用的地方，且应防止受热、日晒和腐蚀。④四氯化碳灭火器应每隔半年检查一次气压。若气压低于 0.6MPa 时，应重新加压，使其压力保持不小于 0.8MPa。定期检查灭火器的重量，若重量减少 1/10 以上时，应及时充装。每隔三年应对筒身进行水压试验。在 1.2MPa 的压力下，持续 2min 不渗漏、不变形时，才可继续使用。

4. 干粉灭火器

干粉灭火器有手提式干粉灭火器、推车式干粉灭火器和背负式干粉灭火器三类。

贮气式手提干粉灭火器由筒身、二氧化碳小钢瓶、喷枪等组成，以二氧化碳作为发射干粉的动力气体。小钢瓶设在筒外的，称为外装式干粉灭火器；小钢瓶设在筒内的，称为内装式干粉灭火器。贮压式干粉灭火器省去贮气钢瓶，驱动气体采用氮气，不受低温影响，从而扩大了使用范围。

手提式干粉灭火器喷射灭火剂的时间短，有效的喷射时间最短的只有 6s，最长的也只有 15s，因此，为能迅速扑灭火灾，使用时应注意以下几点：

① 应了解和熟练掌握灭火器的使用方法。使用手提式干粉灭火器时，应先将灭火器颠倒数次，使筒内干粉松动，然后撕去筒头上的铝封，拔去保险销，一只手握住胶管，将喷嘴对住火焰的根部，另一只手按下压把或提起拉环，在二氧化碳的压力下喷出灭火。

② 应使灭火器尽可能在靠近火源的地方开始启动，不能在离起火源很远的地方就开启灭火器。

③ 喷粉要由近而远向前平推，左右横扫，不使火焰窜向。

④ 手提式干粉灭火器应设在明显易于取用、且通风良好的地方。每隔半年检查一次干粉质量（是否结块），称一次二氧化碳小钢瓶的重量。若二氧化碳小钢瓶的重量减少 1/10 以上，则应进行补充二氧化碳。每隔一年应进行水压试验。

5. 1211 灭火器

1211 灭火器有手提式和推车式两种。手提式 1211 灭火器由筒体（钢瓶）和器头两部分组成。筒体用无缝钢管或钢板按压焊接而制成，器头一般用铝合金制造，其上有喷嘴、阀门、虹吸管或有压把、压杆、弹簧、喷嘴、密封阀、虹吸管、保险销等。灭火剂量大于 4kg 的灭火器，还配有提把和橡胶导管。

使用手提式 1211 灭火器时，应首光撕下铝封，拔出保险销，在距离火源 1.5～3m 处，对准火焰根部，一手压下压把、压杆即使封闭阀打开。1211 在氮气压力作用下，通过虹吸管由喷嘴喷出。当松开压把时，压把在弹簧作用下升起，封闭喷嘴停止喷射。使用灭火器时，应注意筒盖向上，不应水平成颠倒使用。应将 1211 喷向火焰根部，向火源边缘推进喷射，以迅速扑灭火焰。灭火器应放在阴凉干燥且便于使用的地方。每半年检查一次 1211 灭火器的重量。若重量减少 1/10 以上，应重新装药和充气。

第四节　初起火灾的扑救与人员的疏散逃生

火灾通常都有一个从小到大，逐步发展，直到熄灭的过程。火灾过程一般可以分为初起、发展、猛烈、下降和熄灭五个阶段。扑救火灾要特别注意火灾的初起、发展和猛烈阶段。

（1）初起阶段　一般固体可燃物质着火燃烧后，在 15min 内，燃烧面积不大，火焰不高，辐射热不强，烟和气体流动缓慢，燃烧速度不快。如房屋建筑的火灾，初起阶段往往局限于室内，火势蔓延范围不大，还没有突破外壳，火灾处于初起阶段，是扑救的最好时机，只要发现及时，用很少的人力和消防器材工具就能把火扑灭。

（2）发展阶段　由于初起火灾没有及时发现扑灭，随着燃烧时间延长，温度升高，周围的可燃物质或建筑构件被迅速加热，气体对流增强，燃烧速度加快，燃烧面积迅速扩大，形成了燃烧发展阶段。如烟火已经窜出了门、窗和房盖，局部建筑构件被烧穿，建筑物内部充满烟雾，火势突破了外壳。从灭火角度看，这是关键性阶段。在燃烧发展阶段内，必须投入相当的力量，采取正确的措施，来控制火势的发展，以便进一步加以扑灭。

（3）猛烈阶段　如果火灾在发展阶段没有得到控制，由于燃烧时间继续延长，燃烧速度不断加快，燃烧面积迅速扩大，燃烧温度急剧上升，气体对流达到最快的速度，辐射热最强，建筑构件的承重能力急剧下降，处于猛烈阶段的火灾情况是很复杂的。许多可燃液体和气体火灾的发展阶段与猛烈阶段没有明显的区别，必须组织较多的灭火力量，经过较长时间，才能控制火势，扑灭火灾。

一、初起火灾扑救的原则与方法

根据火灾发展的阶段性特点，在灭火中，必须抓紧时机，力争将火灾扑灭在初起阶段。根据物质燃烧原理和同火灾作斗争的实践经验，灭火基本方法有隔离法、窒息法、冷却法和抑制法四种。采用哪种灭火方法，应根据燃烧物质的性质、燃烧特点和火场的具体情况，以及消防技术装备的性能进行选择。有些火场，往往需要同时使用几种灭火方法，这就要注意掌握灭火时机，充分发挥各种灭火剂的效能，才能迅速有效地扑灭火灾。

（一）扑救火灾的一般原则

1. 报警早，损失小

这是人们在同火灾作斗争中总结出来的一条宝贵经验。由于火灾的发展很快，当发现初起火灾时，在积极组织扑救的同时，应尽快用火警报警装置、电话等向消防队报警。不论火势大小，自己是否有能力将火灾扑灭，报警都是必要的，是与自救同时进行的行为。其目的是调动足够的力量，包括公安消防队、本单位（地区）专职和义务消防队，以及广大人民群众参加扑救火灾，进行配合疏散物资和抢救人员。而且，火灾的发展往往是难以预料的，如某些原因导致火势突然扩大、扑救方法不当、对起火物品性质不了解、灭火器材效能有限等，都会使灭火工作处于被动状态。由于报警延误，错过了扑救初起火灾的有利时机，消防队到场也费时费力，即便扑灭也造成了很大的损失。特别是当火势已发展到猛烈阶段，消防队也只能控制其不再蔓延，损失和危害已成定局。

2. 边报警，边扑救

在报警的同时要及时扑灭初起之火。火灾通常要经过初起阶段、发展阶段，最后到熄灭阶段的发展过程。在火灾的初起阶段，由于燃烧面积小，燃烧强度弱，放出的辐射热量少，是扑救的最有利时机。这种初起火一经发现，只要不错过时机，用很少的灭火器材，如一桶黄沙、一只灭火器或少量水就可以扑灭。所以，就地取材，不失时机地扑灭初起火灾是极其重要的。

3. 先控制，后灭火

在扑救可燃气体、液体火灾时，可燃气体、液体如果从容器、管道中源源不断地喷散出来，应首先切断可燃物的来源，然后争取灭火一次成功。如果在未切断可燃气体、液体来源的情况下，急于求成，盲目灭火，则是一种十分危险的做法。因为火焰一旦被扑灭，而可燃物继续向外喷散，特别是比空气密度大的液化石油气外溢，易沉积在低洼处，不易快速消散，遇明火或炽热物体等火源还会引起复燃。如果气体浓度达到爆炸极限，甚至还能引起爆炸，容易导致严重伤害事故。

4. 先救人，后救物

在发生火灾时，如果人员受到火灾的威胁，人和物相比，人是主要的，应贯彻执行救人第一，救人与灭火同步进行的原则，先救人后疏散物资。要首先组织人力和工具，尽早、尽快地将被困人员抢救出来。在组织主要力量抢救人员的同时，部署一定的力量疏散物资、扑救火灾。在组织抢救工作时，应注意先把受到火灾威胁最严重的人员抢救出来，抢救时要做到稳妥、准确、果断、勇敢，务必要稳妥，以确保抢救的安全。

5. 防中毒，防窒息

许多化学物品燃烧时会产生有毒烟雾。一些有毒物品燃烧时，如使用的灭火剂不当，也会产生有毒或剧毒气体，扑救人员如不注意很容易发生中毒。大量烟雾或使用二氧化碳等窒息法灭火时，火场附近空气中氧含量降低可能引起窒息。因此，在化工企业扑救火灾时还应特别注意防中毒、防窒息。在扑救有毒物品时要正确选用灭火剂，以避免产生有毒或剧毒气体，扑救时人应尽可能站在上风向，必要时要佩戴面具，以防发生中毒或窒息。

6. 听指挥，莫惊慌

发生火灾时不能随便动用周围的物质进行灭火，因为慌乱中可能会把可燃物质当作灭火的水来使用，反而会造成火势迅速扩大，也可能会因没有正确使用而白白消耗掉现场灭火器材，变得束手无策，只能待援。因此，发生火灾时一定要保持镇静，迅速采取正确措施扑灭初起火。这就要求平时加强防火灭火知识学习，积极参加消防训练，制定周密的灭火计划，才能做到一旦发生火灾时不会惊慌失措。

总之，要按照积极抢救人命，及时控制火势，迅速扑灭火灾的基本要求，及时、正确、有效地扑救火灾。

（二）扑救火灾的方法

1. 化工企业火灾的扑救

扑救化工企业的火灾，一定要弄清起火单位的设备与工艺流程，着火物品的性质，是否已发生泄漏现象，有无发生爆炸、中毒的危险，有无安全设备或消防设备等。由于化工单位情况比较复杂，扑救难度大，起火单位的职工和工程技术人员要主动指导和帮助消防队一齐灭火。

（1）灭火的基本措施

① 采取各种方法，消除爆炸危险。火场上遇有爆炸的危险，应根据具体情况，及时采取各种防爆措施。例如，疏散或冷却爆炸物品或有关设备、容器，打开反应器上的放空阀或驱散可燃蒸汽或气体，关闭输送管道的阀门等，以防止发生爆炸。

② 消灭外围火焰，控制火势发展。首先消灭设备外围或附近建筑的燃烧，保护受火势威胁的设备、车间，对重要设备要加强保护，阻止火势蔓延扩大，然后直接向火源进攻，逐步缩小燃烧面积，最后消灭火灾。

③ 当反应器和管道上呈火炬形燃烧时，可组织突击小组，配备必要数量的水枪，冷却掩护战斗员接近火源，采取关闭阀门或用覆盖窒息等方法扑灭火焰。必要时，也可以用水枪的密集射流来扑灭火焰。

④ 加强冷却，筑堤堵截。扑救反应器或管道上的火焰时，往往需要大量的冷却用水。为了防止燃烧着的液体流散，有时可用沙土筑堤，加以堵截。

⑤ 正确使用灭火剂。由于化工企业的原料、半成品（中间体）和成品的性质不同，生产设备所处的状态也不同，必须选用合适的灭火剂，在准备足够数量的灭火剂和灭火器材后，选择适当的时机灭火，以取得应有的效果。避免因灭火剂选用不当而延误战机，甚至发生爆炸等事故。

（2）扑救化工企业火灾的要求

① 做好防爆炸、防烧伤、防中毒和防腐蚀等安全保护工作，深入第一线的灭火人员应佩戴防护装置（主要是防毒面具、空气呼吸器、防火隔热服和手套等），在灭火战斗行动中注意利用掩体，尽可能避开下风方向。必要时，应划出危险区，禁止非指定人员随意进入。

② 搞好关阀堵漏工作，可燃气体或液体泄漏后发生火灾，不要急于灭火，等关阀堵漏工作就绪，再一举灭火。在此之前，除采取冷却措施，防止火势蔓延外，可以让其稳定燃烧，防止在灭火后继续漏料，造成爆炸或复燃。

2. 油池、油桶垛火灾的扑救

（1）油池火灾扑救 油池多是工厂、车间用来物件淬火、燃料储备的，有些油池是油田用于产品周转的。淬火油池和燃料储备油池大多与建筑物毗连，着火后威胁性很大，易引起建筑物火灾；周转油池火灾面积较大，着火后火势猛烈。

对油池火灾，多采用空气泡沫或干粉进行灭火。对原油、残渣油或沥青等油池火灾，也可以用喷雾水或直流水进行扑救。扑救时，要将阵地部署在油池的上风方向，根据油池的面积和宽度确定泡沫枪（炮）和水枪的数量。灭火所需水枪数量，应以顺风横推火焰，使火势不回蹿为最低标准。用水扑救原油、残渣油火灾，开始射水时水不会被高温迅速分解，火势不但不会减弱，反而增强，但坚持一段时间射水，使燃烧区温度下降以后，火势就会减弱而被扑灭。油池一般位置较低，火灾的辐射热比地上油罐大。在灭火中，必须搞好防护工作，一般应穿着防火隔热服，必要时对接近火源的管枪手和水枪手用喷雾水进行掩护。

（2）油桶垛火灾的扑救　油桶垛火灾发展快，燃烧猛，容易发生爆炸。油桶在火焰的直接烘烤下，经过 3～5min 就有可能发生爆炸。爆炸前，桶顶鼓起，并发出声响。油桶爆炸后，火焰飞腾而起，可高达二三十米，然后呈焰火状四散落下，造成火势扩大。有时油桶也会被爆炸的气浪抛向空中。油桶爆炸的突破点与油桶形状有关，卧式油桶的突破位置多在桶两端的上侧，立式油桶的突破位置多在桶的上端咬合处等较薄弱的部位。

在扑救油桶堆垛火灾时，要注意防止油桶爆炸。消防队到达火场后，应迅速冷却桶垛，并根据桶垛及火势情况，采取边灭火边疏散油桶的办法。使用泡沫可以扑灭桶垛周围地面的燃烧，但要注意防止在桶垛空隙出现死角。必要时，要搬开油桶喷射泡沫或用沙土埋压。利用干粉扑灭桶垛火灾效果十分明显，但要注意消灭残火，及时冷却降温，防止复燃。油漆桶垛起火时，可以直接用水扑救。对大量流散的油品，要采取筑堤堵截等办法，防止火势蔓延扩大。在冷却、疏散或灭火时，在场人员要尽量避开油桶可能发生爆炸时的突破方向，水（管）枪的要尽可能利用地形地物进行掩护。

3. 液化石油气瓶火灾的扑救

民用液化石油气瓶为 15kg，也有 10kg 的，还有些单位用液化石油气瓶为 40～50kg，工业用液化石油气瓶有 100kg、175kg，由于容积不同，工作压力、工作温度也不同。单个的气瓶大多在瓶体与角阀、角阀与调压器之间的连接处起火，呈横向或纵向的喷射形燃烧。瓶内液化气愈多，喷射的压力愈大，同时会发出"呼呼"的喷射声。如果瓶体没有受到火焰烧烤，气瓶逐渐泄压，一般不会发生爆炸。扑救这类火灾时，如果角阀没坏，要首先关闭阀门，切断气源，可以戴上隔热手套或持湿抹布等，按顺时针方向将角阀关闭，火就熄灭了。瓶体温度很高时，要向瓶体浇水冷却，降低温度，可以向气瓶喷火部位喷射或抛撒干粉将火扑灭，也可用水枪对射的方法灭火。压力不大的气瓶火灾，还可以用湿被褥覆盖瓶体将火熄灭。火焰熄灭后，要及时关闭阀门。

当液化石油气瓶的角阀损坏，无法关闭时，不要轻易将火扑灭，可以把燃烧着的气瓶拖到安全的地点，令气瓶进行冷却，让其自然烧尽。如果必须灭火，一定要把周围火种熄灭，并冷却被火焰烤热的物品和气瓶。将火熄灭后，要迅速用雾状水流把气瓶喷出的气体驱散。

当液化石油气瓶和室内物品同时燃烧时，气瓶受热泄压的速度会加快，气瓶喷出的火焰会加剧建筑和物品的燃烧。扑救时，应一面迅速扑灭建筑和室内物品的燃烧，一面设法将燃烧的气瓶疏散至安全地点。在室内燃烧未扑灭前，不能扑灭气瓶的燃烧。当房屋或室内物品起火，并直接烧烤液化石油气瓶时，气瓶可能在几分钟内发生爆炸。在扑救时，一定要设法把气瓶疏散出去；如果气瓶一时疏散不了，要先用水流冷却保护，并迅速消除周围火焰对气瓶的威胁。

当居民用液化石油气瓶大量漏气，尚未发生火灾时，不要轻易打开门窗排气，首先要迅速通知周围邻居熄灭一切火种，然后才能通风排气，并用湿棉被等将气瓶堵漏后搬到室外。

4. 仓库火灾的扑救

仓库是物资财富集中的场所，一旦发生火灾，极易造成严重损失。因此，物资仓库历来是消防保卫重点单位。消防队应加强调查研究，掌握责任区内仓库的物资、建筑、道路、水源等情况，制定灭火作战计划和物资疏散方案，以利于及时有效地扑救仓库火灾。

（1）仓库火灾的特点

① 燃烧猛烈，蔓延迅速。由于仓库可燃物质多，跨度大，空气供给充足，发生火灾后，燃烧发展较快。特别是当仓库房盖烧穿或打开库房门窗时，燃烧强度会急剧增大，火势蔓延更加迅速，有些库房在较短的时间里会发生倒塌。露天物资堆垛起火后，火势会沿堆垛表面迅速蔓延，在刮风时往往出现大量飞火，造成多处起火。

② 火焰易向纵深发展。可燃物资堆垛、货架或空心墙发生火灾时，火焰能沿堆垛和货架的表面向堆垛内部和货架的缝隙发展。在扑救过程中，有时表面燃烧虽然停止，但内部阴燃还会持续较长时间，而且不易发现，如不仔细检查和彻底扑灭，还会复燃成灾。

③ 库房内发生的火灾，能产生大量烟雾，特别是贮存有化工、农药、医药和易燃易爆危险物品的仓库发生火灾，会产生大量的有毒气体。爆炸物品仓库和一些化工仓库起火后，还可能发生爆炸，威胁人员和建筑的安全。

（2）仓库火灾的扑救 扑救仓库火灾，要以保护物资为重点。根据仓库的建筑特点、贮存物资的性质以及火势等情况，加强第一批出击力量，灵活地运用灭火战术。为此，必须搞好火情侦察，在只见烟不见火的情况下，不能盲目行动，必须迅速查明以下情况：

① 贮存物资的性质、火源及火势蔓延的途径；

② 为了灭火和疏散物资是否需要破拆；

③ 是否烟雾弥漫而必须采取排烟措施；

④ 临近火源的物资是否已受到火势威胁，是否需要采取紧急疏散措施；

⑤ 库房内有无爆炸、剧毒物品，火势对其威胁程度如何，是否需要采取保护、疏散措施等。

当爆炸、有毒物品或贵重物资受到火势威胁时，应采取重点突破的方法扑救。选择火势较弱或能进能退的有利地形，集中数支水枪，强行打开通路，掩护抢救人员，深入燃烧区将这类物品抢救出来，转移到安全地点。对无法疏散的爆炸物品，应用水枪进行冷却保护。在烟雾弥漫或有毒气体妨碍灭火时，要进行排烟通风。消防人员进入库房时，必须佩戴隔绝式空气呼吸器。排烟通风时，要做好出水准备，防止在通风情况下火势扩大。扑救有爆炸危险的物品时，要密切注视火场变化情况，组织精干的灭火力量，争取速战速决。当发现有爆炸征兆时，应迅速地将消防人员撤出来。

（3）露天堆垛火灾扑救 扑救露天堆垛火灾，应集中主要力量，采取下风堵截、两侧夹击的战术，防止火势向下风方向蔓延，并派出力量或组织职工群众监视与扑打飞火。当火势被控制住以后，应组织对燃烧堆垛的进攻，如将几个物资堆垛的燃烧分割开，逐垛将火扑灭。扑救棉花、化学纤维、纸张及稻草等堆垛火灾，要采取边拆垛边射水灭火的方法，对于疏散出来的棉花、化学纤维等物资，还要拆包检查，消除阴燃。

5. 化学危险物品火灾扑救

扑救化学危险物品火灾，如果灭火方法不恰当，就有可能使火灾扩大，甚至导致爆炸、中毒事故发生。所以，必须注意运用正确的灭火方法。

（1）易燃和可燃液体火灾扑救 液体火灾特别是易燃液体火灾发展迅速而猛烈，有时甚至会发生爆炸。这类物品发生的火灾主要根据它们的密度大小，能否溶于水和哪一种方法对灭火有利来确定。

一般来说，对相对密度比水小又不溶于水的有机化合物，如乙醚、苯、汽油、轻柴油等引起的火灾，可用泡沫或干粉扑救。当初起火时，燃烧面积不大或燃烧物不多时，也可用二氧化碳或"1211"灭火器扑救。但不能用水扑救，因为当用水扑救时，因液体比水轻，会浮在水面上随水流淌而扩大火灾。能溶于水或部分溶于水的液体，如甲醇、乙醇等醇类，醋酸乙酯、醋酸丁酯等酯类，丙酮、丁酮等酮类发生火灾时，应用雾状水或抗溶性泡、干粉等灭火器扑救。当初起火或燃烧物不多时，也可用二氧化碳扑救。如使用化学泡沫灭火时，泡沫强度必须比扑救不溶于水的易燃液体大 3～5 倍。

不溶于水、密度大于水的液体，如二硫化碳等着火时，可用水扑救，但覆盖在液体表面的水层必须有一定厚度，方能压住火焰。敞口容器内易燃可燃液体着火，不能用沙土扑救。因为沙土非但不能覆盖液体表面，反而会沉积于容器底部，造成液面上升以致溢出，使火灾蔓延扩展。

（2）易燃固体火灾扑救　易燃固体发生火灾时，一般都能用水、沙土、石棉毯、泡沫、二氧化碳、干粉等灭火器材扑救。但粉状固体如铝粉、镁粉、闪光粉等，不能直接用水、二氧化碳扑救，以避免粉尘被冲散在空气中形成爆炸性混合物而可能发生爆炸，如要用水扑救，则必须先用沙土、石棉毯覆盖后才能进行。磷的化合物、硝基化合物和硫黄等易燃固体着火、燃烧时产生有毒和刺激性气体，扑救时人要站在上风向，以防中毒。

（3）遇水燃烧物品和自燃物品火灾扑救　遇水燃烧物品如金属钠等的共同特点是遇水后能发生剧烈的化学反应，放出可燃性气体而引起燃烧或爆炸。这种场所消防器材的种类和灭火方法由设计部门和当地公安消防监督部门协商解决。其他人员在扑救该类物品的火灾时应注意遇水燃烧物品火灾应用干沙土、干粉等扑救，灭火时严禁用水、酸、碱灭火器和泡沫灭火器扑救。遇水燃烧物中，如锂、钠、钾、铷、铯、锶等，由于化学性质十分活泼，能夺取二氧化碳中的氧而起化学反应，使燃烧更猛烈，所以也不能用二氧化碳扑救。在扑救磷化物、保险粉等燃烧时能放出大量有毒气体的物品时，人应站在上风向。自燃物品起火时，除三乙基铝和铝铁溶剂不能用水扑救外，一般可用大量的水进行灭火，也可用沙土、二氧化碳和干粉灭火器灭火。由于三乙基铝遇水产生乙烷，铝铁溶剂燃烧时温度极高，能使水分解产生氢气，所以不能用水灭火。

（4）氧化剂火灾扑救　大部分氧化剂火灾都能用水扑救，但对过氧化物和不溶于水的液体有机氧化剂，应用干沙土或二氧化碳、干粉灭火器扑救，不能用水和泡沫扑救。这是因为过氧化物遇水反应能放出氧，加速燃烧，不溶于水的液体有机氧化剂一般密度都小于 1，如用水扑救时，会浮在水上面流淌而扩大火灾。粉状氧化剂火灾应用雾状水扑救。

（5）毒害物品和腐蚀性物品火灾扑救　一般毒害物品着火时，可用水及其他灭火器灭火，但毒害物品中氰化物、硒化物、磷化物着火时，遇酸能产生剧毒或易燃气体，如氰化氢、磷化氢、硒化氢等着火，只能用雾状水或二氧化碳等灭火。腐蚀性物品着火时，可用雾状水、干沙土、泡沫、干粉等扑救。硫酸、硝酸等酸类腐蚀品不能用加压密集水流扑救，因为密集水流使酸液发热甚至沸腾，四处飞溅而伤害扑救人员。当用水扑救化学危险物品，特别是扑救毒害物品和腐蚀性物品火灾时，还应注意节约用水，同时注意尽可能使灭火后的污水流入污水管道。因为有毒或有腐蚀性的灭火水四处溢流会污染环境，甚至污染水源。同时，减少水量还可减少物品的水渍损失。扑灭化学危险物品火灾应注意正确选用灭火剂。

6. 电气火灾扑救方法

电气设备发生火灾时，为了防止触电事故，一般都在切断电源后才进行扑救。

（1）电气火灾的扑救原则

① 电气设备发生火灾后，要立即切断电源，如果要切断整个车间或整个建筑物的电源时，可在变电所、配电室断开主开关。在自动空气开关或油断路器等主开关没有断开前，不能随便拉隔离开关，以免产生电弧发生危险。

② 发生火灾后，用闸刀开关切断电源时，由于闸刀开关在发生火灾时受潮或烟熏，其绝缘强度会降低，切断电源时，最好用绝缘的工具操作。

③ 切断用磁力启动器控制的电动机时，应先用接钮开关停电，然后再断开闸刀开关，防止带负荷操作产生电弧伤人。

④ 在动力配电盘上，只用作隔离电源而不用作切断负荷电流的闸刀开关或瓷插式熔断器，叫总开关或电源开关。切断电源时，应先用电动机的控制开关切断电动机回路的负荷电流，停止各个电动机的运转，然后再用总开关切断配电盘的总电源。

⑤ 当进入建筑物内，用各种电气开关切断电源已经比较困难，或者已经不可能时，可以在上一级变配电所切断电源。这样要影响较大范围供电，或影响处于生活居住区的杆上变电台供电时，有时需要采取剪断电气线路的方法来切断电源。如需剪断对地电压在 250V 以下的线路时，可穿戴绝缘靴和绝缘手套，用断电剪将电线剪断。切断电源的地点要选择适当，剪断的位置应在电源方面即来电方向的支持物附近，防止导线剪断后掉落在地上造成接地短路触电伤人。对三相线路的非同相电线应在不同部位剪断。在剪断扭缠在一起的合股线时，要防止两股以上合剪，否则易造成短路事故。

⑥ 城市生活居住区的杆上变电台上的变压器和农村小型变压器的高压侧，多用跌开式熔断器保护。如果需要切断变压器的电源时，可以用电工专用的绝缘杆捅跌开式熔断器的鸭嘴，熔丝管就会跌落下来，达到断电的目的。

⑦ 电容器和电缆在切断电源后，仍可能有残余电压，因此，即使可以确定电容器或电缆已经切断电源，但是为了安全起见，仍不能直接接触或搬动电缆和电容器，以防发生触电事故。电源切断后，扑救方法与一般火灾扑救相同。

（2）几种电气设备火灾扑救方法

① 发电机和电动机的火灾扑救方法。发电机和电动机等电气设备都属于旋转电机类，这类设备的特点是绝缘材料比较少，这是和其他电气设备比较而言的，而且有比较坚固的外壳，如果附近没有其他可燃易燃物质，且扑救及时，就可防止火灾扩大蔓延。由于可燃物质数量比较少，就可用二氧化碳、1211 等灭火器扑救。大型旋转电机燃烧猛烈时，可用水蒸气和喷雾水扑救。实践证明，用喷雾水扑救的效果更好。对于旋转电机有一个共同的特点，就是不要用沙土扑救，以防硬性杂质落入电机内，使电机的绝缘和轴承等受到损坏而造成严重后果。

② 变压器和油断路器火灾扑救方法。变压器和油断路器等充油电气设备发生燃烧时，切断电源后的扑救方法与扑救可燃液体火灾相同。如果油箱没有破损，可以用干粉、1211、二氧化碳灭火器等进行扑救。如果油箱已经破裂，大量变压器的油燃烧，火势凶猛时，切断电源后可用喷雾水或泡沫扑救。流散的油火，可用喷雾水或泡沫扑救。流散的油量不多时，也可用沙土压埋。

③ 变、配电设备火灾扑救方法。变配电设备，有许多瓷质绝缘套管，这些套管在高温状态遇急冷或不均匀冷却时，容易爆裂而损坏设备，可能造成一些不应有的使火势进一步扩大蔓延。所以遇这种情况最好用喷雾水灭火，并注意均匀冷却设备。

④ 封闭式电烘干箱内被烘干物质燃烧时的扑救方法。封闭式电烘干箱内的被烘干物质燃烧时，切断电源后，由于烘干箱内的空气不足，燃烧不能继续，温度下降，燃烧会逐渐被窒息。因此，发现电烘箱冒烟时，应立即切断烘干箱的电源，并且不要打开烘干箱。不然，由于进入空气，反而会使火势扩大，如果错误地往烘干箱内泼水，会使电炉丝、隔热板等遭受损坏而造成不应有的损失。如果是车间内的大型电烘干室内发生燃烧，应尽快切断电源。当可燃物质的数量比较多，且有蔓延扩大的危险时，应根据烘干物质的情况，采用喷雾水枪或直流水枪扑救，但在没有做好灭火准备工作时，不应把烘干室的门打开，以防火势扩大。

（3）带电灭火 有时在危急的情况下，如等待切断电源后再进行扑救，就会有使火势蔓延扩大的危险，或者断电后会严重影响生产。这时为了取得扑救的主动权，扑救就需要在带电的情况下进行，带电灭火时应注意以下几点：

① 必须在确保安全的前提下进行，应用不导电的灭火剂如二氧化碳、1211、1301、干

粉等进行灭火。不能直接用导电的灭火剂如直射水流、泡沫等进行喷射，否则会造成触电事故。

② 使用小型二氧化碳、1211、1301、干粉灭火器灭火时，由于其射程较近，要注意保持一定的安全距离。

③ 在灭火人员穿戴绝缘手套和绝缘靴、水枪喷嘴安装接地线情况下，可以采用喷雾水灭火。

④ 如遇带电导线落于地面，则要防止跨步电压触电，扑救人员需要进入灭火时，必须穿上绝缘鞋。

此外，有油的电气设备如变压器、油开关着火时，也可用干燥的黄沙覆盖火焰，使火熄灭。

7. 人身着火扑救方法

发生火灾时，如果身上着了火，千万不能奔跑。因为奔跑时，会形成一股小风，大量新鲜空气冲到着火人的身上，就像是给炉子扇风一样，火势会越烧越旺。着火的人乱跑，还会把火种带到其他场所，引起新的燃烧点。

身上着火，一般总是先烧着衣服、帽子。这时，最重要的是先想办法把衣服、帽子脱掉；如果一时来不及，可把衣服撕碎扔掉。脱去了衣、帽，身上的火也就灭了。衣服在身上烧，不仅会使人烧伤，而且还会给以后的抢救治疗增加困难，烧伤者在治疗时，首先要对伤口进行清洗，给受伤者带来很大痛苦。特别是化纤服装，受高温熔融后会与皮肉粘连，且还有一定的毒性，更会使伤势恶化。

身上着火，如果来不及脱衣，也可卧倒在地上打滚，把身上的火苗压灭。倘若有其他人在场，可用湿麻袋、毯子等把身上着火的人包裹起来，就能使火扑灭；或者向着火人身上浇水，或者帮助将烧着的衣服撕下。但是，切不可用灭火器直接向着火人身上喷射。因为，多数灭火器内所装的药剂会引起烧伤者的创口产生感染。

如果身上火势较大，来不及脱衣服，旁边又没有其他人协助灭火，则可以跳入附近池塘、小河等水中去把身上的火熄灭。虽然这样做可能对后来的烧伤治疗不利，但是，至少可以减轻烧伤程度和面积。

二、火场人员疏散及逃生路线选择

火灾通常都有一个从小到大，逐步发展，直到熄灭的过程，一般固体可燃物质着火燃烧后，在5～7min内，即初起阶段。根据火灾发展的阶段性的特点，在灭火中，必须抓紧时机，力争将火灾扑灭在初起阶段。

1. 初起火灾的扑救

① 扑救火灾的一般原则：报警早，损失少；边报警，边扑救；先控制，后灭火；先救人，后救物；防中毒，防窒息；听指挥，莫惊慌。

② 水枪灭火的原则：先窗后内，先上后下，先角后前，把房顶和开口部位的火势扑灭后，再射向起火部位。

2. 自救与逃生

火场逃生15法：匍匐前进法、火场求救法、毛巾捂鼻法、绳索自救法、竹竿插地法、管线下滑法、卫生间避难法、跳楼求生法、棉被护身法、毛毯隔火法、逆风疏散法、搭桥渡火法、被单拧结法、天窗转移法、攀爬避火法。

火场逃生的注意事项如下：

① 火灾袭来时要迅速逃生，不要贪恋财物。

② 家庭成员平时就要了解掌握火灾逃生的基本方法，熟悉几条逃生路线。

③ 受到火势威胁时，要当机立断披上浸湿的衣服和被褥等向安全出口方向冲出去。

④ 穿过浓烟逃生时，要尽量使身体贴近地面，并用湿毛巾捂住口鼻。

⑤ 身上着火，千万不要奔跑，可就地打滚或用厚重的衣物压灭火苗。

⑥ 遇到火灾不可乘坐电梯，要向安全出口方向逃生。

⑦ 室外着火，门已发热时，千万不要开门，以防大火蹿入室内。

⑧ 要用浸湿的被褥、衣物等堵塞门窗缝，并洒水降温。

⑨ 若所有逃生路线被大火封锁，要立即退回室内，用打手电筒、挥舞衣物、呼叫等方式向窗外发送求救信号，等待救援。

⑩ 千万不要盲目跳楼，可利用疏散楼梯、阳台、落水管等逃生自救。也可用绳子或把床单、被套撕成条状连成绳索，紧拴在窗框、暖气管、铁栏杆等固定物上，用毛巾、布条等保护手心，顺绳滑下，或下到未着火的楼层脱离危险。

复习思考题

1. "火三角"指什么？它们之间的关系如何？

2. 什么是自燃、闪燃和着火？三者的区别如何？

3. 什么是轻爆、爆炸与爆轰？三者有何区别？

4. 防爆电气有哪些类型？如何正确选择防爆电气设备？

5. 简述泡沫灭火器的灭火原理。

6. 使用四氯化碳灭火器应注意哪些事项？

7. 扑救电气设备火灾有哪些注意事项？

8. 如何扑救液化石油气瓶火灾？

9. 简述火场自救与逃生的方法。

10. 如何扑救化工装置的初起火灾？

11. 什么是爆炸极限？爆炸极限的影响因素有哪些？

12. 什么是粉尘爆炸？粉尘混合物的爆炸有哪些特点？

13. 简述金属网阻火器的阻火工作原理。

14. 简述防止火灾蔓延的基本措施。

15. 试述扑救化工企业火灾的基本措施。

第五章 特种设备安全技术

>>> 学习指导

1. 了解各种特种设备安全专业基础知识，认识特种设备特殊性及其事故灾难性，了解特种设备安全法规及标准。

2. 理解特种设备安全性能进行评价的各类检测技术，熟悉特种设备安全管理和检验知识，理解锅炉、压力容器常见事故的发生原因及控制措施。

3. 掌握特种设备使用安全技术及特种设备安全使用控制的知识，重点掌握各类特种设备事故预防和应急处理措施，熟练掌握特种设备检修过程的安全措施及检修工作安全技术。

第一节 特种设备安全基础知识概述

一、特种设备的概念及分类

1. 特种设备的概念

特种设备是指涉及生命安全、危险性较大的锅炉、压力容器（含气瓶）、压力管道、电梯、起重机械、客运索道、大型游乐设施。

2. 特种设备的分类

特种设备主要分为承压类特种设备和机电类特种设备。承压类特种设备包括锅炉、压力容器（含气瓶）、压力管道；机电类特种设备包括电梯、起重机械、客运索道、大型游乐设施。

二、特种设备安全技术监察规程与标准

1. 特种设备安全监察

《特种设备安全监察条例》规定安全监察范围包括特种设备的生产（含设计、制造、安装、改造、维修，下同）、使用、检验检测及其监督检查。

国务院特种设备安全监督管理部门负责全国特种设备的安全监察工作，县以上地方负责特种设备安全监督管理的部门对本行政区域内特种设备实施安全监察。

特种设备生产、使用单位应当建立健全特种设备安全管理制度和岗位安全责任制度；特种设备生产、使用单位的主要负责人应当对本单位特种设备的安全全面负责；特种设备生产、使用单位和特种设备检验检测机构，应当接受特种设备安全监督管理部门依法进行的特种设备安全监察。

2. 特种设备安全技术监察规程与标准

① 《特种设备安全监察条例》（中华人民共和国国务院令第 373 号）

② 《锅炉压力容器压力管道特种设备事故处理规定》（国家质量监督检验检疫总局第 2 号）

③ 《蒸汽锅炉安全技术监察规程》（劳部发［1996］276 号）

④ 《热水锅炉安全技术监察规程》（劳锅字［1991］8 号）

⑤《有机热载体炉安全技术监察规程》（劳部发〔1993〕356 号）

⑥《锅炉使用登记办法》（劳人锅〔1986〕2 号）

⑦《压力容器安全技术监察规程》（劳锅字〔1990〕8 号）

⑧《气瓶安全监察规程》（质技监局锅发〔2000〕250 号）

⑨《压力管道安全管理与监察规定》（劳发〔1996〕140 号）

⑩《游乐设施安全技术监察规程》

⑪《特种设备质量监督与安全监察规定》（国家质量技术监督局第 113 号令）

⑫《特种设备注册登记与使用管理规则》

⑬《客运架空索道安全运营与监察规定》

⑭《游乐园管理规定》

⑮《起重机械安全监察规程》（劳安字〔1991〕18 号）

第二节　锅炉安全技术

一、锅炉的基本知识

1. 锅炉的概念及分类

（1）锅炉的概念　锅炉是指将燃料的化学能转化为热能，又将热能传递给水，产生蒸汽、热气或通过导热工质输出热量的设备。《特种设备安全监察条例》规定，锅炉是指利用各种燃料、电或者其他能源，将所盛装的液体加热到一定的参数，并承载一定压力的密闭设备。其范围规定为容积大于或者等于 30L 的承压蒸汽锅炉；出口水压大于或者等于 0.1MPa（表压），且额定功率大于或者等于 0.1MW 的承压热水锅炉；有机热载体锅炉。

（2）锅炉的分类

① 按用途，分为电站锅炉、工业锅炉、生活锅炉、机车锅炉、船舶锅炉等。

② 按锅炉产生的蒸汽压力和蒸发量，分为高压锅炉、中压锅炉、低压锅炉及大型锅炉、小型锅炉。工业锅炉一般是小型低压锅炉，电站锅炉一般为大中型锅炉。

③ 按载热介质，分为蒸汽锅炉、热水锅炉和有机热载体锅炉。

④ 按热能来源，分为燃煤锅炉、燃油锅炉、燃气锅炉、废热锅炉。

⑤ 按锅炉结构，分为锅壳式锅炉、水管锅炉。

⑥ 在燃煤锅炉中，按燃烧方式分为层燃炉、沸腾炉、室燃炉。层燃炉又分为手烧炉、链条炉、往复炉、抛煤机炉、振动炉、排炉。

⑦ 按蒸发段工质循环动力，分为自然循环锅炉、强制循环锅炉和直流锅炉。

2. 锅炉工作原理及工作特性

（1）工作原理　锅炉由"锅"和"炉"以及相配套的附件、自控装置、附属设备组成。"锅"是指锅炉接受热量，并将热量传给水汽、导热油等工质的受热面系统，是锅炉中贮存或输送锅水或蒸汽的密闭受压部分。"锅"主要包括锅筒（或锅壳）、水冷壁、过热器、再热器、省煤器、对流管束及集箱等。"炉"是指燃料燃烧产生高温烟气，将化学能转化为热能的空间和烟气流通的通道——炉膛和烟道。"炉"主要包括燃烧设备和炉墙等。

（2）工作特性

① 爆炸的危害性。锅炉在使用中发生破裂使内部压力瞬时等于外界大气压的现象叫爆炸。

② 易于损坏性。锅炉由于长期运行在高温高压的恶劣工况下，因而经常受到局部损坏，如不能及时发现和处理，会进一步导致重要部件和整个系统的全面受损。

③ 使用的广泛性。由于锅炉为整个社会生产提供了能源和动力，因而其应用范围十分

广泛。

④ 可靠的连续运行性。锅炉一旦投用，一般要求连续运行，而不能任意停车，否则会影响一条生产线、一个厂甚至一个地区的生活和生产，其间接经济损失巨大，有时还会造成恶劣的后果。

二、水管锅炉基本结构及主要部件

1. 水管锅炉的结构特点

水管锅炉的结构具有以下一些特点：

① 炉膛置于筒体之外，"炉"不受"锅"的限制，体积可大可小，可以满足燃烧及增加蒸发量的要求。

② 以容纳水汽的管子置于炉膛、烟道中作受热面，锅筒一般不直接受热，传热性能及安全性能都显著改善。

③ 水的预热、汽化及蒸汽过热在不同的受热面中完成，这些受热面分别叫做省煤器、水冷壁与对流管束、过热器。

④ 水汽系统、燃烧系统及辅助系统比较复杂，但单个承压部件的结构比较简单。

⑤ 由于水的预热、汽化及蒸汽过热都是在管内完成的，管子结垢难于清除，因而对水质要求较高，对运行、操作、管理水平也要求较高。

2. 水管锅炉的主要部件

水管锅炉的结构形式和系统布置多种多样，但各种水管锅炉所包含的主要部件大体相同，即水汽系统主要包括锅筒、集箱、水冷壁、对流管束、省煤器、过热器等部件；燃烧系统主要包括燃烧装置、炉膛和烟道、空气预热器等部分。此外，容量稍大一些的水管锅炉，在炉膛和烟道旁边设有钢制构架，用于支撑和吊挂水汽系统各部件及燃烧设备，布置楼梯平台。

（1）锅筒　它是水管锅炉的心脏，是锅炉中最重要的一个部件。目前的水管锅炉多是双锅筒或单锅筒的。双锅筒锅炉的锅筒分上、下两个，上锅筒也叫汽包或汽鼓，里边容纳汽水混合物；下锅筒也叫水包，里面全部容纳水。单锅筒锅炉的锅筒一般布置在锅炉上部，相当于双锅筒锅炉的汽包。锅筒及其内部设备一般不直接受热。

① 锅筒（上锅筒）的功用。水管锅炉的受热面都是水管，水管中容纳的水汽量有限。锅筒则是水汽系统中容积最大的部件，它可以容纳一定的水量，使锅炉维持一定的水位，减少锅炉水位和汽压的波动。锅筒上连接着很多作为蒸发受热面的管子，构成循环回路，水在这些管子中一边循环流动，一边受热汽化，锅筒则是循环流动的起始点和结束点。由蒸发受热面流回锅筒的汽水混合物，在锅筒中进行汽水分离，蒸汽进入导汽管流至过热器或用汽设备，水则继续进入蒸发受热面系统进行循环流动，所以锅筒有进行汽水分离的功能，是水和蒸汽的明确分界点。

② 锅筒的结构。现代水管锅炉的锅筒一般是卷焊结构，由钢板卷制焊接的圆筒体，两端焊上冲压成型的凸形封头。锅筒直径小的有数百毫米，大的可达 2m 左右；锅筒长度短者几米、十几米，长者可达 30m。筒体上有很多开孔以连接各种管子。锅筒内部装有配水装置、汽水分离装置、加药装置和排污装置等。锅炉的主要安全附件——安全阀、压力表、水位表等，也都装在锅筒外面。

（2）水冷壁　在水管锅炉的炉膛内，贴墙布置的立置单排并列管，叫水冷壁。水冷壁布置在炉膛四周，把火焰与炉墙分开。由于水冷壁管子内的水汽不断流动，吸收火焰的大量辐射热，从而冷却了炉墙，使炉墙的温度不致太高。现代水管锅炉的水冷壁，冷却炉墙的作用是次要的，作为蒸发受热面使水吸收辐射热而汽化的作用是主要的，因而也叫辐射蒸发受热面。水冷壁的形状因炉膛形状而异，假设把炉膛四周的炉墙拆除，则水冷壁就是由钢管组成的包围火焰的笼子。水冷壁管子上端有的直接连接到锅筒上，有的通过集箱连接到锅筒上；水冷壁管子下端连接到下集箱上。下集箱与锅筒间连接有下降管以构成循环回路，使水在水冷壁系统内不断循环流动，即水由上部锅筒经下降管下降流动，到下集箱后分别进入各水冷壁管上升流动，在上升流动中吸热而产生蒸汽，并回流到上部锅筒。

根据相邻的单排并列水冷壁管间的关系，可把水冷壁分成光管水冷壁与鳍片管水冷壁（膜式壁）两种。光管水冷壁相邻的管子间有一定间隙，互不接触，部分火焰可以通过管间隙辐射到炉墙上；鳍片管水冷壁相邻的管间用鳍片连接在一起，使水冷壁管形成一个连续的金属壁面，完全隔绝了火焰与炉墙的接触，提高了炉膛的密封性能。小型锅炉的鳍片是相邻两根水冷壁管间焊上一块扁钢条形成的。

（3）对流管束　它是布置在炉膛出口之外对流烟道中的管群。从炉膛流出的高温烟气经过烟道时，在管束外横向冲刷管束，主要以对流换热的方式将热量传给管束，使管束内的水不断汽化，因而对流管束是对流蒸发受热面。

与单排贴墙布置的水冷壁不同，对流管束是以密集管束的形式布置在烟道空间里，管束两端分别焊接或胀接到上下锅筒上，水在管束内受热不同的管子中循环流动。

对流管束是低压水管锅炉的主要受热面之一。随着蒸汽压力的提高，水汽化时吸收的汽化潜热减少，生产同样蒸汽需要的蒸发受热面减少，则可以少要或不要对流管束，仅用水冷壁即可满足生产蒸汽的需要，因而中压以上锅炉没有对流管束。

（4）省煤器　它是利用尾部烟道中烟气的余热来预热锅炉给水的装置。进入锅炉尾部烟道的烟气，温度常高达 $500\sim600℃$，将其白白排入大气是很大的浪费。在尾部烟道布置省煤器，可使给水经过省煤器吸收一部分烟气余热，从而降低排烟温度，提高锅炉效率。通常加装省煤器可提高效率 $5\%\sim10\%$。

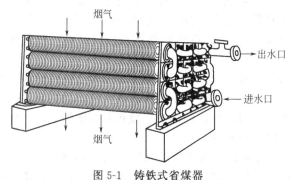

图 5-1　铸铁式省煤器

常用的省煤器有铸铁式省煤器和钢管式省煤器两种。

① 铸铁式省煤器。它由带肋片的铸铁直管连接弯头组成，如图 5-1 所示。肋片有圆形和方形两种，起强化传热的作用。用铸铁材料做成的省煤器可耐腐蚀、耐磨损，而腐蚀磨损是低压水管锅炉省煤器经常遇到的问题。但铸铁性脆，不能承受较大的振动或冲击，省煤器中的水如果吸热过多，产生蒸汽，出现汽、水两相状态，就极有可能产生水击，使省煤器强烈振动而导致损坏。因而对铸铁省煤器来说，使水在其中受热升温是可以的，但不能升温到饱和温度，必须与饱和温度有一定温差（低于饱和温度40℃），明确地与饱和状态分开，以免在省煤器中产生水击，因而铸铁式省煤器也叫可分式省煤器。

② 钢管式省煤器。它由许多蛇形钢管组成，如图 5-2 所示。钢管式省煤器能承受高压和水击，但耐腐蚀性能较差。省煤器的进口端和出口端都连接到集箱上。

（5）过热器　工业用小型水管锅炉中，只有一部分设置过热器，即当生产工艺要求使用过热蒸汽时，应采用带过热器的水管锅炉。过热器的作用是将导出汽包的饱和蒸汽继续加热，使之具有一定的过热度，即超过饱和温度一定值，以满足生产工艺的需要。

小型水管锅炉的过热器一般布置在炉膛出口的高温烟道内，其两端分别连接在过热器进口和出口集箱上。进口集箱以管道与锅炉锅筒相连，出口集箱以管道与锅炉分气缸或主汽阀相连。

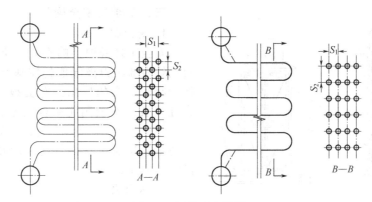

图 5-2 钢管式省煤器

过热器的结构与钢管式省煤器相似，由蛇形管束组成。根据蛇形管束布置方式，可把过热器分为垂直式（立式）和水平式（卧式）两种，如图 5-3 所示。

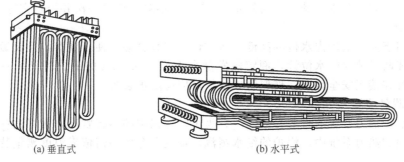

(a) 垂直式   (b) 水平式

图 5-3 过热器

过热器与其他受热面显著不同之处是它内部流通和加热的全部是蒸汽，而不是水或汽水混合物。由于蒸汽的温度较高且对流换热能力较低，因而过热器钢材的工作温度较高，必要时须采用合金钢制造。

（6）集箱 集箱也叫联箱，它是连接受热面管子的箱体，由无缝钢管加工而成，两端一般焊接平封头（端盖），箱体上开很多管孔，用以焊接或胀接管子。除对流管束直接连接到锅筒上外，其他受热面一般由集箱连接。省煤器管及过热器管的两端都连接到集箱上；水冷壁的下端连接到集箱上，上端可以直接接到上锅筒上，也可以连接到集箱上，再由集箱引出少数管子（汽水引出管）接到上锅筒上。

集箱用来分配和汇集管内工质，可以减少锅筒壁的开孔数量。集箱上除开有较多的受热面管孔外，还开有手孔及疏水、排污管孔。

（7）空气预热器 它是烟气与空气之间进行热交换的装置，属于燃烧系统。空气预热器布置在尾部烟道，利用烟气的余热加热空气，然后将被加热的空气送入炉膛。空气预热器的作用是降低排烟温度，减少排烟热损失。热空气送入炉膛可保证燃料及时着火，稳定和完善燃烧，提高锅炉的热效率。经验表明，供入锅炉炉膛的空气预热升温 100℃，大约可节约燃料 5%。

目前常见的空气预热器有管式和回转式两种。小型水管锅炉的空气预热器都是管式空气预热器，其结构如图 5-4 所示，即由许多直的有缝钢管连接到管板上，组成集箱，再由若干管箱组成空气预热器。烟气从管内自上而下流过，空气则由管外横向掠过管束，二者通过管壁进行换热。

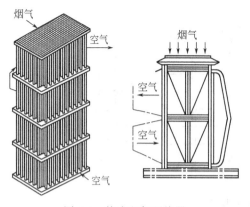

图 5-4　管式空气预热器

三、锅炉的安全附件

1. 安全阀

安全阀是锅炉上的重要安全附件之一，它对锅炉内部压力极限值的控制及对锅炉的安全保护起着重要的作用。安全阀应按规定配置，合理安装；安全阀应结构完整、灵敏、可靠。应每年对其检验、定压一次并铅封完好，每月自动排放试验一次，每周手动排放试验一次，做好记录并签名。

2. 压力表

压力表用于准确地测量锅炉上所需测量部分压力的大小。锅炉必须装有与锅筒（锅壳）蒸汽空间直接相连接的压力表。根据工作压力选用压力表的量程范围，一般应在工作压力的 1.5～3 倍。表盘直径不应小于 100mm，表的刻盘上应划有最高工作压力红线标志。压力表装置齐全（压力表、存水弯管、三通旋塞）。应每半年对其校验一次并铅封完好。

3. 水位计

水位计用于显示锅炉内水位的高低。水位计应安装合理，便于观察，且灵敏可靠。每台锅炉至少应装两只独立的水位计，额定蒸发量小于等于 0.2t/h 的锅炉可只装一只。水位计应设置放水管并接至安全地点。玻璃管式水位计应有防护装置。

4. 温度测量装置

温度是锅炉热力系统的重要参数之一。为了掌握锅炉的运行状况，做好锅炉的安全、经济运行，在锅炉热力系统中，锅炉的给水蒸汽、烟气等介质均需依靠温度测量装置进行测量监视。

5. 保护装置

（1）超温报警和联锁保护装置　超温报警装置安装在热水锅炉的出口处，当锅炉的水温超过规定的水温时，自动报警，提醒司炉人员采取措施减弱燃烧。超温报警和联锁保护装置联锁后，还能在超温报警的同时，自动切断燃料的供应和停止鼓、引风，以防止热水锅炉发生超温而导致锅炉损坏或爆炸。

（2）高低水位报警和低水位联锁保护装置　当锅炉内的水位高于最高安全水位或低于最低安全水位时，水位警报器就自动发出警报，提醒司炉人员采取措施防止事故发生。

（3）锅炉熄火保护装置　当锅炉炉膛熄火时，锅炉熄火保护装置作用，切断燃料供应，并发出相应信号。

6. 排污阀或放水装置

排污阀或放水装置的作用是排放锅水蒸发而残留下的水垢、泥渣及其他有害物质，使锅水的水质控制在允许的范围内，使受热面保持清洁，以确保锅炉的安全、经济运行。

7. 防爆门

为防止炉膛和尾部烟道再次燃烧造成破坏，应在炉膛和烟道易爆处安装防爆门。

8. 锅炉自动控制装置

通过工业自动化仪表对温度、压力、流量等参数的测量和调节，达到监视、控制、调节生产的目的，使锅炉在最安全、经济的条件下运行。

四、工业锅炉的安全运行

1. 锅炉压力容器使用安全管理

锅炉压力容器使用安全管理要点如下：

① 使用定点厂家合格产品。国家对锅炉压力容器的设计制造有严格的要求，实行定点生产制度。锅炉压力容器的制造单位，必须具备保证产品质量所必需的加工设备、技术力量、检验手段和管理水平。购置、选用的锅炉压力容器应是定点厂家的合格产品，并有齐全的技术文件、产品质量合格证明书和产品竣工图。

② 登记建档。锅炉压力容器在正式使用前，必须到当地特种设备安全监察机构登记，经审查批准入户建档、取得使用证方可使用。在使用单位也应建立锅炉压力容器的设备档案，保存设备的设计、制造、安装、使用、修理、改造和检验等过程的技术资料。

③ 专责管理。使用锅炉压力容器的单位，应对设备进行专责管理，并设置专门机构、责成专门的领导和技术人员负责管理设备。

④ 持证上岗。锅炉司炉、水质化验人员及压力容器操作人员，应分别接受专业安全技术培训并考试合格、持证上岗。

⑤ 照章运行。锅炉压力容器必须严格依照操作规程及其他法规操作运行，任何人在任何情况下不得违章作业。

⑥ 定期检验。定期检验是指在设备的设计使用期限内，每隔一定时间对其承压部位和安全装置进行检查，或做必要的试验。实行定期检验是及早发现缺陷、消除隐患、保证设备安全运行的一项行之有效的措施。锅炉、压力容器定期检验分为外部检验、内部检验和耐压试验。实施特种设备法定检验的单位须取得国家质量监督检验检疫总局的核准资格。

⑦ 监控水质。水中的杂质会使锅炉结垢、腐蚀及产生汽水共腾，降低锅炉效率、寿命及供汽质量。必须严格监督、控制锅炉给水及锅水水质，使之符合锅炉水质标准的规定。

⑧ 报告事故。锅炉压力容器在运行中发生事故，除紧急妥善处理外，应按规定及时、如实上报主管部门及当地特种设备安全监察部门。

2. 工业锅炉的安全运行技术

(1) 锅炉启动 锅炉启动步骤如下：

① 检查准备。对新装、迁装和检修后的锅炉，启动之前要进行全面检查。主要内容有：检查受热面、承压部件的内外部，看其是否处于可投入运行的良好状态；检查燃烧系统各个环节是否处于完好状态；检查各类门孔、挡板是否正常，使之处于启动所要求的位置；检查安全附件和测量仪表是否齐全、完好，并使之处于启动所要求的状态；检查锅炉架、楼梯、平台等钢结构部分是否完好；检查各种辅机特别是转动机械是否完好。

② 上水。从防止产生大热应力出发，上水温度最高不超过90℃，水温与筒壁温差不超过50℃。对水管锅炉，全部上水时间在夏季不小于1h，在冬季不小于2h。冷炉上水至最低安全水位时应停止上水，以防止受热膨胀后水位过高。

③ 烘炉。新装、迁装、大修或长期停用的锅炉，其炉膛和烟道的墙壁非常潮湿，一旦骤然接触高温烟气，将会产生裂纹、变形，甚至发生倒塌事故。为防止此种情况发生，这类锅炉在上水后、启动前要进行烘炉。

④ 煮炉。对新装、迁装、大修或长期停用的锅炉，在正式启动前必须煮炉。煮炉的目的是清除蒸发受热面中的铁锈、油污和其他污物，减少受热面腐蚀，提高锅水和蒸汽品质。

⑤ 点火升压。一般锅炉上水后即可点火升压。点火方法因燃烧方式和燃烧设备而异。层燃炉一般用木材引火，严禁用挥发性强烈的油类或易燃物引火，以免造成爆炸事故。对于自然循环锅炉来说，其升压过程与日常的压力锅升压相似，即锅内压力是由烧火加热产生的，升压过程与受热过程紧紧地联系在一起。

⑥ 暖管与并汽。暖管，即用蒸汽慢慢加热管道、阀门、法兰等部件，使其温度缓慢上升，避免向冷态或较低温度的管道突然供入蒸汽，以防止热应力过大而损坏管道、阀门等部件；同时将管道中的冷凝水驱出，防止在供汽时发生水击。并汽也叫并炉、并列，即新投入

运行的锅炉向共用的蒸汽母管供汽。并汽前应减弱燃烧，打开蒸汽管道上的所有疏水阀，充分疏水以防水击；冲洗水位表，使水位维持在正常水位线以下；使锅炉的蒸汽压力稍低于蒸汽母管内气压，缓慢打开主汽阀和隔绝阀，使新启动锅炉与蒸汽母管连通。

（2）点火升压阶段的安全注意事项

① 防止炉膛爆炸。锅炉点火时需防止炉膛爆炸。锅炉点火前，锅炉炉膛中可能残存有可燃气体或其他可燃物，也可能预先送入可燃物，如不注意清除，这些可燃物与空气的混合物遇明火即可能爆炸，这就是炉膛爆炸。燃气锅炉、燃油锅炉、煤粉锅炉等点火时必须特别注意防止炉膛爆炸。

防止炉膛爆炸的措施是：点火前，开动引风机给锅炉通风 5～10min，没有风机的可自然通风 5～10min，以清除炉膛及烟道中的可燃物质。点燃气、油、煤粉炉时，应先送风，之后投入点燃火炬，最后送入燃料。一次点火未成功需重新点燃火炬时，一定要在点火前给炉膛烟道重新通风，待充分清除可燃物之后再进行点火操作。

② 控制升温升压速度。升压过程也就是锅水饱和温度不断升高的过程。由于锅水温度的升高，锅筒和蒸发受热面的金属壁温也随之升高，金属壁面中存在不稳定的热传导，需要注意热膨胀和热应力问题。

为防止产生过大的热应力，锅炉的升压过程一定要缓慢进行。点火过程中，对各热承压部件的膨胀情况应进行监督。发现有卡住现象应停止升压，待排除故障后再继续升压。发现膨胀不均匀时也应采取措施消除。

③ 严密监视和调整仪表。点火升压过程中，锅炉的蒸汽参数、水位及各部件的工作状况在不断地变化，为了防止异常情况及事故的出现，必须严密监视各种指示仪表，将锅炉压力、温度和水位控制在合理的范围之内。同时，各种指示仪表本身也要经历从冷态到热态、从不承压到承压的过程，也要产生热膨胀，在某些情况下甚至会产生卡住、堵塞、转动或开关不灵等，造成无法投入运行或工作不可靠的故障。因此点火升压过程中，保证指示仪表的准确可靠十分重要。

点火一段时间，当发现蒸汽从空气阀冒出时，即可将空气阀关闭准备升压。此时应密切监视压力表，在一定的时间内压力表上的指针应离开原点。如锅炉内已有压力而压力表指针不动，则须将火力减弱或停息，校验压力表并清洗压力表管道，待压力表正常后，方可继续升压。

④ 保证强制流动受热面的可靠冷却。自然循环锅炉的蒸发面在锅炉点火后开始受热，即产生循环流动。由于启动过程加热比较缓慢，蒸发受热面中产生的蒸汽量较少，水循环还不正常，各水冷壁受热不均匀的情况也比较严重，但蒸发受热面一般不至于在启动过程中烧坏。

由于锅炉在启动中不向用户提供蒸汽及不连续经省煤器上水，省煤器、过热器等强制流动受热面中没有连续流动的水汽介质冷却，因而可能被外部连续流过的烟气烧坏。所以，必须采取可靠措施，保证强制流动受热面在启动过程中不致过热损坏。

对过热器的保护措施是：在升压过程中，开启过热器出口集箱疏水阀、对空排气阀，使一部分蒸汽流经过热器后被排除，从而使过热器得到足够的冷却。

对省煤器的保护措施是：对钢管省煤器，在省煤器与锅筒间连接再循环管，在点火升压期间，将再循环管上的阀门打开，使省煤器中的水经锅筒、再循环管（不受热）重回省煤器，进行循环流动。但在上水时应将再循环管上的阀门关闭。

（3）锅炉正常运行中的监督调节

① 锅炉水位的监督调节。锅炉运行中，运行人员应不间断地通过水位表监督锅内的水位。锅炉水位应经常保持在正常水位线处，并允许在正常水位线上下 50mm 之内波动。

由于水位的变化与负荷、蒸发量和气压的变化密切相关，因此水位的调节常常不是孤立地进行，而是与气压、蒸发量的调节联系在一起的。

为了使水位保持正常，锅炉在低负荷运行时，水位应稍高于正常水位，以防负荷增加时水位降得过低；锅炉在高负荷运行时，水位应稍低于正常水位，以免负荷降低时水位升得过高。

② 锅炉气压的监督调节。在锅炉运行中，蒸汽压力应基本上保持稳定。锅炉气压的变动通常是由负荷变动引起的，当锅炉蒸发量和负荷不相等时，气压就要变动。若负荷小于蒸发量，气压就上升；负荷大于蒸发量，气压就下降。所以，调节锅炉气压就是调节其蒸发量，而蒸发量的调节是通过燃烧调节和给水调节来实现的。运行人员根据负荷变化，相应增减锅炉的燃料量、风量、给水量来改变锅炉蒸发量，使气压保持相对稳定。

对于间断上水的锅炉，为了保持气压稳定，要注意上水均匀。上水间隔的时间不宜过长，一次上水不宜过多。在燃烧减弱时不宜上水，人工烧炉在投煤、扒渣时也不宜上水。

③ 气温的调节。锅炉负荷、燃料及给水温度的改变，都会造成过热气温的改变。过热器本身的传热特性不同，上述因素改变时气温变化的规律也不相同。

④ 燃烧的监督调节。燃烧调节的任务是使燃料燃烧供热适应负荷的要求，维持气压稳定；使燃烧完好正常，尽量减少未完全燃烧损失，减轻金属腐蚀和大气污染；对负压燃烧锅炉，维持引风和鼓风的均衡，保持炉膛一定的负压，以保证操作安全和减少排烟损失。

⑤ 排污和吹灰。排污，锅炉运行中，为了保持受热面内部清洁，避免锅水发生汽水共腾及蒸汽品质恶化，除了对给水进行必要而有效的处理外，还必须坚持排污。吹灰，燃煤锅炉的烟气中含有许多飞灰微粒，在烟气经蒸发受热面、过热器、省煤器及空气预热器时，一部分烟灰就积沉到受热面上，不及时吹扫清理往往越积越多。由于烟灰的导热能力很差，受热面上积灰会严重影响锅炉传热，降低锅炉效率，影响锅炉运行工况，特别是蒸汽温度，对锅炉安全也造成不利影响。

（4）停炉及停炉保养

① 停炉。正常停炉是预先计划内的停炉。停炉中应注意的主要问题是防止降压降温过快，以避免锅炉部件因降温收缩不均匀而产生过大的热应力。

停炉操作应按规程规定的次序进行。大体上说，锅炉正常停炉的次序应该是先停燃料供应，随之停止送风，减少引风；与此同时，逐渐降低锅炉负荷，相应地减少锅炉上水，但应维持锅炉水位稍高于正常水位。对于燃气、燃油锅炉，炉膛停火后，引风机至少要继续引风5min以上。锅炉停止供汽后，应隔断与蒸汽母管的连接，排汽降压。为保护过热器，防止其金属超温，可打开过热界出口集箱疏水阀适当放气。降压过程中司炉人员应连续监视锅炉，待锅内无气压时，开启空气阀，以免锅内因降温形成真空。

停炉时应打开省煤气旁通烟道，关闭省煤器烟道挡板，但锅炉进水仍需经省煤器。对钢管省煤器，锅炉停止进水后，应开启省煤器再循环管；对无旁通烟道的可分式省煤器，应密切监视其出口水温，并连续经省煤器上水、放水至水箱中，使省煤器出口水温低于锅筒压力下饱和温度20℃。

为防止锅炉降温过快，在正常停炉的4～6h内，应紧闭炉门和烟道挡板。之后打开烟道挡板，缓慢加强通风，适当放水。停炉18～24h，在锅水温度降至70℃以下时，方可全部放水。

锅炉遇有下列情况之一者，应紧急停炉：锅炉水位低于水位表的下部可见边缘；不断加大向锅炉进水及采取其他措施，但水位仍继续下降；锅炉水位超过最高可见水位（满水），经放水仍不能见到水位；给水泵全部失效或给水系统故障，不能向锅炉进水；水位表或安全阀全部失效；设置在汽空间的压力表全部失效；锅炉元件损坏，危及运行人员安全；燃烧设备损坏，炉墙倒塌或锅炉构件被烧红等，严重威胁锅炉安全运行；其他异常情况危及锅炉安全运行。

　　紧急停炉的操作次序是：立即停止添加燃料和送风，减弱引风；与此同时，设法熄灭炉膛内的燃料，对于一般层燃炉可以用沙土或湿灰灭火，链条炉可以开快挡使炉排快速运转，把红火送入灰坑；灭火后即把炉门、灰门及烟道挡板打开，以加强通风冷却；锅内可以较快降压并更换锅水，锅水冷却至70℃左右允许排水。但因缺水紧急停炉时，严禁给锅炉上水，并不得开启空气阀及安全阀快速降压。

　　紧急停炉是为防止事故扩大不得不采用的非常停炉方式，有缺陷的锅炉应尽量避免紧急停炉。

　　② 停炉保养。锅炉停炉以后，本来容纳水汽的受热面及整个汽水系统，依旧是潮湿的或者残存有剩水。由于受热面及其他部件置于大气之中，空气中的氧有充分的条件与潮湿的金属接触或者更多地溶解于水，使金属的电化学腐蚀加剧。另外，受热面的烟气侧在运行中常常粘附有灰粒及可燃质，停炉后在潮湿的气氛下，也会加剧对金属的腐蚀。实践表明，停炉期的腐蚀往往比运行中的腐蚀更为严重。

　　停炉保养主要指锅内保养，即汽水系统内部为避免或减轻腐蚀而进行的防护保养。常用的保养方式有：压力保养、湿法保养、干法保养和充气保养。

五、工业锅炉常见事故及预防

　　蒸汽锅炉运行中常出现的事故可分为爆炸事故、重大事故和一般事故三类。

（一）锅炉爆炸事故

1. 水蒸气爆炸

　　锅炉中容纳水及水蒸气较多的大型部件（如锅筒及水冷壁集箱等），在正常工作时，或者处于水汽两相共存的饱和状态，或者是充满了饱和水，容器内的压力则等于或接近锅炉的工作压力，水的温度则是该压力对应的饱和温度。一旦该容器破裂，容器内液面上的压力瞬间即下降为大气压力，与大气压力相对应的水的饱和温度是100℃。原工作压力下高于100℃的饱和水此时成了极不稳定、在大气压力下难于存在的"过饱和水"，其中的一部分即瞬时汽化，体积骤然膨胀许多倍，在容器周围空间形成爆炸。

2. 超压爆炸

　　超压爆炸指由于安全阀、压力表不齐全、损坏或装设错误，操作人员擅离岗位或放弃监视责任，关闭或关小出汽通道，无承压能力的生活锅炉改作承压蒸汽锅炉等原因，致使锅炉主要承压部件筒体、封头、管板、炉胆等承受的压力超过其承载能力而造成的锅炉爆炸。超压爆炸是小型锅炉最常见的爆炸情况，预防这类爆炸的主要措施是加强运行管理。

3. 缺陷导致爆炸

　　缺陷导致爆炸指锅炉承受的压力并未超过额定压力，但因锅炉主要承压部件出现裂纹、严重变形、腐蚀、组织变化等情况，导致主要承压部件丧失承载能力，突然大面积破裂爆炸。

　　缺陷导致的爆炸也是锅炉常见的爆炸情况之一。预防这类爆炸，除加强锅炉的设计、制造、安装、运行中的质量控制和安全监察外，还应加强锅炉检验，发现锅炉缺陷及时处理，避免锅炉主要承压部件带缺陷运行。

4. 严重缺水导致爆炸

　　锅炉的主要承压部件如锅筒、封头、管板、炉胆等，不少是直接受火焰加热的。锅炉一旦严重缺水，上述主要受压部件得不到正常冷却，甚至被烧，金属温度急剧上升甚至被烧红。这样的缺水情况是严禁加水的，应立即停炉。如给严重缺水的锅炉上水，往往会酿成爆炸事故。长时间缺水干烧的锅炉也会爆炸。

（二）锅炉重大事故及预防

1. 缺水事故

（1）锅炉缺水的后果　当锅炉水位低于水位表最低安全水位刻度线时，即形成了锅炉缺水事故。锅炉缺水时，水位表内往往看不到水位，表内发白发亮。缺水发生后，低水位警报器动作并发出警报，过热蒸汽温度升高，给水流量不正常地小于蒸汽流量。锅炉缺水是锅炉运行中最常见的事故之一，常常造成严重后果。严重缺水会使锅炉蒸发受热面管子过热变形甚至烧塌，胀口渗漏，胀管脱落，受热面钢材过热或过烧，降低或丧失承载能力，管子爆破，炉墙损坏。如锅炉缺水处理不当，甚至会导致锅炉爆炸。

（2）常见的锅炉缺水原因

① 运行人员疏忽大意，对水位监视不严，或者操作人员擅离职守，放弃了对水位及其他仪表的监视；

② 水位表故障造成假水位而操作人员未及时发现；

③ 水位报警器或给水自动调节器失灵而又未及时发现；

④ 给水设备或给水管路故障，无法给水或水量不足；

⑤ 操作人员排污后忘记关排污阀，或者排污阀泄漏；

⑥ 水冷壁、对流管束或省煤器管子爆破漏水。

（3）锅炉缺水的处理　发现锅炉缺水时，应首先判断是轻微缺水还是严重缺水，然后酌情予以不同的处理。通常判断缺水程度的方法是"叫水"。"叫水"的操作方法是：打开水位表的放水旋塞冲洗汽连管及水连管，关闭水位表的汽连接管旋塞，关闭放水旋塞。如果此时水位表中有水位出现，则为轻微缺水；如果通过"叫水"水位表内仍无水位出现，说明水位已降到水连管以下甚至更严重，属于严重缺水。

轻微缺水时，可以立即向锅炉上水，使水位恢复正常。如果上水后水位仍不能恢复正常，应立即停炉检查。严重缺水时，必须紧急停炉。在未判定缺水程度或者已判定属于严重缺水的情况下，严禁给锅炉上水，以免造成锅炉爆炸事故。

"叫水"操作一般只适用于相对容水量较大的小型锅炉，不适用于相对容水量很小的电站锅炉或其他锅炉。对相对容水量小的电站锅炉或其他锅炉，以及最高火界在水连管以上的锅壳锅炉，一旦发现缺水应立即停炉。

2. 满水事故

（1）锅炉满水的后果　锅炉水位高于水位表最高安全水位刻度线的现象称为锅炉满水。锅炉满水时，水位表内也往往看不到水位，但表内发暗，这是满水与缺水的重要区别。满水发生后，高水位报警器动作并发出警报，过热蒸汽温度降低，给水流量不正常地大于蒸汽流量。严重满水时，锅水可进入蒸汽管道和过热器，造成水击及过热器结垢。锅炉满水的主要危害是降低蒸汽品质，损害以致破坏过热器。

（2）常见的满水原因

① 运行人员疏忽大意，对水位监视不严，或者操作人员擅离职守，放弃了对水位及其他仪表的监视；

② 水位表故障造成假水位而运行人员未及时发现；

③ 水位报警器及给水自动调节器失灵而又未能及时发现等。

（3）锅炉满水的处理　发现锅炉满水后，应冲洗水位表，检查水位表有无故障；一旦确认满水，应立即关闭给水阀停止向锅炉上水，启用省煤器再循环管路，减弱燃烧，开启排污阀及过热器、蒸汽管道上的疏水阀，待水位恢复正常后，关闭排污及各疏水阀；查清事故原因并予以消除，恢复正常运行。如果满水时出现水击，则在恢复正常水位后，还须检查蒸汽管道、附件、支架等，确定无异常情况，才可恢复正常运行。

3. 汽水共腾

（1）汽水共腾的后果　锅炉蒸发表面（水面）汽水共同升起，产生大量泡沫并上下波动翻腾的现象，叫汽水共腾。发生汽水共腾时，水位表内也出现泡沫，水位急剧波动，汽水界线难以分清；过热蒸汽温度急剧下降；严重时，蒸汽管道内发生水冲击。汽水共腾与满水一样，会使蒸汽带水，降低蒸汽品质，造成过热器结垢及水击振动，损坏过热器或影响用汽设备的安全运行。

（2）形成汽水共腾的原因　形成汽水共腾有两个方面的原因：

① 锅水品质太差。由于给水品质差、排污不当等原因，造成锅水中悬浮物或含盐量太高，碱度过高。由于汽水分离，锅水表面层附近含盐浓度更高，锅水黏度很大，气泡上升阻力增大。在负荷增加、汽化加剧时，大量气泡被黏阻在锅水表面层附近来不及分离出去，形成大量泡沫，使锅水表面上下翻腾。

② 负荷增加和压力降低过快。当水位高、负荷增加过快、压力降低过速时，会使水面汽化加剧，造成水面波动及蒸汽带水。

（3）汽水共腾的处理　发现汽水共腾时，应减弱燃烧力度，降低负荷，关小主汽阀；加强蒸汽管道和过热器的疏水；全开连续排污阀，并打开定期排污阀放水，同时上水，以改善锅水品质；待水质改善、水位清晰时，可逐渐恢复正常运行。

4. 炉管爆破

（1）爆管后果　炉管爆破指锅炉蒸发受热面管子在运行中爆破，包括水冷壁、对流管束管子爆破及烟管爆破。炉管爆破时，往往能听到爆破声，随之水位降低，蒸汽及给水压力下降，炉膛或烟道中有汽水喷出的声响，负压减小，燃烧不稳定，给水流量明显地大于蒸汽流量，有时还有其他比较明显的症状。

（2）爆管原因

① 水质不良、管子结垢并超温爆破；

② 水循环故障；

③ 严重缺水；

④ 制造、运输、安装中管内落入异物；

⑤ 烟气磨损导致管壁减薄；

⑥ 运行或停炉的管壁因腐蚀而减薄；

⑦ 管子膨胀受阻碍，由于热应力造成裂纹；

⑧ 吹灰不当造成管壁减薄；

⑨ 管路缺陷或焊接缺陷在运行中发展扩大。

（3）爆管处理　炉管爆破时，通常必须紧急停炉修理。由于导致炉管爆破的原因很多，有时往往是几方面的因素共同影响而造成事故，因而防止炉管爆破也必须从搞好锅炉设计、制造、安装、运行管理、检验等各个环节入手。

5. 省煤器损坏

（1）省煤器损坏后果　省煤器损坏指由于省煤器管子破裂或省煤器其他零件损坏所造成的事故。省煤器损坏时，给水流量不正常地大于蒸汽流量；严重时，锅炉水位下降，温度上升，省煤器烟道内有异常声响，烟道潮湿或漏水，排烟温度下降，烟气阻力增大，引风机电流增大。省煤器损坏会造成锅炉缺水而被迫停炉。

（2）省煤器损坏原因

① 烟速过高或烟气含灰量过大，飞灰磨损严重；

② 给水品质不符合要求，特别是未进行除氧，管子水侧被严重腐蚀；

③ 省煤器出口烟气温度低于其酸露点，在省煤器出口段烟气侧产生酸性腐蚀；

④ 材质缺陷或制造安装时的缺陷导致破裂；

⑤ 水击或炉膛、烟道爆炸剧烈振动省煤器并使之损坏等。

（3）省煤器损坏处理　省煤器损坏时，如能经直接上水管给锅炉上水，并使烟气经旁通烟道流出，则可不停炉进行省煤器修理，否则必须停炉进行修理。

6. 过热器损坏

（1）过热器损坏的后果　过热器损坏主要指过热器爆管。这种事故发生后，蒸汽流量明显下降，且不正常地小于给水流量；过热蒸汽温度上升，压力下降；过热器附近有明显声响，炉膛负压减小，过热器后的烟气温度降低。

（2）过热器损坏的原因　主要表现为：

① 锅炉满水、汽水共腾或汽水分离效果差而造成过热器内进水结垢，导致过热爆管；

② 受热偏差或流量偏差使个别过热器管子超温而爆管；

③ 启动、停炉时对过热器保护不善而导致过热爆管；

④ 工况变动（负荷变化、给水温度变化、燃料变化等）使过热蒸汽温度上升，造成金属超温爆管；

⑤ 材质缺陷或材质错用（如需要用合金钢的过热器错用了碳素钢）；

⑥ 制造或安装时的质量问题，特别是焊接缺陷；

⑦ 管内异物堵塞；

⑧ 被烟气中的飞灰严重磨损；

⑨ 吹灰不当损坏管壁等。

由于在锅炉受热面中过热器的使用温度最高，致使过热蒸汽温度变化的因素很多，相应造成过热器超温的因素也很多。因此过热器损坏的原因比较复杂，在分析问题时需要综合各方面的因素考虑。

（3）过热器损坏处理　过热器损坏通常需要停炉修理。

7. 水击事故

（1）水击事故的后果　水在管道中流动时，因速度突然变化导致压力突然变化，形成压力波并在管道中传播的现象，叫水击。发生水击时管道承受的压力骤然升高，发生猛烈振动并发出巨大声响，常常造成管道、法兰、阀门等的损坏。锅炉中易于产生水击的部位有给水管道、省煤器、过热器、锅筒等。

（2）水击事故原因　水击事故原因主要有以下几个方面：

① 给水管道的水击常常是由于管道阀门关闭或开启过快造成的。比如阀门突然关闭，高速流动的水突然受阻，其动压在瞬时间转变为静压，造成对阀门、管道的强烈冲击。

② 省煤器管道的水击分两种情况，一种是省煤器内部分水变成了蒸汽，蒸汽与温度较低的（未饱和）水相遇时，水将蒸汽冷凝，原蒸汽区压力降低，使水速突然发生变化并造成水击；另一种则与给水管道的水击相同，是由阀门的突然开闭造成的。

③ 过热器管道的水击常发生在满水或汽水共腾事故中，在暖管时也可能出现。水击的原因是蒸汽管道中出现了水，水使部分蒸汽降温甚至冷凝，形成压力降低区，水向压力降低区流动，使水速突然变化而产生水击。

④ 锅筒的水击也有两种情况，一是上锅筒内水位低于给水管出口而给水温度又较低时，大量低温进水造成蒸汽凝结，使压力降低而导致水击；二是下锅筒内采用蒸汽加热时，进汽速度太快，蒸汽迅速冷凝形成低压区，造成水击。

（3）水击事故的预防与处理　为了预防水击事故，给水管道和省煤器管道的阀门启闭不应过于频繁，开闭速度要缓慢；对可分式省煤器的出口水温要严格控制，使之低于同压力下的饱和温度40℃；防止满水和汽水共腾事故，暖管之前应彻底疏水；上锅筒进水速度应缓慢，下锅筒进汽速度也应缓慢。发生水击时，除立即采取措施使之消除外，还应认真检查管道、阀门、法兰、支撑等，如无异常情况，才能使锅炉继续运行。

8. 炉膛爆炸事故

（1）炉膛爆炸事故　炉膛爆炸是指炉膛内积存的可燃性混合物瞬间同时爆燃，从而使炉膛烟气侧压力突然升高，超过了设计允许值而造成水冷壁、刚性梁及炉墙破坏的现象，即正压爆炸。此外还有负压爆炸，即在送风机突然停转时，引风机继续运转，烟气侧压力急降，造成炉膛、刚性梁及炉墙破坏的现象。这里着重讨论正压爆炸。

炉膛爆炸（外爆）要同时具备三个条件：一是燃料必须是以游离状态存在于炉膛中；二是燃料和空气的混合物达到爆燃的浓度；三是有足够的点火能源。炉膛爆炸常发生于燃油、燃气、燃煤粉的锅炉。不同的可燃物的爆炸极限和爆炸范围各不相同。

由于爆炸过程中火焰传播速度非常快，每秒达数百米甚至数千米，火焰激波以球面向各方向传播，邻近的燃料同时被点燃，烟气容积突然增大，因来不及泄压而使炉膛内压力陡增而发生爆炸。

（2）引起炉膛爆炸的主要原因

① 在设计上缺乏可靠的点火装置、熄火保护装置及联锁、报警和跳闸系统，炉膛及刚性梁结构抗爆能力差，制粉系统及燃油雾化系统有缺陷；

② 在运行过程中操作人员误判断、误操作，此类事故占炉膛爆炸事故总数的90％以上。有时因采用"爆燃法"点火而发生爆炸，此外还有因烟道闸板关闭而发生炉膛爆炸事故。

（3）炉膛爆炸事故预防　为防止炉膛爆炸事故的发生，应根据锅炉的容量和大小，装设可靠的炉膛安全保护装置，例如：防爆门，炉膛火焰和压力检测装置，联锁、报警、跳闸系统，点火程序、熄火程序控制系统。同时，尽量提高炉膛及刚性梁的抗爆能力。此外应加强使用管理，提高司炉工人技术水平。在启动锅炉点火时要认真按操作规程进行点火，严禁采用"爆燃法"，点火失败后先通风吹扫5～10min后才能重新点火；在燃烧不稳、炉膛负压波动较大时，如除大灰、燃料变更、制粉系统及雾化系统发生故障、低负荷运行时，应精心控制燃烧，严格控制负压。

9. 尾部烟道二次燃烧

（1）尾部烟道二次燃烧事故结果　尾部烟道二次燃烧主要发生在燃油锅炉上。当锅炉运行中燃烧不完好时，部分可燃物随着烟气进入尾部烟道，积存于烟道内或黏附在尾部受热面上，在一定条件下这些可燃物自行着火燃烧，尾部烟道二次燃烧常将空气预热器、引风机以至省煤器破坏。引起尾部烟道二次燃烧的条件是：在锅炉尾部烟道上有可燃物堆积下来，并达到一定的温度及有一定量的空气可供燃烧。上述条件同时满足时，可燃物就有可能自燃或被引燃着火。尾部烟道二次燃烧易在停炉之后不久发生。

（2）尾部烟道二次燃烧事故原因

① 可燃物在尾部烟道积存。锅炉启动或停炉时燃烧不稳定、不完全，可燃物随烟气进入尾部烟道，积存在尾部烟道；燃油雾化不良，来不及在炉膛完全燃烧而随烟气进入尾部烟道；鼓风机停转后炉膛内负压过大，引风机有可能将尚未燃烧的可燃物吸引到尾部烟道上。

② 可燃物着火的温度是，刚停炉时尾部烟道上尚有烟气存在，烟气流速很低甚至不流动，受热面上积有可燃物，传热系数差难以向周围散热；在较高温度的情况下，可燃物自氧化加剧放出一定能量，从而使温度更进一步上升。

③ 保持一定空气量。尾部烟道门孔和挡板关闭不严密；空气预热器密封不严，空气泄漏。

（3）尾部烟道二次燃烧的预防　为防止产生尾部二次燃烧，要改善燃烧，尽可能减少不完全燃烧损失，减少锅炉的启停次数；加强尾部受热面的吹灰，保证烟道各种门孔及烟气挡板的密封良好，在燃油锅炉的尾部烟道上应装设灭火装置。

10. 锅炉结渣

（1）锅炉结渣结果　锅炉结渣，指灰渣在高温下黏结于受热面、炉墙、炉排之上并越积越多的现象。燃煤锅炉结渣是个普遍性的问题，层燃炉、沸腾炉、煤粉炉都有可能结渣。由于煤粉炉炉膛温度较高，煤粉燃烧后的细灰呈飞腾状态，因而更易在受热面上结渣。结渣使受热面吸热能力减弱，降低锅炉的出力和效率；局部水冷壁管结渣会影响和破坏水循环，甚至造成水循环故障；结渣会造成过热蒸汽温度的变化，使过热器金属超温；严重的结渣会妨碍燃烧设备的正常运行，甚至造成被迫停炉。结渣对锅炉的经济性、安全性都有不利影响。

（2）锅炉结渣原因　产生结渣的原因主要是运行操作不当等。

（3）锅炉结渣预防　预防结渣的主要措施有：

① 在设计上要控制炉膛燃烧热负荷，在炉膛中布置足够的受热面，控制炉膛出口温度，使之不超过灰渣变形温度；合理设计炉膛形状，正确设置燃烧器，在燃烧器结构性能设计中充分考虑结渣问题；控制水冷壁间距不要太大，而要把炉膛出口处受热面管间距拉开；炉排两侧装设防焦集箱等。

② 在运行上要避免超负荷运行；控制火焰中心位置，避免火焰偏斜和火焰冲墙；控制过重空气系数和减少漏风。

③ 对沸腾炉和层燃炉，要控制送煤量，均匀送煤。

④ 发现锅炉结渣要及时清除。清渣应在负荷较低、燃烧稳定时进行，操作人员应注意防护和安全。

第三节　压力容器与压力管道安全技术

压力容器，是指盛装气体或者液体，承载一定压力的密闭设备，其范围规定为最高工作压力大于或者等于 0.1MPa（表压），且压力与容积的乘积大于或者等于 2.5MPa·L 的气体、液化气体和最高工作温度高于或者等于标准沸点的液体的固定式容器和移动式容器；盛装公称工作压力大于或者等于 0.2MPa（表压），且压力与容积的乘积大于或者等于 1.0MPa·L 的气体、液化气体和标准沸点等于或者低于 60℃ 液体的气瓶；氧舱等。一般泛指在工业生产中盛装气体或液体用于完成反应、传质、传热、分离和贮存等生产工艺过程，并能承载一定压力的密闭设备。它被广泛用于石油、化工、能源、冶金、机械、轻纺、医药、国防等工业领域。

压力管道，是指利用一定的压力，用于输送气体或者液体的管状设备，其范围规定为最高工作压力大于或者等于 0.1MPa（表压）的气体、液化气体、蒸汽介质或者可燃、易爆、有毒、有腐蚀性、最高工作温度高于或者等于标准沸点的液体介质，且公称直径大于 25mm 的管道。

一、压力容器基本知识

1. 压力容器的操作条件

（1）压力　压力容器的压力可以来自两个方面，一是在容器外产生（增大）的，二是在容器内产生（增大）的。

最高工作压力，多指在正常操作情况下，容器顶部可能出现的最高压力。

设计压力，系指在相应设计温度下用以确定容器壳体厚度及其元件尺寸的压力，即标注在容器铭牌上的设计压力。压力容器的设计压力值不得低于最高工作压力；当容器各部位或受压元件所承受的液柱静压力达到 5% 设计压力时，则应取设计压力和液柱静压力之和进行该部位或元件的设计计算；装有安全阀的压力容器，其设计压力不得低于安全阀的开启压力或爆破压力。容器的设计压力确定应按《钢制压力容器》GB 150—1998 的相应规定。

（2）温度　金属温度，系指容器受压元件沿截面厚度的平均温度。任何情况下，元件金属的表面温度不得超过钢材的允许使用温度。

设计温度，系指容器在正常操作情况，在相应设计压力下，壳壁或元件金属可能达到的最高或最低温度。当壳壁或元件金属的温度低于−20℃，按最低温度确定设计温度；除此之外，设计温度一律按最高温度选取。设计温度值不得低于元件金属可能达到的最高金属温度；对于 0℃ 以下的金属温度，则设计温度不得高于元件金属可能达到的最低金属温度。容器设计温度（即标注在容器铭牌上的设计介质温度）是指壳体的设计温度。

（3）介质　生产过程所涉及的介质品种繁多，分类方法也有多种。按物质状态分类，有气体、液体、液化气体、单质和混合物等；按化学特性分类，则有可燃、易燃、惰性和助燃 4 种；按它们对人类毒害程度，又可分为极度危害（Ⅰ）、高度危害（Ⅱ）、中度危害（Ⅲ）、轻度危害（Ⅳ）4 级。

① 易燃介质。是指与空气混合的爆炸下限小于 10%，或爆炸上限和下限值之差大于等于 20% 的气体，如一甲胺、乙烷、乙烯等。

② 毒性介质。《压力容器安全技术监察规程》对介质毒性程度的划分是参照 GB 5044—85《职业性接触毒物危害程度分级》的规定，分为 4 级，其最高容许浓度分别为：极度危害（Ⅰ级），$<0.1mg/m^3$；高度危害（Ⅱ级），$0.1 \sim 1.0mg/m^3$；中度危害（Ⅲ级），$1.0 \sim 10mg/m^3$；轻度危害（Ⅳ级），$>10mg/m^3$。

③ 混合物介质。压力容器中的介质为混合物质时，应以介质的组成并按毒性程度或易燃介质的划分原则，由设计单位的工艺设计或使用单位的生产技术部门，决定介质毒性程度或是否属于易燃介质。

④ 腐蚀性介质。石油化工介质对压力容器用材具有耐腐蚀性要求。有的介质中含有杂质，使腐蚀性加剧。腐蚀介质的种类和性质各不相同，加上工艺条件不同，介质的腐蚀性也不相同。这就要求压力容器在选用材料时，除了满足使用条件下的力学性能要求外，还要具备足够的耐腐蚀性，必要时还要采取一定的防腐措施。

2. 压力容器的分类

根据容器压力高低、介质的危害程度以及在使用中的重要性，将压力容器划分为三类。

（1）第三类压力容器　包括：高压容器；中压容器（仅限毒性程度为极度和高度危害介质）；中压贮存容器（仅限易燃或毒性程度为中度危害介质，且 pV 乘积大于等于 $10MPa \cdot m^3$）；中压反应容器（仅限易燃或毒性程度为中度危害介质，且 pV 乘积大于等于 $0.5MPa \cdot m^3$）；低压容器（仅限毒性程度为极度和高度危害的介质，且 pV 乘积大于等于 $0.2MPa \cdot m^3$）；高压、中压管壳式余热锅炉；中压搪玻璃压力容器；使用强度级别较高（指相应标准中抗拉强度规定值下限大于等于 540MPa 的材料制造）的压力容器；移动式压力容器，包括铁路罐车（介质为液化气体、低温液体）、罐式汽车［液化气体运输（半挂）车、低温液体运输（半挂）车、永久气体运输（半挂）车］和罐式集装箱（介质为液化气体、低温液体）等；球形贮罐（容积大于等于 $50m^3$）；低温液体贮存容器（容积大于 $5m^3$）。

（2）第二类压力容器　包括：中压容器；低压容器（仅限毒性程度为极度和高度危害的介质）；低压反应容器和低压贮存容器（仅限易燃介质或毒性程度为中度危害介质）；低压管壳式余热锅炉；低压搪玻璃压力容器。

（3）第一类压力容器　低压容器为第一类压力容器。

二、安全附件

1. 安全阀

安全阀是一种由进口静压开启的自动泄压阀门，它依靠介质自身的压力排出一定数量的流体介质，以防止容器或系统内的压力超过预定的安全值。当容器内的压力恢复正常后，阀门自行关闭，并阻止介质继续排出。安全阀分全启式安全阀和微启式安全阀。根据安全阀的整体结构和加载方式可以分为静重式、杠杆式、弹簧式和先导式等4种。

2. 爆破片

爆破片装置是一种非重闭式泄压装置，由进口静压使爆破片受压爆破而泄放出介质，防止容器或系统内的压力超过预定的安全值。

爆破片又称为爆破膜或防爆膜，是一种断裂型安全泄放装置，具有结构简单、泄压反应快、密封性能好、适应性强等特点。

3. 安全阀与爆破片装置的组合

安全阀与爆破片装置并联组合时，爆破片的标定爆破压力不得超过容器的设计压力。安全阀的开启压力应略低于爆破片的标定爆破压力。

当安全阀进口和容器之间串联安装爆破片装置时，应满足下列条件：

① 安全阀和爆破片装置组合的泄放能力应满足要求；

② 爆破片破裂后的泄放面积应不小于安全阀进口面积，同时应保证使得爆破片破裂的碎片不影响安全阀的正常动作；

③ 爆破片装置与安全阀之间应装设压力表、旋塞、排气孔或报警指示器，以检查爆破片是否破裂或渗漏。

当安全阀出口侧串联安装爆破片装置时，应满足下列条件：

① 容器内的介质应是洁净的，不含有胶着物质或阻塞物质；

② 安全阀的泄放能力应满足要求；

③ 当安全阀与爆破片之间存在背压时，阀仍能在开启压力下准确开启；

④ 爆破片的泄放面积不得小于安全阀的进口面积；

⑤ 安全阀与爆破片装置之间应设置放空管或排污管，以防止该空间的压力累积。

4. 爆破帽

爆破帽为一端封闭，中间有一薄弱层面的厚壁短管，爆破压力误差较小，泄放面积较小，多用于超高压容器。超压时其断裂的薄弱层面在开槽处和形状处。由于其工作时通常还有温度影响，因此，一般均选用热处理性能稳定，且随温度变化较小的高强度材料（如34CrNi3Mo 等）制造，其爆破压力与材料强度之比一般为 0.2～0.5。

5. 易熔塞

易熔塞属于"熔化型"（"温度型"）安全泄放装置，它的动作取决于容器壁的温度，主要用于中、低压的小型压力容器，在盛装液化气体的钢瓶中应用更为广泛。

6. 紧急切断阀

紧急切断阀是一种特殊结构和特殊用途的阀门，它通常与截止阀串联安装在紧靠容器的介质出口管道上，其作用是在管道发生大量泄漏时紧急止漏，一般还具有过流闭止及超温闭止的性能，并能在近程和远程独立进行操作。紧急切断阀按操作方式的不同，可分为机械（或手动）牵引式、油压操纵式、气压操纵式和电动操纵式等多种，前两种目前在液化石油气槽车上应用非常广泛。

7. 减压阀

减压阀的工作原理是利用膜片、弹簧、活塞等敏感元件改变阀瓣与阀座之间的间隙，介质通过时产生节流，压力下降而使其减压的阀门。

当调节螺栓向下旋紧时，弹簧被压缩，将膜片向下推，顶开脉冲阀阀瓣，高压侧的一部分介质就经高压通道进入，经脉冲阀阀瓣与阀座间的间隙流入环形通道而进入气缸，向下推动活塞并打开主阀阀瓣，这时高压侧的介质便从主阀阀瓣与阀座之间的间隙流过而被节流减压。同时，低压侧的一部分介质经低压通道进入膜片下方空间，当其压力由于高压侧的介质压力升高而升高到足以抵消弹簧的弹力时，膜片向上推动脉冲阀阀瓣逐渐闭合，使进入气缸的介质减少，活塞和主阀阀瓣向上移动，主阀关小，从而减少流向低压侧的介质量，使低压侧的压力不致因高压侧压力升高而升高，从而达到自动调节压力的目的。

8. 压力表、温度计和液位计

（1）压力表　压力表是指示容器内介质压力的仪表，是压力容器的重要安全装置。按其结构和作用原理，压力表可分为液柱式、弹性元件式、活塞式和电量式四大类。活塞式压力计通常用作校验用的标准仪表，液柱式压力计一般只用于测量很低的压力，压力容器广泛采用的是各种类型的弹性元件式压力计。

（2）温度计　温度计是用来测量物质冷热程度的仪表，可用来测量压力容器介质的温度，对于需要控制壁温的容器，还必须装设测试壁温的温度计。

（3）液位计　液位计又称液面计、水位计，是用于观察和测量容器内液体位置变化情况的仪表。特别是对于盛装液化气体的容器，液位计是一个必不可少的安全装置。

三、压力容器爆炸事故及危害

1. 冲击波及其破坏作用

冲击波超压会造成人员伤亡和建筑物的破坏。冲击波超压 0.02～0.03MPa，可使人体受到轻微伤害；0.03～0.05MPa 的超压会损伤人的听觉器官或产生骨折；超压 0.05～0.10MPa，可严重损伤人的内脏或引起死亡；超压大于 0.10MPa 时，在其直接冲击下大部分人员会死亡。

压力容器因严重超压而爆炸时，其爆炸能量远大于按工作压力估算的爆炸能量，破坏和伤害情况也严重得多。

2. 爆破碎片的破坏作用

压力容器破裂爆炸时，高速喷出的气流可将壳体反向推出，有些壳体破裂成块或片向四周飞散。这些具有较高速度或较大质量的碎片，在飞出过程中具有较大的动能，也会造成较大的危害。

碎片对人的伤害程度取决于其动能，碎片的动能与其质量及速度的平方成正比。碎片在脱离壳体时常具有 80～120m/s 的初速度，即使距离爆炸中心较远时也常有 20～30m/s 的速度。在此速度下，质量为 1kg 的碎片的动能即可达 2000～4500J，足可致人重伤或死亡。

碎片还可能损坏附近的设备和管道，引起连续爆炸或火灾，造成更大危害。

3. 介质伤害

介质伤害主要是有毒介质的毒害和高温蒸汽的烫伤。

在压力容器所盛装的液化气体中有很多是毒性介质，如液氨、液氯、二氧化硫、二氧化氮、氢氰酸等。盛装这些介质的容器破裂时，大量液体瞬间汽化并向周围大气中扩散，会造成大面积的毒害，不但造成人员中毒，致死致病，也严重破坏生态环境，危及中毒区的动植物。

有毒介质由容器泄放汽化后，体积增大 100～250 倍。所形成的毒害区的大小及毒害程度，取决于容器内有毒介质的质量，容器破裂前的介质温度、压力及介质毒性。

高温介质泄放汽化也会灼烫、伤害现场人员。

4. 二次爆炸及燃烧危害

当容器所盛装的介质为可燃液化气体时，容器破裂爆炸在现场形成大量可燃蒸汽。其蒸汽迅速与空气混合形成可爆性混合气，在扩散中遇明火即形成二次爆炸。

可燃液化气体容器的这种燃烧爆炸常使现场附近变成一片火海，造成严重的后果。

5. 压力容器快开门事故危害

快开门式压力容器开关盖频繁，在容器泄压未尽前或带压下打开端盖，以及端盖未完全闭合就升压，极易造成快开门式压力容器发生爆炸事故。

四、压力容器事故的预防

为防止压力容器发生爆炸，应采取下列措施：

① 在设计上，应采用合理的结构，如采用全焊透结构、能自由膨胀等，避免应力集中、几何突变，针对设备使用工况，选用塑性、韧性较好的材料。强度计算及安全阀排量计算符合标准。

② 制造、修理、安装、改造时，加强焊接管理，提高焊接质量并按规范要求进行热处理和探伤；加强材料管理，避免采用有缺陷的材料或用错钢材、焊接材料。

③ 在压力容器的使用过程中，加强管理，避免操作失误、超温、超压、超负荷运行、失检、失修、安全装置失灵等。

④ 加强检验工作，及时发现缺陷并采取有效措施。

五、压力容器安全使用与管理

本节主要介绍压力容器的安全操作和使用。压力容器的安全管理见上节"锅炉压力容器使用安全管理"相关内容。

1. 压力容器安全操作

（1）基本要求

① 平稳操作。加载和卸载应缓慢，并保持运行期间载荷的相对稳定。

压力容器开始加载时，速度不宜过快，尤其要防止压力的突然升高。过高的加载速度会降低材料的断裂韧性，可能使存在微小缺陷的容器在压力的快速冲击下发生脆性断裂。

高温容器或工作壁温在0℃以下的容器，加热和冷却都应缓慢进行，以减小壳壁中的热应力。

操作中压力频繁地和大幅度地波动，对容器的抗疲劳强度是不利的，应尽可能避免，保持操作压力平稳。

② 防止超载。防止压力容器过载主要是防止超压。压力来自外部（如气体压缩机、蒸汽锅炉等）的容器，超压大多是由于操作失误而引起的。为了防止操作失误，除了装设联锁装置外，还可实行安全操作挂牌制度。在一些关键性的操作装置上挂牌，牌上用明显标记或文字注明阀门等的开闭方向、开闭状态、注意事项等。对于通过减压阀降低压力后才进气的容器，要密切注意减压装置的工作情况，并装设灵敏可靠的安全泄压装置。

由于内部物料的化学反应而产生压力的容器，往往因加料过量或原料中混入杂质，使反应后生成的气体密度增大或反应过速而造成超压。要预防这类容器超压，必须严格控制每次投料的数量及原料中杂质的含量，并有防止超量投料的严密措施。

贮装液化气体的容器，为了防止液体受热膨胀而超压，一定要严格计量。对于液化气体贮罐和槽车，除了密切监视液位外，还应防止容器意外受热，造成超压。如果容器内的介质是容易聚合的单体，则应在物料中加入阻聚剂，并防止混入可促进聚合的杂质。物料贮存的时间也不宜过长。

除了防止超压以外，压力容器的操作温度也应严格控制在设计规定的范围内，长期的超温运行也可以直接或间接地导致容器的破坏。

（2）容器运行期间的检查　容器专职操作人员在容器运行期间应经常检查容器的工作状

况，以便及时发现设备的不正常状态，采取相应的措施进行调整或消除，防止异常情况的扩大或延续，保证容器安全运行。

对运行中的容器进行检查，包括工艺条件、设备状况以及安全装置等方面。

在工艺条件方面，主要检查操作压力、操作温度、液位是否在安全操作规程规定的范围内，容器工作介质的化学组成，特别是那些影响容器安全（如产生应力腐蚀、使压力升高等）的成分是否符合要求。

在设备状况方面，主要检查各连接部位有无泄漏、渗漏现象，容器的部件和附件有无塑性变形、腐蚀以及其他缺陷或可疑现象，容器及其连接道有无振动、磨损等现象。

在安全装置方面，主要检查安全装置以及与安全有关的计量器具是否保持完好状态。

（3）容器的紧急停止运行　压力容器在运行中出现下列情况时，应立即停止运行：①容器的操作压力或壁温超过安全操作规程规定的极限值，而且采取措施仍无法控制，并有继续恶化的趋势；②容器的承压部件出现裂纹、鼓包变形、焊缝或可拆连接处泄漏等危及容器安全的迹象；③安全装置全部失效，连接管件断裂，紧固件损坏等，难以保证安全操作；④操作岗位发生火灾，威胁到容器的安全操作；⑤高压容器的信号孔或警报孔泄漏。

2. 容器的维护保养

做好压力容器的维护保养工作，可以使容器经常保持完好，延长压力容器使用寿命。

（1）保持完好的防腐层　工作介质对材料有腐蚀作用的容器，常采用防腐层来防止介质对器壁的腐蚀，如涂漆、喷镀或电镀、衬里等。如果防腐层损坏，工作介质将直接接触器壁而产生腐蚀，所以要常检查，保持防腐层完好无损。若发现防腐层损坏，即使是局部的，也应该先经修补等妥善处理以后再继续使用。

（2）消除产生腐蚀的因素　有些工作介质只有在某种特定条件下才会对容器的材料产生腐蚀，因此要尽力消除这种能引起腐蚀的、特别是应力腐蚀的条件。例如，一氧化碳气体只有在含有水分的情况下才可能对钢制容器产生应力腐蚀，应尽量采取干燥、过滤等措施；碳钢容器的碱脆需要具备温度、拉伸应力和较高的碱液浓度等条件，介质中含有稀碱液的容器，必须采取措施消除使稀碱液浓缩的条件，如接缝渗漏、器壁粗糙或存在铁锈等多孔性物质等，盛装氧气的容器，常因底部积水造成水和氧气交界面的严重腐蚀，要防止这种腐蚀，最好使氧气经过干燥，或在使用中经常排放容器中的积水。

（3）消灭容器的"跑、冒、滴、漏"　"跑、冒、滴、漏"不仅浪费原料和能源，污染工作环境，还常常造成设备的腐蚀，严重时还会引起容器的破坏事故。

（4）加强容器在停用期间的维护　对于长期或临时停用的容器，应加强维护。停用的容器必须将内部的介质排除干净，腐蚀性介质要经过排放、置换、清洗等技术处理。注意防止容器的"死角"积存腐蚀性介质。要经常保持容器的干燥和清洁，防止大气腐蚀。试验证明，在潮湿的情况下，钢材表面有灰尘、污物时，大气对钢材才有腐蚀作用。

（5）经常保持容器的完好状态　容器上所有的安全装置和计量仪表，应定期进行调整校正，使其始终保持灵敏、准确；容器的附件、零件必须保持齐全和完好无损，连接紧固件残缺不全的容器，禁止投入运行。

六、气瓶安全技术

（一）气瓶的充装

1. 对气瓶充装单位的要求

气瓶充装单位应向省级特种设备安全监督管理部门提出申请，经评审，确认符合条件的，由省级特种设备安全监督管理部门发给许可证，未经行政许可的，不得从事气瓶充装工作。

气瓶充装单位应具备下列条件：

① 有与所充装气体种类相适应的，能够确保充装安全和充装质量的质量管理体系、管理制度和紧急处理措施。

② 有熟悉气瓶充装安全技术的管理人员和经过专业培训的气瓶充装前的气瓶检验员、气瓶充装后的气瓶检验员、气体化验员、气瓶附件维修人员、气瓶库管理人员等，同时应设置安全员，负责气瓶充装安全工作。

③ 有与气瓶充装和管理相适应的充装设备检测手段、场地厂房、器具、安全设施和一定的气体贮存能力，并能向使用者提供符合安全技术规范要求的气瓶。充装毒性、易燃和助燃气体的单位，还应有处理残气、残液的装置。

2. 永久气体的充装

（1）充装前的检查　充装气体前对气瓶进行检查，可以消除或大大减少由以下情况引起的气瓶爆炸事故：用氧气瓶、空气瓶充装可燃气体或用可燃气体气瓶充装氧气、空气；用低压瓶充装高压气体；气瓶存在严重缺陷或已过检验期限，甚至已经评定报废；瓶内混入有可能与所装气体产生化学反应的物质等。

（2）永久气体充装量　永久气体气瓶的充装量是指气瓶允许装入气体的最大质量。

永久气体气瓶充装量确定的原则是，气瓶内气体的压力在基准温度（20℃）下应不超过其公称工作压力，在最高使用温度（60℃）下应不超过气瓶的许用压力。

（3）充装中的注意事项　在气瓶充装过程中，须注意下列事项：

① 气瓶充装系统用的压力表，精度应不低于1.5级，表盘直径应不小于150mm，压力表应按有关规定定期校验。

② 装瓶气体中的杂质含量应符合相应气体标准的要求，下列气体禁止装瓶：

• 氧气中的乙炔、乙烯及氢的总含量达到或超过2%（按体积计，下同）或易燃性气体的总含量达到或超过0.5%；

• 氢气中的氧含量达到或超过0.5%；

• 易燃性气体中的氧含量达到或超过4%。

③ 用卡子代替螺纹连接进行充装时，必须仔细检查，确认瓶阀出气口的螺纹与所装气体所规定的螺纹形式相符。

④ 开启瓶阀时应缓慢操作，并应注意监听瓶内有无异常响动。

⑤ 充装易燃气体的操作过程中禁止用扳手等金属器具敲击瓶阀或管道。

⑥ 充气过程中在瓶内气体压力达到充装压力的1/3以前，应逐只检查气瓶的瓶体温度是否大体一致，瓶阀的密封是否良好。发现异常时应及时妥善处理。

⑦ 向气瓶内充气，速度不得大于8m³/h（标准状态气体）且充装时间不应少于30min。

⑧ 用充气排管按瓶组充装气瓶时，在瓶组压力达到充装压力的10%以后，禁止再插入空瓶进行充装。

⑨ 凡充装氧或强氧化性介质的人员，其手套、服装、工具等均不得沾有油脂，也不得使油脂沾染到阀门、管道、垫片等一切与氧气接触的装置物件上。

充气单位应由专人负责填写气瓶充装记录。充装记录内容至少应包括：充气日期、瓶号、室温（或贮气罐内气体实测温度）、充装压力、充装起止时间、充气过程中有无发现异常现象等。持证操作人员和充气班长均应在记录上签字或盖章。充气单位负责妥善保管气瓶充装记录，保存时间不应少于半年。

（4）充装后的检查　充装后的气瓶，应有专人负责，逐只进行检查，不符合要求的，应进行妥善处理。检查内容包括：

① 瓶内压力是否在规定范围内；

② 瓶内气体纯度是否在规定范围内；

③ 瓶阀及其与瓶口连接的密封是否良好；

④ 气瓶充装后，瓶体是否出现鼓包变形或泄漏等严重缺陷；

⑤ 瓶体的温度是否有异常上升的迹象。

3. 液化气体的充装

（1）充装前的检查　液化气体气瓶充装前的检查内容及对不符合充装要求的气瓶的处理方法与永久气体气瓶的基本相同。它们的主要区别在于，判别瓶内气体性质的方法不同，另外液化气体气瓶在充气前需称瓶内剩余气体的重量。

（2）液化气体充装量　液化气体的充装量虽然都是以充装的介质质量来计量，但液化气体中低压液化气体和高压液化气体的充装量的确定方法是不一样的。

① 低压液化气体的充装量。低压液化气体气瓶充装量的确定原则，是要求气瓶内所装入的介质，即使在最高使用温度下也不会发生瓶内满液。低压液化气体充装系数的确定，应符合下列原则：

- 充装系数应不大于在气瓶最高使用温度下液体密度的 97％；
- 在温度高于气瓶最高使用温度 5℃ 时，瓶内不满液。

② 高压液化气体的充装量。高压液化气体的充装量应与永久气体一样，必须保证瓶内气体在气瓶最高使用温度下所达到的压力不超过气瓶的许用压力。所不同的是，永久气体是以充装结束时的温度和压力来计量，而高压液化气体因充装时是液态，故只能以它的充装系数来计量。

（3）充装中的注意事项　液化气体气瓶在充装过程中须注意以下事项：

① 充装计量用的称重衡器应保持准确。称重衡器要设有超装警报和自动断气源的装置。

② 液化气体的充装量必须精确计量和严格控制。应实行充装重量复验制度，发现充装过量的气瓶，必须及时将超装部分抽出。气瓶的重量标志标注不清或经腐蚀磨损而难以确认的不准充装。

③ 易燃液化气体中的氧含量达到或超过下列规定值时，禁止装瓶：乙烯中的氧含量 2％（按体积计，下同）；其他易燃气体中的氧含量 4％。

④ 用卡子连接代替螺纹连接进行充装时，必须认真仔细检查确认瓶阀出口螺纹与所装气体所规定的螺纹形式相符。

⑤ 充装易燃气体的操作过程中，禁止用扳手等金属器具敲击瓶阀或管道。

⑥ 在充装过程中，应加强对充装系统和气瓶密封性的检查。

⑦ 操作人员应相对稳定，并定期进行安全教育和考核。

充气单位应由专人负责填写气瓶充装记录。记录内容至少应包括：充气日期、瓶号、室温、气瓶标记重量、装气后总重量、有无发现异常情况等。充气单位应负责妥善保管气瓶充装记录，保存时间不应少于 1 年。

（4）充装后的检查　充装后的气瓶进行妥善处理。检查内容应包括：①充装量是否在规定范围内；②瓶内气体的纯度是否在规定范围内；③瓶阀及其与瓶口连接的密封是否良好，瓶体的温度是否有异常升高的迹象；④瓶体是否出现鼓包、变形、泄漏等严重缺陷。

4. 乙炔气的充装

（1）充装前的检查和准备

① 乙炔瓶的检查。乙炔瓶充装前，充装单位应由专门人员对其进行检查，有下列情况之一的，严禁充装：

- 无制造许可证单位生产的乙炔瓶；
- 未经省级以上（含省级）质量技术监督部门检验机构检验合格的进口乙炔瓶；

● 档案不在本充装单位保存又未办理临时充装变更手续的乙炔瓶。

属于下列情况之一的乙炔瓶，必须先进行妥善处理，否则严禁充装：

● 颜色标记不符合规定或表面漆色脱落严重的；

● 钢印标记不全或不能识别的；

● 附件不全、损坏或不符合规定的；

● 首次充装或经拆装、更换瓶阀、易熔合金塞后，未进行置换的。

有下列情况之一的乙炔瓶，必须送乙炔瓶检验单位检验、处理，否则严禁拆装：

● 超过检验期限的；

● 瓶体腐蚀、机械磨损等表面缺陷严重，按有关标准应报废的；

● 易熔合金熔化、流失、损伤的；

● 瓶阀侧接嘴处积有炭黑或焦油等异物的；

● 对瓶内的填料、溶剂的质量有怀疑的；

● 有其他影响安全使用缺陷的。

② 剩余压力检查。乙炔瓶在充装前，除应按上述的要求进行外观检查和处理外，还应检查确定瓶内的剩余压力和溶剂补加量。

乙炔瓶内必须有足够的剩余压力，以防混入空气。

③ 丙酮的充装。乙炔瓶内的丙酮在气瓶使用过程中，常常随着乙炔气体的放出而散失，因此气瓶充装前应逐瓶测定实际重量（实重），检查丙酮逸损情况，以确定其补加量。

（2）充装中的注意事项　乙炔气瓶在充装过程中，须注意以下事项：

① 乙炔瓶的充装宜分次进行，每次充装后的静置时间应不小于 8h，并应关闭瓶阀。

② 乙炔瓶的充装压力，在任何情况下都不得大于 2.5MPa。

③ 应严格控制充装速度，充灌时的气体体积流量应小于 $0.015m^3/(h \cdot L)$。

④ 充气过程中，应用冷却水均匀地喷淋气瓶，以防乙炔温度过高，发生分解反应。

⑤ 随时测试充气气瓶的瓶壁温度，如瓶壁温度超过 40℃，应停止充装，另行处理。

⑥ 充装中，每小时至少检查一次瓶阀出气口、阀杆及易熔合金塞等部位有无泄漏，发现漏气应立即妥善处理。

⑦ 因故中断充装的乙炔瓶需要继续充装时，必须保证充装主管内乙炔气压力大于或者等于乙炔瓶内压力时才可开启瓶阀和支管切换阀。

5. 充装后的检查

充装后的气瓶，先静置 24h，使其压力稳定，温度均衡，不合格的气瓶严禁出厂。

（二）气瓶的使用管理

1. 气瓶安全装置

（1）安全泄压装置　气瓶的安全泄压装置主要是防止气瓶在遇到火灾等特殊高温时内介质受热膨胀而导致气瓶超压爆炸。

气瓶安全泄压装置有爆破片、易熔塞、安全阀、爆破片-易熔塞复合装置。

（2）瓶帽　瓶帽是为了防止气瓶瓶阀被破坏的一种保护装置。为防止由于瓶阀泄漏，或由于安全泄压装置动作，造成瓶帽爆炸，在瓶帽上要开排气孔。瓶帽按其结构可分为拆卸式和固定式两种。

（3）防震圈　防震圈是为了防止气瓶瓶体受撞击的一种保护设施。

2. 气瓶的运输与贮存

（1）气瓶运输　气瓶在运输或搬运过程中发生事故也是常见的。因气瓶容易受到震动和冲击，可能造成瓶阀撞坏或碰断，致使气瓶喷气伤人或喷出的可燃气体着火，甚至导致气瓶发生粉碎性爆炸。为确保气瓶在运输过程中的安全，气瓶的运输单位，应根据有关规程、规范，按气体性质制定相应的运输管理制度和安全操作规程，并对运输、装卸气瓶的人员进行专业的安全教育。

（2）气瓶贮存 瓶装气体品种多、性质复杂，在贮存过程中，当气瓶受到强烈的震动、撞击或接近火源、受阳光暴晒、雨淋水浸、贮存时间过长、温湿度变化的影响以及泄漏出性质相抵触的气体相互接触时，就会引起爆炸、燃烧、灼伤、人身中毒等灾害性事故。

① 对气瓶库房的要求。气瓶贮存库的建立，必须经环保、消防和安全监察部门实地考察批准。库房的建筑，必须符合环保、防火、防爆等有关国家标准、规范、规程的要求。

② 气瓶入库贮存前的检查。气瓶入库贮存前，应认真做好气瓶入库前的检查验收工作。在检查中发现来历不明的气瓶，禁止入库贮存。对有缺陷的气瓶，应随时用粉笔写在瓶体上，以便事后分别处理。对检查验收合格的气瓶，应逐只进行登记。对于贮存多种气体的贮存库，应按气体种类分别建立登记簿。

③ 气瓶入库贮存。气瓶入库贮存，应符合下列要求：

- 气瓶的贮存应有专人负责管理，相关人员应经过安全技术培训。
- 入库的空瓶与实瓶应分别放置，并有明显标志。
- 毒性气体气瓶及瓶内气体相互接触能引起燃烧、爆炸、产生毒物的气瓶，应分室存放，并在附近设置防毒用具和灭火器材。
- 气瓶入库后，一般应直立贮存于指定的栅栏内，并用链条等物将气瓶加以固定，以防气瓶倾倒；对于卧放的气瓶，应妥善固定，防止其滚动；如需堆放，其堆放层数不应超过 5 层，且气瓶的头部朝向同一方向。堆放气瓶时，如果气瓶上无防震圈，则必须在上下两层气瓶间垫上双槽垫木或特制橡胶槽带 2 根。
- 为使先入库或临近定期检验日期的气瓶优先发放，应尽量将这些气瓶存放在一起，并在栅栏的牌子上注明入库或定期检验的日期。
- 对于限期贮存的气体及不宜长期存放的气体，如氯乙烯、氯化氢、甲醚等，均应注明存放期限。对于容易起聚合反应或分解反应的气体，必须规定贮存期限，并予以注明，同时应避免放射性放射源。这类气瓶限期存放到期后，要及时处理。
- 气瓶在存放期间，特别是在夏季，应定时测试库内的温度和湿度，并做记录。库房最高允许温度视瓶装气体性质而定，库房的相对湿度应控制在 80% 以下。
- 气瓶在库房内应摆放整齐，数量、号位的标志要明显，要留有适当宽度的通道。
- 毒性气体或可燃性气体气瓶入库后，要连续 2～3 天定时测定库内空气中毒性或可燃性气体的浓度。如果浓度有可能达到危险值，则应强制换气，并查出库内危险气体浓度增高的原因，予以彻底解决。如果测定结果表明无危险时，则以后的检查可改为定期性检查。
- 发现气瓶漏气，首先应根据气体性质做好相应的人体保护，在保证安全的前提下，关闭瓶阀，如果瓶阀失控或漏气不在瓶阀上，则必须采取紧急处理措施。
- 定期对库房内外的用电设备和库房通风设备，以及气瓶搬运工具和栅栏的牢固性进行检查，发现问题及时修理。对库房用的防火和防毒器具也应定期进行检查。
- 气瓶的贮存单位应建立并执行气瓶进出库制度，并做到瓶库账目清楚、数量准确、按时盘点、账物相符。
- 气瓶发放时，库房管理员必须认真填写气瓶发放登记表，内容包括：气体名称、序号、气瓶编号、入库日期、发放日期、气瓶检验日期、领用单位、领用者姓名、发放者姓名、备注等。

3. 气瓶的安全使用

（1）气瓶的使用与维护

① 气瓶使用前的检查。从气体充装站或气瓶贮存库接收气瓶时，进行逐只检查，发现

下列情况之一者，不得接收：

- 气瓶上没有粘贴气体充装后检验合格证的；
- 气瓶的颜色标记与所需的气体不符，或者颜色标记模糊不清，或者表面漆色覆盖在另一种漆色之上的；
- 瓶体上有不能保证气瓶安全使用的缺陷，如严重的机械损伤、变形、腐蚀等；
- 瓶阀漏气、阀杆受损、侧接嘴螺纹旋向与所需要的气体性质不符或螺纹受损的；
- 在氧气或氧化性气体气瓶上或瓶阀上有油脂物的；
- 气瓶不能直立、底座松动、倾斜的；
- 气瓶上未装瓶帽和防震圈，或瓶帽和防震圈尺寸不符合要求或损坏的。

在进行上述检查时，对发现有缺陷的气瓶，应随时在气瓶上用粉笔简要注明气瓶充装单位或贮存单位，以免他人领用。

② 气瓶安全使用要点。气瓶的使用单位和操作人员在使用气瓶时应做到：合理使用、正确操作；防止气瓶受热；加强维护。

（2）气瓶改装　气瓶改装是指原来盛装某一种气体的气瓶改变充装别种气体。气瓶改装，特别是使用单位自行改变气瓶罐装气体，是国内气瓶爆炸事故的主要原因，因此必须慎重对待。

① 对气瓶改装的规定。气瓶的使用单位不得擅自更改气瓶的颜色标记，换装别种气体。确实需要更换气瓶盛装气体的种类时，应提出申请，由气瓶检验单位负责对气瓶进行改装。气瓶改装后，负责改装的单位，应将气瓶改装情况通知气瓶所属单位，记入气瓶档案。

② 气瓶改装注意事项。负责改装的单位应根据气瓶制造钢印标记和安全状况，确定气瓶是否适合于所换装的气体，包括气瓶的材料与所换装的气体的相容性、气瓶的许用压力是否符合要求等。气瓶改装时，应根据原来所装气体的特性，采用适当的方法对气瓶内部进行彻底清理、检验，打检验钢印和涂检验色标，换装相应的附件，并按国家标准 GB 7144—1999《气瓶颜色标志》的规定，更改换装气体的字样、色环和颜色标记。

七、压力管道运行使用管理

（一）运行前的检查

1. 竣工文件检查

竣工文件是指装置（单元）设计、采购及施工完成之后的最终图纸文件资料，包括设计竣工文件、采购竣工文件和施工竣工文件 3 大部分。

（1）设计竣工文件　设计竣工文件的检查主要是查设计文件是否齐全、设计方案是否满足生产要求、设计内容是否有足够而且切实可行的安全保护措施等内容。在确认这些方面满足开车要求时，才可以开车，否则就应进行整改。

（2）采购竣工文件　检查采购竣工文件主要是检查是否齐全，并校对采购变更文件和产品随机资料是否齐全。采购竣工文件主要有：

① 采购文件中应有相应的采购技术文件；

② 采购文件应与设计文件相符；

③ 采购变更文件（采购代料单）应得到设计人员的确认；

④ 产品随机资料应齐全，并应进行妥善保存。

（3）施工竣工文件　需要检查的施工竣工文件主要包括下列文件：

① 重点管道的安装记录；

② 管道的焊接记录；

③ 焊缝的无损探伤及硬度检验记录；

④ 管道系统的强度和严密性试验记录；

⑤ 管道系统的吹扫记录；

⑥ 管道隔热施工记录；

⑦ 管道防腐施工记录；

⑧ 安全阀调整试验记录及重点阀门的检验记录；

⑨ 设计及采购变更记录；

⑩ 其他施工文件以及竣工图等。

施工竣工文件检查的内容主要是查它是否符合设计文件要求，是否符合相应标准的要求。

2. 现场检查

现场检查可以分为设计与施工漏项、未完工程、施工质量 3 方面的检查。

（1）设计与施工漏项　设计与施工漏项可能发生在各个方面，出现频率较高的问题有以下几个方面：

① 阀门、跨线、高点排气及低点排液等遗漏；

② 操作及测量指示点太高以致无法操作或观察，尤其是仪表现场指示元件；

③ 缺少梯子或梯子设置较少，巡回检查不方便；支吊架偏少，以至管道挠度超出标准要求，或管道不稳定；

④ 管道或构筑物的梁柱等影响操作通道；

⑤ 设备、机泵、特殊仪表元件（如热电偶、仪表箱、流量计等）、阀门等缺少必要的操作检修场地，或空间太小，操作检修不方便。

（2）未完工程　未完工程的检查适用于中间检查或分期分批投入开车的装置检查。对于本次开车所涉及的工程，必须确认其已完成并不影响正常的开车。对于分期分批投入开车的装置，未列入本次开车的部分，应进行隔离，并确认它们之间相互不影响。

（3）施工质量　施工质量可能发生在各个方面，因此应全面检查。应着重从以下几个方面进行检查：管道及其元件方面；支吊架方面；焊接方面；隔热防腐方面。

3. 建档标识及数据采集

（1）建档　压力管道的档案中至少应包括下列内容：管线号、起止点、介质（包括各种腐蚀性介质及其浓度或分压）、操作温度、操作压力、设计温度、设计压力、主要管道直径、管道材料、管道等级（包括公称压力和壁厚等级）、管道类别、隔热要求、热处理要求、管道等级号、受监管道投入运行日期、事项记录等。

（2）标识与数据采集　管道的标识可分为常规标识和特殊标识两大类。特殊标识是针对各个压力管道的特点，有选择的对压力管道的一些薄弱点、危险点、或管道在热状态下可能发生失稳（如蠕变、疲劳等）的典型点、重点腐蚀检测点、重点无损探测点及其他作为重点检查的点等所做的标识。在选择上述典型点时，应优先选择压力管道的下列部位：弹簧支吊架点、位移较大点、腐蚀比较严重的点、需要进行挂片腐蚀试验的点、振动管道的典型点、高压法兰接头、重设备基础标高，及其他有必要标识记录的点。

对于压力管道使用者来说，作为安全管理的手段之一，就是对于这些影响压力管道安全的地方，设置监测点并予以标识，在运行中加强观测。确定监测点之后，应登记造册，并采集初始（开工前的）数据。

（二）运行中的检查和监测

运行中的检查和监测包括运行初期检查、巡线检查及在线监测、末期检查及寿命评估 3 部分。

1. 运行初期检查

由于可能存在的设计、制造、施工等问题，当管道初期升温和升压后，这些问题都会暴露出来。此时，操作人员应会同设计、施工等技术人员，有必要对运行的管道进行全面系统的检查，以便及时发现问题，及时解决。在对管道进行全面系统检查的过程中，应着重从管道的位移情况、振动情况、支撑情况、阀门及法兰的严密性等方面进行检查。

2. 巡线检查及在线监测

在装置运行过程中，由于操作波动等其他因素的影响，或压力管道及其附件在使用一段时期后因遭受腐蚀、磨损、疲劳、蠕变等损伤，随时都有可能发生压力管道的破坏，故应对在役压力管道进行定期或不定期的巡检，及时发现可能产生事故的苗头，并采取措施，以免造成较大的危害。

压力管道的巡线检查内容除全面进行检查外，还可着重从管道的位移、振动、支撑情况、阀门及法兰的严密性等方面检查。

除了进行巡线检查外，对于重要管道或管道的重点部位还可利用现代检测技术进行在线检测，即可利用工业电视系统、声发射检漏技术、红外线成像技术等对在线管道的运行状态、裂纹扩展动态、泄漏等进行不间断监测，并判断管道的安定性和可靠性，从而保证压力管道的安全运行。

3. 末期检查及寿命评估

压力管道经过长时期运行，因遭受到介质腐蚀、磨损、疲劳、老化、蠕变等的损伤，一些管道已处于不稳定状态或临近寿命终点，因此更应加强在线监测，并制定好应急措施和救援方案，随时准备着抢险救灾。

在做好在线监测和抢险救灾准备的同时，还应加强在役压力管道的寿命评估，变被动安全管理为主动安全管理。

压力管道寿命的评估应根据压力管道的损伤情况和检测数据进行，总起来说，针对管道材料已发生的蠕变、疲劳、相变、均匀腐蚀和裂纹等几方面进行评估。

第四节 起重机械安全技术

一、起重机械基本知识

起重机械，是指用于垂直升降或者垂直升降并水平移动重物的机电设备。其范围规定为额定起重量大于或者等于 0.5t 的升降机，额定起重量大于或等于 1t，且提升高度大于或等于 2m 的起重机和承重形式固定的电动葫芦等。

1. 起重机工作特点

综合起重机械的工作特点，从安全技术角度分析，可概括如下：

① 起重机械通常具有庞大的结构和比较复杂的机构，能完成一次起升运动、一次或几次水平运动；

② 所吊运的重物多种多样，载荷是变化的；

③ 大多数起重机械，需要在较大的范围内运行，活动空间较大；

④ 有些起重机械，需要直接载运人员在导轨、平台或钢丝绳上作升降运动（如电梯、升降平台等），其可靠性直接影响人身安全；

⑤ 暴露的、活动的零部件较多，且常与吊运作业人员直接接触（如吊钩、钢丝绳等），潜在许多偶发的危险因素；

⑥ 作业环境复杂；

⑦ 作业中常常需要多人配合，共同完成一项操作。

上述诸多危险因素的存在，决定了起重伤害事故较多。

2. 起重机安全正常工作的条件

为了保证起重机的安全正常工作，起重机设计时应满足下列 3 个基本条件：①金属结构和机械零部件应具有足够的强度、刚性和抗屈曲能力；②整机必须具有必要的抗倾覆稳定性；③原动机具有满足作业性能要求的功率，制动装置提供必需的制动力矩。

3. 起重机械分类

起重机械通常分为轻小型起重设备、桥架式起重机和臂架式起重机。其中轻小型起重设备主要有千斤顶、葫芦（电动、手动）、绞车、升降机等；桥架式起重机主要有梁式起重机、桥式起重机、门式起重机和装卸桥等；臂架式起重机主要有门座式起重机、塔式起重机、铁路起重机和流动式起重机（包括汽车起重机、轮胎起重机和履带起重机）。

4. 起重机的组成

起重机械由三大部分组成，即工作机构、金属结构和电气设备。

工作机构常见的有起升、运行、回转和变幅机构，通常称之为四大工作机构。依靠这四个机构的复合运动，可以使起重机在所需的任何指定位置进行上料和卸料，但不是所有的起重机械中都同时具有这些机构，而是根据工作的需要，可以有其中的一个或几个。

金属结构是构成起重机械的躯体，是安装各机构和承受全部载荷的主体部分。电气设备是起重机械的动力装置和控制系统。

二、起重机主要零部件

起重机械是由众多的零部件构成的，其中既有轴、螺栓、齿轮、减速器、联轴器等通用零部件，也有像钢丝绳、滑轮、吊钩、制动器、车轮与轨道等专用零部件。本节主要介绍专用零部件。

（一）钢丝绳

钢丝绳是起重运输机械中最常用的挠性构件之一，由于它具有强度高、自重轻、挠性好、运动平稳、极少突然断裂等优点，广泛应用于起升机构、变幅机构、牵引机构中，有时也用于旋转机构。钢丝绳是由一定数量的钢丝和绳芯经过捻绕而成。钢丝绳通常采用高强度优质碳素钢制造而成。为适应各种潮湿、酸性的工作，可将钢丝绳表面镀锌抗腐蚀。绳芯位于钢绳的中央以填充中央断面并增加钢绳的挠性，绳芯通常有有机纤维（如棉、麻）、合成纤维、石棉芯（高温条件）、软金属等材料。

1. 钢丝绳的构造

钢丝绳的种类很多，在起重机中广泛采用断面构造（见图 5-5 和图 5-6）的形式。它由

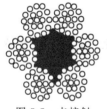

图 5-5 点接触
钢丝绳

许多钢丝（常用 19 丝）按左旋方向捻绕成股，然后再把若干股（常用 6 股）围绕绳芯按右旋方向捻绕制成的双绕右旋交互捻绳，用 ZS 表示。

图 5-5 所示的钢丝绳绳股中各层：钢丝直径相同，而内外层钢丝的捻距不同，因而相互交叉，接触在交叉点上，称为点接触钢丝绳。这种钢丝绳接触应力较高，在反复弯曲的工作过程中钢丝易于磨损折断。点接触钢丝绳过去曾广泛用于起重机，现在多被线接触绳所代替。

在线接触钢丝绳（见图 5-6）中，通过合理选择和适当配置钢丝断面的几何尺寸，使每一层钢丝的捻距相等，并使外层钢丝位于内层钢丝之间的沟槽内，内外层钢丝间形成线接触。这样就改善了接触情况，增加了有效钢丝总面积，因而这种绳的挠性好，承载能力大，使用寿命长，在起重机中得到日益广泛的应用。

钢丝绳的标记方法举例如下。公称抗拉强度 $1770N/mm^2$，天然纤维绳芯，表面状态为光面的钢丝制成的直径为 18mm，右向交互捻 6 股 19 丝瓦林吞式钢丝绳的标记为：钢丝绳

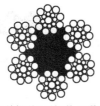  

(a) 外粗型（西尔型，S 型）　　(b) 粗细型（瓦林吞型，W 型）　　(c) 填充型（T 型）

图 5-6　线接触钢丝绳

18NAT6X19W＋NF1770ZS190

其中，"18"代表钢丝绳公称直径 18mm；"NAT"代表钢丝的表面状态（光面钢丝）；"6"代表钢丝绳股数（6 股）；"19"代表每股钢丝数（19 根）；"W"代表瓦林吞式；"NF"代表绳芯（天然纤维芯）；"1770"代表钢丝公称抗拉强度为 $1770N/mm^2$；"ZS"代表捻向（右交互捻）；"190"代表最小破断拉力为 190kN。

2. 钢丝绳的使用和维护

必须坚持每个作业班次对钢丝绳的检查并形成制度。检查不留死角，对于不易看到和不易接近的部位应给予足够重视，必要时应做探伤检查。在检查和使用中应做到：

① 使用检验合格的产品，保证其机械性能和规格符合设计要求；

② 保证足够的安全系数，必要时使用前要作受力计算，不得使用报废钢丝绳；

③ 使用中避免两钢丝绳的交叉、叠压受力，防止打结、扭曲、过度弯曲和划磨；

④ 应注意减少钢丝绳弯折次数，尽量避免反向弯折；

⑤ 不在不洁净的地方拖拉，防止外界因素对钢丝绳的损伤、腐蚀，使钢丝绳性能降低；

⑥ 保持钢丝绳表面的清洁和良好的润滑状态，加强对钢丝绳的保养维护。

3. 钢丝绳的报废标准

由于钢丝绳在使用过程中要经常进入滑轮及卷筒绳槽而反复弯曲，造成了金属疲劳，再加上反复磨损，就使外层钢丝磨损折断。随着断丝数的增加，破坏的速度逐渐加快。当一个捻距内的断丝数达到总丝数的 10％（交互捻绳）时，钢丝绳就需要报废。此外，当外层钢丝的径向磨损量或腐蚀量达钢丝直径的 40％时，不论断丝多少，均应报废。绝不允许使用严重磨损、损坏和报废的钢丝绳，绝不允许超载使用钢丝绳。

钢丝绳的变形情况如图 5-7 所示。

（二）滑轮与滑轮组

滑轮、卷筒和钢丝绳三者共同组成起重机的卷绕系统，将驱动装置的回转运动转换成吊载的升降直线运动。滑轮和卷筒是起重机的重要部件，它们的缺陷或运行异常会加速钢丝绳的磨损，导致钢丝绳脱槽、掉钩，从而引发事故。

1. 滑轮

（1）滑轮的分类与作用　根据滑轮的中心轴是否运动，可将其分为动滑轮和定滑轮两类。定滑轮的心轴固定不动，其作用是改变钢丝绳的方向；动滑轮的心轴可以位移，动、定滑轮都可绕其心轴转动。钢丝绳依次绕过若干定滑轮和动滑轮组成的滑轮组，可以达到省力或增速的目的。此外，通过滑轮可以改变钢丝绳的运动方向。平衡滑轮还可以均衡张力。

（2）滑轮的制造方法与材料　铸铁滑轮适于轻、中级工作机构，常用灰铸铁和球墨铸铁，对钢丝绳磨损小，但其强度较低，脆性大，碰撞容易破损。当工作机构级别较高时，采用铸钢滑轮；滑轮直径较大，铸造困难时，采用焊接滑轮以减轻其自重。滑轮也可采用塑料、铝合金等材料。

（3）滑轮的构造　滑轮由轮缘（包括绳槽）、轮辐、轮毂组成。轮缘是承载钢丝绳的主

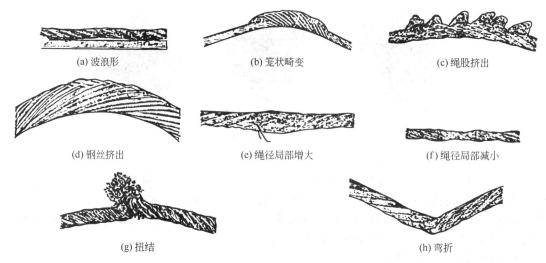

(a) 波浪形　　　　　　　　　(b) 笼状畸变　　　　　　　　　(c) 绳股挤出

(d) 钢丝挤出　　　　　　　　(e) 绳径局部增大　　　　　　　(f) 绳径局部减小

(g) 扭结　　　　　　　　　　　　　　　　　(h) 弯折

图 5-7　钢丝绳的变形

要部位，轮辐将轮缘与轮毂连接，整个滑轮通过轮毂安装在滑轮轴上。滑轮的合理结构保证钢丝绳顺利通过并不易跳槽。

（4）滑轮的安全要求和报废标准　滑轮的使用安全要求为：①保证滑轮直径与钢丝绳直径的比值不应小于规定值；②滑轮不应有缺损和裂纹，滑轮槽应光洁平整，不得有损伤钢丝绳的缺陷；③滑轮应配置防止钢丝绳跳出绳槽的装置。

金属铸造的滑轮，出现下述情况之一时应报废：①裂纹；②轮槽不均匀，磨损达 3mm；③轮槽壁厚，磨损达原壁厚的 20%；④因磨损使轮槽底部直径减小量达钢丝绳直径的 50%；⑤滑轮轴磨损量达原直径的 3%；⑥其他损害钢丝绳的缺陷。

2. 滑轮组

钢丝绳依次穿绕过若干动滑轮和定滑轮组成滑轮组。在理想状态下，当起升机构升降运动时，钢丝绳随着动滑轮和定滑轮的转动，无摩擦地、滚动地通过滑轮的绳槽。

滑轮组中的平衡滑轮是用来调整滑轮左右两边钢丝绳长度与拉力的差异的。当绕过它的钢丝绳两分支受力不均匀时，平衡滑轮稍许转动，以均衡钢丝绳的张力。

滑轮组按工作原理，可分为省力滑轮组和增速滑轮组。省力与增速不能兼得。省力滑轮组可用较小的力升降较重的物料，起重机的起升机构和钢丝绳变幅机构都采用省力滑轮组。

按构造形式，根据绕入卷筒的钢丝绳分支数可分为单联滑轮组（见图 5-8）和双联滑轮组（见图 5-9）。单联滑轮组绕入卷筒的钢丝绳只有一根，多用于臂架类型起重机；双联滑轮组绕入卷筒的钢丝绳有两根，常用于桥架类型的起重机。

（三）卷筒

卷筒是用来卷绕钢丝绳的部件，它的作用是承载起升载荷，收放钢丝绳，实现取物装置的升降。

1. 概述

（1）卷筒的种类　卷筒按筒体形状，可分为长轴卷筒和短轴卷筒；按制造方式，可分为铸造卷筒和焊接卷筒；按卷筒的筒体表面是否有绳槽，可分为光面和螺旋槽面卷筒；按钢丝绳在卷筒上卷绕的层数，可分为单层缠绕卷筒和多层缠绕卷筒（见图 5-10）。一般起重机大多采用单层缠绕卷筒，多层缠绕卷筒用于起升高度特大，或要求机构紧凑的起重机（例如汽车起重机）。

（2）卷筒的结构　卷筒是由筒体、连接盘、轴以及轴承支架等构成的。

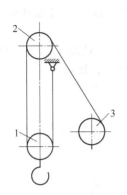

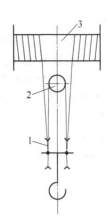

图 5-8 单联滑轮组

1—动滑轮；2—导向滑轮；3—卷筒

图 5-9 双联滑轮组

1—动滑轮；2—均衡滑轮；3—卷筒

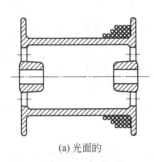

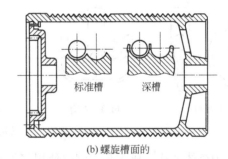

(a) 光面的

(b) 螺旋槽面的

图 5-10 卷筒

单层缠绕卷筒的筒体表面切有弧形断面的螺旋槽，以增大钢丝绳与筒体的接触面积，并使钢丝绳在卷筒上的缠绕位置固定，以避免相邻钢丝绳互相摩擦而影响寿命。

多层缠绕卷筒的筒体表面通常采用不带螺旋槽的光面，筒体两端部有凸缘，以防止钢丝绳滑出。其缺点是钢丝绳排列紧密，各层互相叠压、摩擦，对钢丝绳的寿命影响很大。

2. 钢丝绳在卷筒上的固定

通常采用压板螺钉或楔块，利用摩擦原理来固定钢丝绳尾部，要求固定方法安全可靠，便于检查和装拆，在固定处对钢丝绳不造成过度弯曲、损伤。

为了保证钢丝绳尾的固定可靠，减少压板或楔块的受力，在取物装置降到下极限位置时，在卷筒上除钢丝绳的固定圈外，还应保留 1.5～3 圈安全圈，也称为减载圈，这在卷筒的设计时已经给予考虑。

在使用中，钢丝绳尾的圈数保留得越多，绳尾的压板或楔块的受力就越小，也就越安全。如果取物装置在吊载情况的下极限位置过低，卷筒上剩余的钢丝绳圈数少于设计的安全圈数，就会由于钢丝绳尾受力超过压板或楔块的压紧力，从而导致钢丝绳拉脱，重物坠落。

3. 卷筒安全使用要求

卷筒上钢丝绳尾端的固定装置，应有防松或自紧的性能。对钢丝绳尾端的固定情况，应每月检查一次。在使用的任何状态，必须保证钢丝绳在卷筒上保留足够的安全圈。

单层缠绕卷筒的筒体端部应有凸缘。凸缘应比最外层钢丝绳或链条高出 2 倍的钢丝绳直径或链条的宽度。

卷筒出现下述情况之一时应报废：①裂纹；②筒壁磨损量达原壁厚的 20%；③绳槽磨损量大于钢丝绳直径 1/4 且不能修复时。

（四）吊钩

吊钩是起重机最常使用的取物装置，与动滑轮组合成吊钩组，通过起升机构的卷绕系统将被吊物料与起重机联系起来。

吊钩在起重作业中受到频繁、冲击重载荷的反复作用，一旦发生断裂，可导致重物坠落，造成重大人身伤亡事故。因此，要求吊钩有足够的承载力，同时要求有一定韧性，避免突然断裂的危险，以保证作业人员的安全和被吊运物料不受损害。

1. 吊钩的分类

目前常用的吊钩按形状分为单钩和双钩（见图 5-11），按制造方法分为模锻钩和叠片钩。

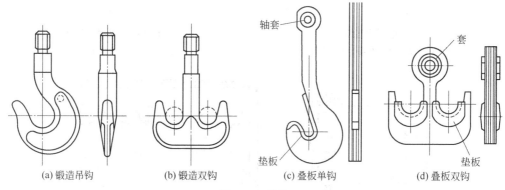

(a) 锻造吊钩　　(b) 锻造双钩　　(c) 叠板单钩　　(d) 叠板双钩

图 5-11　吊钩

模锻吊钩为整体锻造，成本低，制造使用都很方便，缺点是一旦破坏即要整体报废。模锻单钩在中小起重机（80t 以下）上广泛采用。双钩制造较单钩复杂，但受力对称，钩体材料较能充分利用，主要在大型起重机（起重量 80t 以上）上采用。

叠片式吊钩（板钩）是由切割成形的多片钢板叠片铆接而成，并在吊钩口上安装护垫板，这样可减小钢丝绳磨损，使载荷能均匀地传到每片钢板上。叠片式吊钩制造方便，由于钩板破坏仅限于个别钢板，一般不会同时整体断裂，故工作可靠性较整体锻造吊钩为高。缺点是：只能做成矩形截面，钩体材料不能充分利用，自重较大，主要用于大起重量或冶金起重机（如铸造起重机）上。

一般不允许使用铸造钩，因为铸造在工艺上难以避免铸造缺陷，无法防止焊接产生的应力集中和可能产生的裂纹。不允许焊接制造吊钩，也不允许用补焊的办法修复吊钩。

2. 吊钩材料

起重机吊钩除承受物品重量外，还要承受起升机构启动与制动时引起的冲击载荷作用，应具有较高的机械强度与冲击韧性。由于高强度材料通常对裂纹和缺陷敏感，吊钩一般采用优质低碳镇静钢或低碳合金钢制造。

3. 吊钩的结构

吊钩的结构以锻造单钩为例说明。吊钩可以分为钩身和钩柄两部分。钩身是承受载荷的主要区段，制成弯曲形状，并留有钩口以便挂吊索。它最常见的截面形状是梯形，最合理的受力截面是 T 形（但锻造工艺复杂）。钩柄常制有螺纹，便于用吊钩螺母将钩子支撑在吊钩横梁上。

吊钩危险断面（见图 5-12）有三个，水平断面 A—A、垂直断面 B—B、钩柄螺纹根部断面 C—C。

（1）水平 A—A 断面　A—A 断面受力最大，起升载荷对内断面的作用为偏心拉力，在断面上形成弯曲和拉伸。

（2）钩身垂直断面 B—B B—B 断面虽然受力不如 A—A 断面大，却是吊索强烈磨损的部位。随着断面面积减小，承载能力下降，应按实际磨损的断面尺寸计算。

（3）钩柄尾部的螺纹部位 C—C 断面 螺纹根部应力集中，容易受到腐蚀，会在缺陷处断裂。

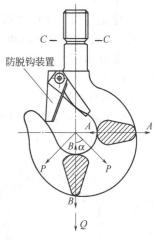

图 5-12 吊钩危险断面

4. 吊钩的安全检查

经常和定期安全检查是保证吊钩安全的重要环节。安全检查包括安装使用前检查和在用吊钩的检查。危险断面是安全检查的重点。

（1）安装使用前检查 吊钩应有制造厂的检验合格证明（吊钩额定起重量和检验标记应打印在钩身低应力区），否则应该对吊钩进行材料化学成分检验和必要的机械性能试验（如拉力试验、冲击试验）。另外，还应测量吊钩的原始开口度尺寸。

（2）表面检查 通过目测、触摸检查吊钩的表面状况。在用吊钩的表面应该光洁，无毛刺，无锐角，不得有裂纹、折叠、过烧等缺陷，吊钩缺陷不得补焊。

（3）内部缺陷检查 主要通过探伤装置检查吊钩的内部状况。吊钩不得有内部裂纹、白点和影响使用安全的任何夹杂物等缺陷。必要时，应进行内部探伤检查。

（4）安全装置 有条件的应该安装防止吊物意外脱钩的安全装置。

5. 吊钩的报废

吊钩出现下列情况之一时应予报废：

① 裂纹；

② 危险断面磨损达原尺寸的 10%；

③ 开口度比原尺寸增加 15%；

④ 钩身扭转变形超过 10°；

⑤ 吊钩危险断面或吊钩颈部产生塑性变形；

⑥ 吊钩螺纹被腐蚀；

⑦ 片钩衬套磨损达原尺寸的 50% 时，应更换衬套；

⑧ 片钩心轴磨损达原尺寸的 5% 时，应更换心轴。

（五）制动器

由于起重机周期及间歇性的工作特点，使各个工作机构经常处于频繁启动和制动状态，制动器成为动力驱动的起重机各机构中不可缺少的组成部分，它既是机构工作的控制装置，又是保证起重机作业的安全装置。制动器是否完好可靠，是安全检查的重点。

1. 制动器的种类和用途

制动器的工作实质是通过摩擦副的摩擦产生制动作用。根据工作需要，或将运动动能转化为摩擦热能消耗，使机构停止运动；或通过静摩擦力平衡外力，使机构保持原来的静止状态。

其结构特点是：制动器摩擦副中的一组与固定机架相连；另一组与机构转动轴相连。当摩擦副接触压紧时，产生制动作用；当摩擦副分离时，制动作用解除，机构可以运动。

（1）制动器的作用

① 支持作用。使原来静止物体保持静止状态。例如，在起升机构中，保持吊重静止在空中；在臂架起重机的变幅机构中，将臂架维持在一定的位置保持不动；对室外起重机起防

风抗滑的作用。

② 停止作用。消耗运动部分的动能，通过摩擦副转化为摩擦热能，使机构迅速在一定时间或一定行程内停止运动。例如，各个机构在运动状态下的制动。

③ 落重作用。制动力与重力平衡，使运动体以稳定的速度下降。例如，汽车起重机的下坡匀速行驶。

（2）制动器的种类

根据构造不同制动器可分为以下三类：

① 带式制动器。制动钢带在径向环抱制动轮而产生制动力矩（见图5-13）。

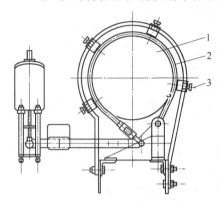

图 5-13 带式制动器

1—制动轮；2—制动带；3—限位螺钉

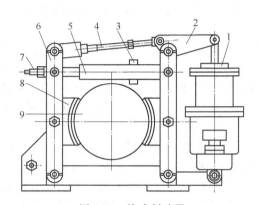

图 5-14 块式制动器

1—液压电磁铁；2—杠杆；3—挡板；4—螺杆；5—弹簧架；
6—制动臂；7—拉杆；8—瓦块；9—制动轮

② 块式制动器。两个对称布置的制动瓦块，在径向抱紧制动轮而产生制动力矩（见图5-14）。

③ 盘式与锥式制动器。带有摩擦衬料的盘式或锥式金属盘，在轴向互相贴紧而产生制动力矩（见图5-15和图5-16）。

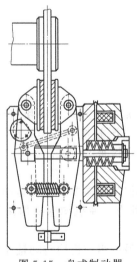

图 5-15 盘式制动器

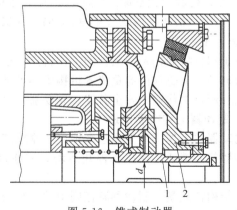

图 5-16 锥式制动器

1—顶套；2—锥式制动盘

按操作情况，制动器可分为：

① 常闭式制动器。只要机构不工作，制动器则处于闭合状态；当机构的驱动能源一接

通，首先将制动器打开，机构就可以正常工作。

② 常开式制动器。制动器经常处于松开状态，随时可以根据需要施加上闸力，产生制动力矩，使制动器制动。

③ 综合式制动器。它具有常开式，在制动器松开时可利用操纵杠杆随意进行制动，也具有常闭式，在机构不工作时制动器可靠制动的功能。

2. 带式制动器

带式制动器由制动带、制动轮和松闸器杠杆系统组成（见图 5-17）。制动轮安装在机构的转动轴上，

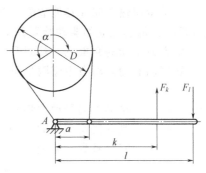

图 5-17　带式制动器简图

内侧附有摩擦衬料的制动钢带一端与机架固定部分铰连；另一端与松闸器杠杆铰连，并在径向环绕制动轮。松闸器的上闸力通过杠杆系统，使制动带环抱接触并压紧在制动轮上，产生制动力矩。由于制动带的包角很大，因而制动力矩较大，相应结构也紧凑。缺点是制动轮轴由于不平衡力作用而受弯曲载荷，制动带比压分布不均匀，使衬料的磨损不均，散热性不好。带式制动器主要用于对结构紧凑性要求较高的流动式起重机。

带式制动器的制动带内侧有摩擦垫片，其背衬钢带的端部与固定部分的连接，应采用铰接，不得采用螺栓连接、铆接、焊接等刚性连接形式。

3. 块式制动器

块式制动器由制动瓦块、制动臂、制动轮和松闸器组成。常把制动轮作为联轴器的一个半体安装在机构的转动轴上，对称布置的制动臂与机架固定部分铰连，内侧附有摩擦材料的两个制动瓦块分别活动铰接在两制动臂上，在松闸器上闸力的作用下，成对的制动瓦块在径向抱紧制动轮而产生制动力矩。

以短行程电磁铁块式制动器为例（见图 5-18），说明块式制动器的工作原理。

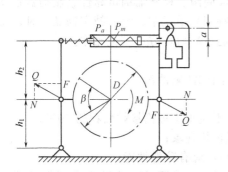

图 5-18　短行程电磁铁块式制动器

在接通电源时，电磁松闸器的铁心吸引衔铁压向推杆，推杆推动左制动臂向左摆，主弹簧被压缩。同时，解除压力的辅助弹簧将右制动臂向右推，两制动臂带动制动瓦块与制动轮分离，机构可以运动。当切断电源时，铁心失去磁性，对衔铁的吸引力消除，因而解除衔铁对推杆的压力，在主弹簧张力的作用下，两制动臂一起向内收摆，带动制动瓦块抱紧制动轮产生制动力矩；同时，辅助弹簧被压缩。制动力矩由主弹簧力决定，辅助弹簧保证松闸间隙。块式制动器的制动性能在很大程度上是由松闸器的性能决定的。

块式制动器的特点是构造简单，安装方便，成对瓦块产生的压力平衡，使制动轮轴不受弯曲载荷作用。块式制动器在起重机中得到广泛使用。

4. 制动器的选择与使用

制动器通常安装在机构的高速轴（电动机轴或减速器的输入轴）上，有些制动器则装设在低速轴或卷筒上，以防传动系统断轴时物品坠落。前者由于制动力矩小，因而制动器的尺寸可以减小；后者可以增加安全性，防止传动系统承载力零件损坏而造成物品坠落。在起重机安全检查过程中，对下列要求必须给予确认：

① 动力驱动的起重机，其起升、变幅、运行、旋转机构都必须装设制动器。

② 起升机构、变幅机构的制动器，必须是常闭式制动器。

③ 吊运炽热金属或其他危险品的起升机构，以及发生事故可能造成重大危险或损失的起升机构，每套独立的驱动装置都应装设两套支持制动器。

④ 人力驱动的起重机，其起升机构和变幅机构必须装设制动器或停止器。

⑤ 制动器的制动力矩应满足下式要求：

$$Mz \geqslant kM$$

式中　　Mz——制动器的制动力矩；

　　　　M——制动器所在轴的传动力矩；

　　　　k——安全系数（见表 5-1）。

表 5-1　制动器的安全系数

机　　构	使　用　情　况	安全系数
起升机构	一般的	1.50
	重要的	1.75
	具有液压制动作用的液压传动的	1.25
吊运炽热金属或危险品的起升机构	装有两套制动器时，对每一套制动器	1.25
	彼此有刚性联系的两套驱动装置，每套装置装有两套制动器时，对每一套制动器	1.10
非平衡变幅机构		1.75
平衡变幅机构	在工作状态时	1.25
	在非工作状态时	1.15

5. 制动器的检查与报废

（1）制动器的检查　正常使用的起重机，每个班次都应对制动器进行检查。检查内容包括：制动器关键零件的完好状况、摩擦幅的接触和分离间隙、松闸器的可靠性、制动器整体工作性能等应保证灵敏无卡塞现象。每次起重作业（特别是吊运重、大、精密物品）时，要先将吊物吊离地面一小段距离，检验、确认制动器性能可靠后，方可实施操作。

制动器安全检查的重点是：

① 制动轮的制动摩擦面不应有妨碍制动性能的缺陷或沾染油污；

② 制动带或制动瓦块的摩擦材料的磨损程度；

③ 制动带或制动瓦块与制动轮的实际接触面积，不应小于理论接触面积的 70%；

④ 制动器应有符合操作频度的热容量，不得出现过热现象；

⑤ 控制制动器的操纵部位（如踏板、操纵手柄等），应有防滑性能；

⑥ 人力控制制动器，施加的力与行程不应大于表 5-2 的要求，超过要求应作必要的调整。

表 5-2　人力控制制动器的控制力与行程

要　　求	操作方法	施加的力/N	行程/mm
一般宜采用值	手控	100	400
	脚踏	120	250
最大值	手控	200	600
	脚踏	300	300

（2）制动器的报废　制动器的零件出现下述情况之一时，应报废、更换或修整：

① 裂纹；

② 制动带或制动瓦块摩擦垫片厚度磨损达原厚度的 50%；

③ 弹簧出现塑性变形；

④ 铰接小轴或轴孔直径磨损达原直径的 5%；

⑤ 制动轮符合报废条件是应报废处理。

制动轮出现下述情况之一时，应报废：a. 裂纹；b. 起升、变幅机构的制动轮，轮缘厚度磨损达原厚度的 40%；c. 其他机构的制动轮，轮缘厚度磨损达原厚度的 50%；d. 轮面凹凸不平度达 1.5mm 时，如能修理，在修复后轮缘厚度应符合本条中第②、③项的要求。

三、起重机安全防护装置

1. 位置限制与调整装置

（1）上升极限位置限制器　《起重机械安全规程》规定，凡是动力驱动的起重机，其起升机构（包括主副起升机构），均应装设上升极限位置限制器。

（2）运行极限位置限制器　凡是动力驱动的起重机，其运行极限位置都应装设运行极限位置限制器。

（3）偏斜调整和显示装置　《起重机械安全规程》要求，跨度等于或超过 40m 的装卸桥和门式起重机，应装偏斜调整和显示装置。

（4）缓冲器　《起重机械安全规程》要求，桥式或升降机等都要装设缓冲器。

2. 防风防爬装置

《起重机械安全规程》规定，在露天工作于轨道上运行的起重机，如门式起重机、装卸桥、塔式起重机和门座起重机，均应装设防风防爬装置。

此外，在露天工作的桥式起重机因环境因素的影响，可能出现地形风。它的持续时间较短，但风力很强，足以吹动起重机作较长距离的滑行，并可能撞毁轨道端部止挡，造成脱轨或跌落。所以《起重机械安全规程》规定，在露天工作的桥式起重机也宜装设防风夹轨器、锚定装置或铁鞋。

起重机防风防爬装置主要有 3 类，即夹轨器、锚定装置和铁鞋。按照防风装置的作用方式不同，可分为自动作用与非自动作用两类。

3. 安全钩、防后倾装置和回转镇定装置

（1）安全钩　单主梁起重机，由于起吊重物是在主梁的一侧进行，重物等对小车产生一个倾翻力矩，由垂直反轨轮或水平反轨轮产生的抗倾翻力矩使小车保持平衡，不能倾翻。但是，只靠这种方式不能保证在风灾、意外冲击、车轮破碎、检修等情况时的安全。因此，这种类型的起重机应安装安全钩。安全钩根据小车和轨轮形式的不同，也设计成不同的结构。

（2）防后倾装置　用柔性钢丝绳牵引吊臂进行变幅的起重机，当遇到突然卸载等情况时，会产生使吊臂后倾的力，从而造成吊臂超过最小幅度，发生吊臂后倾的事故。因此，这类起重机需安装防后倾装置。吊臂后倾主要由几种原因造成：起升用的吊具、索具或起升用钢丝绳存在缺陷，在起吊过程中突然断裂，使重物下落；由于起重工绑挂不当，起吊过程中重物散落。这些情况都会形成突然卸载，造成吊臂反弹后倾事故。为了防止这类事故，我国《起重机械安全规程》明确规定，要求流动式起重机和动臂式塔式起重机上应安装防后倾装置（液压变幅除外）。

（3）回转锁定装置　回转锁定装置是指臂架起重机处于运输、行驶或非工作状态时，锁住回转部分，使之不能转动的装置。

回转锁定器常见形式有机械锁定器和液压锁定器两种。其结构比较简单，通常是用锁销插入方法、压板顶压方法或螺栓紧定方式等。液压式锁定器通常用双作用活塞式油缸对转台进行锁定。回转锁定装置的原理基本相同。

4. 起重量限制器

（1）形式和功能　超载保护装置按其功能的不同，可分为自动停止型和综合型两种；按结构形式分，有电气型和机械型两种。

超载保护装置应具有下列功能：动载抑制功能、自动工作功能、自动保险功能。

（2）工作原理　起重量限制器主要用于桥架型起重机，其主导产品是电气型产品，一般由载荷传感器和二次仪表两部分组成。

载荷传感器使用电阻应变式或压磁式传感器，根据安装位置配置专用安装附件。传感器的结构形式，主要有压式、拉式和剪切梁式 3 种。

5. 力矩限制器

（1）动臂变幅的塔式起重机力矩限制器　动臂变幅的塔式起重机一般使用机械型力矩限制器。

（2）小车变幅式起重机超载保护装置　小车变幅式起重机一般使用起重量限制器和起重力矩限制器来共同实施超载保护。

（3）流动式起重机超载保护装置　流动式起重机一般使用力矩限制器进行超载保护。

6. 防碰装置

防碰装置的结构形式主要有以下两种。

（1）反射型　由发射器、接收器、控制器和反射板组成。

（2）直射型　检测波不经过反射板反射的产品统称为直射型。

7. 危险电压报警器

臂架型起重机在输电线附近作业时，由于操作不当，臂架、钢丝绳等过于接近甚至碰触电线，都会造成感电或触电事故。为了防止这类事故，一些国家开始研制危险电压报警器，目前已进入系列化生产阶段。

四、起重机安全操作及事故预防

1. 起重机安全管理

（1）安全管理制度　安全管理规章制度的项目包括：司机守则和起重机械安全操作规程；起重机械维护、保养、检查和检验制度；起重机械安全技术档案管理制度；起重机械作业和维修人员安全培训、考核制度；起重机械使用单位应按期向所在地的主管部门申请在用起重机械安全技术检验及更换起重机械准用证的管理等。

（2）技术档案　起重机械安全技术档案的内容包括：设备出厂技术文件；安装、修理记录和验收资料；使用、维护、保养、检查和试验记录；安全技术监督检验报告；设备及人身事故记录；设备的问题分析及评价记录。

（3）定期检验制度　在用起重机械安全定期监督检验周期为 2 年（电梯和载人升降机安全定期监督检验周期为 1 年）。此外，使用单位还应进行起重机的自我检查、每日检查、每月检查和年度检查。

① 年度检查。每年对所有在用的起重机械至少进行 1 次全面检查。停用 1 年以上、遇 4 级以上地震或发生重大设备事故、露天作业的起重机械，经受 9 级以上的风力后的起重机，使用前都应做全面检查。

其中载荷试验可以吊运相当于额定起重量的重物进行，并按额定速度进行起升、回转、变幅等操作，检查起重机正常工作机构的安全和技术性能，金属结构的变形、腐蚀及焊缝、铆钉、螺栓等的连接情况等。

② 每月检查。检查项目包括：安全装置、制动器、离合器等有无异常，可靠性和精度；重要零部件（如吊具、钢丝绳滑轮组、制动器、吊索及辅具等）的状态，有无损伤，是否应

报废等；电气、液压系统及其部件的泄漏情况及工作性能；动力系统和控制器等。

停用一个月以上的起重机构，使用前也应做上述检查。

③ 每日检查。在每天作业前进行，应检查各类安全装置、制动器、操纵控制装置、紧急报警装置，检查轨道的安全状况和钢丝绳的安全状况。检查发现有异常情况时，必须及时处理。严禁带病运行。

（4）作业人员的培训教育 起重作业是由指挥人员、起重机司机和司索工群体配合的集体作业，要求起重作业人员不仅应具备基本文化和身体条件，还必须了解有关法规和标准，学习起重作业安全技术理论和知识，掌握实际操作和安全救护的技能。起重机司机必须经过专门考核并取得合格证方可独立操作。指挥人员与司索工也应经过专业技术培训和安全技能训练，了解所从事工作的危险和风险，并有自我保护和保护他人的能力。

2. 起重机事故类型

（1）重物坠落 吊具或吊装容器损坏、物件捆绑不牢、挂钩不当、电磁吸盘突然失电、起升机构的零件故障（特别是制动器失灵、钢丝绳断裂）等都会引发重物坠落。

（2）起重机失稳倾翻 起重机失稳有两种类型，一是由于操作不当（例如超载、臂架变幅或旋转过快等）、支腿未找齐或地基沉陷等原因使倾翻力矩增大，导致起重机倾翻；二是由于坡度或风力作用，使起重机沿路面或轨道滑动，导致脱轨翻倒。

（3）挤压 起重机轨道两侧缺乏良好的安全通道或与建筑结构之间缺少足够的安全距离，使运行或回转的金属结构机体对人员造成夹挤伤害；运行机构的操作失误或制动器失灵引起溜车，造成碾压伤害等。

（4）高处跌落 人员在离地面大于2m的高度进行起重机的安装、拆卸、检查、维修或操作等作业时，从高处跌落造成的伤害。

（5）触电 起重机在输电线附近作业时，其任何组成部分或吊物与高压带电体距离过近，感应带电或触碰带电物体，都可以引发触电伤害。

（6）其他伤害 其他伤害是指人体与运动零部件接触引起的绞、碾、戳等伤害；液压起重机的液压元件破坏造成高压液体的喷射伤害；飞出物件的打击伤害；装卸高温液体金属、易燃易爆、有毒、腐蚀等危险品，由于坠落或包装捆绑不牢破损引起的伤害等。

3. 高处作业的安全防护

起重机金属结构高大，司机室往往设在高处，很多设备也安装在高处结构上，因此，起重司机正常操作、高处设备的维护和检修以及安全检查，都需要登高作业。为防止人员从高处坠落，防止高处坠落的物体对下面人员造成打击伤害，在起重机上，凡是高度不低于2m的一切合理作业点，包括进入作业点的配套设施，如高处的通行走台、休息平台、转向用的中间平台，以及高处作业平台等，都应予以防护。安全防护的结构和尺寸应根据人体参数确定，其强度、高度要求应根据走道、平台、楼梯和栏杆可能受到的最不利载荷考虑。

4. 安全操作

（1）吊运前的准备 吊运前的准备工作包括：正确佩戴个人防护用品，包括安全帽、工作服、工作鞋和手套，高处作业还必须佩戴安全带和工具包；检查清理作业场地，确定搬运路线，清除障碍物；室外作业要了解当天的天气预报；流动式起重机要将支撑地面垫实垫平，防止作业中地基沉陷；对使用的起重机和吊装工具、辅件进行安全检查，不使用报废元件，不留安全隐患；熟悉被吊物品的种类、数量、包装状况以及周围联系；根据有关技术数据（如重量、几何尺寸、精密程度、变形要求），进行最大受力计算，确定吊点位置和捆绑方式；编制作业方案（对于大型、重要的物件的吊运或多台起重机共同作业的吊装，事先要在有关人员参与下，由指挥、起重机司机和司索工共同讨论，编制作业方案，必要时报请有关部门审查批准）；预测可能出现的事故，采取有效的预防措施，选择安全通道，制定应急对策。

（2）起重机司机通用操作要求　有关人员应认真交接班，对吊钩、钢丝绳、安全防护装置的可靠性进行认真检查，发现异常情况及时报告。

开机作业前，应确认以下情况处于安全状态方可开机：所有控制器是否置于零位；起重机上和作业区内是否有无关人员，作业人员是否撤离到安全区；起重机运行范围内是否有未清除的障碍物；起重机与其他设备或固定建筑物的最小距离是否在 0.5m 以上，电源断路装置是否加锁或有警示标牌，流动式起重机是否按要求平整好场地，支脚是否牢固可靠。

开车前，必须鸣铃或示警，操作中接近人时，应给断续铃声或示警。

司机在正常操作过程中，不得利用极限位置限制器停车，不得利用打反车进行制动；不得在起重作业过程中进行检查和维修，不得带载调整起升、变幅机构的制动器或带载增大作业幅度；吊物不得从人头顶上通过，吊物和起重臂下不得站人。

严格按指挥信号操作，对紧急停止信号，无论何人发出，都必须立即执行。

吊载接近或达到额定值，或起吊危险物（液态金属、有害物、易燃易爆物）之前认真检查制动器，并用小高度、短行程试吊，确认没有问题后再吊运。

起重机各部位、吊载及辅助用具与输电线的最小距离应满足安全要求。

有下述情况时，司机不应操作：起重机结构或零部件（如吊钩、钢丝绳、制动器、安全防护装置等）有影响安全工作的缺陷和损伤；吊物超载或有超载可能；吊物重量不清、被埋置或冻结在地下、被其他物体挤压；吊物捆绑不牢或吊挂不稳，重物棱角与吊索之间未加衬垫；被吊物上有人或浮置物；作业场地昏暗，看不清场地、吊物情况或指挥信号。

工作中突然断电时，应将所有控制器置零，关闭总电源。重新工作前，应先检查起重机工作是否正常，确认安全后方可正常操作。

有主、副两套起升机构的，不允许同时利用主、副钩工作（设计允许的专用起重机除外）。

用两台或多台起重机吊运同一重物时，每台起重机都不得超载。吊运过程应保持钢丝绳垂直，保持运行同步。吊运时，有关负责技术人员和安全技术人员应在场指导。

露天作业的轨道起重机，当风力大于 6 级时，应停止作业；当工作结束时，应锚定住起重机。

（3）司索工安全操作要求　司索工主要从事地面工作，例如准备吊具、捆绑挂钩、摘钩卸载等，多数情况还担任指挥任务。司索工的工作质量与整个搬运作业安全关系极大。其操作工序要求如下：

① 准备吊具。对吊物的重量和重心估计要准确，如果是目测估算，应增大 20% 来选择吊具，每次吊装都要对吊具进行认真的安全检查，如果是旧吊索应根据情况降级使用，绝不可侥幸超载或使用已报废的吊具。

② 捆绑吊物。对吊物进行必要的归类、清理和检查，吊物不能被其他物体挤压，被埋或被冻的物体要完全挖出。切断与周围管、线的一切联系，防止造成超载；清除吊物表面或空腔内的杂物，将可移动的零件锁紧或捆牢，形状或尺寸不同的物品不经特殊捆绑不得混吊，防止坠落伤人；吊物捆扎部位的毛刺要打磨平滑，尖棱利角应加垫物，防止起吊吃力后损坏吊索；表面光滑的吊物应采取措施来防止起吊后吊索滑动或吊物滑脱；吊运大而重的物体应加诱导绳，诱导绳长应能使司索工既可握住绳头，同时又能避开吊物正下方，以便发生意外时司索工可利用该绳控制吊物。

③ 挂钩起钩。吊钩要位于被吊物重心的正上方，不准斜拉吊钩硬挂，防止提升后吊物翻转、摆动。吊物高大需要垫物攀高挂钩、搞钩时，脚踏物一定要稳固垫实，禁止使用易滚动物体（如圆木、管子、滚筒等）作脚踏物。攀高必须系安全带，防止人员坠落跌伤。挂钩

要坚持"五不挂"，即起重或吊物重量不明不挂，重心位置不清楚不挂，尖棱利角和易滑工件无衬垫物不挂，吊具及配套工具不合格或报废不挂，包装松散捆绑不良不挂等，将不安全隐患消除在挂钩前。当多人吊挂同一吊物时，应由一专人负责指挥，在确认吊挂完备，所有人员都离开站在安全位置以后，才可发出起钩信号；起钩时，地面人员不应站在吊物倾翻、坠落可波及的地方，如果作业场地为斜面，则应站在斜面上方（不可在死角），防止吊物坠落后继续沿斜面滚移伤人。

④ 摘钩卸载。吊物运输到位前，应选择好安置位置，卸载不要挤压电气线路和其他管线，不要阻塞通道；针对不同吊物种类应采取不同措施加以支撑、垫稳、归类摆放，不得混码、互相挤压、悬空摆放，防止吊物滚落、侧倒、塌垛；摘钩时应等所有吊索完全松弛再进行，确认所有绳索从钩上卸下再起钩，不允许抖绳摘索，更不许利用起重机抽索。

⑤ 搬运过程的指挥。无论采用何种指挥信号，必须规范、准确、明了；指挥者所处位置应能全面观察作业现场，并使司机、司索工都可清楚看到；在作业进行的整个过程中（特别是重物悬挂在空中时），指挥者和司索工都不得擅离职守，应密切注意观察吊物及周围情况，发现问题，及时发出指挥信号。

第五节　特种设备安全检测检修技术

一、特种设备安全检测技术

特种设备的种类、结构、类型繁多，其设计参数和使用条件各不相同，承压设备所盛装的介质可能具有不同程度的腐蚀或磨损性。因此，对它们进行检验时，必须采用各种不同的检验方法，这样才能对特种设备的安全使用性能作出全面、正确的评价。

（一）宏观检查

直观检查和量具检查通常称为宏观检查，是对在用承压类特种设备进行内、外部检验常用的检验方法。宏观检查的方法简单易行，可以直接发现和检验容器内、外表面比较明显的缺陷，为进一步利用其他方法做详细的检验提供线索和依据。

1. 直观检查

直观检查是承压类特种设备最基本的检验方法，通常在采用其他检验方法之前进行，是进一步检验的基础。它主要是凭借检验人员的感觉器官，对容器的内、外表面进行检查，以判别其是否有缺陷。

（1）检查内容　直观检查要求检查容器的本体和受压元件的结构是否合理；承压类特种设备的连接部位、焊缝、胀口、衬里等部位是否存在渗漏；承压类特种设备表面是否存在腐蚀的深坑或斑点、明显的裂纹、重皮折叠、磨损的沟槽、凹陷、鼓包等局部变形和过热的痕迹；焊缝是否有表面气孔、弧坑、咬边等缺陷；容器内、外壁的防腐层、保温层、耐火隔热层或衬里等是否完好等。

（2）检查工具　用于直观检查的检查工具有手电筒、5～10 倍放大镜、反光镜、内窥镜、约 0.5kg 的尖头手锤等。

（3）检查方法

① 通常采用肉眼检查，肉眼能够迅速扫视大范围面积，并且能够察觉细微的颜色和结构的变化。

② 当被检查的部位比较狭窄（例如长度较长的管壳式容器，以及气瓶等），无法直接观察时，可以利用反光镜或内窥镜伸入容器内进行检查。

③ 当怀疑设备表面有裂纹时，可用砂布将被检部位打磨干净，然后用浓度为 10% 的硝酸酒精溶液将其浸湿，擦净后用放大镜观察。

④ 对具有手孔或较大接管而人又无法进到内部用肉眼检查的小型设备，可将手从手孔或接管口伸入，触摸内表面，检查内壁是否光滑，有无凹坑、鼓包。

⑤ 用约 0.5kg 的尖头手锤进行锤击检查是过去检查锅炉、压力容器的一种常用的方法。当容器表面有防腐层、保温层、耐火隔热层、衬里或夹套等妨碍检查时，如果需要，应部分或全部拆除再进行直观检查。直观检查时，往往会在容器表面发现各种形态的缺陷，检验人员应予以综合判断，并分别予以适当的处置。

2. 量具检查

采用简单的工具和量具对直观检查所发现的缺陷进行测量，以确定缺陷的严重程度，是直观检查的补充手段。

（1）检查内容　量具检查要求检查设备表面腐蚀的面积和深度、变形程度、沟槽和裂纹的长度，以及设备本体和受压元件的结构尺寸（如容器的平直度、管板的不平度等）是否符合要求等。

（2）检查工具　直尺、样板、游标卡尺、塞尺等。

（3）检查方法

① 用拉线或量具检查设备的结构尺寸。例如，用钢卷尺围出筒体的周长，用计算圆周长的公式和筒体的实际壁厚值算出筒体的平均内直径，以求得筒体的内径偏差；测量筒体同一断面的不圆度等。

② 用平直尺紧靠设备、管板等的表面，用游标卡尺或塞尺检查设备的平直度、腐蚀、磨损、鼓包的深度（高度）、管板的不平度等。

③ 用预先按受压元件的某部分做成的样板紧靠其表面，检查它们的形状、尺寸是否符合设计要求（例如角焊缝的焊脚高度、封头的曲率尺寸等），或测量变形、腐蚀的程度。

④ 在器壁发生均匀腐蚀、片状腐蚀或密集斑点腐蚀的部位，目前通常采用超声波测厚仪测量容器的剩余壁厚。

（二）无损检测

在承压类特种设备构件的内部，常常存在着不易发现的缺陷，如焊缝中的未熔合、未焊透、夹渣、气孔、裂纹等。要想知道这些缺陷的位置、大小和性质，对每一台设备进行破坏性检查是不可能的，需要做无损探伤，它是在不损伤被检工件的情况下，利用材料和材料中缺陷所具有的物理特性探查其内部是否存在缺陷的方法。

应用无损检测技术通常是为了达到 4 个目的：保证产品质量、保障安全使用、改进制造工艺、降低生产成本。

1. 射线检测

（1）射线检测的原理　射线照射在工件上，透射后的射线强度根据物质的种类、厚度和密度而变化，利用射线的照相作用、荧光作用等特性，将这个变化记录在胶片上，经显影后形成底片的黑度变化，根据底片黑度的变化可了解工件内部结构状态，达到检查出缺陷的目的。

（2）射线检测的特点　用这种检查方法可以获得缺陷直观图像，定性准确，对长度、宽度尺寸的定量也较准确；检测结果有直接记录，可以长期保存；对体积型缺陷（气孔、夹渣类）检出率高，对面积性缺陷（裂纹、未熔合类）如果照相角度不适当容易漏检；适宜检验厚度较薄的工件，不适宜较厚的工件；适宜检验对接焊缝，不适宜检验角焊缝以及板材、棒材和锻件等；对缺陷在工件中厚度方向的位置、尺寸（高度）的确定较困难；检测成本高、速度慢；射线对人体有害。

（3）射线的安全防护　射线的安全防护主要是采用时间防护、距离防护和屏蔽防护 3 大技术。

时间防护，即尽量缩短人体与射线接触的时间。如果到射线源的距离增大 2 倍，射线的强度会降低 3/4。利用这一原理我们可以采用机械手、远距射线源操作等方法进行距离防护，还可在人体与射线源之间隔上一层屏蔽物，以阻挡射线，即为屏蔽防护。

2. 超声波检测

（1）超声波检测的原理　超声波是一种超出人听觉范围的高频率机械振动波，分为纵波、横波、表面波等多种波型。当介质中质点的位移与波传播的方向一致时为纵波，质点的位移与波传播的方向垂直时方横渡，而表面波只能在工件表面传播。在固体中，各类声波都可以传播；在液体和气体中，只有纵波才可以传播。超声波在同一均匀介质中传播时速度不变，传播方向也不变，如果传播过程中遇到另一种介质，就会发生反射、折射或绕射的现象。制造容器使用的钢材可视为均匀介质，如果内部存在缺陷，则缺陷会使超声波产生反射现象，根据反射波幅的大小、方位，就能判断和测定缺陷的存在。

（2）超声波检测的特点　超声波检测对面积性缺陷的检出率较高，而体积性缺陷检出率较低，适宜检验厚度较大的工件；适用于各种试件，包括对接焊缝、角焊缝，板材、管材、棒材、锻件以及复合材料等；检验成本低、速度快，检测仪器体积小、重量轻，现场使用方便，检测结果无直接见证记录；对位于工件厚度方向上的缺陷定位较准确，材质、晶粒度对检测有影响。

3. 磁粉检测

（1）磁粉检测的原理　铁磁性材料被磁化后，其内部产生很强的磁感应强度，磁力线密度增大几百倍到几千倍，如果材料中存在不连续，磁力线即会发生畸变，部分磁力线有可能逸出材料表面，从空间穿过，形成漏磁场。因空气的磁导率远低于零件的磁导率，使磁力线受阻，一部分磁力线挤到缺陷的底部，一部分穿过裂纹，一部分排挤出工件的表面后再进入工件。这后两部分磁力线形成磁性较强的漏磁场。如果这时在工件上撒上磁粉，漏磁场就会吸附磁粉，形成与缺陷形状相近的磁粉堆积，从而显示缺陷，将这种堆积称为磁痕。

当裂纹方向平行于磁力线的传播方向时，磁力线的传播不会受到影响，这时缺陷也不可能检出。

（2）磁粉检测的特点　磁粉检测适宜铁磁材料探伤，不能用于非铁磁材料；可以检出表面和近表面缺陷，不能用于检测内部缺陷；检测灵敏度很高，可以发现极细小的裂纹以及其他缺陷，检测成本很低，速度快，工件的形状和尺寸有时因难以磁化而对探伤有影响。

4. 渗透检测

（1）渗透检测的原理　渗透检测的原理是零件表面被施涂含有荧光染料或着色染料的渗透液后，在毛细管作用下，经过一定的时间，渗透液可以渗进表面开口的缺陷中，除去零件表面多余渗透液后，再在零件表面施涂显像剂，同样在毛细管的作用下，显像剂将吸引缺陷中保留的渗透液，渗透液渗到显像剂中，在一定的光源下，缺陷中的渗透液痕迹被显示，从而探出缺陷的形貌及分布状态。

（2）渗透检测的特点　除了疏松多孔性材料外，任何种类的材料，如钢铁材料、有色金属、陶瓷材料和塑料等材料的表面开口缺陷都可用渗透检测；形状复杂的部件也可用渗透检测，并且一次操作就可大致做到全面检测；同时存在几个方向的缺陷，用一次操作就可完成检测；形状复杂的缺陷也可容易地观察到显示的痕迹；不需大型设备，携带式喷灌着色渗透检测不需水、电，十分方便现场检测；试件表面粗糙度对检测结果影响大，探伤结果往往易受操作人员技术水平的影响；可以检出表面张口的缺陷，但对埋藏缺陷或闭口型的表面缺陷无法检出；检测程序多，速度慢；检测灵敏度较磁粉低；材料较贵，成本高；有些材料易燃、有毒。

5. 涡流检测

（1）涡流检测的原理　在工件中的涡流方向与给试件加交流电磁场的线圈（称为初级线圈或激励线圈）的电流方向相反。而涡流产生的交流磁场又使得激励线圈中的电流增加。假如涡流变化，这个增加的部分（反作用电流）也变化，测定这个变化，可得到工件表面的信息。

（2）涡流检测的特点　检测时与工件不接触，所以检测速度很快，易于实现自动化检测；涡流检测不仅可以探伤，而且可以揭示尺寸变化和材料特性，例如电导率和磁导率的变化，利用这个特点可综合评价容器消除应力热处理的效果、检测材料的质量以及测量尺寸；受集肤效应的限制，很难发现工件深处的缺陷；缺陷的类型、位置、形状不易估计，需辅以其他无损检测的方法来进行缺陷的定位和定性；不能用于绝缘材料的检测。

6. 声发射探伤法

（1）声发射探伤法的原理　声发射技术是根据容器受力时材料内部发出的应力波判断容器内部结构损伤程度的一种新的无损检测方法。

（2）声发射探伤法的特点　它与 X 射线、超声波等常规检测方法的主要区别在于声发射技术是一种动态无损检测方法，它能连续监视容器内部缺陷发展的全过程。

7. 磁记忆检测

磁记忆检测的原理是处于地磁环境下的铁制工件受工作载荷的作用，其内部会发生具有磁致伸缩性质的磁畴组织定向的和不可逆转的重新取向，并在应力与变形集中区形成最大的漏磁场的变化。这种磁状态的不可逆变化在工作载荷消除后继续保留，从而通过漏磁场法向分量的测定，便可以准确地推断工件的应力集中区。

（三）测厚

厚度测量是承压类特种设备检验中常见的检测项目。由于容器是闭合的壳体，测厚只能从一面进行，所以需要采用特殊的物理方法，最常用的是超声波。

（四）化学成分分析

钢铁材料元素分析的方法有原子发射光谱分析法和化学分析法两种。在用锅炉压力容器检验中进行化学成分分析的目的，主要在于复核和验证材料的元素含量是否符合材料的技术标准，或者在焊接或返修补焊时借此制定焊接工艺，或者用于鉴定在用锅炉压力容器壳体材质在运行一段时间后是否发生变化。

（五）金相检验

金相检验的目的主要是为了检查设备运行后受温度、介质和应力等因素的影响，其材质的金相组织是否发生了变化，是否存在裂纹、锅烧、疏松、夹渣、气孔、未焊透等缺陷。

金相检验分为宏观金相和微观金相，折断面检查是宏观金相检验方法之一。

金相检验可以观察到设备的局部金相组织。对于材料的金相检验，根据有关标准，可以判定钢材脱碳层深度，测定低碳钢的游离渗碳体、亚共析钢的带状组织和魏式组织，以及晶粒度等。对于在用压力容器金相检验结果的判定，通常可采用与典型缺陷金相图谱对比的方法来进行。在用压力容器的断口金相检验，还有助于判定腐蚀、断裂的类型，分析造成容器失效的原因。

（六）硬度测试

材料硬度值与强度存在一定的比例关系。材料化学成分中，大多数合金元素都会使材料的硬度升高，其中碳的影响最直接，材料中含碳量越大，其硬度越高，因此硬度测试有时用来判断材料强度等级或鉴别材质。材料中不同金属组织具有不同的硬度，故通过硬度值可大致了解材料的金相组织，以及材料在加工过程中的组织变化和热处理效果。加工残余应力和焊接残余应力的存在对材料的硬度也会产生影响，加工残余应力和焊接残余应力值越大，硬度越高。

（七）断口分析

断口分析是指人们通过肉眼或使用仪器观察与分析金属材料或金属构件损坏后的断裂截面，来探讨与材料或构件损坏有关的各种问题的一种技术。

断口是构件破坏后两个偶合断裂截面的通称。人们通过对断口形态的观察、研究和分析，去寻求断裂的起因、断裂方式、断裂性质、断裂机制、断裂韧性以及裂纹扩展速率等各种断裂基本问题，以使人们正确地判断引起断裂的真实原因究竟是起源于材料质量、构件的制造工艺、构件使用的环境因素影响，还是构件使用的操作因素等。

断口分析技术的发展概括起来经历了 3 个阶段：用肉眼、低倍率放大镜或光学显微镜直接观察阶段；用透射电子显微镜（简称"透射电镜"）观察断口复型的间接阶段；用扫描电子显微镜（简称"扫描电镜"）直接观察阶段。通常人们把第一阶段称为宏观断口分析，而把后两个阶段称为微观断口分析。

（八）耐压试验

承压类特种设备的耐压试验即通常所说的液压试验（水压试验）和气压试验，是一种验证性的综合检验，它不仅是产品竣工验收时必须进行的试验项目，也是定期进行容器全面检验的主要检验项目。耐压试验主要用于检验压力容器承受静压强度的能力。

（九）气密试验

气密试验又称为致密性试验或泄漏试验，当介质毒性程度为极度、高度危害或设计上不允许有微量泄漏的压力容器，必须进行气密性试验。气密性试验应在液压试验合格后进行。对碳素钢和低合金钢制压力容器，其试验用气体的温度应不低于 5℃，其他材料制压力容器按设计图样规定。气密性试验所用气体，应符合气压试验的规定，压力容器进行气密性试验时，安全附件应安装齐全。

容器致密性的检查方法：在被检查的部位涂（喷）刷肥皂水，检查肥皂水是否鼓泡；检查试验系统和容器上装设的压力表，其指示数字是否下降；在试验介质中加入体积分数为 1％的氨气，将被检查部位表面用 5％硝酸汞溶液浸过的纸带覆盖，如果有不致密的地方，氨气就会透过而使纸带的相应部位形成黑色的痕迹。此法较为灵敏、方便。在试验介质中充入氦气，如果有不致密的地方，就可利用氦气检漏仪在被检查部位表面检测出氦气。目前的氦气检漏仪可以发现气体中含有千万分之一的氦气存在，相当于在标准状态下漏氦气率为 $1cm^3/a$，因此，其灵敏度较高。小型容器可浸入水中检查，被检部位在水面下 $20\sim40mm$ 深处，检查是否有气泡逸出。

（十）爆破试验

爆破试验是对压力容器的设计与制造质量，以及其安全性和经济性进行综合考核的一项破坏性验证试验，通常气瓶在制造过程中按批进行爆破试验。

（十一）力学性能试验

力学性能试验的目的是检测材料及焊接接头的力学性能。检测方法有拉力试验、弯曲试验、常温和低温冲击试验、压扁试验等。检测的力学性能主要有比例极限 σ_p、弹性极限 σ_e、屈服极限 σ_s、抗拉强度 σ_b、伸长率 δ_r、断面收缩率 ψ、弯曲冲击功 A_{kv} 等。

（十二）应力应变测试

应力应变测试的目的是测出构件受载后表面的或内部各点的真实应力状态。进行应力应变测试的方法主要有电阻应变测量法（简称"电测法"）、光弹性方法、应变脆性涂层法和密栅云纹法等，每种测试方法都有各自的特点和适用范围。

电测法是将作为传感元件的电阻应变片粘贴或安装在被测的承压设备表面上，然后将其接入测量电路，当设备受载变形时，应变片的敏感栅相应变形并将应变转换成电阻改变量，再通过电阻应变仪直接得到所测量的应变值。根据应力与应变关系的物理方程，即可将测得的应变值换算成被测点的实际应力值。电测法可以进行大规模的多点应变测量，准确测定承压设备构件表面上任一点的静态到 500kHz 的动态应变，还可测得平面应力状态下某些点的主应力大小和方向。但是，此法只能测试承压设备表面的应力，不能显示容器表面整体应力场中应力梯度的情况。

（十三）应力分析

分析构件在载荷的作用下的各应力分量，如分析一次总体薄膜应力、一次局部薄膜应力、一次弯曲应力、二次应力、峰值应力等。

（十四）断裂力学分析

断裂力学分析是应用断裂理论，对含缺陷构件的剩余强度和寿命进行分析的方法。断裂力学的观点认为，带裂纹的构件，只要裂纹扩展未达到临界尺寸，仍可使用。

（十五）风险评估

风险评估技术就是将设备发生事故的可能性（概率）和事故造成的危害程度（损失）进行综合考虑，将设备划分成不同的风险等级。

二、特种设备检修安全技术

1. 锅炉检修前的准备工作

锅炉检修前，要让锅炉按正常停炉程序停炉，缓慢冷却，用锅水循环和炉内通风等方式，逐步把锅内和炉膛内的温度降低下来。当锅水温度降到 80℃ 以下时，把被检验锅炉上的各种门孔统统打开。打开门孔时注意防止被蒸汽、热水或烟气烫伤。

要把被检验锅炉上蒸汽、给水、排污等管道与其他运行中锅炉相应管道的通路隔断。隔断用的盲板要有足够的强度，以免被运行中的高压介质鼓破。隔断位置要明确指示出来。

被检验锅炉的燃烧室和烟道，要与总烟道或其他运行锅炉相通的烟道隔断。烟道闸门要关严密，并于隔断后进行通风。

2. 压力容器检修前注意事项

容器检验前，必须彻底切断容器与其他还有压力或气体的设备的连接管道，特别是与可燃或有毒介质的设备的通路。不但要关闭阀门，还必须用盲板严密封闭，以免阀门漏气，致使可燃或有毒的气体漏入容器内，引起着火爆炸或中毒事故。

容器内部的介质要全部排净。盛装可燃、有毒或窒息性介质的容器还应进行清洗、置换或消毒等技术处理，并经取样分析合格。与容器有关的电源，如容器的搅拌装置、翻转机构等的电源必须切断，并有明显的禁止接通的指示标志。

3. 检修中的安全注意事项

（1）注意通风和监护　在进入锅筒、容器前，必须将锅筒、容器上的人孔和集箱上的手孔全部打开，使空气对流一定时间，充分通风。进入锅筒、容器进行检验时，容器外必须有人监护。在进入烟道或燃烧室检查前，也必须进行通风。

（2）注意用电安全　在锅筒和潮湿的烟道内检验而用电灯照明时，照明电压不应超过24V。在比较干燥的烟道内，而且有妥善的安全措施，可采用不高于 36V 的照明电压。进入容器检验时，应使用电压不超过 12V 或 24V 的低压防爆灯。检验仪器和修理工具的电源电压超过 36V 时，必须采用绝缘良好的软线和可靠的接地线。锅炉、容器内严禁采用明火照明。

（3）禁止带压拆装连接部件　检验锅炉和压力容器时，如需要卸下或上紧承压部位的紧固件，必须将压力全部泄放以后方能进行，不能在内有压力的情况下卸下或上紧螺栓或其他紧固件，以防发生意外事故。

（4）禁止自行以气压试验代替水压试验 锅炉压力容器的耐压试验一般都用水作加压介质，不能用气体作加压介质，否则十分危险。个别容器由于结构等方面的原因，不能用水作耐压试验，而且即使设计规定可以用气压代替水压，也要在试验前经过全面检查，核算强度，并按设计的规定认真采取确实可靠的措施以后方能进行，并应事先取得有关部门的同意。

第六节　其他特种设备安全技术简介

一、电梯安全技术

（一）电梯基本知识

电梯，是指动力驱动，利用沿刚性导轨运行的箱体或者沿固定线路运行的梯级（踏步），进行升降或者平行运送人、货物的机电设备，包括载人（货）电梯、自动扶梯、自动人行道等。

电梯可能发生的危险一般有：人员被挤压、撞击和发生坠落、剪切；人员被电击、轿厢超越极限行程发生撞击；轿厢超速或因断绳造成坠落；由于材料失效、而造成结构破坏等。

保证电梯的安全性，除了充分考虑在结构的合理性、可靠性、电气控制和拖动的可靠性方面的因素外，还应针对各种可能发生的危险，设置专门的安全装置。

1. 防超越行程的保护

为防止电梯由于控制方面的故障，轿厢超越顶层或底层端站继续运行，必须设置保护装置以防止发生严重的后果和结构损坏。

防止越程的保护装置一般是由设在井道内上下端站附近的强迫换速开关、限位开关和极限开关组成。这些开关或碰轮都安装在固定于导轨的支架上，由安装在轿厢上的打板（撞杆）触动而动作。

2. 防电梯超速和断绳的保护

电梯由于控制失灵、曳引力不足、制动器失灵或制动力不足以及超载拖动绳断裂等原因都会造成轿厢超速和坠落，因此，电梯必须有可靠的保护措施。

防超速和断绳的保护装置是安全钳-限速器系统。安全钳是一种使轿厢（或对重）停止向下运动的机械装置，凡是由钢丝绳或链条悬挂的电梯轿厢均应设置安全钳。当地坑下有人能进入的空间时，对重也可设安全钳。安全钳一般都安装在轿架的底梁上，成对地同时作用在导轨上。

限速器是限制电梯运行速度的装置，一般安装在机房。当轿厢上行或下行超速时，通过电气触点使电梯停止运行，当下行超速，电气触点动作仍不能使电梯停止，速度达到一定值后，限速器机械动作，拉动安全钳夹住导轨将轿厢制停；当由于断绳造成轿厢（或对重）坠落时，也由限速的机械动作拉动安全钳，使轿厢制停在导轨上。安全钳和跟速器动作后，必须将轿厢（或对重）提起，并经专业人员调整后方能恢复使用。

3. 防人员剪切和坠落的保护

在电梯事故中人员被运动的轿厢剪切或坠入井道的事故占的比例较大，而且这些事故后果都十分严重，所以防止人员剪切和坠落的保护十分重要。防人员和剪切坠落的保护主要由门、门锁和门的电气安全触点联合承担。

安全标准要求如下：

① 当轿门和层门中任一门扇未关好和门锁未啮合 7mm 以上时，电梯不能启动。

②　当电梯运行时轿门和层门中任一门扇被打开，电梯应立即停止运行。

③　当轿厢不在层站时，在层门外不能将层门打开。

④　紧急开锁的钥匙只能交给一名负责人员，只有紧急情况才能由专业人员使用。

4. 缓冲装置

电梯由于控制失灵、曳引力不足或制动失灵等发生轿厢或对重蹲底时，缓冲器将吸收轿厢或对重的动能，提供最后的保护，以保证人员和电梯的安全。

缓冲器分蓄能型缓冲器和耗能型缓冲器。前者主要以弹簧和聚氨酯材料等为缓冲元件，后者主要是油压缓冲器。

5. 报警和救援装置

当人员被困在轿厢内时，通过电梯内的报警或通信装置应能将情况及时通知管理人员并通过救援装置将人员安全救出轿厢。

（1）报警装置　电梯必须安装应急照明和报警装置，并由应急电源供电。

（2）救援装置　电梯困人的救援以往主要采用自救的方法，即轿厢内的操纵人员从上部安全窗爬上轿顶将层门打开。随着电梯的发展，无人员操纵电梯的广泛使用，采用自救的方法不但十分危险而且几乎不可能。因为作为公共交通工具的电梯，乘员十分复杂，电梯故障时乘员不可能从安全窗爬出，就是爬上了轿顶也打不开层门，反而会发生其他的事故。因此现在电梯从设计上就决定了救援必须从外部进行。

6. 停止开关和检修运行装置

停止开关一般称急停开关，按要求在轿顶、底坑和滑轮间必须装设停止开关。停止开关应符合电气安全触点的要求，应是双稳态非自动复位的，误动作不能使其释放，停止开关要求是红色的，并标有"停止"和"运行"的位置，若是刀闸式或撞杆式开关，以把手或拨杆朝下为停止位置。

检修运行是为便于检修和维护而设置的运行状态，由安装在轿顶或其他地方的检修运行装置进行控制。

检修运行装置包括一个运行状态转换开关、操纵运行的方向按钮和停止开关。该装置也可以与能防止误动作的特殊开关一起从轿顶控制门机构的动作。

7. 消防功能

发生火灾时井道往往是烟气和火焰蔓延的通道，而且一般层门温度在70℃以上时不能正常工作。为了乘员的安全，在火灾发生时电梯必须具有使梯内所有电梯停止应答召唤信号，直接返回撤离层站的功能，即具有火灾自动返基站功能。

8. 防机械伤害的防护

当人接近电梯的运动部分时可能会产生撞击、挤压、绞碾等事故，在工作场地由于地面的高低差也可能会产生摔跌等危险，所以必须采取防护。

人在操作、维护中可能接近的旋转部件，尤其是传动轴上突出的锁销和螺钉、钢带、链条、皮带、齿轮、链轮、电动机的外伸轴、甩球式限速器等必须有安全网罩或栅栏，以防人无意中触及。曳引轮、盘车手轮、飞轮等光滑圆形部件可不加防护，但应部分或全部涂成黄色以警示。

轿顶和对重的反绳轮，必须安装防护罩。防护罩要能防止人员的肢体或衣服被绞入，还要能防止异物落入和钢丝绳脱出。

在底坑中对重运行的区域和装有多台电梯的井道中不同电梯的运动部件之间均应设隔障。

机房地面高差大于0.5m时，在高处应设栏杆并安设梯子，在轿顶边缘与井道壁水平距离超过0.3m时，应在轿顶设护栏保护人员安全和方便通过入口进入轿顶。

9. 电气安全保护

对电梯的电气装置和线路必须采取安全保护措施，以防止发生人员触电和设备损毁事故。按 GB 7588—1995 的要求，电梯应采取以下电气安全保护措施：

（1）直接触电的防护 绝缘是防止发生直接触电和电气短路的基本措施。

（2）间接触电的防护 在中性点接地的供电系统中，将故障时可能带电的电气设备外露可导电部分与供电变压器的中性点进行电气连接。

（3）电气故障防护 按规定交流电梯应有电源相序保护。当电源断相或错相时，应停止电梯运行。在变频调速电梯中，由于变频装置是先将交流整流成直流再进行变频调制，所以错相对其不会发生影响。

直接与电源相连的电动机和照明电路应有短路保护，短路保护一般用自动空气断路器或熔断器。与电源直接相连的电动机还应有过载保护。

（4）电气安全装置 电气安全装置包括直接切断驱动主机电源接触器或中间继电器的安全触点；不直接切断上述接触器或中间继电器的安全触点和不满足安全触点要求的触点。但当电梯电气设备出现故障，如无电压或低电压、导线中断、绝缘损坏、元件短路或断路、继电器和接触器不释放或不吸合、触头不断开或不闭合、断相错相等时，电气安全装置应能防止电梯出现危险。

（二）电梯使用安全管理

1. 电梯使用须知

（1）使用操作安全

① 有司机状态下的使用及操作。电梯投入使用前，必须做好动力电源和照明电源的供电工作；一天工作结束后，应将电梯行驶到最底层，用专用钥匙断开钥匙开关，使电梯安全回路切断，与此同时电梯门关闭，电梯不能运行，直至重新使用时把钥匙开关接通。

② 无司机状态下的使用及操作。无司机状态下使用电梯，由乘客按下操纵箱上的楼层按钮，电梯自动运行到目的楼层。

（2）对电梯紧急状态的处置 电梯因某种原因失去控制或发生超速而无法控制，虽然已按下急停按钮亦无法制动时，司机和乘客应保持镇静，切勿盲目行动打开轿厢，应借助各种安全装置自动发生作用将轿厢停止；电梯在行驶中发生停车时，轿厢内人员应先用警铃、电话等通知维修人员，由维修人员在机房设法移动轿厢至附近楼层门口，再由专职人员打开层门，使人员撤离轿厢；如果轿厢因超越行程或突然中途停驶，而必须在机房内用人力驱动飞轮转动曳引机，使轿厢作短程升降时，必须先将电动机的电源开关断开，同时在转动曳引机时，应该使制动器处于张开状态。

2. 电梯管理措施

（1）法定管理要求 电梯属于特种设备之一。因此，加强其质量与安全管理，要在全过程、从全方位入手，即包括设计、制造、安装、使用、检验、维修保养和改造等每个环节，都要严格遵循国家法规和标准的要求。例如，设计单位应将设计总图、安全装置和主要受力构件的安全可靠性计算资料，报送所在地区省级质量技术监督部门审查；制造单位应申请制造生产许可证和安全认定；安装和维修单位必须向所在地区省级政府管理部门申请资格认证，并领取认可资格证书；使用单位必须申请取得省级政府主管部门颁发的电梯检验合格证；操作人员必须经过专业培训考核合格，持有岗位操作资格证书；电梯设备的安全技术状况，必须按照规定由法定资格认可的单位进行检验，在用电梯安全定期监督检验周期为1年。

（2）建立管理档案 包括电梯的技术文件和电梯的档案卡片两方面管理档案。

① 电梯的技术文件内容包括：装箱单；产品出厂合格证；电梯机房井道图；电梯使用、

维护说明书；电梯电气布置图；电梯部件安装图；电梯安装、调试说明书；电梯安装部门提供的电梯安装验收证书；政府授权检测验收部门的检测合格证明材料。

② 电梯的档案卡片内容包括：电梯型号；用途；操纵方式；额定载重量（kg）；额定速度（m/s）；层站数量；电梯总行程高度（m）；电梯机房、井道平面图；曳引机型号；电动机型号、额定功率（kW）、转速（r/min）、额定电压（V）、额定电流（A）；控制柜型号；轿厢指示灯形式及电压；层门指示灯形式及电压；操纵箱板面、控制元件的组成与位置；召唤信号方式；轿厢的尺寸及内部装饰的颜色与材质区别；轿门形式及规格；层门形式及规格；门锁形式；层门门套情况；限速器形式；选层器形式；缓冲器形式；底坑深度；顶站高度；供电方式；制造单位名称、地址、联系人；出厂日期；安装单位名称、地址、电话及联系人；安装验收合格日期；电梯开始使用的日期；电梯管理人员、司机、保养维护人员姓名等；备注。

（3）建立管理制度 为保证电梯安全使用和正常运行，拥有电梯的单位必须建立必要的管理制度，电梯司机与电梯维修人员的培训制度，电梯值班记录制度，电梯检查、保养和维修制度，岗位操作规程，应急救援预案等。

（4）远程管理系统 电梯随科技发展迈向高性能化、高功能化，同时为了使乘坐者能安心使用，安全信赖性则显得更加重要，即在停电或故障时，能及时提供有效的服务措施。电梯远程管理监视系统，只要利用电话线即可达成全年、全天候的监控，并预警异常征兆；自动反馈侦测诊断的电脑资料，随时进行维修保养，确保电梯安全零故障。

二、客运索道安全技术

（一）客运索道基本知识

客运索道，是指动力驱动，利用柔性绳索牵引箱体等运载工具运送人员的机电设备，包括客运架空索道、客运缆车、客运拖牵索道等。

客运索道按其运行方式可以分为往复式和循环式两大类。

往复式索道又可分为承重与牵引分开的往复式单客厢索道，承重和牵引分开的车组往复式索道，以及承重和牵引合一的单线车组往复式索道3种。

循环式索道又可分为连续循环式、间歇循环式（运行—停止—运行）及脉动循环式（快速运行—慢速运行—快速运行）3种。其中连续循环式应用最广泛，其次是脉动循环式，而间歇循环式较少采用。

客运索道还可按照使用的抱索器形式和运载工具的形式进行分类。按使用的抱索器形式分为有固定抱索器客运索道和脱挂式抱索器客运索道；按所用的运载工具形式分为有吊厢式、吊椅式、吊篮式和拖牵式等。

（二）客运索道安全管理

1. 安全管理制度

建立和健全以安全生产（运营）责任制为中心的各项安全管理制度，是保障索道安全运营的重要手段。

索道虽有大小，机构设置等也有所不同，但都应根据有关法规和本索道的实际情况，建立和健全各项基本的安全管理制度。特别是一定要落实安全生产责任制，从领导、管理人员到工人各有职责，责任明确，使索道有序、有效地安全运营。

（1）建立健全安全档案 安全管理资料的建档工作，一要认真收集，积累资料；二要定期对资料进行整理和鉴定，保证资料的真实性、完整性和保存的价值性；三要将资料分科目、编号、装订归档。

（2）安全管理人员 安全运营管理工作技术性、政策性、群众性很强。因此，安全管理人员应由责任心强、有一定的经验和相当文化程度的人担任，并配备一定比例的工程技术人员，以利于促进安全科技活动，进行目标管理。

（3）作业人员的培训教育　国家规定登高架设、起重、焊接、电气、各种运输车辆的司机、客运索道等作业人员为特种作业人员，必须进行专门的安全技术培训，并经考试合格，持证上岗。

对特种作业人员应定期或不定期地进行安全教育，教育内容包括安全运营思想教育、事故教育、法制教育、安全技能教育、岗位专业技术教育等。

（4）安全检查　为预防、减少事故的发生，及时发现和控制各种危险、有害因素，保护乘客和作业人员的安全健康，保证安全运营，应进行各种安全检查。

安全检查的内容应根据索道运营特点，制定检查项目、标准，主要是查思想、制度、机械设备、安全设施、安全培训、操作行为、劳保用品使用、伤亡事故的处理等。对检查出来的隐患进行记录、整改、复查。经复查整改合格后，进行销案。

安全检查有经常性、定期性、突击性、专业性和季节性等多种形式，安全检查的组织形式，应根据检查目的、内容而定，因此，参加检查的组成人员也就不完全相同。

2. 客运架空索道安全特点

① 露天高处作业。客运索道大多建在名川大山野外露天场所，人们乘坐的吊椅、吊篮、客厢往往悬挂在距地面几米、数十米乃至百余米的高空钢丝绳上运行，索道站职工每天沿线路巡检维护，也要攀登几米、十几米乃至数十米高的驱动机台架、支架，在高空检修平台或检修小车上从事露天作业，夏天热、冬天冷，风吹日晒，工作条件差。

② 钢丝绳的安全影响大。每一条架空索道都离不开钢丝绳，钢丝绳是客运索道最重要的关键部件。虽然在设计时按照一定的安全系数来选择钢丝绳的结构和规格，但是在使用过程中，钢丝绳不可避免地会产生疲劳和磨损、变形、锈蚀、断裂等缺陷，从而导致强度降低，甚至突然破坏。

钢丝绳在使用过程中发生破坏事故，其后果往往是非常严重的，轻者导致设备的损坏，重者引起人员的伤亡。

③ 自然条件变化大、规则性差。由于自然条件（地质、水文、气候、地形等）多变和千差万别，每一条客运索道的工艺线路、设备选型、布置都有自己的特点，即使同一类型的索道因地形条件的变化或运行速度和客运量的差异，其不安全因素也不同。

④ 安全环节多、关联性差。客运索道是由立体交叉、众多环节组成的系统工程。安全措施贯穿于索道设计、制造、安装、运行、维护和管理的全过程。

⑤ 职工误操作多、乘客和周边人员错误行为多。

⑥ 营救难度大、社会影响大。

3. 客运架空索道安全营救

（1）救护组织　把索道全体职工编入救护组织，必要时应与市或地区消防系统联合整编。除了在索道站有严密的事故救护组织外，为了使全体人员了解和熟悉自己的岗位、救护方法和过程，救护组织负责人要组织救护人员定期举行救护演习，一旦发生事故，救护人员能按岗位各司其职，迅速、准确地完成救护工作。

实施救护工作时，索道工作人员应通过广播做好宣传解释工作，安定乘客的情绪，讲解到达站房和地面的方法。

（2）救护方法与设施　影响索道停业运行的原因主要有：停电、机械设备发生故障（包括驱动装置、尾部拉紧装置、索轮组和导向轮等）、牵引索跑偏或掉绳、进出站口系统有异常等。根据上述情况，可分别采取不同的营救方法。

① 救护方法。两种不同故障情况的救护。

第一种情况：当外部供电回路电源停电，或主电机控制系统发生故障时，应开启备用电源，如柴油发电机组来供电，借辅助电机以慢速将客车拉回站内。

第二种情况：当机械设备、站口系统、牵引索等发生重大故障导致索道不可能继续运行时，必须采用最简单的方法，在最短的时间内将乘客从客车内撤离到地面。撤离的方法取决于索道的类型、地形特征、气候条件、客车离地高度。配备适宜的营救设施，如绞车、梯子、救护袋等。在营救工作中，营救工作时间应尽可能短，一般应少于 3h，按此来配备营救设备和营救人员的数量。同时，应根据线路地形特点，将营救设备放在邻近支架附近的工具箱内，便于营救时迅速取用。

② 救护设施。往复式索道的牵引系统分两类，欧洲诸国采用单索引安全卡系统，而以日本为代表的一些国家则几乎全部采用双牵引差动轮系统。

• 单索引系统。当牵引索突然断裂时，客车上的安全卡立即自动（也可手动）卡住承载索，使客车安全停住。然后由辅助索引的专用小型救护车，从站内发往出事地点，与原客车对接，分批把乘客运回到站内。

现代客运索道有些已不采用辅助索系统，而使用更为方便的自行式救护小车。

• 双索引系统。当其中一根牵引索突然断裂时，断索一侧的差动驱动轮会随之突然超速，立即引起超速制动，客车依靠另一根牵引索安全停在线路上，然后利用手摇泵的压力油开启未断牵引索一侧的制动闸，慢速驱动该侧驱动轮，将客车缓慢拉入站内。

如果专用救护小车或差动轮的另一根牵引索均无法把乘客救回站内，则可以利用"高楼救生器"（或称缓降机），把乘客一个个地从客车车厢的底部开口处直接下放至地面。

③ 单线循环式索道的救护。对于吊椅式索道，由于索道侧几乎与地形坡度一致，客车离地面的高度不大（一般都控制在 8m 以内），在进行营救时，往往采取将尾部拉紧装置的滑轮组系统的绞车放松，降低吊椅的离地高度，并辅助以地面梯子、救护安全带（袋）的办法来撤离乘客。

三、大型游乐设施安全技术

（一）大型游乐设施基本知识

大型游乐设施是指用于经营目的，在封闭的区域内运行，承载乘客游乐的设施。其设计最大运行线速度大于或等于 2m/s 或者运行高度距地面高于或者等于 2m 的载人大型游乐设施。

游乐设施大致可以分为回转运动类、轨道运动类、戏水游戏类、场地运动类、电子娱乐类、梦幻仿真类、充气弹跳类、体育竞技类、休闲娱乐类等。

目前纳入质量技术监督部门安全监察的游乐设施范围为：转马类；滑行车类；观缆车类；自控飞机类；陀螺类；飞行塔类；架空游览车类；赛车类；小火车类；碰碰车类；电池车类，水上游乐类（水上摩托、快艇和游船除外）；滑道、滑索、蹦极和其他无动力类游乐设施（儿童用组合游乐设施除外）。

（二）游乐设施安全管理

游乐设施作为特种设备的一种，应加强安全管理，保证其安全运营。

1. 组织机构

（1）独立的建制 有政府管理部门批准成立的文件。

（2）依法注册 具有有效的营业执照，并在核定的范围内开展经营活动。

（3）业务独立 具有独立的法人地位，自主经营，自负盈亏，独立地承担民事责任。

（4）机构设置与运行 机构和岗位设置合理，职责明确，运行有效。

（5）安全保证机构 负责设备购入的进货验收、保管、施工、安装、调测负荷试验、运行过程及定期检查维修等检查工作。根据安全检查需要有权中止游乐设施的运营，负责质量管理手册的管理。

2. 人员素质

① 部门以上领导有相应的正式任命文件或聘书。

② 安全保证负责人须具有 3 年以上的管理工作经历或工程师以上的技术职务任职资格，熟悉本单位各类游乐设施的技术性能和检查维修业务及相关安全知识，掌握相关的法律法规知识。

③ 检修人员具有中专以上（或相当中专水平）的学历，并应熟练掌握该专业检修维护技能，具有标准、计量、质量监督法律、法规常识。

④ 值机（操作）人员应具有高中以上或同等学历，应具备专业知识；熟悉掌握操作规程；明确本岗位职责和人机安全紧急救护预案。

3. 运营应具备的条件

① 产品质量必须符合国家有关标准，有游乐设施生产许可证及有关证明。

② 游乐设施购置应进行进货检查、验收，原始记录应完整规范不得涂改。进口的游乐设施应有海关报关单和商检合格证书。

③ 产品须有使用、安装说明书，检查维修说明及图样；须有铭牌及产品编号；须有中文标明的产品名称、厂名、厂址；须有执行标准代号，产品合格证，规定的备品备件和专用工具等。

④ 新产品投入运营前，须经国家认可的检验单位检验，检验合格后方可运营。

⑤ 游乐设施施工、安装、调试、负荷试验应保存完整的原始记录，并有检验合格的报告。

⑥ 运营单位须有各类游乐设施管理制度，定期维护检修制度及相应的人机安全紧急救护预案。

⑦ 操作、管理、维修人员必须经过培训并持有上岗证书。

⑧ 各类游乐设施均应建立技术档案。内容包括：运营编号，操作、维修者姓名，设备验收、保管、施工、安装、调试、负荷试验情况，运行过程及定期检查中出现的问题与处理情况。

⑨ 运营场所须在明显位置公布游客须知、操作管理人员职责。

4. 管理制度

（1）安全质量管理手册　运营单位应制定系统、协调、切实可行的安全质量管理手册，其主要内容有：质量方针；组织机构图；各机构职责；各岗位职责；在职人员一览表；游乐设施一览表；安全质量保证体系图；规章制度目录；质量管理手册的管理；主要工作记录的格式。

（2）主要规章制度

① 安全检查、定期检查、维修制度；

② 关键设备定期检查规程；

③ 自检报告及原始记录，受检报告，受检设备图纸、资料的技术文件的管理制度；

④ 安全事故分析报告制度；

⑤ 游乐设施的停用、报废制度；

⑥ 游艺、游乐现场管理制度；

⑦ 游客安全申诉的收集和处理制度；

⑧ 各类员工的业务培训、考核制度；

⑨ 质量管理手册执行情况的检查制度。

（3）检查记录　安全质量保证机构对手册的执行情况应有检查记录。检查的重点是岗位责任制的落实与规章制度的执行情况。

5. 环境条件

① 游艺、游乐场所应地面整洁、无杂物，符合卫生城市的指标规定，室内场所采光、照明、通风、除尘、防震、消防、降低噪声、防疫消毒等应满足技术规范的要求。

② 游艺、游乐场所各类管理、服务人员应着工作服，佩戴服务标志。

复习思考题

1. 什么是特种设备？特种设备包括哪几大类？

2. 特种设备有哪些安全附件？试说明其各自的功用。

3. 特种设备事故有哪些特点？

4. 锅炉检修工作中动火规定包含有哪些内容？

5. 简述压力容器爆炸事故原因及预防措施。

6. 试分析锅炉爆管事故原因及预防措施。

7. 如何安全使用气瓶？

8. 锅炉"叫水"和"水击"有何不同？

9. 请阐述压力容器事故的预防措施。

10. 简述起重机的工作特点及危险表现。

11. 试论如何加强大型游乐设施安全管理。

12. 工业锅炉的安全附件有哪些？

13. 对使用中的电梯突发紧急状态，你是如何处置的？

14. 请你分析客运架空索道的安全特点。

15. 请查阅有关资料，了解厂内机动车辆运输的有关安全规定。

模块Ⅱ 安全工程应用技术

第六章 职业危害及其控制技术

>>> 学习指导

1. 了解职业危害的来源、生产性毒物的接触机会、生产性粉尘的理化特性和生产性粉尘作业危害程度分级，了解工业企业噪声卫生标准和高温作业分级知识。

2. 熟悉生产性毒物的来源与存在形态，熟悉物理性危害因素的种类。

3. 掌握生产性毒物的控制措施和粉尘控制的工程技术措施，重点掌握职业危害控制与治理技术措施。

目前，企业中存在的职业性危害因素主要是生产性粉尘、毒物、物理因素等。这些均来源于生产过程，产生于设备，扩散于环境，作用于接触人群。因此对职业性危害因素的控制应从设备、环境、人三个方面考虑。

第一节 工业毒物的危害及其控制

一、工业毒物及毒性

在生产过程中，生产性毒物主要来源于原料、辅助材料、中间产品、夹杂物、半成品、成品、废气、废液及废渣，有时也可能来自加热分解的产物，如聚氯乙烯塑料加热至160~170℃时可分解产生氯化氢。

1. 工业毒物的概念

(1) 毒物 广而言之，凡作用于人体并产生有害作用的物质均可称之为毒物，而狭义的毒物概念是指少量进入人体即可导致中毒的物质。通常所说的毒物主要是指狭义的毒物。当某些物质进入人的机体并累积到一定量后，就会与体液和组织发生生物化学作用或生物物理变化，扰乱或破坏机体的正常生理机能，使某些器官和组织发生暂时性或持久性病变，甚至危及生命，该物质称为毒物。

(2) 工业毒物 工业毒物是指在工业生产过程中所使用或生产的毒物，如化工生产中所使用的原材料，生产过程中的产品、中间产品、副产品以及含于其中的杂质，生产中的"三废"排放物中的毒物等均属于工业毒物。

毒物浸入人体后与人体组织发生化学或物理化学作用，并在一定条件下破坏人体的正常生理机能，引起某些器官和系统发生暂时性或永久性的病变，这种病变称之为中毒。在生产过程中由工业毒物引起的中毒即为职业中毒。因此判断是否为"职业中毒"首先应看三个要素是否同时具备，即"生产过程中"、"工业毒物"和"中毒"，上述三要素是必要条件。

化工生产中，工业毒物是广泛存在的。据世界卫生组织的估计，全世界工农业生产中的化学物质约有60多万种。据国际潜在有毒化学物登记组织统计，1976~1979年该组织就登记了33万种化学物，其中许多物质对人体有毒害作用。

2. 生产性毒物的形态和分类

由于毒物的化学性质各不相同，因此分类的方法很多。生产性毒物可以固体、液体、气体的形态存在于生产环境中。按物理形态可将工业毒物分为以下五种。

（1）气体 在常温、常压条件下，散发于空气中的无定形气体，如氯、溴、氨、一氧化碳和甲烷等。

（2）蒸气 固体升华、液体蒸发时形成蒸气，如水银蒸气和苯蒸气等。

（3）雾 混悬于空气中的液体微粒，如喷洒农药和喷漆时所形成的雾滴，镀铬和蓄电池充电时逸出的铬酸雾和硫酸雾等。

（4）烟 烟是指直径小于 $0.11\mu m$ 的悬浮于空气中的固体微粒，如熔铜时产生的氧化锌烟尘，熔镉时产生的氧化镉烟尘，电焊时产生的电焊烟尘等。

（5）粉尘 粉尘是能较长时间悬浮于空气中的固体微粒，直径大多数为 $0.1\sim10\mu m$。固体物质的机械加工、粉碎、筛分、包装等均可引起粉尘飞扬。

悬浮于空气中的粉尘、烟和雾等微粒，统称为气溶胶。了解生产性毒物的存在形态，有助于研究毒物进入机体的途径和发病原因，且便于采取有效的防护措施，以及选择车间空气中有害物采样方法。

生产性毒物进入人体的途径主要是经呼吸道，也可经皮肤和消化道进入。

3. 毒性评价标准和分级

（1）毒性评价标准 通常用实验动物的死亡数来反映物质的毒性。常用的评价指标有以下几种。

① 绝对致死量或浓度（LD_{100} 或 LC_{100}）。LD_{100} 或 LC_{100} 表示绝对致死剂量或浓度，即能引起实验动物全部死亡的最小剂量或最低浓度。

② 半数致死量或浓度（LD_{50} 或 LC_{50}）。LD_{50} 或 LC_{50} 表示半数致死剂量或浓度，即能引起实验动物的 50% 死亡的剂量或浓度。这是将动物实验所得数据经统计处理而得的。

③ 最小致死量或浓度（MLD 或 MLC）。MLD 或 MLC 表示最小致死剂量或浓度，即能引起实验动物中个别动物死亡的剂量或浓度。

④ 最大耐受量或浓度（LD_0 或 LC_0）。LD_0 或 LC_0 表示最大耐受剂量或浓度，即不能引起实验动物死亡的最大剂量或浓度，也指全组染毒或给药的动物全部存活的最大剂量或浓度。

（2）毒物的急性毒性分级 毒物的急性毒性可根据动物染毒实验资料 LD_{50} 进行分级。据此将毒物分为剧毒、高毒、中等毒、低毒和微毒五级，见表6-1。

表6-1 化学物质急性毒性分级

毒性分级	大鼠一次经口 LD_{50}/(mg/kg)	6只大鼠吸入 4h死亡 2~4 只的浓度/(μg/g)	兔涂皮时 LD_{50}/(mg/kg)	对人可能致死量	
				g/kg	60kg体重总量/g
剧毒	<1	<10	<5	<0.05	0.1
高毒	1~	10~	5~	0.05~	3
中等毒	50~	100~	44~	0.5~	30
低毒	500~	1000~	350~	5.0~	250
微毒	5000~	10000~	2180~	>15.0	>1000

二、职业中毒及危害

1. 职业中毒的途径

毒物侵入人体的途径有三个：呼吸道、皮肤和消化道，在生产过程中，毒物最主要的是通过呼吸道侵入，生活性中毒则以消化道进入为主。

（1）经呼吸道侵入　呼吸道可分为导气管和呼吸单位两大部分。按顺序，导气管包括鼻腔、口腔前庭、口、咽、喉、气管、主支气管、支气管、细支气管和终末细支气管。

（2）经皮肤侵入　有些毒物可通过无损皮肤通过表皮、毛囊、汗腺导管等途径侵入人体。

（3）经消化道侵入　由呼吸道侵入人体的毒物，一部分沾附在鼻咽部或混于口鼻咽的分泌物中，另一部分可被吞入消化道。

2. 中毒的危害

毒物侵入人体后，通过血液循环分布到全身各组织或器官。由于毒物本身的理化特性及各组织的生化、生理特点，从而破坏人的正常生理机能，导致中毒。中毒可大致分为急性中毒和慢性中毒两种情况。急性中毒发病急剧、病情变化快、症状较重。慢性中毒一般潜伏期长，发病缓慢，病理变化缓慢且不易在短时期内治好。职业中毒以慢性中毒为主，而急性中毒多见于事故场合，一般较为少见，但危害甚大。

（1）对呼吸系统的危害　毒物对呼吸系统的影响表现为以下三个方面。

① 窒息状态。如氨、氯、二氧化硫急性中毒时能引起喉痉挛和声门水肿。甲烷等稀释空气中的氧，一氧化碳等能形成高血红蛋白，使呼吸中枢因缺氧而受到抑制。

② 呼吸道炎症。吸入刺激性气体以及镉、锰、铍的烟尘可引起化学性肺炎。汽油误吸入呼吸道会引起右下叶肺炎。铬酸雾能引起鼻中隔穿孔。

③ 肺水肿。中毒性肺水肿常由于吸入大量水溶性的刺激性气体或蒸气所引起，如氯气、氨气、氮氧化物、光气、硫酸二甲酯、三氧化硫、卤代烃、羰基镍等。

（2）对神经系统的危害　毒物对神经系统的影响表现为以下三个方面。

① 急性中毒性脑病。锰、汞、汽油、四乙基铅、苯、甲醇、有机磷等所谓"亲神经性毒物"作用于人体会产生中毒性脑病，表现为神经系统症状，如头晕、呕吐、幻视、视觉障碍、复视、昏迷、抽搐等。有的患者有癫病样发作或神经分裂症、躁狂症、忧郁症。有的会出现植物神经系统失调，如脉搏减慢、血压和体温降低、多汗等。

② 中毒性周围神经炎。二硫化碳、有机溶剂、铊、砷的慢性中毒可引起指、趾触觉减退、麻木、疼痛、痛觉过敏。严重者会造成下肢运动神经元瘫痪和营养障碍等。初期为指、趾肌力减退，逐渐影响到上下肢，以致发生肌肉萎缩，腱反射迟钝或消失。

③ 神经衰弱症候群。见于某些轻度急性中毒、中毒后的恢复期，以慢性中毒的早期症状最为常见，如头痛、头昏、倦怠、失眠、心悸等。

（3）对血液系统的危害

① 白细胞数变化。大部分中毒均呈现白细胞总数和中性粒细胞的增高。苯、放射性物质等可抑制白细胞和血细胞核酸的合成，从而影响细胞的有丝分裂，对血细胞再生产生障碍，引起白细胞减少甚至患有中性粒细胞缺乏症。

② 血红蛋白变性。毒物引起的血红蛋白变性常以高铁血红蛋白症为最多。由于血红蛋白的变性，带氧功能受到障碍，患者常有缺氧症状，如头昏、乏力、胸闷甚至昏迷。同时，红细胞可以发生退行性病变、寿命缩短、溶血等异常现象。

③ 溶血性贫血。砷化氢、苯胺、苯肼、硝基苯等中毒可引起溶血性贫血。由于红细胞迅速减少，导致缺氧，患者头昏、气短、心动过速等，严重者可引起休克和急性肾功能衰竭。

（4）对泌尿系统的危害　在急性和慢性中毒时，有许多毒物可引起肾脏损害，尤其以升汞和四氯化碳等引起的肾小管坏死性肾病最为严重。乙二醇、铅、铀等可引起中毒性肾病。

（5）对循环系统的危害　砷、磷、四氯化碳、有机汞等中毒可引起急性心肌损害。汽油、苯、三氯乙烯等有机溶剂能刺激 β-肾上腺素受体而致心室颤动。氯化钡、氯化乙基汞中毒可引起心律失常。刺激性气体引起严重中毒性肺水肿时，由于渗出大量血浆及肺循环阻力的增加，可能出现肺原性心脏病。

（6）对消化系统的危害

① 急性肠胃炎。经消化道侵入汞、砷、铅等，可出现严重恶心、呕吐、腹痛、腹泻等酷似急性肠胃炎的症状。剧烈呕吐、腹泻可以引起失水和电解质、酸碱平衡紊乱，甚至发生休克。

② 中毒性肝炎。有些毒物主要引起肝脏损害，造成急性或慢性肝炎，这些毒物被称为"亲肝性毒物"。该类毒物常见的有磷、锑、四氯化碳、三硝基甲苯、氯仿及肼类化合物。

（7）对皮肤的危害　皮肤是机体抵御外界刺激的第一道防线，在从事化工生产中，皮肤接触外在刺激物的机会最多。许多毒物直接刺激皮肤造成皮肤危害，有些毒物经口鼻吸入，也会引起皮肤病变。不同毒物对皮肤会产生不同危害，常见的皮肤病症状有：皮肤瘙痒、皮肤干燥、皲裂等。有些毒物还会引起皮肤附属器官及口腔黏膜的病变，如毛发脱落、甲沟炎、龈炎、口腔黏膜溃疡等。

（8）对眼部的危害　化学物质对眼部的危害，是指某种化学物质与眼部组织直接接触造成的伤害，或化学物质进入体内后引起视觉病变或其他眼部病变。

① 接触性眼部损伤。化学物质的气体、烟尘或粉尘接触眼部，或其液体、碎屑飞溅到眼部，可引起色素沉着、过敏反应、刺激性炎症或腐蚀灼伤，导致视力严重减退、失明或眼球萎缩。

② 中毒所致眼部损伤。毒物侵入人体后，作用于不同的组织，对眼部有不同的损害。例如黑矇、视野缩小、视中心暗点、幻视、复视、瞳孔缩小、眼睑病变、眼球震颤、白内障、视网膜及脉络膜病变和视神经病变等。

3. 常见化学毒物急性中毒的表现

有毒物质对人体的危害主要为引起中毒。

化学品的毒作用可分为如下临床类型：引起刺激、过敏、缺氧、昏迷和麻醉、全身中毒、致癌、致畸、致突变和肺尘埃沉着病等。

（1）刺激　刺激意味着身体同化学品接触已相当严重，一般受刺激的部位为皮肤、眼睛和呼吸系统。

① 皮肤。当某些化学品和皮肤接触时，化学品可使皮肤保护层脱落，而引起皮肤干燥、粗糙、疼痛，这种情况称作皮炎，许多化学品能引起皮炎。

② 眼睛。化学品和眼部接触导致的伤害轻至轻微的、暂时性的不适，重至永久性的伤残，伤害严重程度取决于中毒的剂量和采取急救措施的快慢。

③ 呼吸系统。雾状、气态、蒸气化学刺激物和上呼吸系统（鼻和咽喉）接触时，会导致火辣辣的感觉，这一般是由可溶物引起的，如氨水、甲醛、二氧化硫、酸、碱，它们易被鼻咽部湿润的表面吸收。处理这些化学品必须小心对待，如在喷洒药物时就要防止吸入这些蒸气。

一些刺激物对气管的刺激可引起气管炎，甚至严重损害气管和肺组织，如二氧化硫、氯气、煤尘。一些化学物质将会渗透到肺泡区，引起强烈的刺激。在工作场所一般不易检测这些化学物质，但它们能严重危害工人健康。化学物质和肺组织反应，马上或几个小时后便引起肺水肿。这种症状由强烈的刺激开始，随后会出现咳嗽、呼吸困难（气短）、缺氧以及痰多。例如二氧化氮、臭氧以及光气等物质就会引起上述反应。

（2）过敏　接触某些化学品可引起过敏，开始接触时可能不会出现过敏症状，但长时间的暴露会引起身体的反应。即便是接触低浓度化学物质也会产生过敏反应，皮肤和呼吸系统会受到过敏反应的影响。

①皮肤。皮肤过敏是一种看似皮炎（皮疹或水疱）的症状，这种症状不一定在接触的部位出现，而可能在身体的其他部位出现。引起这种症状的化学品有环氧树脂、胺类硬化剂、偶氮染料、煤焦油衍生物和铬酸。

②呼吸系统。呼吸系统对化学物质的过敏引起职业性哮喘，这种症状的反应常包括咳嗽，特别是夜间，以及呼吸困难，如气喘和呼吸短促。引起这种反应的化学品有甲苯、聚氨酯、福尔马林。

（3）缺氧（窒息）　窒息涉及对身体组织氧化作用的干扰。这种症状分为三种：单纯窒息、血液窒息和细胞内窒息。

①单纯窒息。这种情况是由于周围氧气被惰性气体所代替，如氮气、二氧化碳、乙烷、氢气或氦气，而使氧气量不足以维持生命的继续。一般情况下，空气中含氧21％。如果空气中氧浓度降到17％以下，机体组织的供氧不足，就会引起头晕、恶心、调节功能紊乱等症状。这种情况一般发生在空间有限的工作场所，缺氧严重时导致昏迷，甚至死亡。

②血液窒息。这种情况是由于化学物质直接影响机体传送氧的能力，典型的血液窒息性物质就是一氧化碳。空气中一氧化碳含量达到0.05％时就会导致血液携氧能力严重下降。

③细胞内窒息。这种情况是由于化学物质直接影响机体和氧结合的能力，如氰化氢、硫化氢这些物质影响细胞和氧的结合能力，尽管血液中含氧充足。

（4）昏迷和麻醉　接触高浓度的某些化学品，如乙醇、丙醇、丙酮、丁酮、乙炔、烃类、乙醚、异丙醚会导致中枢神经抑制。这些化学品有类似醉酒的作用，一次大量接触可导致昏迷甚至死亡。但也会导致一些人沉醉于这种麻醉品。

（5）全身中毒　人体是由许多系统组成的，全身中毒是指化学物质引起的对一个或多个系统产生有害影响并扩展到全身的现象，这种作用不局限于身体的某一点或某一区域。

肝脏的作用就是净化血液中的有毒物质并在排泄前将它们转化成无害的和水溶性的物质。然而有一些物质是对肝脏有害的，根据接触的剂量和频率，反复损害肝脏组织可能造成伤害，引起病变（肝硬化）和降低肝脏的功能，例如溶剂酒精、四氯化碳、三氯乙烯、氯仿，也可能被误认为病毒性肝炎，因为这些化学物质引起肝损伤的症状（黄皮肤、黄眼睛）类似于病毒性肝炎。

肾是泌尿系统的一部分，它的作用是排除由身体产生的废物，维持水、盐平衡，并控制和维持血液中的酸度。泌尿系统各部位都可能受到有毒物质损害，如慢性铍中毒常伴有尿路结石，杀虫脒中毒可出现出血性膀胱炎等，但最常见的还是肾损害。不少生产性毒物对肾有毒性，尤以重金属和卤代烃最为突出。如汞、铅、铊、镉、四氯化碳、氯仿、六氟丙烯、二氯乙烷、溴甲烷、溴乙烷、碘乙烷等。

神经系统控制机体的活动功能，它也能被一定的化学物质所损害。长期接触一些有机溶剂会引起疲劳、失眠、头痛、恶心，更严重的将导致运动神经障碍、瘫痪，感觉神经障碍；神经末梢不起作用与接触己烷、锰和铅有关，导致腕垂病；接触有机磷酸盐化合物，如对硫磷，可能导致神经系统失去功能；另外接触二硫化碳，可引起精神紊乱（精神病）。接触一定的化学物质可能对生殖系统产生影响，导致男性不育、怀孕妇女流产，如二溴化乙烯、苯、氯丁二烯、铅、有机溶剂和二硫化碳等化学物质与男性工人不育有关，流产与接触麻醉性气体、戊二醛、氯丁二烯、铅、有机溶剂、二硫化碳和氯乙烯等化学物质有关。

（6）致癌　长期接触一定的化学物质可能引起细胞的无节制生长，形成癌性肿瘤。这些肿瘤可能在第一次接触这些物质以后许多年才表现出来，这一时期被称为潜伏期，一般为4～40年。造成职业肿瘤的部位是变化多样的，未必局限于接触区域，如砷、石棉、铬、镍等物质可能导致肺癌；鼻腔癌和鼻窦癌是由铬、镍、木材、皮革粉尘等引起的；膀胱癌与接触联苯胺、萘胺、皮革粉尘等有关；皮肤癌与接触砷、煤焦油和石油产品等有关；接触氯乙烯单体可引起肝癌；接触苯可引起再障。

（7）致畸 接触化学物质可能对未出生胎儿造成危害，干扰胎儿的正常发育，在怀孕的前三个月，脑、心脏、胳膊和腿等重要器官正在发育，一些研究表明化学物质可能干扰正常的细胞分裂过程，如麻醉性气体、水银和有机溶剂，从而导致胎儿畸形。

（8）致突变 某些化学品对工人遗传基因的影响可能导致后代发生异常，实验结果表明80%～85%的致癌化学物质对后代有影响。

（9）肺尘埃沉着病 肺尘埃沉着病是由于在肺的换气区域发生了小尘粒的沉积以及肺组织对这些沉积物的反应，很难在早期发现肺的变化，当 X 射线检查发现这些变化的时候病情已经较重了。肺尘埃沉着病患者肺的换气功能下降，在紧张活动时将发生呼吸短促症状，这种作用是不可逆的，能引起肺尘埃沉着病的物质有石英晶体、石棉、滑石粉、煤粉和铍。

化学毒物引起的中毒往往是多器官、多系统的损害。如常见毒物铅可引起神经系统、消化系统、造血系统及肾脏损害；三硝基甲苯中毒可出现白内障、中毒性肝病、贫血、高铁血红蛋白血症等。同一种毒物引起的急性和慢性中毒其损害的器官及表现亦可有很大差别。例如，苯急性中毒主要表现为对中枢神经系统的麻醉作用，而慢性中毒主要为对造血系统的损害。这在有毒化学品对机体的危害作用中是一种很常见的现象。此外，有毒化学品对机体的危害尚取决于一系列因素和条件，如毒物本身的特性（化学结构、理化特性）、毒物的剂量、浓度和作用时间，毒物的联合作用，个体的敏感性等。

总之，机体与有毒化学品之间的相互作用是一个复杂的过程，中毒后的表现千变万化。

三、防毒技术措施

生产过程的密闭化、自动化是解决毒物危害的根本途径。采用无毒、低毒物质代替有毒或高毒物质是从根本上解决毒物危害的首选办法。

下面介绍几种常用的生产性毒物控制措施。

1. 密闭—通风排毒系统

该系统由密闭罩、通风管、净化装置和通风机构成。采用该系统必须注意以下两点事项：

① 整个系统必须注意安全、防火、防爆问题；

② 正确地选择气体的净化和回收利用方法，防止二次污染，防止环境污染。

2. 局部排气罩

就地密闭，就地排出，就地净化，是通风防毒工程的一个重要的技术准则。排气罩就是实施毒源控制，防止毒物扩散的具体技术装置。按构造特征，局部排气罩分为三种类型。

（1）密闭罩 在工艺条件允许的情况下，尽可能将毒源密闭起来，然后通过通风管将含毒空气吸出，送往净化装置，净化后排放大气。

（2）开口罩 在生产工艺操作不可能采取密闭罩排气时，可按生产设备和操作的特点，设计开口式罩排气。按结构形式，开口罩分为上口吸罩、侧吸罩和下吸罩。

（3）通风橱 通风橱是密闭罩与侧吸罩相结合的一种特殊排气罩，可以将产生有害物的操作和设备完全放在通风橱内，通风橱上设有开启动的操作小门，以便于操作。为防止通风橱内机械设备的扰动、化学反应或热源的热压、室内横向气流的干扰等原因而引起的有害物逸出，必须对通风橱实行捧气，使橱内形成负压状态，以防止有害物逸出。

3. 排出气体的净化

工业的无害化排放，是通风防毒工程必须遵守的重要准则。根据输送介质特性和生产工艺的不同，可采用不同的有害气体净化方法。有害气体净化方法大致分为洗涤法、吸附法、袋滤法、静电法、燃烧法和高空排放法。

确定净化方案的原则是：①设计前必须确定有害物质的成分、含量和毒性等理化指标；②确定有害物质的净化目标和综合利用方向，应符合卫生标准和环境保护标准的规定；③净化设备的工艺特性，必须与有害介质的特性相一致；④落实防火、防爆的特殊要求。

（1）洗涤法　洗涤法也称吸收法，是通过适当比例的液体吸收剂处理气体混合物，完成沉降、降温、聚凝、洗净、中和、吸收和脱水等物理化学反应，以实现气体的净化。洗涤法是一种常用的净化方法，在工业上已经得到广泛的应用。它适用于净化 CO、SO_2、NO_x、HF、SiP_4、HCl、Cl_2、NH_3、Hg 蒸气、酸雾、沥青烟及有机蒸气。如冶金行业的焦炉煤气、高炉煤气、转炉煤气、发生炉煤气净化，化工行业的工业气体净化，机电行业的苯及其衍生物等有机蒸气净化，电力行业的烟气脱硫净化等。

（2）吸附法　吸附法是使有害气体与多孔性固体（吸附剂）接触，使有害物（吸附质）黏附在固体表面上（物理吸附）。当吸附质在气相中的浓度低于吸附剂上的吸附质平衡浓度时，或者有更容易被吸附的物质达到吸附表面时，原来的吸附质会从吸附剂表面上脱离而进入气相，实现有害气体的吸附分离。吸附剂达到饱和吸附状态时，可以解吸、再生、重新使用。吸附法多用于低浓度有害气体的净化，并实现其回归与利用。如机械、仪表、轻工和化工等行业，对苯类、醇类、酯类和酮类等有机蒸气的气体净化与回收工程已广泛应用，吸附效率可达 90%～95%。

（3）袋滤法　袋滤法是粉尘通过过滤介质受阻，而将固体颗粒物分离出来的方法。在袋滤器内，粉尘将经过沉降、聚凝、过滤和清灰等物理过程，实现无害化排放。

袋滤法是一种高效净化方法，主要适用工业气体的除尘净化，如以金属氧化物（Fe_2O_3等）为代表的烟气净化。该方法还可以用作气体净化的前处理及物料回收装置。

（4）静电法　粒子在电场作用下，带电荷后，向沉淀极移动，带电粒子碰到集尘极即释放电子而呈中性状态附着在集尘板上，从而被捕捉下来，完成气体净化。静电法分为干式净化工艺和湿式净化工艺，按其构造形式又可分为卧式和立式。以静电除尘器为代表的静电法气体净化设备清灰方法，广泛应用在供电设备清灰和粉尘回收等方面。

（5）燃烧法　燃烧法是将有害气体中的可燃成分与氧结合，进行燃烧，使其转化为CO_2 和 H_2O，达到气体净化与无害物排放的方法。燃烧法适用于有害气体中含有可燃成分的条件，分为直接燃烧法和催化燃烧法两种。直接燃烧法是在一般方法难以处理，且危害性极大，必须采取燃烧处理时采用，如净化沥青烟、炼油厂尾气等。催化燃烧法主要用于净化机电、轻工行业产生的苯、醇、酯、醚、醛、酮、烷和酚类等有机蒸气。

4. 个体防护

对接触毒物作业的工人，进行个体防护有特殊意义。毒物通过呼吸道、口、皮肤侵入人体，因此，凡是接触毒物的作业都应规定有针对性的个人卫生制度，必要时应列入操作规程，比如不准在作业场所吸烟、吃东西，班后洗澡，不准将工作服带回家中等。个体防护制度不仅保护操作者自身，而且可避免家庭成员，特别是儿童间接受害。

属于作业场所的防护用品有防护服装、防毒口罩和防毒面具。

四、工作场所急性中毒的现场急救

在生产场所和检修现场，有时由于设备突发性损坏或泄漏致使大量毒物外溢（逸）造成作业人员急性中毒。急性中毒发生快，变化急，病情严重，往往"病来如山倒"。因此，必须全力以赴，争分夺秒地即时抢救。现场正确、及时地抢救急性中毒事故，对于挽救重危中毒者，减轻中毒程度，防止合并症的产生具有十分重要的意义。另外，也争取了时间，为进一步治疗创造了有利条件。

急性中毒的现场急救应遵循下列原则。

1. 救护者的个人防护

急性中毒发生时毒物多由呼吸系统和皮肤进入人体。因此，救护者在进入危险区抢救之前，首先要做好呼吸系统和皮肤的个人防护，佩戴好供氧式防毒面具或氧气呼吸器，穿好防护服。进入设备内抢救时要系上安全带，然后再进行抢救。否则，不但中毒者不能获救，救护者也会中毒，致使中毒事故扩大。

2. 切断毒物来源

救护人员进入现场后，除对中毒者进行抢救外，同时应侦查毒物来源，并采取果断措施切断其来源，如关闭泄漏管道的阀门、堵加盲板、停止加送物料、堵塞泄漏设备等，以防止毒物继续外溢（逸）。对于已经扩散出来的有毒气体或蒸气应立即启动通风排毒设施或开启门、窗，以降低有毒物质在空气中的含量，为抢救工作创造有利条件。

3. 采取有效措施防止毒物继续侵入人体

（1）转移中毒者 救护人员进入现场后，应迅速将中毒者转移至有新鲜空气处，并解开中毒者的颈、胸部纽扣及腰带，以保持呼吸通畅。同时对中毒者要注意保暖和保持安静，严密注意中毒者神志、呼吸状态和循环系统的功能。在抢救搬运过程中，要注意人身安全，不能强硬拖拉，以防造成外伤，致使病情加重。

（2）清除毒物 当皮肤受到腐蚀性毒物灼伤，不论其吸收与否，均应立即采取下列措施进行清洗，防止伤害加重。

① 迅速脱去被污染的衣服、鞋袜、手套等。

② 立即彻底清洗被污染的皮肤，清除皮肤表面的化学刺激性毒物，冲洗时间要达到 $15\sim30min$。

③ 如毒物系水溶性，现场无中和剂，可用大量水冲洗。用中和剂冲洗时，酸性物质用弱碱性溶液冲洗，碱性物质用弱酸性溶液冲洗。

非水溶性刺激物的冲洗剂，须用无毒或低毒物质。对于遇水能反应的物质，应先用干布或者其他能吸收液体的东西抹去污染物，再用水冲洗。

④ 对于黏稠的物质，如有机磷农药，可用大量肥皂水冲洗（敌百虫不能用碱性溶液冲洗），要注意皮肤皱褶、毛发和指甲内的污染物。

⑤ 较大面积的冲洗，要注意防止着凉、感冒，必要时可将冲洗剂保持适当温度，但以不影响冲洗剂的作用和及时冲洗为原则。

⑥ 毒物进入眼睛时，应尽快用大量流水缓慢冲洗眼睛 $15min$ 以上，冲洗时把眼睑撑开，让伤员的眼睛向各个方向缓慢移动。

4. 促进生命器官功能恢复

中毒者若停止呼吸，应立即进行人工呼吸。人工呼吸的方法有压背式、振臂式、口对口（鼻）式三种。最好采用口对口式人工呼吸法，其方法是：抢救者用手捏住中毒者鼻孔，以每分钟 $12\sim16$ 次的速度向中毒者口中吹气，或使用苏生器，同时针刺人中、涌泉、太冲等穴位，必要时注射呼吸中枢兴奋剂（如"可拉明"或"洛贝林"）。

心跳停止应立即进行人工复苏胸外挤压。将中毒患者放平仰卧在硬地或木板床上。抢救者在患者一侧或骑在患者身上，面向患者头部，用双手以冲击式挤压胸骨下部部位，每分钟 $60\sim70$ 次。挤压时注意不要用力过猛，以免造成肋骨骨折、血气胸等。与此同时，还应尽快请医生进行急救处理。

5. 及时解毒和促进毒物排出

发生急性中毒后应及时采取各种解毒及排毒措施，降低或消除毒物对机体的作用。如采用各种金属配位剂与毒物的金属离子配合成稳定的有机配合物，随尿液排出体外。

毒物经口引起的急性中毒，若毒物无腐蚀性，应立即用催吐或洗胃等方法清除毒物。对于某些毒物亦可使其变为不溶的物质以防止其吸收，如氯化钡、碳酸钡中毒，可口服硫酸钠，使胃肠道尚未吸收的钡盐成为硫酸钡沉淀而防止吸收。氨、铬酸盐、铜盐、汞盐、羧酸类、醛类、脂类中毒时，可给中毒者喝牛奶、生鸡蛋等缓解剂。烷烃、苯、石油醚中毒时，可给中毒者喝一汤匙液体石蜡和一杯含硫酸镁或硫酸钠的水。一氧化碳中毒应立即吸入氧气，以缓解机体缺氧并促进毒物排出。

第二节　工业粉尘的危害及其控制

一、工业粉尘及其危害

（一）生产性粉尘的分类和性质

1. 生产性粉尘的来源

生产性粉尘来源十分广泛，如固体物质的机械加工、粉碎；金属的研磨、切削；矿石的粉碎、筛分、配料或岩石的钻孔、爆破和破碎等；耐火材料、玻璃、水泥和陶瓷等工业原料的加工；皮毛、纺织物等原料的处理；化学工业中固体原料加工处理、物质加热时产生的蒸气，有机物质的不完全燃烧所产生的烟。此外，还包括粉末状物质在混合、过筛、包装和搬运等操作时产生的粉尘，以及沉积的粉尘二次扬尘等。

2. 生产性粉尘的分类

（1）根据生产性粉尘的来源与性质分类　将其分为以下 3 类：

① 无机性粉尘。无机性粉尘包括矿物性粉尘，如硅石、石棉、煤等；金属性粉尘，如铁、锡、铝等及其化合物；人工无机粉尘，如水泥、金刚砂等。

② 有机性粉尘。有机性粉尘包括植物性粉尘，如棉、麻、面粉、木材；动物性粉尘，如皮毛、丝、骨粉尘；人工合成的有机染料、农药、合成树脂、炸药和人造纤维等。

③ 混合性粉尘。混合性粉尘是上述各种粉尘的混合存在，一般为两种以上粉尘的混合。生产环境中最常见的就是混合性粉尘。

（2）根据工业粉尘的粉尘粒度分类　可分为如下三种：

① 尘埃。粒径大于 $10\mu m$，在静止空气中可加速下降。

② 尘雾。粒径在 $0.1\sim10\mu m$ 之间，在静止空气中下降缓慢。

③ 尘烟。粒径小于 $0.1\mu m$，在空气中自由运动，在静止空气中几乎完全不降落。

3. 生产性粉尘的理化性质

粉尘对人体的危害程度与其理化性质有关，与其生物学作用及防尘措施等也有密切关系。在卫生学上，有意义的粉尘理化性质包括粉尘的化学成分、分散度、溶解度、密度、形状、硬度、荷电性和爆炸性等。

（1）粉尘的化学成分　粉尘的化学成分、浓度和接触时间是直接决定粉尘对人体危害性质和严重程度的重要因素。根据粉尘化学性质不同，粉尘对人体可有致纤维化、中毒、致敏等作用，如游离二氧化硅粉尘的致纤维化作用。对于同一种粉尘，它的浓度越高，与其接触的时间越长，对人体危害越重。

（2）分散度　粉尘的分散度是表示粉尘颗粒大小的一个概念，它与粉尘在空气中呈浮游状态存在的持续时间（稳定程度）有密切关系。在生产环境中，由于通风、热源、机器转动以及人员走动等原因，使空气经常流动，从而使尘粒沉降变慢，延长其在空气中的浮游时间，被人吸入的机会就越多。直径小于 $5\mu m$ 的粉尘对机体的危害性较大，也易于到达呼吸器官的深处。

（3）溶解度与密度　粉尘溶解度大小与对人体危害程度的关系，因粉尘作用的性质不同而异。主要呈化学毒性作用的粉尘，随溶解度的增加其危害作用增强；主要呈机械刺激作用的粉尘，随溶解度的增加其危害作用减弱。

粉尘颗粒密度的大小与其在空气中的稳定程度有关，尘粒大小相同时，密度大者沉降速度快、稳定程度低。在通风除尘设计中，要考虑密度这一因素。

（4）形状与硬度 粉尘颗粒的形状多种多样。质量相同的尘粒因形状不同，在沉降时所受阻力也不同，因此，粉尘的形状能影响其稳定程度。坚硬且外形尖锐的尘粒可能引起呼吸道黏膜的机械损伤，如某些纤维状粉尘（如石棉纤维）。

（5）荷电性 高分散度的尘粒通常带有电荷，与作业环境的湿度和温度有关。尘粒带有相异电荷时，可促进凝集、加速沉降。粉尘的这一性质对选择除尘设备有重要意义。荷电的尘粒在呼吸道可被阻留。

（6）爆炸性 高分散度的煤炭、糖、面粉、硫黄、铝、锌等粉尘具有爆炸性。发生爆炸的条件是高温（火焰、火花、放电）和粉尘在空气中达到足够的浓度。可能发生爆炸的粉尘最小浓度：各种煤尘为 $30\sim40g/m^3$，淀粉、铝及硫黄为 $7g/m^3$，糖为 $10.3g/m^3$。

（二）工业粉尘的危害

工业粉尘的危害主要表现为以下几个方面：

（1）肺尘埃沉着病 长期吸入较高浓度的生产性粉尘最容易引起肺尘埃沉着病。

（2）中毒 由于吸入有毒粉尘，如铅、砷等，经呼吸道溶解进入血液会引起中毒。

（3）上呼吸道慢性炎症 有机类粉尘吸入呼吸道后，会附着在鼻腔、气管、支气管的黏膜上，时间长了，就会发生慢性炎症。

（4）皮肤炎症 粉尘落在皮肤上会堵塞皮脂腺、汗腺，引起皮肤干燥、感染、粉刺、毛囊炎等。

（5）眼部炎症 如金属粉尘等，可引起角膜损伤，沥青粉尘可引起结膜炎。

（6）致癌 如长时间接触放射性矿物粉尘、石棉粉尘、铬酸盐粉尘等，可能引起肺癌等症。

为保证广大职工身体健康，国家对生产性粉尘的浓度进行了严格限制，制定了相应的标准——《工业企业设计卫生标准》。现摘录一部分，见表6-2，供大家参考。

表6-2 操作环境部分生产性粉尘最高允许浓度

粉尘名称	最高允许浓度 /(mg/m³)	粉尘名称	最高允许浓度 /(mg/m³)
含有10%以上游离二氧化硅的粉尘	2	含有10%以下游离二氧化硅的煤粉尘	10
含有10%以下游离二氧化硅的水泥粉尘	6	铝、氧化铝、铝合金粉尘	4
玻璃棉和矿渣棉粉尘	5	烟草及茶叶粉尘	3
石棉粉尘及含有10%以上石棉的粉尘	2	含有10%以下游离二氧化硅的无毒矿物粉尘和动植物性粉尘	10
含有10%以下游离二氧化硅的滑石粉尘	4		

二、生产性粉尘治理的工程技术措施

采用工程技术措施消除和降低粉尘危害，是治本的对策，是防止肺尘埃沉着病发生的根本措施。常用的生产性粉尘治理工程控制措施如下：

（1）改革工艺流程 通过改革工艺流程使生产过程机械化、密闭化、自动化，从而消除和降低粉尘危害。

（2）湿式作业 湿式作业防尘的特点是防尘效果可靠，易于管理，投资较低。该方法已为厂矿广泛应用，如石粉厂的水磨石英和陶瓷厂、玻璃厂的原料水碾、湿法拌料、水力清砂和水爆清砂等。

（3）密闭—抽风—除尘　对不能采取湿式作业的场所应采用该方法。干法生产（粉碎、拌料等）容易造成粉尘飞扬，可采取密闭—抽风—除尘的办法，但其基础是首先必须对生产过程进行改革，理顺生产流程，实现机械化生产。在手工生产、流程紊乱的情况下，该方法是无法奏效的。密闭—抽风—除尘系统可分为密闭设备、吸尘罩、通风管和除尘器等几个部分。

（4）个体防护和个人卫生　当防、降尘措施难以使粉尘浓度降至国家标准水平以下时，应佩戴防尘护具并加强个人卫生，注意清洗。

另外，应加强对员工的教育培训、现场的安全检查以及对防尘的综合管理等。综合防尘措施可概括为"革、水、密、风、护、管、教、查"八字方针。

三、防尘技术措施

1. 全面通风

同通风排毒措施。用大量新鲜空气将操作环境的有毒气体冲淡稀释达到卫生标准要求。全面通风多以排风为主，一般只适用于低粉尘浓度的情况。

2. 局部吸尘

利用吸尘装置把粉尘直接从发生源抽出去，防止粉尘飞扬，使操作环境中粉尘的浓度达到卫生标准要求。吸尘装置系统包括吸尘罩、管道、风机、排尘烟囱等。吸尘罩要尽可能靠近粉尘发生源。局部吸尘效果较好，最为常用。

3. 除尘

利用各种除尘器收集、排除粉尘。常用的除尘器有旋风除尘器、洗涤器、袋滤器和电除尘器等。

（1）旋风除尘器　利用惯性离心力作用除尘的设备。旋风除尘器结构简单，制造方便，在工业上应用很广。从结构上，旋风除尘器分为回流式、旁路式、平旋式、直流式和旋流式

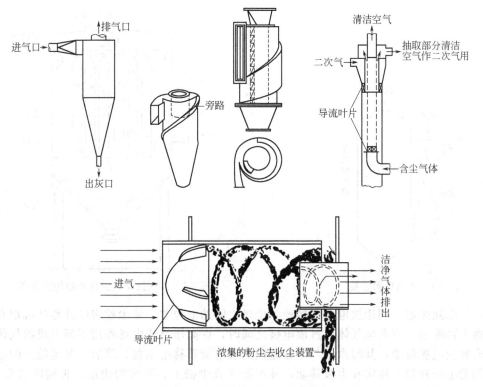

图 6-1　旋风除尘器结构示意图

五种，如图 6-1 所示。旋风除尘器，特别是在排尘口附近，不能漏风，否则除尘率会急剧下降。

（2）洗涤器　利用**液体**与空气中悬浮的粉尘接触，将粉尘湿润捕集。工业上常用的有喷淋塔（见图 6-2，主要用于处理浓度高的含尘气体）、水浴除尘器（见图 6-3，用于亲水性和较粗的粉尘处理）、文丘里除尘器（见图 6-4，用于清除微细粉尘效率很高）等。

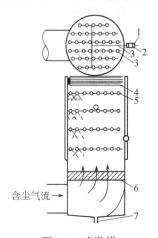

图 6-2　喷淋塔

1—水入口；2—滤水器；3—水管；4—挡水板；
5—喷嘴；6—气流分布板；7—污水出口

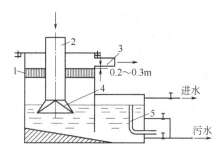

图 6-3　水浴除尘器

1—挡水板；2—进气管；3—排气管；
4—喷头；5—溢流管

（3）袋滤器　利用过滤的原理，让含尘气体穿过滤袋，将粉尘截留下来。粉状出料系统经常采用袋滤器除尘。最常用的袋滤器是高频振动式，如图 6-5 所示。

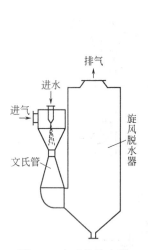

图 6-4　文丘里除尘器

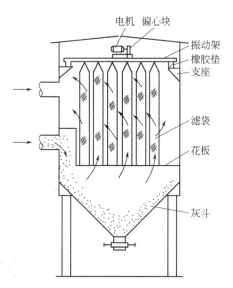

图 6-5　高频振动式袋滤器结构示意图

（4）电除尘器　利用放电极和接地收尘极之间的电位差，使尘粒带电并移动沉积在接地收尘极上再除去。当含尘气体通过放电极之间时，在高压直流电场作用下所形成的气体离子迅速向收尘电极运动，其间由于与尘粒碰撞而将电荷转移给尘粒，然后，与尘粒上的电荷互相作用的电场就使尘粒向收尘极移动，并沉积在收尘极上，形成粉尘层，再清除收集起来。根据收尘极形式，电除尘器分为管式和板式两种。

第三节　物理因素的危害及控制技术

作业场所存在的物理性职业危害因素，有噪声、振动、辐射和异常气象条件（如气温、气流、气压）等。

一、异常气象条件的危害及控制技术

1. 异常气象条件种类

（1）高温作业　生产场所的热源可来自如各种熔炉、锅炉、化学反应釜，机械摩擦和转动的产热以及人体散热。空气变化影响主要来自各种敞开液面的水分蒸发或蒸气放散，如造纸、印染、缫丝、电镀、潮湿的矿井、隧道以及潜涵等相对湿度大于80％的高气湿的作业环境，风速、气压和辐射热都会对生产作业场所的环境产生影响。

（2）高温强热辐射作业　高温强热辐射作业是指工作地点气温在30℃以上或工作地点气温高于夏季室外气温2℃以上，并有较强辐射热的作业。如冶金工业的炼钢、炼铁车间，机械制造工业的铸造、锻造，建材工业的陶瓷、玻璃、搪瓷、砖瓦等窑炉车间，火电厂的锅炉间等。

（3）高温高湿作业　高温高湿作业，如印染、缫丝、造纸等工业中，液体加热或蒸煮，车间气温可达35℃以上，相对湿度达90％以上。有的煤矿深井井下气温可达30℃，相对湿度95％以上。

（4）其他异常气象条件作业　其他异常气象条件作业，如冬天在寒冷地区或极地从事野外作业、冷库或地窖工作的低温作业；潜水作业和潜涵作业等高气压作业；高空、高原低气压环境中进行运输、勘探、筑路及采矿等低气压作业。

2. 异常气象条件控制技术措施

（1）高温作业防护　对于高温作业，首先应合理设计工艺流程，改进生产设备和操作方法，这是改善高温作业条件的根本措施。如钢水连珠、轧钢及铸造等生产自动化可使工人远离热源；采用开放或半开放式作业，利用自然通风，尽量在夏季主导风向下风侧对热源隔离等。

（2）隔热　隔热是防止热辐射的重要措施，可利用水来进行。

（3）通风降温　通风降温方式有自然通风和机械通风两种。

（4）保健措施　供给饮料和补充营养，暑季供应含盐的清凉饮料是有特殊意义的保健措施。

（5）个体防护　高温的防护可使用耐热工作服等。低温的防护要注意防寒和保暖，加强个体防护用品的使用。

（6）异常气压的预防　可通过采取一些措施预防异常气压：技术革新，如采用管柱钻孔法代替沉箱，工人不必在水下高压作业；遵守安全操作规程；保健措施，高热量、高蛋白饮食等。注意，职业禁忌症者不能从事此类工作。

二、噪声污染及其预防控制技术

1. 生产性噪声的种类

在生产中，由于机器转动、气体排放、工件撞击与摩擦所产生的噪声，称为生产性噪声或工业噪声。生产性噪声可归纳为以下三类。

（1）空气动力噪声　这是由于气体压力变化引起气体扰动，气体与其他物体相互作用所致。例如，各种风机、空气压缩机、风动工具、喷气发动机和汽轮机等，由于压力脉冲和气体排放发出的噪声。

（2）机械性噪声 这是由于机械撞击、摩擦或质量不平衡旋转等机械力作用下引起固体部件振动所产生的噪声。例如，各种车床、电锯、电刨、球磨机、砂轮机和织布机等发出的噪声。

（3）电磁性噪声 这是由于磁场脉冲，磁致伸缩引起电气部件振动所致。如电磁式振动台和振荡器、大型电动机、发电机和变压器等产生的噪声。

2. 生产性噪声的危害

生产性噪声一般声级较高，有的作业地点可高达 120～130dB（A）。据调查，我国生产场所的噪声声级超过 90dB（A）者占 32％～42％，中高频噪声占比例量大。

由于长时间接触噪声导致的听阈升高、不能恢复到原有水平的称为永久性听力阈移，临床上称噪声聋。噪声不仅对听觉系统有影响，对非听觉系统如神经系统、心血管系统、内分泌系统、生殖系统及消化系统等都有影响。

3. 噪声的预防控制技术

控制生产性噪声的三项措施如下：

① 消除或降低噪声、振动源，如铆接改为焊接、锤击成型改为液压成型等。为防止振动使用隔绝物质，如用橡皮、软木和砂石等隔绝噪声。

② 消除或减少噪声、振动的传播，如吸声、隔声、隔振、阻尼。

③ 加强个人防护和健康监护。

三、电磁辐射及其防护

电磁辐射广泛存在于宇宙中间和地球上。当一根导线有交流电通过时，导线周围辐射出一种能量，这种能量以电场和磁场形式存在，并以被动形式向四周传播，人们把这种交替变化的，以一定速度在空间传播的电场和磁场，称为电磁辐射或电磁波。电磁辐射分为射频辐射、红外线、可见光、紫外线、X射线及 γ 射线等。

各种电磁辐射，由于其频率、波长、量子能量不同，对人体的危害作用也不同。当量子能量达到 12eV 以上时，对物体有电离作用，能导致机体的严重损伤，这类辐射称为电离辐射。量子能量小于 12eV 的不足以引起生物体电离的电磁辐射，称为非电离辐射。

1. 非电离辐射的来源与防护

（1）非电离辐射的来源及其危害

① 射频辐射。射频辐射称为无线电波，量子能力很小。按波长和频率，射频辐射可分成高频电磁场、超高频电磁场和微波 3 个波段。

高频作业，如高频感应加热金属的热处理、表面淬火、金属熔炼、热轧及高频焊接等。高频介质加热对象是不良导体，广泛用于塑料热合、棉纱与木材的干燥、粮食烘干及橡胶硫化等。高频等离子技术用于高温化学反应和高温熔炼。

工人作业地带的高频电磁场主要来自高频设备的辐射源，如高频振荡管、电容器、电感线圈及馈线等部件。无屏蔽的高频输出变压器常是工人操作岗位的主要辐射源。

微波作业，如微波加热广泛用于食品、木材、皮革及茶叶等加工，医药与纺织印染等行业。烘干粮食、处理种子及消灭害虫是微波在农业方面的重要应用。医疗卫生上主要用于消毒、灭菌与理疗等。

生产场所接触微波辐射多由于设备密闭结构不严，造成微波能量外泄，或由各种辐射结构（天线）向空间辐射的微波能量。

一般来说，射频辐射对人体的影响不会导致组织器官的器质性损伤，主要引起功能性改变，并具有可逆性特征，在停止接触数周或数月后往往可恢复。但在大强度长期射频辐射作用下，心血管系统的症候持续时间较长，并有进行性倾向。

② 红外线辐射。在生产环境中，加热金属、熔融玻璃及强发光体等可成为红外线辐射源。炼钢工、铸造工、轧钢工、锻钢工、玻璃熔吹工、烧瓷工及焊接工等可受到红外线辐射。红外线辐射对机体的影响主要是皮肤和眼睛。

③ 紫外线辐射。生产环境中，物体温度达 1200℃ 以上的辐射电磁波谱中即可出现紫外线。随着物体温度的升高，辐射的紫外线频串增高，波长变短，其强度也增大。常见的辐射源有冶炼炉（高炉、平炉、电炉）、电焊、氧乙炔气焊、氩弧焊和等离子焊接等。

强烈的紫外线辐射作用可引起皮炎，表现为弥漫性红斑，有时可出现小水泡和水肿，并有发痒、烧灼感。在作业场所比较多见的是紫外线对眼睛的损伤，即由电弧光照射所引起的职业病——电光性眼炎。此外在雪地作业、航空航海作业时，受到大量太阳光中紫外线照射，可引起类似电光性眼炎的角膜、结膜损伤，称为太阳光眼炎或雪盲症。

④ 激光。激光不是天然存在的，而是用人工激活某些活性物质，在特定条件下受激发光。激光也是电磁波，属于非电离辐射，被广泛应用于工业、农业、国防、医疗和科研等领域。在工业生产中主要利用激光辐射能量集中的特点，进行焊接、打孔、切割和热处理等。在农业中激光可应用于育种、杀虫。

激光对人体的危害主要是由它的热效应和光化学效应造成的。激光对皮肤损伤的程度取决于激光强度、频率、肤色深浅、组织水分和角质层厚度等。激光能烧伤皮肤。

（2）非电离辐射的控制与防护 高频电磁场的主要防护措施有场源屏蔽、距离防护和合理布局等。对微波辐射的防护是直接减少源的辐射、屏蔽辐射源、采取个人防护及执行安全规则。对红外线辐射的防护，重点是对眼睛的保护，减少红外线暴露和降低炼钢工人等的热负荷，生产操作中应戴有效过滤红外线的防护镜。对紫外线辐射的防护是屏蔽和增大与辐射源的距离，佩戴专用的防护用品。对激光的防护应包括激光器、工作室及个体防护 3 方面。激光器要有安全设施，在光束可能泄漏处应设置防光封闭罩；工作室围护结构应使用吸光材料，色调要暗，不能裸眼看光；使用适当个体防护用品并对人员进行安全教育等。我国作业场所激光辐射卫生标准（GB 10435—1989）有相应规定。

2. 电离辐射的来源与防护

（1）电离辐射的来源 凡能引起物质电离的各种辐射称为电离辐射。其中 α、β 等带电粒子都能直接使物质电离，称为直接电离辐射；γ 光子、中子等非带电粒子，先作用于物质产生高速电子，继而由这些高速电子使物质电离，称为非直接电离辐射。能产生直接或非直接电离辐射的物质或装置称为电离辐射源，如各种天然放射性核素、人工放射性核素和 X 线机等。

随着原子能事业的发展，核工业、核设施也迅速发展。放射性按素和射线装置在工业、农业、医药卫生和科学研究中已经广泛应用。接触电离辐射的人员也日益增多。

（2）电离辐射的防护 电离辐射的防护，主要是控制辐射源的质和量。电离辐射的防护分为外照射防护和内照射防护。外照射防护的基本方法有时间防护、距离防护和屏蔽防护，通称"外防护三原则"。内照射防护的基本防护方法有围封隔离、除污保洁和个人防护等综合防护措施。

复习思考题

1. 什么叫毒物、工业毒物、职业中毒？

2. 按照物理状态，工业毒物可划分为哪几类？

3. 综合防尘措施的"八字方针"是什么？

4. 生产性噪声有哪些种类？生产性噪声的危害有何表现？

5. 有毒品的毒性通常以哪些指标来评价？如何标示？

6. 简述毒物侵入人体的主要途径和危害。

7. 请查取相关资料，分析重金属五毒 Hg、Pb、Cd、Cr、As 的中毒表现。

8. 工业粉尘有哪些危害？生产过程中常用哪些防尘措施？

9. 如何进行中毒现场急救？

10. 电离辐射有哪些类型？请简述电离辐射的防护措施。

第七章　应急救援与安全评价技术

>>> **学习指导**

　　1. 了解危险、危害因素的类别及其产生的原因，了解常见安全评价方法。

　　2. 理解危险及有害因素识别的主要方法与控制途径，分析比较各类安全评价报告书的异同特征。

　　3. 熟悉重大危险源辨识及其控制技术，学习安全评价工作程序与评价方法的选用。

　　4. 掌握重大危险源事故应急救援预案的编制，熟练掌握常见的事故应急救援技术。

　　人类自出现以来，就一直为生存和发展而进行着不懈的努力，安全、环境和健康（HSE）的问题也就成为一种特殊事务客观地表达出来。要确保人类自身的健康与安全，保护赖以生存的环境，人类就必须认识造成影响 HSE 的因素和规律，判断它们对人类环境可能造成的危害有多大，这就是危险源识别和安全评价。当前，根据危险源识别和安全评价来确定重大危险源，对其进行控制管理，并建立重大危险源事故应急救援体系是十分重要的和必要的。

第一节　危险源辨识

　　危害是指可能造成人员伤害、职业病、财产损失、作业环境破坏的根源或状态。危险是指特定危险事件发生的可能性与后果的结合。总的来说，危险、危害因素是指能造成人员伤亡或影响人体健康、导致疾病和对物造成突发性或慢性损坏的因素。

一、危险、危害因素产生的原因及其分类

　　为了区别客体对人体不利作用的特点和效果，通常将危险及有害因素分为危险因素（强调突发性和瞬间作用）和危害因素（强调在一定时间范围内的积累作用），有时对两者不加以区分，统称危险、危害因素。客观存在的危险、危害物质或能量超过临界值的设备、设施和场所，都可能成为危险、危害因素。

　　（一）危险、危害因素的产生

　　危险、危害因素尽管表现形式不同，但从本质上讲，之所以能造成危险、危害后果，如发生伤亡事故、损害人身健康和造成物的损坏等，均可归结为存在能量、有害物质和能量、有害物质失去控制等方面因素的综合作用，并导致能量的意外释放或有害物质泄漏、扩散的结果。存在能量、有害物质和失控是危险、危害因素产生的根本原因。

　　1. 能量和有害物质的产生

　　能量、有害物质是危险、危害因素产生的根源，也是最根本的危险、危害因素。一般地说，系统具有的能量越大，存在的有害物质的数量越多，系统的潜在危险性和危害性也越大。另一方面，只要进行生产活动，就需要相应的能量和物质（包括有害物质），因此生产活动中的危险、危害因素是客观存在的，是不能完全消除的。

（1）能量就是做功的能力 它既可以造福人类，也可能造成人员伤亡和财产损失。一切产生、供给能量的能源和能量的载体在一定条件下，都可能是危险、危害因素。

（2）有害物质的破坏效能 在一定条件下，有害物质能损伤人体的生理机能和正常代谢功能，破坏设备和物品的效能，也是主要的危险、危害因素。

2. 失控产生的原因

在生产中，人们通过工艺和设备使能量、物质（包括有害物质）按人们的意愿在系统中流动、转换，进行生产。同时又必须约束和控制这些能量及有害物质，消除、减少产生不良后果的条件，使之不能发生危险、危害后果。如果失控（如没有控制、屏蔽措施或控制、屏蔽措施失效等），就会造成能量、有害物质的意外释放和泄漏，从而造成人员伤害和财产损失。所以失控也是一类危险、危害因素。它主要体现在设备故障（或缺陷）、人员失误和管理缺陷三个方面。此外，环境因素是引起失控的间接原因。

（1）故障 故障包括生产、控制、安全装置和辅助设施等故障。故障（含缺陷）是指系统、设备、元件等在运行过程中由于性能（含安全性能）低下而不能实现预定功能（包括安全功能）的现象。故障的发生具有随机性、渐进性或突发性。

造成故障发生的原因很复杂，常见的有设计、制造、磨损、疲劳、老化、检查和维修保养、人员失误、环境和其他系统的影响等。通过定期检查、维修保养和分析总结，可使多数故障在预定期间内得到控制、避免或减少。掌握各类故障发生的规律是防止故障发生的重要手段，这需要应用大量统计数据和概率统计的方法进行分析和研究。

（2）人员失误 人员失误泛指产生不良后果的不安全行为，即职工在劳动过程中，违反劳动纪律、操作规程和方法等具有危险性的做法。在一定经济、技术条件下，人员失误是引发事故的重要危险、危害因素。人员失误的规律和失误率通过大量的观测、统计和分析是可以预测的。在我国《企业职工伤亡事故分类标准》（GB/T 6441—1986）附录中，将不安全行为归纳为操作失误（忽视安全、忽视警告）、安全装置失效、使用不安全设备、手代替工具操作、物体存放不当、冒险进入危险场所、攀坐不安全位置、在吊物下作业（或停留）、机器运转（如修理、检查、调整、清扫等）时加油、有分散注意力行为、不使用必要的个人防护用品或用具、不安全装束、对易燃易爆等危险品处理错误等13类。

（3）管理缺陷 安全生产管理是为保证及时、有效地实现目标，在预测、分析的基础上进行的计划、组织、协调、检查等工作，是预防事故、人员失误的有效手段。管理缺陷是影响失控发生的重要因素。

（4）环境因素 温度、湿度、照明、噪声、振动、色彩等环境因素都会引起设备故障或人员失误，是发生失控的间接因素。

（二）危险、危害因素的类别

对危险、危害因素进行分类是进行危险、危害因素分析的基础。危险、危害因素的分类方法有许多种，这里简单介绍按导致事故、职业危害的直接原因进行分类的方法和参照事故类别进行分类的方法。

1. 按导致事故和职业危害的直接原因进行分类

根据《生产过程危险和有害因素分类与代码》（GB/T 13816—1992）的规定，将生产过程中的危险、有害因素分为如下五类。

（1）物理性危险、有害因素

① 设备、设施缺陷。如强度不够、刚度不够、稳定性差、密封不良、应力集中、外形缺陷、外露运动件、制动器缺陷、控制器缺陷、设备设施其他缺陷等。

② 防护缺陷。主要包括无防护、防护装置和设施缺陷、防护不当、支撑不当、防护距离不够和其他防护缺陷等。

③ 电。带电部位裸露、漏电、雷电、静电、电火花及其他电危害。

④ 噪声。常见的噪声有机械性噪声、电磁性噪声、流体动力性噪声和其他噪声等。

⑤ 振动。含机械性振动、电磁性振动、流体动力性振动和其他振动。

⑥ 电磁辐射。电离辐射有 X 射线、γ 射线、α 粒子、β 粒子、质子、中子和高能电子束等；非电离辐射如紫外线、激光、射频辐射和超高压电场。

⑦ 运动物。固体抛射物、液体飞溅物、反弹物、岩土滑动、料堆垛滑动、气流卷动、冲击地压和其他运动物危害。

⑧ 明火。

⑨ 能造成灼伤的高温物质。如高温气体、高温固体、高温液体和其他高温物质。

⑩ 能造成冻伤的低温物质。如低温气体、低温固体、低温液体与其他低温物质。

⑪ 粉尘与气溶胶。不包括爆炸性、有毒性粉尘与气溶胶。

⑫ 作业环境不良。包括作业环境乱、基础下沉、安全过道缺陷、采光照明不良、有害光照、通风不良、缺氧、空气质量不良、给排水不良、涌水、强迫体位、气温过高、气温过低、气压过高、气压过低、高温高湿、自然灾害和其他作业环境不良。

⑬ 信号缺陷。无信号设施、信号选用不当、信号位置不当、信号不清、信号显示不准、其他信号缺陷。

⑭ 标志缺陷。无标志、标志不清楚、标志不规范、标志选用不当、标志位置缺陷、其他标志缺陷。

⑮ 其他物理性危险和有害因素。

（2）化学性危险、有害因素　化学性危险因素与化学性有害因素有：易燃易爆性物质；自燃性物质；有毒物质；腐蚀性物质；其他化学性危险、有害因素。

（3）生物性危险、有害因素　包括：致病微生物（细菌、病毒和其他致病微生物）；传染病媒介物；致害动物；致害植物；其他生物性危险、有害因素。

（4）心理、生理性危险、有害因素　主要包括：负荷超限；健康状况异常；从事禁忌作业；心理异常；辨识功能缺陷；其他心理、生理性危险、有害因素。

（5）行为性危险、有害因素　主要是指：指挥错误（指挥失误、违章指挥、其他指挥错误）；操作失误（误操作、违章作业、其他操作失误）；监护失误；其他错误；其他行为性危险和有害因素。

2. 参照事故类别分类

参照《企业职工伤亡事故分类标准》（GB/T 6441—1986），综合考虑起因物、引起事故的诱导性原因、致害物、伤害方式等，可将危险、危害因素分为 20 类，即物体打击、车辆伤害、机械伤害、起重伤害、触电、淹溺、灼烫、火灾、高处坠落、坍塌、冒顶和片帮、透水、放炮、火药爆炸、瓦斯爆炸、锅炉爆炸、容器爆炸、其他爆炸、中毒和窒息以及其他伤害。

二、危险、危害因素识别的主要方法与控制途径

（一）危险、危害因素辨识的主要内容

在危险、危害因素的辨识与危险评价过程中，应对以下主要方面存在的危险、危害因素进行分析与评价。

1. 厂址

从厂址的地质、地形、自然灾害、周围环境、气象条件、交通和抢险救灾支持条件等方面进行分析。

2. 厂区平面布置

（1）总图　功能分区（生产、管理、辅助生产、生活区）布置；高温、有害物质、噪声、辐射、易燃易爆危险品设施布置；工艺流程布置；建筑物、构筑物布置；风向、安全距离、卫生防护距离等。

（2）运输线路及码头 厂区道路、厂区铁路、危险品装卸区、厂区码头建（构）筑物结构、防火、防爆、朝向、采光和运输通道等。

3. 生产工艺过程

物料（如毒性、腐蚀性和燃爆性物料等）、温度、压力、速度、作业及控制条件、事故及失控状态。

4. 生产设备、装置

① 化工设备、装置。高温、低温、腐蚀、高压、振动、关键部位的备用设备、控制、操作、检修和故障以及失误时的紧急异常情况。

② 机械设备。运动零部件和工件、操作条件、检修作业、误运转和误操作。

③ 电气设备。断电、触电、火灾、爆炸、误运转和误操作、静电和雷电。

④ 危险性较大设备、高处作业设备。

⑤ 特殊单体设备、装置。锅炉房、乙炔站、氧气站、石油库和危险品库等。

⑥ 粉尘、毒物、噪声、振动、辐射、高温和低温等有害作业部位。

⑦ 管理设施、事故应急抢救设施、辅助生产和生活卫生设施。

（二）危险、危害因素的辨识方法

危险、危害因素辨识是事故预防、安全评价、重大危险源监督管理、建立应急救援体系和职业健康安全管理体系的基础。许多系统安全评价方法，都可用来进行危险、危害因素的辨识。危险、危害因素的分析需要选择合适的方法，应根据分析对象的性质、特点和分析人员的知识、经验和习惯来选用。常用的辨识方法大致可分为两大类。

1. 经验法

适用于有可供参考先例、有以往经验可以借鉴的危险、危害因素辨识过程，不能应用在没有先例的新系统中。

（1）对照法 对照有关标准、法规、检查表或依靠分析人员的观察分析能力，借助于经验和判断能力直观地分析评价对象的危险性和危害性的方法。对照经验法是辨识中常用的方法，其优点是简便、易行，其缺点是受辨识人员知识、经验和占有资料的限制，可能出现遗漏。为弥补个人判断的不足，常采取专家会议的方式来相互启发、交换意见、集思广益，使危险、危害因素的辨识更加细致、具体。

对照事先编制的检查表辨识危险、危害因素，可弥补知识、经验不足的缺陷，具有方便、实用、不易遗漏的优点。但必须事先编制完备适用的检查表。检查表是在大量实践经验基础上编制的，我国一些企业和行业的安全检查表、事故隐患检查表也可作为参考。

（2）类比法 利用相同或相似系统或作业条件的经验和安全生产事故的统计资料来类推、分析、评价对象的危险、危害因素。

2. 系统安全分析方法

即应用系统安全工程评价方法进行危险、危害因素辨识。该方法常用于复杂系统和没有事故经验的新开发系统。常用的系统安全分析方法有事件树分析（ETA）、故障树分析（FTA）、故障模式及影响分析（FMEA）等分析方法。

（三）危险、危害因素的控制途径

采取有效的危险、危害因素控制措施可以很好地预防事故的发生，降低事故损失。

1. 事故预防对策的基本要求和原则

（1）事故预防对策的基本要求 采取事故预防对策时，应能够满足以下基本要求：

① 预防生产过程中产生的危险和危害因素；

② 排除工作场所的危险和危害因素；

③ 处置危险和危害物并降低到国家标准规定的限值内；

④ 预防生产装置失灵和操作失误产生的危险和危害因素；

⑤ 发生意外事故时，为遇险人员提供自救和施救条件。

（2）选择事故预防对策的原则　按事故预防对策优先顺序的要求，设计时应遵循以下具体原则：

① 消除。通过合理的设计和科学的管理，尽可能从根本上消除危险、危害因素，如采用无害工艺技术、生产中以无害物质代替有害物质、实现自动化作业和遥控技术等。

② 预防。当消除危险、危害因素有困难时，可采取预防性技术措施，预防危险、危害发生，如使用安全阀、安全屏护、漏电保护装置、安全电压、熔断器、防爆膜和事故排风装置等。

③ 减弱。在无法消除危险、危害因素和难以预防的情况下，可采取减轻危险、危害因素的措施，如局部通风排毒装置、生产中以低毒性物质代替高毒性物质、降温措施、避雷装置、消除静电装置、减振装置和消声装置等。

④ 隔离。在无法消除、预防、减弱危险、危害因素的情况下，应将人员与危险、危害因素隔开并将不能共存的物质分开，如遥控作业、安全罩、防护屏、隔离操作室、安全距离和事故发生时的自救装置（如防毒服、各类防护面具）等。

⑤ 联锁。当操作者失误或设备运行达到危险状态时，应通过联锁装置终止危险、危害发生。

⑥ 警告。在易发生故障和危险性较大的地方，配置醒目的安全色、安全标志；必要时，设置声、光或声光组合报警装置。

2. 控制危险、危害因素的对策措施

（1）事故预防技术措施　设计过程中，当事故预防对策与经济效益发生矛盾时，宜优先考虑事故预防对策上的要求，并应按事故预防对策优先顺序选择如下技术措施：

① 直接安全技术措施。生产设备本身具有本质安全性能，不出现事故和危害。

② 间接安全技术措施。若不能或不完全能实现直接安全技术措施时，必须为生产设备设计出一种或多种安全防护装置，最大限度地预防、控制事故或危害的发生。

③ 指示性安全技术措施。间接安全技术措施也无法实现时须采用检测报警装置、警示标志等措施，警告、提醒作业人员注意，以便采取相应的对策或紧急撤离危险场所。

④ 若间接、指示性安全技术措施仍然不能避免事故、危害发生，则应采用安全操作规程、安全教育、培训和个人防护用品等来预防、减弱系统的危险、危害程度。

在实际工作中上述措施常常是综合使用的。

（2）控制危险、危害因素的对策措施　消除和减少危险、危害因素的技术措施和管理措施是事故预防对策中非常重要的一个环节，实质上是保障整个生产过程安全的对策措施。根据预防伤亡事故的原则，控制危险、危害因素的基本对策如下：

① 实行机械化和自动化。机械化、自动化的生产不仅是发展生产的重要手段，也是提高安全技术措施的根本途径。机械化能减轻劳动强度，自动化能减少人身伤害的危险。

② 设置安全装置。安全装置包括防护装置、保险装置、信号装置及危险牌示和识别标志。

③ 增强机械强度。机械设备、装置及其主要部件必须具有必要的机械强度和安全系数。

④ 保证电气安全可靠。电气安全对策通常包括防触电、防电气火灾爆炸和防静电等，保证电气安全的基本条件包括：安全认证、备用电源、防触电、电气防火防爆和防静电措施。

⑤ 按规定维护保养和检修机器设备。机器设备是生产的主要工具，它在运转过程中总不免有些零部件逐渐磨损或过早损坏，以至引起设备上的事故，其结果不但使生产停顿，还可能使操作工人受到伤害。因此，要使机器设备经常保持良好状态，预防设备事故和人身伤亡事故的发生，必须进行经常的维护保养和计划检修。

⑥ 保持工作场所合理布局。工作场所就是工人使用机器设备、工具及其他辅助设备对原材料和半成品进行加工的区域。完善的组织与合理的布局，不仅能够促进生产，而且是保证安全的必要条件。在配置主要机器设备时，要按照人机工程学要求使机器适应人或使人适应机器。人机匹配合理，才能安全、高效。

工作场所的整洁也很重要。工作场所散落的金属废屑、润滑油、乳化液、毛坯、半成品的杂乱堆放，地面不平整等情况都能导致事故的发生。因此，必须保持工作场所的整洁。

⑦ 配备个人防护用品。采取各类措施后，还不能完全保证作业人员的安全健康时，必须根据危险、危害因素和作业类别配备具有相应防护功能的个人防护用品，作为补充对策。对毒性较大的工作环境中使用过的个人防护用品，应制定严格的管理制度，采取统一洗涤、消毒、保管和销毁的措施并配设必要的设施。

选用特种劳动防护用品（头、呼吸器官、眼、面、听觉器官、手、足防护用具和防护服装、防坠落用品）时，必须选用取得国家指定机构颁发的特种劳动防护用品生产许可证的企业生产的产品，产品应具有安全检验合格证。

三、重大危险源辨识

事故隐患是指可导致事故发生的物的危险状态、人的不安全行为及管理上的缺陷。重大事故隐患可以视为是重大危险、危害因素恶化的一种表现。人们通过发现、整改这些隐患，预防重大事故的发生。

（一）重大危险源的定义

广义上说，可能导致重大事故发生的设备、设施或场所都可称为重大危险源。

1993 年国际劳工组织（ILO）通过的《预防重大工业事故公约》中定义重大事故为："在重大危险设施内的一项生产活动中突然发生的、涉及一种或多种危险物质的严重泄漏、火灾、爆炸等导致职工、公众或环境急性或慢性严重危害的意外事故。"

我国国家标准《重大危险源辨识》（GB 18218—2000）中将重大危险源定义为长期地或临时地生产、加工、搬运、使用或贮存危险物质，且危险物质的数量等于或超过临界量的单元。单元指一个（套）生产装置、设施或场所，或同属一个工厂的且边缘距离小于 500m 的几个（套）生产装置、设施或场所。

《安全生产法》第九十六条规定："重大危险源是指长期地或者临时地生产、搬运、使用或者储存危险物品，且危险物品的数量等于或者超过临界量的单元（包括场所和设施）。"

《危险化学品安全管理条例》第十条规定："除运输工具、加油站、加气站外，危险化学品的生产装置和储存数量构成重大危险源的储存设施，与下列场所、区域的距离必须符合国家标准或者国家有关规定：

① 居民区、商业中心、公园等人口密集区域。

② 学校、医院、影剧院、体育场（馆）等公共设施。

③ 供水水源、水厂及水源保护区。

④ 车站、码头（按照国家规定，经批准，专门从事危险化学品装卸作业的除外）、机场以及公路、铁路、水路交通干线、地铁风亭及出入口。

⑤ 基本农田保护区、畜牧区、渔业水域和种子、种畜、水产苗种生产基地。

⑥ 河流、湖泊、风景名胜区和自然保护区。

⑦ 军事禁区、军事管理区。

⑧ 法律、行政法规规定予以保护的其他区域。

已建危险化学品的生产装置和贮存数量构成重大危险源的贮存设施不符合前款规定的，由所在地设区的市级人民政府负责危险化学品安全监督管理综合工作的部门监督其在规定期限内进行整顿；需要转产、停产、搬迁、关闭的，报本级人民政府批准后实施。"

《危险化学品安全管理条例》第二十二条规定："储存单位应当将储存剧毒化学品以及构成重大危险源的其他危险化学品的数量、地点以及管理人员的情况，报当地公安部门和负责危险化学品安全监督管理综合工作的部门备案。"

《危险化学品安全管理条例》第四十八条规定："危险化学品生产、储存企业以及使用剧毒化学品和数量构成重大危险源的其他危险化学品的单位，应当向国务院经济贸易综合管理部门负责危险化学品登记的机构办理危险化学品登记。危险化学品登记的具体办法由国务院经济贸易综合管理部门制定。"

《安全生产法》第三十三条要求："生产经营单位对重大危险源应当登记建档，进行定期检测、评估、监控，并制定应急预案，告知从业人员和相关人员在紧急情况下应当采取的应急措施。生产经营单位应当按照国家有关规定将本单位重大危险源及有关安全措施、应急措施报有关地方人民政府负责安全生产监督管理的部门和有关部门备案。"

《国务院关于进一步加强安全生产工作的决定》（2004年1月9日）要求："搞好重大危险源的普查登记，加强国家、省（区、市）、市（地）、县（市）四级重大危险源监控工作，建立应急救援预案和生产安全预警机制。"

（二）重大危险源的辨识标准

国际劳工组织认为，各国应根据具体的工业生产情况制定适合国情的重大危险源辨识标准。标准的定义应能反映出当地急需解决的问题以及一个国家的工业模式，可能需有一个特指的或是一般类别或是两者兼有的危险物质一览表，并列出每种物质的限额或允许的数量，设施现场的危险物质超过这个数量，就可以定为重大危险源。任何标准一览表都必须是明确的，以便使雇主能迅速地鉴别出他控制下的哪些设施是在这个标准定义的范围内。要把所有可能会造成伤亡的工业过程都定为重大危险源是不现实的，因为由此得出的一览表会太广泛，现有的资源无法满足要求。标准的定义范围需要根据经验和对危险物质了解的不断加深进行修改。

目前，国际上是根据危险、危害物质的种类及其限量出发来确定重大危险源的。在欧盟的塞维索指令中列出了180种危险、危害物质及其限量。关于重大危险源的辨识标准及方法，参考国外同类标准，结合我国工业生产的特点和火灾、爆炸、毒物泄漏重大事故的发生规律，以及1997年由原劳动部组织实施的重大危险源普查试点工作中对重大危险源辨识进行试点的情况，原国家经贸委安全科学技术研究中心（现中国安全生产科学研究院）和中国石油化工股份有限公司青岛安全工程研究院起草提出了国家标准《重大危险源辨识》（GB 18218—2000），此标准自2001年4月1日实施。2004年国家安全生产监督管理总局下发了《关于开展重大危险源监督管理工作的指导意见》（安监管协调字〔2004〕56号），对重大危险源的辨识可以依据该标准和指导意见。

（三）重大危险源的控制系统

重大危险源控制的目的，不仅是要预防重大事故发生，而且要做到一旦发生事故，能将事故危害限制到最低程度。由于工业活动的复杂性，需要采用系统工程的思想和方法控制重大危险源。

重大危险源控制系统主要由以下几个部分组成：

（1）重大危险源的辨识 防止重大工业事故发生的第一步，是辨识或确认高危险性的工业设施（危险源）。由政府主管部门和权威机构在物质毒性、燃烧、爆炸特性基础上，制定出危险物质及其临界量标准。通过危险物质及其临界量标准，可以确定哪些是可能发生事故的潜在危险源。

（2）重大危险源的评价　根据危险物质及其临界量标准进行重大危险源辨识和确认后，就应对其进行风险分析评价。

一般来说，重大危险源的风险分析评价包括以下几个方面：

① 辨识各类危险因素及其原因与机制；

② 依次评价已辨识的危险事件发生的概率；

③ 评价危险事件的后果；

④ 进行风险评价；

⑤ 风险控制。

（3）重大危险源的管理　企业应对工厂的安全生产负主要责任。在对重大危险源进行辨识和评价后，应针对每一个重大危险源制定出一套严格的安全管理制度，通过技术措施（包括化学品的选择，设施的设计、建造、运转、维修以及有计划的检查）和组织措施（包括对人员的培训与指导，提供保证其安全的设备，工作人员水平、工作时间、职责的确定，以及对外部合同工和现场临时工的管理），对重大危险源进行严格控制和管理。

（4）重大危险源的安全报告　要求企业应在规定的期限内，对已辨识和评价的重大危险源向政府主管部门提交安全报告。如属新建的有重大危害性的设施，则应在其投入运转之前提交安全报告。

安全报告应详细说明重大危险源的情况，可能引发事故的危险因素以及前提条件，安全操作和预防失误的控制措施，可能发生的事故类型，事故发生的可能性及后果，限制事故后果的措施，现场事故应急救援预案等安全报告应根据重大危险源的变化以及新知识和技术进展的情况进行修改和增补，并由政府主管部门经常进行检查和评审。

（5）事故应急救援预案　事故应急救援预案是重大危险源控制系统的重要组成部分。企业应负责制定现场事故应急救援预案，并且定期检验和评估现场事故应急救援预案和程序的有效程度，以及在必要时进行修订。场外事故应急救援预案，由政府主管部门根据企业提供的安全报告和有关资料制定。事故应急救援预案的目的是抑制突发事件，减少事故对工人、居民和环境的危害。因此，事故应急救援预案应提出详尽、实用、明确和有效的技术措施与组织措施。政府主管部门应保证将发生事故时要采取的安全措施和正确做法的有关资料散发给可能受事故影响的公众，并保证公众充分了解发生重大事故时的安全措施，一旦发生重大事故，应尽快报警。

每隔适当的时间应修订和重新散发事故应急救援预案宣传材料。

（6）工厂选址和土地使用规划　政府有关部门应制定综合性的土地使用政策，确保重大危险源与居民区和其他工作场所、机场、水库、其他危险源和公共设施安全隔离。

（7）重大危险源的监察　政府主管部门必须派出经过培训的、合格的技术人员定期对重大危险源进行监察、调查、评估和咨询。

第二节　事故应急救援预案与应急救援技术

通过安全设计、操作、维护、检查等措施，可以预防事故，降低风险，但不可能达到绝对安全。因此，需要制定万一发生事故后，应采取的紧急措施和应急方法。事故应急系统是指通过事前计划和应急措施，充分利用一切可能的力量，在事故发生后迅速控制事故发展，保护现场人员和场外人员的安全，将事故对人员、财产和环境造成的损失降低至最低程度。

应急预案是应急救援系统的重要组成部分，针对各种不同的紧急情况制定有效的应急预案不仅可以指导应急人员的日常培训和演习，保证各种应急资源处于良好的备战状态，而且可以指导应急行动按计划有序进行，防止因行动组织不力或现场救援工作的混乱而延误事故应急响应行动，实现降低人员伤亡和财产损失的目的。应急预案对于如何在事故现场组织开展应急救援工作具有重要的指导意义，能使应急行动迅速有效地进行。因此，制定有效而完善的应急预案十分重要。

一、重大危险源事故应急救援预案

（一）应急预案的概念和分类

应急预案是针对具体设备、设施、场所和环境，在安全评价的基础上，为降低事故造成的人身、财产与环境损失，就事故发生后的应急救援机构和人员，应急救援的设备、设施、条件和环境，行动的步骤和纲领，控制事故发展的方法和程序等，预先做出的科学而有效的计划和安排。

应急预案根据不同的分类标准可以分为不同的种类。应急预案应当有相应的组织负责编制，根据预案责任主体的性质不同，应急预案可以分为企业预案和政府预案。企业预案由企业根据自身情况制定，由企业负责；政府预案由政府组织制定，由相应级别的政府负责。根据事故影响范围不同可以将预案分为现场预案和场外预案，现场预案又可以分为不同等级，如车间级、工厂级等；而场外预案按事故影响范围的不同，又可以分为区县级、地市级、省级、区域级和国家级。各类各级预案均各有侧重，但应协调一致。

（二）应急预案的文件结构

应急预案要形成完整的文件体系。通常完整的企业级应急预案由总预案、程序文件、指导说明书和应急行动记录 4 部分构成。

（1）总预案　它包含了应对紧急情况的管理政策、预案的目标、应急组织和责任等内容。总预案涉及应急准备、应急行动、应急恢复以及应急演习等各阶段和各部门。总预案是纲领性的，主要明确应急的原则、职责和总体目标，具体的内容由其他文件详细说明。

（2）程序文件　程序文件说明某个具体行动的目的和范围。程序文件的内容十分具体，包括该做什么、由谁去做、什么时间和什么地点等，如应急通信程序、现场急救程序、现场监测程序、疏散程序等。程序文件的目的是指导较为复杂的应急行动，使某些应急行动程序化和标准化，确保应急人员在执行应急任务时不会产生误解和误操作。程序文件可采用文字叙述、流程图表或是两者的组合等格式，应根据单位具体情况和具体的程序内容选用最适合本单位的程序格式。

（3）指导说明书　程序文件应当简洁明了，而一些具体的细节则应在说明书里介绍。应急行动细节的内容往往是供应急行动人员使用，尤其是只涉及少数应急人员的具体工作时，相应的文件应在指导说明书中描述，如有毒有害气体现场监测设备、应急通信设备的使用说明书，医疗救护人员、后勤人员的职责说明书等应纳入指导说明书。

（4）应急行动记录　包括应急行动时的相关记录，如通信记录、指挥与行动记录、现场监测数据记录、应急演习与培训记录等。这些记录是文件体系必要的组成部分，是改善应急行动与预案的基础，也可能是追究法律责任的依据。

从记录到总预案，层层递进，组成了一个完整的预案文件体系，从管理角度而言，可以根据这四类预案文件等级分别管理，既保持了预案文件的完整性，也便于查阅和调用。

二、重大危险源事故应急救援体系

（一）应急预案主要内容

重大事故应急预案可根据 2004 年国务院办公厅发布的《国务院有关部门和单位制定和

修订突发公共事件应急预案框架指南》进行编制。应急预案主要内容应包括：

（1）总则　说明编制预案的目的、工作原则、编制依据和适用范围等。

（2）组织指挥体系及职责　明确各组织机构的职责、权利和义务，以突发事故应急响应全过程为主线，明确事故发生、报警、响应、结束、善后处理处置等环节的主管部门与协作部门；以应急准备及保障机构为支线，明确各参与部门的职责。

（3）预警和预防机制　包括信息监测与报告、预警预防行动、预警支持系统和预警级别及发布（建议分为四级预警）。

（4）应急响应　包括分级响应程序（原则上按一般、较大、重大、特别重大四级启动相应预案）、信息共享和处理、通信、指挥和协调、紧急处置、应急人员的安全防护、群众的安全防护、社会力量动员与参与、事故调查分析检测与后果评估、新闻报道和应急结束等11个要素。

（5）后期处置　包括善后处置、社会救助、保险、事故调查报告和经验教训总结及改进建议。

（6）保障措施　包括通信与信息保障、应急支援与装备保障、技术储备与保障、宣传培训和演习、监督检查等。

（7）附则　包括有关术语、定义、预案管理与更新、国际沟通与协作、奖励与责任、制定与解释部门、预案实施或生效时间等。

（8）附录　包括相关的应急预案、预案总体目录、分预案目录、各种规范化格式文本、相关机构和人员通信录等。

事故应急救援体系的组织机构如图7-1所示。

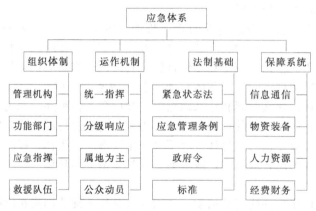

图7-1　事故应急救援体系的组织机构

（二）应急预案的编制方法

应急预案的编制一般可以分为5个步骤，即组建应急预案编制队伍、开展危险与应急能力分析、预案编制、预案评审与发布以及预案的实施。

1. 组建应急预案编制队伍

预案从编制、维护到实施都应该有各级各部门的广泛参与，在预案实际编制工作中往往会由编制组执笔，但是在编制过程中或编制完成之后，要征求各部门的意见，包括高层管理人员、中层管理人员、人力资源部门、工程与维修部门、安全卫生和环境保护部门、邻近社区、市场销售部门、法律顾问和财务部门等。

2. 开展危险与应急能力分析

通过法律分析可以防止预案之间和预案与法律之间产生矛盾，保障预案与法律之间的一致。危险分析应该全面周到,从时间、空间、物质和人员上都要考虑。并且要根据危险对人身、财产、环境和生产经营的潜在影响来确定各类危险的大小,确定哪些是应该重点关注的危险。

(1) 法律法规分析 分析国家法律、地方政府法规与规章,如安全生产与职业卫生法律、法规,环境保护法律、法规,消防法律、法规与规程,应急管理规定等调研现有预案内容包括政府与本单位的预案,如疏散预案、消防预案、工厂停产关闭的规定、员工手册、危险品预案、安全评价程序、风险管理预案、资金投入方案、互助协议等。

(2) 危险分析 分析各类紧急情况的可能性和对单位的潜在影响,包括由地方应急管理部门所辨识出来的紧急情况。同时应考虑单位内部和社区可能出现的紧急情况。通常应考虑下列因素。

① 历史情况。本单位及其他兄弟单位,所在社区以往发生过的紧急情况,包括火灾、危险物质泄漏、极端天气、交通事故、地震、飓风、龙卷风等。

② 地理因素。单位所处地理位置,如邻近洪水区域,地震断裂带和大坝;邻近危险化学品的生产、贮存、使用和运输企业;邻近重大交通干线和机场,邻近核电厂等。

③ 技术问题。某工艺或系统出现故障可能产生的后果,包括火灾、爆炸和危险品事故、安全系统失灵、通信系统失灵、计算机系统失灵、电力故障、加热和冷却系统故障等。

④ 人的因素。人的失误可能是由下列原因造成的:培训不足、工作没有连续性、粗心大意、错误操作以及疲劳等。

⑤ 物理因素。考虑设施建设的物理条件,危险工艺和副产品,易燃品的贮存,设备的布置,照明,紧急通道与出口,避难场所邻近区域等。

⑥ 管制因素。彻底分析紧急情况,考虑如下情况的后果:出入禁区、电力故障、通信电缆中断、燃气管道破裂、水害、烟害、结构受损、空气或水污染、爆炸、建筑物倒塌、化学品泄漏等。

(3) 应急能力分析 针对各类紧急情况,确认现有的综合响应能力,包括各类应急响应资源,人力、物力和能力。为此,应考虑每一潜在紧急情况从发生、发展到结束所需要的资源。

对每一紧急情况应考虑如下问题:①所需要的资源与能力是否配备齐全;②外部资源能否在需要时及时到位;③是否还有其他可以优先利用的资源。

如果答案是肯定的,可以继续下一步骤工作;如果答案是否定的,则应提出整改方案,例如编制额外的应急程序、开展额外的培训、采购额外的设备、编制互助协议、签订专项合同或协议等。

3. 预案编制

根据企业风险和应急响应能力现状,按照法律、法规和本单位相关规定编制应急预案、确定具体的工作目标和阶段性工作时间表;编制工作任务清单,落实到具体的人员和时间;确定预案总体和各章节的结构;将预案按章节分配给每一位编写组成员。

在应急行动涉及外部机构时,应与他们事先沟通协调。企业编制预案时应将相关的情况报告地方政府主管部门,将上级的应急要求和精神纳入本单位的应急预案。

4. 预案的评审与发布

预案应经单位各级管理人员、应急管理人员和应急响应人员充分讨论、修订和评审,经批准后方可发布。

5. 预案的实施

预案经批准后实施生效。但预案实施不仅指在紧急情况时的执行,应将预案融入单位的整体活动、包括预案的培训和演练等。

（三）应急培训与演习

1. 应急预案培训的原则和范围

为提高应急救援人员的技术水平与应急救援队伍的整体能力，以便在事故的应急救援行动中，达到快速、有序、有效的效果，经常性地开展应急救援培训与演习应成为应急救援队伍的一项重要的日常性工作。

（1）应急预案培训的原则　应急救援培训与演习的指导思想应以加强基础、突出重点、边练边战、逐步提高为原则。

应急培训与演习的基本任务是锻炼和提高队伍在突发事故情况下的快速抢险堵源、及时营救伤员、正确指导和帮助群众防护或撤离、有效消除危害后果、开展现场急救和伤员转送等应急救援技能和应急反应综合素质，有效降低事故危害，减少事故损失。

（2）应急培训的范围　应包括政府主管部门的培训、社区居民的培训、企业全员的培训和专业应急救援队伍的培训四个方面。

2. 应急培训的基本内容

基本应急培训是指对参与应急行动所有相关人员进行的最低程度的应急培训，要求应急人员了解和掌握如何识别危险、如何采取必要的应急措施、如何启动紧急情况警报系统、如何安全疏散人群等基本操作，尤其要加强火灾应急培训以及危险物质事故的应急培训。

因为火灾和危险品事故是常见的事故类型，因此，培训中要加强与灭火操作有关的训练，强调危险物质事故的不同应急水平和注意事项等内容，主要包括报警、疏散、火灾应急培训和不同水平应急者培训等几个方面。

在具体培训中，通常将应急者分为5种水平，即初级意识水平应急者、初级操作水平应急者、危险物质专业水平应急者、危险物质专家水平应急者和事故指挥者水平应急者。每一种水平都有相应的培训要求。

3. 训练和演习类型

应急演习可以根据不同的标准分类。根据演习规模可以分为桌面演习、功能演习和全面演习，根据演习的基本内容不同可以分为基础训练、专业训练、战术训练和自选科目训练。

（1）基础训练　基础训练是应急队伍的基本训练内容之一，是确保完成各种应急救援任务的基础。基础训练主要包括队列训练、体能训练、防护装备和通信设备的使用训练等内容，训练的目的是使应急人员具备良好的战斗意志和作风，熟练掌握个人防护装备的穿戴、通信设备的使用等。

（2）专业训练　专业训练关系到应急队伍的实战水平，是顺利执行应急救援任务的关键，也是训练的重要内容，主要包括专业常识、堵源技术、抢运和清消以及现场急救等技术。通过专业训练可使救援队伍具备一定的救援专业技术，有效地发挥救援作用。

（3）战术训练　战术训练是救援队伍综合训练的重要内容和各项专业技术的综合运用，是提高救援队伍实战能力的必要措施。战术训练可分为班（组）战术训练和分队战术训练。通过训练，可使各级指挥员和救援人员具备良好的组织指挥能力和实际应变能力。

（4）自选科目训练　自选科目训练可根据各自的实际情况，选择开展如防化、气象、侦检技术、综合演练等项目的训练，进一步提高救援队伍的救援水平。

三、事故的抢救

生产安全事故的抢救要坚持及时、得当、有效的原则。在事故发生后，任何单位和个人都应当支持、配合事故的抢救工作，为事故抢救提供一切便利条件。事故发生后，当事人或事故现场有关人员应当及时采取自救、互救措施，保护事故现场，并立即直接或逐级报告本单位负责人。

事故单位负责人接到伤亡事故报告后，应当根据应急救援预案和事故的具体情况迅速采取有效措施，组织抢救；防止事故扩大，减少人员伤亡和财产损失；严格执行有关救护规程和规定，严禁救护过程中的违章指挥和冒险作业，避免救护中的伤亡和财产损失；注意保护事故现场，不得故意破坏事故现场、毁灭有关证据，因事故抢救、防止事故扩大需要移动事故现场物件的，应当作出标志、绘制现场简图、照相摄像，并作成书面记录。发生重大、特大、特别重大事故的生产经营单位主要负责人不得在事故调查处理期间擅离职守；不在单位的，应当立即返回。

重大、特大、特别重大事故发生后，有关地方人民政府、安全生产监督管理部门、有关部门的负责人应当立即赶赴事故现场，成立抢救指挥部，组织抢救。公安部门负责维持事故现场秩序。

第三节　安全评价技术

一、安全评价分类

安全评价是指运用定量或定性的方法，对建设项目或生产经营单位存在的职业危险因素和有害因素进行识别、分析和评估。

根据原国家安全生产监督管理局安监管技装字〔2002〕45号文《关于加强安全评价机构管理的意见》，安全评价包括安全预评价、安全验收评价、安全现状综合评价和专项安全评价。

1. 安全预评价

安全预评价是根据建设项目可行性研究报告的内容，分析和预测该建设项目存在的危险、有害因素的种类和程度，提出合理可行的安全对策措施和建议。安全预评价实际上就是在项目建设前，应用安全评价的原理和方法对系统（工程、项目）中存在的危险性、危害性进行预测性评价。安全预评价内容主要包括危险及有害因素识别、危险度评价和安全对策措施及建议。它是以拟建建设项目作为研究对象，根据建设项目可行性研究报告提供的生产工艺过程、使用和产出的物质、主要设备和操作条件等，研究系统固有的危险及有害因素，应用系统安全工程的方法，对系统的危险性和危害性进行定性、定量分析，确定系统的危险、有害因素及其危险、危害程度；针对主要危险、有害因素及其可能产生的危险、危害后果提出消除、预防和降低的对策措施；评价采取措施后的系统是否能满足规定的安全要求，从而得出建设项目应如何设计、管理才能达到安全指标要求的结论。

2. 安全验收评价

安全验收评价是在建设项目竣工、试生产运行正常后，通过对建设项目的设施、设备、装置实际运行状况的检测、考察，查找该建设项目投产后可能存在的危险、有害因素，提出合理可行的安全对策措施和建议。安全验收评价是运用系统安全工程原理和方法，在项目建成试生产正常运行后，在正式投产前进行的一种检查性安全评价。它通过对系统存在的危险和有害因素进行定性和定量的检查，判断系统在安全上的符合性和配套安全设施的有效性，从而做出评价结论并提出补救或补偿措施，以促进项目实现系统安全。安全验收评价是为安全验收进行的技术准备，最终形成的安全验收评价报告将作为建设单位向政府安全生产监督管理机构申请建设项目安全验收审批的依据。另外，通过安全验收还可检查生产经营单位的安全生产保障，确保"安全生产法"的落实。

3. 安全现状综合评价

安全现状综合评价是针对某一个生产经营单位总体或局部生产经营活动的安全现状进行的评价。这种对在用生产装置、设备、设施、贮存、运输及安全管理状况进行的全面综合安全评价，是根据政府有关法规的规定或是根据生产经营单位职业安全、健康的管理要求进行的，主要内容包括：全面收集评价所需的信息资料，采用合适的安全评价方法进行危险识别、给出量化的安全状态参数值；对于可能造成重大后果的事故隐患，采用相应的数学模型，进行事故模拟，预测极端情况下的影响范围，分析事故的最大损失，以及发生事故的概率；对发现的隐患，根据量化的安全状态参数值、整改的优先度进行排序；提出整改措施与建议。

评价形成的现状综合评价报告的内容应纳入生产经营单位安全隐患整改和安全管理计划，并按计划加以实施和检查。

4. 专项安全评价

专项安全评价是针对某一项活动或场所，如一个特定的行业、产品、生产方式、生产工艺或生产装置等，存在的危险、有害因素进行的安全评价，目的是查找其存在的危险、有害因素，确定其程度，提出合理可行的安全对策措施及建议。如果生产经营单位是生产或贮存、销售剧毒化学品的企业，评价所形成的专项安全评价报告则是上级主管部门批准其获得或保持生产经营营业执照所要求的文件之一。

二、安全评价程序

安全评价程序主要包括：准备阶段，危险、有害因素辨识与分析，定性、定量评价，提出安全对策措施，形成安全评价结论及建议，编制安全评价报告。具体程序如图 7-2 所示。

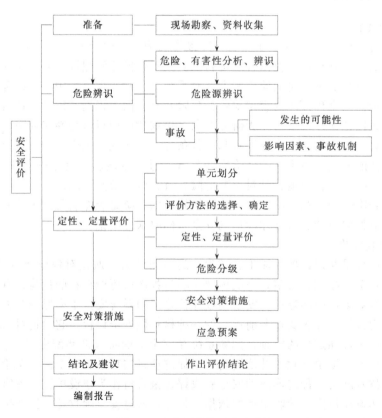

图 7-2　安全评价的基本程序

（1）准备阶段　明确被评价对象和范围，收集国内外相关法律法规、技术标准及工程系统的技术资料。

（2）危险、有害因素辨识与分析　根据被评价的工程、系统的情况，辨识和分析危险、有害因素，确定危险、有害因素存在的部位、存在的方式、事故发生的途径及其变化的规律。

（3）定性、定量评价　在危险、有害因素辨识和分析的基础上，划分评价单元，选择合理的评价方法，对工程、系统发生事故的可能性和严重程度进行定性、定量评价。

（4）安全对策措施　根据定性、定量评价结果，提出消除或减弱危险、有害因素的技术和管理措施及建议。

（5）安全评价结论及建议　简要地列出主要危险、有害因素的评价结果，指出工程、系统应重点防范的重大危险因素，明确生产经营者应重视的重要安全措施。

（6）安全评价报告的编制　依据安全评价的结果编制相应的安全评价报告。

三、评价单元的划分与评价方法的选用

（一）评价单元的划分

1. 评价单元的概念

评价单元就是在危险、有害因素的分析的基础上，根据评价目标和方法的需要，将系统分成若干有限、确定范围和需要评价的单元。石油石化装置一般是由相对独立、相互联系的若干部分（子系统、单元）组成，各部分的功能、含有的物质、存在的危险因素和有害因素、危险性以及安全卫生指标环境影响因素均不同；以整个系统为评价对象进行评价时，一般按一定原则将评价对象分成若干有限、确定范围单元分别进行评价，再综合为整个系统的评价。

2. 划分评价单元的作用

将系统划分为不同类型的评价单元进行评价，不仅可以简化评价工作、降低评价工作量、避免遗漏，而且由于能够得出评价单元危险性（危害性）影响因素的比较概念，避免了以最危险单元的危险性（危害性）影响因素来表征整个系统的危险性（危害性）影响因素，夸大了整个系统的危险性（危害性）影响因素，从而提高了评价的准确性、降低了采取对策措施的安全与环境投资费用。

3. 评价单元的划分原则

划分评价单元是为评价目标和评价方法服务的，要便于评价工作的进行，有利于提高评价工作的准确性。由于评价目标不同，各评价方法均有自身特点，只要达到评价目的，评价单元划分并不要求绝对一致。通常确定评价单元时一般应考虑以下几方面：①"评价单元"是装置的一个独立部分，在理论上能够容易地说明它的特点；②对于特定"单元"的边界，其判别标准可以以设备与相邻设备之间的隔离屏障（如一定的距离、防火墙、防护堤等）进行划分；③在不增加危险性的前提下，可把危险性潜能影响因素类似的单元归并为一个较大的单元。

4. 评价单元的划分方法

评价单元一般以生产工艺、工艺装置、物料的特点和特征，以危险、有害因素的类别、分布有机结合进行划分，还可以按评价的需要将一个评价单元划分为若干子评价单元或更小的单元。常用的评价单元划分方法有以下两方面：

（1）以危险、有害因素的类别为主划分　按工艺方案、总体布置设备设施的完整性要求和自然条件、社会环境行政区域（特定要求）对系统的影响等综合方面的危险、有害因素影响因素分析和评价，宜将整个系统作为一个评价单元。将具有共性危险因素、有害因素影响

因素的场所和装置划分为一个单元。

按危险因素类别各划归一个单元，再按工艺、物料、设备设施完整性要求、作业特点及其潜在危险因素不同划分成子单元分别进行评价。例如：炼油厂可将具有火灾爆炸危险因素的装置作为一个评价单元，按馏分、催化重整、催化裂化、加氢裂化等工艺装置和贮罐区划分成各子评价单元，再按工艺条件、物料的种类（性质）、设备设施和数量进一步细分为若干评价单元。

将存在起重伤害、车辆伤害、高处坠落等危险因素的各码头装卸作业区作为一个评价单元；有毒危险品、散粮、矿砂等装卸作业区的毒物、粉尘危害部分则列入毒物、粉尘有害作业评价单元；燃油装卸作业区作为一个火灾爆炸评价单元；其车辆伤害部分则在通用码头装卸作业区评价单元中。

进行劳动卫生评价时，宜按有害因素（有害作业）的类别划分评价单元。例如，将噪声、辐射、粉尘、毒物、高温、低温、体力劳动强度危害的场所各划归一个评价单元。

按环境影响的物源及处理设施单独划分评价单元。如废水监测与处理、废气监测与预处理、废弃物监测与处理。

（2）按装置和物质特征划分 应用火灾爆炸指数法、单元危险性快速排序法等评价方法进行火灾爆炸危险性评价时，除按下列原则外还应依据评价方法的有关具体规定划分评价单元。

① 按装置工艺功能划分。例如，化工系统可划分为：原料贮存区域、反应区域、产品蒸馏区域、吸收或洗涤区域、中间产品贮存区域、产品贮存区域、运输装卸区域、催化剂处理区域、副产品处理区域、废液处理区域、通入装置区的主要配管桥区、其他（过滤、干燥、固体处理、气体压缩等）区域。

② 按布置的相对独立性划分。以安全距离、防火墙、防火堤、隔离带等与其他装置隔开的区域或装置部分作为一个单元；贮存区域内通常以一个或共同防火堤（防火墙、防火建筑物）内的贮罐、贮存空间作为一个单元。

③ 按工艺条件划分。按操作温度、压力范围不同，划分为不同的单元；按开车、加料、卸料、正常运转、添加剂、检修等不同作业条件划分单元。

④ 按贮存、处理危险物质的潜在化学能、毒性和危险物质的数量划分。一个贮存区域内（如危险品库）存放不同危险物质，为了能够正确识别其相对危险性，可作不同单元处理；为避免夸大评价单元的危险性，评价单元的易燃、易爆等危险物质最低限量为2270kg或2.73m³，中试单元上述物质的最低限量为45kg或0.545m³。

⑤ 按事故损失程度或危险性划分。根据以往事故资料，将发生事故能导致停产、波及范围大、造成巨大损失和伤害的关键设备作为一个单元；将危险性大且资金密度大的区域作为一个单元；将危险性特别大的区域、装置作为一个单元；将具有类似危险性潜能的单元合并为一个大单元。

⑥ 按设施完整性划分。如划分为消防系统，自动报警、自动灭火、自动喷淋；联锁控制系统，传感器、监视器；遥控系统，中央控制器；监视系统；报警系统；各种环境因素监测处理系统；保护系统和劳保用品；应急反应系统、机构、装置、物品；救生逃生系统，自救设施器材，逃生工具、用品，运输工具。

⑦ 按其他特性要求划分单元。如按地形、区域、不同的自然环境等划分单元。

（二）评价方法的选用

1. 评价方法的分类

评价方法是对系统的危险性、危害性影响进行分析、评价的工具，通常分为定性和定量两种方法。

定性评价是根据经验对生产工艺、设备、环境、人员配置和管理等方面的安全状况进行定性的判断，一般将危险性分成几个定性等级，并规定达到哪个等级（以上或以下）即认为系统是安全的。

常用严重性等级表示危险的严重程度，见表7-1。事故发生的可能性可根据危险事件出现的频繁程度，定性地分为五级，见表7-2。将表7-1、表7-2的危险严重性和可能性等级制成矩阵并分别给以定性加权指数，形成危险评价指数矩阵，见表7-3，按照矩阵中的危险评价指数确定如下危险接受准则：指数为1～5的为不接受的危险；指数为6～9的为不希望有的危险，需进行决策是否可以接受；指数为10～17的是有控制的接受，需经有关方评审后方可接受；指数为18～20的是不需评审即可接受的。

表 7-1　危害事件的严重性等级

严 重 性 等 级	等 级 说 明	事 故 后 果 说 明
Ⅰ	灾难的	人员死亡或系统报废
Ⅱ	严重的	人员严重受伤、严重职业病或系统严重损坏
Ⅲ	轻度的	人员轻度受伤、轻度职业病或系统轻度损坏
Ⅳ	轻微的	人员伤害程度和系统损坏程度都轻于Ⅲ级

表 7-2　危害事件的可能性等级

可 能 性 等 级	说 明	单个项目具体发生情况	总体发生情况
A	频繁	频繁发生	连续发生
B	很可能	在寿命期内出现若干次	频繁发生
C	有时	在寿命期内有可能发生	发生若干次
D	极少	在寿命期内不易发生,但有可能发生	不易发生,但有理由可预期发生
E	不可能	极不易发生,以至于可以认为不发生	不易发生,但有可能发生

定量评价方法中一般规定在某段时间内或某个空间内事故发生的概率（或发生次数）、事故损失（危险程度）低于确定指标则认为系统是安全的。目前，国内外已开发出数十种评价方法，每种评价方法的原理、目标、应用条件、适用的评价对象、工作量均不尽相同，各具有其特点和优缺点。

2. 几种典型评价方法的比较

为了便于选用评价方法，将几种典型的评价方法从评价目标、方法特点、适用范围、使用条件、优缺点等方面进行归纳，见表7-3。

表 7-3　几种典型评价方法的比较

可 能 性 等 级	严 重 性 等 级			
	Ⅰ级(灾难的)	Ⅱ级(严重的)	Ⅲ级(轻度的)	Ⅳ级(轻微的)
A(频繁)	1	2	7	13
B(很可能)	2	5	9	16
C(有时)	4	6	11	18
D(极少)	8	10	14	19
E(不可能)	12	15	17	20

选用评价方法时应根据对象的特点、具体条件和需要，以及评价方法的特点选用几种方

法对同一对象进行评价，互相补充、分析综合、相互验证，以提高评价结果的准确性。选择评价方法应考虑下列问题：

（1）评价对象（系统）的特点 根据评价对象的规模、组成部分、复杂程度、工艺类型（行业类别）、工艺过程、原材料和产品、作业条件等情况，选择评价方法。

① 根据系统的规模、复杂程度选择。随着规模、复杂程度的增大，有些评价方法的工作量、工作时间和费用相应地增大，甚至超过容许的条件。在这种情况下应先用简捷的方法进行筛选，然后确定需要评价的详细程度，再选择适当的评价方法。对规模小或复杂程度低的对象，如机械工厂的清洗间、喷漆室、小型油库虽属火灾爆炸危险场所，可采用日本劳动省劳动基准局定量评价法（日本六阶段法的一部分）、单元危险性快速排序法等较简捷的评价方法。

② 根据评价对象的工艺类型和工艺特征选择。评价方法大多适用于某些工艺过程和评价对象，如道化学、蒙德、国内化工部的评价方法等适用于化工类工艺过程的安全评价，故障类型和影响分析法适用于机械、电气系统的安全评价。

③ 评价对象的危险性。据过去的统计资料，对危险性较高的对象往往采用系统的、较严格的评价方法（如事件树、事故树、火灾爆炸指数法等）；反之，倾向采用经验的、不太详尽的评价方法（如直观经验分析、检查表法等）。

评价对象若同时存在几类主要危险、有害因素，往往需要用几种评价方法分别对评价对象进行评价。规模大、复杂、危险性高的评价对象往往先用简单、定性的评价方法（如检查表法、预先危险性分析法、故障类型和影响分析等）进行评价，然后再对重点部位（单元）用较严格的定量法（如事件树、事故树、火灾爆炸指数法等）进行评价。

（2）评价目标 用对系统提出不同的评价目标，例如，危险（危害）等级、事故（故障）概率、事故造成的经济损失、危险区域（半径）等，故需要根据评价目标选择适用的评价方法。

（3）资料占有情况 如果评价对象技术资料、数据齐全，则可进行定性及定量评价并选择相应的定性、定量评价方法；若对象属于新开发性质，资料、数据不充分，又缺乏可类比的技术资料和数据，则只能采用预先危险性分析等方法进行概略性评价。

一些评价方法，特别是定量评价方法，应用时需要有必要的统计数据（如各因素、事件、故障发生概率、评价标准目标值等）作依据；若缺少这些数据，就限制了定量评价方法的应用。

（4）其他因素 包括评价人员的知识和经验、完成评价工作的时限、经费支持状况、评价单位设施（软、硬件）配备和评价人员及管理人员的习惯、爱好等。

四、常见安全评价方法简介

安全评价方法的分类方法很多，常用的有按评价结果的量化程度分类法、按评价的推理过程分类法、按针对的系统性质分类法、按安全评价要达到的目的分类法等。下面我们就常用的安全评价方法作简单介绍。

1. 安全检查表方法（Safety Checklist Analysis，SCA）

为了查找工程、系统中各种设备设施、物料、工件、操作、管理和组织措施中的危险、有害因素，事先把检查对象加以分解，将大系统分割成若干小的子系统，以提问或打分的形式，将检查项目列表逐项检查，避免遗漏，这种表称为安全检查表法。

2. 危险指数方法（Risk Rank，RR）

危险指数方法是通过评价人员对几种工艺现状及运行的固有属性（以作业现场危险度、事故概率和事故严重度为基础，对不同作业现场的危险性进行鉴别）进行比较计算，确定工艺危险特性重要性大小及是否需要进一步研究的安全评价方法。

危险指数评价可以运用在工程项目的各个阶段（可行性研究、设计、运行等），可以在详细的设计方案完成之前运用，也可以在现有装置危险分析计划制定之前运用。当然它也可用于在役装置，作为确定工艺操作危险性的依据。

目前已有许多种危险指数方法得到广泛的应用，如危险度评价法，道化学公司的火灾、爆炸危险指数法，帝国化学工业公司（ICI）的蒙德法，化工厂危险等级指数法等。

3. 预先危险分析方法（Preliminary Hazard Analysis，PHA）

预先危险分析方法是一项实现系统安全危害分析的初步或初始工作，在设计、施工和生产前，首先对系统中存在的危险性类别、出现条件、导致事故的后果进行分析，目的是识别系统中的潜在危险，确定危险等级，防止危险发展成事故。

预先危险分析方法的步骤如下：

① 通过经验判断、技术诊断或其他方法确定危险源，对所需分析系统的生产目的、物料、装置及设备、工艺过程、操作条件以及周围环境等，进行充分详细的了解。

② 根据以往的经验及同类行业生产中的事故情况，对系统的影响、损坏程度，类比判断所要分析的系统中可能出现的情况，查找能够造成系统故障、物质损失和人员伤害的危险性，分析事故的可能类型。

③ 对确定的危险源分类，制成预先危险性分析表。

④ 转化条件，即研究危险因素转变为危险状态的触发条件和危险状态转变为事故的必要条件，并进一步寻求对策措施，检验对策措施的有效性。

⑤ 进行危险性分级，排列出重点和轻、重、缓、急次序，以便处理。

⑥ 制定事故的预防性对策措施。

4. 故障假设分析方法（What…If，WI）

故障假设分析方法是一种对系统工艺过程或操作过程的创造性分析方法。它一般要求评价人员用"What…if"作为开头对有关问题进行考虑，任何与工艺安全有关或与之不太相关的问题都可提出并加以讨论。通常，将所有的问题都记录下来，然后分门别类进行讨论。所提出的问题要考虑到任何与装置有关的不正常的生产条件，而不仅仅是设备故障或工艺参数变化。

故障假设分析方法比较简单，评价结果一般以表格形式表示，主要内容有：提出的问题、回答可能的后果、降低或消除危险性的安全措施。

5. 危险和可操作性研究（Hazard and Operability Study，HAZOP）

危险和可操作性研究是一种定性的安全评价方法。它的基本过程是以关键词为引导，找出过程中工艺状态的变化（即偏差），然后分析找出偏差的原因、后果及可采取的对策。其侧重点是工艺部分或操作步骤各种具体值。危险和可操作性研究方法所基于的原理是，背景各异的专家们若在一起工作，就能够在创造性、系统性和风格上互相影响和启发，能够发现和鉴别更多的问题，这样做要比他们独立工作并分别提供结果更为有效。

危险和可操作性研究方法可分成分析的准备、完成分析和编制分析结果报告 3 个步骤来完成。其本质就是通过系列会议对工艺流程图和操作规程进行分析，由各种专业人员按照规定的方法对偏离设计的工艺条件进行过程危险和可操作性研究。鉴于此，虽然某一个人也可能单独使用危险与可操作性研究方法，但这绝不能称为危险和可操作性研究。所以，危险和可操作性研究方法与其他安全评价方法的明显不同之处是，其他方法可由某一个人单独使用，而危险和可操作性分析则必须由一个多方面的、专业的、熟练的人员组成的小组来完成。

6. 故障类型和影响分析（Failure Mode Effects Analysis，FMEA）

故障类型和影响分析是系统安全工程的一种方法，根据系统可以划分为子系统、设备和元件的特点，按实际需要将系统进行分割，然后分析各自可能发生的故障类型及其产生的影响，以便采取相应的对策，提高系统的安全可靠性故障类型和影响分析的目的是辨识单一设备和系统的故障模式及每种故障模式对系统或装置的影响。故障类型和影响分析的步骤为：明确系统本身的情况，确定分析程度和水平，绘制系统图和可靠性框图，列出所有的故障类型并选出对系统有影响的故障类型，理出造成故障的原因。在故障类型和影响分析中不直接确定人的影响因素，但像人失误、误操作等影响通常作为一个设备故障模式表示出来。

FMEA 的分析步骤如下：

（1）确定分析对象系统　根据分析详细程度的需要，查明组成系统的元素（子系统或单元）及其功能。

（2）分析元素故障类型和产生原因　由熟悉情况、有丰富经验的人员依据经验和有关的故障资料分析、讨论可能产生的故障类型和原因。

（3）研究故障类型的影响　研究、分析元素故障对相邻元素、邻近系统和整个系统的影响。

（4）填写故障类型和影响分析表格　将分析的结果填入预先准备好的表格，可以简洁明了地显示全部分析内容。

7. 故障树分析（Fault Tree Analysis，FTA）

故障树（Fault Tree）又称为事故树，是一种描述事故因果关系的有方向的"树"，是安全系统工程中的重要的分析方法之一。它能对各种系统的危险性进行识别评价，既适用于定性分析，又能进行定量分析，具有简明、形象化的特点，体现了以系统工程方法研究安全问题的系统性、准确性和预测性。

故障树分析的基本程序如下：

（1）熟悉系统　要详细了解系统状态及各种参数，绘出工艺流程图或布置图。

（2）调查事故　收集事故案例，进行事故统计，设想给定系统可能要发生的事故。

（3）确定顶上事件　要分析的对象事件即为顶上事件。对所调查的事故进行全面分析，从中找出后果严重且较易发生的事故作为顶上事件。

（4）确定目标值　根据经验和事故案例，经统计分析后，求解事故发生的概率（频率），作为要控制的事故目标值。

（5）调查原因事件　调查与事故有关的所有原因事件和各种因素。

（6）画出故障树　从顶上事件起，一级一级找出直接原因事件，到所要分析的深度，按其逻辑关系，画出故障树。

（7）定性分析　按故障树结构进行简化，确定各基本事件的结构重要度。

（8）事故发生概率　确定所有事件发生概率，标在故障树上，进而求出顶上事件的发生概率。

（9）比较　比较分可维修系统和不可维修系统进行讨论，前者要进行对比，后者求出顶上事件发生概率即可。

（10）分析　故障树分析不仅能分析出事故的直接原因，而且能深入提示事故的潜在原因，因此在工程或设备的设计阶段、在事故查询或编制新的操作方法时，都可以使用故障树分析，并对它们的安全性做出评价。

8. 事件树分析（Event Tree Analysis，ETA）

事件树分析是用来分析普通设备故障或过程波动（称为初始事件）导致事故发生的可能性。

在事件树分析中，事故是典型设备故障或工艺异常（称为初始事件）引发的结果。与故障树分析不同，事件树分析是使用归纳法（而不是演绎法），事件树可提供记录事故后果的系统性的方法，并能确定导致事件后果事件与初始事件的关系。

事件树分析步骤如下。

（1）确定初始事件　初始事件可以是系统或设备的故障、人员的失误或工艺参数偏移等可能导致事故发生的事件。初始事件一般依靠分析人员的经验和有关运行、故障、事故统计资料来确定。

（2）判定安全功能　系统中包含许多能消除、预防、减弱初始事件影响的安全功能（安全装置、操作人员的操作等）。常见的安全功能有自动控制装置、报警系统、安全装置、屏蔽装置和操作人员采取措施等。

（3）发展事件树和简化事件树　从初始事件开始，自左至右发展事件树。首先把事件一旦发生时起作用的安全功能状态画在上面的分支，不能发挥安全功能的状态画在下面的分支。然后依次考虑每种安全功能分支的两种状态，层层分解直至系统发生事故或故障为止。

简化事件树是在发展事件树的过程中，将与初始事件、事故无关的安全功能和安全功能不协调、矛盾的情况省略、删除，达到简化分析的目的。

（4）分析事件树　事件树各分支代表初始事件一旦发生后其可能的发展途径，其中导致系统事故的途径即为事故连锁。

事件树分析适合用来分析那些产生不同后果的初始事件。它强调的是事件可能发生的初始原因以及初始事件对事件后果的影响，事件树的每一个分支都表示一个独立的事件序列，对一个初始事件而言，每一独立事件序列都清楚地界定了安全功能之间的功能关系。

9. 作业条件危险性评价法 （Job Risk Analysis，JRA）

美国的 K. J. 格雷厄姆（Keneth J. Graham）和 G. F. 金尼（Gilbert F. Kinney）研究了人们在具有潜在危险环境中作业的危险性，提出了以所评价的环境与某些作为参考环境的对比为基础，将作业条件的危险性作为因变量（D），事故或危险事件发生的可能性（L）、暴露于危险环境的频率（E）及危险严重程度（C）作为自变量，确定了它们之间的函数式。根据实际经验，他们给出了 3 个自变量的各种不同情况的分数值，采取对所评价的对象根据情况进行"打分"的办法，然后根据公式计算出其危险性分数值，再在按经验将危险性分数值划分的危险程度等级表或图上，查出其危险程度的一种评价方法。这是一种简单易行的评价作业条件危险性的方法。

10. 定量风险评价方法 （Quantity Riak Analysis，QRA）

在识别危险分析方面，定性和半定量的评估是非常有价值的，但是这些方法仅是定性分析，不能提供足够的定量分析，特别是不能对复杂的存在危险的工业流程等提供决策的依据和足够的信息，在这种情况下，必须能够提供完全的定量的计算和评价。

风险可以表征为事故发生的频率和事故的后果的乘积。定量风险评价对这两方面均进行评价，可以将风险的大小完全量化，并提供足够的信息，为业主、投资者、政府管理者提供定量化的决策依据。

对于事故后果模拟分析，国内外有很多研究成果。如美国、英国、德国等发达国家，早在 20 世纪 80 年代初便完成了以 Burro、Coyote、Thorneylsland 为代表的一系列大规模现场泄漏扩散实验，90 年代又针对毒性物质的泄漏扩散进行了现场实验研究。迄今为止，已经形成了数以百计的事故后果模型，如著名的 DEGADIS、ALOHA、SLAB、FRACE、AR-CHIE 等。基于事故模型的实际应用也取得了发展，如 DNV 公司的 SAFETY Ⅱ 软件是一种多功能的定量风险分析和危险评价软件包，包含多种事故模型，可用于工厂的选址、区域和土地使用决策、运输方案选择、优化设计、提供可接受的安全标准。Shell Global Solution

公司提供的 Shell FRED、Shell SCOPE 和 Shell Shepherd 三个序列的模拟软件涉及泄漏、火灾、爆炸和扩散等方面的风险评价。这些软件都是建立在大量实验的基础上得出的数学模型，有着很强的可信度。评价的结果用数字或图形的方式显示事故影响区域，以及个人和社会承担的风险。根据风险的严重程度对可能发生的事故进行分级，有助于制定降低风险的措施。

五、安全评价报告

安全评价报告是安全评价工作过程形成的成果。安全评价报告的载体一般采用文本形式，为适应信息处理、交流和资料存档的需要，报告可采用多媒体电子载体。电子版本中能容纳大量评价现场的照片、录音、录像及文件扫描，可增强安全验收评价工作的可追溯性。

目前，国内将安全评价根据工程、系统生命周期和评价的目的分为安全预评价、安全验收评价、安全现状评价和专项安全评价 4 类。但实际上可看成 3 类，即安全预评价、安全验收评价和安全现状评价，专项安全评价可看成安全现状评价的一种，属于政府在特定时期内进行专项整治时开展的评价。下面将简单介绍安全预评价、安全验收评价和安全现状评价报告的要求、内容及格式。

1. 安全预评价报告的要求

安全预评价报告的内容应能反映安全预评价的任务：建设项目的主要危险、有害因素评价；建设项目应重点防范的重大危险、有害因素；应重视的重要安全对策措施；建设项目从安全生产角度是否符合国家有关法律、法规、技术标准。

安全预评价报告应当包括以下主要内容。

（1）概述　包括：①安全预评价依据，即有关安全预评价的法律、法规及技术标准，建设项目可行性研究报告等相关文件，安全预评价参考的其他资料；②建设单位简介；③建设项目概况，包括建设项目选址、总图及平面布置、生产规模、工艺流程、主要设备、主要原材料、中间体、产品、经济技术指标、公用工程及辅助设施等。

（2）生产工艺简介

（3）安全预评价方法和评价单元　包括安全预评价方法简介；评价单元确定。

（4）定性、定量评价　包括定性、定量评价；评价结果分析。

（5）安全对策措施及建议　包括在可行性研究报告中提出的安全对策措施；补充的安全对策措施及建议。

（6）安全预评价结论

安全预评价的格式一般包括封面、安全预评价资质证书影印件、著录项、目录、编制说明、前言、正文、附件和附录等内容。

2. 安全验收评价报告

安全验收评价报告是安全验收评价工作过程形成的成果。安全验收评价报告的作用：一是为企业服务，帮助企业查出隐患，落实整改措施以达到安全要求；二是为政府安全生产监督管理机构服务，提供建设项目安全验收的依据。

（1）概述　一般应包括以下内容：安全验收评价依据；建设单位简介；建设项目概况；生产工艺；主要安全卫生设施和技术措施；建设单位安全生产管理机构及管理制度。

（2）主要危险、有害因素识别　识别内容有：主要危险、有害因素及相关作业场所分析；列出建设项目所涉及的危险、有害因素并指出存在的部位。

（3）总体布局及常规防护设施措施评价　评价内容包括：总平面布局；厂区道路安全；常规防护设施和措施；评价结果。

（4）易燃易爆场所评价　评价项目包括：爆炸危险区域划分符合性检查；可燃气体泄漏

检测报警仪的布防安装检查；防爆电气设备安装认可；消防检查（主要检查是否取得消防安全认可）；评价结果。

（5）有害因素安全控制措施评价　包括：防急性中毒、窒息措施；防止粉尘爆炸措施；高、低温作业安全防护措施；其他有害因素控制安全措施；评价结果。

（6）特种设备监督检验记录评价　包括：压力容器与锅炉（包括压力管道）；起重机械与电梯；厂内机动车辆；其他危险性较大设备；评价结果。

（7）强制检测设备设施情况检查　该强制检测项目有：安全阀；压力表；可燃、有毒气体泄漏检测报警仪及变送器；其他强制检测设备设置情况；检查结果。

（8）电气安全评价　该项评价包括：变电所；配电室；防雷、防静电系统；其他电气安全检查；评价结果。

（9）机械伤害防护设施评价　该项评价包括：夹击伤害；碰撞伤害；剪切伤害；卷入与绞碾伤害；割刺伤害；其他机械伤害；评价结果。

（10）安全联锁评价　工艺设施安全联锁有效性评价主要是：工艺设施安全联锁设计；工艺设施安全联锁相关硬件设施；开车前工艺设施安全联锁有效性验证记录；评价结果。

（11）安全生产管理评价　包括：安全生产管理组织机构；安全生产管理制度；事故应急救援预案；特种作业人员培训；日常安全管理；评价结果。

（12）安全验收评价结论　在对现场评价结果分析归纳和整合基础上，作出安全验收评价结论：建设项目安全状况综合评述；归纳、整合各部分评价结果，提出存在问题及改进建议；建设项目安全验收总体评价结论。

（13）安全验收评价报告附件　附件有：

① 数据表格、平面图、流程图、控制图等安全评价过程中制作的图表文件；

② 建设项目存在的问题与改进建议汇总表及反馈结果；

③ 评价过程中专家意见及建设单位证明材料。

（14）安全验收评价报告附录　附录包括：

① 与建设项目有关的批复文件（影印件）；

② 建设单位提供的原始资料目录；

③ 与建设项目相关的数据资料目录。

3. 安全现状评价报告

安全现状评价报告要求比安全预评价报告要更详尽、更具体，特别是对危险分析要求较高，因此整个评价报告的编制，要由懂工艺和操作的专家参与完成。

安全现状评价报告一般具有如下内容：

（1）前言　包括项目单位简介、评价项目的委托方及评价要求和评价目的。

（2）评价项目概况　应包括评价项目概况、地理位置及自然条件、工艺过程、生产运行现状、项目委托约定的评价范围、评价依据（包括法规、标准、规范及项目的有关文件）。

（3）评价程序和评价方法　说明针对主要危险、有害因素和生产特点选用的评价程序和评价方法。

（4）危险性预先分析　应包括工艺流程、工艺参数、控制方式、操作条件、物料种类与理化特性、工艺布置、总图位置、公用工程的内容，并运用选定的分析方法，对存在的危险、有害因素逐一分析。

（5）危险度与危险指数分析　根据危险、有害因素分析的结果和确定的评价单元、评价要素，参照有关资料和数据，用选定的评价方法进行定量分析。

（6）事故分析与重大事故模拟　结合现场调查结果以及同行业或同类生产的事故案例分析，统计其发生的原因和概率，运用相应的数学模型进行重大事故模拟。

（7）对策措施与建议　综合评价结果，提出相应的对策措施与建议，并按照风险程度的高低进行解决方案的排序。

（8）评价结论　明确指出项目安全状态水平，并简要说明。

复习思考题

1. 什么是重大危险源？重大危险源的辨识依据是什么？

2. 什么是事故应急救援预案？

3. 应急救援预案编制的基本要求和步骤是什么？

4. 简述重大危险源控制系统主要组成部分。

5. 安全评价方法有哪些？

6. 如何进行评价单元的划分？怎样选用评价方法？

7. 实地考察一个加油站或油库，并编制安全检查表对其进行安全检查。

8. 实地考察一个加油站，编写一份加油站突发事故应急救援预案。

模块Ⅲ 专业安全技术

第八章 煤矿及非煤矿山安全技术

>>> **学习指导**

1. 了解矿山开采、矿井设备、石油开采等方面的基本安全知识，了解各类矿山（煤矿及非煤矿山）的主要安全技术规程、规范和技术标准。

2. 理解矿山生产与灾害事故的关系，熟悉矿山主要灾害事故防治技术与管理措施。

3. 掌握钻井作业主要伤害事故的预防措施、石油修井作业的主要危险控制技术，重点掌握矿山开采过程的主要灾害事故类型、安全检测方法、防治重点和主要预防技术，熟练掌握矿山救护方法。

第一节 矿山安全技术

矿床开采方式主要有露天开采、地下开采和海洋开采三种。

一、矿山安全生产基本条件

（一）露天开采基本条件

1. 露天开采的特点

（1）露天开采的主要优点　主要表现为：

① 受开采空间限制小，可采用大型机械设备，有利于实现自动化生产，从而可大大提高开采强度和矿石产量；

② 资源回收率高；

③ 劳动生产率高；

④ 生产成本低；

⑤ 开采条件好，作业比较安全；

⑥ 建设速度快，单位矿石基建投资较低。

（2）露天开采的主要缺点　主要表现为：

① 占用土地多，地表受到破坏；

② 受气候影响大；

③ 对矿床的埋藏条件要求严，适用于矿体埋藏较浅的矿床。

2. 露天开采的主要安全问题

（1）爆破作业的安全问题　爆破作业中有较多的不安全因素，包括爆破准备、药包加工、装药、起爆和爆后检查等。爆破作业中产生的爆破地震波、冲击波、飞石可能对人及建筑物产生危害，早爆和拒爆的处理可能引起大的安全事故。

（2）机械运行的安全问题　穿孔机、潜孔钻机、牙轮钻机行走作业时，由于露天作业条件恶劣可引发各种安全事故；电铲作业时机械室内、电铲作业范围内、电铲向汽车装载时，以及电铲作业台阶会发生岩块悬浮、倒挂和拒爆等不安全因素。

（3）交通运输的安全问题　露天矿铁路运输中撞车、脱轨、道口肇事，线路弯曲、下沉，行使过程的制动，调车时的摘挂车等均可引发事故；矿用汽车运输作业时的制动失灵、夜间照明不良、路况不好、行驶过程中翻斗自起等均可导致事故；露天矿带式运输作业中，由于保护罩不当，人员靠近胶带行走引起伤人等。

（4）露天矿山用电安全问题　露天矿使用的三相交流电、采场移动设备的高压胶缆，各种接地保护失灵、各类电气设备的安装检修等都存在不安全因素。

（5）边坡稳定及防排水的安全问题　露天矿边坡的滚石、塌方、滑坡等事故对矿山生产及机械设备人身安全危害极大，凹陷露天矿由于暴雨等灾害性气候可引起采场淹没。

（6）阶段构成的安全问题　由于露天矿阶段构成要素在设计和生产中选择不当，可造成边坡安全隐患和引发事故。因此，露天矿阶段高度、工作阶段坡面角、非工作阶段的最终坡面角和最小工作平台宽度等应严格执行有关规定和设计的要求。

3. 露天矿山开采安全生产的基本条件

① 工作帮和非工作帮的边坡角、台阶高度、平台宽度及台阶坡面角应符合安全规程的要求，并对影响边坡的滑体采取有效的措施。

② 采矿方法和开采顺序合理，并符合设计和安全规程的要求。

③ 采矿、铲装、运输设备的安全防护装置和信号装置齐全可靠。

④ 爆破安全距离符合《爆破安全规程》的要求，采场避炮设施安全可靠。

⑤ 有防排水、防尘供水系统，各产尘点防尘措施及装备齐全可靠。

⑥ 供电、照明、通讯系统及避雷装置安全可靠。

⑦ 按规定选择电气设备、仪器仪表，其安装和保护装置符合要求并安全可靠。

⑧ 尾矿和排土场的设置符合安全规程的要求。

⑨ 按规定建立矿山救护组织，配备救护器材，制定事故应急救援预案。

⑩ 对开采中产生的噪声、振动、有毒有害物质等采取预防措施。

⑪ 水文、地质及有关图纸等技术资料齐全。

⑫ 安全生产规章制度健全，按要求设置安全管理机构，配置安全管理人员，对特种作业人员按规定进行培训和考核。

（二）地下矿山开采安全生产的基本条件

① 地下开采矿山的井口和平硐及其主要构筑物的位置应不受岩移、滑坡塌陷、山洪暴发和雪崩的危害。井口标高应在历年最高洪水位 1～3m 以上。

② 主要井巷的位置应布置在稳定的岩层中，避免布置在含水层、断层和受断层破坏的岩层中，特别是岩溶发育地层的流砂中。若难以避开时，应有专门设计，并报主管部门批准。

③ 每个生产矿井必须有两个独立的能上下人的直达地表的安全出口，两个出口之间的距离不能小于 30m。各个生产中段（水平）和各个采场必须要有两个能上下人的安全出口与直达地表的安全出口相通。矿山两个通往地面的安全出口中，如有一个出口不适于人员通行时，应停止坑内采掘工作，直至修复或设置新出口为止。

④ 采矿方法和开采顺序合理，并符合安全规程的要求。

⑤ 选用适应顶板特点的支护形式和器材，井下巷道断面的宽度和高度应满足生产和行人的要求。

⑥ 矿井有完整、合理的通风系统，采用机械通风；新矿井、新水平（区段）、新采区的开采应按设计的要求形成通风系统，井下通风构筑物、设备设施的设置和质量以及通风的风

质、风量、风速要符合矿山安全规程的要求。

⑦ 矿井开采的防排水、防尘供水、供电、照明安全可靠，对开采中产生的噪声、振动、有害物质等有预防措施。

⑧ 提升运输系统的安全保护和信号装置齐全可靠，其设备的选择、安装、试运转符合安全要求；按规定选择电气设备、仪器仪表，其安装和保护装置符合要求并安全可靠。

⑨ 尾矿和排土场的设置符合安全规程的要求。

⑩ 有自燃倾向的矿井有完善的防灭火系统，消防器材、材料配置及数量符合要求。

⑪ 按规定建立矿山救护组织，配备救护器材，制定事故应急救援预案。

⑫ 安全生产规章制度健全，按要求设置安全管理机构，配置安全管理人员，对特种作业人员按规定进行教育培训与考核，持证上岗。

二、井巷施工安全

1. 矿山井巷工程形式

为了开采地下矿床，首先需要向地下掘进一系列井巷通达矿体，使地表与矿床之间形成完整的运输、提升、通风、行人、供电、供水等生产系统。为开拓矿床而掘进的井巷称之为开拓井巷。

矿山井巷工程主要包括井筒、井底车场巷道及硐室、主要石门、运输大巷、采区巷道及回风巷道等全部工程。

矿山井巷主要有平巷（硐）、斜井、立（竖）井（包含天井、溜井）等形式。

2. 矿山井巷施工常见事故及防治技术

（1）井巷施工期间常见事故　井巷施工期间常见事故主要有：顶板冒落事故、立（竖）井施工的悬吊与提升事故、水灾事故、火灾事故和瓦斯煤尘事故等。

（2）防治措施

① 顶板冒落事故防治措施。搞好掘进地段的地质调查工作，加强工作面顶板管理与支护和维护，加强对顶板和浮石的检查与处理等。

② 立（竖）井施工的悬吊与提升事故防治措施。完善提升机的各种保护装置及信号装置，以及完善井口设施，加强对吊桶与罐笼的检修，对提升钢丝绳要验收、检查与定期维护；各种悬吊设备设计时必须符合《矿山井巷工程施工与验收规范》；平时要定期检查加强管理。

③ 水灾事故防治措施。认真分析水文地质资料，查明水源、加强探水或超前探水、堵塞水路、疏干排水等措施。

④ 火灾事故防治措施。加强动火管理、设置消防设施、加强对易燃物质的堆放管理、制定井下灭火措施（如风流反向、隔绝灭火法、设置防火墙等）以及加强火区管理等措施。

⑤ 瓦斯煤尘事故防治措施。可以通过瓦斯抽放、加强通风管理等措施来进行预防。

三、矿山开采安全

（一）常用采矿方法及适用条件

1. 采煤方法

（1）壁式体系采煤法　根据煤层厚度不同，对于薄及中厚煤层，一般采用一次采全厚的单一长壁采煤法；对于厚煤层，一般是将其分成若干中等厚度的分层，采用分层长壁采煤法。按照回采工作面的推进方向与煤层走向的关系，壁式采煤法又可分为走向长壁采煤法和倾斜长壁采煤法两种类型。

① 缓倾斜及倾斜煤层单一长壁采煤法。回采工艺主要有炮采、普通机械化采煤和综合机械化采煤。

炮采工作面回采工序包括破煤、装煤、运煤、推移输送机、工作面支护和顶板控制六大工序。

普通机械化采煤是用浅截式滚筒采煤机落煤、装煤，利用可弯曲刮板输送机运煤，使用单体液压支柱（或摩擦金属支柱）和铰接硬梁组成的悬臂式支架支护的采煤方法。

综合机械化采煤是指采煤的全部生产过程，包括落煤、装煤、运煤、支护、顶板控制以及回采巷道运输等全部实现机械化的采煤方法。

② 综合机械化放顶煤开采技术。我国放顶煤开采主要是指长壁综合机械化放顶煤开采（以下简称综放开采）。综放开采的实质是沿煤层底部布置一个长壁工作面，用综合机械化方式进行回采，同时充分利用矿山压力作用（特殊情况下辅以人工松动方法），使工作面上方的顶煤破碎，并在支架后方（或上方）放落、运出工作面的一种井工开采方式。

（2）柱式体系采煤法　柱式体系采煤法分为3种类型：房式、房柱式及巷柱式。房式及房柱式采煤法的实质是在煤层内开掘一些煤房，煤房与煤房之间以联络巷相通。回采在煤房中进行，煤柱可留下不采；或在煤房采完后，再回采煤柱。前者称为房式采煤法，后者称为房柱式采煤法。

2. 金属及非金属地下矿山采矿方法

为了回采矿石而在矿块中所进行的采准、切割和回采工作的总和称为采矿方法。根据矿石回采过程中采场管理方法的不同，金属及非金属矿山地下采矿方法可分为空场采矿法、充填采矿法和崩落采矿法等。

（1）空场采矿法　将矿块划分为矿房和矿柱，分两步开采，即先采矿房后采矿柱，以围岩本身的强度及矿柱来支撑采空区的顶板。空场采矿法在回采过程中，采空区主要依靠暂留或永久残留的矿柱进行支撑，采空区始终是空着的，一般在矿石和围岩根很稳固时采用。根据回采时矿块结构的不同与回采作业特点，空场采矿法又可分为全面采矿法、房柱采矿法、留矿采矿法、分段矿房法和阶段矿房法等。

（2）崩落采矿法　崩落采矿法是以崩落围岩来实现地压管理的采矿方法，即随着崩落矿石，强制崩落围岩充填采空区，以控制和管理地压。此法可适用于稳固岩石和不稳固岩石。主要包括单层崩落法、分层崩落法、阶段崩落法。

（3）充填采矿法　随着回采工作面的推进，逐步用充填料充填采空区，防止矿岩冒落的采矿方法叫充填采矿法。有时还用支架与充填料相配合，以维护采空区、充填采空区，目的主要是利用所形成的充填体进行地压管理，以控制围岩崩落和地表下沉，并为回采创造安全和便利的条件。有时还用来预防有自燃矿石的内因火灾。按矿块结构和回采工作面推进方向充填采矿法又可分为单层充填采矿法、上向分层充填采矿法、下向分层充填采矿法和分采充填采矿法。按采用的充填料和输出方式不同，又可分为干式充填采矿法、水力充填采矿法、胶结充填采矿法。

（二）矿山开采安全技术

1. 采场矿山压力及其控制方法

（1）回采工作面矿山压力的基本概念　在矿体没有开采之前，岩体处于平衡状态。当矿体开采后，形成了地下空间，破坏了岩体的原始应力，引起岩体应力重新分布，并一直延续到岩体内形成新的平衡为止。在应力重新分布过程中，使岩体产生变形、移动、破坏，从而对工作面、巷道及围岩产生压力。

① 矿山压力。由开采过程而引起的岩移运动对支架围岩所产生的作用力。

② 矿山压力显现。在矿山压力作用下所引起的一系列力学现象，如顶板下沉和垮落、底板鼓起、片帮、支架变形和损坏、充填物下沉压缩、煤岩层和地表移动、露天矿边坡滑移、冲击地压、煤与瓦斯突出等现象，矿山压力显现是矿山压力作用的结果和外部表现。

（2）工作面的围岩分类与顶板支护方法

① 工作面围岩分类。直接顶以直接顶初次垮落步距为基本指标，进行稳定性分类。根据基本顶压力显现强烈程度，将基本顶压力显现分为四级。

为避免支架或支柱在工作面出现压入底板现象，应根据实测的底板容许极限载荷强度作为基本指标，底板抗压刚度作为辅助指标对工作面底板抗压特性进行分类。

② 工作面顶板支护方式。回采工作面支架主要有单体摩擦式金属支柱、单体液压支柱和液压自移支架等几种，少数矿井也还使用木支柱。

（3）矿山开采常见顶板事故 回采工作面常见顶板事故是冒顶事故。主要分为六大类：

① 顶板事故；

② 压垮型冒顶；

③ 复合顶板推垮型冒顶；

④ 金属网下推垮型冒顶；

⑤ 漏垮型冒顶；

⑥ 冲击推垮型（砸垮型）。

（4）冲击地压预防技术 冲击地压的预防技术主要是防范措施与解危措施两方面。

① 防范措施。主要包括预留开采保护层；尽量少留矿（煤）柱和避免孤岛开采；尽量将主要巷道和硐室布置在底板岩层中；回采巷道采用大断面掘进；尽可能避免巷道多处交叉；加强顶板控制；确定合理的开采顺序；煤层预注水，以降低煤体的弹性和强度等。

② 解危措施。包括卸载钻孔、卸载爆破、诱发爆破和煤层高压注水等。

2. 矿山开采的主要灾害及预防

（1）主要灾害类型 开采过程中的事故类型主要有冒顶、片帮、冲击地压和水灾、火灾以及机械伤害等。

（2）灾害预防措施 灾害预防措施主要有：

① 顶板冒落事故防治措施；

② 水灾事故防治措施；

③ 火灾事故防治措施；

④ 加强机械的维护与管理，严格按作业规程操作。

四、矿山机电安全

（一）矿山供电安全

1. 基本要求

由于矿山生产环境的特殊性，对供电有如下要求。

（1）供电可靠 对矿山企业的重要负荷，如主要排水、通风与提升设备，一旦中断供电，可能发生矿井淹没、有毒有害气体聚集或停罐甚至坠罐等事故。采掘、运输、压气及照明等中断供电，也会造成不同程度的经济损失或人身事故。

根据对供电可靠性要求的不同，矿山电力负荷分为以下三级。

① 一级负荷。凡因突然中断供电会危及人员生命安全，使重要设备损坏报废，造成重大经济损失的均属一级负荷，如因事故停电有淹没危险的矿井的主排水泵；有火灾、爆炸危险或含有对人有生命危害的气体的地下矿的主通风机；无平硐或其他安全出口的竖井载人提升机；金矿选矿的氰化搅拌池。一级负荷应采用两个独立的线路供电，其中任何一条线路发生故障，其余线路的供电能力应能担负全部负荷。

② 二级负荷。凡因突然停电会严重减产，造成重大经济损失的为二级负荷，如露天和地下矿山生产系统的主要设备，因事故停电有淹没危险的露天矿的主要排水设备，以及高寒

地区采暖锅炉房的用电设备等。二级负荷的供配电线路一般应设一回路专用线路;有条件的,可采用两回线路。

③ 三级负荷。凡不属于一级和二级负荷的为三级负荷,如小型矿山的用电设备(属于一级负荷的除外),以及矿山的机修、仓库、车库等辅助设施的供电等。三级负荷一般采用单回路专线供电。

(2)供电安全 矿山生产的工作环境特殊,必须按照安全规程的有关规定进行供电,确保安全生产。

(3)供电质量高 供电质量是衡量供电的电压和频率是否在额定值和允许的偏差范围内,因用电设备在额定值下运行性能最好。供电电压允许偏移范围为±5%,电压偏移增大,用电设备性能恶化,严重时会造成设备的损坏。

(4)供电经济 从降低供电设施、器材的建设投资和减少供电系统的电能损耗及维护费用等方面考虑,以求供电的经济性。

2. 电压等级

矿山供配电电压和各种电气设备的额定电压等级如下:

① 露天矿和地下矿地面高压电力网的配电电压,一般为6kV和10kV。

② 露天矿场和地下矿山的地面低压配电,一般采用380V和380V/220V的配电电压。

③ 照明电压、运输巷道、井底车场,应不超过220V;采掘工作面、出矿巷道、天井及天井至回采工作面之间,不超过36V;行灯或移动式电灯的电压,应不超过36V。

④ 携带式电动工具的电压,应不大于127V。

⑤ 电机车供电电压,采用交流电源应不超过400V,采用直流电源应不超过600V。

⑥ 在金属容器和潮湿地点作业,安全电压不得超过12V。

3. 电气安全保护

(1)中性点接地方式 低压供电系统一般有两种供电方式,一种是将配电变压器的中性点通过金属接地体与大地相接,称中性点直接接地方式;另一种是中性点与大地绝缘,称中性点不接地方式。

由于矿山井下环境恶劣,对安全用电要求特别高,为此,安全规程规定井下配电变压器以及金属露天矿山的采场内不得采用中性点直接接地的供电系统;地面低压供电系统以及露天矿采场外地面的低压电气设备的供电系统,一般都是采用中性点直接接地的系统。

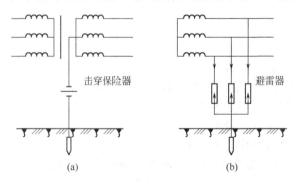

击穿保险器

避雷器

(a)　　　　　(b)

图8-1 中性点不接地系统防高压窜入的措施

许多小矿山,井上下共用一台变压器,为了能满足安全规程的要求,要采用中性点不接地的方式,并要保持网路的绝缘性能。为了避免和减轻高压窜入低压的危险,要将中性点通过击穿保险器同大地连接起来,或在三相线路上装设避雷器,如图8-1所示。

(2)接地和接零 运行中的电气设备可能由于绝缘损坏等原因,使它的金属外壳以及与电气设备相接触的其他金属物上出现危险的对地电压。人体接触后,就有可能发生触电危险。为避免触电事故的发生,最常用的保护措施是接地和接零。

① 保护接地。矿井内部保护接地措施如下所述。

• 矿井内所有电气设备的金属外壳及电缆的配件、金属外皮等,都要接地。巷道中接地电缆线路的金属构筑物等也要接地。

• 在井下，应设置局部接地极的地点有：装有固定电气设备的硐室和单独的高压配电装置；采区变电所和工作面配电点；铠装电缆每隔100m左右应就地接地一次，遇到接线盒时应接地。

• 矿井电气设备保护接地系统的一般规定：所有需要接地的设备和局部接地板，都应与接地干线连接。接地干线与主接地板连接，形成接地网；移动和携带式电气设备，应采用橡套电缆的接地芯线接地，并与接地干线连接；所有应接地的设备，要有单独的接地连接线，禁止将几台设备的接地连接线串联连接；所有电缆的金属外皮（不论使用电压高低），都应有可靠的电气连接，以构成接地干线。无电缆金属外皮可利用时，应另敷设接地干线。

• 中段的接地下线都应与主接地极相接。敷设在钻孔中的电缆，如不能与矿井接地干线连接，应将主接地板设在地面。钻孔套管可以用作接地极。

• 主接地极应设在矿井水仓或积水坑中，且不应少于两组。局部接地极可设于积水坑、排水沟或其他适当地点。

② 保护接零。在380V/220V的三相四线制中性点接地的供电系统中，把设备正常不带电的外壳与中性点接地的零线连接，称为保护接零。当某相带电部分碰上金属设备的外壳时，通过设备的外壳形成该相线对零线的单相短路，短路电流 I_d 能使线路上的过流保护装置（如熔断器等）迅速动作，从而将故障部分切断电源，消除触电危险。

当某相发生碰壳短路时，短路电流往往不能使过流保护装置动作而长期存在，人体处在与保护接地装置并联的状态，这对人体也是很危险的。因此，中性点接地系统要采用保护接零。如果装设电流动作型漏电保护器，能将一定数值的漏电流可靠地切除，则在中性点接地系统中采用保护接地还是能够保障安全的。

③ 接地与接零的要求。

• 在同一低压电网中，不允许将一部分电气设备采用保护接地，而另一部分接零。

• 接地（接零）装置一定要牢固可靠；接地线的截面不能过小，要有足够的机械强度；接地导线的连接必须良好，应采用螺栓紧固和焊接。

• 保护接地和工作接地（变压群的中性点接地）的接地电阻不超过 4Ω，容量为100mW及以下，变压器的接地电阻不超过 10Ω；零线的重复接地电阻不超过 10Ω，容量100mW及以下者不超过 30Ω。

• 接地装置要经常检查，及时维护，接地电阻每年应测定一次。

（3）继电保护　电力系统发生故障或出现异常现象时，为了将故障部分切除，或者防止故障范围扩大，减少故障损失，保证系统安全运行，需要利用电气自动装置来保护，自动装置的主要器件是继电器，装有继电器的保护装置称为继电保护装置。

继电保护的作用是：①当电力系统发生足以损坏设备或危及安全运行的故障时，使被保护设备快速脱离系统；②当电力系统或某些设备出现非正常情况时，及时发出警报信号，以使工作人员迅速进行处理，使之恢复正常工作状态；③在电力系统的自动化以及工业生产的自动控制（如自动重合闸，备用电源自动投入，遥控、遥测、通信等）中，作为重要的控制元素。

（4）漏电保护　井下低压电网的漏电保护装置，一般是在电源端装设一台漏电继电器，对电网绝缘进行监视。当电网绝缘下降（漏电）到一定数值或接地时，漏电继电器就动作，并在极短的时间内将电源总开关自动切断。当人体触电时，漏电继电器也将动作。

漏电保护的使用范围有：

① 防触电、防火要求较高的场所和新、改、扩建工程使用各类低压用电设备、插座。

② 对新制造的低压配电柜（箱、屏）、动力柜（箱）、开关箱（柜），操作台、实验台，以及机床、起重机械、各种传动机械等机电设备的动力配电箱，在考虑设备的过载、短路、

失压、断相等保护的同时，必须考虑漏电保护。

③ 建筑施工场所、临时线路的用电设备。

④ 手持式电动工具（除Ⅲ类外）、其他移动式机电设备以及触电危险性大的用电设备。

⑤ 潮湿、高温、金属占有系数大的场所及其他导电良好的场所。

⑥ 应采用安全电压的场所，不得用漏电保护器代替。如使用安全电压确有困难，须经企业安全管理部门批准，方可用漏电保护器作为补充保护。

⑦ 额定漏电动作电流不超过 30mA 的漏电保护器，在其他保护措施失效时，可作为直接接触的补充保护，但不能作为唯一的直接接触保护。

⑧ 选用漏电保护器，应根据保护范围、人身设备安全和环境要求确定。一般应选用电流型漏电保护。

⑨ 当漏电保护器作为分级保护时，应满足上下级动作的选择性。一般上一级漏电保护器的额定漏电动作电流应不小于下一级漏电保护器的额定漏电动作电流或是所保护线路设备正常漏电电流的 2 倍。

⑩ 在不影响线路、设备正常运行（即不误动作）的条件下，应选用漏电动作电流和动作时间较小的漏电保护器。

⑪ 选用漏电保护器，应满足使用电源电压、频率、工作电流和短路分断能力的要求。

⑫ 选用漏电保护器，应满足保护范围内线路、用电设备相（线）数要求。保护单相线路和设备时，应选用单极二线或二极产品；保护三相线路和设备时，可选用三极产品；保护既有三相又有单相的线路和设备时，可选用三极四线或四极产品。

⑬ 在需要考虑过载保护或有防火要求时，应选用具有过电流保护功能的漏电保护器。

⑭ 在爆炸危险场所，应选用防爆型漏电保护器；在潮湿和水汽较大场所，应选用密闭型漏电保护器；在粉尘浓度较高场所，应选用防尘型或密闭型漏电保护器。

⑮ 固定线路的用电设备和正常生产作业场所，应选用带漏电保护器的动力配电箱；建筑工地与临时作业场所用电设备，应选用移动式；临时使用的小型电气设备，应选用漏电保护插头（座）或带漏电保护器的插座。

（5）过电流保护 过电流是指电气设备或线路的电流超过规定值，有短路和过载两种情况。短路是一种故障状态，一般是由设备或线路的绝缘损坏而造成的。短路电流大大超过正常工作电流。过载是指用电设备或线路的负荷电流及相应的时间（过载时间）超过允许值。

为了保障安全可靠供电，电网或用电设备应装设过电流保护装置，当电网发生短路或过载故障时，过电流保护装置动作，迅速可靠地切除故障，避免造成严重后果。

常用的过电流保护装置有熔断器、热继电器、电磁式过电流继电器。熔断器主要用于保护电气设备及线路的短路，对于照明负荷，也可用作过载保护。热继电器是一种利用双金属片在通过电流时产生热量，使其温度升高，发生变形，可使触电动作的元器件，用来保护电气设备的过载。电磁式过电流继电器是一种利用电流产生磁力使开关自动切断的装置。

（6）防雷电保护 雷电经历的时间很短促，电流极大，高达 200～300kA，放电时温度可达 20000℃，放电的瞬间出现耀眼的闪光和震耳的轰鸣，具有强大的破坏力，可在瞬间击毙人畜，焚毁房屋和其他建筑物，毁坏电气设备的绝缘，造成大面积、长时间的停电事故，甚至造成火灾和爆炸事故，危害十分严重。

防雷包括电力系统的防雷和建筑物与其他设施的防雷，主要措施是采用避雷针（线、网）和避雷器。

避雷针以及避雷线和避雷网能保护建（构）筑物和高压输电线路等免受雷击。烟囱、水塔、井架和高大的建筑物以及存有易燃、易爆物质的房屋（如炸药库、油库等）上，应装设避雷针（线、网）。避雷针通过引下线和接地装置将雷电电流引入大地，其接地要牢靠，接地电阻一般不应超过 10Ω。

避雷器是用来限制电力系统过电压幅值，以保护电气设备的过电压保护装置。避雷器通常顶端接电气线路，底端接地，平时有很大的电阻，像绝缘体，使在正常状态下不致漏电。一旦线路上产生过电压时，避雷器被击穿而成导体，在线路和大地间放电，使线路和设备免遭损坏。当电压消失时，避雷器停止放电，电阻恢复原来的数值。避雷器有阀型避雷器和管型避雷器两种类型。

（7）安全标志　电气安全标志有警告用的标志以及区别各种性质和用途的标志两种。警告用的标志一般是警告牌或警告提示，如闪电符号，在高压电器上注明"高压危险"的警告语，检修设备的电气开关上应挂"有人作业，禁止送电"的警告牌等。表示不同的性质和用途的标志一般是采用不同颜色来标志，如红色按钮表示停机按钮，绿色按钮表示开机按钮等。还有各种用途的电气信号指示灯。

（二）井下电气设备的类型及选用规定

为了在煤矿井下安全使用电能，不论是低瓦斯矿井、高瓦斯矿井或有煤（岩）与瓦斯（二氧化碳）突出的矿井，均须采用矿用电气设备。矿用电气设备分为矿用一般型和矿用防爆型两类。

1. 矿用一般型电气设备

矿用一般型电气设备应符合 GB 12173—1990 的规定。矿用一般型适用煤矿井下无瓦斯、煤尘爆炸危险场所或其他类似的地下工业生产部门。

2. 矿用防爆型电气设备

（1）适用于爆炸危险场所电气设备的分类　Ⅰ类：煤矿用电气设备；Ⅱ类：除煤矿外的其他爆炸性气体环境用电气设备。这些设备外壳的明显处都有在这种场所使用的电气设备的特别标志"Ex"。矿用防爆电气设备应符合 GB 3836—2000《爆炸性气体环境用电气设备》系列标准。

（2）矿用防爆型电气设备防爆形式及代号　隔爆型电气设备"d"，增安型电气设备"e"，本质安全型电气设备"i"，正压型电气设备"p"，充油型电气设备"o"，充砂型电气设备"q"，浇封型电气设备"m"，无火花型电气设备"n"，气密型电气设备"h"，特殊型电气设备"s"。

（3）煤矿常用防爆电气设备的防爆标志　矿用隔爆型电气设备的防爆标志为 Exd Ⅰ；矿用本质安全型电气设备的防爆标志为 Exib Ⅰ（或 Exia Ⅰ）；矿用隔爆兼本质安全型电气设备的防爆标志为 Exd［ib］Ⅰ（或 Exd［ia］Ⅰ）；矿用增安型电气设备的防爆标志为 Exe Ⅰ；矿用增安兼本质安全型电气设备的防爆标志为 Exe［ib］Ⅰ。

3. 矿用型电气设备的选用

矿用电气设备的选用，应符合规定要求，否则必须制定安全措施。

普通型携带式电气测量仪表，必须在瓦斯浓度 1.0% 以下的地点使用，并实时监测使用环境的瓦斯浓度。

带电的矿用电气设备，严禁在井下开盖检查或检修，严禁带电搬迁或运输。井下电气设备不应超过额定值运行。矿用电气设备变更额定值使用和进行技术改造时，必须经国家授权的矿用产品质量监督检验部门检验合格后，方可投入运行。

矿用防爆电气设备入井前，应检查其"产品合格证"、"防爆合格证"、"煤矿矿用产品安全标志"及安全性能；检查并签发合格证后，方准入井。

（三）电气工作安全措施

在电气设备及线路检修及停送电等工作中，为了确保作业人员的安全，应采取必要的安全组织措施和安全技术措施。

1. 组织措施

电气安全工作的组织措施具体有三项：

（1）工作票制度 工作票是准许在电气设备或线路上工作以及进行停电、送电、倒闭操作的书面命令。工作票上要写明工作任务、工作时间、停电范围、安全措施、工作负责人等。同时，签发人和工作负责人要在上面签字。签发人必须根据工作票的内容安排好各方面的协调工作，避免误送电。除按规定填写工作票之外的其他工作或紧急情况，可用口头或电话命令。口头或电话命令要清楚，并要有记录。紧急事故处理可不填工作票，但必须做好安全保护工作，并设专人监护。

（2）工作监护制度 工作监护制度是保证人身安全及操作正确的重要措施，可防止工作人员麻痹大意，或对设备情况不了解造成差错；并随时提醒工作人员遵守有关的安全规定。万一发生事故，监护人员可采取紧急措施，及时处理，避免事故扩大。

（3）恢复送电制度 停电检修等工作完成后，应整理现场，不得有工具、器材遗留在工作地点。待全体工作人员撤离工作地点后，要把有关情况向值班人员交代清楚，并与值班人员再次检查，确认安全合格后，然后在工作票上填明工作终结时间。值班人员接到所有工作负责人的完成报告，并确认无误后，方可向设备或线路恢复送电。合闸送电后，工作负责人应检查电气设备和线路的运行情况，正常后方可离开。

2. 技术措施

在电气设备和线路上工作，尤其是在高压场所上工作，必须完成停电、验电、放电、装设临时接地线、悬挂警告牌、装设遮拦等保证安全的技术措施。

（1）停电 对所有可能来电的线路，要全部切断，且应有明显的断开点。要特别注意防止从低压侧向被检修设备反送电，要采取防止误合闸的措施。

（2）验电 对已停电的线路要用与电压等级相适应的验电器进行验电。

（3）放电 其目的是消除被检修设备上残存的电荷。放电可用绝缘棒或开关进行操作。应注意线与地之间、线与线之间均应放电。

（4）装设临时接地线 为防止作业过程中意外送电和感应电，要在检修的设备和线路上装设临时接地线和短路线。

（5）悬挂警告牌和装设遮拦 在被检修的设备和线路的电源开关上，应加锁并悬挂"有人作业，禁止送电"的警告牌。对于部分停电的作业，安全距离小于0.7m的未停电设备，应装设临时遮拦，并悬挂"止步，高压危险"的标示牌等。

（四）电气火灾消防技术

① 电气火灾发生后，电气设备可能是带电的，这对消防人员是非常危险的，可能会发生触电伤亡事故。因此，电气火灾发生后，无论带电与否，都必须首先切断电气设备的电源。

② 电气设备本身有的是充油设备，如电力变压器、油断路器、电动机启动补偿器等。当火灾发生后，可能会发生喷油或爆炸，造成火焰蔓延，扩大火灾事故范围。因此，充油电气设备发生火灾时，如不能立即扑灭，应将油放进事故贮油池内。

③ 当电气设备火灾发生后，应及时关闭有关的门窗、通道，以免火灾事故的蔓延。

④ 电气火灾发生后，现场电气人员一方面尽快切断电源，并组织人力用现场的灭火器材或其他可灭火的器材，按照火源的不同情况尽快灭火；另一方面尽快疏散在场的人员，并组织人力抢救有关财物，尽量减少损失。

⑤ 电气火灾发生后，如果火势较大，现有灭火器材及人力难以扑灭时，应立即拨通火警电话"119"，说明地点、火情、联系方法或电话号码。

⑥ 电气火灾发生后，如面积较大，必须做好警戒，封锁所有通道、路口，非消防人员

禁止进入现场。

⑦ 消防人员进入现场后，火场的扑救工作由消防人员统一组织指挥，现场的电气工作人员及其他人员应听从指挥，主要是疏散物资、维持秩序、救护伤员等。千万不要乱拉消防水带、水枪或者持灭火器、消防桶冲入火场，以减少不必要的损失。

⑧ 如果火场上的房屋有倒塌的危险，或者交配电装置及电气设备或线路周围的贮罐、受压容器及扩散开来的可燃气体有爆炸危险的时候，警戒的范围要扩大，留在现场灭火的人员不宜太多，除消防人员外均应退到安全的区域。

⑨ 电气火灾被扑灭后，电气工作人员应及时清理现场、扑灭余火、恢复供电。恢复供电前必须进行一系列测试和试验，达不到标准要求时，严禁合闸送电。

⑩ 电气火灾发生后，最忌讳的就是胡乱指挥，莽撞行事，逃离现场，推脱责任，互相埋怨，胡乱猜疑。

（五）矿山机电伤害事故及预防

1. 矿山电气事故种类及危害

（1）电气设备及线路事故 由于短路、过负荷、接地、缺相、漏电、绝缘破坏、振荡、安装不当、调整试验漏项或精度不够、维护检修欠妥、设计先天不足、运行人员经验不足、自然条件破坏、人为因素及其他原因导致电气设备及线路发生的爆炸、起火、人员伤亡、设备与线路损坏，以及由于跳闸而停电造成的经济及政治损失。

（2）电流及电击伤害事故 指由于电气设备及线路事故造成的，或由于工作人员或其他人员违反操作规程、安全注意事项，以及教育不够、管理不力等因素造成的人身触电而引起的伤亡事故。

（3）电磁伤害事故 指由于高频电磁场对人体的作用，使人吸收辐射能量，引起中枢神经功能系统紊乱失调以及对心血管系统的伤害，同时对人情绪的影响以及害怕电磁辐射而引起的慌乱、心绪杂乱而造成的操作伤害事故。

（4）雷电事故 指由于自然界中的雷击而造成的毁坏建筑物，毁坏电气设备与线路及其引发的雷电直接对人、畜伤害事故和爆炸、火灾事故。

（5）静电伤害事故 指生产过程中由于摩擦、高速等原因产生的静电放电而引起的爆炸、火灾以及对人、设备的电击造成的伤害。

（6）爆炸、火灾危险场所电气事故引发的爆炸火灾事故 指爆炸、火灾危险场所由于电气设备的危险温度或放电火花、电弧、静电放电等因素而引发的可燃性气体、易燃易爆物品的爆炸、着火以及伴随的设备损坏及人身伤亡事故。这类事故有较大的危险性，会给生产带来毁坏性的灾难及大量的人员伤亡，这类事故必须杜绝。

2. 触电事故的原因及预防措施

触电事故的具体原因大致可归纳为下列 15 种情况。

（1）在变配电装置上触电 这类事故的发生多为电气工作人员粗心大意、违章作业，没有执行工作票和监护制度，没有执行停电、验电、放电、装设地线、悬挂标志牌及装设遮拦等规定，违反了安全操作规程所致。为防止这类事故，应严格执行安全操作规程，作业时落实安全组织措施和安全技术措施。

（2）在架空线路上触电 这类事故多为当停电操作时，电气工作人员没有做好验电、放电及跨接临时接地线工作；当带电作业时，带电作业安全措施不落实或监护不力所致。这类触电一般伴有摔伤。预防这类事故应严格执行安全操作规程，作业时落实安全组织措施和安全技术措施。

（3）在架空线路下触电 这类事故多发生于非电气工作人员，如高处作业误触带电导线、金属杆及潮湿杆件触及带电导线或吊车臂碰及导线，导线断落后误触或碰及人身。预防措施为当在架空线路下及周围作业时，必须做好防护措施，严禁在架空线路附近竖立高金属杆或潮湿杆件，恶劣天气时应避开架空线路。

（4）电缆触电　这类事故一般是由于电缆受损或绝缘击穿，挖土时碰击，带电情况下拆装移位，电缆头放炮等所致。预防措施是电缆应加强巡视检查，周期进行检测，禁止在电缆沟附近挖土，运行的电缆在检修时必须遵守操作规程，必须落实安全组织措施和安全技术措施。

（5）开关元件触电　这类事故多由于元件带电部位裸露、外壳破损、外壳接地不良，以及工作人员违反操作规程、粗心大意所致。预防措施：加强巡检，定期进行检修，严格执行安全操作规程及安全措施。

（6）盘、柜、箱触电　这类事故为设备本身制造上有缺陷或接地不良、安装不当所致，有的则为违反操作规程、粗心大意所致。预防措施有加强巡检，定期进行检修，严格执行安全操作规程及安全措施。此外要加强盘柜制造上的管理和监督，提高质量标准，满足防潮、防尘、防火、防爆、防触电、防漏电等要求，电气工作人员对有严重缺陷的盘柜可拒绝安装，并加强对盘柜的测试工作。

（7）熔电器触电　这类事故多为违反操作规程，高压无安全措施及监护人所致。措施同（1）。

（8）携带式照明灯触电　这类事故多为没有采用安全电压（36V 以下）或行灯变压器不符合要求、错接等。预防措施是携带式照明灯安装后应测试其灯口的电压，非电气工作人员不得安装电气设备。

（9）手持电动工具、移动式电气设备、携带式电气设备触电　这类事故发生多为设备本身破损漏电、接线错误或接地不良、导线破损漏电所致。预防措施是加强手持、携带、移动电气设备的管理、维修保养，接线必须由有经验的电气工作人员进行，系统应安装漏电保护装置。

（10）电动起重机械触电　这类事故一般为误操作或带电修理所致，也有由于漏电所致。预防措施是严格执行安全操作规程，做好巡检、维修保养及周期检查工作。

（11）临时用电触电　这类事故多为乱接乱拉、管理不善、超负荷运行、野蛮施工、接地不良、强行用电所致。预防措施是临时用电必须按国家临时用电规程执行，严格管理，禁止乱接乱拉。临时用电的安装应由企业安全部门验收合格后才能使用。

（12）作业现场非电气的金属物件带电触电　这种意外触电，多为系统接地不良或电气绝缘损坏所致。预防措施是系统接地必须良好，加强接地系统和线路的巡视检查及测试，及时修复。

（13）电气设备金属外壳带电触电　这类事故多为接地不良造成或电气设备的漏电跳闸、绝缘监察、保护装置选择不当、调整过大所致。预防措施概括为系统接地必须良好，加强接地系统和线路的巡视检查及测试，及时修复；加强系统电气设备的巡视检查、维护保养。

（14）保护接地不良所致　预防措施是严格执行安全操作规程，加强维护保养，调整保护装置。

（15）其他意外触电　这类事故多在架空线路断线、杆倒、电缆严重漏电或者自然灾害造成电气设备损坏、线路断裂时，人们误入危险区域造成。预防措施主要包括严格设计，规范安装，加强巡视检查和维修检修，执行安全操作规程，提高技术水平，普及电气知识，完善管理。

3. 机械伤害预防措施

（1）正确行为　要避免事故的发生，首先要求作业人员的行为要正确，不得有误，此外，要加强管理，建立健全安全操作规程并要严格对操作者进行岗位培训，使其能正确熟练地操作设备；要按规定穿戴好防护用品；对于在设备开动时有危险的区域，不准人员进入。

（2）良好的设备安全性能 操纵机构要灵敏，便于操作。机器的传动皮带、齿轮及联轴器等旋转部位都要装设防护罩壳；对于设备的某些容易伤人或一般不让人接近的部位要装设栏杆或栅栏门等隔离装置；对于容易造成失足的沟、堑，应有盖板。要装设各种保险装置，以避免人身和设备事故。

保险装置是一种能自动清除危险因素的安全装置，可分为机械和电气两类，根据所起的作用可分为下列几种：

① 锁紧件。如锁紧螺丝、锁紧垫片、夹紧块、开口销等，以防止紧固件松脱。

② 缓冲装置。用以减弱机械的冲击力。

③ 防过载装置。如保险销（超载时自动切断的销轴）、易熔塞、摩擦离合器及电气过载保护元件等，能在设备过载时自动停机或自动限制负载。

④ 限位装置。如限位器、限位开关等，以防止机器的动作超出规定的范围。

⑤ 限压装置。如安全阀等，以防止锅炉、压力容器及液压或气动机械的压力超限。

⑥ 闭锁装置。在机器的门盖没有关好或存在其他不允许开机的状况，使得设备不能开动；在设备停机前不能打开门盖或其他有关部件。

⑦ 制动装置。当发生紧急情况时能自动迅速地使机器停止转动，如紧急闸等。

⑧ 其他保护装置。如超温、断水、缺油、漏电等保护。

要装设各种必要的报警装置。当设备接近危险状态，人员接近危险区域时，能自动报警，使操作人员能及时做出决断，进行处理。各种仪表和指示装置要醒目、直观、易于辨认。机械的各部分强度应满足要求，安全系数要符合有关规定。对于作业条件十分恶劣，容易造成伤害的机器或某些部件，应尽可能采用离机操纵或遥控操纵，以避免对人员伤害的可能性。

（3）良好的作业环境条件 要为设备的使用和安装、检修创造必要的环境条件。如设备所处的空间不能过于狭小，现场整洁，有良好的照明等，以便于设备的安装和维修工作顺利进行，减少操作失误而造成伤害的可能性。

（4）加强维修工作 要保证设备的安全性能，除了要设计、制造安全性能优良的设备外，设备的安装、维护、检修工作十分重要，尤其是对于移动频繁的采掘和运输设备，更要注意安装和维修工作质量。

第二节 矿山主要危害及其防治措施

一、矿井通风

（一）矿井通风系统

1. 矿井通风类型

矿井通风的目的是在正常生产时期，保证井下工作地点有足够氧气；把井下产生的各种有毒有害气体和矿尘稀释到无害的程度并排出矿外；给井下工作地点创造良好的气候条件。发生灾变时，能及时有效控制风向和风量，并与其他措施结合防止灾害扩大。

矿井通风系统是由向井下各作业地点供给新鲜空气、排出污浊空气的通风网路和通风动力以及通风控制设施等构成的工程体系。矿井通风系统与井下各作业地点相联系，对矿井通风安全状况具有全局性影响，是搞好矿井通风防尘的基础工程。无论新设计的矿井或生产矿井，都应把建立和完善矿井通风系统作为搞好安全生产、保护矿工安全健康、提高劳动生产率的一项重要措施。

矿井通风系统按服务范围分为统一通风和分区通风；按进风井与回风井在井田范围内的

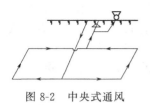

图8-2 中央式通风

布局分为中央式（见图8-2）、对角式（见图8-3）和中央对角混合式（见图8-4）；按主扇的工作方式分为压入式、抽出式和压抽混合式。此外，阶段通风网络、采区通风网络和通风构筑物，也是通风系统的重要构成要素。防止漏风，提高有效风量率，是矿井通风系统管理的重要内容。

2. 主要通风机工作方式与安装地点

不同的通风方式，一方面使矿井空气处于不同的受压状态，另一方面在整个通风线路上形成了不同形式的压力分布状态，从而在风量、风质和受自然风流干扰的程度上，出现了不同的通风效果。

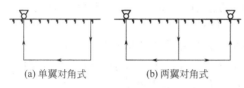

(a) 单翼对角式   (b) 两翼对角式

图8-3 对角式通风

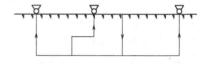

图8-4 中央对角混合式通风

主要通风机工作方式有压入式、抽出式和压抽混合式3种。

（1）压入式 整个通风系统在压入式主要通风机作用下，形成高于当地大气压的正压状态。在进风段，由于风量集中，造成较高的压力梯度，外部漏风较大。在需风段和回风段，由于风路多，风流分散，压力梯度较小，受自然风流的干扰而发生风流反向。压入式通风系统的风门等风流控制设施均安设在进风段，由于运输、行人频繁，因而不易管理、漏风大。由专用进风井压入式通风，风流不受污染，风质好，主提升井处于回风状态（漏风），对寒冷地区冬季提升井防冻有利。

压入式通风适合在下列条件下采用：①回采过程中回风系统易受破坏，难以维护；②矿井有专用进风井巷，能将新鲜风流直接送往作业地点；③靠近地表开采或采用崩落法开采，覆盖岩层透气性好；④矿石或围岩含放射性元素，有氡及氡子体析出。

（2）抽出式 整个通风系统在抽出式主扇的作用下，形成低于当地大气压的负压状态。回风段风量集中，有较高的压力梯度；在进风段和需风段，由于风流分散，压力梯度较小。回风段压力梯度高，使作业面的污浊风流迅速向回风道集中，烟尘不易向其他巷道扩散，排出速度快。此外，由于风流调控设施均安装于回风道中，不妨碍运输、行人，因而管理方便、控制可靠。

抽出式通风的缺点是，当回风系统不严密时，容易造成短路吸风，特别是当采用崩落法开采，地表有塌陷区与采空区相连通的情况下更为严重。在回风道上部建立严密的隔离层，将回风系统与上部采空区隔开，防止短路吸风，是保证抽出式通风发挥良好作用的重要条件。抽出式通风的另一个特点是，作业面和进风系统负压较低，易受自然风压影响出现风流反向，造成井下风流紊乱。抽出式通风使主要提升井处于进风状态，风流易受污染。寒冷地区的矿山还应考虑冬季提升井防冻。一般来说，只要能够维护一个完整的回风系统，使之在回采过程中不致遭到破坏，采用抽出式通风比较有利。我国金属矿山大部分采用抽出式通风。

（3）压抽混合式 在进风段和回风段均利用主要通风机控制风流，使整个通风系统在较高的压力梯度作用下，驱使风流沿指定路线流动，故排烟快、漏风少，也不易受自然风流干扰而造成风流反向。这种通风方式兼压入式和抽出式两种通风方式的优点，是提高矿井通风效果的重要途径。当然，压抽混合式通风所需通风设备多，管理较复杂。

在下述条件下可采用压抽混合式：①采矿作业区与地面塌陷区相沟通，采用压抽混合式可平衡风压，控制漏风量；②有自然发火危险的矿山，为防止大量风流漏入采空区引起发火，可采用压抽混合式；③利用地层的调温作用解决提升井防冻的矿井，可在预热区安设压入式通风机送风，与抽出式主要通风机相配合，形成压抽混合式。

（4）主要通风机安装地点　主要通风机可安装在地表，也可安装在井下，一般多安装在地表。

主要通风机安装在地表的主要优点是：安装、检修、维护管理比较方便；井下发生灾变事故时，通风机不易受到损害，便于采取停风、反风或控制风量等应急措施。其缺点是：井口密闭、反风装置和风硐的漏风较大；当矿井较深、工作面距主要通风机较远时，沿途漏风大；在地形条件复杂的情况下，安装、建筑费用较高。

主要通风机安装在地下的优点是：主要通风机装置漏风少；通风机靠近作业区，沿途漏风也少；可利用较多井巷进风或回风，降低通风阻力；密闭工程量较少。其缺点是：安装、检修和管理不方便；易因井下灾害而遭到破坏。

在下列情况下可考虑将主要通风机安装在井下：①地形险峻，在地面无适当地点可供安装主扇，或地面有山崩、滚石、滑坡等不利因素，威胁主要通风机安全；②矿井进风区段运输行人频繁，风流难以控制；而回风区段又与采空区及地表塌陷区沟通，不易隔离；③矿井深部开采阶段，作业面距地表主要通风机远，沿途漏风大且不易控制；④使用小型通风机进行多级机站通风。

主要通风机安装在井下时应注意的问题：①主要通风机应安装在不受地压及其他灾害威胁的安全地点；②进风系统与回风系统之间一切漏风通道应严加密闭；③抽出式通风的地下主要通风机，主要通风机房和检修通道应供给新鲜风流；④采用具有良好空气动力性能的机站结构，降低通风阻力。

3. 矿井漏风

矿井漏风是指通风系统中风流沿某些细小通道与回风巷或地面发生渗漏的短路现象。产生漏风的条件是有漏风通道并在其两端有压力差存在。矿井漏风按其地点可分为外部漏风和内部漏风，前者是指地表与井下之间的漏风，后者是指井下各处的漏风。

矿井漏风会造成动力的额外消耗，使矿井、采区和工作面的有效风量（送达用风地点的风量）减少，造成瓦斯积聚、气温升高等，影响生产和工人身体健康；大量的漏风会使通风系统稳定性降低，风流易紊乱，调风困难，易发生瓦斯事故；会使采空区、被压碎的煤柱和封闭区内的煤炭及可燃物发生氧化自燃，易发生火灾；当地表有塌陷区时，老窑裂隙的漏风会将采空区的有害气体带入井下，使井下环境条件恶化而威胁安全生产。

4. 矿井反风

矿井反风是为防止灾害扩大和抢救人员的需要而采取的迅速倒转风流方向的措施。

（1）全矿性反风　全矿反风是指井下各主要风道的风流全部反向的反风。

在矿井进风井、井底车场、主要进风大巷或中央石门发生火灾时常采用全矿性反风，避免火灾烟气流入人员密集的采掘工作面。《煤矿安全规程》规定：矿井主要通风机必须装有反风设施，并能在10min内改变巷道中风流方向，当风流方向改变后，主要风机的供给风量不应小于正常供风量的40%。每年应进行1次反风演习，反风设施至少每季度检查1次；矿井通风系统有较大变化时，应进行1次反风演习。

（2）局部反风　在采区内部发生灾害时，维持主要通风机正常运转，主要进风风道风向不变，利用风门开启或关闭造成采区内部风流反向的反风。

（二）矿井通风参数及风量计算

1. 通风参数

（1）压力　静压是单位体积空气具有的对外做功的机械能所呈现的压力，是风流质点热运动撞压器壁面而呈现的压力，包括绝对静压和相对静压。

位压是单位体积内空气在地球引力作用下，相对于某一基准面产生的重力位能所呈现的压力。水平巷道的风流流动无位压差，在非水平巷道，风流的位压差就是该区段垂直空气柱的重力压强。

动压是单位体积空气风流定向流动具有的动能所呈现的压力，又称为速压。风流动压通常用皮托管配合压差计测定。

全压是单位体积风流具有的静压与动压的压力之和。

总压力（总机械能）是矿井风流在井巷某断面具有的静压（能）、位压（能）和动压（能）的总和。

（2）风速 风速的测定采用风表，风表一般分为高速风表（≥10m/s）、中速风表（0.5～10m/s）和微速风表（0.3～0.5m/s）。

2. 矿井风量计算

矿井风量按下列要求分别计算，并选取其中的最大值：

① 按井下同时工作的最多人数计算，每人每分钟供风量不少于 $4m^3$。

② 按采煤、掘进、硐室和其他地点实际需要风量的总和进行计算。各地点的实际需要风量，必须使该地点的风流中的瓦斯、二氧化碳、氢气和其他有害气体的浓度，风速以及温度，每人供风量符合矿山安全规程的有关规定。

（三）矿井通风设备和通风构筑物

1. 矿用通风设备

矿用通风设备中最主要的是通风机。通风机按其服务范围的不同，可分为主要通风机、辅助通风机、局部通风机；按通风机的构造和工作原理，可分为离心式通风机和轴流式通风机。

主要通风机是用于全矿井或矿井某一翼（区）的通风；辅助通风机是用于矿井通风网络内的某些分支风路中借以调节其风量、帮助主要通风机工作；局部通风机是用于矿井局部地点通风的，它产生的风压几乎全部用于克服它所连接的风筒阻力。

通风机的工作基本参数是风量、风压、效率和功率，它们共同表达通风机的规格和特性。通风机的合理选择是要求预计的工况点在 $H\text{-}Q$ 曲线的位置应满足两个条件：

① 通风机工作时稳定性好，预计工况点的风压不超过 $H\text{-}Q$ 曲线驼峰点风压的90%，而且预计工况点更不能落在 $H\text{-}Q$ 曲线点以左——非稳定工作区段。

② 通风机效率要高，最低不应低于60%。

2. 通风构筑物

矿井通风构筑物是矿井通风系统中的风流调控设施，用以保证风流按生产需要的路线流动。凡用于引导风流、遮断风流和调节风量的装置，统称为通风构筑物。合理地安设通风构筑物，并使其通常处于完好状态，是矿井通风技术管理的一项重要任务。通风构筑物可分为两大类：一类是通过风流的构筑物，包括主要通风机、风硐、反风装置、风桥、导风板、调节风窗和风障；另一类是遮断风流的构筑物，包括挡风墙和风门等。

（四）局部通风技术

1. 局部通风方法

向井下局部地点进行通风的方法称局部通风方法。按通风动力形式的不同，可分为局部通风机通风、矿井全风压通风和引射器通风，其中以局部通风机通风最为常用。

（1）局部通风机通风 局部通风机的常用通风方式有压入式、抽出式、压抽混合式。

① 压入式通风。局部通风机及其附属装置安装在距离掘进巷道口10m以外的进风侧，将新鲜风流经风筒输送到掘进工作面，污风沿掘进巷道排出。

② 抽出式通风。局部通风机安装在距离掘进巷道口 10m 以外的回风侧。新鲜风流沿巷道流入，污风通过风筒由局部通风机抽出。

③ 混合式通风。混合式通风是压入式和抽出式两种通风方式的联合运用，其中压入式向工作面供新鲜风流，抽出式从工作面抽出污风，其布置方式取决于掘进工作面空气中污染物的空间分布和掘进、装载机的位置。

（2）矿井全风压通风 全风压通风是利用矿井主要通风机的风压，借助导风设施把新鲜空气引入掘进工作面。其通风量取决于可利用的风压和风路风阻。

（3）引射器通风 利用引射器产生的通风负压，通过风筒导风的通风方法称为引射器通风。引射器通风一般都采用压入式。

2. 局部通风管理

① 瓦斯喷出和煤（岩）与瓦斯（二氧化碳）突出煤层的掘进通风方式必须采用压入式。

② 压入式局部通风机和启动装置，必须安装在进风巷道中，距掘进巷道回风口不得小于 10m。

③ 瓦斯喷出区域、高瓦斯矿井、煤（岩）与瓦斯（二氧化碳）突出矿井中，掘进工作面的局部通风机应采用三专（专用变压器、专用开关、专用线路）供电。

④ 严禁使用 3 台以上（含 3 台）的局部通风机同时向 1 个掘进工作面供风；不得使用 1 台局部通风机同时向 2 个掘进工作面供风。

⑤ 恢复通风前，必须检查瓦斯。只有在局部通风机及其开关附近 10m 以内风流中的瓦斯浓度都不超过 0.5％时，方可人工开启局部通风机。

（五）地下开采对通风的要求

① 所有矿井应建立完善的机械通风系统。矿井应根据生产变化及时调整通风系统，并绘制全矿通风系统图。井下大爆破时，应专门编制通风设计和安全措施，由主管矿长批准执行。

② 矿井通风系统的有效风量率不得低于 60％。

③ 采场形成通风系统之前，不得投产回采。矿井主要进风风流不能通过采空区和陷落区，需要通过时，应砌筑严密的通风假巷引流。主要进风巷和回风巷要经常维护，保持清洁和风流畅通，禁止堆放材料和设备。

④ 进入矿井的空气不得受有害物质的污染。放射性矿山出风井与入风井的间距应大于300m。从矿井排出的污风，不得对矿区环境造成危害。

⑤ 箕斗井不得兼作风井。混合井作风井时，应采取有效的净化措施，保证风源质量。主要回风井巷，禁止用作人行道。

⑥ 各采掘工作面之间不得采用不符合本标准卫生要求的风流进行串联通风。井下破碎硐室、主溜井等处的污风，应引入回风道。井下炸药库和充电硐室，应有独立的回风道。充电硐室空气中氢气的含量，不得超过 0.5％（按体积计算）。井下所有机电硐室都应供给新鲜风流。

⑦ 采场、二次破碎巷道和电耙巷道，应利用贯穿风流通风或机械通风。电耙司机应位于风流的上风侧。

⑧ 采空区应及时密闭。采场开采结束后，应封闭所有与采空区相通的、影响正常通风的巷道。

⑨ 通风构筑物（风门、风桥、风窗、挡风墙等）应由专人负责检查、维修，保持完好严密状态。主要运输巷道应设两道风门，其间距应大于一列车的长度。手动风门应与风流方向成 80°～85°的夹角，并逆风开启。

⑩ 风桥的构造和使用应符合规定：风量超过 20m/s 时，应开绕道式风桥；风量为 10～

20m/s 时，可用砖、石、混凝土砌筑；风量小于 10m/s 时，可用铁风筒；木制风桥只准临时使用；风桥与巷道的连接处应做成弧形。

二、煤矿瓦斯及其防治措施

（一）瓦斯性质及瓦斯参数

1. 瓦斯性质

瓦斯是指矿井中主要由煤层气构成的以甲烷为主的有害气体，有时单独指甲烷。瓦斯是一种无色、无味、无臭、可以燃烧或爆炸的气体，难溶于水，扩散性较空气高。瓦斯无毒，但浓度很高时，会引起窒息。

2. 煤层瓦斯赋存状态

瓦斯在煤层中的赋存形式主要有两种状态：在渗透空间内的瓦斯主要呈自由气态，称为游离瓦斯或自由瓦斯，这种状态的瓦斯服从理想气体状态方程；另一种称为吸附瓦斯，它主要吸附在煤的微孔表面上和煤的微粒内部，占据着煤分子结构的空位或煤分子之间的空间。实测表明，在目前开采深度下（1000～2000m 以内）煤层吸附瓦斯量占 70%～95%，而游离瓦斯量占 5%～30%。

3. 煤层瓦斯含量及测定

煤层瓦斯含量是指单位质量煤体中所含瓦斯的体积，单位为 m^3/t。煤层瓦斯含量是确定矿井瓦斯涌出量的基础数据，是矿井通风及瓦斯抽放设计的重要参数。煤层在天然条件下，未受采动影响时的瓦斯含量称原始含量；受采动影响，已有部分瓦斯排出后而剩余在煤层中的瓦斯量，称残存瓦斯含量。

影响煤层原始瓦斯含量的因素很多，主要有煤化程度、煤层赋存条件、围岩性质、地质构造、水文地质条件等。

煤层瓦斯含量测定方法目前主要有地勘钻孔测定法、实验室间接测定法和井下快速直接测定法 3 种。

4. 煤层瓦斯压力及测定方法

煤层瓦斯压力是存在于煤层孔隙中的游离瓦斯分子热运动对煤壁所表现的作用力。煤层瓦斯压力是用间接法计算瓦斯含量的基础参数，也是衡量煤层瓦斯突出危险性的重要指标。测定方法主要有直接测定法和间接测压法。

（二）矿井瓦斯涌出及瓦斯等级

1. 矿井瓦斯涌出的形式

开采煤层时，煤体受到破坏或采动影响，贮存在煤体内的部分瓦斯就会离开煤体而涌入采掘空间，这种现象称为瓦斯涌出。矿井瓦斯涌出形式可分普通涌出和特殊涌出两种。

2. 矿井瓦斯涌出量及主要影响因素

矿井瓦斯涌出量是指开采过程中正常涌入采掘空间的瓦斯数量。瓦斯涌出量的表示方法有两种：①绝对瓦斯涌出量，即单位时间涌入采掘空间的瓦斯量，单位为 m^3/min；②相对瓦斯涌出量，即单位质量的煤所放出的瓦斯数量，单位为 m^3/t。

影响矿井瓦斯涌出量的因素主要有煤层瓦斯含量、开采规模、开采程序、采煤方法与顶板管理方法、生产工序、地面大气压力的变化、通风方式和采空区管理方法等。

3. 矿井瓦斯等级及其鉴定

《煤矿安全规程》规定，一个矿井中只要有一个煤（岩）层发现瓦斯，该矿井即为瓦斯矿井。瓦斯矿井必须依照矿井瓦斯等级进行管理。

根据矿井相对瓦斯涌出量、矿井绝对瓦斯涌出量和瓦斯涌出形式划分为：低瓦斯矿井、高瓦斯矿井和煤（岩）与瓦斯（二氧化碳）突出矿井。

① 低瓦斯矿井：矿井相对瓦斯涌出量小于或等于 $10m^3/t$ 且矿井绝对瓦斯涌出量小于或等于 $40m^3/min$。

② 高瓦斯矿井：矿井相对瓦斯涌出量大于 $10m^3/t$ 或矿井绝对瓦斯涌出量大于 $40m^3/min$。

③ 煤（岩）与瓦斯（二氧化碳）突出矿井：矿井在采掘过程中，只要发生过一次煤（岩）与瓦斯（二氧化碳）突出，该矿井即定为煤（岩）与瓦斯（二氧化碳）突出矿井。

《煤矿安全规程》规定：每年必须对矿井进行瓦斯等级和二氧化碳涌出量鉴定。

（三）瓦斯喷出及预防

1. 瓦斯喷出

矿井瓦斯喷出是指从煤体或岩体裂隙、孔洞或炮眼中大量瓦斯异常涌出的现象。在 20m 巷道范围内，涌出瓦斯量大于或等于 $1.0m^3/min$，且持续时间在 8h 以上时，该采掘区域即定为瓦斯喷出危险区域。

瓦斯喷出的预兆：矿压活动显现激烈，煤壁片帮严重、底板突然鼓起、支架承载力加大甚至破坏，煤层变软、潮湿等。

2. 瓦斯喷出的预防

瓦斯喷出的预防措施包括：

① 加强矿井地质工作，摸清采掘地区的地质构造情况；

② 在可能发生喷出的地区掘进巷道时，打前探钻孔或抽排钻孔；

③ 加大喷出危险区域的风量；

④ 将喷出的瓦斯直接引入回风巷或抽放瓦斯管路；

⑤ 掌握喷出的预兆，及时撤离工作人员，并配备自救器，安设压气自救系统；

⑥ 掌握矿压规律，避免矿压集中，及时处理顶板，以防大面积突然卸压造成瓦斯喷出。

（四）煤（岩）与瓦斯（二氧化碳）突出及预防

煤（岩）与瓦斯（二氧化碳）突出是指在地应力和瓦斯的共同作用下，破碎的煤（岩）和瓦斯（二氧化碳）由煤体或岩体内突然向采掘空间抛出的异常动力现象。煤（岩）与瓦斯（二氧化碳）突出具有突发性、极大破坏性和瞬间携带大量瓦斯（二氧化碳）和煤（岩）冲出等特点，能摧毁井巷设施、破坏通风系统、造成人员窒息，甚至引起瓦斯爆炸和火灾事故，是煤矿最严重的灾害之一。

煤（岩）与瓦斯（二氧化碳）突出是由地应力、瓦斯和煤的物理力学性质三者综合作用的结果。

1. 煤（岩）与瓦斯（二氧化碳）突出的一般规律

① 突出危险性随采掘深度的增加而增加。

② 突出危险性随煤层厚度的增加而增加，尤其是软分层厚度。

③ 石门揭煤工作面平均突出强度最大，煤巷掘进工作面突出次数最多，爆破作业最易引发突出，采煤工作面突出防治技术难度最大。

④ 突出多数发生在构造带、煤层遭受严重破坏的地带、煤层产状发生显著变化的地带、煤层硬度系数小于 0.5 的软煤层中。

⑤ 突出发生前通常有地层微破坏、瓦斯涌出变化、煤层层理紊乱、钻孔卡钻夹钻、煤壁温度降低、散发煤油气味、煤层产状发生变化等预兆。

⑥ 突出按动力源作用特征可分为 3 种类型，即突出、压出和倾出；按突出物分类可分为 4 种类型，即煤与瓦斯突出、煤与二氧化碳突出、岩石与瓦斯突出、岩石与二氧化碳突出。

2. 煤（岩）与瓦斯（二氧化碳）突出预测

我国煤（岩）与瓦斯（二氧化碳）突出预测分为区域性预测和工作面预测两类。

（1）区域性预测　区域性预测的任务是确定井田、煤层和煤层区域的危险性，在地质勘探、新井建设和新水平开拓时进行。区域性预测主要有如下几种方法：

① 单项指标法。采用煤的破坏类型、瓦斯放散初速度、煤的坚固性系数和煤层瓦斯压力作为预测指标，各种指标的突出危险临界值应根据实测资料确定。

② 按照煤的变质程度。煤层的突出危险程度与其挥发分之间是密切相关的：在烟煤的挥发分大于35％和无烟煤的比电阻的对数值小于3.3时，没有突出危险；而挥发分在18％～22％时突出危险最高。

③ 地质统计法。根据已开采区域突出点分布与地质构造的关系，然后结合未采区域的地质构造条件来大致预测突出可能发生的范围。

（2）日常预测　日常预测也称工作面预测，其任务是确定工作面附近煤体的突出危险性，即该工作面继续向前推进时有无突出危险。

① 石门揭煤突出危险性预测。石门揭煤突出危险性预测的方法主要有：

• 指标法。在石门向煤层至少打2个测压孔，测定煤层瓦斯压力，并在打钻过程中综合采样，测定煤的坚固性系数和瓦斯放散初速度，按综合指标进行预测。

• 钻屑指标法。在距煤层最小垂距3～5m时至少向煤层打2个预测钻孔，用1～3mm的筛子冲洗液中的钻屑，测定其瓦斯解吸指标。钻屑瓦斯解吸指标的临界值应根据现场实测数据确定。

• 钻孔瓦斯涌出初速度结合瓦斯涌出衰减系数。当石门距煤层3m以外时，至少打2个穿透煤层全厚的预测钻孔，打钻结束后马上用充气式胶囊封孔器封孔，充气压力0.5MPa。打钻结束到开始测量的时间不应超过5min。封孔后先测第1min的瓦斯涌出初速度，第2min测定解吸瓦斯压力，如果瓦斯涌出初速度超过预定的工作指标，还须测定第5min的钻孔涌出速度，以便算出瓦斯涌出衰减系数。

② 煤巷突出危险性预测。煤巷突出危险性预测的方法主要有：

• 钻孔瓦斯涌出初速度法。在距巷道两帮0.5m处，各打一个平行于巷道掘进方向的钻孔，用充气式胶囊封孔器封孔，测定钻孔瓦斯涌出初速度，从打钻结束到开始测量的时间不应超过2min。

• 钻屑指标法。在工作面打2个或3个钻孔。钻孔每打1m测定一次钻屑量，每打2m测定一次钻屑解吸指标。根据每个钻孔沿孔深每米的最大钻屑量和钻屑解吸指标预测工作面突出危险性。

3. 防治煤（岩）与瓦斯（二氧化碳）突出的措施

（1）防治突出的技术措施　防治突出的技术措施主要分为区域性措施和局部性措施两大类：区域性措施是针对大面积范围消除突出危险性的措施；局部性措施主要在采掘工作面执行，针对采掘工作面前方煤岩体一定范围消除突出危险性的措施。目前区域性措施主要有3种，即预留开采保护层、大面积瓦斯预抽放、控制预裂爆破；局部性措施有许多种，如卸压排放钻孔、深孔或浅孔松动爆破、卸压槽、固化剂、水力冲孔等。

（2）"四位一体"综合防治突出措施　所谓"四位一体"综合防治突出措施，就是说首先应对开采煤层及其对开采煤层构成影响的邻近煤层进行突出危险性预测。对确认的突出危险区域，应采取区域性防治突出技术措施；对确认的突出危险工作面，必须采取防治突出技术措施。在采取防治突出技术措施后，必须对防治突出技术措施和消除突出危险性的效果进行检验，如果检验有效，在采取安全防护措施的前提下进行采掘作业；如果检验无效，必须补充防治突出技术措施，直至再次检验为有效时方可在采取安全防护措施前提下进行采掘作业，否则必须继续补充技术措施。

（3）安全防护措施　安全防护措施是控制突出危害程度的措施。也就是说即使发生突出，也要使突出强度降低，对现场人员进行保护，不致危及人身安全。如震动性放炮、远距离放炮、反向防突风门、压风自救器、个体自救器等。

（五）瓦斯爆炸及其预防

矿井瓦斯不助燃，但它与空气混合成一定浓度后，遇火能燃烧、爆炸。瓦斯爆炸时会产生 3 个致命的因素：爆炸火焰、爆炸冲击波和有毒有害气体。瓦斯爆炸不仅造成大量的人员伤亡，而且还会严重摧毁矿井设施、中断生产。矿井瓦斯爆炸往往引起煤尘爆炸、矿井火灾、井巷坍塌和顶板冒落等二次灾害。

1. 瓦斯爆炸的条件

引起瓦斯燃烧与爆炸必须具备 3 个条件：一定浓度的甲烷、一定温度的引火源和足够的氧气。

2. 预防瓦斯爆炸技术措施

① 防止瓦斯积聚和超限。
② 严格执行瓦斯检查制度。
③ 防止瓦斯引燃的措施。
④ 防止瓦斯爆炸灾害扩大的措施。

（六）矿井瓦斯抽放

1. 瓦斯抽放方法

瓦斯抽放系统主要由瓦斯抽放泵、瓦斯抽放管路（带阀门）、瓦斯抽放钻孔或巷道、钻孔或巷道密封等组成。

根据抽放瓦斯的来源，瓦斯抽放可以分为：本煤层瓦斯预抽、邻近层瓦斯抽放、采空区瓦斯抽放以及几种方法的综合抽放。

2. 瓦斯抽放指标

（1）反映瓦斯抽放难易程度的指标　煤层透气性系数、钻孔瓦斯流量衰减系数、百米钻孔瓦斯涌出量。

（2）反映瓦斯抽放效果的指标　瓦斯抽放量、瓦斯抽放率。

3. 瓦斯抽放主要设备设施

（1）瓦斯抽放泵　瓦斯抽放泵是进行瓦斯抽放最主要的设备。

（2）瓦斯抽放管路　瓦斯抽放管路是进行瓦斯抽放必备也是使用量最大的材料。

（3）瓦斯抽放施工用钻机　绝大多数的瓦斯抽放工程都需要利用钻孔进行瓦斯抽放，因此，钻机是进行瓦斯抽放的矿井使用最多的设备。

（4）瓦斯抽放参数测定仪表　煤矿瓦斯流量测定仪表主要有孔板流量计、均速管流量计、皮托管、涡街流量计等。

（5）瓦斯抽放钻孔的密封　封孔是确保抽放效果的重要环节，加强封孔的日常施工管理，是提高封孔质量的主要途径。

三、矿山火灾及防治技术

（一）矿山火灾的分类和特点

凡是发生在矿山井下或地面而威胁到井下安全生产，造成损失的非控制燃烧均称为矿山火灾。矿山火灾的发生具有严重的危害性，可能会造成人员伤亡、矿井生产接续紧张、巨大的经济损失、严重的环境污染等。

根据引燃源的不同，矿山火灾可分为外因火灾和内因火灾两大类。

外因火灾是指由于外来热源，如明火、爆破、瓦斯煤尘爆炸、机械摩擦、电路短路等原因造成的火灾。外因火灾的特点是突然发生，来势凶猛，如不能及时发现，往往可能酿成恶性事故。

内因火灾是指煤（岩）层或含硫矿场在一定的条件和环境下自身发生物理化学变化积聚热量导致着火而形成的火灾。内因火灾的特点是发生过程比较长，而且有预兆，易于早期发现，但很难找到火源中心的准确位置，扑灭此类火灾比较困难。

（二）矿井内因火灾防治技术

1. 煤炭自燃倾向性

煤炭自燃倾向性是煤的一种自然属性，它取决于煤在常温下的氧化能力，是煤层发生自燃的基本条件。煤的自燃倾向性分为容易自燃、自燃、不易自燃3类。

《煤矿安全规程》规定，新建矿井的所有煤层必须由国家授权单位进行自燃倾向性鉴定；生产矿井延探新水平时，必须对所有煤层的自燃倾向性进行鉴定。

2. 煤炭自燃的预测预报

我国的煤炭自燃的预测预报主要采用气体分析法。

（1）预测预报指标　最新研究成果表明，可以使用一氧化碳、乙烯及乙炔三个指标，综合地将煤炭自燃划分为三个阶段：矿井风流中只出现10^{-6}级的一氧化碳时的缓慢氧化阶段；出现10^{-6}级的一氧化碳、乙烯时的加速氧化阶段；出现10^{-6}级的一氧化碳、乙烯及乙炔时的激烈氧化阶段，此时即将出现明火。

（2）束管集中检测系统　束管集中检测系统是基于气体分析的检测系统，与束管集中检测系统相配套的设备包括矿用火灾多参数色谱仪、火灾气体及温度传感器等。该系统由束管将检测气体送至井下分站，由各火灾气体传感器将所测到的电信号参数直接输送至地面监控室，在地面进行集中的实时监控和预报。

3. 煤炭自燃的预防技术

煤炭自燃的预防技术包括惰化、堵漏、降温等，以及它们的组合。

（1）惰化技术防灭火　惰化技术就是将惰性气体或其他惰性物质送入拟处理区，抑制煤炭自燃的技术。主要包括黄泥灌浆、粉煤灰、阻化剂及阻化泥浆和惰性气体等。

（2）堵漏技术防灭火　堵漏就是采用某种技术措施，减少或杜绝向煤柱或采空区漏风，使煤缺氧而不至于自燃。堵漏技术和材料主要有：抗压水泥泡沫、凝胶堵漏技术、尾矿砂堵漏和均压等。

4. 火区封闭、管理和启封

（1）火区封闭　当防治火灾的措施失败或因火势迅猛来不及采取直接灭火措施时，就需要及时封闭火区，防止火灾势态扩大。火区封闭的范围越小，维持燃烧的氧气越少，火区熄灭也就越快，因此火区封闭要尽可能地缩小范围，并尽可能地减少防火墙的数量。

为了便于隔离火区，应首先封闭或关闭进风侧的防火墙，然后再封闭回风侧，同时，还应优先封闭向火区供风的主要通道（或主干风流），然后再封闭那些向火区供风的旁侧风道（或旁侧风流）。

（2）火区管理　火区封闭以后，在火区没有彻底熄灭之前，应加强火区的管理。火区管理技术工作包括对火区所进行的资料分析、整理以及对火区的观测检查等工作。

绘制火区位置关系图，标明所有火区和曾经发火的地点，并注明火区编号、发火时间、地点、主要监测气体成分、浓度等。必须针对每一个火区，都建立火区管理卡片，包括火区登记表、火区灌注灭火材料记录表和防火墙观测记录表等。

（3）火区启封　只有经取样化验分析证实，同时具备下列条件时，方可认为火区已经熄灭，才准予启封：①火区内温度下降到30℃以下，或与火灾发生前该区的空气日常温度相同；②火区内的氧气浓度降到 5％以下；③区内空气中不含有乙烯、乙炔，一氧化碳在封闭期间内逐渐下降，并稳定在 0.001％以下；④在火区的出水温度低于 25℃，或与火灾发生前该区的日常出水温度相同。以上 4 项指标持续稳定的时间在 1 个月以上。

（三）火灾时期应变与救灾技术

（1）风流控制技术　选择合理的通风系统，加强通风管理，减少漏风。

（2）矿井反风技术　根据井下火灾具体情况，在保证作业人员和重大设备设施的安全条件下，可采用局部反风或全矿反风方法。

（3）防火灾技术　防止火灾扩大的技术方法主要有：

① 隔离法。将火灾区封闭后与其他非火灾区隔开。

② 窒息法。火灾区完全封闭，阻断助燃物（空气、氧气等）使火灾停止。

③ 采用灌浆灭火。将泥浆灌入发火区，使发火物被泥浆包裹，隔绝空气，防止火灾进一步蔓延。

④ 阻化剂灭火。将阻化剂喷洒于发火物上或注入发火体内，以抑制或延缓发火物的氧化，达到防止火灾扩大的目的。

四、矿山水害及其防治技术

（一）矿井突水源及涌水特征

在矿山开采过程中，矿井突水主要有地表水、溶洞-溶蚀裂隙水、含水层水、断层水、封闭不良的钻孔水、采空区形成的"人工水体"等。

矿井水质分析方法有多种，其中应用较多的是重量法、容积法和比色法。重量法主要用于杂质含量较多的水样，容积法适用于中等杂质含量的水样，比色法适用于微量含量的水样。

1. 大气降水为主要充水水源的涌水特征

这里主要指直接受大气降水渗入补给的矿床，多属于包气带中、埋藏较浅、充水层裸露、位于分水岭地段的矿床或露天矿区。其充（涌）水特征与降水、地形、岩性和构造等条件有关。

① 矿井涌水动态与当地降水动态相一致，具有明显的季节性和多年周期性的变化规律。

② 多数矿床随采深增加矿井涌水量逐渐减少，其涌水高峰值出现滞后的时间加长。

③ 矿井涌水量的大小还与降水性质、强度、连续时间及入渗条件有密切关系。

2. 以地表水为主要充水水源的涌水特征

① 矿井涌水动态随地表水的丰枯作季节性变化，且其涌水强度与地表水的类型、性质和规模有关。受季节流量变化大的河流补给的矿床，其涌水强度亦呈季节性周期变化，有常年性大水体补给时，可造成定水头补给稳定的大量涌水，并难于疏干。有汇水面积大的地表水补给时，涌水量大且衰减过程长。

② 矿井涌水强度还与井巷到地表水体间的距离、岩性与构造条件有关。一般情况下，其间距愈小，则涌水强度愈大；其间岩层的渗透性愈强，涌水强度愈大。当其间分布有厚度大而完整的隔水层时，则涌水甚微，甚至无影响；其间地层受构造破坏愈严重，井巷涌水强度亦愈大。

③ 采矿方法的影响。依据矿床水文地质条件选用正确的采矿方法，开采近地表水体的矿床，其涌水强度虽会增加，但不会过于影响生产；如选用的方法不当，可造成崩落裂隙与地表水体相通或形成塌陷，发生突水和泥沙冲溃。

3. 以地下水为主要充水水源的矿床

① 矿井涌水强度与充水层的空隙性及其富水程度有关。

② 矿井涌水强度与充水层厚度和分布面积有关。

③ 矿井涌水强度及其变化，还与充水层水量组成有关。

4. 以老窑水为主要充水水源的矿床

在我国许多老矿区的浅部，老采空区（包括被淹没井巷）星罗棋布，且其中充满大量积水。它们大多积水范围不明，连通复杂，水量大，酸性强，水压高。如生产井巷接近或崩落带达到老采空区，便会造成突水。

（二）矿井导水通道及探测技术

矿体及其周围虽有水存在，但只有通过某种通道，它们才能进入井巷形成涌水或突水。涌水通道可分为地层的空隙、断裂带等自然形成的通道和由于采掘活动等引起的人为涌水通道两类。

1. 自然导水通道

（1）地层的裂隙与断裂带 坚硬岩层中的矿床，其中的节理型裂隙较发育部位彼此连通时可构成裂隙涌水通道。依据勘探及开采资料，我们把断裂带分为两类，即隔水和透水断裂带。

（2）岩溶通道 岩溶空间分布极不均一，可以从细小的溶孔直到巨大的溶洞。它们可彼此连通，成为沟通各种水源的通道，也可形成孤立的充水管道。我国许多金属与非金属都深受其害。

（3）孔隙通道 孔隙通道主要是指松散层粒间的孔隙输水。它可在开采矿床和开采上覆松散层的深部基岩矿床时遇到。前者多为均匀涌水，仅在大颗粒地段和有丰富水源的矿区才可导致突水；后者多在建井时期造成危害。此类通道可输送本含水层水入井巷，也可成为沟通地表水的通道。

2. 人为导水通道

这类通道是由于不合理勘探或开采造成的，理应杜绝产生此类通道。

（1）顶板冒落裂隙通道 采用崩落法采矿，造成的透水裂隙，如抵达上覆水源时可导致该水源涌入井巷，造成突水。

（2）底板突破通道 当巷道底板下有间接充水层时，便会在地下水压力和矿山压力作用下，破坏底板隔水层，形成人工裂隙通道，导致下部高压地下水涌入井巷造成突水事故。

（3）钻孔通道 在各种勘探钻孔施工时均可沟通矿床上、下各含水层或地表水，如在勘探结束后对钻孔封闭不良或未封闭，开采中揭露钻孔时就会造成突水事故。

（三）矿井防治水技术措施

1. 地表水治理措施

（1）合理确定井口位置 井口标高必须高于当地历史最高洪水位，或修筑坚实的高台，或在井口附近修筑可靠的排水沟和拦洪坝，防止地表水经井筒灌入井下。

（2）填堵通道 为防雨雪水渗入井下，在矿区内采取填坑、补凹、整平地表或建不透水层等措施。

（3）整治河流

① 整铺河床。河流的某一段经过矿区，而河床渗透性强，可导致大量河水渗入井下，在漏失地段用黏土、料石或水泥修筑不透水的人工河床，以制止或减少河水渗入井下。

② 河流改道。如河流流入矿区附近，可选择合适地点修筑水坝，将原河道截断，用人工河道将河水引出矿区以外。

（4）修筑排（截）水沟 山区降水后以地表水或潜水的形式流入矿区，地表有塌陷裂缝时，会使矿区涌水量大大增加。在这种情况下，可在井田外缘或漏水区的上方迎水流方向修筑排水沟，将水排至影响范围之外。

2. 地下水的排水疏干

在调查和探测到水源后，最安全的方法是预先将地下水源全部或部分疏放出来，方法有3种：地表疏干、井下疏干和井上下相结合疏干。

（1）地表疏干 在地表向含水层内打钻，并用深井泵或潜水泵从相互沟通的孔中把水抽到地表，使开采地段处于疏干降落漏斗水面之上，达到安全生产的目的。

（2）井下疏干 当地下水源较深或水量较大时，用井下疏干的方法可取得较好的效果。根据不同类型的地下水，有疏放老孔积水和疏放含水层水等方法。

（3）井上下相结合疏干

3. 地下水探放

（1）矿井工程地质和水文地质观测工作 水文地质工作是井下水害防治的基础，应查明地下水源及其水力联系。

（2）超前探放水 在矿井生产过程中，必须坚持"有疑必探、先探后掘"的原则，探明水源后制定措施放水。

4. 矿井水的隔离与堵截

在探查到水源后，由于条件所限无法放水，或者能放水但不合理，需采取隔离或堵截水流的防水措施。

（1）隔离水源 隔离水源的措施可分为留设隔离煤（岩）柱防水和建立隔水帷幕带防水两类方法。

① 隔离煤（岩）柱防水。为防止煤（矿）层开采时各种水流进入井下，在受水威胁的地段留一定宽度或厚度的煤（矿）柱。防水煤（矿）柱尺寸的确定应考虑到含水层的水压、水量、所开采煤（矿）的机械强度、厚度等因素及有关规定，并通过实践综合确定。

② 隔水帷幕带。隔水帷幕带就是将预先制好的浆液通过由井巷向前方所打的具有角度的钻孔，压入岩层的裂缝中，浆液在孔隙中渗透和扩散，再经凝固硬化后形成隔水的帷幕带，起到隔离水源的作用。注浆工艺过程和使用的设备都较简单，效果也好，是矿井防治水害的有效方法之一。

（2）矿井突水堵截 为预防采掘过程中突然涌水而造成波及全矿的淹井事故，通常在巷道一定的位置设置防水闸门和防水墙。

5. 矿山排水

矿山的排水能力要达到以下要求。

（1）金属及非金属矿山

① 井下主要排水设备，至少应由同类型的3台泵组成。工作泵应能在20h内排出一昼夜的正常涌水量；除检修泵外，其他水泵在20h内排出一昼夜的最大涌水量。井筒内应装备2条相同的排水管，其中1条工作，1条备用。

② 水仓应由两个独立的巷道系统组成。涌水量大的矿井，每个水仓的容积，应能容纳2～4h井下正常涌水量。一般矿井主要水仓总容积，应能容纳6～8h的正常涌水量。

（2）煤矿

① 必须有工作、备用和检修的水泵。工作水泵的能力，应能在20h内排出矿井24h的正常涌水量（包括充填水和其他用水）；备用水泵的能力应不小于工作水泵能力的70％；工作水泵和备用水泵的总能力，应能在20h内排出矿井24h的最大涌水量；检修水泵的能力应不小于工作水泵能力的25％。水文地质条件复杂的矿井，可在主泵房内预留一定数量的水泵位置。

② 必须有工作、备用的水管。工作水管的能力应能配合工作水泵在20h内排出矿井24h的正常涌水量。工作水管和备用水管的总能力，应能配合工作水泵和备用水泵在20h内

排出矿井 24h 的最大涌水量。

主要水仓必须有主仓和副仓，当一个水仓清理时，另一个水仓能正常使用。新建、改扩建或生产矿井的新水平，正常涌水量在 $1000 \text{m}^3/\text{h}$ 以下时，主要水仓的有效容量应能容纳 8h 的正常涌水量。正常涌水量大于 $1000 \text{m}^3/\text{h}$ 的矿井，主要水仓有效容量可按下式计算：

$$V = 2(Q + 3000)$$

式中　V——主要水仓的有效容积，m^3；

　　　Q——矿井每小时的正常涌水量，m^3/h。

但主要水仓的总有效容量不得低于 4h 的矿井正常涌水量。采区水仓的有效容量应能容纳 4h 的采区正常涌水量。

（四）矿井水灾的预测和突水预兆

1. 矿井水灾的预测

矿井水灾的预测是指矿井在开采前，根据地质勘探的水文地质资料及专门进行的水害调查资料，确定矿井水灾的危险程度，并编制矿井水灾预测图。

（1）矿井水灾危险程度的确定

① 用突水系数来确定矿井水害的危险程度。突水系数是含水层中静水压力（kPa）与隔水层厚度（m）的比值，其物理意义是单位隔水层厚度所能承受的极限水压值。

② 按水文地质的影响因素来确定矿井水害的危险程度。该方法是按水文地质的复杂程度将矿区的水害危险程度划分为 5 个等级。

（2）矿井水灾预测图的编制　根据隔水层厚度和矿区各地段的水压值，计算某开采水平的突水系数，编制相应比例的简单突水预测图，然后根据矿区突水系数的临界值，圈定安全区和危险区。水灾预测图的另一种编制方法是在开采平面图上圈定地下水灾的等级区域，据此制定最佳矿井规划和防治水害的措施，加强危险区域的监测，保证安全生产。

2. 矿井突水预兆

矿井突水过程主要决定于矿井水文地质及采掘现场条件。一般突水事故可归纳为两种情况：一种是突水水量小于矿井最大排水能力，地下水形成稳定的降落漏斗，迫使矿井长期大量排水；另一种是突水水量超过矿井的最大排水能力，造成整个矿井或局部采区淹没。

在各类突水事故发生之前，一般均会显示出多种突水预兆。

（1）一般预兆　一般预兆表现为：

① 煤层变潮湿、松软，煤帮出现滴水、淋水现象，且淋水由小变大，有时煤帮出现铁锈色水迹；

② 工作面气温降低，或出现雾气或硫化氢气味；

③ 有时可听到水的"嘶嘶"声；

④ 矿压增大，发生片帮、冒顶及底鼓。

（2）多种突水预兆　工作面底板灰岩含水层突水预兆为：

① 工作面压力增大，底板鼓起，底鼓量有时可达 500mm 以上；

② 工作面底板产生裂隙，并逐渐增大；

③ 沿裂隙或煤帮向外渗水，随着裂隙的增大，水量增加，当底板渗水量增大到一定程度时煤帮渗水可能停止，此时水色时清时浊，底板活动时水变浑浊，底板稳定时水色变清；

④底板破裂，沿裂缝有高压水喷出，并伴有"嘶嘶"声或刺耳水声；

⑤ 底板发生"底爆"，伴有巨响，地下水大力量涌出，水色呈乳白或黄色。

（3）松散孔隙含水层水突水预兆

① 突水部位发潮、清水且滴水现象逐渐增大，仔细观察发现水中含有少量细砂。

② 发生局部冒顶，水量突增并出现流砂，流砂常呈间歇性，水色时清时浑，总的趋势

是水量、砂量增加，直至流砂大量涌出。

③ 顶板发生溃水、溃砂，这种现象可能影响到地表，致使地表出现塌陷坑。

以上预兆是典型的情况，并不一定全部表现出来，在具体的突水事故过程中，该细心观察，认真分析、判断。

五、地下矿山尘毒及其防治措施

(一) 矿山粉尘及其防治

在矿井生产过程中产生粉尘的主要环节有电钻或风钻打眼、爆破、铲装、提升、运输等工序。井下粉尘较多的地点有掘进工作面、回采工作面、自溜运输巷道、皮带运输机的转载点、矿仓和溜井的上下口以及井口的卸载点等。

1. 矿山粉尘的性质及危害

(1) 粉尘的概念　矿山粉尘分为全尘、呼吸性粉尘、浮尘和落尘等。

① 全尘。它是指用一般敞口采样器采集到一定时间内悬浮在空气中的全部固体微粒。

② 呼吸性粉尘。这是指能被吸入人体肺部并滞留于肺泡区的浮游粉尘。空气动力直径小于 $7.07\mu m$ 的极细微粉尘，是引起肺尘埃沉着病的主要粉尘。

③ 浮尘和落尘。悬浮于空气的粉尘称浮尘，沉积在巷道顶、帮、底板和物体上的粉尘称为落尘。

(2) 粉尘性质　矿山粉尘的性质集中表现在以下几个方面。

① 粉尘中游离二氧化硅的含量。粉尘中游离二氧化硅的含量是危害人体的决定因素，含量越高，危害越大。游离二氧化硅是引起硅沉着病的主要因素。

② 粉尘的粒度。它是指粉尘颗粒大小的尺度。一般来说，尘粒越小，对人的危害越大。

③ 粉尘的分散度。它是指粉尘整体组成中各种粒级的尘粒所占的百分比。粉尘组成中，小于 $5\mu m$ 的尘粒所占的百分数越大，对人的危害越大。

④ 粉尘的浓度。它是指单位体积空气中所含浮尘的数量。粉尘浓度越高，对人体危害越大。

⑤ 粉尘的吸附性。粉尘的吸附能力与粉尘颗粒的表面积有密切关系，分散度越大，表面积也越大，其吸附能力也增强。主要指标有吸湿性、吸毒性。

⑥ 粉尘的荷电性。粉尘粒子可以带有电荷，其来源是煤岩在粉碎中因摩擦而带电，或与空气中的离子碰撞而带电，尘粒的电荷量取决于尘粒的大小并与温湿度有关，温度升高时荷电量增多，湿度增高时荷电量降低。

⑦ 煤尘的燃烧和爆炸性。煤尘在空气中达到一定的浓度时，在外界明火的引燃下能发生燃烧和爆炸。

(3) 矿尘的危害性　矿尘的危害性主要表现在 4 个方面：

① 污染工作场所，危害人体健康，引起职业病；

② 某些矿尘（如煤尘、硫化尘）在一定条件下可以爆炸；

③ 加速机械磨损，缩短精密仪器使用寿命；

④ 降低工作场所能见度，增加工伤事故的发生。

2. 矿山粉尘防治技术

矿山防尘技术包括风、水、密、净和护等 5 个方面。

(1) 采煤工作面防尘　煤层注水；合理选择采煤机截割机构；喷雾降尘。

(2) 掘进工作面防尘

① 炮掘工作面防尘。风动凿岩机或电煤钻打眼是炮掘工作面持续时间长，产尘量高的工序。一般干打眼工序的产尘量占炮掘工作面总产尘量的 $80\% \sim 90\%$，湿式打眼时占 $40\% \sim 60\%$。所以，打眼防尘是炮掘工作面防尘的重点。

● 打眼防尘。打眼防尘的主要技术有湿式凿岩、干式凿岩捕尘等。

风钻湿式凿岩：这是国内外岩巷掘进行之有效的基本防尘方法。

干式凿岩捕尘：在无法实施湿式凿岩时，如岩石遇水会膨胀、岩石裂隙发育、实施湿式作业其防尘效果差等情况下，可用干式孔口捕尘器等干式孔口除尘技术。

煤电钻湿式打眼：在煤巷、半煤巷炮掘中，采用煤电钻湿式打眼能获得良好的降尘效果，降尘率可达75%～90%。

● 爆破防尘。爆破是炮掘工作面产尘最大的工序，采取的防尘措施主要有以下两种。

水炮泥：这是降低放炮时产尘量最有效的措施。

放炮喷雾：这是简单有效的降尘措施，在放炮时进行喷雾可以降低粉尘浓度和炮烟。

② 机掘工作面通风除尘。掘进工作面虽然采取了相应的防尘措施，但一些细微的粉尘仍然是悬浮于空气中，尤其是掘进机械化程度的不断提高，产尘强度剧增，机掘工作面的产尘强度就大大高于炮掘工作面。

● 通风除尘系统。合理的通风除尘系统是控制工作面悬浮粉尘运动和扩散的必要条件，主要有三种通风系统：长压短抽通风除尘系统、长抽通风除尘系统和长抽短压通风除尘系统。

● 通风除尘设备。主要设备有湿式除尘风机、湿式除尘器、袋式除尘器以及配套的抽出式伸缩风筒、附壁风筒等。

● 通风工艺的要求。压、抽风筒口相互位置的关系：压抽风量的匹配；局部通风机安装位置；抽出式局部通风机与除尘局部通风机的串联要求。

③ 锚喷支护防尘。锚喷支护技术发展很快，它也是煤矿的主要产尘源之一。锚喷支护的粉尘主要来自打锚杆眼、混合料转运、拌料和上料、喷射混凝土以及喷射机自身等生产工序和设备。

针对这些产尘源，锚喷支护主要采取配制潮料向喷射机上料、双水环加水、加接异径葫芦管、低压近喷、水幕净化和通风除尘等。

（3）运输、转载防尘　机械控制自动喷雾降尘装置。该类装置的特点是结构简单、容易制造，使用和维护方便而且降尘效果较好。电器控制自动喷雾降尘装置。该装置适用于煤矿转载运输系统中不同的尘源，是靠电器控制实现自动喷雾，有光控、声控、触控、磁控等多种形式。

（4）综合防尘措施　综合防尘措施包括湿式钻眼、冲刷井壁巷帮、使用水炮泥、水和净化风流等措施。

（5）个体防护　矿内各生产过程在采取了通风防尘措施之后，粉尘能够有效下降，但还有少量微细矿尘悬浮于空气之中，尤其是还有个别地点不能达到规定标准，还需要加强个体防护。

（二）矿山生产性毒物及其防治

矿山的主要有毒有害气体有氮氧化物（NO_x）、一氧化碳（CO）、二氧化硫（SO_2）、硫化氢（H_2S）、甲醛（HCHO）等醛类；个别矿山还有放射性气体，如氡、钍、镭射气。吸入上述有毒有害气体能使工人发生急性和慢性中毒，并可导致职业病。

1. 有毒气体的来源

矿山空气中混入有毒有害气体是在爆破作业、柴油机械运行、台阶发生火灾时产生的，以及从矿岩中涌出和从露天矿内水中析出的。

矿山爆破后所产生的有毒气体，其主要成分是一氧化碳和氮氧化物。如果将爆破后产生的毒气都折合成一氧化碳，则1kg炸药能产生80～120L毒气。

柴油机械工作时会产生氧化氮、一氧化碳、醛类和油烟。

硫化矿物的氧化过程是缓慢的，但高硫矿床氧化时，除产生大量的热以外，还会产生二氧化硫和硫化氢气体；在含硫矿岩中进行爆破，或在硫化矿中发生的矿尘爆炸以及硫化矿的水解，都会产生二氧化硫和硫化氢。

矿山火灾时，往往引燃木材和油质，从而产生大量一氧化碳。

2. 矿井生产性毒物的防治措施

① 矿山生产过程中，每天都要接触到上述有毒物质。排除上述有毒物质的最好办法是通风排毒，特别是爆破以后要加强通风，15min 以后才能进入爆破现场。进入长期无人进入的井巷时，一定要检查巷道中氧气及有毒气体的浓度，采取安全措施才能进入。

② 要教育职工严格遵守安全操作规程和卫生制度。

③ 当发现有人员中毒时，一定要先报告矿领导，派救护队员进矿抢救；或者报告领导后，采取观通风排毒措施、戴防毒面具以后才能进入抢救。

④ 建立健全合适的卫生设施，做好健康检查与环境监测。

六、顶板、边坡、尾矿坝（库）事故及防治措施

（一）顶板事故及防治技术

1. 顶板事故的原因

在采矿生产活动中，顶板事故是最常见的事故，引发顶板事故的原因有：

（1）采矿方法不合理和顶板管理不善　采矿方法不合理，采掘顺序、凿岩爆破、支架放顶等作业不妥当，是导致这类事故发生的重要原因。

（2）缺乏有效支护　支护方式不当、不及时支护或缺少支架、支架的初撑力与顶板压力不相适应是造成此类事故的另一重要原因。

（3）检查不周和疏忽大意　在顶板事故中，很多事故都是由于事先缺乏认真、全面的检查，疏忽大意，没有认真执行"敲帮问顶"制度等原因造成的。

（4）地质条件不好　断层、褶曲等地质构造形成破碎带，或者由于节理、层理发育，破坏了顶板的稳定性，容易发生顶板事故。

（5）地压活动　地压活动也是顶板事故的一个重要原因。

（6）其他原因　不遵守操作规程、发现问题不及时处理、工作面作业循环不正规、爆破崩倒支架等都容易引起顶板事故。

2. 顶板事故防治技术

防治顶板事故的发生，必须严格遵守安全技术规程，从多方面采取综合预防措施。

（1）选用合理的采矿方法　选择合理的采矿方法，制定具体的安全技术操作规程，建立正常的生产和作业制度，是防治顶板事故的重要措施。

（2）搞好地质调查工作　对于采掘工作面经过区域的地质构造必须调查清楚，通过地质构造带时要采取可靠的安全技术措施。

（3）加强工作面顶板的支护与维护　为防止顶板事故的发生，永久支护与掘进工作面的距离不得超过规程规定要求，不在空顶下作业。在掘进工作面与永久支护之间，还应进行临时支护。发现弯曲、斜歪、折断和变形的支架，必须进行及时更换或维修。

（4）坚持正规循环作业

（5）严格顶板监测制度

（6）及时处理采空区

（二）露天矿滑坡事故及防治技术

1. 露天矿滑坡事故原因

露天矿边坡滑坡是指边坡岩体在较大范围内沿某一特定的剪切面滑动。露天矿滑坡事故

发生的原因主要有：露天边坡角设计偏大，或台阶没按设计施工；边坡有大的结构弱面；自然灾害，如地震、山体滑移等；滥采乱挖等。

2. 边坡事故防治措施

（1）合理确定边坡参数

① 合理确定台阶高度和平台宽度。合理的台阶高度对露天开采的技术经济指标和作业安全都具有重要意义。平台的宽度不但影响边坡角的大小，也影响边坡的稳定。

② 正确选择台阶坡面角和最终边坡角。

（2）选择适当的开采技术

① 选择合理的开采顺序和推进方向。在生产过程中必须采用从上到下的开采顺序，应选用从上盘到下盘的采剥推进方向。

② 合理进行爆破作业。合理进行爆破作业，减少爆破震动对边坡的影响。

（3）制定严格的边坡安全管理制度　必须建立健全边坡管理和检查制度。有变形和滑动迹象的矿山，必须设立专门观测点，定期观测记录变化情况，并采取长锚杆、锚索、滑坡桩等加固措施。

（三）尾矿坝（库）溃坝事故

1. 尾矿坝（库）溃坝事故原因

尾矿坝是尾矿库用来贮存尾矿和水的围护构筑物。尾矿坝（库）溃坝事故的根源则主要是尾矿库建设前期对自然条件了解不够，勘察不明、设计不当或施工质量不符合规范要求，生产运行期间对尾矿库的安全管理不到位，缺乏必要的监测、检查、维修措施以及紧急预案等，一旦遇到事故隐患，不能采取正确的方法，导致危险源状态恶化并最终酿成灾难。

2. 尾矿坝（库）事故处理技术措施

（1）滑坡　滑坡抢护的基本原则是：上部减载，下部压重，即在主裂缝部位进行削坡，而在坝脚部位进行压重。尽可能降低库水位，沿滑动体和附近的坡面上开沟导渗，使渗透水很快排出。若滑动裂缝达到坡脚，应该首先采取压重固脚的措施。因土坝渗漏而引起的背水坡滑坡，应同时在迎水坡进行抛土防渗。

因坝身填土碾压不实，浸润线过高而造成的背水坡滑坡，一般应以上游防渗为主，辅以下游压坡、导渗和放缓坝坡，以达到稳定坝坡的目的。对于滑坡体上部已松动的土体，应彻底挖出，然后按坝坡线分层回填夯实，并做好护坡。

坝体有软弱夹层或抗剪强度较低且背水坡较陡而造成的滑坡，首先应降低库水位。如清除夹层有困难时，则以放缓坝坡为主，辅以在坝脚排水压重的方法处理。地基存在淤泥层、湿陷性黄土层或液化等不良地质条件，施工时又没有清除或清除不彻底而引起的滑坡，处理的重点是清除不良的地质条件，并进行固脚防滑。因排水设施堵塞而引起的背水坡滑坡，主要是恢复排水设施效能，筑压重台固脚。

滑坡处理前，应严格防止雨水渗入裂缝内。可用塑料薄膜、沥青油毡或油布等加以覆盖。同时还应在裂缝上方修截水沟，以拦截和引走坝面的积水。

（2）溃坝

① 在满足回水水质和水量要求前提下，尽量降低库水位；

② 水边线应与坝轴线基本保持平行；

③ 尾矿库实际情况与设计要求不符时，应在汛期前进行调洪验算。

（3）地震　尾矿库的抗震应贯彻预防为主的方针。当接到震情预报时，应根据实际情况做出防震、抗震计划和安排。

① 按照设计文件或尾矿库安全评价的要求进行尾矿库抗震检查，根据检查结果，采取预防措施。

② 做好人员组织、物质、交通、通讯、照明、报警、抢险和救护等各项抗震准备工作。

③ 组织动员居民做好防震准备，以便发生险情时，及时疏散，撤离险区。

④ 严格控制库水位，确保抗震设计要求的安全滩长，满足地震条件下坝体稳定的要求。

⑤ 震前应注意库区内岸坡的稳定性，防止滑坡，破坏尾矿设施。

⑥ 对于上游建有尾矿库、排土场或水库等工程设施的尾矿库，应了解上游所建工程的稳定情况，必要时应采取防范措施，避免造成更大损失。

（四）顶板、边坡、尾矿坝（库）事故监测

顶板事故可以采用简易方法和仪器进行检查与观测，常用的简易方法有木楔法、标记法、听音判断法、震动法等。还可以采用顶板报警仪、机械测力计、钢弦测压仪、地音仪等观测顶板及地压活动。

露天矿边坡滑坡事故和尾矿坝（库）溃坝事故可以采用位移监测和声发射技术等手段来进行监测。

七、煤矿安全检测

煤矿安全检测的主要内容包括：对井下 CH_4、CO、O_2 等气体浓度的检测；对风速、风量、气压、温度、粉尘浓度等环境参数的检测；对生产设备运行状态的监测、监控等。检测仪表可以是机械式、化学式、光学式、电子式等，如 U 形压差计、机械风表、化学试纸、光干涉瓦斯检测仪等。但传感器一般都是电子式，将物理量变换成电信号后方能记录并传输。

1. 风速测定

① 用风表测定风速。常用风表有杯式和翼式两种。

② 用热电式风速仪和皮托管压差计测定风速。热电式风速仪分热线和热球式两种，热电式风速仪操作比较方便，但现有的热电式风速仪易于损坏，灰尘和湿度对它都有一定的影响，有待进一步改进以便在矿山广泛使用。

③ 对很低的风速或者鉴别通风构筑物漏风时，可以采用烟雾法或嗅味法近似测定空气移动速度。

④ 利用风速传感器测定。常用的风速传感器有：超声波涡街式风速传感器、超声波时差法风速传感器、热效式风速传感器等。

2. 矿井通风阻力的测定

矿井通风阻力测定的方法一般有以下 3 种：精密压差计和皮托管的测定法、恒温压差计的测定法和空盒气压计的测定法。

3. 瓦斯检测

瓦斯检测实际上是指甲烷检测，主要检测甲烷在空气中的体积浓度。矿井瓦斯检测方法有实验室取样分析法和井下直接测量法两种。使用便携式瓦斯检测报警仪，可随时检测作业场所的瓦斯浓度，也可使用瓦斯传感器连续实时地监测瓦斯浓度。

煤矿常用的瓦斯检测仪器，按检测原理分类有光学式、催化燃烧式、热导式、气敏半导体式等，可以根据使用场所、测量范围和测量精度等要求，选择不同检测原理的瓦斯检测仪器。

① 光干涉瓦斯检定器。光干涉瓦斯检定器主要用于检测甲烷和二氧化碳，检测范围为 $0\sim10\%$、$0\sim40\%$ 和 $0\sim100\%$。

② 热催化瓦斯检测报警仪。热催化瓦斯检测报警仪主要检测低浓度甲烷，检测范围 $0\sim5\%$。

③ 智能式瓦斯检测记录仪。智能式瓦斯检测记录仪主要检测甲烷浓度，以单片机为核心，以载体催化元件及热导元件为敏感元件，用载体催化元件检测低浓度甲烷、热导元件检

测高浓度甲烷，实现 $0\sim99\%$ CH_4 的全量程测量，并能自动修正误差。

④ 瓦斯、氧气双参数检测仪。瓦斯、氧气双参数检测仪装有检测甲烷和氧气两种敏感元件，同时连续检测甲烷和氧气浓度。最新研制出四参数检测仪，同时测定甲烷、氧气、一氧化碳和温度，一氧化碳测量范围 $0\sim0.0999\%$，甲烷测量范围 $0\sim4\%$，氧气检测范围 $0\sim25\%$，温度检测范围 $0\sim40℃$。

⑤ 瓦斯报警矿灯。在矿灯上附加瓦斯报警电路，即为瓦斯报警矿灯。仪器以矿灯蓄电池为电源，具有照明和瓦斯超限报警两种功能。现有数十种不同结构形式的产品，从报警电路的部位看，早期产品将电路装于蓄电池内，近期产品则将电路置于头灯或矿帽上。有的装在矿帽前方，有的装在矿帽后部，还有装在矿帽两侧的。一氧化碳检测报警仪，能连续或点测作业环境的一氧化碳浓度，仪器开机即可检测，检测范围 $0\sim0.2\%$。

4. 一氧化碳检测

一氧化碳是剧毒性气体，吸入人体后，造成人体组织和细胞缺氧，引起中毒窒息。煤矿火灾、瓦斯和煤尘爆炸及爆破作业时都将产生大量的一氧化碳。为了矿工的身体健康，《煤矿安全规程》规定，井下作业场所的一氧化碳浓度应控制在 0.0024% 以下。煤矿常用的一氧化碳检测仪器有电化学式、红外线吸收式、催化氧化式等。

5. 氧气检测

《煤矿安全规程》对矿井氧气含量有严格规定。煤矿中检测氧气常用的方法主要有气相色谱法、电化学法和顺磁法。其中气相色谱仪一般安装在地面，通过人工取样分析矿井气体成分浓度。

6. 温度检测

煤矿常用的温度传感器有热电偶、热电阻、热敏电阻、半导体 PN 结、半导体红外热辐射探测器、热噪声、光纤等。

7. 煤矿安全监测监控系统

（1）煤矿安全监测监控系统　煤矿安全监测监控系统组成为：①传感器和执行器，包括测量电路、声光报警器、控制器和工作电源等；②信息传输装置，包括传输接口、分站、传输线、接线盒和电源等；③中心站或主站的硬件，包括计算机、信号采集接口、外围设备及电源等；④中心站或主站的软件，包括应用程序、操作系统（或监控程序）及存储介质等。

（2）监控系统主要技术指标　我国监控系统主要技术指标包括：①中心站到最远测点的距离不小于 10km，对于只适应于中小煤矿的系统不小于 7km；②传感器到分站的传输距离不小于 1km；③系统误差不大于 1%；④时分制监测系统的误码率不大于 10^{-6}；⑤系统巡检时间不超过 30s；⑥控制执行时间不超过 30s。

八、矿山救护

1. 矿井火灾事故救护和处理

（1）矿井火灾事故救护原则　处理矿井火灾事故时，应遵循以下基本技术原则：控制烟雾的蔓延，不危及井下人员的安全；防止火灾扩大；防止引起瓦斯、煤尘爆炸，防止火风压引起风流逆转而造成危害；保证救灾人员的安全，并有利于抢救遇险人员；创造有利的灭火条件。

（2）井下火灾的常用扑救方法

① 直接灭火方法。用水、惰气、高泡、干粉、砂子（岩粉）等，在火源附近或离火源一定距离直接扑灭矿井火灾。

② 隔绝灭火方法。隔绝灭火就是在通往火区的所有巷道内构筑防火墙，将风流全部隔断，制止空气的供给，使矿井火灾逐渐自行熄灭。

③ 综合灭火方法。先用密闭墙封闭火区，待火区部分熄灭和温度降低后，采取措施控

制火区，再打开密闭墙用直接灭火方法灭火：先将火区大面积封闭；待火势减弱后，再锁风逐步缩小火区范围；然后进行直接灭火。

2. 矿井瓦斯、煤尘爆炸事故的救护及处理

发生瓦斯煤尘爆炸事故时，矿山救护队的主要任务是：抢救遇险人员；对充满爆炸烟气的巷道恢复通风；抢救人员时清理堵塞物；扑灭因爆炸而产生的火灾。

首先到达事故矿井的小队应对灾区进行全面侦察，查清遇险遇难人员数量、地点、倒地方向和姿势，遇险遇难人员伤害类型、部位和程度，并进行现场描述，发现幸存者立即佩戴自救器救出灾区，发现火源要立即扑灭。

3. 煤（岩）与瓦斯（二氧化碳）突出事故的救护及处理

（1）一般原则 发生煤与瓦斯突出事故时，矿山救护队的主要任务是抢救人员和对充满瓦斯的巷道进行通风。救护队进入灾区侦察时，应查清遇险遇难人员数量、地点、倒地方向和姿势，遇险遇难人员伤害类型、部位和程度，并进行现场描述。

（2）抢救遇险人员方法 采掘工作面发生煤与瓦斯突出事故后，首先到达事故矿井的矿山救护队，应派1个小队从回风侧，另1个小队从进风侧进入事故地点救人。仅有1个小队时，如突出事故发生在采煤工作面，应从回风侧进入救人。救护队进入灾区前，应携带足够数量的隔绝式自救器或全面罩氧气呼吸器，以供遇险人员佩戴。

侦察中发现遇险人员应及时抢救，为其佩戴隔绝式自救器或全面罩氧气呼吸器，引导出灾区。对于被突出煤炭堵在里面的人员，应利用压风管路、打钻等输送新鲜空气救人，并组织力量清除阻塞物。如不易清除，可开掘绕道，救出人员。

（3）救护措施

① 发生煤与瓦斯突出事故，不得停风和反风，防止风流紊乱扩大灾情。如果通风系统及设施被破坏，应设置风障、临时风门及安装局部通风机恢复通风。

② 发生煤与瓦斯突出事故时，要根据井下实际情况决定是否停电。如不会因停电造成被水淹的危险，应远距离切断灾区电源；否则应加强通风，特别要加强电气设备处的通风，做到运行的设备不停电，停运的设备不送电，防止产生火花，引起爆炸。

③ 瓦斯突出引起火灾时，要采用综合灭火或惰气灭火。

④ 小队在处理突出事故时，检查矿灯，要设专人定时定点用100%瓦斯测定器检查瓦斯浓度，设立安全岗哨。

⑤ 处理岩石与二氧化碳突出事故时，除严格执行处理煤与瓦斯突出事故各项规定外，还必须对灾区加大风量，迅速抢救遇险人员。矿山救护队进入灾区时，要戴好防护眼镜。

4. 矿井冒顶事故的救护及处理

（1）一般原则

① 矿井发生冒顶事故后，矿山救护队的主要任务是抢救遇险人员和恢复通风。

② 在处理冒顶事故之前，矿山救护队应向事故附近地区工作的干部和工人了解事故发生原因、冒顶地区顶板特性、事故前人员分布位置、瓦斯浓度等，并实地查看周围支架和顶板情况，必要时加固附近支架，保证退路安全畅通。

③ 抢救人员时，可用呼喊、敲击的方法听取回击声，或用声响接收式和无线电波接收式寻人仪等装置，判断遇险人员的位置，与遇险人员保持联系，鼓励他们配合抢救工作。对于被堵人员，应在支护好顶板的情况下，用掘小巷、绕道通过冒落区或使用矿山救护轻便支架穿越冒落区接近他们。

④ 处理冒顶事故的过程中，矿山救护队始终要有专人检查瓦斯和观察顶板情况，发现异常，立即撤出人员。

⑤ 清理堵塞物时，使用工具要小心，防止伤害遇险人员；遇有大块矸石、木柱、金属

网、铁架、铁柱等物压入时，可使用千斤顶、液压起重器、液压剪刀等工具进行处理，绝不可用镐刨、锤砸等方法扒人或破岩。

⑥ 抢救出的遇险人员，要用毯子保温，并迅速运至安全地点进行创伤检查，在现场开展输氧和人工呼吸、止血、包扎等急救处理，危重伤员要尽快送医院治疗。对长期困在井下的人员，不要用灯光照射眼睛，饮食要由医生决定。

（2）抢救遇险人员方法

① 顶板冒落范围不大时，如果遇难人员被大块矸石压住，可采用千斤顶、撬棍等工具把大块岩石顶起，将人迅速救出。

② 顶板沿煤壁冒落，矸石块度比较破碎，遇难人员又靠近煤壁位置时，可采用沿煤壁方向掏小洞，架设临时支架维护顶板，边支护边掏洞，直到救出遇难人员。

③ 如果遇难者位置靠近放顶区，可采用沿放顶区方向掏小洞，架设临时支架，背帮、背顶，或用前探棚边支护边掏洞，把遇难人员救出。

④ 冒落范围较小，矸石块度小，比较破碎，并且继续下落，矸石扒一点、漏一些。在这种情况下处理冒顶和抢救人员时，可采用撞楔法处理，以控制顶板。

⑤ 分层开采的工作面发生事故，底板是煤层，遇难人员位于金属网或荆笆假顶下面时，可沿底板煤层掏小洞，边支护边掏洞，接近遇难者后将其救出；如果底板是岩石，遇难者位于金属网或荆笆假顶下面时，可沿煤壁掏小洞，寻找和救出遇难人员。

⑥ 冒落范围很大，遇难者位于冒落工作面的中间时，可采用掏小洞和撞楔法处理。当时间长不安全时，也可采取另掘开切眼的方法处理，边掘进边支护。

⑦ 如果工作面两端冒落，把人堵在工作面内，采用掏小洞和撞楔法穿不过去，可采取另掘巷道的方法，绕过冒落区或危险区将遇难人员救出。

（3）冒顶事故的处理方法

① 局部小冒顶的处理。回采工作面发生冒顶的范围小，顶板没有冒实，而顶板矸石已暂时停止下落，这种局部小冒顶比较容易处理。一般采取掏梁窝、探大梁，使用单腿棚或悬挂金属顶梁处理。

② 局部冒顶范围较大的处理。一种是伪顶冒落直接顶未落，一般采取从冒顶两端向中间进行探梁处理；另一种是直接顶冒落，而且冒落区不停地沿煤壁空隙往下淌碎矸石，一般采取打撞楔的办法处理。

③ 大冒顶的处理。缓倾斜薄煤层和中厚煤层，尤其是中厚煤层处理工作面大冒顶的方法基本上有两种，其一是恢复工作面的方法，其二是另掘开切眼或局部另掘开切眼的方法。

5. 矿井水灾事故的救护及处理

（1）一般原则

① 井巷发生透水事故时，矿山救护队的任务是抢救受淹和被困人员，防止井巷进一步被淹和恢复井巷通风。

② 处理矿井水灾事故时，矿山救护队到达事故矿井后，要了解灾区情况、突水地点、性质、涌水量、水源补给、水位、事故前人员分布、矿井具有生存条件的地点及其进入的通道等，并根据被堵人员所在地点的空间、氧气、瓦斯浓度以及救出被困人员所需的大致时间，制定相应的救灾方案。

③ 矿山救护队在侦察时，应判定遇险人员位置，涌水通道、水量、水的流动线路，巷道及水泵设施受水淹程度、巷道冲坏和堵塞情况，有害气体浓度及巷道分布情况和通风情况等。

④ 采掘工作面发生透水事故时，第 1 个小队一般应进入下部水平救人，第 2 个小队应进入上部水平救人。

⑤ 对于被困在井下的人员，其所在地点高于透水后水位时，可利用打钻等方法供给新鲜空气、饮料及食物；如果其所在地点低于透水后水位时，则禁止打钻，防止泄压扩大灾情。

⑥ 矿井透水量超过排水能力，有全矿或水平被淹危险时，应组织人力物力强行排水，在下部水平人员救出后，可向下部水平或采空区放水。如果下部水平人员尚未撤出，主要排水设备受到被淹威胁时，可用装有黏土、砂子的麻袋构筑临时防水墙，堵住泵房口和通往下部水平的巷道。

⑦ 如果透水威胁水泵安全，在人员撤退的同时要保护泵房不致被淹。

⑧ 排水过程中要切断电源、保持通风、加强对有毒有害气体的检测，并且要注意观察巷道情况，防止冒顶和掉底。

（2）被困人员生存条件分析　主要从以下两个方面进行分析：①被困人员生命能源；②被困地点空间及空气质量。

6. 矿井淤泥、黏土和流砂溃决事故的救护及处理

（1）矿井溃决事故的类型

① 岩溶突泥。大量的岩溶充填物（如黄泥等）溃入井巷，威胁矿井生产，造成人员伤亡。

② 地面淤泥从塌陷区裂缝溃入井下。由于采动的影响，采空区冒落造成地表塌陷，导致地面淤泥从裂缝溃入井下，给煤矿的正常生产和人员安全带来威胁。

③ 煤层顶部含水泥砂层溃入。当煤层顶部有含水、含泥沙层，开采后由于顶板冒落不实，黄泥、泥浆从裂隙溃入井巷，形成灾害。

（2）处理矿井溃决事故的行动准则

① 处理淤泥、黏土和流砂溃决事故时，矿山救护队的主要任务是救助遇险人员，清除透入井巷中的淤泥、黏土和流砂，加强有毒有害气体检测，恢复通风。

② 溃出的淤泥、黏土和流砂使遇险矿工被困堵时，在抢救时应首先确定遇险人员所处的位置，并尽快清通淤堵区，向被困堵人员输送新鲜空气、食物和饮料等生活必需品。

③ 当泥砂有溃入下部水平的危险时，应将下部水平人员撤到安全处。

④ 在淤泥已停止流动，寻找和救助人员时，应在铺于淤泥上的木板上行进。

⑤ 在拆除阻挡淤泥的阻塞物时，可在其中开一些小孔，供淤泥逐渐流放之用。如果阻塞物内的淤泥带具有压力，则应在防护墙的掩护下拆除阻塞物。

⑥ 遇险人员救出后，应将处于淤堵地点附近人员迅速绕过灾区进入安全地带，禁止逆着淤泥蔓延的方向撤运人员。

第三节　石油生产过程的主要危险及其控制

一、石油开采与开发过程的主要危险及其控制

1. 石油开采生产工艺过程的防火防爆、防井喷与防中毒

（1）防火防爆措施

① 井场电器设备、照明器具及输电线的安装应符合《石油天然气钻井、开发、储运、防火防爆安全生产管理规定》（SY 5225—1994）。

② 在井场明显处和有关的设施、设备处应设置安全警示标志。

③ 井场电器设备、照明器具及输电线的安装应符合 SY 5225—1994 的要求。井架、钻台、机泵房的照明线路应各接一组电源，探照灯电路应单独安装。井场电线不得横跨主体设备。井架、钻台、机泵房和净化系统照明全部采用防爆灯。距井口 30m 以内的电器设备，

应使用防爆开关和防爆马达。

④ 柴油机热电厂气管无破漏和积炭并有冷却灭火装置，出口与井口相距15m以上朝向油罐。

⑤ 钻台上下、机泵房周围禁止堆放杂物及易燃易爆物质，钻台、机泵房下无积油。

⑥ 按规定配齐消防器材、工具，并定岗、定人、定期维护保养和更换失效药剂、悬挂检查记录标签。

⑦ 地面配浆工艺采用高能气灰分离器与水泥车相结合，确保水泥浆密度均匀、达到设计要求。

（2）防井喷、防中毒措施

① 在钻井作业中严格执行SY 5087—2003《含硫油气井安全钻井推荐做法》的规定，在可能存在硫化氢的场所设立硫化氢中毒的警示标志和风向标，作业员工尽可能在上风口位置作业；为避免硫化氢外溢造成人、牲畜伤亡，在施工过程中实施现场警戒，设置一级警戒区、二级警戒区、三级警戒区，施工当天及时提前疏散村民。

② 在井场按规定配置硫化氢监测仪，并保证其灵敏可靠；在可能产生硫化氢的场所工作的员工配备防毒面具和空（氧）气呼吸器、并保证有效使用。

③ 向地方政府和警戒联系点通报有关情况，做好撤离准备。

④ 听到硫化氢报警信号后立即戴上防毒面具或氧气呼吸器。

⑤ 发出警报信号（鸣喇叭），全队处于应急状态。

⑥ 非当班人员立即赶到井场做救护准备，卫生员准备担架、氧气袋和急救箱到井场，检查空气呼吸器并搬出备用。

⑦ 救护人员戴好空气呼吸器到岗位检查井口是否控制得住、有无人员中毒。

⑧ 若发现有人员中毒立即抬至空气流通处施行现场急救，同时与挂钩医院联系。

⑨ 由队长和钻井技术员组织处理消除井内的有毒气体外逸工作。

⑩ 若井喷失控，立即协助当地政府对井场周围的居民进行撤离，并根据监测情况及时扩大撤离范围。

2. 钻井、采油（气）作业相关安全技术标准相关规定

（1）SY 5087—2003《含硫油气井安全钻井推荐做法》

（2）SY 5742—1995《石油天然气钻井井控安全技术考核管理规则》

（3）SY 5876—1993《石油钻井队安全生产检查规定》

（4）SY 5974—1994《钻井作业安全规程》

（5）SY 6044—2044《海上石油作业安全应急要求》

（6）SY/T 6203—1996《油气井井喷着火抢险做法》

（7）SY/T 6228—1996《油气井钻井及修井作业职业安全的推荐做法》

（8）SY/T 6283—1997《石油天然气钻井健康、安全与环境管理体系指南》

（9）SY 6307—1997《浅海钻井安全规程》

（10）SY 6345—1998《浅海石油作业人员安全资格》

（11）SY 6354—1998《稠油注汽热力开采安全技术规程》

（12）SY 6504—2000《浅海石油作业硫化氢防护安全规定》

（13）SY/T 6561—2003《循环注气采油安全规程》

（14）SY/T 6566—2003《水力压裂安全技术要求》

二、石油修井作业过程的主要危险因素及其控制

（一）修井作业的方法和技术特点及安全技术要求

石油修井作业的主要工程包括：试油、中途测试、工程测试、小修、射孔、大修、侧钻、封串、压裂、酸化、防砂、堵水、调剖、解堵等。这里主要介绍试油、小修、大修、压裂、酸化等。

1. 清蜡

包括机械清蜡和热力清蜡两种。

（1）机械清蜡 包括刮蜡片清蜡和套管清蜡。

刮蜡片清蜡是利用井场电动绞车下入油井中，在油管结蜡井段上、下活动，将管壁上的蜡刮下来被油流带出井口，适用于自喷井和结蜡不严重的井。

套管清蜡是将螺旋式刮蜡器接在油管下面，利用油管的上下活动将套管壁上的蜡清理掉，也可以利用转盘带动刮刀钻头刮削，同时利用液体循环把清理下的蜡带到地面。

（2）热力清蜡 包括电热清蜡、热化学清蜡、热油循环清蜡和蒸汽清蜡等。

电热清蜡是以油井加热电缆，让电能转化为热能供给油流加热，使其温度升高达到清蜡、防蜡目的。

热化学清蜡是利用化学反应产生的热能来清蜡。

热油循环清蜡是利用本井生产的原油，经加热后注入井内循环，使井内温度达到蜡的熔点，蜡被逐渐融化并随同油流流到地面。

蒸汽清蜡是将井内油管起出来，摆放整齐，然后利用蒸汽车的高压蒸汽融化并清洗管内外的结蜡。

2. 冲砂

（1）冲砂方式 有正冲、反冲、旋转冲砂等。

① 正冲：冲砂液沿管柱流向井底，由环形空间返回地面。

② 反冲：与正冲相反。

③ 旋转冲砂：利用动力源带动工具旋转，同时用泵循环卸砂，大修冲砂常用此法。

（2）安全技术要求

① 不准带泵、封隔器等其他井下工具探砂面和冲砂。

② 冲砂工具距油层上界20m时，下放速度应小于0.3m/min。

③ 冲砂前油管提至离砂面3m以上，开泵顺环正常后，方可下放管柱。

④ 接单根前充分顺环，操作速度要快，开泵顺环正常后，方可再下放管柱。

⑤ 冲砂过程中应注意中途不可停泵，避免沉砂将管柱卡住或堵塞。

⑥ 对于出砂严重的井，加单根前必须充分洗井，加深速度不可过快，防止堵卡及憋泵。

⑦ 连续冲砂5个单根后要洗井一次，防止井筒悬浮砂过多。

⑧ 顺环系统发生故障，停泵时应将管柱上提至砂面以上，并反复活动。

⑨ 提升系统出现故障，必须保持正常顺环。

⑩ 泵压力不得超过管线的安全压力，泵排量与出口排量保持平衡，防止井喷或漏失。此外，水龙带必须拴保险绳。

3. 检泵

对检泵的安全技术要求如下：①要取全、取准下井泵的各项资料；②下泵深度要准确，防冲距要合适；③下井油管丝扣要涂抹密封脂，要求油管无裂缝、无漏失、无弯曲、丝扣完好；④抽油管应放在5个支点以上的支架上，不准落地；⑤起抽油管时如果遇卡，不准硬拔；⑥对深井泵的起下与拉运过程要特别注意。

4. 井口故障处理

井口故障处理方法有换采油树和处理套管四通两种。

处理套管四通安全技术要求：①井口电焊必须办理油井井口用火手续，备齐消防设备和工具，且焊割必须在井内液流稳定，井口无油气喷溢或油气显示时方可进行；②拆卸采油树后，注意钢圈等部件的存放，以防磕伤；③吊起采油树时，应防止掉落砸伤人员及井口设备；④割焊井口前应仔细丈量尺寸，割焊后应准确校正油补距；⑤对于壁厚较厚的套管焊接应采取对焊，壁薄的或腐蚀较严重的应用大于原套管直径的套管进行套接焊牢；⑥一定要保证焊接质量，在对焊口处应焊两遍以上。

5. 射孔安全技术要求

射孔安全技术要求包括：①备好井口设备和安装工具，切实做好防喷准备；②射孔前，套管必须按规定同径，冲砂洗井至人工井底；③新进射孔之前，必须对套管试压并符合其规定；④射孔深度误差不大于 0.1m；⑤射孔深度超过 3m 以上，必须下管柱进行洗井后方可完井；⑥射孔过程中，要有专人看管井口，防止落物，并注意有无油气显示；⑦整个施工过程中，修井队必须与射孔队紧密配合，做到安全射孔，井口周围严禁有烟火。

(二) 现场主要修井设备、设施的基本性能及操作要领

1. 石油修井作业的主要设备、设施

目前，在石油修井作业生产过程中，使用的设备设施可分为四大类。一是井口设施，包括采油树、抽油机、电机、水套炉、分离器及地面油气水管网；二是井下设备及设施，包括套管、油管、隔热管、防砂管、井下仪器、工具及装置、射孔枪弹、雷管等；三是入井流体，包括压井液、洗井液、完井液、钻井液、压裂液、酸液、堵水调剖液、解堵液、清蜡液等，这些入井流体都是由各种化学品配制而成的；四是地面主要施工设备及设施。

地面主要施工设备及设施包括：

(1) 起下作业提升设备　井架、游动系统、动力系统、作业机、修井机等。

(2) 电力设备　发电机、输电线路、变压器、照明等。

(3) 采暖设备　锅炉（地面的采暖锅炉，工业用水、用蒸汽锅炉）等。

(4) 生活设施　野营房、厨房、库房、值班房、油气水等。

(5) 泵注循环系统设备　泥浆泵、泥浆池、固井车、灰罐车、水泥车、热洗车、高压空气压缩机、水罐车、油罐车等。

(6) 井控设备设施

(7) 射孔、试油、小修、测试设备　作业机、射孔车、电缆车、仪器车、测试车、气举排液设备、抽吸及提捞设备等。

(8) 压裂酸化设备　压裂车、酸化车、管汇车、仪表车、拉砂车、液氮泵车、液罐车及高压管汇等。

2. 石油修井作业的主要设备、设施的特点

石油修井作业的主要设备、设施的特点是负荷重、功率大、体积大、承压高、工作压力高，在石油修井作业生产过程中，使用设备、设施随施工周期而不断地运输、搬迁、装卸、安装、立放，容易造成对设备、设施的损坏。

(1) 负荷重　大修及侧钻工程的提升负荷达 100t 以上，井架的负荷在 200t 以上。

(2) 功率大　压裂车的台上柴油机功率超过 7000 马力❶（单机）。

(3) 体积大　原钻机施工井架 48m，修井井架为 29m、18m；原钻机侧钻搬家用运输车 30 辆。

(4) 承压高　压裂车的台上压裂泵及地面高压管汇的承压压力达 100MPa 以上。

(5) 工作压力高　压裂施工的泵压的施工压力达 80MPa 以上。

3. 修井机操作要领

① 所有机械设备在使用中，不准任意割焊，以保证设备机械性能及结构性能的完整。

---

❶ 1 马力＝764W。

② 设备在使用时，零部件必须齐全完整，不允许带病作业。

③ 各固定螺孔直径不得大于所穿螺栓直径2mm以上，气割孔必须加焊带钻孔的铁板。

④ 各固定螺栓必须符合设计规格，并加弹簧垫拧紧。

⑤ 各种护罩、栏杆等保护装置必须齐全可靠。

⑥ 各种仪表、安全保险装置必须灵敏可靠。

⑦ 井架及底座各构件齐全良好，不得有扭曲变形、严重伤痕、裂纹和严重腐蚀等情况。

⑧ 气路各进气阀、单双向开关、防碰天车、各操作手柄必须灵敏可靠。

⑨ 各岗位必须按巡回检查路线和检查点的要求对设备、安全防护、保险装置、工作环境进行检查，在安全可靠的状态下方可启动设备。

⑩ 启动设备、变换排挡和操作离合器，必须操作平衡，不得产生冲击。

⑪ 操作人员必须坚守岗位，在启动设备时，应细心观察，及时发现和处理可能发生的不正常现象。

（三）作业过程中的主要危害及其预防措施

1. 生产作业过程中的主要危害

在石油修井作业生产过程中，存在着井喷、中毒、人身事故、火灾及爆炸等主要危害事故。

（1）井喷事故 井喷事故包括井喷、井喷失控、井喷失控着火及爆炸事故和有害气体严重泄漏失控事故。

（2）中毒事故 硫化氢、一氧化碳、二氧化碳、盐酸、氢氟酸等都会引起中毒事故。

（3）人身事故 物体打击、高空坠落、油气火灾爆炸、触电、淹溺、砸塌、灼烫、机械伤害、冻伤、烧伤、窒息等都可能造成人身事故。

（4）火灾及爆炸事故 井场明火，电器打火及落地油、井喷后火灾及爆炸，苇场、森林、草地火灾，隔热管爆炸等事故。

2. 井喷事故的预防

井喷事故的预防措施有：①井控设计；②井控设备；③射开油层前的准备工作；④油层射开后的起下作业过程中防井喷制度；⑤井控技术；⑥井控的井控操作制度及管理制度；⑦防井喷装置的配备、安装、检修、试压、演练；⑧井喷事故的应急处理措施；⑨井喷失控后的紧急处理。

3. 中毒事故的预防

预防中毒事故的措施有：①硫化氢中毒事故的预防、现场防护及应急处理措施；②一氧化碳、二氧化碳中毒事故的预防、现场防护及应急处理措施；③盐酸中毒事故的预防、现场防护及应急处理措施；④氢氟酸中毒事故的预防、现场防护及应急处理措施；⑤其他中毒事故的预防、现场防护及应急处理措施。

4. 人身事故的预防

人身事故的预防包括：①物体打击人身事故的预防；②高空坠落事故的预防；③油气火灾爆炸事故的预防；④触电事故的预防；⑤淹溺事故的预防；⑥砸塌事故的预防；⑦灼烫事故的预防；⑧机械伤害事故的预防；⑨冻伤事故的预防；⑩烧伤事故的预防；⑪各类人身事故的现场防护手段及设备；⑫各类人身事故抢险措施及应急处理措施；⑬预防各类人身事故的管理制度。

5. 火灾事故的预防

火灾事故的预防措施包括：①井喷后火灾事故的预防；②因井场明火、电器打火引起的火灾事故的预防；③火灾事故的现场防护手段及设备；④火灾事故灭火抢险措施及应急处理措施；⑤井喷后防火紧急处理；⑥防火制度；⑦消防条例。

复习思考题

1. 简述矿山露天开采的特点，并分析其存在的主要安全问题。

2. 什么是片帮？如何测定冲击地压？

3. 什么是瓦斯？预防瓦斯爆炸技术措施有哪些？

4. 矿山粉尘的危害性主要表现有哪些？

5. 请简述矿山粉尘防治技术。

6. 矿井突水一般预兆表现是什么？

7. 防治煤（岩）与瓦斯（二氧化碳）突出的"四位一体"综合措施是什么？

8. 矿山的主要有毒有害气体有哪些？

9. 金属及非金属地下矿山采矿方法有哪几种？

10. 煤矿安全检测的主要内容有哪些方面？

11. 何谓矿井漏风？实施矿井反风的目的是什么？

12. 何谓冒顶？冒顶事故的处理方法有哪些？

13. 试述矿井生产性毒物的防治措施。

14. 简述石油修井作业的主要危害。

15. 什么是井喷？如何预防井喷事故的发生？

第九章　建筑工程施工安全技术

>>> 学习指导

1. 了解建筑施工的特点，施工安全技术措施的编制程序、要点和基本要求，建筑施工中引起火灾的原因。

2. 熟悉土方、模板工程、脚手架、拆除工程、高处作业等建筑施工作业的安全规定。

3. 掌握伤亡事故类别、施工现场及建筑施工安全专业知识，熟练掌握建筑施工中各分部分项工程的安全技术。

4. 重点掌握施工现场临时用电、焊接工程、建筑施工防火等安全技术。

第一节　建筑施工安全概论

建筑施工安全技术是对施管人员和现场设施有效保护的安全保护技术，是劳动保护学的三个组成部分之一，是研究施工中的安全问题的重要技术措施，它针对施工生产中的不安全因素，研究采取相应的防护和技术措施，保护人和作业面的安全，以预防事故的发生。

一、建筑施工的特点

1. 建筑施工的特点

建筑施工主要是指建（构）筑物工程建设实施阶段的一切生产活动，它有着与其他行业生产明显不同的特点。

① 产品的固定性是它不同于其他行业的根本特点。建筑产品是就地施工，是不能移动的。一切生产活动都是围绕着建筑物、构筑物来进行的，在有限的场地上集中了大量的工人和建筑材料、设备、机具进行作业。

② 产品的多样性。建筑物的使用功能是多种多样的，作为产品的建筑的类型也就不同，即使是使用功能、建筑类型相同，在不同地区，不同条件下，建筑产品也有差异。

③ 生产的流动性。建筑工人的生产是流动的，各工种的工人在一幢建筑物的各部分流动，工人在一个工地范围的各项施工对象之间流动。施工队伍从一个工地转到另一个工地，从一个建设区转移到另一个建设区。

④ 建筑生产涉及面广，综合性强，规律性差。从建筑业内部来讲，建筑生产是多工种的综合作业；从外部讲，通常需要专业化企业、材料供应、运输、公用事业、劳动等方面的配合和协作，从而给施工安全带来不少隐患。

⑤ 建筑生产的条件差异大、可变因素多。建筑生产的自然条件（地形、地质、水文、气候）、技术条件（结构类型、技术要求、施工水平、材料和半成品质量等）和社会条件（物资供应、运输、专业化、协作条件等）常常有很大差别。因此生产的预见性、可控性差。

⑥ 生产周期长，露天作业多，受自然气候条件影响大。一个建筑物，一个建筑群，或者是一个建设区要建设几个月或一年甚至三五年才能完工，而且大多是露天施工，酷暑严寒风吹日晒，劳动条件差。

⑦ 立体交叉施工。施工中由于多种的作业同时进行，往往需要立体交叉作业，高空作业多，地下作业多，在这样的现场工作，组织比较复杂，人们的危险程度就比较大。

⑧ 手工操作，繁重劳动，体力消耗大。建筑业大多数工种至今仍是手工操作。例如砌砖工、抹灰工、架子工、管工等从事的都是繁重的体力劳动。近些年来，随着大量机械设备的采用和墙体材料的改革，虽然在一定程度上减轻了体力劳动强度，但劳动强度仍然比较繁重。

⑨ 临时工、农民工多。这些人文化素质一般都不太高，有的是初次接触建筑施工，缺乏必要的安全教育和技术培训，安全意识和安全操作水平都很差，在危险因素众多的建筑工地工作，很容易成为事故的受害者。

⑩ 目前建筑物由低层向高层发展，施工现场由较为广阔的场地向狭窄的场地变化。为适应这变化了的条件，垂直运输的办法也随之发生了改变。起重机械骤然增多，龙门架得到了普遍的应用，施工现场吊装工作量增加了，交叉作业也随之大量增加。木工机械如电平刨、电锯也普遍应用，用电作业增多。一些设备仍没有一定的型号，也没有固定的标准，没有安全防护装置或安全防护装置不齐全，现在全部使用定型的防护设施，存在一定的困难。

⑪ 近年来，开挖利用地下空间已成为一种趋势，高层和超高层建筑的基础设计越来越深，深基坑的数目也越来越多，基坑的隔水、降水、开挖、监测和保护周边建筑物及地下设施的安全等项目都十分重要，稍有不慎就会造成严重的工程事故，造成支护结构倒塌破坏，甚至发生人员伤亡，并对周边环境产生严重的后果。

上述这些特点，都给施工带来了很多不安全因素。所以要求建筑业对施工安全问题更要引起高度重视，在强化安全管理工作的同时，要研究和探讨本行业安全防护技术，科学地做好安全防范工作。

2. 建筑安全防护技术的概念

建筑工程施工由于高处作业多、立体交叉作业多、作业面变化多、地下作业多、受气候影响多、临时人员多等特点，加上安全生产管理和安全防护技术落后于其他行业，所以伤亡事故频率一直很高，建筑工地是伤害事故的多发地点之一，且常会造成十分严重的后果。因此，确保安全、杜绝事故，就成为建筑施工中的首要要求。

在建筑施工中发生的各类伤害事故，虽也常表现出某种偶然性和意外性，但更多的还是由其内在规律所决定的必然性，是内在和外在原因按照事故的形成规律作用的结果。一般来说，不安全状态、不安全行为、起因物、致害物和伤害方式是孕育和引发伤害事故的基本要素，且有时只要有伤害方式及其引发因素存在时，就可造成伤害的发生。因此，只有在完全消除了这些事故要素的存在或者能够有效地抑制、阻止其启动、发展和作用时，才可以消除或者避免伤害事故的发生。这应是做好建筑施工安全工作必须掌握的要领和努力达到的要求。

为了实现建筑施工的安全要求，必须在工程项目施工的全过程及其各个环节中，建立起以下四个方面的工作保证：一是加强对施工安全技术的研究，提高施工安全技术措施的保证性；二是加强安全教育和安全技能的培养，提高施管人员安全工作素质的保证性；三是加强对安全工作所需财力、物力的投入，提高安全装备和设施的保证性；四是不断完善安全工作机制和提升标准化程度，提高安全管理工作的保证性。

建筑施工安全技术，就是研究建筑工程施工中可能存在的各种事故因素及其启动、发展和作用方式，采取相应的技术和管理措施，及时消除其存在，或者有效抑制、阻止其孕育和发动，并同时采取保险和保护措施，以避免伤害事故发生的技术。它由判断和确保其安全要求的安全可靠性技术、确定并建立对安全控制点的有力监管的安全限控技术、建立对危险点和意外事态的应急设施的安全保险和排险技术、建立对施管人员和现场设施有效保护的安全保护技术组成。这四项技术形成了前后衔接、层层把关的内在联系，犹如四道"防线"，为建筑工程的施工安全提供技术保证。

安全防护技术就是针对不同工程的施工特点，为实现安全生产，对作业面和施工人员必须采取的防护、保护的技术措施。包括如下内容：建筑施工现场安全文明建设和施工现场安全设计；土石方工程的安全技术；脚手架工程施工的安全技术；建筑施工安全帽、安全带、安全网的正确使用；建筑施工电气安全技术；建筑机械安全技术；桩基础工程施工，模板施工，高处作业，建筑中砌筑、钢筋、混凝土倒置，抹灰工程安全技术等。

3. 安全防护技术的重要性

建筑施工组织设计（施工方案）是指导施工具体行动的纲领，其安全防护技术措施是施工方案中的重要组成部分。为强调在工程施工前必须制定安全防护技术措施，早在1983年建设部颁布的《国营建筑企业安全生产工作条例》就规定："所有建筑工程的施工组织设计必须有安全技术措施"。《建筑法》第三十八条则规定得更为具体："建筑施工企业在编制施工组织设计时，应当根据建筑工程的特点制定相应的安全技术措施"。因为每一项工程从开工到竣工的整个过程，都存在诸多不安全因素和不安全隐患，如果预见不到，安全管理措施不善，将不同程度影响到施工进度和效益，乃至造成人身安全事故。

安全防护技术在安全生产中具有十分重要的意义，对提高企业的施工技术水平和管理水平，提高企业的经济效益和推动企业的施工现代化都有至关重要的作用。

安全防护技术的重要性具体反映在以下几个方面。

① 可以有效地降低工伤事故的发生频率。工伤事故发生的各种原因中，安全防护技术的好坏是主要原因。只要做好了人的防护和作业面的防护，搞好配套的安全防护技术和管理措施，就可以将事故防患于未然，有效地避免伤亡事故的发生。

② 可以促进企业施工技术和管理水平的提高，从而提高企业的经济效益。安全防护技术工作搞好了，可以节约大量劳动力和材料，加快施工进度。这样不仅促进企业施工技术和管理水平的提高，而且还可以大大提高企业的经济效益。

③ 安全防护技术的现代化是企业施工技术现代化的重要组成部分。与发达国家相比，我国的建筑施工设备与技术有很多地方是笨重的、粗糙的、手工式的，与现代化的轻便、精致、定型、机械和自动的要求还有很大的差距。安全防护技术不能实现现代化，施工技术的现代化也只能是一句空话。因此工程技术人员和安全技术人员的一个重要任务，就是不断改进安全防护技术，将安全防护技术逐步向标准化、科学化、现代化方向推进。

二、建筑施工安全防护技术措施的编制与交底

1. 安全防护技术措施的编制

安全防护技术措施编制要求如下：

（1）安全防护技术措施要在工程开工前编制并审批　工程开工前编制安全防护技术措施，从而有较充分的时间准备用于该工程的各种安全设施，保证了各种安全设施的落实。如有特殊情况来不及编制完整的安全防护技术措施，亦必须编制单项的安全防护技术措施。在施工过程中，由于工程变更等情况的发生，安全防护技术措施也必须及时相应补充完善。

（2）安全防护技术措施必须有针对性　编制安全防护技术措施的技术人员必须掌握工程概况、施工方法、场地环境和条件等第一手资料，并熟悉安全法规、标准等才能编制出有针对性的安全防护技术措施。

① 针对不同工程的结构特点可能造成施工安全的危害，从技术上采取措施，消除危险，保证施工安全。

② 针对不同的施工方法，如立体交叉作业、滑模施工等，可能给施工带来的不安全因素，从技术上采取措施，保证安全施工。

③ 针对使用的各种机械设备、变配电设施可能给施工人员带来的危险因素，从安全保

险装置等方面采取技术措施。

④ 针对工程采用有害施工人员身体健康或有爆炸危险的特殊材料的特点，从技术上采取防护措施，防止伤害事故发生。

⑤ 针对施工场地及周围环境可能给施工人员或周围居民带来危害及材料、设备运输带来的困难和危害，从技术上采取措施，加以保护。

（3）安全防护技术措施必须全面而具体 只有把各种不利因素考虑周全，措施具体，才能指导施工，真正起到预防事故的作用。

（4）特殊工程必须编制单项的安全防护技术措施 对于大型工程或一些面积大、结构复杂的重点工程除必须在施工组织总设计中编制施工安全防护技术总体措施外，还应编制单项的安全防护技术措施。如深基础工程、电视转播塔工程、烟囱工程及大型爆破工程等，这类工程只编制一般的安全防护技术措施，无法保证施工安全，因此必须编制单项安全防护技术措施。

2. 安全防护技术交底要求和内容

（1）安全防护技术交底基本要求

① 工程项目必须实行逐级安全防护技术交底制度。

② 安全防护技术交底必须具体、明确、针对性强。

③ 安全防护技术交底应优先采用新的安全防护技术措施。

④ 工程开工前，应将工程概况、施工方法、安全防护技术措施等情况，向工地负责人、工长进行详细交底，并向工程项目全体职工进行交底。

⑤ 两个以上施工队或工种配合施工时，要按工程进度定期或不定期地向有关施工单位和班组进行交叉作业的安全书面交底。

⑥ 工长安排班组长工作前，必须进行书面的安全防护技术交底。班组长每天要对工人进行施工要求、作业环境等的书面安全交底。

⑦ 各级书面安全防护技术交底必须有交底时间、内容及交底人和接受交底人的签字。交底书要按单位工程归放一起，以备查验。

（2）安全防护技术交底内容

① 本工程项目施工作业的特点。

② 本工程项目施工作业中的危险点及针对危险点的具体防范措施。

③ 施工中应注意的安全事项。

④ 有关的安全操作规程和标准。

⑤ 一旦发生事故应及时采取的避难和急救措施。

⑥ 出现以下几种情况时，工程项目经理、技术负责人或工长应及时对班组进行技术交底：因故改变安全操作规程；实施重大和季节性安全防护技术措施；更新仪器、设备和工具，推广新工艺、新技术；发生工伤事故、机械损坏事故及重大未遂事故；出现其他不安全因素、安全生产环境发生了变化。

三、安全生产纪律与基本的安全要求

1. 安全生产"六大纪律"

① 进入现场必须戴好安全帽，扣好帽带，并正确使用个人劳动防护用品。

② 2m 以上的高处、悬空作业，无安全设施的，必须系好安全带，扣好保险钩。

③ 高处作业时，不准往下或向上乱抛材料和工具等物件。

④ 各种电动机械设备必须有可靠有效的安全接地和防雷装置，方能开动使用。

⑤ 不懂电气和机械的人员，严禁使用和玩弄机电设备。

⑥ 吊装区域非操作人员严禁入内，吊装机械必须完好，把杆垂直下方不准站人。

2. 十项安全技术措施

① 按规定使用安全"三宝"。

② 机械设备防护装置一定要齐全有效。

③ 塔吊等起重设备必须有限位保险装置，不准"带病"运转，不准超负荷作业，不准在运转中维修保养。

④ 架设电线线路必须符合当地电业局的规定，电气设备必须全部接零接地。

⑤ 电动机械和手持电动工具要设置漏电掉闸装置。

⑥ 脚手架材料及脚手架的搭设必须符合规程要求。

⑦ 各种缆风绳及其设置必须符合规程要求。

⑧ 在建工程的楼梯口、电梯口、预留洞口、通道口，必须有防护设施。

⑨ 严禁赤脚或穿高跟鞋、拖鞋进入施工现场，高空作业不准穿硬底和带钉易滑的鞋靴。

⑩ 施工现场的悬崖、陡坎等危险地区应设警戒标志，夜间要设红灯示警。

3. 起重吊装的"十不吊"规定

① 起重臂和吊起的重物下面有人停留或行走不准吊。

② 起重指挥应由技术培训合格的专职人员担任，无指挥或信号不清不准吊。

③ 钢筋、型钢、管材等细长和多根物件必须捆扎牢靠，多点起吊。单头"千斤"或捆扎不牢靠不准吊。

④ 多孔板、积灰斗、手推翻斗车不用四点吊或大模板外挂板不用卸甲不准吊。预制钢筋混凝土楼板不准双拼吊。

⑤ 吊砌块必须使用安全可靠的砌块夹具，吊砖必须使用砖笼，并堆放整齐。木砖、预埋件等零星物件要用盛器堆放稳妥，叠放不齐不准吊。

⑥ 楼板、大梁等吊物上站人不准吊。

⑦ 埋入地面的板桩、井点管等以及粘连、附着的物件不准吊。

⑧ 多机作业，应保证所吊重物距离不小于 3m，在同一轨道上多机作业，无安全措施不准吊。

⑨ 六级以上强风区不准吊。

⑩ 斜拉重物或超过机械允许荷载不准吊。

4. 气割、电焊的"十不烧"规定

① 焊工必须持证上岗，无特种作业人员安全操作证的人员，不准进行焊、割作业。

② 凡属一、二、三级动火范围的焊、割作业，未经办理动火审批手续，不准进行焊、割。

③ 焊工不了解焊、割现场周围情况，不得进行焊、割。

④ 焊工不了解焊件内部是否安全时，不得进行焊、割。

⑤ 各种装过可燃气体、易燃液体和有毒物质的容器，未经彻底清洗，排除危险性之前，不准进行焊、割。

⑥ 用可燃材料作保温层、冷却层、隔热设备的部位，或火星能飞溅到的地方，在未采取切实可靠的安全措施之前，不准焊、割。

⑦ 有压力或密闭的管道、容器，不准焊、割。

⑧ 焊、割部位附近有易燃易爆物品，在未作清理或未采取有效的安全措施之前，不准焊、割。

⑨ 附近有与明火作业相抵触的工种在作业时，不准焊、割。

⑩ 与外单位相连的部位，在没有弄清有无险情，或明知存在危险而未采取有效的措施之前，不准焊、割。

5. 防止违章和事故的十项操作要求

① 新工人未经三级安全教育，复工换岗人员未经安全岗位教育，不盲目操作。

② 特殊工种人员、机械操作工未经专门安全培训，无有效安全上岗操作证，不盲目操作。

③ 施工环境和作业对象情况不清，施工前无安全措施或作业安全交底不清，不盲目操作。

④ 新技术、新工艺、新设备、新材料、新岗位无安全措施，未进行安全培训教育、交底，不盲目操作。

⑤ 安全帽和作业所必需的个人防护用品不落实，不盲目操作。

⑥ 脚手架、吊篮、塔吊、井字架、龙门架、外用电梯、起重机械、电焊机、钢筋机械、木工平刨、圆盘锯、搅拌机、打桩机等设施设备和现浇混凝土模板支撑、搭设安装后，未经验收合格，不盲目操作。

⑦ 作业场所安全防护措施不落实，安全隐患不排除，威胁人身和国家财产安全时，不盲目操作。

⑧ 凡上级或管理干部违章指挥，有冒险作业情况时，不盲目操作。

⑨ 高处作业、带电作业、禁火区作业、易燃易爆作业、爆破性作业、有中毒或窒息危险的作业和科研实验等其他危险作业的，均应由上级指派，并经安全交底。未经指派批准、未经安全交底和无安全防护措施，不盲目操作。

⑩ 隐患未排除，有自己伤害自己、自己伤害他人、自己被他人伤害的不安全因素存在时，不盲目操作。

6. 施工现场行走或上下的"十不准"

① 不准从正在起吊、运吊中的物件下通过。

② 不准从高处往下跳或奔跑作业。

③ 不准在没有防护的外墙和外壁板等建筑物上行走。

④ 不准站在小推车等不稳定的物体上操作。

⑤ 不得攀登起重臂、绳索、脚手架、井字架、龙门架和随同运料的吊盘及吊装物上下。

⑥ 不准进入挂有"禁止出入"或设有危险警示标志的区域、场所。

⑦ 不准在重要的运输通道或上下行走通道上逗留。

⑧ 未经允许不准私自进入非本单位作业区域或管理区域，尤其是存有易燃易爆物品的场所。

⑨ 严禁在无照明设施，无足够采光条件的区域、场所内行走、逗留。

⑩ 不准无关人员进入施工现场。

7. 防止高处坠落、物体打击的十项基本安全要求

① 高处作业人员必须着装整齐，严禁穿硬塑料底等易滑鞋、高跟鞋，工具应随手放入工具袋。

② 高处作业人员严禁相互打闹，以免失足发生坠落危险。

③ 在进行攀登作业时，攀登用具结构必须牢固可靠，使用必须正确。

④ 各类手持机具使用前应检查，确保安全牢靠。洞口临边作业应防止物件坠落。

⑤ 施工人员应从规定的通道上下，不得攀爬脚手架、跨越阳台，在非规定通道进行攀登、行走。

⑥ 进行悬空作业时，应有牢靠的巨网、栏杆或其他安全设施。

⑦ 高处作业时，所有物料应该堆放平稳，不可放置在临边或洞口附近，并不可妨碍作业。

⑧ 高处拆除作业时，对拆卸下的物料、建筑垃圾都要加以清理和及时运走，不得在走道上任意乱置或向下丢弃，保持作业走道畅通。

⑨ 高处作业时，不准往下或向上乱抛材料和工具等物件。

⑩ 各施工作业场所内，凡有坠落可能的任何物料，都应先行撤除或加以固定，拆卸作业要在设有禁区、有人监护的条件下进行。

8. 防止车辆伤害的十项基本安全要求

① 未经劳动、公安交通部门培训合格持证人员，不熟悉车辆性能者不得驾驶车辆。

② 应坚持做好保护工作，车辆制动器、喇叭、转向系统、灯光等影响安全的部件如作用不良不准出车。

③ 严禁翻斗车、自卸车车厢乘人，严禁人货混装，车辆载货应不超载、超高、超宽，捆扎应牢固可靠，应防止车内物体失稳跌落伤人。

④ 乘坐车辆应坐在安全处，头、手、身不得露出车厢外，要避免车辆启动制动时跌倒。

⑤ 车辆进出施工现场，在场内掉头、倒车，在狭窄场地行驶时应有专人指挥。

⑥ 现场行车进场要减速，并做到"四慢"，即：道路情况不明要慢，线路不良要慢，起步、会车、停车要慢，在狭路、桥梁弯路、坡路、岔道、行人拥挤地点及出入大门时要慢。

⑦ 在临近机动车道的作业区和脚手架等设施，以及在道路中的路障应加设安全色标、安全标志和防护措施，并要确保夜间有充足的照明。

⑧ 装卸车作业时，若车辆停在坡道上，应在车轮两侧用楔形木块加以固定。

⑨ 人员在场内机动车道应避免右侧行走，并做到不平排结队有碍交通；避让车辆时，应不避让于两车交会之中，不站于旁有堆物无法退让的死角。

⑩ 机动车辆不得牵引无制动装置的车辆，牵引物体时物体上不得有人，人不得进入正在牵引的物与车之间，坡道上牵引时，车和被牵引物下方不得有人作业和停留。

9. 防止机械伤害的"一禁、二必须、三定、四不准"

① 不懂电器和机械的人员严禁使用和摆弄机电设备。

② 机电设备应完好，必须有可靠有效的安全防护装置。

③ 机电设备停电、停工休息时必须拉闸关机，按要求上锁。

④ 机电设备应做到定人操作，定人保养、检查。

⑤ 机电设备应做到定机管理、定期保养。

⑥ 机电设备应做到定岗位和岗位职责。

⑦ 机电设备不准带病运转。

⑧ 机电设备不准超负荷运转。

⑨ 机电设备不准在运转时维修保养。

⑩ 机电设备运行时，操作人员不准将头、手、身伸入运转的机械行程范围内。

10. 防止触电伤害的十项基本安全操作要求

根据安全用电"装得安全、拆得彻底、用得正确、修得及时"的基本要求，为防止触电伤害的操作要求有以下十项。

① 非电工严禁拆接电气线路、插头、插座、电气设备、电灯等。

② 使用电气设备前必须要检查线路、插头、插座、漏电保护装置是否完好。

③ 电气线路或机具发生故障时，应找电工处理，非电工不得自行修理或排除故障。

④ 使用振捣器等手持电动机械和其他电动机械从事湿作业时，要由电工接好电源，安装上漏电保护器，操作者必须穿戴好绝缘鞋、绝缘手套后再进行作业。

⑤ 搬迁或移动电气设备必须先切断电源。

⑥ 搬运钢筋、钢管及其他金属物时，严禁触碰到电线。

⑦ 禁止在电线上挂晒物料。

⑧ 禁止使用照明器烘烤、取暖，禁止擅自使用电炉和其他电加热器。

⑨ 在架空输电线路附近工作时，应停止输电，不能停电时，应有隔离措施，要保持安全距离，防止触碰。

⑩ 电线必须架空，不得在地面、施工楼面随意乱拖，若必须通过地面、楼面时应有过路保护，物料、车、人不准压、踏、碾、磨电线。

第二节　建筑施工现场安全防护

建筑施工现场为"建设工地"和"施工场所"的统称。施工现场安全要求涉及施工总平面布置、现场安全封闭、围护、临时施工设施设置安全、场内道路排水安全、施工用电和工地消防安全、职工生活安全卫生以及安全宣传等项。目前我国在施工现场管理方面的专项法规有《建设工程施工现场管理规定》（建设部 1991 年第 15 号令发布）和《建筑施工现场环境与卫生标准》（JGJ 146—2004）。

一、建筑施工现场安全防护

1. 施工现场总平面功能分区和安全要求

建设工地的总平面可划分以下功能区：①施工区，包括建（构）筑物工程施工区，地下管线施工区；②生产加工区，包括钢筋、模板、铁件、构件、管道加工和砂浆、混凝土搅拌等；③料场和仓库区，包括一般材料和易燃、易爆、有毒材料存放场地，以及仓库、办公室和生活区。规模小和场地狭窄的建设工地以安排施工区为主，生产加工、材料存放、办公和生活的占地用房则只能临边或插空设置，并利用已施工完的工程部分来解决相应场地之不足。

在施工现场设置的施工临时设施，包括各种施工用房、仓库、工棚、常设式（固定、附着、轨道）施工机具设备、加工设施、存放设施、道路、水电线路、池槽容器、装卸平台、消防器材设施以及围挡、防护、警示、宣传设施等，除应满足施工需要，方便使用和自身的设置、安全要求外，还应进行位置安全策划。

施工现场总平面功能分区和临设位置安全设计应予考虑的事项：

（1）总体考虑　施工现场面积、场地和环境条件对功能分区要求的支持与限制情况；能满足安全距离或采取安全隔离防护措施解决的现场功能分区要求；需另觅场地和采用外协解决的施工现场要求；现场原有市政和施工临设水电线路对现场安全设计要求的影响及应考虑的处置要求；适应不同施工阶段现场功能区块变化的调整要求及相应安全设计需要考虑的问题。

（2）安全距离设计要求　有关安全距离要求的确定；满足安全距离要求的平面布置设计；涉及安全距离要求的保证与辅助措施。

（3）安全隔离防护措施的设计要求　需要设置安全隔离防护措施的部位；安全隔离防护措施的选择和设计验算；安全隔离防护措施的管理；高压线路和电控设备等专项安全隔离防护措施的设置与设计。

（4）临设设置位置安全的设计要求　需要考虑设置位置安全要求的施工临时设施项目；周边和毗邻环境对临设项目设置安全要求的支持与限制；临设项目自身和工作安全状态对设置位置的要求（占地面积、需要空间、环保要求等）；临设长期使用对毗邻临设、场地和环境的影响，即噪声、振动、下沉、交通干扰等；临设项目之间的安全距离或安全隔离防护要求；有利于防尘、防噪声、防振动、防污染等环保和环卫要求的设置位置；在不同施工阶段设置位置的调整安排。

2. 现场围挡和封闭管理

建筑施工现场用地范围应以规划行政部门批准的建设工程用地和临时用地范围为准，对施工现场必须采用封闭围挡，施工现场应设置标明工程项目名称和建设、设计、施工、监理单位名称和项目经理姓名、联系电话、开工、竣工日期及施工许可证批准文号等的施工标志牌，以及现场平面布置图、安全生产、文明施工、消防保卫和环境保护等制度牌。做好施工现场安全保卫工作，采取必要的防盗措施，加强管理，非施工人员不得擅自进入施工现场。

施工现场围挡四周毗邻区域安全的围挡、防护设施包括：现场周边围墙、临街围挡防护、场内坑槽和危险区域围护、车辆和人行安全通道、毗邻建筑屋顶防护、高压线路和设备防护、场内施工临时设施防护以及预防灾害的挡水、挡土、挡风和按环保要求设置的防尘、隔声设施等。

施工现场围挡防护设施按其设置目的和承载能力可大体上分为以下 7 类：

① 拦阻设施。拦阻或警示阻止人员进入危险区域的设施。如不高的（＜1.0m）栏栅、柱挂围绳，只能保持自身位置和承受轻扶作用。

②阻挡设施。阻挡人员、车辆进入的设施。一般不高，但具有较为稳定或牢固的设置，可承受一定的推力作用。

③ 围墙和封闭围挡设施。高度≥1.8m，应能承受自重、风载及可能受到的其他水平力作用，按围墙结构设计。

④ 防护高空落物和砸压伤害设置。如设于通道、临街、建（构）筑物和施工机具设备、设施之上的安全防护棚，在设计中需考虑落物的冲击和反弹作用。

⑤ 安全挡护和支护设施。针对特定对象或要求，如挡土、挡水、危险墙体和房屋等确保其安全状态的挡护或支护设施，需按相应挡护或支护要求进行设计。

⑥ 特种防护设施。用于防爆、防高能物体飞射、冲击等特种防护要求的设施，除承载能力外，还应考虑吸收、削弱能量的作用。

⑦ 兼用防护设施。兼有③～⑥项之中两项及以上作用的设施，应综合相应要求进行设计。

近年来在围挡防护设施上出事不少，甚至造成重大伤亡事故。因此，必须高度重视和认真搞好施工现场围挡防护设施。

以上现场围挡防护设施的内容和安全要求应予考虑的事项有：

（1）设置项目　按规定必须设置的围挡防护设施；按施工现场安全需要应当考虑设置的围挡防护设施；受设置条件限制，需要采取措施解决的现场围挡防护要求。

（2）设置要求　设置高度；设置长度；设置需要的覆盖面积（指防护篷）；设施的保护能力；固定和基础要求；在使用中可能遇到的变化因素（需要调整、移位、暂时撤除等）。

（3）构造设计　自身结构和构造；基础或附着固定构造；承载和围挡结构材料；特种防护要求所用材料（吸声、隔热、缓冲击）等；拴拉材料。

（4）安全验算　结构验算；基础验算；状态稳定验算；节点和拉结验算；特种荷载作用验算。

（5）管理要求　日常维护管理，包括教育现场人员保护围挡防护设施；受风、雨、雪和其他损伤作用之后的管理要求检查与恢复管理；临时移位和部分拆除之后的处置处理；发现异常情况的应急处置管理。

3. 施工场地使用的其他安全措施

① 施工现场场地使用安全包括：车辆和机械通行道路安全；构件、材料、设备存（堆）放地安全；施工设备装拆和施工机械作业场地安全；施工现场对安全有影响的沟、井、坑、穴、坎等，应予可靠的安全覆盖或保护，覆盖以后要承受施工、运输荷载作用时要考虑

承载能力安全。

②　建设单位必须在建设工程施工前向施工单位提供相关的地下管线资料，施工单位应采取措施加以保护。

③　工程施工时毗邻建（构）筑物和特殊作业环境可能造成损坏的，施工单位应采取安全防护措施。

④　按现行国家标准 GB 12523—90、GB 12524—90 制定降噪措施，现场的强噪声设备宜设置在远离居民区的一侧，并应采取降低噪声措施；确需在夜间进行超过噪声标准施工的，获批准后方可进行。

⑤　施工现场严禁焚烧各类废弃物，水泥和其他易飞扬的细颗粒材料应密闭存放或采取覆盖，土方、渣土和施工垃圾运出应采用密封式车辆或覆盖措施防止大气污染。

⑥　施工单位进行地下或基础工程施工时，发现文物古化石、爆炸物、电缆等应当暂停施工，保护好现场，并及时向有关部门报告，在按照有关规定处理后，方可继续施工。

⑦　在现场建立和执行防火管理制度，设置消防设施并保持完好处于备用状态。在容易发生火灾的地区施工或者贮存、使用易燃易爆器材时，应采取特殊的消防安全措施。

二、土方工程、施工机具安全技术

（一）土方工程的安全技术

1. 土方工程概述

土方工程是工程建设的重要组成部分，大到大型地下工程和高层建筑的地下室与基础工程，小到一般的场地平整、浅基础开挖、给排水和采暖管线等的施工，几乎都存在土方工程。建筑施工中，土方工程受到自然条件影响较大，经常遇到土层土质的变化，以及受雨水和地下水的影响，给土方工程施工增加了难度。由于对土方工程施工安全技术的认识不足，会引发伤亡事故，并对周围道路、建筑和地下管线形成破坏，造成不必要的经济损失，并影响了工程。

基坑土方工程是土方工程中的重要分项工程，目前基坑工程可分为三个级别。

（1）符合下列情况之一时，属一级基坑工程：

①　支护结构作为主体结构的一部分时；

②　基坑开挖深度≥10m 时；

③　距基坑边两倍开挖深度范围内有历史文物、近代优秀建筑、重要管线等需严加保护时。

（2）开挖深度小于 7m，且周围环境无特别要求时，属三级基坑工程。

（3）除一级和三级以外的均属二级基坑工程。

2. 土方工程的安全防护

土方工程施工，特别是基坑的开挖过程中，极易发生塌方事故，而且工人埋在土方下面，最难抢救。因此，必须重视土方工程施工安全工作。施工前应向建设单位索取气象、水文、地下设备（天然气、瓦斯管道、电缆等）图纸及工程地质勘察资料等，参照有关安全法规、条款、规范、标准，认真编制好土方施工方案。

（1）基坑边坡

①　基坑无边坡的垂直挖深度，在无地下水或地下水低于基坑底面标高而且土质均匀时，立壁不加支撑的垂直挖深度视土质应不宜超过有关的规定。在一定的天然冻结的深度，能保证施工挖方的工作安全，在土质为黏性土，深度为 4m 以内的基坑开挖时，允许采用天然冻结法垂直开挖而不加设支撑，但在干燥的沙土中严禁采用冻结法施工。

②　基坑边坡的放坡土壤的坡度，就是土壤在自然静止的情况下，其高度与宽度之比。当土质良好、土质均匀、地下水低于基坑底面标高、挖方深度在 5m 以内时，最陡坡度应符

合有关的规定。

基坑坑壁坡度可参照表 9-1。

表 9-1　基坑坑壁坡度参照表

土　的　类　别		边坡值（高·宽）
沙土（不包括粉砂、细砂）		（1∶1.25）～（1∶1.5）
一般性黏土	硬	（1∶0.75）～（1∶1）
	硬、塑	（1∶1）～（1∶2.5）
	软	1∶1.5 或更缓
碎石类土	充填坚硬、硬塑黏性土	（1∶0.5）～（1∶1）
	充填沙土	（1∶1.00）～（1∶1.5）

注：1. 设计有要求时，应符合设计标准。

2. 如采用降水或其他加固措施，可不受本表限制，但应计算复核。

3. 开挖深度，对软土不应超过 4m，对硬土不应超过 8m。

③ 基坑无边坡的土壁支撑开挖基坑时，如地质条件和周围环境允许，可优先考虑直壁开挖或放坡；但在建筑物稠密地区施工，无放坡条件，则根据土质情况对土壁进行支撑，以保证施工中的安全。

（2）基坑开挖

① 放坡开挖。开挖深度不超过 4.0m 的基坑，当场地条件允许，并经验算能保证土坡稳定时，可采用放坡开挖。开挖深度超过 4.0m 的基坑，有条件采用放坡开挖时，宜设置多级平台分层开挖，每级平台的宽度不宜小于 1.5m。

放坡开挖的基坑，尚应符合下列要求：

• 坡顶或坑边不宜堆土或堆载，遇有不可避免的附加荷载时，稳定性验算应计入附加荷载的影响。

• 基坑边坡必须经过验算，保证边坡稳定。

• 土方开挖应在达到要求后，采用分层开挖的方法施工，分层厚度不宜超过 2.5m。

• 土质较差且施工期较长的基坑，边坡宜采用钢丝网水泥或其他材料进行护坡。

• 放坡。开挖应采取有效措施降低坑内水位和排除地表水，严禁地表水或基坑排出的水回渗入基坑。

② 有支护结构的基坑开挖。

• 土方开挖的顺序、方法必须与设计工况相一致，并遵循"开槽支撑、先撑后挖、分层开挖、严禁超挖"的原则。

• 除设计允许外，挖土机械和车辆不得直接在支撑上行走操作。

• 采用机械挖土方式时，严禁挖土机械碰撞支撑、立柱、井点管、围护墙和工程桩。

• 应尽量缩短基坑无支撑暴露时间。对一、二级基坑，每一工况下挖至设计标高后，钢支撑的安装周期不宜超过一昼夜，钢筋混凝土支撑的完成时间不宜超过两昼夜。

• 采用机械挖土，坑底应保留 200～300mm 厚基土，用人工挖除整平，并防止坑底土体扰动。

• 对面积较大的一级基坑，土方宜采用分块、分区对称开挖和分区安装支撑的施工方法，土方挖至设计标高后，立即浇筑垫层。

• 基坑中有局部加深的电梯井、水池等，土方开挖前应对其边坡做必要的加固处理。

③ 基坑开挖的安全措施。

• 在施工组织设计中，要有单项土方工程施工方案，对施工准备、开挖方法、放坡、排水、边坡支护应根据有关规范要求进行设计。

- 人工挖基坑时，操作人员之间要保持安全距离，一般大于 2.5m，多台机开挖安全距离应大于 10m，挖土要自上而下，逐层进行，严禁先挖坡脚的危险作业。
- 土方开挖前对周围环境要认真检查，不能在危险岩石或建筑物下面进行作业。
- 开挖深度超过 1.5m 时应设置人员上下的道或爬梯。开挖深度超过 2m，必须在四边沿处设立两道防护栏杆，在危险处夜间应设红色标志灯。
- 运土道路的坡度、转弯半径要符合有关安全规定。
- 施工机械进场前必须经过验收，合格后方能使用。
- 机械挖土，应严格控制开挖面坡度和分层厚度，防止边坡和挖土机下的土体滑动。挖土机作业半径内不得有人进入。司机必须持证作业。
- 弃土及时运出，如需要临时堆土，或留作回填土，堆土坡脚至坑边距离应按挖坑边坡坡度和土的类别确定，在边坡支护设计时考虑堆土附加的侧压力。
- 为防止基坑底的土被扰动，基坑挖好后要尽量减少暴露时间，及时进行下一道工序施工，不能立即进行下一道工序，要预留 15~30cm 厚覆盖土层，待基础施工时再挖去。
  ④ 土石方开挖其他规定。
- 土石方和基础施工前，必须了解土质、地下水等情况，查清地下埋设的管道、电缆和有毒有害等危险物以及文物古迹的位置、深度走向，并加设标记，设置防护栏杆。按规定编制施工方案，进行审批，施工方案中必须包括安全技术措施相关内容；项目部应在各工序施工前根据施工方案对班组进行安全技术交底和技术交底，并履行签字手续。同时应贯彻先设计后施工、先支撑后开挖、边施工边监测、边施工边治理的原则。
- 对操作人员进行安全技术教育，并认真布置现场的安全防护设施，配备施工人员所必需的安全保护用品。
- 在夜间或者自然光线不足的场所进行工作，应设置足够的照明设备，高度不能低于 3m。
- 特种作业人员（焊工、架子工、起重司机与指挥、厂内机动车驾驶、电工等作业人员）必须持证上岗。
- 现场使用的机械设备进场时应进行验收，设备状况完好方可进场，并做记录。计量器具应有检定合格证或标志。
- 供电线路按 TN-S 布置，三级配电二级保护，实施"一机一闸一箱一漏"配置。雷雨天停止施工，要切断电源。
- 当基坑（槽）开挖深度大于相邻建筑的基础深度时，应保持一定距离或采取边坡支护加固措施，并进行沉降和位移观测。
- 施工中发现事先未预料到的各种管线或不能辨认的物品时，应停止施工，及时报告有关部门，采取相应措施后，方可继续施工。
- 基坑（槽）的支撑应经常检查是否有松动变形等不安全迹象，特别是雨后及冻融期间更应加强检查。
- 施工现场的井、洞、坑、池等危险部位必须有防护栏杆或防护篦等防护设施和醒目的警示标志。
- 人工开挖前，应详细检查所用工具是否完好，对活动、开裂、断把的工具必须及时修理和加固，防止在施工过程中脱落伤人。
- 开挖中如遇土体不稳、发生坍塌、水位暴涨等紧急情况时，应立即停工，工人撤至安全地点。
- 所有工具、材料均不得向沟内抛掷和倾倒，应用绳系送或机械吊运。下料时，沟槽

（坑）内下料点应停止作业，并不得在吊运机械、设备作业面下停留或通过。

● 在深坑、深井内作业，必须保持井坑内通风良好，并加强对有毒有害气体的检测，防止发生中毒事故。

● 在靠近建筑物、设备基础、电杆及各种脚手架附近进行挖土作业时，必须采取安全防护措施。

● 在电杆附近挖土时，对于不能取消的拉线地垄及杆身，应留出土台。土台半径：电杆为 1～1.5m，拉线为 1.5～2.5m，并视土质决定边坡坡度。土台周围应插标杆示警。

（二）施工机具安全技术

1. 建筑机械的一般安全要求

① 建筑机械设备应按其技术性能和有关规定正确使用。缺少安全装置或安全装置已失效的机械设备不得使用。

② 严禁拆除机械设备上的自动控制机构、力矩限位器等安全装置，以及监测指示仪表、警报器等自动报警、信号装置。其调试和故障的排除应由专业人员负责进行。

③ 机械设备应按时进行保养。当发现有漏保、失修或超载、带病运转等情况时，有关部门应停止其使用。严禁在作业中对机械设备进行维修、保养或调整等作业。

④ 机械设备的操作人员必须身体健康，并经过专业培训考试合格，取得有关部门颁发的操作证或特殊工种操作证后，方可独立操作。

⑤ 操作人员有权拒绝执行违反安全技术规程的命令。由于发令人强制违章作业造成事故者，应追究发令人的责任，直至追究刑事责任。

⑥ 机械操作人员和配合作业人员，必须按规定穿戴劳动保护用品，长发不得外露。高处作业必须系安全带，不得穿硬底鞋和拖鞋。严禁从高处往下投掷物件。

⑦ 机械作业时，操作人员不得擅自离开工作岗位或将机械交给非本机操作人员操作。严禁无关人员进入作业区和操作室。工作时，思想要集中，严禁酒后操作。

⑧ 两班以上作业的机械设备均须实行交接班制。操作人员要认真填写交接班记录。

⑨ 机械进入作业地点后，施工技术人员应向机械操作人员进行施工任务及安全技术措施交底。操作人员应熟悉作业环境和施工条件，听从指挥，遵守现场安全规定。

⑩ 现场施工负责人应为机械作业提供道路、水电、临时机棚或停机场地等必需的条件，并消除对机械作业有妨碍或不安全的因素。夜间作业必须设置有充足的照明。

⑪ 在有碍机械安全和人身健康场所作业时，机械设备应采用相应的安全措施。操作人员必须配备适用的安全防护用品。

⑫ 当使用机械设备与安全发生矛盾时，应首先服从安全要求。

⑬ 当机械设备发生事故或未遂事故时，应及时抢救，保护现场，并立即报告领导和有关部门，听候处理。企业领导对事故应按"四不放过"的原则进行处理。

2. 塔式起重机使用安全要求

① 塔式起重机应按技术性能和出厂说明书规定使用。

② 起重机的安装、顶升、拆除必须按照原厂规定进行，并制定安全作业措施，由专业队（组）在队（组）长统一指挥下进行，并要有技术和安全人员在场监护。

③ 起重机安装后，在无载荷情况下，塔身与地面的垂直度偏差值不得超过 3‰。

④ 起重机专用的临时配电箱，宜设置在轨道中部附近，电源开关应符合规定要求。电缆卷筒必须运转灵活，安全可靠，不得拖缆。

⑤ 起重机必须安装行走、变幅、吊钩高度等限位器和力矩限位器等安全装置，并保证灵敏可靠。对有升降式驾驶室的起重机，断绳保护装置必须可靠。

⑥ 起重机的塔身上，不得悬挂标语牌。

⑦ 检查轨道应平直、无沉陷、轨道螺栓无松动，排除轨道上的障碍物，松开夹轨器并向上固定好。

⑧ 检查电源电压应达到380V，其变动范围不得超过±20V，送电前启动控制开关应在零位。接通电源，检查金属结构部分无漏电后方可上机。

⑨ 空载运转，检查行走、回转、起重、变幅等各机构的限位器、安全限位、防护装置等，确认正常后，方可作业。

⑩ 塔机运行时，必须严格按照操作规程要求执行。最基本要求：起吊前，先鸣号，吊物禁止从人的头上越过。起吊时吊索应保持垂直、起降平稳，操作尽量避免急刹车或冲击。严禁超载，当起吊满载或接近满载时，严禁同时做两个动作，左右回转范围不应超过90°。

⑪ 起吊作业中司机和指挥必须遵守"十不吊"的规定。

⑫ 操作各控制器时应依次逐级操作，严禁越档操作。在变换运转方向时，应将控制器转到零位，待电动机停止转动后，再转向另一方向。

⑬ 吊钩提升接近臂杆顶部，小车行至端点或起重机行走接近轨道端部时，应减速缓行至停止位置。吊钩距臂杆顶部不得小于1m，起重机距轨道端部不得小于2m。

⑭ 动臂式起重机的起重、回转、行走三种动作可以同时进行，但变幅只能单独进行。每次变幅后应对变幅部位进行检查。允许带载变幅的在满载荷或接近满载荷时，不得变幅。

⑮ 提升重物后，严禁自由下降。重物就位时，可用微动机或使用制动器使之缓慢下降。

⑯ 提升的重物平稳时，应高出其跨越的障碍物0.5m以上。

⑰ 两台起重机同在一条轨道上或在相近轨道上进行作业时，应保持两机之间任何接近部位（包括吊起的重物）距离不得小于5m。

⑱ 主卷扬机不安装在平衡臂上的上旋式起重机作业时，不得顺一个方向连续回转。

⑲ 装有机械式力矩限制器的起重机，在每次变幅后，必须根据回转半径和该半径时的运行载荷，对超载限位装置的吨位指示盘进行调整。

⑳ 作业后，臂杆应转到顺风方向，并放松回转制动器。小车及平衡重应移到非工作状态位置。吊钩提升到离臂杆顶端2～3m处。

㉑ 将每个控制开关拨至零位，依次断开各路开关，关闭操作室门窗，下机后切断电源总开关，打开高空指示灯。

㉒ 锁紧夹轨器，使起重机与轨道固定，如遇八级大风时，应另拉缆风绳与地锚或建筑物固定。

㉓ 任何人员上塔帽、吊臂、平衡臂的高空部位检查或修理时，必须系安全带。

3. 物料提升机使用安全要求

（1）安装与拆除安全要求

① 安装与拆除作业前，应根据现场工作条件及设备情况编制作业方案。对作业人员进行分工交底。安装和拆除作业时，施工人员应持证上岗，并应设专人指挥，作业区上方及地面10m范围内设警戒区，并有专人监护。靠近交通道路或有人操作的地方要设置防护挡板。

② 新制作的提升机，架体安装的垂直偏差，最大不应超过架体高度的0.15%。多次使用过的提升机，在重新安装时，其偏差不应超过0.3%，并不得超过200mm。

③ 井架截面内，两对角线长度公差不得超过最大边长的名义尺寸的0.3%。

④ 吊篮导靴与导轨的安装间隙，应控制在5～10mm以内。

⑤ 利用建筑物内井道做架体时，各楼层进料口处的停靠安全门，必须与司机操作处装设的层站标志进行联锁。阴暗处应装照明设备。

⑥ 安装架体时，应先将地梁与基础连接牢固。每安装两个标准节（一般不大于4m），应采取临时支撑或临时缆风绳固定，并进行初校正，在确认稳定时，方可继续作业。

⑦ 卷扬机应安装在平整坚实的位置上，宜远离危险作业区，视线应良好。固定卷扬机的锚桩应牢固可靠。

⑧ 提升机安装后，应由主管部门进行检查验收，确认合格发给使用证后，方可交付使用。

⑨ 应定期（每月一次）组织对提升机设备进行检查，发现问题及时处理，并认真做好记录。作业班司机班前应进行检查，确认提升机正常时，方可投入作业。

（2）使用提升机安全要求

① 物料在吊篮内应均匀分布，不得超出吊篮。当长料在吊篮中立放时，应采取防滚滑措施；散料应装箱或装笼。严禁超载使用。

② 严禁人员攀登、穿越提升机和乘吊篮上下。

③ 高架提升机作业时，应使用通讯装置联系。低架提升机在多工种、多楼层同时使用，应设专门指挥人员，信号不清不得开机。作业中不论任何人发出紧急停车信号，应立即执行。

④ 当吊篮悬空吊挂时，卷扬机司机不得离开驾驶座位。

⑤ 吊篮在运行时，严禁人员将身体任何部位伸入架体内。在架体附近工作的人员，身体不得贴近架体。使用组合架体时，进入吊篮工作的人员，应随时注意相邻吊篮的运行情况，人和物料、工具不得越入相邻的架体内。

⑥ 架体的斜杆和横杆，不得随意拆除；如因运输需要，也只准将少数斜杆拆除，各楼层的出入口所拆除的斜杆，应安装在被拆除的开口节的上一节或下一节上，并与该节原有的斜杆成交叉状，但连续开口不允许大于两节，且必须在适当的地方装上与建筑物作刚性锚固的临时拉杆或支撑，以保持架体的刚度和稳定。

⑦ 闭合主电源前或作业中突然断电时，应将所有开关扳回零位。在重新恢复作业前，应在确认提升机动作正常后方可继续使用。

⑧ 发现安全装置、通讯装置失灵时，应立即停机修复。作业中不得随意使用极限限位装置。

⑨ 作业后，应将吊篮降至地面，各控制开关扳至零位，切断主电源，锁好闸箱。

⑩ 提升机使用过程中应进行经常性的维修保养，维修保养时，应将所有控制开关扳至零位，切断主电源，并在闸箱处挂上"禁止合闸"标志，必要时应设专人监护。

4. 卷扬机使用安全要求

① 安装时，基座必须平稳牢固，设置可靠的地锚并应搭设工作棚。操作人员的位置应能看清指挥人员和拖动或起吊的物件。

② 作业前检查卷扬机与地面固定情况、防护设施、电气线路、制动装置和钢丝绳等，确认全部合格后方可使用。

③ 使用皮带和开式齿轮传动的部分，均须设防护罩。

④ 操作人员作业时，应严格执行操作规程，思想集中，服从指挥。

⑤ 从卷筒中心线到第一个导向滑轮的距离，带槽卷筒应大于卷筒宽度的 15 倍，无槽卷筒应大于 20 倍。

⑥ 卷扬机制动操作杆的行程范围内不得有障碍物。

⑦ 卷筒上的钢丝绳应排列整齐，如发现重叠或斜绕时，应停机重新排列。严禁在转动中用手、脚去拉、踩钢丝绳。

⑧ 作业中，任何人不得跨越正在作业的卷扬钢丝绳。休息时物件或吊笼应降至地面。

⑨ 作业中，如遇停电，应切断电源，将提升物降至地面。

⑩ 应进行经常性的维护保养工作，按照润滑、紧固、调整、防腐等作业要求，确保整

个机械运转正常，制动灵活有效。

5. 搅拌机使用安全要求

① 作业场地要有良好的排水条件，机械近旁应有水源，机棚内应有良好的通风、采光及防雨、防冻条件，并不得积水。

② 各类搅拌机（除反转出料搅拌机外），均为单向旋转进行搅拌，因此在接电源时应注意搅拌筒转向要符合搅拌筒上的箭头方向。

③ 作业后，应及时将机内、水箱内、管道内的存料、积水放尽，并清洁保养机械，清理工作场地，切断电源，锁好电闸箱。

④ 传动机械、工作装置、制动器等，均应紧固可靠，保证正常工作，搅拌机的齿轮、皮带传动部分，均应设防护罩。

⑤ 骨料规格应与搅拌机的性能相符，超出许可范围的不得使用。

⑥ 空车运转，检查搅拌筒或搅拌叶的转动方向，各工作装置的操作、制动，确认正常后方可作业。

⑦ 进料时，严禁将头或手伸入料斗与机架之间察看或探摸进料情况，运转中不得用手或工具等物伸入搅拌筒中扒料、出料。

⑧ 料斗升起时，严禁在其下方工作或穿行。料坑底部要设料斗的枕垫，清理料坑时必须将料斗用链条扣牢。

⑨ 向搅拌筒内加料应在运转中进行，添加新料必须先将搅拌机内原有的混凝土全部卸出后才能进行。不得中途停车或在满载荷时启动搅拌机，反转出料者除外。

⑩ 作业中，如发生故障不能继续运转时，应立即切断电源，将搅拌筒内的混凝土清除干净后，进行检修。作业后，应对搅拌机进行全面清洗，操作人员如需进入筒内清洗时，必须切断电源，设专人在外监护，或卸下熔断器并锁好电闸箱，然后方可进入。

6. 混凝土振捣器使用安全要求

① 使用前检查各部位应连接牢固，旋转方向正确。

② 振捣器不得放在初凝的混凝土、地板、脚手架、道路和干硬的地面上进行试振。如检修或作业间断时应截断电源。

③ 插入式振捣器软轴的弯曲半径不得小于 50cm，并不得多于两个弯，操作时振动棒应自然垂直地沉入混凝土，不得用力硬插、斜插或使钢筋夹住棒头，也不得全部插入混凝土中。

④ 振捣器应保持清洁，不得有混凝土黏结在电动机外壳上妨碍散热。

⑤ 作业转移时，电动机的导线应保持有足够的长度和松度。严禁用电源线拖拉振捣器。

⑥ 用绳拉平板振捣器时，拉绳应干燥绝缘，移动或转向时不得用脚踢电动机。

⑦ 振捣器与平板应保持紧固，电源线必须固定在平板上，电器开关应装在手把上。

⑧ 在一个构件上同时使用几台附着式振捣器工作时，所有振捣器的频率必须相同。

⑨ 操作人员必须穿戴绝缘胶鞋和绝缘手套。

⑩ 作业后，必须做好清洗、保养工作。振捣器要放在干燥处。

7. 钢筋加工机械使用安全要求

（1）钢筋调直机

① 料架、料槽应安装平直，对准导向筒、调直筒和下切刀孔的中心线。

② 用手转动飞轮、检查传动机构和工作装置，调整间隙，紧固螺栓，确认正常后，启动空运转，检查轴承应无异响，齿轮啮合良好，待运转正常后，方可作业。

③ 按调直钢筋的直径，选用适当的调直块及转动速度，经调试合格，方可送料。

④ 调直块未固定、防护罩未盖好前不得送料。作业中严禁打开各部防护罩及调整间隙。

⑤ 当钢筋送入后，手与滚轮必须保持一定距离。

⑥ 送料前应将不直的料头切去，导向筒前应装一根 1m 长的钢管，钢筋必须先穿过钢管后再进入调直前端的导孔内。

⑦ 作业后，应松开调直筒的调直块并回到原来位置，同时预压弹簧必须回位。

（2）钢筋切断机

① 接送料工作台面应和切刀下部保持水平，工作台的长度可根据加工材料长度决定。

② 启动前，必须检查切刀有无裂纹，保证刀架螺栓紧固，防护罩牢靠。然后用手转动皮带轮，检查齿轮啮合间隙，调整切刀间隙。

③ 启动后，先空运转，检查各传动部分及轴承运转正常后，方可作业。

④ 机械未达到正常转速时不得切料。切料时必须使用切刀的中下部位，紧握钢筋对准刃口迅速送入。

⑤ 不得剪切直径及强度超过机械铭牌规定的钢筋和烧红的钢筋。一次切断多根钢筋时总截面积应在规定范围内。

⑥ 剪切低合金钢时，应换高硬度切刀，直径应符合铭牌规定。

⑦ 切断短料时，手和切刀之间的距离应保持 150mm 以上，如手握端小于 400mm 时，应用套管或夹具将钢筋短头压住或夹牢。

⑧ 运转中，严禁用手直接清除切刀附近的断头和杂物。钢筋摆动周围和切刀附近，非操作人员不得停留。

⑨ 发现机械运转不正常、有异响或切刀歪斜等情况，应立即停机检修。

（3）钢筋弯曲机

① 工作台面和弯曲机台面保持水平，并准备好各种芯轴及工具。

② 按加工钢筋的直径和弯曲半径的要求装好芯轴、成型轴、挡铁轴或可变挡架，芯轴直径应为钢筋直径的 2.5 倍。

③ 检查芯轴、挡块、转盘应无损坏和裂纹，防护罩紧固可靠，经空运转确认正常后，方可作业。

④ 作业时，将钢筋需弯的一头插在转盘固定销的间隙内，另一端紧靠机身固定销并用手压紧，检查机身固定销子确实安在挡住钢筋的一侧，方可开动。

⑤ 弯曲钢筋时，严禁超过本机规定的钢筋直径、根数及机械转速。

⑥ 弯曲高强度或低合金钢筋时，应按机械铭牌规定换算最大限制直径并调换相应的芯轴。

⑦ 严禁在弯曲钢筋的作业半径内和机身不设固定销的一侧站人。弯曲好的半成品应堆放整齐，弯钩不得朝上。

（4）钢筋冷拉机

① 根据冷撞钢筋的直径，合理选用卷扬机，卷扬钢丝绳应经封闭式导向滑轮并和被拉钢筋方向成直角。卷扬机的位置必须使操作人能见到全部冷拉场地，距离冷拉中线不少于 5m。

② 冷拉场地在两端地锚外侧设置警戒区，装设防护栏杆及警告标志。严禁无关人员在此停留。操作人员在作业时必须离开钢筋至少 2m 以外。

③ 用配重控制的设备必须与滑轮匹配，并有指示起落的记号，没有指示记号时应有专人指挥。配重框提起时高度应限制在离地面 300mm 以内，配重架四周应有栏杆及警告标志。

④ 作业前，应检查冷拉夹具，夹齿必须完好，滑轮、拖拉小车应润滑灵活，拉钩、地锚及防护装置均应齐全牢固，确认良好后，方可作业。

⑤ 卷扬机操作人员必须看到指挥人员发出信号，并待所有人员离开危险区后方可作业。冷拉应缓慢、均匀地进行，随时注意停车信号或见到有人进入危险区时，应立即停拉，并稍稍放松卷扬钢丝绳。

⑥ 用延伸率控制的装置，必须装设明显的限位标志，并要有专人负责指挥。

⑦ 夜间照明设施，应设在张拉危险区外，如必须装设在场地上空时，其高度应超过5m，灯泡应加防护罩，导线不得用裸线。

⑧ 作业后，应放松卷扬钢丝绳，落下配重，切断电源，锁好电闸箱。

（5）预应力钢筋拉伸设备

① 采用钢模配套张拉，两端要有地锚，还必须配有卡具、锚具，钢筋两端须镦头，场地两端外侧应有防护栏和警告标志。

② 卡具刻槽应比所拉钢筋的直径大 0.7～1.0mm，并保证有足够强度使锚具不致变形。检查卡具、锚具及被拉钢筋两端镦头，如有裂纹或破损，应及时修复或更换。

③ 空载运转，校正千斤顶和压力表的指示吨位，定出表上的数字，对比张拉钢筋所需吨位及延伸长度。同时检查油路应无泄漏，确认正常后，方可作业。

④ 作业中，操作要平稳、均匀，张拉时两端不得站人。

⑤ 在测量钢筋的伸长或拧紧螺帽时，应先停止拉伸，操作人员必须站在侧面操作。

⑥ 张拉时，不准用手摸或脚踩钢筋或钢丝。

三、建筑施工安全帽、安全带、安全网的正确使用

1. 安全帽的正确使用

安全帽被广大建筑工人称为"安全三宝"之一，是建筑工人保护头部，防止和减轻各种事故伤害，保证生命安全的重要个人防护用品。

安全帽是由帽壳、帽衬、下颏带三部分组成。

制造安全帽材料有多种：帽壳可用玻璃钢、塑料、橡胶、加布藤条和竹子等制作；帽衬可用塑料带或棉织带制作。安全帽所用塑料，以高密度低压聚乙烯较好。

进入施工现场必须正确戴好安全帽。施工现场发生的打击和高处坠落事故表明：凡是正确戴好安全帽，就会减轻或避免事故的后果；如果未正确戴好安全帽，就会失去它保护头部的防护作用，使人受到严重伤害。

要正确地使用安全帽，必须做到以下四点：

① 帽衬顶端与帽壳内顶，必须保持 25～50mm 的空间，有了这个空间，才能构成一个能量吸收系统，使冲击分部在头盖骨的整个面积上，减轻对头部的伤害。

② 必须系好下颏带，戴安全帽如果不系下颏带，一旦发生高处坠落，安全帽将被甩掉离开头部造成严重后果。

③ 安全帽必须戴正、戴稳，如果帽子歪戴着，一旦头部受到打击，就不能减轻对头部的伤害。

④ 安全帽在使用过程中会逐渐损坏，要定期不定期进行检查，如果发现开裂、下凹、老化、裂痕和磨损等情况，就要及时更换，确保使用安全。

2. 安全带的正确使用

安全带是高处作业工人预防坠落伤亡事故的个人防护用品，被广大建筑工人誉为救命带。安全带是由带子、绳子和金属配件组成，总称安全带。安全带示意图见图 9-1。

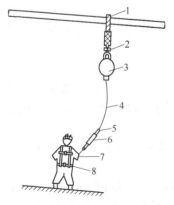

图 9-1　安全带

1,4—绳；2—钩；3—速差式自控器；

5—三角环；6—缓冲器；

7—模拟人型；8—安全带

安全带的正确使用方法如下。在没有防护设施的高处悬崖、陡坡施工时，必须系好安全带。安全带应高挂低用，注意防止摆动碰撞。若安全带低挂高用，一旦发生坠落，将增加冲击力，带来危险。安全绳的长度限制在1.5～2m，使用3m以上长绳应加缓冲器。不准将绳打结使用，也不准将钩直接挂在安全绳上使用，应挂在连接环上用。安全带上的各种部件不得任意拆掉，使用2年以上应抽验一次。悬挂安全带应做冲击试验：以100kg质量做自由坠落试验，若不破断，该批安全带可继续使用。频繁使用的绳，要经常做外观检查，发现异常时，应立即更换新绳。安全带的使用期为3～5年，发现异常时，应提前报废。新使用的安全带必须有产品检验合格证，无证明不准使用。

3. 安全网的正确使用

(1) 安全网的构造　安全网是用来防止人、物坠落，或用来避免、减轻坠落及物体打击伤害的网具。

安全网一般由网体、边绳、系绳、筋绳、试验绳等组成（见图9-2）。网体是由纤维绳或线编结而成，是具有菱形或方形网目的网状体。边绳是围绕网体的边缘、决定安全网公称尺寸的绳。系绳是把安全网固定在支撑物上的绳。筋绳是增加安全网强度的绳。试验绳是供判断安全网材料老化变质情况试验用的。根据安装形式和使用目的的不同，安全网可分为平网和立网两类。安装平面垂直于水平面，主要用来接住坠落的人和物的安全网称为平网。安装平面不垂直于水平面，主要用来防止人或物坠落的安全网称为立网。P、L分别表示平网和立网，如P-3×6，表示宽3m、长6m的平网；L-4×6，表示高4m、长6m的立网。

(2) 安全网的使用规则和支搭方法

① 新网必须有产品质量检验合格证，旧网必须有允许使用的证明书或合格的检验记录。

② 安装时，在每个系结点上，边绳应与支撑物（架）靠紧，并用一根独立的系绳连接，系结点沿网边均匀分布，其距离不得大于75cm。系结点应符合打结方

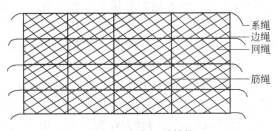

图 9-2　安全网的结构

便、连接牢固，且容易解开，受力后又不会散脱的原则。有筋绳的网在安装时，也必须把筋绳连接在支撑物（架）上。

③ 多张网连接使用时，相邻部分应靠紧或重叠，连接绳材料与网相同，强力不得低于其网绳强力。

④ 安装平网时，除按上述要求外，还要遵守支搭安全网的"三要素"，即负载高度、网的宽度和缓冲的距离。

安全网支搭标准还规定：在施工中的电梯井、采光井、螺旋式楼梯口，除必须设防护门（栏）外，还应在井口内首层、并每隔四层固定一道安全网；烟囱、水塔等独立体建筑物施工时，要在里、外脚手架的外围固定一道6m宽的双层安全网；井内应设一道安全网。

⑤ 安装立网时，除必须满足以上①、②、③的要求外，安装平面应与水平面垂直，立网底部必须与脚手架全部系牢封严。

⑥ 要保证安全网受力均匀，必须经常清理网上落物，网内不得有积物。

⑦ 安全网安装后，必须设专人检查验收，合格签字方可使用。

⑧ 拆除安全网必须在有经验人员的严密监督下进行。拆网应自上而下，同时要采取防坠落措施。

(3) 安装、使用时注意事项

① 安全网上的每根系绳都应与支架系结，四周边绳（边缘）应与支架贴紧，系结应符

合打结方便，连接牢固又容易解开，工作中受力后不会散脱的原则。有筋绳的安全网安装时还应把筋绳连接在支架上。

② 平网网面不宜绷得过紧。当网面与作业面高度差大于 5m 时，其伸出长度应大于 4m；当网面与作业面高度差小于 5m 时，其伸出长度应大于 3m。平网与下方物体表面的最小距离应不小于 3m。两层平网间距离不得超过 10m。

③ 立网网面应与水平面垂直，并与作业面边缘最大间隙不超过 10cm。

④ 安装后的安全网应经专人检验后，方可使用。

⑤ 使用时，应避免发生下列现象：a. 随便拆除安全网的构件；b. 人跳进或把物品投入安全网内；c. 大量焊接或其他火星落入安全网内；d. 在安全网内或下方堆积物品；e. 安全网周围有严重腐蚀性烟雾。

⑥ 对使用中的安全网，应进行定期或不定期的检查，并及时清理网上落物污染，当受到较大冲击后应及时更换。

⑦ 安全网应由专人保管发放，暂时不用的应存放在通风、避光、隔热、无化学品污染的仓库或专用场所。

四、脚手架工程施工的安全技术

（一）概述

在建筑施工中，脚手架的搭设与拆除多属高空立体交叉作业，易造成人员伤亡，对经济效益和施工人员的思想都有影响，稍不注意，就会出现事故。因此，在各种架子的施工准备、搭设、使用、拆除以及运输、保管的全过程中，必须坚决贯彻"安全第一，预防为主"的方针，采取切实可靠的措施，努力防止或杜绝各种安全事故的发生。

1. 脚手架的分类与要求

脚手架是建筑施工中必不可少的临时设施，可供工人操作、堆放材料、构件安装等，随着建筑施工技术的不断发展，脚手架的种类也越来越多。

① 按搭设部位不同分为外脚手架、里脚手架。

② 按搭设材质的不同分为钢管脚手架、竹脚手架、木脚手架。

③ 按用途不同分为砌筑脚手架、装饰脚手架。

④ 按搭设形式不同分为普通脚手架、特殊脚手架。

⑤ 按立杆排数不同分为单排脚手架、双排脚手架、满堂脚手架。

⑥ 按构造形式分为多立杆式脚手架、框式脚手架、吊式脚手架、挂式脚手架、挑式脚手架。

2. 脚手架的材质及规格要求

（1）木脚手架　常采用杉木或落叶松木。使用木脚手架时，立杆和斜杆（包括斜撑、抛撑、剪刀撑等）的小头直径一般不小于 70mm，大横杆、小横杆的小头直径一般不小于 80mm。

（2）竹脚手架　一般采用三年以上楠竹，青嫩、枯黄、黑斑、虫蛀以及裂纹连通二节以上竹杆不能使用。使用竹脚手架时，其立杆、斜杆、顶撑、大横杆的小头直径一般不小于 75mm，小横杆的小头直径不小于 90mm。

（3）钢管脚手架

① 钢管的材质及规格要求。钢管一般采用外径为 48～51mm、壁厚 3～3.5mm 的焊接钢管，也可采用同种规格的无缝钢管或外径 50～51mm、壁厚 3～4mm 的焊接钢管；用于立杆、横杆和斜杆的钢管长度以 4～6.5m 为宜，用于小横杆的钢管长度以 2.1～2.5m 为宜。要求符合 GB 700《普通碳素结构钢技术条件》技术要求，外表平直光滑，无裂纹、分层、变形扭曲、打洞截口以及锈蚀程度小于 0.5mm，且必须具有生产厂家的产品检验合格证或

租赁单位质量保证证明。

② 扣件的材质及规格要求。扣件是专门用来对钢管脚手架杆件进行连接的，它有回转、直角（十字）和对接（一字）三种形式，扣件应采用可锻铸铁制成，其技术要求应符合 GB 15831—2006《钢管脚手架扣件》的规定，严禁使用变形、裂纹、滑丝、砂眼等疵病的扣件，所使用的扣件还应具有出厂合格证明或租赁单位的质量保证证明。

在使用时，直角扣件和回转扣件不允许沿轴心方向承受拉力；直角扣件不允许沿十字轴方向承受扭力；对接扣件不宜承受拉力，当用竖向节点时只允许承受压力。扣件螺栓的紧固力矩应控制在 40～50N·m 之间，使用直角和回转扣件紧固时，钢管端部应伸出扣件盖板边缘不小于 100mm。扣件夹紧钢管时，开口处最小距离不小于 5mm；回转扣件的两旋转面间隙要小于 1mm。

3. 绑扎材料的材质及规格要求

（1）铁丝　绑扎木脚手架时一般采用 8 号镀锌丝，某些受力不大的地方也可用 10 号镀锌铁丝。

（2）竹篾　一般竹脚手架均采用竹篾绑扎。竹篾要求质地新鲜、坚韧带青，厚度 0.6～0.8mm，宽度 5mm 左右。

（3）塑竹篾　由塑料纤维编织而成带状，宽度为 10～15mm，厚约 1mm，应具有出厂合格证和力学性能数据。

4. 脚手架设计的基本要求

（1）荷载　荷载可分为恒载和活载。恒载包括立杆、大小横杆、脚手板、扣件等脚手架各构件自重，活载包括脚手架附属构件（如安全网、防护材料等）的自重、施工荷载及风荷载。其中施工荷载砌筑脚手架取 3kPa（考虑 2 步同时作业），装修脚手架取 2kPa（考虑 3 步同时作业），工具式脚手架取 1kPa（挂脚子、吊篮脚手架等）。

（2）设计计算方法

① 极限状态设计法要求进行两种极限状态，即承载能力和正常使用两种极限状态的计算。当按承载能力的极限状态计算时应采用荷载极限值，当按正常使用的极限状态计算时应采用荷载的标准值。荷载的设计值等于荷载的标准值乘以荷载的分项系数，其中恒载的分项系数为 1.2，活载的分项系数为 1.4。

② 容许应力法在设计计算时，考虑总的安全系数，一般习惯上取 $K=3$。

（3）使用要求　脚手架使用时不允许超载。计算时以脚手架上实际作用的负荷为准。结构施工用的内、外承重脚手架，使用时负荷不得超过 2646Pa（270kgf/m²[❶]）；装饰施工用的内、外脚手架使用负荷不得超过 1960Pa（200kgf/m²）；吊、挂、挑式等脚手架，使用负荷必须经过计算和试验确定。

脚手架的大小横杆的允许挠度，一般不得超过杆长的 1/150；组合式脚手架的允许挠度一般不得超过跨度的 1/200。

5. 脚手架安全作业的基本要求

① 施工层应连续铺设满脚手板，固定脚手板又可分为木脚手板、竹脚手板和钢脚手板，其材质与规格均需达到一定要求。

② 施工层脚手架部分与建筑物之间应实施封闭，当脚手架与建筑物之间的距离大于 20mm 时，还应自上而下做到 4 步一隔离。

③ 操作层必须设置 1.2m 高的栏杆和 180mm 高的挡脚板，挡脚板应与立杆固定，并有一定的机械强度。

---

❶ 千克力每平方米，压力单位，1kgf/m²=9.8Pa。

④ 架体外侧必须用密目式安全网实施封闭，网体与操作层不应有大于 10mm 的缝隙，网间不应有大于 25mm 的缝隙。

⑤ 操作人员上下脚手架必须有安全可靠的斜道或挂梯，斜道坡度走人时取不大于 1∶3，运料时取不大于 1∶4，坡面每 30cm 设一防滑条。当架高小于 6m 时可采用一字形斜道，防滑条不能使用无防滑作用的竹条等材料；当架高大于 6m 时应采用之字形斜道，斜道的杠杆应单独设置。挂梯可用钢筋预制，其位置不应在脚手通道的中间，也不应垂直贯通。

⑥ 脚手架通常应每月进行一次专项检查。脚手架的各种杆件、拉结及安全防护设施不能随意拆除，如确需拆除应事先办理拆除申请手续。有关拆除加固方案应经工程技术负责人和原脚手架工程安全技术措施审批人书面同意后方可实施。

⑦ 从事架体搭设作业人员应是专业架子工，且取得劳动部门核发证书，当参与爬架安装操作时还必须持建设部门核发的升降脚手上岗证。架子工应定期进行体检，凡患有不适合高处作业病症的不准上岗作业。架子工作业时必须戴好安全帽、安全带和穿防滑鞋。

⑧ 脚手架搭设安装前应先对基础等架体承重部位进行验收；搭设安装后应进行分段验收，特殊脚手架须由企业技术部门会同安全、施工管理部门验收合格后才能使用。验收要定量与定性相结合，验收合格后应在脚手架上悬挂合格牌，且在脚手架上明示使用单位、监护管理单位和责任人。施工阶段转换时，对脚手架重新实施验收手续。

⑨ 钢管脚手架必须有防雷装置和良好的接地装置，接地电阻不大于 4Ω，雷雨季节应按规范设置避雷装置。

⑩ 雨雪等恶劣天气时应暂停脚手架作业。

⑪ 严禁在脚手架上堆放钢模板、木料及施工多余的物料等，以确保脚手架畅通和防止超荷载。脚手架搭设与拆除前均应由单位工程负责人召集有关人员进行书面交底。

6. 安全使用脚手架的"十二道关"

(1) 人员关　有高血压、心脏病、癫痫病、晕高、视力差等不适合进行高处作业的人员，未取得架子工特种作业上岗操作证的人员，均不得从事脚手架支搭和拆除作业。

(2) 材质关　脚手架所用的材料、扣件等必须符合国家规定，经验收合格后才能使用，杜绝使用假冒伪劣和不合格的产品。

(3) 尺寸关　必须按规定的立杆、横杆、剪刀撑、护身栏等间距尺寸搭设，各杆件接头要错开。

(4) 地基关　土壤必须夯实，立杆插在底座上，下铺 5cm 厚的通板，并加绑扫地杆，地基排水要良好，防止积水。高层脚手架的基础要经过计算，采用加固措施。

(5) 防护关　作业层内侧脚手板与墙之间设一道挡脚板，或采用设一道护身栏，立挂板，以保证安全。如因材料不足不能设安全层时，可在操作层下设一层安全网以防坠落。

(6) 铺板关　脚手板必须满铺、铺牢，不得有探头板和飞跳板，保持清洁平整。脚手板必须和小横杆用铁丝绑牢。

(7) 稳定关　必须按规定设剪刀撑。水平面夹角应为 45°～60°。脚手架必须按楼层与墙体拉结牢固，每层拉结点的垂直距离不超过 4m，水平距离不得超过 6m，高大架子不得使用柔性拉结。

(8) 承重关　荷载不得超过规定，如在脚手架堆砖，只许单行侧摆三层。

(9) 通道关　必须有供工人安全行走而搭设的合格斜道和阶梯。严禁施工人员沿脚手架爬上爬下。

(10) 雷电关　脚手架高于周围避雷设施的，必须安装避雷针，其接地电阻不得大于 4Ω。

(11) 挑别关　对特殊架子的挑梁、别杆是否符合规定，必须认真检查和把关。

（12）检查关 架子搭好后，必须经过有关人员检查验收合格后才能上架作业。要加强使用过程中的检查，高大脚手架应分阶段搭设、分阶段验收、分阶段使用，发现问题应及时加固。大风、大雨、大雪后要认真检查，确认无安全隐患后，方可继续使用。

（二）落地式多立杆脚手架

1. 基本构造及荷载传递方式

（1）基础构造

① 竹、木脚手架一般将立杆直接埋于地基中。

② 钢管脚手架将地面整平夯实，垫以厚度不少于50mm的垫木或垫板，然后于垫木（或垫板）上加设钢管底座再立立杆。

（2）主要杆件

① 立杆（也称立柱、站杆、冲天杆、竖杆）。与地面垂直，是脚手架的主要受力杆件。将脚手架上的所有荷载通过底座传至地基。

② 大横杆（也称顺水杆、纵向水平杆、牵杆等）。与墙面平行，同立杆连成整体，将脚手板上的荷载传到立杆上。

③ 小横杆（也称横楞、横担、横向水平杆、六尺杠、排木等）。与墙面垂直，同立杆和大横杆连成一体，直接承受脚手板上的荷载，并将其传至大横杆上。

④ 斜撑。紧贴脚手架外排立杆，与立杆斜交并与地面成45°～60°角，上下连续设置，成"之"字形，主要设在脚手架拐角处，防止脚手架沿纵长方向倾斜。

⑤ 剪刀撑（又称十字撑、十字盖）。与地面成45°～60°夹角，将脚手架连成整体，增加脚手架的整体稳定。

⑥ 抛撑（又称支撑、压栏子）。是设在脚手架周围的支撑架子的斜杆，一般与地面成60°夹角，防止脚手架向外倾斜或倾倒。

⑦ 连墙杆。沿立杆竖向不大于4m，水平方向不大于7m，能承受拉和压并与主体相连接的水平杆件，主要承受脚手架的全部风荷载和脚手架里、外排立杆产生不均匀沉降时产生的荷载。

⑧ 脚手板（也称跳板、压栏子等）。直接承受施工荷载的承力构件，为操作工人提供一个安全、方便的工作场所。

（3）荷载传递方式

① 脚手板—大横杆—小横杆—立杆—基础。

② 脚手板—小横杆—大横杆—立杆—基础。

由于南方地区常选用竹笆作为脚手板，而北方地区常选用木板作为脚手板，同时考虑到脚手板铺设的平顺严密，南方地区常见的是第一种构造形式，即小横杆在大横杆之下；北方地区常见的是第二种构造形式，即小横杆在大横杆之上。

2. 单排脚手架

单排木脚手架搭设高度不宜超过20m，单排扣件式或螺栓连接的钢管脚手架搭设高度不宜超过25m。单排脚手架不能用于半砖墙、轻质墙、土坯墙等墙体的砌筑，在墙体上留脚手眼应遵守相关技术标准。

3. 木脚手架

（1）搭设形式 有双排架和单排架两种。

（2）构造要求

① 立杆基础。一般坑深为300～500mm，坑底要稍大于坑口，坑口直径要大于立杆直径100mm。埋杆前应先将坑底夯实，并于其底部垫以砖石块，以防下沉；立杆找准后应立即埋坑，杆周围的土要分层夯实，并做好防水措施。岩土系松软土，则应沿主杆底部加绑扫

地杆。

② 杆件的间距。立杆间距、大横杆步距和小横杆间距应根据脚手架的用途、荷载和建筑平立面、使用条件等确定。一般砌筑和装修工程用的脚手架可参考表9-2。

表9-2 木脚手架构造参数　　　　　　　　单位：m

用途	脚手架构造形式	里立杆离墙面的距离	立杆间距		操作层小横杆间距	大横杆步距	小横杆挑向墙面的悬臂长
			横向	纵向			
砌筑	单排	—	1.2～1.5	1.5～1.8	≤1.0	1.2～1.4	
	双排	0.5	1.0～1.5	1.5～1.8	≤1.0	1.2～1.4	0.4～0.45
装修	单排	—	1.2～1.5	≤2.0	1.0	1.6～1.8	—
	双排	0.5	1.0～1.5	≤2.0	1.0	1.6～1.8	0.35～0.40

③ 杆件的连接

● 立杆。上下两根立杆接头处，其搭接长度应不小于1.5m，绑扎不少于3道。相邻立杆的接头应互相错开，且每一次接头应左右错开，确保重心在一条垂直线上；大头朝下，小头朝上，上下垂直；若立杆本身不直，应将其弯向架子的纵向，不要弯向里边或外边。

立杆搭接到建筑物顶部时，里排立杆要低于檐口400～500mm，外排立杆则应高出檐口800～1000mm，以便绑护身栏杆。

● 大横杆。一般绑在立杆里面，表面尽可能保持水平；接头应大小头搭接，小头放在大头上面，搭接长度不小于1.5m，绑扎不少于三道；接头位置应上下里外错开，不宜在同一跨间内。

● 小横杆。单排架时大头应向里，双排架时大头向外。上下相邻的小横杆应分别绑在立杆的不同侧面，以保证立杆沿纵向的自重能沿中心受荷。小横杆端头伸出大横杆长度不小于300mm。

● 斜撑。大横杆绑在立杆里面时，斜撑应绑在外排立杆的外面；大横杆绑在立杆外面时，则斜撑应绑在外排立杆里面。

● 抛撑。脚手架绑到3～4步以上，必须设置抛撑，其间距最大不超过7根立杆，抛撑底脚埋入土中厚度至少200mm。如遇到坚硬地面，抛撑底脚无法支住时，应加绑扫地杆，扫地杆一头绑住抛撑，另一头穿过墙，与墙角处横杆绑住。

● 剪刀撑。双排或单排脚手架，应在每隔15m左右的地方及蚰位，设置剪刀撑，从下到上连续设置，剪刀撑与大横杆、立杆的交叉点均应全部绑扎。

4. 竹脚手架

（1）基本构造　一般砌筑和装修工程用的竹脚手架，其立杆间距、大横杆步距和小横杆间距可参见表9-3。

表9-3 竹脚手架构造参数　　　　　　　　单位：m

用途	脚手架构造形式	里立杆离墙面的距离	立杆间距		操作层小横杆间距	大横杆步距	小横杆挑向墙面的悬臂长
			横向	纵向			
砌筑	双排	0.5	1.0～1.3	1.3～1.5	≤0.75	1.2	0.4～0.45
装修	双排	0.5	1.0～1.3	≤1.8	1.0	1.6～1.8	0.35～0.40

（2）构造要求　竹脚手架构造与木脚手架基本相同。不同的是在立杆旁要加设顶撑，顶住小横杆，用以分担小横杆传来的载荷，不使大横杆因受荷载过大而下滑。

5. 扣件式钢管脚手架

（1）基本构造　扣件式钢管脚手架由钢管和扣件组成，有单排和双排架两种，双排扣件式钢管脚手架搭设高度不宜超过 50m，高度≤25m 称为一般脚手架，>25m 时称为高层脚手架。立杆间距、大横杆步距和小横杆间距可参见表 9-4。

表 9-4 扣件式钢管脚手构造参数 单位：m

用途	脚手架构造形式	水平运输条件	立杆间距		操作层小横杆间距	大横杆步距	小横杆挑向墙面的悬臂长
			横向	纵向			
砌筑	单排	不推车	1.2~1.5	≤2.0	≤1.5	1.2~1.4	—
	双排	推车	1.5	≤1.5	≤0.75	1.2~1.4	0.4~0.45
装修	单排	不推车	1.2~1.5	≤2.0	≤1.5	1.5~1.8	—
	双排	推车	1.5	≤1.5	≤1.0	1.6~1.8	0.40

注：最下步的步距可放大到 1.8m。

（2）构造要求

① 立杆地基较一般脚手架地基土应夯实找平，并做好排水。

地基土质良好时，用厚 8mm、直径或边长为 150mm 钢板做成底板，外径 57mm、壁厚 3.5mm、长 150mm 焊接管做的套筒焊接而成的立杆底座，可直接放置于夯实的原土上。

地基土质较差或为夯实的回填土时，底座下加上宽至不小于 200mm、厚 50~60mm，且面积不小于底座面积 3 倍的木垫板，如果立杆无底座则应在平整夯实的地面上铺设厚度不小于 120mm、且面积不小于底座面积 3 倍的混凝土垫块。

高层脚手架：立杆有底座时，在地面平整夯实后，上铺 100~200mm 厚道渣，做好排水。再放置厚度不小于 120mm、面积不小于 400mm×400mm 的混凝土垫块，底座放置于混凝土垫块之上。

立杆无底座时，应在混凝土垫块上纵向仰铺统长 12~16 号槽钢，立杆再放置于槽钢上。

在架体下部或附近不得随意进行挖掘作业，如确需挖掘，应制定架体的加固措施，并报技术主管部门批准实施。

② 立杆纵距。高度在 30m 以下用单立杆，立杆纵距为 1.8m。高度在 30~50mm 用单立杆：30~40m，立杆纵距 1.5m；40~50m，立杆纵距 1.0m。用双立杆：立杆纵距为 1.8m。（自立杆顶部算起，往下 30m 用单根钢管，再往下至地面部分，里外立杆均用双根钢管，顺纵墙并列组成，并用扣件紧固。）

③ 杆件的连接与偏差。

● 立杆的连接立杆除在顶层时可采用搭接形式外，其余连接点必须采用对接，对接时扣件相互应交错布置。也就是相邻两立杆的连接点不应设在同步同跨上，相邻两立杆的连接点在高度方向应错开不小于 500mm，且连接点距离大、小横杆不大于步距的三分之一，搭接时应采用不少于两个回转扣件固定，搭接长度不小于 1000mm。

● 纵向小平杆（在横杆与搁栅）的连接。对接时连接点应列交错布置，里外大横杆的连接点应相互错开，水平距离不小于 500mm。且距离立杆的水平距离不大于三分之一的柱距，也即连接接点不应处在跨中部分。纵向水平杆的连接一般情况下不采用搭接，若采用搭接形式则搭接长度不小于 1000mm，且用 3 个扣件等距紧固。

● 剪刀撑的连接。剪刀撑钢管的连接应采用搭接形式，搭接长度应不小于 400mm，且用不少于 2 个扣件紧固。当采用对接形式时，应双管并联使用且双管连接点不能同时出现在同步同跨内。

● 杆件搭设的允许偏差。立杆垂直度偏差：当架高≤30m 时，纵向不大于 $H/200$，且不大于 100mm；横向不大于 $H/400$，且不大于 50mm。当架高>30m 时，纵向不大于 $H/400$，且不大于 100mm；横向不大于 $H/600$，且不大于 50mm。纵向水平杆的水平偏差不得大于总长度的 1/300，且不大于 50mm。

④ 附墙拉结。

• 拉结形式。拉结分为硬拉结和软拉结。一般情况下脚手架高≤25m 时可采用软拉结，当脚手架高＞25m 时则应采用硬拉结。

• 位置通常情况下，拉结沿垂直方向的间距不大于 4m，水平方向的间距不大于 6m，攀拉脚手架的部位应该是立杆与大小横杆交叉点的上下、左右 200mm 范围内。架体的断开处和架体的顶部拉结点应适当加密。

拉结点的排列形式有梅花形和井字形两种，据有关理论分析：在同等条件下，梅花形排列比井字形排列的架体临界荷载可提高 10.6%。因此拉结点的排列形式应提倡梅花形排列。

• 强度及构造。每个拉结点处的拉结件，强度应不小于 7000N，构造上除拉结件必须与墙体垂直设置外，还应符合以下要求。

软拉结在结构内预埋钢筋环，用小横杆顶住墙面，并在立杆与小横杆交叉点附近用 10~12 号镀锌丝双股并联，绕住立杆与钢筋环绑牢，形成一支一拉。

此时镀锌铁丝承受拉力，小横杆承受压力。在设置软拉结时应注意，镀锌铁丝只能在结点处缠绕，结点之间应减少缠绕以免造成钢丝强度的损失，此外拉撑点要尽量靠近，间距不能过大。

硬拉结当用钢管扣件组成时，由于扣件的承载能力远低于钢管的承载能力，所以在设计计算时，拉结的承载力取一个扣件的抗滑移值（8.5kN），当水平荷载数大时应增加扣件数，以通过提高扣件的抗滑移力来提高拉结的承载力。

当用钢管螺栓组成拉结时，螺栓直径应不小于 12mm，所用的承压连接钢板的厚度应不小 4mm。

6. 满堂脚手架

搭设前须做好立杆基础。架体的四边设剪刀撑，中间沿纵向每隔四排立杆设一道剪刀撑，并在四角设置抱角斜撑，剪刀撑和斜撑应从顶到底连续设置；在有斜撑和剪刀撑的部位，每隔两步在水平方向设一道水平剪刀撑。

立杆间距不大于 2.0m，当承重较大时不大于 1.5m；作业面脚手板必须满铺，作业面以下每隔 10m 应用平网或其他措施封闭。作业面外侧临边应设防护栏杆，并应设置架体的上下通道。

满堂脚手架的设计必须经企业技术负责人审批后方可搭设，搭设完毕应经验收后，挂合格牌和限载牌才能投入使用。

（三）附着式升降脚手架

附着升降脚手架又称爬架，是指采用各种形式的架体结构及附着支撑结构，依靠设置于架体上或建筑结构上的专用升降设备实现升降的施工用脚手架。

当按爬升构造方式分类时有套管式、挑梁式、悬挂式、互爬式和导轨式等；当按组架方式分类时有单片式、多片式和整体式；当按提升设备分类时有手拉式、电动式、液压式等。

附着升降脚手架主要由架体结构、附着支撑、升降装置、安全装置等组成。其中附着支撑是附着升降脚手架的主要承、传力构件，它与建筑结构附着，并与架体结构连接，使主框架上的荷载可靠地传到建筑结构上，确保了架体在升降和使用过程中的稳定。

附着支撑与建筑结构中架体范围内的每个楼层都应有可靠的连接点，且在任何工况下每层竖向主框架与建筑结构的附着不少于两处。

附着支撑与建筑结构附着处的混凝土强度应严格按设计要求确定，实际施工时以混凝土强度报告为依据，不得小于 C10。

升降设备主要是指动力设备和同步升降控制系统。其动力设备一般有手动环链葫芦、电动环链葫芦、卷扬机、升降机和液压千斤顶。动力设备与架体的竖向主框架对应布置。同步升降控制系统可控制架体平稳升降，不发生意外超载，其主要分为电控系统和液压系统。

1. 附着式升降脚手架安全装置

为保证架体在升降过程中不发生倾斜、晃动和坠落，附着升降脚手架必须设置防倾和防坠安全装置。

常用的防倾装置主要有两种：导轨＋导轨；钢管＋套管。防倾装置应有足够的刚度，在升降状态中，除对架体有垂直导向作用外，还能对架体始终保持前后和左右的水平约束，确保架体在两个方向的晃动不大于3cm。

防坠装置的作用是当架体发生意外下坠时能及时将架体固定住，阻止架体的坠落。在设置时不但不能设在附着支撑即钢挑梁上，而且还应能保证通过两处以上的附着支撑向建筑结构传力。在架体平面布置时，每个动力机位处都应配置一套防坠装置。在技术要求上防坠装置的制动时间和制动距离，当整体式时不得大于0.2s和80mm，当单片式时不得大于0.5s和150mm。此外防坠装置必须在有效标定期限内使用，有效标定期限目前规定为一个单体工程的使用周期，且最长不超过30个月。

架体外侧用密目网、架体底部用双层网（即小眼网加密目网）实施全封闭。每一作业层外侧设备1.2m、0.6m高两道防护栏杆，以及180mm高挡脚板。使用工况下架体底部与建筑结构外表面之间、单片架体之间的间隙必须封闭；升降工况下架体的开口和敞开处必须有防止人员及物料坠落的防护措施。

物料平台等可能增大架体外倾力矩的设施，必须单独设置、单独升降，严禁附着在架体上。

此外，架体应设置必要的消防设施和防雷击措施。

2. 使用条件和管理

附着升降脚手架除须经建设部鉴定外，其生产经营企业必须经当地建设行政主管部门依据相应的技术规程和有关规定进行审定后，持脚手架的《施工专业资质证书》才能从事该项业务。施工使用中不得违背技术性能规定，扩大使用范围。

每个单位工程必须根据工程实际情况，编制专项施工组织设计、经审批后报工程安全监督机构备案。架体安装完毕必须经建设行政主管部门委托的检测机构检测合格后方可投入使用。

参与架体安装操作人员必须经过建设部门安全技术专业培训后持证上岗。

其管理要求有：

① 根据施工组织设计要求，落实现场施工人员和组织机构，并在装拆和每次升降作业前对操作人员进行安全技术交底。

② 架体安装后必须经企业技术、安全职能部门验收合格后方可办理投入使用的手续。每次升降应配备必要的监护人员，规范指令、统一指挥。升降到位后实施书面检查验收，合格后方可交付使用。

架体由提升转为下降时，应制定专项的升降转换安全技术措施。

③ 架体装拆和提升、操作区域和可能坠落范围应设置安全警戒。

④ 遇6级及6级以上大风或大雨、大雪、浓雾等恶劣天气时，停止一切作业，并采取相应的加固和应急措施。事后按规定内容进行专项检查，并做好记录，检查合格才能使用。夜间禁止升降作业。

⑤ 同一架体所使用的升降动力设备、同步及限载控制系统、防坠装置等应分别采用同一厂家、同一规格型号的产品。多台设备时，应编号管理和使用。

⑥ 动力、控制设备、防坠装置等应有防雨、防尘及防污染措施，对较敏感的电子设备

还应有防晒、防潮和防电磁干扰等方面的措施。

⑦ 整体式附着升降脚手架的施工现场应配备必要的通讯工具，其控制中心应有专人负责管理。

⑧ 架体每月按规定内容进行专项检查，定期对脚手架及各部件进行清理保养。在空中悬挂时间超过 30 个月或连续停用时间超过 10 个月，架体必须予以拆除。

（四）挑、挂、吊脚手架

1. 挑脚手架

挑脚手架是一种利用悬挑在建筑物上支撑结构搭设的脚手架，架体的荷载通过悬挑支撑结构传到主体结构上，上部搭设脚手架的方法与普通脚手架相同，须按要求设置连墙点，且架体高度不得超过 25m。当架体较高时，应分段设置悬挑支撑结构。悬挑支撑结构作为挑脚手架的关键，必须具有一定的强度、刚度和稳定性。

悬挑支撑结构的形式一般均为三角形桁架，根据所用杆件的种类不同可分成两类，即钢管支撑结构和型钢支撑结构。

（1）钢管支撑结构　钢管支撑结构是由普通脚手钢管组成的三角形桁架。斜撑杆下端支在下层的边梁或其他可靠的支托物上，且有相应的固定措施，当斜撑杆较长时可采用双杆或在中间设置连接点。

因钢管支撑结构的节点连接以扣件为主，而扣件又以紧固摩擦力来传递荷载，故钢管支撑结构承载力较小。通过设计计算支撑结构一般仅能搭设 4～8 步脚手架，当高层施工时，通常以 2～4 层为一段进行分段搭设。

钢管支撑结构搭拆属于高空作业，搭拆施工前要研究各杆件间关系，明确搭拆顺序，避免造成杆件传力不合理，留下安全隐患。

（2）型钢支撑结构　型钢支撑结构的结构形式主要分为斜拉式和下撑式两种。

① 斜拉式。斜拉式是用型钢作悬挑梁外挑，再在悬挑端用钢丝绳或钢筋拉杆与建筑物斜拉，形成悬挑支撑结构。

② 下撑式。下撑式是用型钢焊接成三角形桁架，其三角斜撑为压杆。桁架的上下支点与建筑物相连，形成悬挑支撑结构。

型钢支撑结构的承载力远大于钢管支撑结构，通过设计计算，支撑结构上部脚手架搭设高度可达 25m。但型钢支撑结构耗钢量较大，预埋件存在一次性弃损，且现场制作精度和安装难度较大。

（3）挑脚手架的防护及管理　挑脚手架在施工作业前除须有设计计算书外，还应有含具体搭设方法的施工方案。当设计施工荷载小于常规取值，即按三层作业、每层 2kPa，或按二层作业、每层 3kPa 时，除应在安全技术交底中明确外，还必须在架体上挂上限载牌。

挑脚手架应实施分段验收，对支撑结构必须实行专项验收。

架体除在施工层上下三步的外侧设置 1.2m 高的扶手栏杆和 18cm 高的挡脚板外，外侧还应用密目式安全网封闭。在架体进行高空组装作业时，除要求操作人员使用安全带外，还应有必要的防止人、物坠落的措施。

2. 挂脚手架

挂脚手架是在用型钢制成的承力架上设置操作平台，并悬挂于建筑物主体结构上，以供施工作业和安全围护之用。挂脚的设计和使用关键是悬挂点，悬挂点按建筑物主体结构不同而分成两种。一种为当主体结构为剪力墙时，用预埋钢筋环，也可用特别的预埋件或穿墙螺栓作为悬挂点。另一种为当主体结构为框架时，则在框架柱上设置卡箍，并在卡箍上焊上挂环作为悬挂点。悬挂点要认真进行设计计算，一般情况下悬挂点水平间距不大于 2m，由于挂脚手架的附加荷载对主体结构有一定的影响，因此还必须对主体结构进行验算和加固。使用时严格控制施工荷载和作业人数，一般施工荷载不超过 1kPa，每跨同时操作人数不超过 2 人。

挂脚手架应在地面上组装。然后利用起重机械进行挂装。挂脚手架正式投入使用前，必须经过荷载试验，试验时载荷至少持续 4h，以检验悬挂点和架体的强度和制作质量。

挂脚手架施工层除设置 1.2m 高防护栏杆和 18cm 高的踢脚板外，架体外侧必须用密目网实施全封闭，架体底部必须封闭隔离。

3. 吊脚手架

吊脚手架也称吊篮，一般用于高建筑的外墙施工，也可用于滑模外墙装饰作业，它是利用固定在建筑物顶部的悬挑梁作为吊篮的悬挂点，通过吊篮上的提升机械，使吊篮升降，以满足施工的需要。其主要组成部分为：吊篮、支撑设施（挑梁和挑架）、吊索和升降装置等。

电动吊篮必须具备生产厂家的生产许可证或准用证、产品合格证、安装使用和维修保养说明书、安装图、易损件图、电气原理图、交接线图等技术文件。吊篮的几何长度、悬挑长度、载荷、配重等应符合吊篮的技术参数要求。其电气系统应有可靠的接零装置，接零电阻 ≤0.1Ω。电气控制机构应配备漏电保护器，电气控制柜应有门加锁。

电动吊篮应设有超载保护装置和防倾斜装置。

吊篮的使用和管理要求如下：

① 吊篮使用前应进行荷载试验和试运行验收，确保操纵系统、上下限位、提升机、手动滑降、安全锁的手动锁绳灵活可靠。

② 吊篮升降就位后应与建筑物拉牢、固定后才允许人员出入吊篮或传递物品。吊篮使用时必须遵循设备保险系统与人身保险系统分开的原则，即操作人员安全带必须扣在单独设置的保险绳上。严禁吊篮连体升降，且两篮间距不大于 200mm，严禁将吊篮作为运送材料和人员的垂直运输设备使用。严格控制施工荷载，不超载。

③ 吊篮必须在醒目处挂设安全操作规程牌和限载牌，升降交付使用前须履行验收手续。

④ 吊篮操作人员应相对固定，经特种作业人员培训合格后持证上岗，每次升降前应进行安全技术交底。作业时应戴好安全帽、系好安全带。

⑤ 吊篮的安装、施工区域应设置警戒区。

第三节　建筑施工安全用电

一、施工现场配电系统

（一）配电线路

施工现场的配电线路一般可分为室外和室内配电线路。室外配电线路又可分为架空配电线路和电缆配电线路。

1. 导线截面

① 导线中的负荷电流不大于其允许载流量。

② 线路的末端电压降不应超过 5%。

③ 满足机械强度，架空绝缘铝线不小于 16mm²，绝缘铜线不小于 10mm²。跨越铁路、公路、河流、电力线等绝缘铝线不小于 35mm²，绝缘铜线不小于 16mm²。

④ 单相回路中的中性线（零线）截面与相线截面相同，三相四线制的中性线（零线）截面和专用保护零线（五线制）的截面不小于相线截面的 50%。

⑤ 长期连续负荷的电线电缆其截面应按电力负荷的计算电流及国家有关规定条件选择。

⑥ 室内配线所用导线截面，应根据计算确定，但绝缘铝线不小于 2.5mm²，绝缘铜线不小于 1.5mm²。

⑦ 应满足长期运行温升的要求。

2. 架空线路的敷设

① 架空线必须设在专用电杆上，宜采用混凝土杆或木杆。混凝土杆不得有露筋、环向裂纹和扭曲；木杆不得腐朽，其梢径应不小于 130mm。

② 电杆埋深为杆长的 1/10 加 0.6m，但在松软土质处应适当加大埋设深度或采用卡盘等加固。

③ 架空线路的档距不得大于 35m，最大弧垂与地面距离不小于 4m，线间距离不得小于 30cm。

④ 横担间的最小垂直距离、绝缘子拉线、撑杆等均应符合规范要求。架空线路与邻近线路或设施的距离除应符合规范要求外，同时还应考虑施工现场以后的变化，如场内地坪可能垫高、所造建筑物的变化等。

⑤ 考虑施工情况，防止先架设的架空线与后施工的外脚手、结构挑檐、外墙装饰等距离太近而达不到要求。

⑥ 架空线路应设置短路保护和过负荷保护。

⑦ TT 系统供电时，其相序排列：面向负荷从左向右为 L_1、N、L_2、L_3。

⑧ TN-S 系统或 TN-C-S 系统供电时，和保护零线在同一横担架设时的相序排列：面向负荷从左至右为 L_1、N、L_2、L_3、PE。

⑨ TN-S 系统或 TN-C-S 系统供电时，动力线、照明线同杆架设上、下两层横担，排列方法：上层横担，面向负荷从左至右为 L_1、L_2、L_3；下层横担，面向负荷从左至右为 L_1、L_2、L_3、N、PE。当照明线在两个横担上架设时，最下层横担面向负荷，最右边线为保护零线 PE。

3. 电缆线路的敷设

（1）埋地敷设

① 电缆在室外直接埋地敷设的深度应不小于 0.6m，并应在电缆上下均匀铺设不少于 60mm 厚的细砂，然后覆盖砖等硬质保护层。

② 电缆穿越建筑物、构筑物、道路、易受机械损伤的场所及引出地面从 2m 高度至地 0.2m 处，必须加设保护套管。保护套管内径应大于电缆外径的 1.5 倍。

③ 施工现场埋设电缆时，应尽量避免碰到下列场地：经常积、存水的地方，地下埋设较复杂的地方，时常挖掘的地方，预定建设建筑物的地方，散发腐蚀性气体或溶液的地方，及制造和贮存易燃易爆或燃烧的危险物质场所。

④ 埋地敷设的电缆接头应设在地面上的接线盒内，接线盒应能防水、防尘、防机械损伤，应远离易燃、易爆、易腐蚀场所。

⑤ 电缆线路与其附近热力管道的平行间距不得小于 2m，交叉间距不得小于 1m。

（2）架空敷设

① 橡皮电缆架空敷设时，应沿墙或电杆设置，并用绝缘子固定，严禁使用金属裸线绑线。

② 架空电缆的档距应保证电缆能承受自重所带来的荷载。

③ 架空电缆的最大弧垂点距地不得小于 2.5m。

（3）其他敷设 高层建筑的临时用电，用电缆配电方式埋设后再引入到楼层内，也有直接架空引入室内。电缆的垂直敷设，应充分利用在建工程的竖井、垂直的管笼孔洞等，并应靠近负荷中心处，电缆在每个楼层设一处固定点。当电缆水平敷设沿墙或门口固定，最大弧垂距地不得小于 1.8m。电缆接头应牢固可靠，并作绝缘包扎，不得承受张力。电缆线路不得沿地面明设，并应避免机械损伤和介质腐蚀。

4. 室内配电线路

① 室内配线必须采用绝缘导线。采用瓷瓶、瓷夹等敷设，距地高度不小于 2.5m。

② 进户线过墙应穿管保护，距地高不小于 2.5m，并有防雨措施。其室外端应用绝缘子固定。

③ 潮湿场所或埋地非电缆配线必须穿管敷设，管口应密封。用金属管敷设时须作保护接零。

（二）配电箱与开关箱

1. 三级配电、两级保护

（1）三级配电 指总配电箱（间）、分配电箱（工地大的可分几级分配）及开关箱。

（2）两级保护 指分配电箱和开关箱均必须经漏电保护开关保护。

第一级漏电保护，设置在总配电箱内各回路开关电器的末级，对总配电箱的对应回路出线、分配电箱及分配电箱的回路出线形成总保护，其漏电动作电流在 30～100mA 之间，漏动作时间不大于 0.1s。

第二级（末级）漏电保护，设置在开关箱内各回路隔离开关的负荷侧，对用电设备及开关箱对应回路出线，与第一级漏电保护配合，形成分级选择性保护，其漏电动作电流不大于 30mA，漏电动作时不大于 0.1s。

2. 一机、一闸、一漏、一箱

JGJ 59—1999 检查标准中对"一机、一闸、一漏、一箱"的开关箱配置提出具体要求，每台设备有各自专用的开关箱，工人停机切断电源后锁好开关箱，从而提高了临时用电的本质安全。

3. 配电箱及开关箱装设的电气技术要求

（1）材质要求

① 配电箱、开关箱应采用铁板或优质绝缘材料制作，铁板的厚度应大于 1.5mm。

② 配电箱内的电器应安装在金属或非木质的绝缘电器安装板上。金属板与配电箱箱体应电气连接。

③ 施工现场不宜采用木质材料制作配电箱、开关箱、配电板安装电器。木质电箱干燥不防水、下雨时不防雨、潮湿时不防电、经不起冲击、容易腐朽损坏、使用寿命短。

（2）制作要求

① 配电箱、开关箱必须防雨、防尘，箱体应严密、端正，箱门开、关松紧适当，便于开关。

② 必须有门锁。

③ 端子板一般放在箱内配电板下部或箱内底侧边，并应分别标明"N"、"PE"。

（3）设置位置要求

① 总配电箱应设在靠近电源的地区，分配电箱应装设在用电设备或负荷相对集中的地区。

② 动力配电箱和照明配电箱宜分别设置，若设置在同一配电箱内，动力和照明线路应分路设置。

③ 应设置在干燥、通风及常温场所。

④ 电箱周围应有足够两人同时工作的空间和通道，不得堆物。

（4）内部开关电器安装要求

① 箱内电器安装常规是左大右小，大容量的控制开关，熔断器在左面，右面安装小容量的开关电器。

② 箱内所有的开关电器应安装端正、牢固，不得有任何的松动、歪斜。

③ 内部设置电器元件之间的距离和与箱体之间的距离应符合电气规范。

④ 配电箱、开关箱及其内部开关电器的所有正常不带电的金属部件均应作可靠的保护接零。保护零线必须采用标准的黄/绿双色线,并通过专用接线端子板连接,与工作零线区别。

（5）配电箱、开关箱导线进出口处要求

① 对于配电箱、开关箱的电源导线进出为下进下出,不能设在上面、后面、侧面,更不应当从箱门缝隙中引进和引出导线。

② 在导线的进、出口处加强绝缘,并将导线卡固。

（6）配电箱、开关箱内接连导线要求

① 配电箱、开关箱内应采用绝缘导线,其性能要良好,接头不得松动,不得有外露导电部分。

② 配电箱、开关箱内尽量采用铜线。铝线接头万一松动,造成接触不良产生电火花和高温,使接头绝缘烧毁,导致对地短路故障。为了保证可靠的电气连接,保护零线应采用铜线。

4. 配电箱、开关箱的使用和维修

① 所有配电箱均应标明名称、用途,并做出分路标记,有专人管理。

② 所有配电箱、开关箱应每月检查和维修一次。检查维修时必须断电。

③ 施工现场停止作业 1h 以上时,应将动力开关箱断电上锁。

④ 配电箱、开关箱内不得搭接其他临时用电设备。

（三）现场照明

1. 室外照明

施工现场的一般场所宜选用额定电压为 220V 的照明器。为便于作业和活动,在一个工作场所内,不得装设局部照明。停电时,应有自备电源的应急照明。

（1）照明的使用环境条件

① 正常湿度时,选用开启式照明器。

② 在潮湿或特别潮湿的场所,选用密闭型防水防尘照明器或配有防水灯头的开启式照明器。

③ 含有大量尘埃但无爆炸和火灾危险的场所,采用防尘型照明器。

④ 对有爆炸和火灾危险的场所,必须按危险场所等级选择相应的照明器。

⑤ 在振动较大的场所,应选用防振型照明器。

⑥ 对有酸碱等强腐蚀的场所,应采用耐酸碱型照明器。

（2）安全电压 对下列特殊场所应使用安全电压照明器。

① 隧道、人防工程,有高温、导电灰尘和灯具离地面高度低于 2.4m 等场所的照明,电源电压应不大于 36V。

② 在潮湿和易触及带电体场所的照明电源电压不得大于 24V。

③ 在特别潮湿的场所、导电良好的地面、锅炉或金属容器内工作的照明电源电压不得大于 12V。

（3）行灯使用要求

① 电源电压不得超过 36V。

② 灯体与手柄应坚固、绝缘良好并耐热耐潮湿。

③ 灯头与灯体结合牢固,灯头上无开关。

④ 灯泡外面有金属保护网。

⑤ 金属网、反光罩、悬挂吊钩固定在灯罩的绝缘部位上。

（4）照明线路　施工现场照明线路的引出处，一般从总配电箱处单独设置照明配电箱。为了保证三相平衡，照明干线应采用三相线与工作零线同时引出的方式。根据当地供电部门的要求和工地具体情况，照明线路也可从配电箱内引出，但必须装设照明分路开关，并注意各分配电箱引出的单相照明应分相接设，尽量做到三相平衡。

照明系统中的每一单相回路，灯具和插座的数量不宜超过 25 个，并应装设熔断电流为 15A 及 15A 以下的熔断器保护。

（5）室外照明装置

① 照明灯具的金属外壳必须作保护接零。单相回路的照明开关箱（板）内必须装设漏电保护器。

② 室外灯具距地面不得低于 3m，钠、铊、铟等金属卤化物灯具的安装高度应在离地面 5m 以上；灯线应固定在接线柱上，不得靠灯具表面；灯具内接线必须牢固。

③ 路灯的每个灯具应单独装设熔断器保护。灯头线应作防水弯。

④ 投光灯的底座应安装牢固，按需要的光轴方向将枢轴拧紧固定。

⑤ 施工现场夜间影响飞机或车辆通行的在建工程设备（塔式起重机等高突设备），必须安装醒目的红色信号灯，其电源线应设在电源总开关的前侧。这主要是保护夜间不因工地其他停电而红灯熄灭。

2. 室内照明

① 室内灯具装设不得低于 2.4m。

② 室内螺口灯头的接线：相线接在与中心触头相连的一端，零线接与螺纹口相连接的一端；灯头的绝缘外壳不得有破损和漏电。

③ 在室内的水磨石、抹灰现场，食堂、浴室等潮湿场所的灯头及吊盒应使用瓷质防水型，并应配置瓷质防水拉线开关。

④ 任何电器、灯具的相线必须经开关控制，不得将相线直接引入灯具、电器。

⑤ 在用易燃材料作顶棚的临时工棚或防护棚内安装照明灯具时，灯具应有阻燃底座，或加阻燃垫，并使灯具与可燃顶棚保持一定距离，防止引起火灾。油库、油漆仓库除通风良好外，其灯具必须为防爆型，拉线开关应安装于库门外。

⑥ 工地上使用的单相 220V 生活用电器，如食堂内的鼓风机、电风扇、电冰箱应使用专用漏电保护器控制，并设有专用保护零线。电源线应采用三芯的橡皮电缆线。固定式应穿管保护，管子要固定。

临时宿舍内照明宜采用 36V 安全电压照明器，防止民工私拉、挂接电炊具或违章使用电炉。

二、施工现场的临时用电安全管理

（一）施工现场电气事故的分析

从劳动保护的角度来看，施工现场的常见电气事故有电流伤害、电磁场伤害、雷击伤害以及电路故障对人对设备造成的伤害等。

从大多发生在现场的施工人员触电事故分析，主要有下列几种原因。

1. 缺乏电气安全知识

如一民工在使用 220V 移动开关时，发现连接上一级分配电箱的电源插头已损坏，自己找一只新的单相三眼插头将导线连上。由于不熟悉用电知识，而误将绿/黄双色专用保护零线的裸铜绕在相线插片上，并将此插头插入分配电箱的插座内。在移动开关箱时，一手触及带的开关箱，另一手碰及柱头钢筋形成回路，发生电击。

2. 违犯安装、操作规程

如用切割机在墙上开凿墙槽时，由于操作不当，以致切割机切破电线，使其触电。有的电工在装闭关时，将零线接在闭关上，使闭关起不到保安作用。有的电工不按规程操作，没有先拉油开关就去切断隔离开关，由于切断电源时产生电弧造成触电或电伤事故。有的电工凭经验用手去试探电器是否带电或不采取安全措施带电作业等做法都是违反安装、操作规程的。

3. 偶然因素

电力线被风刮断，导线接触地面引起跨步电压，当人走近该地区时就会发生触电事故。

4. 用电设备安装不合格

电气设备安装必须遵守安全技术规定，否则由于安装错误，当人身接触带电部分时，就造成触电事故。如电线高度不合乎安全要求，架空线乱扯、乱拉，有的还将电线拴在脚手上，导线的接头只用老化的绝缘布包上，以及电气设备金属外壳不装接地线等，这些都是不安全的因素。

5. 电气设备缺乏正常的检修

由于电气设备长期使用，电气绝缘老化，导线裸露。常见的有电动机、电钻、振捣棒导线外皮破损，裸露导线与机壳接触，使外壳漏电，电器设备接地线断开，这些都是造成人身触电的原因。

6. 电气设备维修不善

胶盖刀闸胶木盖破损并长期不修理，瓷瓶破裂后火线与拉线长期相碰，开关过负荷使用，刀刃变形、转轴扭曲，合闸后使电动机单相运行，致使电动机烧毁。

（二）施工现场的临时用电安全管理

1. 临时用电的施工组织设计

施工现场用电属临时用电，施工完毕后均要拆除。即使如此，也必须进行施工组织设计，因为它是施工现场临时用电安装、架设、使用、维修和管理的重要依据，它将指导和帮助供、用电人员准确按照用电施工组织设计的具体要求和措施执行，确保施工现场电气事故的分析和临时用电的安全性和科学性。

按《施工现场临时用电安全技术规范》的规定："临时用电设备在 5 台及 5 台以上或用电设备总量在 50kW 及 50kW 以上者，应编制临时用电组织设计"。

临时用电施工组织设计的重要内容包括：①现场勘测；②确定电源进线、变电所、配电室、总配电箱、分配电箱等的位置及线路走向；③进行负荷计算；④选择变压器容量、导线截面和电器的类型、规格；⑤绘制电气平面图、立面图和接线系统图；⑥制定安全用电技术措施和电气防火措施。

临时用电施工组织设计必须由电气工程技术人员编制，技术负责人审核，经主管部门批准后方能实施。施工现场临时用电布置必须按施工组织设计的要求完成，并经上级主管部门验收后方可使用。

2. 临时用电的档案管理

① 单独编制的施工现场临时用电施工组织设计及相关的审批手续。

② 技术交底资料包括：电气工程技术人员向安装、维修临时用电工程的电工和各种设备的用电人员分别进行的交底的文字内容，交底内容必须有针对性和完整性，并有交底双方人员的签名及日期。

③ 安全验收和检查资料包括：临时用电工程的验收表；电器设备的调试、测试和检验资料（主要是设备绝缘和性能完好情况）；电阻值定期测试记录；定期检查表等。

④ 电工维修记录。应注明日期、部位、维修内容、技术措施、处理结果等。

3. 临时用电的人员管理

（1）对现场电工要求

① 现场电工必须经过培训，经有关部门考核合格后，方能上岗。

② 现场电工的等级应同工程的难易程度和技术复杂性相适应。

③ 安装、维修和拆除临时用电工程，必须由现场电工完成。

（2）对各类用电人员的要求

① 掌握安全用电的基本知识和所用设备的性能。

② 使用设备前必须按规定穿戴和设备相应的劳动保护用品，检查安全装置和防护设施是否完好，严禁设备带"病"运转。

③ 停用的设备必须拉闸断电、锁好开关箱。

④ 负责保护所用的开关箱、负载线和保护零线，发现问题及时报告解决。

⑤ 搬迁或移动电器设备必须经电工切断电源，并作妥善处理后进行。

（3）对电动机械和电动工具的要求

① 进入建筑施工现场的电动机械和手持电动工具及其附属电气装置（如开关箱及其中的漏电保护器、插座、开关电器等）必须符合产品的国家标准、专业标准和安全技术规程，并通过有关主管部门鉴定。

② 手持电动工具按防触电的要求可分为Ⅰ类、Ⅱ类、Ⅲ类工具，并装防溅型漏电保护器，Ⅱ类和Ⅲ类工具可不作保护接零，但Ⅰ类工具必须作保护接零。

③ 塔式起重机的重复接地，应在轨道两端各设一组接地装置，作环形电气连接。道轨接头处，应作电气连接。对较长的轨道，每隔30m应加一组接地装置。

需夜间工作的塔式起重机，应设置正对工作面的投光灯，塔身高于30m时，应在塔顶和臂架端部装设防撞红色信号灯。

④ 潜水机的负荷线应采用YHS型潜水电机用防水橡皮护套电缆，长度应不小于1.5m，不得承受外力。潜水式钻孔机应装设防溅型漏电保护器。

⑤ 夯土机械应装设防溅型漏电保护器；负荷线应采用耐气候的橡皮护套铜芯软电缆；电缆长度应不大于50m，严禁电缆缠绕、扭结和被夯土机械跨越；操作扶手必须有绝缘措施。

三、外电防护及接地、接零、防雷的一般要求

1. 外电防护

① 在建工程不得在高低压线路下方，不得搭设作业棚，建筑生活设施，或堆放构件、架具、材料及其他杂物等。

② 在建工程（含脚手架具）的外侧边缘与外界架空线路的边线之间必须保持安全操作距离，最小安全操作距离不少于表9-5所列数值。

表9-5　最小安全操作距离

外线路电压/kV	1以下	1～10	35～110	154～220	330～500
最小安全距离/m	4	6	8	10	15

注：上、下脚手架的斜道严禁搭设在有外电线路的一侧。

③ 施工现场机动车道与外电架空线路交叉时，架空线路的最低点与路面的最小垂直距离不小于表9-6所列数值。

表9-6　架空线路的最低点与路面的最小垂直距离

外线路电压/kV	1以下	1～10	35
最小安全距离/m	6	7	7

④ 旋转臂架式起重机的任何部位或被吊物边缘与10kV以下的架空线路边缘最小水平

距离不得小于2m。

⑤ 施工现场开挖非热管道沟槽的边缘与埋地电缆沟槽边缘之间的距离不得小于0.5m。

⑥ 对达不到上述②、③中规定的最小距离时，必须采取防护措施，增设屏障、遮栏、围栏或保护网，并悬挂醒目的警告标志牌。

⑦ 在架设防护设施时，应有电气工程技术人员或专职安全人员负责监护，或采取停电后进行。

⑧ 所架设的遮栏、围栏或保护网应有足够的强度和刚度，与带电体的安全距离应不小于表9-7所列数值。

表9-7　所架设的外延与带电体的最小安全距离

外线路额定电压/kV		1～3	6	10	35	60	110	220	330	500
线路边线至栅栏的安全距离/cm	屋内	82.5	85	87.5	105	130	170			
	屋外	95	95	95	115	135	175	265	450	
线路边线至网状遮栏的安全距离/cm	屋内	17.5	20	22.5	40	65	105			
	屋外	30	30	30	50	70	110	190	270	500

⑨ 对表9-7的数值不能满足时，必须与有关部门协商，采取停电、迁移外电线路或改变工程位置等措施，否则不得施工。

⑩ 在外电架空线路附近开挖沟槽时，必须防止外电架空线路的电杆倾斜、悬倒。

⑪ 在有静电的施工现场内，聚集在机械设备上的静电，应采取接地泄漏措施。

2. 接地与接零

（1）接地　将电气设备的某一可导电部分与大地之间用导体作电气连接，简单地说，是设备与大地作金属连接。接地主要有以下四种类别。

① 工作接地。将变压器中性点直接与大地作金属连接称为工作接地，其电阻值不大于4Ω。

② 保护接地。因漏电保护需要，将电气设备正常情况下不带电的金属外壳和接地装置作良好连接，称为保护接地。

③ 重复接地。在中性点直接接地的电力系统中，为了保证接地的作用和效果，除在中性点处直接接地外，在中性线上的一处或多处再作接地，称为重复接地。

④ 防雷接地。防雷装置（避雷针、避雷器等）的接地，称为防雷接地。作防雷接地的电气设备，必须同时作重复接地。

（2）接零　即电气设备与零线连接。接零又可分为两种。

① 工作接零。电气设备因运行需要而与工作零线连接，称为工作接零。

② 保护接零。电气设备正常情况不带电的金属外壳和机械设备的金属构架与保护零线连接，称为保护接零。城防、人防、隧道等潮湿或条件特别恶劣施工现场的电气设备必须采用保护接零。

当施工现场与外电线路共用同一供电系统时，不得一部分设备作保护接零，另一部分作保护接地。

3. 接地与接零保护系统

我国建筑施工现场临时用电工程所采用的电力系统，通常为线电压380V、相电压220V、变压器中性点直接接地的三相四线制低压电力系统，在这个系统中，采用的保护方式有TT系统和TN系统。

TT与TN是国际电工委员会制定的标准中，对各种保护系统所采用的符号。将电气设备的金属外壳作接地的保护系统称为TT系统，将电气设备的金属外壳作接零保护的系统称为 TN 系统。

第一个字母 T 表示变压器中性点直接接地，第二个字母 T 表示用电设备的金属外壳作接地保护，字母 N 表示金属外壳作接零保护。

关于接地保护（TT 系统）、接零保护（TN 系统）等的接线图例，请参阅本书第三章相关内容。在这里仅强调保护零线的设置要求：

① 保护零线严禁通过任何开关和熔断器。

② 保护零线作为接零保护的专用线，必须独用，不能他用，电缆要用五芯电缆。

③ 保护零线除了从工作接地线（变压器）或总配电箱电源侧从零线引出外，在任何地方不得与工作零线有电气连接，特别注意电箱中防止经过铁质箱壳形成电气连接。

④ 保护零线的截面积应不小于工作零线的截面积，同时必须满足机械强度的要求。保护零线架空敷设的间距大于 12m 时，保护零线必须选择不小于 10mm^2 的绝缘铜线或不小于 16mm^2 的绝缘铝线。与电气设备相连接的保护零线应为截面不小于 25mm^2 的绝缘多股铜线。

⑤ 保护零线的统一标志为黄/绿双色线，在任何情况下不准将其作负荷线用。

⑥ 重复接地必须接在保护零线上，工作零线不能加重复接地（因为工作零线加了重复接地，漏电保护器就无法使用）。

⑦ 保护零线除必须在本电室或总箱处作重复接地外，还必须在配电线路中间处及末端作重复接地，配电线路越长，重复接地的作用越明显，为使接地电阻更小，可适当多打重复接地。

4. 防雷

① 施工现场所有防雷装置的冲击接地电阻值不得大于 30Ω。

② 现场施工的起重机、井字架及龙门架等机械设备，若最高机械设备上的避雷针，其保护范围按 60°计算能够保护其他设备，且最后退场，则其他设备可不设防雷装置。

③ 机械设备上的避雷针长度应为 1～2m。

第四节　高处作业的安全技术

一、高处作业概述

1. 高处作业的含义

国家标准 GB 3608—83《高处作业分级》规定：凡在坠落高度基准面 2m 以上（含 2m）有可能坠落的高处作业均称高处作业。

在高处作业的位置发生坠落时，由于在可能坠落的范围内的各着落点，如地面、楼面、楼梯平台、相邻较低建筑物的屋面、基坑的底面、脚手架的通道板等，不一定都在同一水平面上，着落点越低，其坠落高度也越大。这里所谓"坠落高度基准面"是指最低的坠落着落点的水平面。因此，高处作业高度的衡量，以从各作业位置至相应的坠落基准面之间的垂直距离的最大值为准。

任何物体自高处下落时，由于初始不是静止状态，所以往往物体不是沿垂直于地面方向而是成抛物线轨迹落下，所以坠落的范围是随坠落的高度而变化的。当坠落的高度为 H 时，其可能坠落范围半径为 R，R 值与 H 值的关系如下：$H=2～5m$ 时，R 为 2m；$H=5～10m$ 时，R 为 3m；$H=15～30m$ 时，R 为 4m；$H\geqslant30m$ 时，R 为 5m。

2. 高处作业的分级

坠落高度越高，危险性也就越大，所以按不同的坠落高度，高处作业可分为四个等级：①高处作业高度在 2～5m，称为一级高处作业；②高处作业高度在 5～15m，称为二级高处作业；③高处作业高度在 15～30m，称为三级高处作业；④高处作业高度在 30m 以上，称为特级高处作业。

3. 高处作业的分类

（1）一般高处作业 即在正常作业环境下的各项高处作业。

（2）特种高处作业 即在较复杂的作业环境下对操作人员具有一定危险性的高处作业，主要有以下八类。

① 在阵风风力六级（风速 10.8m/s）以上的情况下进行的高处作业，称为强风高处作业。

② 在高温或低温环境下进行的高处作业，称异温高处作业。

③ 降雪时进行的高处作业，称为雪天高处作业。

④ 降雨时进行的高处作业，称为雨天高处作业。

⑤ 室外完全采用人工照明时，进行高处作业，称为夜间高处作业。

⑥ 在接近或接触带电体条件进行高处作业，称带电高处作业。

⑦ 在无立足点或无牢靠立足点的条件下进行的高处作业，称为悬空高处作业。

⑧ 对突然发生的各种灾害事故进行抢救的高处作业，称抢救高处作业。

二、高处作业的安全技术

（一）高处作业的安全问题

建筑施工行业高空作业工作量大，作业人员多，流动性大，即使是地下室、地下管道工程施工，也有高处作业。高空作业四边临空，条件差，危险因素多，因此建筑施工行业的高空坠落事故特别多，约占一半。这些事故主要发生在"四口"、"五临边"、攀登、悬空、交叉作业过程中。超高建筑和深基础的出现使得施工难度增大，安全生产问题也越来越突出，稍不注意就容易发生安全事故，尤其是高处坠落事故。这类事故都是在一定的环境下造成的，造成坠落伤亡的原因多种多样，主要原因有：

① 临边洞口处作业无防护设施或防护不严密、不牢固。

② 脚手架搭设不规范、作业层防护不严、脚手架跳板不满铺、架体与墙体的拉结点少且不牢固或被随意拆除造成的脚手架倒塌和人员坠落等。

③ 在塔吊、龙门架（井字架）的安装、拆除过程中，违反操作规程，造成坠落事故。

④ 违章乘坐吊篮，钢丝绳断裂、吊盘停靠装置失效。

⑤ 模板支撑系统钢竹混用，无剪刀撑，缺少水平杆和斜撑，楼层模板立杆排列混乱，造成整体失稳、坍塌坠落。

⑥ 工人未经培训违章作业，缺乏必要的自我保护意识和安全知识，是导致事故发生的最主要原因。

⑦ 施工单位重生产、轻安全，只讲进度和效益，安全生产责任制不落实，安全管理措施不到位也事故发生的重要原因。

分析上述高处坠落事故发生的原因，不难看出，高处作业的安全问题存在于脚手架的搭设、使用、拆除，模板的搭设，大型机械的搭、拆和使用等多个环节中，因此对高处作业的安全管理工作和对工人的安全教育也就更显示出其重要性。除高处坠落之害，必须在技术上采取周密的防护措施，这是最本质的。防止人员坠落的技术措施很多，但综合起来有两种：一是设第一道防线，设置护栏、立网，铺满架板，盖好洞口与防护措施，从根本上避免人员坠落；二是设第二道防线，万一发生人员坠落事件，用架设的安全网将坠落人员网住或用安全带吊住，使坠落者不受或减轻伤害。

（二）高处作业的安全技术措施

1992 年 8 月《建筑施工高处作业安全技术规范》（JGJ 80—1991）正式实施，现将该标准及高处作业的安全防护作以下介绍。

1. 建筑施工高处作业的基本要求

① 每个工程项目中涉及的所有高处作业的安全技术措施必须列入工程施工的组织设计，并经公司上级主管部门审批后方可施工。

② 进行高处作业之前，必须逐级进行安全技术教育及交底，落实安全技术措施和人身防护用品，未经落实时不得进行施工。

③ 搭设高处作业安全设施的人员，例如架子工、井字架、附着式整体爬架提升工等，必须经市级专门培训机构培训，经考核合格后方可上岗，并应定期进行体格检查。

④ 高处作业中的安全标志、工具、仪表、电气设施和各种设备，必须在施工前加以检查，确认其完好，方能投入使用。

⑤ 雨天进行高处作业时，必须采取可靠的防滑、防冻、防寒措施。凡水、冰、霜应及时清除。

对进行高处作业的高耸建筑物，应事先设置避雷设施。遇有 6 级以上大风、浓雾等恶劣天气时，不得进行露天攀登与悬空高处作业；暴风雪及台风暴雨后，应对高处作业安全设施逐一以检查，发现有松动、变形、损坏或脱落等现象，应立即修理完善。

⑥ 用于高处作业的防护设施，不得擅自拆除，确因作业需要临时拆除必须经项目经理或施工负责人同意，并采取相应可靠的措施，作业后应立即恢复。

⑦ 施工作业场所有可能坠落的物件，应一律先行撤除或加以固定。高处作业中所用的物料均应堆放平稳，不可置放在临边或洞口附近，也不可妨碍通行和装卸，工具应随手放入工具袋；作业中的走道、通道板和登高用具，应随时清扫干净；拆卸下的物件及余料和废料均应及时清理运走，不得随意乱置或向下丢弃。传递物件禁止抛掷。

⑧ 作业人员的衣着要灵便，但绝不可赤膊裸身，脚下要穿软底防滑鞋，绝不能穿拖鞋、硬底鞋和带钉易滑的靴鞋。

⑨ 高处作业的防护设施在搭设拆除过程中应相应设置警示区派人监护，严禁上、下同时拆除。

⑩ 施工过程中若发现高处作业的安全设施有缺陷或隐患，必须及时解决，危及人身安全时，必须停止作业。

⑪ 高处作业安全设施的主要受力杆件，力学计算按一般结构力学公式，强度及刚度计算按现行有关规范进行，但钢受弯构件的强度计算不考虑塑性影响，构造上应符合现行的相应规范的要求。

⑫ 高处作业应建立和落实各级安全生产责任制，对高处作业安全设施，应做到防护要求明确、技术合理、经济适用。

2. 临边与洞口作业的安全防护

（1）临边作业及安全防护　建筑施工中的"五临边"是指深度超过 2m 的槽、沟、坑的周边；无外脚手架的屋面和框架结构楼层的周边；龙门架、井字架、外用电梯和脚手架与建筑物的通道两侧边；楼梯口的梯段边；尚未安装栏板、栏杆的阳台、卸料平台、挑平台的周边。临边的不安全因素很多，是施工中防止人、物坠落伤人的重要部位。

临边作业的安全防护主要有以下三种。

① 设置防护栏杆。对于基坑周边，无外脚手架的屋面与楼层周边，未安装栏杆或栏板的阳台、料台与挑平台周边，雨篷与挑檐边，水箱与水塔周边，分层施工的楼梯口和梯段边，井架与施工用电梯和脚手架等与建筑物通道的两侧边，都必须设置防护栏杆。对于主体工程上升阶段的顶层楼梯口应随工程结构进度安装正式防护栏杆。沿街马路居民密集区，除防护栏杆外，敞口立面必须采取密目式安全网全封闭。

② 架设安全网。首层墙高度超过 3.2m 的二层楼面的周边，以及无外脚手架的高度超过 3.2m 的楼层周边，必须在外围架设安全平网一道。

根据建设部颁发的《建筑施工安全检查标准》（JGJ 59—1999）的规定，取消了平网在建筑物外围的使用，改为立网全封闭，立网应该使用密目式安全网。

③ 设置安全门或活动防护栏杆。各种垂直运输接料平台，在平台口应设置安全门或活动防护栏杆。

防护栏杆的构造设置及材质要求有：

① 防护栏杆由上、下两道横杆及栏杆柱组成，上杆离地面高度为 1.0～1.2m，下杆离地面高度 0.5～0.6m；坡度大于 1∶2.2 的屋面，防护栏杆高应为 1.5m，下杆高 0.75m，并加挂安全网。横杆长度大于 2m 时，必须设置栏杆柱。

② 栏杆柱的固定应符合下列要求：

• 当在基坑四周固定时，可采用钢管并打入地面 50～70cm 深，钢管离边口的距离不应小于 50cm。当基坑周边采用板桩时，钢管可打在板桩外侧。

• 当在混凝土楼面、屋面或墙面固定时，可用预埋件与钢管或钢筋焊牢。若采用竹、木栏杆时，可在预埋件上焊接 30cm 长的 50mm×50mm 角钢，其上、下各钻一孔，然后用 10mm 螺栓与竹、木杆件拴牢。

• 当在砖或砌块等砌体上固定时，可预先砌入规格相适应的 80mm×6mm 弯转扁钢作预埋铁的混凝土块，然后用与楼面、屋面相同的方法固定。

③ 防护栏杆必须自上而下用密目式安全立网封闭，必要时亦可在底部横杆下沿设置严密固定的高度不低于 18cm 的挡脚板或 40cm 的挡脚笆。

④ 栏杆柱的固定及其与横杆的连接，其整体构造应使防护栏杆在上杆任何处，应能经受任何方向的 1000N 的外力。当栏杆所处位置有发生人群拥挤、车辆冲击或物件碰撞等可能时，应加大横杆截面或加密柱距。

⑤ 防护栏杆可因地制宜采用钢管、钢筋、原木、毛竹以及型钢等不同材质的杆件。其主要受力杆件的力学计算按一般结构力学公式，强度及挠度计算按现行的有关规范进行，但钢管受弯杆件的强度计算不考虑塑性的影响。

⑥ 当临边的外侧面临街道时，除防护栏杆外，敞口立面必须采取满挂安全网或其他可靠措施作全封闭处理。

（2）"四口"及其防护

① 含义。建筑施工过程中，由于施工工艺的需要或安装设备的需要，往往在建筑物的某些部位留有各式各样的孔与洞，施工人员在洞与孔边口旁的高处作业统称为洞口作业。

所谓孔与洞的区分，一般指尺寸较小（短边尺寸大于 2.5cm、小于 25cm）为孔，尺寸较大的为洞，建筑物的孔有可能造成物料从中坠落，而洞还可能造成施工人员的坠落，因此无论是孔还是洞都必须进行防护。

施工现场因工程和工序需要而产生洞口，常见的有楼梯口、电梯井口、出入口（通道口）、预留洞口，这就是常称的"四口"。

② 洞口作业的防护措施。主要有设置防护栏杆，用遮盖物盖设，设置栅门、搁栅或阻挡件，以及架设安全网等多种方式。

楼梯平台口，位于建（构）筑物上下楼梯的休息平台处，当上一梯段尚未安装时，在休息平台处可能发生坠落事故。其防护通常是在楼梯口处设两道新护栏杆或制作专用的防护架，随层架设。回转式楼梯间应支设首层水平安全网，每隔四层要设一道水平安全网。

电梯井位于建（构）筑物每层的电梯门处，在电梯安装前，形成可能发生坠落的隐患。其防护的办法是在电梯井口设置不低于 1.2m 的金属防护门，电梯内首层以上，每隔四层设一道水平安全网,安全网应密闭严密,未经上级主管部门批准,电梯井内不得作垂直运输通道或垃圾通道。如井内已搭设安装电梯的脚手架,其脚手板可花铺,但每隔四层应铺满脚手板。

出入口是指建(构)筑物首层供施工人员进出建(构)筑物的通道出入口。其防护标准是:在建筑物的出入口搭设 3~6m、两侧宽于 1m 的防护棚,棚顶应铺满不小于 5cm 厚的脚手板,非出入口和出入口通道两侧必须封严,严禁人员出入。

预留洞口是指在建(构)筑物中预留的各种设备管道、垃圾道、通风口的孔洞。其防护标准是:

● 边长为 25~50cm 的洞口,安装预制构件时的洞口以及缺件临时形成的洞口,可用坚实的竹、木等作盖板,盖住洞口。盖板应能防止挪动移位,并用标识。

● 边长为 50~150cm 的洞口,四周设防护栏杆,用密目式安全网围挡,必要时亦可在底部横杆下沿设置严密固定的高度不低于 200mm 的挡脚板。也可采用贯穿于混凝土板内的钢筋构成防护网,钢筋网格间距不得大于 200mm。

● 边长大于 150cm 的洞口,四周设防护栏杆,同时洞口下张设安全网。

(三)攀登与悬空作业的安全防护

1. 攀登作业及其防护

在施工现场,常借助登高用具或登高设施,在攀登条件下进行的高处作业,这类作业称为攀登作业。如借助梯子攀登和建筑结构、脚手架等以及结构安装过程中人员的登高作业。这类作业由于条件多变,攀登设施不固定,容易发生危险,所以应在编制施工组织设计时预先考虑。

攀登作业的防护主要做好以下工作:

① 攀登作业主要是利用梯子攀登和结构安装中的登高作业,因此在施工组织设计中应确定用于施工现场的登高和攀登设施,柱、梁和行车梁等构件的吊装所需的直爬梯及其他的拉攀件,应在构件施工图纸或说明内作出规定。

② 攀登的用具,结构构造上必须牢固可靠。供人上下的踏板其使用荷载不应大于 1100N。

③ 使用梯子攀登作业时,梯脚底部应坚实,不得垫高使用,以防止受荷后发生不均匀下沉或梯脚与垫物之间松脱,产生危险;并采取加包扎、钉胶皮、锚固或夹牢等防滑措施,以防滑跌倾倒。梯子的种类和形式不同,其安全防护措施也不同。

立梯工作角度以 75°±5° 为宜,梯子上端应固定使用,踏板上下间距 30cm 为宜,不得有缺档。

折梯上部夹角以 35°~45° 为宜,铰链须牢固,并有可靠的拉撑措施。

固定式直爬梯应用金属材料制成,梯宽不应大于 50cm,支撑应采用金属不小于 L70×6 的角钢,埋设与焊接均必须牢固。梯子顶端的踏棍应与攀登的顶面齐平,并加设 1~1.5m 高的扶手。攀登高度以 5m 为宜,超过 2m 时宜加设护笼,超过 8m 时必须设置梯间平台。

梯子如需接长使用,必须有可靠的连接措施,且接头不得超过 1 处,不得低于单梯梁的强度。移动式梯子应按现行的国家标准验收,合格后方可使用。

④ 作业人员应从规定的通道上下、不得在阳台之间等非规定过道进行攀登,也不得任意利用吊车臂架等施工设备进行攀登。上下梯子时必须面向梯子,且不得手持器物。

⑤ 钢柱安装登高时,应使用钢挂梯或设置在钢柱上的爬梯。

⑥ 钢梁安装登高时,应视钢梁高度,在两端设置挂梯或搭设钢管脚手架。梁面上需行走时,其一侧的防护横杆可用钢索。

⑦ 安装钢屋架在屋架上下登高操作时,对于三角形屋架应在屋脊上、梯形屋架应在两

端设置攀登时上下的梯架。材料可选用毛竹或原木，踏步间不应大于 40cm，毛竹梢径不应小于 70mm。屋架吊装前，应设置防护栏杆和挂设安全网。

2. 悬空作业及其防护

在周边临空状态下，无立足点或无牢靠立足的条件下进行的高处作业称为悬空作业。

针对悬空作业特点，必须首先建立牢靠的立足点，并在作业面周边设置防护栏杆，下部张挂安全网以及作业过程中配戴安全带和挂扣在牢靠处。悬空作业在施工现场是较为常见的，主要有构件吊装、悬空钢筋绑扎、混凝土浇筑、门窗安装以及外墙处理等多种作业。

悬空作业的安全主要防护措施有：

① 悬空作业处应有牢靠的立足处并必须视具体情况配置防护网、栏杆或其他安全设施。

② 悬空作业所用的索具、脚手板、吊篮、平台等设备，均需经过检查或技术鉴定后方可使用。

③ 悬空安装大模板、吊装第一块预制构件、吊装单独的大中型预制构件时，必须站在操作平台上操作，吊装中的大模板和预制构件，严禁站人和行走。

④ 安装管道时必须有已完结构或操作平台为立足点，严禁在安装中的管道上站立和行走。

⑤ 绑扎钢筋和安装钢筋骨架时，须搭设脚手架和挑梁、挑檐、外墙和边柱等钢筋时，应搭设操作平台和张挂安全网；绑扎立柱和墙体钢筋时，不得站在钢筋骨架上或攀登骨架上下。3m 以内的柱钢筋，可在地面或楼面上绑扎，整体树立。绑扎 3m 以上的柱钢筋，必须搭设操作平台。

⑥ 混凝土浇筑离地 2m 以上的框架、过梁、雨篷和小平台时，应设操作平台；浇筑拱形结构时，应自两边拱脚对称地相向进行；浇筑贮仓，下口应先行封闭，并搭设脚手架以防人员坠落。

⑦ 在高处外墙安装门、窗，无脚手架时，应张挂安全网。无安全网时，操作人员应系好安全带，其保险钩应挂在操作人员上方的可靠物件上。

⑧ 进行各项窗口作业时，操作人员的重心应位于室内，不得在窗台上站立，必要时系好安全带。

（四）操作平台的安全防护

在施工现场，常搭设各种临时性的，用以站人、载物并可进行操作的平台，称为操作平台。操作平台可分为两种，分别为移动式操作平台和悬挑式钢平台（也称钢制构架）。

1. 移动式操作平台

具有独立的构架，可以搬移的，用于结构施工、室内装饰和水电安装等操作平台。使用时应符合以下规定：

① 操作平台由专业技术人员按现行的相应规范进行设计，计算书及图纸应编入施工组织设计。

② 操作平台的面积不应该超过 $10m^2$，高度不应该超过 5m，同时必须进行稳定性计算，并采取措施减少立柱长细比。

③ 装设轮子的移动式操作平台，连接应牢固可靠，立杆底端离地面不得大于 80mm。

④ 操作平台采用 $\phi(48\sim51)mm \times 3.5mm$ 钢管扣件连接，亦可采用门架式、承插式钢管脚手架部件，按产品要求进行组装。平台的次梁，间距不应大于 40cm，台面应满铺 3cm 厚的木板或竹笆，平台四周须按临边作业要求设置防护栏杆，并应布置登高扶梯。

⑤ 移动式操作平台在移动时，平台上的操作人员必须撤离，不准上面载人移动平台。

2. 悬挑式钢平台

可以整体吊运，使用时一边支在楼层边沿，另一头吊挂于结构上，用于接送物料和转运模板等构件的悬挑式操作平台，通常采用钢构件制作。其使用规定如下：

① 按现行规范进行设计，其结构构造应能防止左右晃动，计算书及图纸应派人进行施工组织设计。

② 悬挑式钢平台的搁支点与上部拉结点必须位于建筑物上，不得设置在脚手架等施工设施上。

③ 斜拉杆或钢丝绳，构造上宜两边各设置前后两道，两道中的每一道均应作单道受力计算。应设置 4 个经验算的吊环，吊运平台时应使用卡环，不得使用吊钩直接钩挂吊环，吊环不得使用螺纹钢。

④ 安装时，用钢丝绳卸甲、卡子（不少于 3 只），钢丝绳与建筑物（柱、梁）锐角利口处应加软垫物。钢平台外口略高于内口，周边置固定的栏杆。

⑤ 钢平台搭设完毕后应组织专业人员进行验收，合格后挂牌方可使用，同时挂设限载重量牌。

⑥ 钢平台使用时，应有专人进行检查，发现钢丝绳有锈蚀损坏应及时调换，焊缝脱焊应及时修复，使用期间严禁超过设计的容许荷载。

（五）交叉作业的安全防护

在施工现场的上下不同层次，于空间贯通状态下同时进行的高处作业，称为交叉作业。

由于建筑施工生产工艺的特殊性，建筑物不动而人员流动，经常存在上、下层多人同时作业。在上下立体交叉作业时，容易造成物件坠落伤人事故，因此处在上下不同层次之间进行交叉作业时，一般不允许在同一垂直方向上作业，必须在前后、左右保持一定安全距离，下方作业人员应避开"坠落半径"范围。若不能满足，上下之间应设置安全隔离层，以防止物件坠落伤人。

交叉作业的安全防护主要内容：

① 由于上方施工可能坠落物件或处于起重机把杆回转范围之内的通道，在其影响的范围内，必须搭设双层防护棚。防护棚的宽度，根据建筑物与围墙的距离而定，如果超过 6m 的搭设宽度为 6m，不满 6m 的应搭满 6m。

② 结构施工自二层起，凡人员进出的通道口（包括井架、施工电梯的进出通道口，以及施工人员的进出建筑物的通道口）均应搭设安全防护棚，高度超过 24m 的层次，应搭设双层防护棚。

③ 支模、粉刷、砌墙等各工种进行立体交叉作业时，不得在同一垂直方向上操作。可采取时间交叉、位置交叉，如时间交叉、位置交叉不能满足施工要求，必须采取隔离封闭措施后，方可施工。

（六）模板高处施工作业的安全技术

1. 模板高处施工作业

① 模板工程作业高度在 2m 和 2m 以上时，应根据高空作业安全技术规范的要求进行操作和防护，在 4m 以上或二层及二层以上周围应设安全网和防护栏杆。

② 支模应按规定的作业程序进行，模板未固定前不得进行下一道工序。严禁在连接件和支撑件上攀登上下，并严禁在上下同一垂直面安装、拆模板。

③ 支设高度在 3m 以上的柱模板，四周应设斜撑，并应设立操作平台，低于 3m 的可用马凳操作。

④ 支设悬挑形式的模板时，应有稳定的立足点。支设临空构筑物模板时，应搭设支架。模板上有预留洞时，应在安装后将洞盖没。混凝土板上拆模后形成的临边或洞口，应按规定进行防护。

⑤ 操作人员上下通行时，不许攀登模板或脚手架，不许在墙顶、独立梁及其他狭窄而

无防护栏的模板面上行走。

⑥ 模板支撑不能固定在脚手架或门窗上，避免发生倒塌或模板位移。

⑦ 在模板上施工时，堆物不宜过多，不宜集中一处，大模板的堆放应有防倾措施。

⑧ 冬季施工，应对操作地点和人行通道的冰雪事先清除；雨季施工，对高耸结构的模板作业应安装避雷设施；五级以上大风天气，不宜进行大块模板的拼装和吊装作业。

2. 拆模的安全技术要求

① 模板支撑拆除前应确认混凝土强度已达到拆模强度要求，并应申请、经技术负责人批准后方可进行。

② 拆除模板时，应按顺序依次进行，不能漏有未拆除的悬空模板，防止突然坠落伤人。对定型钢模板的拆除，不能采用大面积撬落的方法，防止砸伤人员或砸坏脚手架。拆模的顺序和方法，应根据模板设计的规定进行，如无具体规定，应按先支的后拆，先拆非承重的模板，后拆承重的模板和支架的顺序进行拆除。

③ 模板拆除应遵守模板设计的规定顺序。如无具体规定，应按先支的后拆，后支的先拆；先拆非承重的模板，后拆承重的模板；从上而下，由外向里的拆除顺序，严禁上下交叉作业。

④ 拆模高处作业，应配置登高用具或搭设支架，必要时应戴安全带。

⑤ 拆模间歇时，应将已活动的模板、牵杠、支撑等运走或妥善堆放，防止因踏空、扶空而坠落。

⑥ 拆下的模板、支撑不准随意向下抛掷，应及时清理。临时堆放处离楼层边沿不应小于1m，堆放高度不得超过1m，楼层边口、通道口、脚手架边缘严禁堆放任何拆下物件。

⑦ 模板拆除作业属危险作业，作业之前，应对作业区进行围圈，设置明显标志或设监护人员。

复习思考题

1. 工程施工中如何编制安全技术措施？试说明编制的程序、要点及要求。
2. 土方开挖及基坑和边坡施工安全的防护措施有哪些？
3. 起重机械的使用、安全检查要点有哪些？
4. 拆除工程常用的拆除方案的主要安全措施和检查要点有哪些？
5. 用小木棒和细铁丝搭设一脚手架模型。
6. 建筑施工的"安全三宝"指的是什么？如何正确使用？有哪些主要要求？
7. 临时用电的TN-S系统、三级配电、两级保护是什么意思？
8. 建筑工地防火主要应做好哪些工作？
9. 建筑事故责任追究坚持的"四不放过"原则是什么？
10. 安全使用脚手架的"十二道关"是指什么？
11. 高处作业中的"四口"具体指什么？
12. 高处作业中的"五临边"指什么？
13. 支搭安全网的"三要素"是什么？
14. 建筑施工安全的四道技术"防线"是什么？

第十章 化工及危险化学品安全技术

>>> **学习指导**

  1. 了解常用危险化学品的化学活性、危险性、燃烧及爆炸特性，理解各种单元操作的基本过程及其作用，了解基本化学反应的特点。

  2. 熟悉危险化学品生产典型单元操作及工艺流程的危险性和控制措施，认识石油、化工生产装置检修工作的特点，掌握装置开、停车过程中的安全注意事项。

  3. 掌握危险化学品防火、防爆、防中毒、防化学灼伤基础知识，熟悉作业环境气体检测方法，掌握化工腐蚀及防腐技术。

  4. 熟练掌握石油化工企业中常见有毒有害、易燃易爆物质的物理化学性质，重点掌握石化企业安全运行管理和检修安全技术。

第一节 化工安全设计

一、化工设计与安全

  化学工业与炼钢、造船、机械、电气设备制造等工业相比，由于大量使用可燃性或有毒性的物质，所以由这些物质引起的火灾、爆炸或中毒的危险性很大。另外，随着设备本身的大型化，处理量明显增大，其操作也是在危险的反应和高温、高压等苛刻条件下进行的。

  就操作条件来说，在石油炼制工业中，以前即使是高压重整装置最高也就是 $3.0\sim4.0MPa$，可是目前已可建设的直接脱硫装置，已采用 $15MPa$ 的高压。石油化学工业中的操作条件更苛刻，使用的温度范围也广，从裂解炉的 $800\sim900℃$ 一直到乙烯低温贮罐的 $-80℃$、LNG 贮罐的 $-160℃$，温差范围约为 $1000℃$；说到压力，高压聚乙烯装置已采用 $100\sim200MPa$ 超高压。另外，由于该行业往往在气液平衡状态下采用气液两相，所以也有可能因其操作中的体积膨胀、收缩而使装置产生异常。这样苛刻的操作条件也增加了装置本身破坏的危险性。

  装置规模大，操作条件苛刻，一旦发生火灾、爆炸等事故，其灾害的波及范围也就大得多，而且增加了消防灭火的困难，造成企业和社会灾难。所以对化工装置来说，安全设计比什么都重要。如果因安全设计不充分而引起事故，其事故即使不直接给居民区的生命财产带来危险，也会使人们受到某种程度的心理恐惧感，不能继续进行顺利的生产，现代的安全问题已不能简单地同生产相提并论。

  有较多潜在危险性的化学工业在安全生产上的法令规则比其他工业多，其内容也逐渐涉及专业技术领域，而且每发生一次大事故，有关的安全措施也就随之强化。执行严格的安全生产法令、法规、规范、标准、规程是强制性的，在化工装置的安全设计中是必不可少的，不符合所规定技术标准的化工装置不准许使用。

二、化工工艺的本质安全设计

1. 工艺的本质安全设计

化工装置的安全设计，以系统、科学的分析为基础，定性、定量地考虑装置的危险性，同时以过去的事故等所提供的教训和资料来考虑安全措施，以防再次发生类似的事故。以法令规则为第一阶段，以有关标准或规范为第二阶段，再以总结或企业经验的标准为第三阶段来制定安全措施。但是，用这种"事故的后补式"方法，很难期望根绝新的事故发生，特别是在条件差，厂区周围居民对事故非常关心的地方，用以前的方法就不完善了。应极力提倡事前彻底研究化工装置发生事故的潜在原因，有系统地采取安全措施，采用所谓"问题发现式"的预测方法，将化工装置的安全运行基于化工装置的设计阶段，实现设计安全。

由于各种原因（例如经济上或技术上的原因），把化工装置的安全全部寄希望于设备和工艺的安全设计有时是不切实际的，还需要像以前强调的那样，同时依靠工艺和设备的正确运转和适当的维护管理。如果分析一下实际发生的事故，由工艺和设备运转和维护管理不当引起的事故要比安全设计不当引起的事故多。

2. 安全设计的基本原则

（1）工艺的安全性 工艺必须实现以下三项可行性研究：

① 设计条件和设计内容的确定是在系统危险分析，事故模式与机理研究基础上进行的，在设计条件下能够安全运转；

② 采用现代安全措施和控制技术，实现过程的自适应性和调控作用，即使多少有些偏离设计条件也能将其安全处理并恢复到原来的条件；

③ 确立安全的启动或停车系统。

因此，必须评价化工工艺所具有的各种潜在危险性，如原料、化学反应、操作条件不同，偏离正常运转的变化，工艺设备本身等的危险性，研究排除这些危险性，或者用其他适当办法对这些条件加以限制。化工装置一般是由很多工艺高度集中构成的，所以有时各工艺的每个阶段也影响其他阶段的操作。一开始就考虑全部工艺过程的安全问题是比较复杂的，所以有必要将工艺过程进行分类，考虑每类工艺过程对其他工艺过程的影响，以求达到整个工艺过程的安全化。

（2）防止运转中的事故 应尽力防止由运转中所发生的事故而引起的次生灾害。事故的对象有废物的处理、停止供给动力、混入杂质、误操作、发生异常状态、外因等。

（3）防止扩大受灾范围 万一发生爆炸、毒物泄漏灾害，应防止灾害扩大，把灾害局限在某一范围内。考虑到工厂厂址、化工装置的特殊性、企业内组织的不同及其他情况，必须具体问题具体分析，补充必要的事项。表10-1所示为安全设计推荐的安全措施。

3. 安全设计过程

关于安全设计，需在这些设计的各阶段，事前充分审查与各个设计有关的安全性，制定必要的安全措施。另外，通常在设计阶段中，各技术专业也要同时进行研究，对安全设计一定要进行特别慎重的审查，完全消除考虑不到和缺陷之处。

例如，对于设备，在进入制造阶段以后就难以发现问题，即使发现问题，也很难采取完备的改善措施。

在安全设计方面一般要求附加下列内容：

① 各技术专业都要进行安全审查，制定检查表就是其方法之一。

② 审查部门或设计部门在设计结束阶段进行综合审查，在综合审查中要征求技术管理、安全、运转、设备、电控、保全等尽量多的有关专业的意见，提高设计的安全性和可靠性。

③ 将设计委托给外部的专业公司完成时，要确立对安全设计充分检验和管理体制。

三、信息控制和安全控制

运用信息系统，一般是以生产设备、公用工程设备、贮存设备、入出厂设备等工厂的整体为对象，收集生产信息、入出厂信息、库存信息等，并将这些信息反馈回去，从而使长、

表 10-1　安全设计推荐的安全措施

项目	目的	安全措施内容	承担专业
工艺过程的安全	评价物料、反应、操作条件的危险性，研究安全措施	(1)评价由物料特性引起的危险性　①燃烧危险；②有害危险 (2)反应危险 (3)抑制反应的失控 (4)设定数据测定点 (5)判断引起火灾、爆炸的条件 (6)评价操作条件产生的危险性 (7)材质　①耐应力性；②高低温耐应力性；③耐腐蚀性；④耐疲劳性；⑤耐电化学腐蚀性；⑥隔音；⑦耐火；⑧耐热性 (8)填充材料	化工
	选择机器、设备的结构，研究承受负荷的措施	(1)材质 (2)结构 (3)强度 (4)标准等	机械设备(包括配管、贮罐、加热炉、电气、仪表、土木、建筑)
	研究设备机器偏离正常的操作条件及泄漏时的安全措施	(1)选择泄压装置的性能、结构、位置　①安全阀；②防爆板；③密封垫；④过流量防止器；⑤阻火器 (2)惰性气体注入设备 (3)爆炸抑制装置 (4)其他控制装置(包括程序控制等) (5)测量仪表 (6)气体检测报警装置 (7)通风装置(厂房) (8)确定危险区和决定电气设备的防爆结构 (9)防静电措施(包括防杂散电流的措施) (10)避雷设备 (11)装置内的动火管理	化工 化工 化工 化工、仪表 仪表 仪表 建筑 化工、电气、仪表 电气、建筑、机械 建筑 工程项目
防止发生运转中的事故	研究防止由运转中所发生事故引起的灾害的措施	(1)紧急输送设备 (2)放空系统 (3)排水、排油设备(包括室外装置的地面) (4)动力的紧急停供措施　①保安用电力；②保安用蒸汽；③保安用冷却水 (5)防止误操作措施　①阀等的联锁；②其他 (6)安全仪表 (7)防止混入杂质等的措施 (8)防止因外因产生断裂的措施	化工 化工 土木 电气、机械 机械、仪表 仪表 机械 机械
防止扩大受害范围的措施	防止发生灾害时扩大受害范围，研究将受害范围限制在最小限度内的措施	(1)布置 (2)耐火结构 (3)防油、防液堤 (4)紧急断流装置 (5)防火、防爆墙 (6)防火、灭火设备 (7)紧急通话设备 (8)安全避难设备 (9)防爆结构 (10)其他	工程项目 建筑、机械 土木 机械、仪表 土木、建筑 机械 工程项目、仪表 工程项目、建筑 建筑 工程项目

中、短期的生产计划、运转达到最佳状态。可以考虑分为企业级、工厂级、装置级、控制和信息收集级等层次。

运用信息系统的目的在于精细地针对原料、产品的市场状况和运输状态，实行效率最佳的生产和操作。为了达到生产计划和操作的最佳化，需要具有与各层次对应的模拟模型探索最佳点，并应注意模拟参数的更新，以使模型经常适应实际系统的变化。

例如，炼油厂的运用信息系统示例如图 10-1 所示。

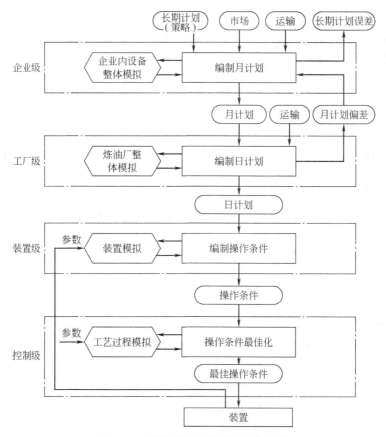

图 10-1　炼油厂的运用信息系统示例

第二节　化工安全技术

一、化工生产安全运行及控制技术

（一）石化生产特点及主要危险

1. 石油、化工生产特点

石油、化工生产是危险性较大的行业，这主要是由所处理物料的危险性及工艺过程的危险性决定的。

① 所处理的物料（原料、中间产物及成品等）大多具有易燃、易爆、毒性和腐蚀性的特性，如氢气、一氧化碳、甲烷、石油、汽油等具有易燃性，一氧化碳、氨、氯、硫化氢、光气等具有毒性，盐酸、硫酸具有腐蚀性等。

② 工艺过程复杂，工艺条件苛刻，如高压、高温、真空负压、深度冷冻等。

③ 作业方式多样化。石油炼制及相关的石油化工生产装置规模大型化、连续化、自动化；染料、农药等化工生产经常采用间歇式生产方式，产量不大、品种繁多。

2. 石油、化工生产的主要危险

石油、化工生产的潜在的主要危险是火灾、爆炸、致人中毒、化学灼伤等。

石油、化工生产一旦发生事故，往往会带来严重的后果，造成众多人员伤亡、巨额的财产损失，还会严重污染环境。

3. 石油、化工生产安全的重要性

① 保证作业人员及周边人员的生命安全和健康。

② 安全是石油、化工生产正常运行的前提。

③ 安全是石油、化工生产发展的关键。

（二）化工生产安全运行

1. 生产岗位安全操作

化工生产岗位安全操作对于保证生产安全是至关重要的，其要点如下：

① 必须严格执行工艺技术规程，遵守工艺纪律，做到"平稳运行"。为此，在操作中要注意将主要几项工艺参数指标严格控制在要求的范围之内，不得擅自违反，更不得擅自修改。

② 必须严格执行安全操作规程。安全操作规程是生产经验的总结，往往是通过血的教训，甚至付出生命代价换来的。安全操作规程是保证安全生产、保护职工免受伤害的护身法宝，必须严格遵守，不允许任何人以任何借口违反。

③ 控制溢料和漏料，严防"跑、冒、滴、漏"。可燃物料泄漏导致火灾爆炸事故的案例并不少见。造成漏料的原因很多，有设备系统缺陷、故障造成的，有技术方面的原因，有维护、管理方面的原因，也有人为操作方面的原因。对于已经投产运行的生产装置，预防漏料的关键是严禁超量、超温、超压操作；防止误操作；加强设备系统的维护保养；加强巡回检查，对"跑、冒、滴、漏"现象，做到早发现、早处置。"物料泄漏率"的高低，在一定程度上反映了单位生产管理和安全管理的水平。

④ 不得随便拆除安全附件和安全联锁装置，不准随意切断声、光报警等信号。安全附件是将机械设备的危险部位与人体隔开，防止发生人身伤害的设施；安全联锁装置是当出现危险状态时，强制某些部件或元件联动，以保证安全的设施；报警设施是运用声、光、色、味等信号，提出警告以引起人们注意、采取措施，避免危险，不允许任何人以任何借口拆除。

⑤ 正确穿戴和使用个体防护用品。穿戴、使用个体防护用品是保护职工安全、健康的最后一道防线。每个职工应严格按照规定要求正确穿戴使用。

⑥ 严格安全纪律，禁止无关人员进入操作岗位和动用生产设备、设施和工具。

⑦ 正确判断和处理异常情况，紧急情况下，应先处理后报告（包括停止一切检修作业，通知无关人员撤离现场等）。

2. 开车安全操作及管理

① 正常开车执行岗位操作法。

② 较大系统开车必须编制开车方案（包括事故应急救援预案），并严格执行。

③ 开车前应严格下列各项检查：

• 确认水、电、汽（气）符合开车要求，各种原料、材料、辅助材料的供应齐备。

• 确认阀门开闭状态及盲板抽堵情况，保证装置流程畅通，各种机电设备及电器仪表等均处在完好状态。

• 保温、保压及清洗的设备要符合开车要求，必要时应重新置换、清洗和分析，使之合格。

• 确保安全、消防设施完好，通讯联络畅通，并通知消防、医疗卫生等有关部门。

• 其他有关事项。

各项检查合格后，按规定办理开车操作票。投料前必须进行分析验证。

④ 危险性较大的生产装置开车，相关部门人员应到现场。消防车、救护车处于防备状态。

⑤ 开车过程中应严格按开车方案中的步骤进行，严格遵守升降温、升降压和加减负荷的幅度（速率）要求。

⑥ 开车过程中要严密注意工艺的变化和设备的运行情况，发现异常现象应及时处理，情况紧急时应终止开车，严禁强行开车。

⑦ 开车过程中应保持与有关岗位和部门之间的联络。

⑧ 必要时停止一切检修作业，无关人员不准进入开车现场。

3. 停车安全操作及管理

① 正常停车按岗位操作法执行。

② 较大系统停车必须编制停车方案，应严格按停车方案中的步骤进行。

③ 系统降压、降温必须按要求的幅度（速率）并按先高压后低压的顺序进行。凡必须保温、保压的设备（容器），停车后要按时记录压力、温度的变化。

④ 大型传动设备的停车，必须先停主机、后停辅机。

⑤ 设备（容器）卸压时，应对周围环境进行检查确认。要注意易燃、易爆、有毒等危险化学物品的排放和扩散，防止造成事故。

⑥ 冬季停车后，要采取防冻保温措施，注意低位、死角及水、蒸汽管线、阀门、疏水器和保温伴管的情况，防止冻坏设备。

4. 紧急处理

① 发现或发生紧急情况，必须先尽最大努力妥善处理，防止事态扩大，避免人员伤亡，并及时向有关方面报告。

② 工艺及机电设备等发生异常情况时，应迅速采取措施，并通知有关岗位协调处理。必要时，按步骤紧急停车。

③ 发生停电、停水、停气（汽）时，必须采取措施，防止系统超温、超压、跑料及机电设备的损坏。

④ 发生爆炸、着火、大量泄漏等事故时，应首先切断气（物料）源，同时迅速通知相关岗位采取措施，并立即向上级报告。

（三）控制化工工艺参数的技术措施

控制化工工艺参数，即控制反应温度、压力，控制投料的速度、配比、顺序以及原材料的纯度和副反应等。工艺参数失控，不但破坏了平稳的生产过程，还常常是导致火灾爆炸事故的"祸根"之一，所以严格控制工艺参数，使之处于安全限度之内，是防止化工装置发生火灾爆炸事故的根本措施之一。

1. 温度控制

温度是石化生产中的主要控制参数。准确控制反应温度不但对保证产品质量、降低能耗有重要意义，也是防火防爆所必需的。温度过高，可能引起反应失控发生冲料或爆炸；也可能引起反应物分解、燃烧、爆炸；或由于液化气体介质和低沸点液体介质急剧蒸发，造成超压爆炸。温度过低，则有时会因反应速率减慢或停滞造成反应物积聚，一旦温度正常时，往往会因未反应物料过多而发生剧烈反应引起爆炸。温度过低还可能使某些物料冻结，造成管路堵塞或破裂，致使易燃物料泄漏引起燃烧、爆炸。

为了严格控制温度，需从以下3个方面采取相应措施。

① 有效除去反应热。对于大多数的放热化学反应应选择有效的传热设备、传热方式及传热介质，保证反应热及时导出，防止超温。

还要注意随时解决传热面结垢、结焦的问题，因为它会大大降低传热效率，而这种结垢、结焦现象在石化生产中又是较常见的。

② 正确选用传热介质。在石化生产中常用载体来进行加热，常用的热载体有水蒸气、热水、烟道气、碳氢化合物（如导热油、联苯混合物即道生液）、熔盐、汞和熔融金属等。

正确选择热载体对加热过程的安全十分重要，应避免选择容易与反应物料相作用的物质作为传热介质。如不能用水来加热或冷却环氧乙烷，因为微量水也会引起液体环氧乙烷自聚发热而爆炸，此种情况宜选用液体石蜡作传热介质。

③ 防止搅拌中断。搅拌可以加速反应物料混合以及热传导。有的生产过程如果搅拌中断，可能会造成局部反应加剧和散热不良而发生超压爆炸。对因搅拌中断可能引起事故的石化装置，应采取防止搅拌中断的措施，例如采用双路供电等。

2. 压力控制

压力是化工生产的基本参数之一。在化工生产中，有许多反应需要在一定压力下才能进行，或者要用加压方法来加快反应速率，提高效率。因此，加压操作在化工生产中普遍采用，所使用的塔、釜、器、罐等大部分是压力容器。

但是，超压也是造成火灾爆炸事故的重要原因之一。例如，加压能够强化可燃物料的化学活性，扩大燃爆极限范围；久受高压作用的设备容易脱碳、变形、渗漏，以至破裂和爆炸；处于高压的可燃气体介质从设备、系统连接薄弱处（如焊接处或法兰、螺栓、丝扣连接处甚至因腐蚀穿孔处等）泄漏，还会由于急剧喷出或静电而导致火灾爆炸等。反之，压力过低，会使设备变形。在负压操作系统，空气容易从外部渗入，与设备、系统内的可燃物料形成爆炸性混合物而导致燃烧、爆炸。

因此，为了确保安全生产，不因压力失控造成事故，除了要求受压系统中的所有设备、管道必须按照设计要求，保证其耐压强度、气密性，有安全阀等泄压设施外，还必须装设灵敏、准确、可靠的测量压力的仪表——压力计。而且要按照设计压力或最高工作压力以及有关规定，正确选用、安装和使用压力计，并在生产运行期间保持完好。

3. 进料控制

① 进料速度。对于放热反应，进料速度不能超过设备的散热能力，否则物料温度将会急剧升高，引起物料的分解，有可能造成爆炸事故。进料速度过低，部分物料可能因温度过低、反应不完全而积聚。一旦达到反应温度时，就有可能使反应加剧进行，因温度、压力急剧升高而产生爆炸。

② 进料温度。进料温度过高，可能造成反应失控而发生事故；进料温度过低，情况与进料速度过低相似。

③ 进料配比。反应物料的配比要严格控制，尤其是对连续化程度较高、危险性较大的生产，更需注意。如环氧乙烷生产中，反应原料乙烯与氧的浓度接近爆炸极限范围，必须严格控制。尤其在开、停车过程中，乙烯和氧的浓度在不断变化，且开车时催化剂活性较低，容易造成反应器出口氧浓度过高。为保证安全，应设置联锁装置，经常核对循环气的组成，尽量减少开、停车次数。

对可燃或易燃物与氧化剂的反应，要严格控制氧化剂的速度和投料量。两种或两种以上原料能形成爆炸性混合物的生产，其配比应严格控制在爆炸极限范围以外，如果工艺条件允许，可采用水蒸气或惰性气体稀释。

催化剂对化学反应速率影响很大，如果催化剂过量，就可能发生危险。因此，对催化剂的加入量也应严格控制。

④ 进料顺序。有些生产过程，进料顺序是不能颠倒的。如氯化氢合成应先投氢后投氯；三氯化磷生产应先投磷后投氯；磷酸酯与甲胺反应时，应先投磷酸酯，再滴加甲胺等，反之就会发生爆炸。

4. 控制原料纯度

许多化学反应，由于反应物料中危险杂质的增加导致副反应、过反应的发生而引起燃烧、爆炸。

① 原料中某种杂质含量过高，生产过程中易发生燃烧爆炸。如生产乙炔时要求电石中含磷量不超过 0.08%，因为磷（即磷化钙）遇水后生成磷化氢，它遇空气燃烧，可导致乙炔-空气混合气爆炸。

② 循环使用的反应原料气中，如果其中有害杂质气体不清除干净，在循环过程中就会越积越多，最终导致爆炸。如空分装置中液氧中的有机物（烃）含量过高，就会引起爆炸。

这需要在工艺上采取措施，如在循环使用前将有害杂质吸收清除或将部分反应气体放空以及加强监测等，以保证有害杂质气体含量不超过标准。

有时为了防止某些有害杂质的存在引起事故，还可采用加稳定剂的办法。

需要说明的是，温度、压力、进料量与进料温度、原料纯度等工艺参数，甚至是一些看起来"较不重要"的工艺参数都是互相影响的，有时是"牵一发而动全身"，所以对任何一项工艺参数都要认真对待，不能掉以轻心！

（四）关键装置及要害岗位的安全管理

1. 关键装置、要害（重点）部位安全管理

为了避免发生重大、特大生产事故，保障生产和职工生命安全，需要加强本单位关键装置、要害（重点）部位的安全管理。

（1）制定本单位的关键装置、要害（重点）部位安全管理制度　原则是对其实行严格的动态管理和监控。

（2）安全评价　在对本单位进行全面安全评价的基础之上，确定本单位的关键装置、要害（重点）部位，并建档、备案。

（3）危险监控　根据管理需要，可以按照其危险程度分级管理和监控。

（4）职能部门的监控要求　工艺、技术、机动、仪表、电气等有关部门按照"安全生产责任制"的要求，对关键部位的安全运行实施监控管理。

按照本单位的规定，定期进行专业安全检查，具体要求如下：

① 各项工艺指标必须符合"安全操作规程"和"工艺卡片"的要求，不得超温、超压、超负荷运行。

② 各类动、静设备必须达到完好标准，静密封点泄漏率小于规定指标。压力容器及其安全附件齐全好用，符合《压力容器安全监察规程》。对关键机组实行"特级维护"，制定"特护管理规定"并严格执行。

③ 仪表管理符合有关规定，仪表完好率、使用率及自控率均达到有关规定要求。仪表联锁不得随意摘除，严格执行"联锁摘除管理规定"。

④ 各类安全设施、消防设备等按照规定配备齐全，灵敏好用，符合有关规程或规定的要求，消防通道畅通。

⑤ 关键装置所在车间应确定关键部位的安全监控危险点，必要时，应绘制危险点分布图。按照规定进行检查、监督，对查出的隐患和问题，应及时整改或采取有效防范措施。车间无法处置时应及时报告上级有关部门。

⑥ 班组应严格执行巡回检查制度，应严格遵守工艺、操作、劳动纪律和"安全操作规程"。发现险情、隐患应及时报告，并主动处理存在问题。

⑦ 岗位操作人员必须经培训、考核合格后，持证上岗。

⑧ 根据本单位实际需要和可能，设置关键装置专职安全工程师。

⑨ 必须制定和完善关键装置、要害（重点）部位各种应急处理预案，并及时修订、补

充在有关操作规程中。按照规定，定期进行处理预案的实际演练。

2. 生产要害岗位管理

① 凡是易燃、易爆、危险性较大的岗位，易燃、易爆、剧毒、放射性物品的仓库，贵重机械、精密仪器场所，以及生产过程中具有重大影响的关键岗位，都属于生产要害岗位。

② 要害岗位应由保卫（防火）安全和生产技术部门共同认定，经厂长（经理）审批，并报上级有关部门备案。

③ 要害岗位人员必须具备较高的安全意识和较好的技术素质，并由企业劳资、保卫、安全部门与车间共同审定。

④ 编制要害岗位毒物信息卡和重大事故应急救援预案，并定期组织有关单位、人员演习，提高处置突发事故的能力。

⑤ 应建立、健全严格的要害岗位管理制度。凡外来人员，必须经厂主管部门审批，并在专人陪同下经登记后方可进入要害岗位。

⑥ 要害岗位施工、检修时必须编制严密的安全防范措施，并到保卫、安全部门备案。施工、检修现场要设监护人，做好安全保卫工作，认真做好详细记录。

二、化工单元操作过程的主要危险及其控制技术

化工单元操作是指各种化学生产过程中以物理过程为主的处理方法，概括为具有共同物理变化特点的基本操作，化工单元操作可归纳为物料输送、蒸发、蒸馏、加热、干燥、冷却、冷凝、粉碎、混合等。

1. 气体及液体输送过程的主要危险及控制

在工业生产过程中，经常需要将各种原材料、中间体、产品以及副产品和废弃物从一个地方输送到另一个地方，这些输送过程就是物料输送。在现代化工业企业中，物料输送是借助于各种输送机械设备实现的。由于所输送的物料形态不同（块状、粉态、液态、气态等），所采取的输送设备也各异。

（1）液态物料输送　液态物料可借其位能沿管道向低处输送。而将其由低处输往高处或由一地输往另一地（水平输送），或由低压处输往高压处，以及为保证一定流量克服阻力所需要的压头，则需要依靠泵来完成。泵的种类较多，通常有往复泵、离心泵、旋转泵、流体作用泵等四类。

液态物料输送危险控制要点如下：

① 输送易燃液体宜采用蒸气往复泵。如采用离心泵，则泵的叶轮应用有色金属制造，以防撞击产生火花。设备和管道均应有良好的接地，以防静电引起火灾。由于采用虹吸和自流的输送方法较为安全，故应优先选择。

② 对于易燃液体，不可采用压缩空气压送，因为空气与易燃液体蒸气混合，可形成爆炸性混合物，且有产生静电的可能。对于闪点很低的可燃液体，应用氮气或二氧化碳等惰性气体压送。闪点较高及沸点在 130℃ 以上的可燃液体，如有良好的接地装置，可用空气压送。

③ 临时输送可燃液体的泵和管道（胶管）连接处必须紧密、牢固，以免输送过程中管道受压脱落漏料而引起火灾。

④ 用各种泵类输送可燃液体时，其管道内流速不应超过安全速度，且管道应有可靠的接地措施，以防静电聚集。同时要避免吸入口产生负压，以防空气进入系统导致爆炸或抽瘪设备。

（2）气态物料输送　气态物料的输送采用压缩机。按气体的运动方式，压缩机可分为往复压缩机和旋转压缩机两类。

气态物料输送危险控制要点如下：

① 输送液化可燃气体宜采用液环泵，因液环泵比较安全。但在抽送或压送可燃气体时，进气入口应该保持一定余压，以免造成负压吸入空气形成爆炸性混合物。

② 为避免压缩机气缸、贮气罐以及输送管路因压力增高而引起爆炸，要求这些部分要有足够的强度。此外，要安装经核验准确可靠的压力表和安全阀（或爆破片）。安全阀泄压应将危险气体导至安全的地点。还可安装压力超高报警器、自动调节装置或压力超高自动停车装置。

③ 压缩机在运行中不能中断润滑油和冷却水，并注意冷却水不能进入气缸，以防发生水锤。

④ 气体抽送、压缩设备上的垫圈易损坏漏气，应注意经常检查、及时换修。

⑤ 压送特殊气体的压缩机，应根据所压送气体物料的化学性质，采取相应的防火措施。如乙炔压缩机同乙炔接触的部件不允许用铜来制造，以防产生具有爆炸危险的乙炔铜。

⑥ 可燃气体的管道应经常保持正压，并根据实际需要安装逆止阀、水封和阻火器等安全装置，管内流速不应过高。管道应有良好接地装置，以防静电聚集放电引起火灾。

⑦ 可燃气体和易燃蒸气的抽送、压缩设备的电机部分，应为符合防爆等级要求的电气设备，否则，应穿墙隔离设置。

⑧ 当输送可燃气体的管道着火时，应及时采取灭火措施。管径在 150mm 以下的管道，一般可直接关闭闸阀熄火；管径在 150mm 以上的管道，不可直接关闭闸阀熄火，应采取逐渐降低气压，通入大量水蒸气或氮气灭火的措施，但气体压力不得低于 50～100Pa。严禁突然关闭闸阀或水封，以防回火爆炸。当着火管道被烧红时，不得用水骤然冷却。

2. 加热及干燥过程的主要危险及控制

（1）加热过程 加热是促进化学反应和蒸发、蒸馏、裂解等操作过程的必要手段。加热的方法一般有直接加热、蒸汽或热水加热、载体加热以及电加热等。加热温度在 100℃ 以下时，常采用热水或蒸汽加热；100～140℃ 时，一般用蒸汽加热；超过 140℃ 的，常用加热炉直接加热或用热载体加热；超过 250℃ 时，一般用电加热；现代裂解炉使用燃料直接燃烧，使炉膛内温度达 1000℃ 以上。

加热过程的危险控制要点如下。

① 加热过程中应严格按照规定控制温度的范围和升温速度。

② 直接火加热危险性较大，温度不易控制，可造成局部过热，从而烧坏设备，引起易燃物质着火爆炸，一般不应采用此方法加热处理易燃物料。在采用直接用火加热工艺过程时，加热炉门与加热设备间应用砖墙完全隔离，不使厂房内存在明火。加热锅内残渣应经常清除，以免局部过热引起锅底破裂。以煤粉为燃料时，料斗应保持一定存量，不许倒空，避免空气进入，防止煤粉爆炸，制粉系统应安装爆破片。以气体、液体为燃料时，点火前应吹扫炉膛，排除积存的爆炸性混合气体，防止点火时发生爆炸。当加热温度接近或超过物料的自燃点时，应采用惰性气体保护。

③ 用高压蒸汽加热时，对设备耐压要求高，应装设压力计和安全阀，定期检查夹套和管道的耐压强度。对与水会发生反应的物料，不宜采用热水或蒸汽加热。需高压过热蒸汽加热时，设备或管道应注意保温，防止烤着可燃物以及发生烫伤。

④ 使用热载体加热时，载体循环系统应严格密闭，防止泄漏。应定期检查和清除油锅、油管上的沉积物，防止热载体循环系统堵塞，热油喷出，酿成事故。

⑤ 使用电加热时，电气设备要符合防爆要求。严禁超温、超压、超负荷运行。

（2）干燥过程 干燥是利用热能除去固体物料中的水分或溶剂的单元操作。干燥按操作压力可分为常压干燥和减压干燥，按操作方式可分为间歇式与连续式干燥。干燥的介质有空气、过热蒸汽、烟道气等。此外，还有冷冻干燥、高频干燥和红外线干燥等。

干燥过程的危险控制要点如下：

① 干燥过程应严格控制干燥温度，防止局部过热，以免造成物料分解爆炸。应根据具体情况安装温度计及温度自动调节装置。

② 应采取措施防止干燥过程中散发出来的易燃、易爆气体或粉尘与明火或高温表面接触，防止燃爆。

③ 在气流干燥中，要严格控制干燥气流的流速，并将设备接地，以防止静电聚积。在滚筒干燥中应适当调整刮刀与滚筒的间隙，并将刮刀固定牢，或采用有色金属制造刮刀，以防止产生火花。用烟道气加热的滚筒式干燥器，应注意加热均匀，不可断料和滚筒中途停止运转，如有此情况发生，则应切断烟道气并通氮加以保护。

④ 对于易燃、易爆物料的干燥，采用真空干燥比较安全，因蒸发速度快，干燥温度低。但真空干燥后消除真空时，须使温度降低后方能放空，否则，空气过早进入可能引起物料着火或爆炸。

⑤ 非防爆的一切电开关均应安装在室外或箱内，电热设备应做好隔离措施。

3. 蒸馏过程的主要危险及控制

蒸馏是根据液体混合物中各组分沸点的不同来分离液体混合物，使其分离为纯组分的操作。其过程是通过加热、蒸发、分馏、冷凝，得到不同沸点的产品。按操作方法，蒸馏分为间歇蒸馏和连续蒸馏；按操作压力，可分为常压、减压、加压蒸馏。此外，还有特殊蒸馏，如蒸汽蒸馏、萃取蒸馏、恒沸蒸馏和分子蒸馏。

用于蒸馏的设备称为蒸馏塔。按其塔板结构，可分为填料塔、筛板塔、浮阀塔、泡罩塔、舌形塔、管式塔等多种形式。此外，还有加热炉、冷凝器、冷却器、热交换器和泵等。

蒸馏过程的危险控制要点：

① 根据物料的特性，选择正确的蒸馏方法和设备。对于难挥发的物料（常压沸点在150℃以上），应采用真空蒸馏，这样可降低蒸馏温度，防止物料在高温下分解、变质或聚合；对于中等挥发性物料（常压沸点在100℃左右），采用常压蒸馏；对于沸点低于30℃的物料，则应采用加压蒸馏；对于具有特殊要求的物料，则需采用特殊分离方法。例如，常压下沸点较高，或在沸点时容易分解物料，且得到的产品完全不溶于水时，可采用蒸汽蒸馏。混合物各组分沸点极接近或组成恒沸物时，可采用萃取蒸馏和恒沸蒸馏。分子蒸馏则可使混合物中难以分离的组分容易分开。

② 易燃液体蒸馏不能用明火作热源，而应采用水蒸气或过热水蒸气加热。

③ 蒸馏设备应具有很好的气密性，应严格地进行气密性检查，对于加压蒸馏设备，应进行耐压试验检查，并安装安全阀和温度、压力调节、控制装置，严格控制蒸馏温度与压力。

④ 蒸馏操作应严格按照操作程序进行，避免因开车、停车和运行过程中的误操作导致事故的发生。

⑤ 注意防止管道被凝固点较高的物质凝结堵塞，使塔内压增高而引起爆炸。

⑥ 确保冷凝器中的冷却水或冷冻盐水不能中断。

⑦ 在蒸馏易燃液体，特别是汽油、苯、丙酮等不易导电的液体时，应注意系统消除静电，将蒸馏设备、管道良好接地。

⑧ 室外安装的蒸馏塔应安装可靠的避雷装置。

⑨ 对于易燃、易爆物料的蒸馏，其厂房应符合防火、防爆要求，有足够的泄压面积，室内电气设备均应符合场所的防爆要求。

⑩ 蒸馏设备应注意经常检查、维修，认真搞好停车后、开车前的系统清洗、置换，避

免发生事故。

4. 冷却（凝）及冷冻过程的主要危险及控制

（1）冷却（凝） 冷却与冷凝的主要区别在于被冷却的物料是否发生相的改变，若发生相变则成为冷凝，否则，如无相变只是温度降低则为冷却。冷却、冷凝操作在化工生产中十分重要，它不仅涉及生产，而且也严重影响防火安全，反应设备和物料未能及时得到应有的冷却或冷凝，常是导致火灾、爆炸的原因。

冷却（凝）法可分为直接冷却法和间接冷却法。在化工生产中，把物料冷却在大气温度以上时，可以用空气或循环水作为冷却介质；冷却温度在15℃以上，可用地下水；冷却温度在0～5℃时，可以用冷冻盐水。按照冷却（凝）设备传热面的形式和结构的不同，可分为管式冷却（凝）器、板式冷却（凝）器、混合式冷却（凝）器。

冷却过程的危险控制要点如下：

① 应根据被冷却物料的温度、压力、理化性质以及所要求冷却的工艺条件，正确选用冷却设备和冷却剂。忌水物料的冷却不宜采用水作冷却剂，必需时应采取特别措施。

② 应严格注意冷却设备的密闭性，防止物料进入冷却剂中或冷却剂进入物料中。

③ 冷却操作过程中，冷却介质不能中断，否则会造成积热，使反应异常，系统温度、压力升高，引起火灾或爆炸。因此，冷却介质温度控制最好采用自动调节装置。

④ 开车前，首先应清除冷凝器中的积液；开车时，应先通入冷却介质，然后通入高温物料；停车时，应先停物料，后停冷却系统。

⑤ 为保证不凝可燃气体安全排空，可充氮进行保护。

⑥ 高凝固点物料，冷却后易变得黏稠或凝固，在冷却时要注意控制温度，防止物料卡住搅拌器或堵塞设备及管道。

（2）冷冻 在工业生产过程中，蒸气、气体的液化，某些组分的低温分离，以及某些物品的输送、贮藏等，常需将物料降到比水或周围空气更低的温度，这种操作称为冷冻或制冷。

冷冻操作的实质是利用冷冻剂自身通过压缩-冷却-蒸发（或节流、膨胀）的循环过程，不断地由被冷冻物体取出热量（一般通过冷载体盐水溶液传递热量），并传给高温物质（水或空气），以使被冷冻物体温度降低。一般来说，冷冻程度与冷冻操作技术有关，凡冷冻范围在-100℃以内的称冷冻；而在-100～-200℃或更低的，则称为深度冷冻或简称深冷。工业上常用的制冷剂有氨、氟里昂。在石油化工生产中，常用石油裂解产品乙烯、丙烯为深冷分离的冷冻剂。

冷冻过程的危险控制要点如下：

① 对于制冷系统的压缩机、冷凝器、蒸发器以及管路系统，应注意耐压等级和气密性，防止设备、管路产生裂纹、泄漏。此外，应加强压力表、安全阀等的检查和维护。

② 对于低温部分，应注意其低温材质的选择，防止低温脆裂发生。

③ 当制冷系统发生事故或紧急停车时，应注意被冷冻物料的捧空处置。

④ 对于氨压缩机，应采用不发火花的电气设备；压缩机应选用低温下不冻结且不与制冷剂发生化学反应的润滑油，且油分离器应设于室外。

⑤ 注意冷载体盐水系统的防腐蚀。

5. 筛分及过滤过程的主要危险及控制

（1）筛分 在工业生产中，为满足生产工艺的要求，常常需将固体原料、产品进行筛选，以选取符合工艺要求的粒度，这一操作过程称为筛分。筛分分为人工筛分和机械筛分。筛分所用的设备称为筛子，通过筛网孔眼控制物料的粒度，按筛网的形状可分为转动式和平板式两类。

在筛分可燃物时，应采取防碰撞打火和消除静电措施，防止因碰撞和静电引起粉尘爆炸和火灾事故。

（2）过滤 过滤是使悬浮液在重力、真空、加压及离心的作用下，通过细孔物体，将固体悬浮微粒截留进行分离的操作。按操作方法，过滤分为间歇过滤和连续过滤两种；按推动力分为重力过滤、加压过滤、真空过滤和离心过滤。过滤采用的设备为过滤机。

过滤过程的危险控制要点如下：

① 若加压过滤时能散发易燃、易爆、有害气体，则应采用密闭过滤机，并应用压缩空气或惰性气体保持压力。取滤渣时，应先释放压力。

② 在存在火灾、爆炸危险的工艺中，不宜采用离心过滤机，宜采用转鼓式或带式等真空过滤机，如必需时，应严格控制电机安装质量，安装限速装置。注意不要选择临界速度操作。

③ 离心过滤机应注意选材和焊接质量，转鼓、外壳、盖子及底座等应用韧性金属制造。

6. 粉碎及混合过程的主要危险及控制

化工生产中，常将固体物料粉碎或研磨成粉末以增加其接触面积。将大块物料加工成小块物料的操作称为粉碎，将小块物料加工成粉末的操作称为研磨。按实际操作的作用力，粉碎的方法分为挤压、撞击、研磨、劈裂等。

粉碎及混合过程的危险控制要点如下：

① 粉碎、研磨设备要密闭，操作间应具有良好通风，以降低粉尘浓度，必要时可装设喷淋设备。

② 初次研磨物料时，应事先在研钵中进行试验，了解其是否黏结、着火。

③ 对可能产生可燃粉尘的研磨设备，应可靠接地，安装爆破片，并注意设备润滑，防止因摩擦发热。

④ 对研磨易燃、易爆物料的设备要通入惰性气体进行保护。

⑤ 用球磨机研磨具有爆炸性的物料时，球磨机内部需衬以橡皮等柔软材料，同时需采用青铜球。

⑥ 粉末输送管道与水平夹角不得小于 45℃，以消除粉末的沉积。

⑦ 当粉碎物料粉末阴燃或着火时，必须立即停止送料，采取措施隔断空气，必要时充惰性气体，不宜采用高压水流或泡沫进行施救，以免可燃粉尘飞扬。

三、典型反应过程的主要危险及其控制技术

化工单元过程是指各种化学生产过程中以化学为主的处理方法，概括为具有共同化学反应特点的基本过程。

（一）氧化与还原反应过程的主要危险及控制

狭义讲，氧化是指物质与氧化合的反应；广义讲，氧化是指失去电子的反应，还原是得到电子的反应。而在有机化学中，大多数有机化合物是以共价键组成的，不能用电子的得失判断氧化与还原反应，故常把与氧的化合或失去氢的反应称为氧化反应，而将与氢的化合或失去氧的反应称为还原反应。氧化与还原反应总是一对反应。

1. 氧化反应

（1）氧化反应的主要危险性

① 氧化反应需要加热，同时绝大多数反应又是放热反应，因此，反应热如不及时移去，将会造成反应失控，甚至发生爆炸。

② 氧化反应中被氧化的物质大部分是易燃、易爆物质，如乙烯氧化制取环氧乙烷、甲醇氧化制取甲醛、甲苯氧化制取苯甲酸中，乙烯是可燃气体，甲苯和甲醇是易燃液体。

③ 氧化反应中的有些氧化剂本身是强氧化剂，如高锰酸钾、氯酸钾、过氧化氢、过氧化苯甲酰等，具有很大的危险性，如受高温、撞击、摩擦或与有机物、酸类接触，易引起燃烧或爆炸。

④ 许多氧化反应是易燃、易爆物质与空气或氧气反应，反应投料比接近爆炸极限，如果物料配比或反应温度控制不当，极易发生燃烧爆炸。

⑤ 氧化反应的产品也具有火灾、爆炸危险性，如环氧乙烷、36.7%的甲醛水溶液等。

⑥ 某些氧化反应能生成过氧化物副产物，它们的稳定性差，遇高温或受撞击、摩擦易分解，造成燃烧或爆炸，如乙醛氧化制取醋酸过程中生成过醋酸。

（2）氧化过程的危险控制要点

① 在氧化反应中，一定要严格控制氧化剂的投料比，当以空气或氧气为氧化剂时，反应投料比应严格控制在爆炸范围以外。

② 氧化剂的加料速度不宜过快，防止多加、错加。反应过程应有良好的搅拌和冷却装置，严格控制反应温度、流量，防止超温、超压。

③ 防止因设备、物料含有杂质为氧化剂提供催化剂，例如有些氧化剂遇金属杂质会引起分解。空气进入反应器前一定要净化，除掉灰尘、水分、油污以及可使催化剂活性降低或中毒的杂质，减少着火和爆爆的危险。

④ 反应器和管道上应安装阻火器，以阻止火焰蔓延，防止回火。接触器应有泄压装置，并尽可能采用自动控制、报警联锁装置。

⑤ 在设备系统中宜设置氮气、水蒸气灭火装置，以便及时扑灭火灾。

2. 还原反应

还原反应的种类很多，多数反应过程比较缓慢、安全，但也有许多反应具有火灾、爆炸危险性，使防火、防爆问题突出。

（1）还原反应的主要危险性

① 许多还原反应都是在氢气存在条件下，并在高温、高压下进行，如果因操作失误或设备缺陷发生氢气泄漏，极易发生爆炸。

② 还原反应中使用的催化剂，如雷尼镍、钯碳等，在空气中吸湿后有自燃危险，在没有点火源存在的条件下，也能将氢气和空气的混合物引燃。

③ 还原反应中使用的固体还原剂，如保险粉、氢化铝锂、硼氢化钾等，都是遇湿易燃危险品。

④ 还原反应的中间体，特别是硝基化合物还原反应的中间体，也有一定的火灾危险。例如，邻硝基苯甲醚还原为邻氨基苯甲醚过程中，产生150℃下可自燃的氧化偶氮苯甲醚。苯胺在生产过程中如果反应条件控制不好，可生成爆炸危险性很大的环己胺。

⑤ 高温、高压下的氢对金属有渗碳作用，易造成氢腐蚀。

（2）还原反应过程的危险控制要点

① 操作过程中一定要严格控制温度、压力、流量等各种反应参数和反应条件。

② 注意催化剂的正确使用和处置。雷内镍、钯碳等催化剂平时不能暴露在空气中，要浸在酒精中。反应前必须用氮气置换反应器内的全部空气，经测定确认氧含量符合要求后，方可通入氢气。反应结束后，应先用氮气把氢气置换掉，才可出料，以免空气与反应器内的氢气混合，在催化剂自燃的情况下发生爆炸。

③ 注意还原剂的正确使用和处置。例如，氢化铝锂应浸没在煤油中贮存。使用时应先用氮气置换干净，在氮气保护下投料和反应。

④ 对设备和管道的选材要符合要求，并定期检测，以防止因氢腐蚀造成事故。

⑤ 车间内的电气设备必须符合防爆要求，厂房通风要好，且应采用轻质屋顶，设置天

窗或风帽，使氢气易于逸出，尾气排放管要高出屋脊 2m 以上并设阻火器。

（二）硝化反应过程的主要危险及控制

有机化合物分子中引入硝基取代氢原子而生成硝基化合物的反应，称为硝化。用硝酸根取代有机化合物中的羟基的化学反应，则是另一种类型的硝化反应，产物称为硝酸酯。硝化反应是生产染料、药物及某些炸药的重要反应。

硝化过程常用的硝化剂是浓硝酸或浓硝酸和浓硫酸配制的混合酸。此外，硝酸盐和氧化氮也可作硝化剂。一般的硝化反应是先把硝酸和硫酸配制成混酸，然后在严格控制温度的条件下将混酸滴入反应器，进行硝化反应。

1. 硝化反应的主要危险性

① 硝化反应是放热反应，温度越高，硝化反应的速率越快，放出的热量越多，越极易造成温度失控而爆炸。

② 被硝化的物质大多为易燃物质，有的兼具毒性，如苯、甲苯、脱脂棉等，使用或贮存不当时，易造成火灾。

③ 混酸具有强烈的氧化性和腐蚀性，与有机物特别是不饱和有机物接触即能引起燃烧。硝化反应的腐蚀性很强，会导致设备的强烈腐蚀。混酸在制备时，若温度过高或落入少量水，会促使硝酸的大量分解，引起突沸冲料或爆炸。

④ 硝化产物大都具有火灾、爆炸危险性，尤其是多硝基化合物和硝酸酯，受热、摩擦、撞击或接触点火源，极易爆炸或着火。

2. 硝化反应过程的危险控制要点

① 制备混酸时，应严格控制温度和酸的配比，并保证充分的搅拌和冷却条件，严防因温度猛升而造成的冲料或爆炸。不能把未经稀释的浓硫酸与硝酸混合。稀释浓硫酸时，不可将水注入酸中。

② 必须严格防止混酸与纸、棉、布、稻草等有机物接触，避免因强烈氧化而发生燃烧爆炸。

③ 应仔细配制反应混合物并除去其中易氧化的组分，不得有油类、酐类、甘油、醇类等有机物杂质，含水也不能过高；否则，此类杂质与酸作用易引发爆炸事故。

④ 硝化过程应严格控制加料速度，控制硝化反应温度。硝化反应器应有良好的搅拌和冷却装置，不得中途停水断电及搅拌系统发生故障。硝化器应安装严格的温度自动调节、报警及自动联锁装置，当超温或搅拌故障时，能自动报警并停止加料。硝化器应设有泄爆管和紧急排放系统，一旦温度失控，紧急排放到安全地点。

⑤ 处理硝化产物时，应格外小心，避免摩擦、撞击、高温、日晒，不能接触明火、酸、碱等。管道堵塞时，应用蒸气加温疏通，不得用金属棒敲打或明火加热。

⑥ 要注意设备和管道的防腐，确保严密不漏。

（三）聚合反应过程的主要危险及控制

由低分子单体合成聚合物的反应称为聚合反应。聚合反应的类型很多，按聚合物单体元素组成和结构的不同，分为加成聚合和缩合聚合两大类。聚合过程在工业上的应用十分广泛，如聚氯乙烯、聚乙烯、聚丙烯等塑料，聚丁二烯、顺丁、丁腈等橡胶以及尼龙纤维等，都是通过小分子单体聚合的方法得到的。

1. 聚合反应的主要危险性

① 聚合反应中的使用单体、溶剂、引发剂、催化剂等大多是易燃、易爆物质，使用或贮存不当时，易造成火灾、爆炸。如聚乙烯的单体乙烯是可燃气体，顺丁橡胶生产中的溶剂苯是易燃液体，引发剂金属钠是遇湿易燃危险品。

② 许多聚合反应在高压条件下进行，单体在压缩过程中或在高压系统中易泄漏，发生

火灾、爆炸。例如，乙烯在130～300MPa的压力下聚合合成聚乙烯。

③ 聚合反应中加入的引发剂都是化学活性很强的过氧化物，一旦配料比控制不当，容易引起爆聚，反应器压力骤增易引起爆炸。

④ 聚合物分子量高，黏度大，聚合反应热不易导出，一旦遇到停水、停电、搅拌故障时，容易挂壁和堵塞，造成局部过热或反应釜升温，发生爆炸。

2. 聚合反应过程的危险控制要点

① 应设置可燃气体检测报警器，一旦发现设备、管道有可燃气体泄漏，将自动停车。

② 反应釜的搅拌和温度应有检测和联锁装置，发现异常能自动停止进料。

③ 高压分离系统应设置爆破片、导爆管，并有良好的静电接地系统，一旦出现异常，及时泄压。

④ 对催化剂、引发剂等要加强贮存、运输、调配、注入等工序的严格管理。

⑤ 注意防止爆聚现象的发生。

⑥ 注意防止黏壁和堵塞现象的发生。

（四）裂化反应过程的主要危险及控制

裂化有时又称为裂解，是指有机化合物在高温下分子发生分解的反应过程。而石油产品的裂化主要是以重油为原料，在加热、加压或催化剂作用下，分子量较高的烃类发生分解反应生成分子量较小的烃类，再经分馏而得到裂化气、汽油、煤油和残油等产品。裂化可分为热裂化、催化裂化、加氢裂化3种类型。

1. 热裂化

热裂化在加热和加压下进行，根据所用压力的不同分为高压热裂化和低压热裂化。产品有裂化气体、汽油、煤油、残油和石油焦。热裂化装置的主要设备有管式加热炉、分馏塔、反应塔等。

（1）热裂化的主要危险性 热裂化在高温、高压下进行，装置内的油品温度一般超过其自燃点，漏出会立即着火。热裂化过程产生大量的裂化气，如泄漏会形成爆炸性气体混合物，遇加热炉等明火，会发生爆炸。

（2）热裂化的危险控制 热裂化反应过程的危险控制要点概括如下：

① 要严格遵守操作规程，严格控制温度和压力。

② 由于热裂化的管式炉经常在高温下运转，要采用高镍铬合金钢制造。

③ 裂解炉炉体应设有防爆门，备有蒸气吹扫管线和其他灭火管线，以防炉体爆炸和用于应急灭火。设置紧急放空管和放空罐，以防止因阀门不严或设备漏气造成事故。

④ 设备系统应有完善的消除静电和避雷措施。高压容器、分离塔等设备均应安装安全阀和事故放空装置。低压系统和高压系统之间应有止逆阀。配备固定的氮气装置、蒸气灭火装置。

⑤ 应备有双路电源和水源，保证高温裂解气直接喷水急冷时的用水用电，防止烧坏设备。发现停水或气压大于水压时，要紧急放空。

⑥ 应注意检查、维修、除焦，避免炉管结焦，使加热炉效率下降，出现局部过热，甚至烧穿。

2. 催化裂化

催化裂化在高温和催化剂的作用下进行，用于由重油生产轻油的工艺。催化裂化装置主要由反应再生系统、分馏系统、吸收稳定系统组成。

（1）催化裂化的主要危险性 催化裂化在160～520℃的高温和0.1～0.2MPa的压力下进行，火灾、爆炸的危险性也较大。操作不当时，再生器内的空气和火焰可进入反应器引起恶性爆炸事故。U形管上的小设备和阀门较多，易漏油着火。裂化过程中，会产生易燃的裂化气。活化催化剂不正常时，可能出现可燃的一氧化碳气体。

（2）催化裂化的危险控制 催化裂化过程的危险控制要点有以下几个方面：

① 注意保持反应器与再生器压差的稳定，是催化裂化反应中最重要的安全问题。

② 分馏系统要保持塔底油浆经常循环，防止催化剂从油气管线进入分馏塔，造成塔盘堵塞。要防止回流过多或太少造成的憋压和冲塔现象。

③ 再生器应防止稀相层发生二次燃烧，损坏设备。

④ 应备有单独的供水系统。降温循环水应充足，同时应注意防止冷却水量突然增大，因急冷损坏设备。

⑤ 关键设备应备有两路以上的供电。

3. 加氢裂化

加氢裂化是在催化剂及氢存在条件下，使重质油发生催化裂化反应，同时伴有烃类加氢、异构化等反应，从而转化为质量较好的汽油、煤油和柴油等轻质油的过程。加氢裂化是20世纪60年代发展起来的工艺。

加氢裂化装置类型很多，按反应器中催化剂放置方式的不同，可分为固定床、沸腾床等。

（1）加氢裂化的主要危险性 加氢裂化在高温、高压下进行，且需要大量氢气，一旦油品和氢气泄漏，极易发生火灾或爆炸。加氢是强烈的放热反应。氢气在高压下与钢接触，钢材内的碳分子易被氢气夺走，强度降低，产生氢脆。

（2）加氢裂化的危险控制 加氢裂化过程的危险控制要点有：

① 要加强对设备的检查，定期更换管道、设备，防止氢脆造成事故；

② 加热炉要平稳操作，防止局部过热，防止炉管烧穿；

③ 反应器必须通冷氢以控制温度。

四、化工腐蚀与防护

在化工生产中，所用原材料及生产过程中的中间产品、产品等很多物料都具有腐蚀性，这些腐蚀性物料对建（构）筑物、机械设备、仪器仪表等设施，均会造成腐蚀性破坏，从而影响生产安全。

1. 腐蚀的概念和分类

腐蚀是指材料在周围介质的作用下所产生的破坏。腐蚀普遍存在于化工行业，腐蚀与化工安全密切相关。因此，在化工生产过程中，必须高度重视腐蚀与防护问题。按照腐蚀发生的机理，可分为化学腐蚀和电化学腐蚀两种。

（1）化学腐蚀 化学腐蚀指金属与周围介质发生化学反应而引起的破坏。工业中常见的化学腐蚀有金属氧化、高温硫化、渗碳、脱碳和氢腐蚀等。

（2）电化学腐蚀 电化学腐蚀指金属与电解质溶液接触时，由于金属材料的不同组织及组成之间形成原电池，其阴、阳极之间所产生的氧化还原反应使金属材料的某一组织或组分发生溶解，最终导致材料失效的过程。

2. 腐蚀类型及其防腐技术措施

在化工生产中，由于大量酸、碱等腐蚀性物料造成的事故，如设备基础下陷、厂房倒塌、管道变形开裂、泄漏、破坏绝缘、仪表失灵等，严重影响正常的生产，危害人身安全。

（1）全面腐蚀与局部腐蚀 腐蚀介质以一定的速度溶解被腐蚀的设备。在金属设备整个表面或大面积发生程度相同或相近的腐蚀，称为全面腐蚀。局限于金属结构某些特定区域或部位上的腐蚀称为局部腐蚀。

（2）点腐蚀 点腐蚀又称孔蚀，指集中于金属表面个别小点上深度较大的腐蚀现象。金属表面由于露头、错位、介质不均匀等缺陷，使其表面膜的完整性遭到破坏，成为点蚀源。该点蚀源在某段时间内是活性状态，电极电位较负，与表面其他部位构成局部腐蚀微电池，在大阴极小阳极的条件下，点蚀源的金属迅速被溶解并形成孔洞。孔洞不断加深，直至穿透，造成不良后果。

防止点腐蚀的措施有以下几点：

① 减少介质溶液中 Cl^- 浓度，或加入有抑制点腐蚀作用的阴离子（缓蚀剂），如对不锈钢可加入 OH^-，对铝合金可加入 NO_3^-。

② 减少介质溶液中氧化性离子，如 Fe^{3+}、Cu^{2+}、Hg^{2+} 等。

③ 降低介质溶液温度，加大溶液流速或加搅拌。

④ 采用阴极保护。

⑤ 采用耐点腐蚀合金。

（3）缝隙腐蚀　这是指在电解液中，金属与金属、金属与非金属之间构成的窄缝空内发生的腐蚀。在化工生产中，管道连接处，衬板、垫片处，设备污泥沉积处，腐蚀物附着处等，均易发生缝隙腐蚀；当金属保护层破损时，金属与保护层之间的破损缝隙也会发生腐蚀。

缝隙腐蚀的原因是由于缝隙内积液流动不畅，时间长了会使缝内外由于电解质浓度不同构成浓差原电池，发生氧化还原反应。

阳极：
$$Me \longrightarrow Me^+ + e$$

阴极：
$$O_2 + 2H_2O + 4e \longrightarrow 4OH^-$$

金属缝隙腐蚀是很普遍的，几乎所有的金属都可能产生缝隙腐蚀，几乎所有的腐蚀性介质（包括淡水）都能引起金属缝隙腐蚀，但以含 Cl^- 的溶液最容易引起这类腐蚀。缝隙腐蚀多数情况是宏观电池腐蚀，腐蚀形态从缝内金属的孔蚀到全面腐蚀都有。

防止缝隙腐蚀的措施包括以下几个方面：

① 采用抗缝隙腐蚀的金属或合金材料，如 Cr18Ni12Mo3Ti 不锈钢。

② 采用合理的设计方案，避免连接处出现缝隙、死角等，降低缝隙腐蚀的程度。

③ 垫圈材料应避免采用吸湿性材料（如石棉），以防吸水后造成腐蚀介质条件；宜采用非吸湿性材料，如聚四氟乙烯材料。

④ 采用电化学保护。

⑤ 采用缓蚀剂保护。

（4）晶间腐蚀　晶间腐蚀是指沿着金属材料晶粒间界发生的腐蚀。这种腐蚀可以在材料外观无变化的情况下，使其完全丧失强度。金属材料在腐蚀环境中，晶界和本身物质的物理化学和电化学性能有差异时，会在他们之间构成原电池，使腐蚀沿晶粒边界发展，致使材料的晶粒间失去结合力。

防止晶间腐蚀的措施有三种：

① 对钢材料进行适当热处理。

② 降低金属材料中的碳、氮含量，采用低碳、氮含高钼的不锈钢或采用含足量钛、铌的不锈钢。

③ 采用合金材料。

（5）应力腐蚀破裂　应力腐蚀破裂是金属材料在静拉伸应力和腐蚀介质共同作用下导致破裂的现象。应力腐蚀破裂造成的金属损坏不是力学破坏与腐蚀损坏两项单独作用的简单加和，因为在腐蚀介质中，在远低于材料屈服极限的应力下会引起破裂。在应力的作用下，腐蚀性极弱的介质就可能引起腐蚀破裂。它常常是在从全面腐蚀方面看来是耐蚀的情况下发生的、没有形变预兆的突然断裂，裂纹发展迅速且预测困难，容易造成严重事故。

材料在拉应力作用下，由于在应力集中处出现变形或金属裂纹，形成新表面，新表面与原表面因电位差构成原电池，发生氧化还原反应，金属溶解，导致裂纹迅速发展。发生应力腐蚀的金属材料主要是合金，纯金属较少。

防止应力腐蚀的措施有以下几个方面：

① 合理设计结构，消除应力。用得最多和最有效的办法是消除应力。设备机加工或焊接后最好是进行消除应力退火。

② 合理选用材料。选用耐应力腐蚀破裂的金属材料，就是使其不能够产生应力腐蚀破裂的材料/环境组合。

③ 改变介质的腐蚀性，使其完全不腐蚀（包括使其进入稳定态），或者使其转为全面腐蚀，均可防止应力腐蚀破裂。前者例如使用缓蚀剂，后者例如对于可经常更换的零部件改变介质成分，造成全面腐蚀。

④ 避免高温操作。

⑤ 采用阴极保护。

（6）氢损伤　氢损伤指由氢作用引起材料性能下降的一种现象，包括氢腐蚀与氢脆。氢腐蚀的原因是在高温高压下，H_2 于金属表面进行物理吸附并分解为 H，H 经化学吸附透过金属表面进入内部，破坏晶间结合力，在高压应力作用下，导致微裂纹生成。氢脆是指氢溶于金属后残留于错位等处，当氢达到饱和后，对错位起钉扎作用，使金属晶粒滑移难以进行，造成金属出现脆性。

防止氢损伤的措施有三点：

① 采用合金材料，使金属表面合金化形成致密的膜，阻止氢向金属内部扩散。

② 避免高温高压同时操作。

③ 在气态氢环境中，加入适量氧气抑制氢脆发生。

（7）腐蚀疲劳　在交变应力和腐蚀介质同时作用下，金属的疲劳强度或疲劳寿命较无腐蚀作用时有所降低，这种现象叫做腐蚀疲劳。通常，"腐蚀疲劳"是指在除空气以外的腐蚀介质中的疲劳行为。腐蚀疲劳对任何金属在任何腐蚀介质中都可能发生。

防止腐蚀疲劳的措施包括以下几点：

① 设计上避免形成缝隙。

② 采用耐腐蚀的合金或不锈钢材料。

③ 给材料表面造成压应力，如氮化或表面淬火。

④ 采用金属镀层或非金属涂层，常用的金属镀层是锌镀层。

⑤ 采用阴极或阳极保护。

（8）冲刷腐蚀　冲刷腐蚀又称磨损腐蚀，是指溶液与材料以较高速度作相对运动时，冲刷和腐蚀共同引起的材料表面损伤现象。这种损伤要比冲刷或腐蚀单独存在时所造成的损伤的加和大得多，这是因为冲刷与腐蚀互相促进的缘故。化工过程有许多冲刷腐蚀问题，例如泥浆泵叶片的损坏、管弯头和阀杆、阀座的冲击腐蚀等。

冲刷腐蚀主要是由较高的流速引起的，而当溶液中还含有研磨作用的固体颗粒（如不溶性盐类、砂粒和泥浆）时就更容易产生这种破坏。破坏的作用是不断从金属表面去除保护膜，产生腐蚀。

防止冲刷腐蚀的措施有三个方面：

① 使用适当的金属材料是防止冲刷腐蚀的重要手段，例如加有铁的铝黄铜耐湍流腐蚀较好。

② 减小溶液的流速并从管系几何学方面保证流动是层流，不产生湍流，可以减轻冲刷腐蚀。例如，管子的直径应尽可能大，并与前后的截面尺寸尽可能一致，弯头的曲率半径大

些，入口和出口采用流线形等。

③ 介质方面主要是用过滤和沉淀的方法除去溶液中的固体颗粒。

3. 腐蚀防护

（1）正确选材 防止或减缓腐蚀的根本途径是正确地选择工程材料。在选择材料时，除考虑一般技术经济指标外，还应考虑工艺条件及其在生产过程中的变化。要根据介质的性质、浓度、杂质、腐蚀产物、化学反应、温度、压力、流速等工艺条件，以及材料的耐腐蚀性能等，综合选择材料。

（2）合理设计

① 避免缝隙。缝隙是引起腐蚀的重要原因之一。因此，在结构设计时、连接形式上，应注意避免出现缝隙，采用合理的结构，如避免铆接或缝隙中添加不吸潮的填料及垫片等，采用焊接时，应用双面焊，避免搭接焊或点焊。

② 消除积液。设备死角的积液处是发生严重腐蚀的部位。因此，在设计时应尽量减少设备死角，消除积液对设备的腐蚀。

（3）电化学保护

① 阳极保护。在化学介质中，将被腐蚀的金属通以阳极电流，在其表面形成耐腐蚀性很强的钝化膜，保护金属不被腐蚀。

② 阴极保护。有外加电流和牺牲阳极两种方法。外加电流是将被保护金属与直流电源负极连接，正极与外加辅助电极连接，电源通入被保护金属阴极电流，使腐蚀过程受到抑制。牺牲阳极又称护屏保护，是将电极电位较负的金属同被保护金属联结构成原电池，电位较负的金属（阳极）反应过程中流出的电流可以抑制对被保护金属的腐蚀。

（4）缓蚀剂 加入腐蚀介质中，能够阻止金属腐蚀或降低金属腐蚀速度的物质，称为缓蚀剂。缓蚀剂在金属表面吸附，形成一层连续的保护性吸附膜，或在金属表面生成一层难溶化合物金属膜，隔离屏蔽了金属，阻滞了腐蚀反应过程，降低了腐蚀速度，达到了缓蚀的目的，保护了金属材料。

（5）金属保护层 金属保护层是指用耐腐蚀性较强的金属或合金，覆盖于耐腐蚀性较差的金属表面达到保护作用的金属。

① 金属衬里。将耐腐蚀性高的金属，如铅、钛、铝、不锈钢等衬覆于设备内部，防止腐蚀。

② 喷镀。将熔融金属、合金或金属陶瓷喷射于被保护金属表面上以防腐蚀。

③ 热浸镀。将钢铁构件基体表面热浸上铝、锌、铅、锡及其合金以防腐蚀。

④ 表面合金化。采用渗透、扩散等工艺，使金属表面得到某种合金表面层，以防腐蚀、摩擦。

⑤ 电镀。采用电化学原理，以工作表面为阴极，获得电沉积表面层借以保护。

⑥ 化学镀。采用化学反应，在金属表面上镀镍、锡、铜、银等以防止腐蚀。

⑦ 离子镀。减压下使金属或合金蒸气部分离子化，在高能作用下对被保护金属表面进行溅射、沉积以获得镀层，保护金属。

（6）非金属保护层 采用非金属材料覆盖于金属或非金属设备或设施表面，防止腐蚀的保护层。分衬里和涂层两类，非金属衬里在化工设备中应用广泛。

① 非金属衬里。常见的非金属衬里有玻璃钢、合成橡胶、砖板和塑料等。

② 非金属涂层。涂层是涂刷于物体表面后，形成一种坚韧、耐磨、耐腐蚀的保护层。常见的涂层涂料类别有油性漆类、酚醛树脂漆类、沥青类、硝基漆类、丙烯酸漆类、聚酯漆类、环氧树脂漆类和聚氨酯漆类等。

（7）非金属设备 由于非金属材料具有优良的耐腐蚀性及相当好的物理机械性能，因此可以代替金属材料，加工制成各种防腐蚀设备和机器。常用的有聚四氟乙烯、聚丙烯、不透性石墨、陶瓷、玻璃以及玻璃钢、天然岩石、铸石等，可以制造设备、管道、管件、机器及部件、基本设施等。

五、化工装置的安全检修

在长周期运行中，由于化工装置外部负荷、内部应力和相互磨损、腐蚀、疲劳以及自然侵蚀等因素影响，使个别部件或整体改变原有尺寸、形状，机械性能下降、强度降低，造成隐患和缺陷，威胁着安全生产。为了实现安全生产，提高设备效率，降低能耗，保证产品质量，就要对装置、设备定期进行计划检修，及时消除缺陷和隐患，使生产装置能够"安、稳、长、满、优"运行。

（一）停车检修

1. 化工装置检修的分类与特点

（1）装置检修的分类　化工装置和设备检修可分为计划检修和非计划检修。

计划检修是指企业根据设备管理、使用的经验以及设备状况，制定设备检修计划，对设备进行有组织、有准备、有安排的检修。计划检修又可分为小修、中修和大修。装置检修比单台设备（或机器）检修要复杂得多。

非计划检修是指因突发性的故障或事故而造成设备或装置临时性停车进行的抢修。非计划检修事先无法预料，无法安排计划，而且要求检修时间短，检修质量高，检修的环境及工况复杂，故难度较大。

（2）装置检修的特点　化工生产装置检修与其他行业的检修相比，具有复杂、危险性大的特点。

由于化工生产装置中使用的设备如炉、塔、釜、器、机、泵及罐槽、池等大多是非定型设备，种类繁多，规格不一，要求从事检修作业的人员具有丰富的知识和技术，熟悉不同设备的结构、性能和特点；装置检修因检修内容多、工期紧、工种多、上下作业、设备内外同时并进、多数设备处于露天或半露天布置，检修作业受到环境和气候等条件的制约，加之外来工、农民工等临时人员进入检修现场机会多，对作业现场环境又不熟悉，从而决定了化工装置检修的复杂性。

由于化工生产的危险性大，决定了生产装置检修的危险性亦大。加之化工生产装置和设备复杂，设备和管道中的易燃、易爆、有毒物质，尽管在检修前做过充分的吹扫置换，但是易燃、易爆、有毒物质仍有可能存在。检修作业又离不开动火、动土、限定空间等作业，客观上具备了发生火灾、爆炸、中毒、化学灼伤、高处坠落、物体打击等事故的条件。实践证明，生产装置在停车、检修施工、复工过程中最容易发生事故。据统计，在中石化总公司发生的重大事故中，装置检修过程的事故占事故总起数的 42.63%。由于化工装置检修作业复杂、安全教育难度较大，很难保证进入检修作业现场的人员都具备比较高的安全知识和技能，也很难使安全技术措施自觉到位，因此化工装置检修具有危险性大的特点，同时也决定了装置检修的安全工作的重要地位。

2. 装置停车检修前的准备工作

化工装置停车检修前的准备工作是保证装置停好、修好、开好的主要前提条件，必须做到集中领导、统筹规划、统一安排，并做好"四定"（定项目、定质量、定进度、定人员）和"八落实"（组织、思想、任务、物资包括材料与备品备件、劳动力、工器具、施工方案、安全措施落实）工作。除此以外，准备工作还应做到以下几点。

（1）设置检修指挥部　为了加强停车检修工作的集中领导和统一计划、统一指挥，形成一个信息灵、决策迅速的指挥核心，以确保停车检修的安全顺利进行。检修前要成立以厂长

（经理）为总指挥，主管设备、生产技术、人事保卫、物资供应及后勤服务等的副厂长（副经理）为副总指挥，机动、生产、劳资、供应、安全、环保、后勤等部门参加的指挥部。检修指挥部下设施工检修组、质量验收组、停开车组、物资供应组、安全保卫组、政工宣传组、后勤服务组。针对装置检修项目及特点，明确分工，分片包干，各司其职，各负其责。

（2）制定安全检修方案 装置停车检修必须制定停车、检修、开车方案及其安全措施。安全检修方案由检修单位的机械员或施工技术员负责编制。

对于安全检修方案，要按设备检修任务书中的规定格式认真填写齐全，其主要内容应包括：检修时间、设备名称、检修内容、质量标准、工作程序、施工方法、起重方案、采取的安全技术措施，并明确施工负责人、检修项目安全员、安全措施的落实人等。方案中还应包括设备的置换、吹洗、盲板流程示意图。尤其要制定合理工期，确保检修质量。

方案编制后，编制人经检查确认无误并签字，经检修单位的设备主任审查并签字，然后送机动、生产、调度、消防队和安技部门，逐级审批，经补充修改使方案进一步完善。重大项目或危险性较大项目的检修方案、安全措施，由主管厂长或总工程师批准，书面公布，严格执行。

（3）制定检修安全措施 除了已制定的动火、动土、罐内空间作业、登高、电气、起重等安全措施外，应针对检修作业的内容、范围，制定相应的安全措施；安全部门还应制定教育、检查、奖罚的管理办法。

（4）进行技术交底，做好安全教育 检修前，安全检修方案的编制人负责向参加检修的全体人员进行检修方案技术交底，使其明确检修内容、步骤、方法、质量标准、人员分工、注意事项、存在的危险因素和由此而采取的安全技术措施等，达到分工明确、责任到人。同时还要组织检修人员到检修现场，了解和熟悉现场环境，进一步核实安全措施的可靠性。技术交底工作结束后，由检修单位的安全负责人或安全员，根据本次检修的难易程度、存在的危险因素、可能出现的问题和工作中容易疏忽的地方，结合典型事故案例，进行系统全面的安全技术和安全思想教育，以提高执行各种规章制度的自觉性和落实安全技术措施重要性的认识，使其从思想上、劳动组织上、规章制度上、安全技术措施上进一步落实，从而为安全检修创造必要的条件。对参加关键部位或特殊技术要求的项目检修人员，还要进行专门的安全技术教育和考核，身体检查合格后方可参加装置检修工作。

（5）全面检查，消除隐患 装置停车检修前，应由检修指挥部统一组织，分组对停车前的准备工作进行一次全面细致的检查。

检修工作中，使用的各种工具、器具、设备，特别是起重工具、脚手架、登高用具、通风设备、照明设备、气体防护器具和消防器材，要有专人进行准备和检查。检查人员要将检查结果认真登记，并签字存档。

（二）试车与开车安全

1. 装置开车前安全检查

生产装置经过停工检修后，在开车运行前要进行一次全面的安全检查验收。目的是检查检修项目是否全部完工，质量全部合格，劳动保护安全卫生设施是否全部恢复完善，设备、容器、管道内部是否全部吹扫干净、封闭，盲板是否按要求抽加完毕，确保无遗漏，检修现场是否工完料尽场地清，检修人员、工具是否撤出现场，达到了安全开工条件。

检修质量检查和验收工作，宜组织责任心强、有丰富实践经验的人员进行。这项工作，既是评价检修施工效果，又是为安全生产奠定基础，一定要消除各种隐患，未经验收的设备不许开车投产。

（1）焊接检验 凡化工装置使用易燃、易爆、剧毒介质以及特殊工艺条件的设备、管线及经过动火检修的部位，都应按相应的规程要求进行 X 射线拍片检验和残余应力处理。如发现焊缝有问题，必须重焊，直到验收合格，否则将导致严重后果。某厂焊接气分装置脱丙烯塔与再沸器之间一条直径 80mm 丙烷抽出管线，因焊接质量问题，开车后断裂跑料，发生重大爆炸事故。

事故的直接原因是焊接质量低劣，有严重的夹渣和未焊透现象，断裂处整个焊缝有三个气孔，其中一个气孔直径达 2mm，有的焊缝厚度仅为 1～2mm。

（2）试压和气密试验　任何设备、管线在检修复位后，为检验施工质量，应严格按有关规定进行试压和气密试验，防止生产时跑、冒、滴、漏，造成各种事故。

一般来说，压力容器和管线试压用水作介质，不得采用有危险的液体，也不准用工业风或氮气作耐压试验。气压试验危险性比水压试验大得多，曾有用气压代替水压试验而发生事故的教训。

安全检查要点的技术要领如下：

① 检查设备、管线上的压力表、温度计、液面计、流量计、热电偶、安全阀是否调校安装完毕，灵敏好用。

② 试压前所有的安全阀、压力表应关闭，有关仪表应隔离或拆除，防止起跳或超程损坏。

③ 对被试压的设备、管线要反复检查流程是否正确，防止系统与系统之间相互串通，必须采取可靠的隔离措施。

④ 试压时，试压介质、压力、稳定时间都要符合设计要求，并严格按有关规程执行。

⑤ 对于大型、重要设备和中、高压及超高压设备、管道，在试压前应编制试压方案，制定可靠的安全措施。

⑥ 情况特殊，采用气压试验时，试压现场应加设围栏或警告牌，管线的输入端应装安全阀。

⑦ 带压设备、管线，在试验过程中严禁强烈机械冲撞或外来气串入，升压和降压应缓慢进行。

⑧ 在检查受压设备和管线时，法兰、法兰盖的侧面和对面都不能站人。

⑨ 在试压过程中，受压设备、管线如有异常响声，如压力下降、表面油漆剥落、压力表指针不动或来回不停摆动，应立即停止试压，并卸压查明原因，视具体情况再决定是否继续试压。

⑩ 登高检查时应设平台围栏，系好安全带，试压过程中发现泄漏，不得带压紧固螺栓、补焊或修理。

（3）吹扫、清洗　在检修装置开工前，应对全部管线和设备彻底清洗，把施工过程中遗留在管线和设备内的焊渣、泥沙、锈皮等杂质清除掉，使所有管线都贯通。如吹扫、清洗不彻底，杂物易堵塞阀门、管线和设备，对泵体、叶轮产生磨损，严重时还会堵塞泵过滤网。如不及时检查，将使泵抽空，造成泵或电机损坏的设备事故。

一般处理液体管线用水冲洗，处理气体管线用空气或氮气吹扫，蒸汽等特殊管线除外。如仪表风管线应用净化风吹扫，蒸汽管线按压力等级不同使用相应的蒸汽吹扫等。吹扫、清洗中应拆除易堵卡物件（如孔板、调节阀、阻火器、过滤网等），安全阀加盲板隔离，关闭压力表手阀及液位计联通阀，严格按方案执行；吹扫、清洗要严，按系统、介质的种类、压力等级分别进行，并应符合现行规范要求；在吹扫过程中，要有防止噪声和静电产生的措施，冬季用水清洗应有防冻结措施，以防阀门、管线、设备冻坏；放空口要设置在安全的地方或有专人监视；操作人员应配齐个人防护用具，与吹扫无关的部位要关闭或加盲板隔绝；用蒸汽吹扫管线时，要先慢慢暖管，并将冷凝水引到安全位置排放干净，以防水击，并有防止检查人烫伤的安全措施；对低点排凝、高点放空，要顺吹扫方向逐个打开和关闭，待吹扫达到规定时间要求时，先关阀后停气；吹扫后要用氮气或空气吹干，防止蒸汽冷凝液造成真空而损坏管线；输送气体管线如用液体清洗时，核对支撑物强度能否满足要求；清洗过程要用最大安全体积和流量。

（4）烘炉　各种反应炉在检修后开车前，应按烘炉规程要求进行烘炉。

① 编制烘炉方案，并经有关部门审查批准。组织操作人员学习，掌握其操作程序和应注意的事项。

② 烘炉操作应在车间主管生产的负责人指导下进行。

③ 烘炉前，有关的报警信号、生产联锁应调校合格，并投入使用。

④ 点火前，要分析燃料气中的氧含量和炉膛可燃气体含量，符合要求后方能点火。点火时应遵守"先火后气"的原则。点火时要采取防止喷火烧伤的安全措施以及灭火的设施。炉子熄灭后重新点火前，必须再进行置换，合格后再点火。

（5）传动设备试车　化工生产装置中机、泵起着输送液体、气体、固体介质的作用，由于操作环境复杂，一旦单机发生故障，就会影响全局。因此要通过试车，对机、泵检修后能否保证安全投料一次开车成功进行考核。

① 编制试车方案，并经有关部门审查批准。

② 专人负责进行全面仔细地检查，使其符合要求，安全设施和装置要齐全完好。

③ 试车工作应由车间主管生产的负责人统一指挥。

④ 冷却水、润滑油、电机通风、温度计、压力表、安全阀、报警信号、联锁装置等，要灵敏可靠，运行正常。

⑤ 查明阀门的开关情况，使其处于规定的状态。

⑥ 试车现场要整洁干净，并有明显的警戒线。

（6）联动试车　装置检修后的联动试车，重点要注意做好以下几个方面的工作：

① 编制联动试车方案，并经有关领导审查批准。

② 指定专人对装置进行全面认真地检查，查出的缺陷要及时消除。检修资料要齐全，安全设施要完好。

③ 专人检查系统内盲板的抽加情况，登记建档，签字认可，严防遗漏。

④ 装置的自保系统和安全联锁装置，调校合格，正常运行灵敏可靠，专业负责人要签字认可。

⑤ 供水、供气、供电等辅助系统要运行正常，符合工艺要求。整个装置要具备开车条件。

⑥ 在厂部或车间领导统一指挥下进行联动试车工作。

2. 装置开车

装置开车要在开车指挥部的领导下，统一安排，并由装置所属的车间领导负责指挥开车。岗位操作工人要严格按工艺卡片的要求和操作规程操作。

（1）贯通流程　用蒸汽、氮气通入装置系统，一方面扫去装置检修时可能残留部分的焊渣、焊条头、铁屑、氧化皮、破布等，防止这些杂物堵塞管线，另一方面验证流程是否贯通。这时应按工艺流程逐个检查，确认无误，做到开车时不窜料、不憋压。按规定用蒸汽、氮气对装置系统置换，分析系统氧含量达到安全值以下的标准。

（2）装置进料　进料前，在升温、预冷等工艺调整操作中，检修工与操作工配合做好螺栓紧固部位的热把、冷把工作，防止物料泄漏。岗位应备有防毒面具。油系统要加强脱水操作，深冷系统要加强干燥操作，为投料奠定基础。

装置进料前，要关闭所有的放空、排污等阀门，然后按规定流程，经操作工、班长、车间值班领导检查无误，启动机泵进料。进料过程中，操作工沿管线进行检查，防止物料泄漏或物料走错流程；装置开车过程中，严禁乱排乱放各种物料。装置升温、升压、加量，按规定缓慢进行；操作调整阶段，应注意检查阀门开度是否合适，逐步提高处理量，使达到正常生产为止。

（三）化工装置的安全检修

1. 检修许可证制度

化工生产装置停车检修，尽管经过全面吹扫、蒸煮水洗、置换、抽加盲板等工作，但检修前仍需对装置系统内部进行取样分析、测爆，进一步核实空气中可燃或有毒物质是否符合安全标准，认真执行安全检修票证制度。

2. 检修作业安全要求

为保证检修安全工作顺利进行，应做好以下几个方面的工作：

① 参加检修的一切人员都应严格遵守检修指挥部颁布的《检修安全规定》。

② 开好检修班前会，向参加检修的人员进行"五交"，即交施工任务、交安全措施、交安全检修方法、交安全注意事项、交遵守有关安全规定，认真检查施工现场，落实安全技术措施。

③ 严禁使用汽油等易挥发性物质擦洗设备或零部件。

④ 进入检修现场人员必须按要求着装。

⑤ 认真检查各种检修工器具，发现缺陷，立即消除，不能凑合使用，避免发生事故。

⑥ 消防井、栓周围 5m 以内禁止堆放废旧设备、管线、材料等物件，确保消防、救护车辆的通行。

⑦ 检修施工现场，不许存放可燃、易燃物品。

⑧ 严格贯彻谁主管谁负责的检修原则和安全监察制度。

3. 动火作业

在化工装置中，凡是动用明火或可能产生火种的作业都属于动火作业。例如：电焊、气焊、切割、熬沥青、烘砂、喷灯等明火作业；凿水泥基础、打墙眼、电气设备的耐压试验、电烙铁、锡焊等易产生火花或高温的作业。因此凡检修动火部位和地区，必须按动火要求，采取措施，办理审批手续。

（1）动火安全要点

① 审证。在禁火区内动火应办理动火证的申请、审核和批准手续，明确动火地点、动火时间、动火方案、安全措施、现场监护人等。审批动火应考虑两个问题：一是动火设备本身；二是动火的周围环境。要做到"三不动火"，即没有动火证不动火，防火措施不落实不动火，监护人不在现场不动火。

② 联系。动火前要和生产车间、工段联系，明确动火的设备、位置。事先由专人负责做好动火设备的置换、清洗、吹扫、隔离等解除危险因素的工作，并落实其他安全措施。

③ 隔离。动火设备应与其他生产系统可靠隔离，防止运行中设备、管道内的物料泄漏到动火设备中来；将动火地区与其他区域采取临时隔火墙等措施加以隔开，防止火星飞溅而引起事故。

④ 移去可燃物。将动火周围 10m 范围以内的一切可燃物，如溶剂、润滑油、未清洗的盛放过易燃液体的空桶、木筐等移到安全场所。

⑤ 灭火措施。动火期间动火地点附近的水源要保证充分，不能中断；动火场所准备好足够数量的灭火器具；在危险性大的重要地段动火，消防车和消防人员要到现场，做好充分准备。

⑥ 检查与监护。上述工作准备就绪后，根据动火制度的规定，厂、车间或安全、保卫部门的负责人应到现场检查，对照动火方案中提出的安全措施检查是否落实，并再次明确和

落实现场监护人和动火现场指挥，交代安全注意事项。

⑦ 动火分析。动火分析不宜过早，一般不要早于动火前的半小时。如果动火中断半小时以上，应重作动火分析。分析试样要保留到动火之后，分析数据应做记录，分析人员应在分析化验报告单上签字。

⑧ 动火。动火应由经安全考核合格的人员担任，压力容器的焊补工作应由锅炉压力容器考试合格的工人担任。无合格证者不得独自从事焊接工作。动火作业出现异常时，监护人员或动火指挥应果断命令停止动火，待恢复正常、重新分析合格并经批准部门同意后，方可重新动火。高处动火作业应戴安全帽、系安全带，遵守高处作业的安全规定。氧气瓶和移动式乙炔瓶发生器不得有泄漏，应距明火 10m 以上，氧气瓶和乙炔发生器的间距不得小于5m，有五级以上大风时不宜高处动火。电焊机应放在指定的地方，火线和接地线应完整无损、牢靠，禁止用铁棒等物代替接地线和固定接地点。电焊机的接地线应接在被焊设备上，接地点应靠近焊接处，不准采用远距离接地回路。

⑨ 善后处理。动火结束后应清理现场，熄灭余火，做到不遗漏任何火种，切断动火作业所用电源。

（2）动火作业安全要求

① 油罐带油动火。油罐带油动火除了检修动火应做到的安全要点外，还应注意：在油面以上不准动火；补焊前应进行壁厚测定，根据测定的壁厚确定合适的焊接方法；动火前用铅或石棉绳等将裂缝塞严，外面用钢板补焊。罐内带油油面下动火补焊作业危险性很大，只在万不得已的情况下才采用，作业时要求稳、准、快，现场监护和补救措施比一般检修动火更应该加强。

② 油管带油动火。油管带油动火处理的原则与油罐带油动火相同，只是在油管破裂、生产无法进行的情况下，抢修堵漏才用。带油管路动火应注意：测定焊补处管壁厚度，决定焊接电流和焊接方案，防止烧穿；清理周围现场，移去一切可燃物；准备好消防器材，并利用难燃或不燃挡板严格控制火星飞溅方向；降低管内油压，但需保持管内油品的不停流动；对泄漏处周围的空气要进行分析，合乎动火安全要求才能进行；若是高压油管，要降压后再打卡子焊补；动火前与生产部门联系，在动火期间不得卸放易燃物资。

③ 带压不置换动火。带压不置换动火指可燃气体设备、管道在一定的条件下未经置换直接动火补焊。带压不置换动火的危险性极大，一般情况下不主张采用。必须采用带压不置换动火，应注意：整个动火作业必须保持稳定的正压；必须保证系统内的含氧量低于安全标准（除环氧乙烷外一般规定可燃气体中含氧量不得超过 1%）；焊前应测定壁厚，保证焊时不烧穿才能工作；动火焊补前应对泄漏处周围的空气进行分析，防止动火时发生爆炸和中毒；作业人员进入作业地点前穿戴好防护用品，作业时作业人员应选择合适位置，防止火焰外喷烧伤。整个作业过程中，监护人、扑救人员、医务人员及现场指挥都不得离开，直至工作结束。

4. 检修用电安全

检修使用的电气设施有两种：一是照明电源，二是检修施工机具电源（卷扬机、空压机、电焊机）。以上电气设施的接线工作须由电工操作，其他工种不得私自乱接。

电气设施要求线路绝缘良好，没有破皮漏电现象。线路敷设整齐不乱，埋地或架高敷设均不能影响施工作业、行人和车辆通过。线路不能与热源、火源接近。移动或局部式照明灯要有铁网罩保护。光线阴暗、设备内以及夜间作业要有足够的照明，临时照明灯具悬吊时，不能使导线承受张力，必须用附属的吊具来悬吊。行灯应用导线预先接地。检修装置现场禁用闸刀开关板。正确选用熔断丝，不准超载使用。

电气设备，如电钻、电焊机等手拿电动机具，在正常情况下，外壳没有电，当内部线圈年久失修，腐蚀或机械损伤，其绝缘遭到破坏时，它的金属外壳就会带电，如果人站在地上、设备上、手接触到带电的电气工具外壳或人体接触到带电导体上，人体与脚之间产生了电位差，并超过 40V，就会发生触电事故。因此使用电气工具，其外壳应可靠接地，并安装触电保护器，避免触电事故发生。国外某工厂检修一台直径 1m 的溶解锅，检修人员在锅内作业使用 220V 电源，功率仅 0.37kW 的电动砂轮机打磨焊缝表面，因砂轮机绝缘层破损漏电，背脊碰到锅壁，触电死亡。

电气设备着火、触电，应首先切断电源。不能用水灭电气火灾，宜用干粉机扑救；如触电，用木棍将电线挑开，当触电人停止呼吸时，进行人工呼吸，送医院急救。

电气设备检修时，应先切断电源，并挂上"有人工作，严禁合闸"的警告牌。停电作业应履行停、复用电手续。停用电源时，应在开关箱上加锁或取下熔断器。

在生产装置运行过程中，临时抢修用电时，应办理用电审批手续。电源开关要采用防爆型，电线绝缘要良好，宜空中架设，远离传动设备、热源、酸碱等。抢修现场使用临时照明灯具宜为防爆型，严禁使用无防护罩的行灯，不得使用 220V 电源，手持电动工具应使用安全电压。

5. 动土作业

化工厂区的地下生产设施复杂隐蔽，如地下敷设电缆，其中有动力电缆、信号、通讯电缆，另外还有敷设的生产管线。凡是影响到地下电缆、管道等设施安全的地上作业都包括在动土作业的范围内，如挖土、打桩、埋设接地极等入地超过一定深度的作业；用推土机、压路机等施工机械的作业。随意开挖厂区土方，有可能损坏电缆或管线，造成装置停工，甚至人员伤亡。因此，必须加强动土作业的安全管理。

（1）审证　根据企业地下设施的具体情况，划定各区域动土作业级别，按分级审批的规定办理审批手续。申请动土作业时，需写明作业的时间、地点、内容、范围、施工方法、挖土堆放场所和参加作业人员、安全负责人及安全措施。一般由基建、设备动力、仪表和工厂资料室的有关人员根据地下设施布置总图对照申请书中的作业情况仔细核对，逐一提出意见，然后按动土作业规定交有关部门或厂领导批准，根据基建等部门的意见，提出补充安全要求。办妥上述手续的动土作业许可证方才有效。

（2）安全注意事项　防止损坏地下设施和地面建筑，施工时必须小心。防止坍塌，挖掘时应自上而下进行，禁止采用挖空底角的方法挖掘；同时应根据挖掘深度装设支撑；在铁塔、电杆、地下埋设物及铁道附近挖土时，必须在周围加固后，方可进行施工。防止机器工具伤害。夜间作业必须有足够的照明。防止坠落；挖掘的沟、坑、池等应在周围设置围栏和警告标志，夜间设红灯警示。

此外，在可能出现煤气等有毒有害气体的地点工作时，应预先告知工作人员，并做好防毒准备。在挖土作业时如突然发现煤气等有毒气体或可疑现象，应立即停止工作，撤离全部工作人员并报告有关部门处理，在有毒有害气体未彻底清除前不准恢复工作。在禁火区内进行动土作业还应遵守禁火的有关安全规定。动土作业完成后，现场的沟、坑应及时填平。

6. 高处作业

凡在坠落高度基准面 2m 以上（含 2m）有可能坠落的高处进行作业，均称为高处作业。

在化工企业，作业虽在 2m 以下，但属下列作业的，仍视为高处作业：虽有护栏的框架结构装置，但进行的是非经常性工作，有可能发生意外的工作；在无平台，无护栏的塔、釜、炉、罐等化工设备和架空管道上的作业；高大独自化工设备容器内进行的登高作业；作业地段的斜坡（坡度大于 45°）下面或附近有坑、井和风雪袭击、机械震动以及有机械转动或堆放物易伤人的地方作业等。

一般情况下，高处作业按作业高度可分为四个等级。作业高度在 2～5m 时，称为一级高处作业；作业高度在 5～15m 时，称为二级高处作业；作业高度在 15～30m 时，称为三级高处作业；作业高度在 30m 以上时，称为特级高处作业。

一名体重为 60kg 的工人，从 5m 高处滑下坠落地面，经计算可产生 300kg 冲击力，会致人死亡。

（1）高处作业的一般安全要求　化工装置多数为多层布局，高处作业的机会比较多。如设备、管线拆装，阀门检修更换，仪表校对，电缆架空敷设等。高处作业，事故发生率高，伤亡率也高。发生高处坠落事故的原因主要是：洞、坑无盖板或检修中移去盖板；平台、扶梯的栏杆不符合安全要求，临时拆除栏杆后没有防护措施，不设警告标志；高处作业不挂安全带、不戴安全帽、不挂安全网；梯子使用不当或梯子不符合安全要求；不采取任何安全措施，在石棉瓦之类不坚固的结构上作业；脚手架有缺陷；高处作业用力不当、重心失稳；工器具失灵，配合不好，危险物料伤害坠落；作业附近对电网设防不妥、触电坠落等。

高处作业的一般安全要求如下：

① 作业人员。患有精神病等职业禁忌症的人员不准参加高处作业。检修人员饮酒、精神不振时禁止登高作业。作业人员必须持有作业证。

② 作业条件。高处作业必须戴安全帽、系安全带。作业高度 2m 以上应设置安全网，并根据位置的升高随时调整。高度超 15m 时，应在作业位置垂直下方 4m 处，架设一层安全网，且安全网数不得少于 3 层。

③ 现场管理。高处作业现场应设有围栏或其他明显的安全界标，除有关人员外，不准其他人在作业点的下面通行或逗留。

④ 防止工具材料坠落。高处作业应一律使用工具袋。较粗、重工具用绳拴牢在坚固的构件上，不准随便乱放；在格栅式平台上工作，为防止物件坠落，应铺设木板；递送工具、材料不准上下投掷，应用绳系牢后上下吊送；上下层同时进行作业时，中间必须搭设严密牢固的防护隔板、罩棚或其他隔离设施；工作过程中除指定的、已采取防护围栏处或落料管槽可以倾倒废料外，任何作业人员严禁向下抛掷物料。

⑤ 防止触电和中毒。脚手架搭设时应避开高压电线，无法避开时，作业人员在脚手架上活动范围及其所携带的工具、材料等与带电导线的最短距离要大于安全距离（电压等级≤110kV，安全距离为 2m；220kV，3m；330kV，4m）。高处作业地点靠近放空管时，事先与生产车间联系，保证高处作业期间生产装置不向外排放有毒有害物质，并事先向高处作业的全体人员交代明白，万一有毒有害物质排放时，应迅速采取撤离现场等安全措施。

⑥ 气象条件。六级以上大风、暴雨、打雷、大雾等恶劣天气，应停止露天高处作业。

⑦ 注意结构的牢固性和可靠性。在槽顶、罐顶、屋顶等设备或建筑物、构筑物上作业时，除了临空一面应装安全网或栏杆等防护措施外，事先应检查其牢固可靠程度，防止失稳或破裂等可能出现的危险；严禁直接站在油毛毡、石棉瓦等易碎裂材料的结构上作业。为防止误登，应在这类结构的醒目处挂上警告牌；登高作业人员不准穿塑料底等易滑的或硬性厚底的鞋子；冬季严寒作业应采取防冻防滑措施或轮流进行作业。

（2）脚手架的安全要求　高处作业使用的脚手架和吊架必须能够承受站在上面的人员、材料等的重量。禁止在脚手架和脚手板上放置超过计算荷重的材料。一般脚手架的荷重量不得超过 270kg/m²。脚手架使用前应经有关人员检查验收，认可后方可使用。

① 脚手架材料。脚手架的杆柱可采用竹、木或金属管，木杆应采用剥皮杉木或其他坚韧的硬木，禁止使用杨木、柳木、桦木、油松和其他腐朽、折裂、枯节等易折断的木料；竹竿应采用坚固无伤的毛竹；金属管应无腐蚀，各根管子的连接部分应完整无损，不得使用弯曲、压扁或者有裂缝的管子。木质脚手架踏脚板的厚度不应小于 4cm。

② 脚手架的连接与固定。脚手架要与建筑物连接牢固。禁止将脚手架直接搭靠在楼板

的木楞上及未经计算荷重的构件上，也不得将脚手架和脚手架板固定在栏杆、管子等不十分牢固的结构上；立杆或支杆的底端宜埋入地下。遇松土或者无法挖坑时，必须绑设地杆子。

金属管脚手架的立竿应垂直地稳固放在垫板上，垫板安置前需把地面夯实、整平。立竿应套上由支柱底板及焊在底板上管子组成的柱座，连接各个构件间的绞链螺栓一定要拧紧。

③ 脚手板、斜道板和梯子。脚手板和脚手架应连接牢固；脚手板的两头都应放在横杆上，固定牢固，不准在跨度间有接头；脚手板与金属脚手架则应固定在其横梁上。

斜道板要满铺在架子的横杆上；斜道两边、斜道拐弯处和脚手架工作面的外侧应设1.2m高的栏杆，并在其下部加设18cm高的挡脚板；通行手推车的斜道坡度不应大于1∶1.7，其宽度单方向通行应大于1m，双方向通行大于1.5m；斜道板厚度应大于5cm。

脚手架一般应装有牢固的梯子，以便作业人员上下和运送材料。使用起重装置吊重物时，不准将起重装置和脚手架的结构相连接。

④ 临时照明。脚手架上禁止乱拉电线。必须装设临时照明时，木、竹脚手架应加绝缘子，金属脚手架应另设横担。

⑤ 冬季、雨季防滑。冬季、雨季施工应及时清除脚手架上的冰雪、积水，并要撒上沙子、锯末、炉灰或铺上草垫。

⑥ 拆除。脚手架拆除前，应在其周围设围栏，通向拆除区域的路段挂警告牌；高层脚手架拆除时应有专人负责监护；敷设在脚手架上的电线和水管先切断电源、水源，然后拆除，电线拆除由电工承担；拆除工作应由上而下分层进行，拆下来的配件用绳索捆牢，用起重设备或绳子吊下，不准随手抛掷；不准用整个推倒的办法或先拆下层主柱的方法来拆除；栏杆和扶梯不应先拆掉，而要与脚手架的拆除工作同时配合进行；在电力线附近拆除应停电作业，若不能停电应采取防触电和防碰坏电路的措施。

⑦ 悬吊式脚手架和吊篮。悬吊式脚手架和吊篮应经过设计和验收，所用的钢丝绳及大绳的直径要由计算决定。计算时安全系数：吊物用不小于6、吊人用不小于14；钢丝绳和其他绳索事前应作1.5倍静荷重试验，吊篮还需做动荷重试验。动荷重试验的荷重为1.1倍工作荷重，作等速升降，记录试验结果；每天使用前应由作业负责人进行挂钩，并对所有绳索进行检查；悬吊式脚手架之间严禁用跳板跨接使用；拉吊篮的钢丝绳和大绳，应不与吊篮边沿、房檐等棱角相摩擦；升降吊篮的人力卷扬机应有安全制动装置，以防止因操作人员失误使吊篮落下；卷扬机应固定在牢固的地锚或建筑物上，固定处的耐拉力必须大于吊篮设计荷重的5倍；升降吊篮由专人负责指挥。使用吊篮作业时应系安全带，安全带拴在建筑物的可靠处。

有些企业已将高处作业列入危险作业，要求事前制定作业方案，经过有关部门审批。

7. 限定空间作业或罐内作业

凡进入塔、釜、槽、罐、炉、器、机、筒仓、地坑或其他限定空间内进行检修、清理，称为限定空间内作业。化工装置限定空间作业频繁，危险因素多，是容易发生事故的作业。人在氧含量为9%～21%空气中，表现正常；假如降到13%～16%，人会突然晕倒；降到13%以下，会死亡。限定空间内不能用纯氧通风换气，因为氧是助燃物质，万一作业时有火星，会着火伤人。限定空间作业还会受到爆炸、中毒的威胁。可见限定空间作业，缺氧与富氧，毒害物质超过安全浓度，都会造成事故。因此，必须办理许可证。

凡是用过惰性气体（氮气）置换的设备，进入限定空间前必须用空气置换，并对空气中的氧含量进行分析。如系限定空间内动火作业，除了空气中的可燃物含量符合规定外，氧含量应在19%～21%范围内。若限定空间内具有毒性，还应分析空气中有毒物质含量，保证在容许浓度以下。

值得注意的是动火分析合格，不等于不会发生中毒事故。例如限定空间内丙烯腈含量为

0.2％，符合动火规定，当氧含量为21％时，虽为合格，但却不符合卫生规定。车间空气中丙烯腈最高容许浓度为$2mg/m^3$，经过换算，0.2％（容积百分比）为最高容许浓度的2167.5倍。进入丙烯腈含量为0.2％的限定空间内作业，虽不会发生火灾、爆炸，但会发生中毒事故。

进入酸、碱贮罐作业时，要在贮罐外准备大量清水。人体接触浓硫酸，须先用布、棉花擦净，然后迅速用大量清水冲洗，并送医院处理。如果先用清水冲洗，后用布类擦净，则浓硫酸将变成稀硫酸，而稀硫酸则会造成更严重的灼伤。

进入限定空间内作业，与电气设施接触频繁，照明灯具、电动工具如漏电，都有可能导致人员触电伤亡，所以照明电源应为36V，潮湿部位应是12V。检修带有搅拌机械的设备，作业前应把传动皮带卸下，切除电源，如取下保险丝、拉下闸刀等，并上锁，使机械装置不能启动，再在电源处挂上"有人检修、禁止合闸"的警告牌。上述措施采取后，还应有人检查确认。

限定空间内作业时，一般应指派两人以上作罐外监护。监护人应了解介质的各种性质，应位于能经常看见罐内全部操作人员的位置，眼光不能离开操作人员，更不准擅离岗位。发现罐内有异常时，应立即召集急救人员，设法将罐内受害人救出，监护人员应从事罐外的急救工作。如果没有急救人员，即使在非常时候，监护人也不得自己进入罐内。凡是进入罐内抢救的人员，必须根据现场情况穿戴防毒面具或氧气呼吸器、安全防带等防护用具，决不允许不采取任何个人防护而冒险入罐救人。

为确保进入限定空间作业安全，必须事前做好检修方案，专人监护，逐条落实。

8. 起重作业

重大起重吊装作业，必须进行施工设计，施工单位技术负责人审批后送生产单位批准。对吊装人员进行技术交底，学习讨论吊装方案。吊装作业前起重工应对所有起重机具进行检查，对设备性能、新旧程度、最大负荷要了解清楚。使用旧工具、设备，应按新旧程度折扣计算最大荷重。

起重设备应严格根据核定负荷使用，严禁超载，吊运重物时应先进行试吊，离地$20\sim30cm$，停下来检查设备、钢丝绳、滑轮等，经确认安全可靠后再继续起吊。二次起吊上升速度不超过8m/min，平移速度不超过5m/min。起吊中应保持平稳，禁止猛走猛停，避免引起冲击、碰撞、脱落等事故。起吊物在空中不应长时间滞留，并严格禁止在重物下方行人或停留。长、大物件起吊时，应设有"溜绳"，控制被吊物件平稳上升，以防物件在空中摇摆。起吊现场应设置警戒线，并有"禁止入内"等标志牌。

起重吊运不应随意使用厂房梁架、管线、设备基础，防止损坏基础和建筑物。

起重作业必须做到"五好"和"十不吊"。"五好"是：思想集中好；上下联系好；机器检查好；扎紧提放好；统一指挥好。"十不吊"是：无人指挥或者信号不明不吊；斜吊和斜拉不吊；物件有尖锐棱角与钢绳未垫好不吊；重量不明或超负荷不吊；起重机械有缺陷或安全装置失灵不吊；吊杆下方及其转动范围内站人不吊；光线阴暗，视物不清不吊；吊杆与高压电线没有保持应有的安全距离不吊；吊挂不当不吊；人站在起吊物上或起吊物下方有人不吊。

各种起重机都离不开钢丝绳、链条、吊钩、吊环和滚筒等附件，这些机件必须安全可靠，若发生问题，都会给起重作业带来严重事故。

钢丝绳在启用时，必须了解其规格、结构（股数、钢丝直径、每股钢丝数、绳芯数等）、用途和性能、机械强度的试验结果等。起重机钢丝绳应符合GB 972—86"圆股钢丝绳"标准。选用的钢丝绳应具有合格证，没有合格证，使用前可截去$1\sim1.5m$长的钢丝绳进行强度试验。未经过试验的钢丝绳禁止使用。

起重用钢丝绳安全系数，应根据机构的重要性、使用频繁程度及其他技术条件决定。

9. 运输与检修

化工企业生产、生活物资运输任务繁重，运输机具与检修现场工作关系密切，检修中机运事故也时有发生。事故发生原因：机车违章进入检修现场，发动车辆时排烟管火星引燃装置泄漏物料，发生火灾事故；电瓶车运送检修材料，装载不合乎规范，司机视线不良，把行人轧死；检修时车身落架，被压死等。为作好运输与检修安全工作，必须加强辅助部门人员的安全技术教育工作，以提高职工安全意识。机动车辆进入化工装置前，给排烟管装上火星扑灭器；装置出现跑料时，生产车间对装置周围马路实行封闭，熄灭一切火源。执行监护任务的消防、救护车应选择上风处停放。在正常情况下，厂区行驶车速不得大于 15km/h，铁路机车过交叉口要鸣笛减速。液化石油气罐、站操作人员必须经过培训考试，发给合格证。罐车状况要符合设计标准，定期检验。

第三节 危险化学品安全技术

化学事故不同于自然灾害，是一种人为灾害，它伴随人的社会生产活动而产生，与化学工业的发展与化学品的广泛应用密切相关。目前，世界所发现的化学品已超过 1000 余万种，日常使用的约 700 余万种。这些危险化学品在一定的外界条件下是安全的，但当其受到某些因素的影响，就可能发生燃烧爆炸、中毒等严重情况，给生命、财产造成危害。还有不少的化学品其固有的危险特性也给人类带来一定的威胁。因而人们应该更清楚地去认识这些危险化学品，了解其类别、性质、危害性，才能用相应的科学手段进行有效的管理。

一、危险化学品的分类和危险特征

1. 危险化学品及类别划分

（1）危险化学品的概念 危险化学品是指物质本身具有某种危险特性，当受到摩擦、撞击、震动、接触热源或点火源、日光曝晒、遇水受潮、遇性能相抵触物品等外界条件的作用，会导致燃烧、爆炸、中毒、灼伤及污染环境事故发生的化学品。

（2）化学品危险性类别的划分 《常用危险化学品分类及标志》（GB 13690—1992）将危险化学品分为 8 类。分别是：第 1 类，爆炸品；第 2 类，压缩气体和液化气体；第 3 类，易燃液体；第 4 类，易燃固体、自燃物品和遇湿易燃物品；第 5 类，氧化剂和有机过氧化物；第 6 类，毒害品和感染性物品；第 7 类，放射性物品；第 8 类，腐蚀品。

2. 危险化学品的危险特性

危险化学品所以有危险性，能引起事故甚至灾难性事故，与其本身的特性有关。

（1）易燃易爆性 易燃易爆的化学品在常温常压下，经撞击、摩擦、热源、火等的作用，能发生燃烧与爆炸。可燃性气体燃烧或爆炸前必须与助燃气体先混合，如可燃气体从容器泄漏，与空气混合，就会形成空气与可燃气体的混合气体。混合气体达一定浓度范围时，遇明火即燃烧或爆炸。

有的化学物质相互间不能接触，否则将产生爆炸，如硝酸与苯、高锰酸钾与甘油。燃点较低的危险品易燃性强，如黄磷在常温下遇空气即燃。遇湿易燃的化学物在受潮或遇水后会放出氧气引燃，如电石、五氧化二磷等。

（2）扩散性 化学事故中化学物质溢出，可以向周围扩散，比空气轻的可逸散于空气中扩散，与空气形成混合物，随风飘荡，致使燃烧、爆炸与毒害蔓延扩大。比空气重的多漂流于地表、沟、角落等处，可长时间积聚不散，造成迟发性燃烧、爆炸，引起人员中毒。这些气体的扩散性受气体本身密度的影响，分子量越小的物质扩散越快。如氢气的分子量最小，其扩散速度最快,在空气中达到爆炸极限的时间最短。气体的扩散速度与其分子量的平方根成反比。

(3) 毒害性　有毒化学物质,不论其是脂溶性的还是水溶性的,都有进入机体与损坏机体正常功能的能力。这些化学物质经一种或多种途径进入机体并积聚到一定量时,便会引起机体结构的损伤,破坏正常的生理机能,引起中毒。

3. 危险化学品的主要危害

(1) 化学品活性与危险性　许多具有爆炸特性的物质其活性都很强,活性越强的物质其危险性就越大。

(2) 危险化学品的燃烧性　压缩气体和液化气体、易燃液体、易燃固体、自燃物品和遇湿易燃物品、氧化剂和有机过氧化物等均可能发生燃烧而导致火灾事故。

(3) 危险化学品的爆炸危险　除了爆炸品之外,可燃性气体、压缩气体和液化气体、易燃液体、易燃固体、自燃物品、遇湿易燃物品、氧化剂和有机过氧化物等都有可能引发爆炸。

(4) 危险化学品的毒性　许多危险化学品可通过一种或多种途径进入人的肌体,当其在人体达到一定量时,便会引起肌体损伤,破坏正常的生理功能,引起中毒。

(5) 腐蚀性　强酸、强碱等物质接触人的皮肤、眼睛或肺部、食道等时,会引起表皮组织发生破坏作用而造成灼伤。内部器官被灼伤后可引起炎症,甚至会造成死亡。

(6) 放射性　放射性危险化学品可阻碍和伤害人体细胞活动机能并导致细胞死亡。

二、危险化学品安全技术概述

(一) 危险化学品的燃烧爆炸危险特性

1. 燃烧的概念

燃烧是一种同时有光和热发生的剧烈的氧化还原反应。燃烧反应必须具有如下 3 个特征:反应是一个剧烈的氧化还原反应;反应放出大量的热和发出光。

(1) 燃点　可燃物质在空气中,当达到一定温度时,与点火源接触就会燃烧,且移去点火源后还继续燃烧,这个可使可燃物质维持燃烧的最低温度叫做燃点。

(2) 闪点　可燃液体能挥发变成蒸气,散发到空气中,温度升高,挥发加快。当挥发的蒸气和空气的混合物与点火源接触能够闪出火花 (这种短暂的燃烧过程叫做闪燃),把发生闪燃的最低温度叫做闪点。从消防安全观点来说,液体闪点就是可能引起火灾、爆炸的最低温度。闪点越低,引起火灾爆炸的危险性越大。

2. 燃烧的要素与历程

(1) 燃烧三要素　可燃物质、助燃物质和点火源。

(2) 燃烧的历程　可燃物质的燃烧一般在气相中进行。由于可燃物质的状态不同,其燃烧过程也不相同。

气体最易燃烧,燃烧所需要的热量只用于本身的氧化分解,并使其达到着火点,气体在极短的时间内就能全部燃尽。

液体在点火源作用下,先蒸发成蒸气,而后氧化分解进行燃烧。固体燃烧有两种情况:对于硫、磷等简单物质,受热时首先熔化,而后蒸发为蒸气进行燃烧,无分解过程;对于复杂物质,受热分解成其组成部分,生成气态和液态产物,而后气态产物和液态产物蒸气着火燃烧。

(二) 爆炸极限及其影响因素

1. 爆炸极限的定义

可燃气体 (蒸气) 与空气的混合物并不是在任何浓度下,遇到点火源都能爆炸,而必须是在一定的浓度范围内，遇点火源才能发生爆炸。

这个遇点火源能发生爆炸的可燃气体浓度范围，称为可燃气体的爆炸极限（包括爆炸下限和爆炸上限）。

2. 爆炸极限的影响因素

影响爆炸极限的因素有：

① 可燃气体的性质。

② 可燃体系的初始温度。初温越高，极限变宽，危险性越大。

③ 可燃体系的初始压力。压力增大，极限变宽（干燥 CO 除外）。

④ 点火源能量。能量越高，爆炸极限越宽，危险性越大。

⑤ 容器尺寸和材质。容器管道直径越小，爆炸极限范围越小。

⑥ 体系中惰性气体含量。含量越高，极限变窄，危险性越小。

（三）危险化学品的燃烧爆炸事故类型的划分和发展历程

1. 爆炸分类

爆炸按爆炸性质可分为物理爆炸、化学爆炸和核爆炸；按爆炸速度分为轻爆、爆炸和爆轰；按爆炸反应物质分类，可分为纯组元可燃气体热分解爆炸、可燃气体混合物爆炸、可燃粉尘爆炸、可燃液体雾滴爆炸、可燃蒸气云爆炸。

2. 典型事故发生发展历程

（1）分解爆炸性气体爆炸　某些单一成分的气体，在一定的温度下对其施加一定压力时则会产生分解爆炸。这主要是由于物质的分解热的产生而引起的，产生分解爆炸并不需要助燃性气体存在。在高压下容易产生分解爆炸的气体，当压力低于某数值时则不会发生分解爆炸，这时的压力称为分解爆炸的临界压力。各种具有分解爆炸特性气体的临界压力是不同，如乙炔分解爆炸的临界压力是 1.4MPa，其反应式如下：

$$C_2H_2 \longrightarrow 2C(固) + H_2\uparrow + 226kJ$$

（2）粉尘爆炸　粉尘爆炸是悬浮在空气中的可燃性固体微粒接触到火焰（明火）或电火花等点火源时发生的爆炸。金属粉尘、煤粉、塑料粉尘、有机物粉尘、纤维粉尘及农副产品谷物面粉等都可能造成粉尘爆炸事故。

粉尘空气混合物产生爆炸的过程：

① 热能加在粒子表面，温度逐渐上升。

② 粒子表面的分子发生热分解或干馏作用，在粒子周围产生气体。

③ 产生的可燃气体与空气混合形成爆炸性混合气体，同时发生燃烧。

④ 由燃烧产生的热进一步促进粉尘分解、燃烧的传播，在适合条件下发生爆炸。

粉尘爆炸的特点：

① 粉尘爆炸的燃烧速度、爆炸压力均比混合气体爆炸小。

② 粉尘爆炸多数为不完全燃烧，所以产生的一氧化碳等有毒物质较多。

③ 堆积的可燃性粉尘通常不会爆炸，但由于局部的爆炸、爆炸波的传播使堆积的粉尘受到扰动而飞扬，形成粉尘雾，从而产生二次、三次爆炸。

（3）蒸气云爆炸　可燃气体遇点火源被点燃后，若发生层流或近似层流燃烧，这种速度太低，不足以产生显著的爆炸超压，在这种条件下蒸气云仅仅是燃烧，在燃烧传播过程中，由于遇到障碍物或受到局部约束，引起局部紊流，火焰与火焰相互作用产生更高的体积燃烧速率，使膨胀流加剧，而这又使紊流更强，从而又能导致更高的体积燃烧速率，结果火焰传播速度不断提高，可达到层流燃烧的十几倍乃至几十倍，发生爆炸反应。

一般要发生带破坏性超压的蒸气云爆炸应具备以下几个条件：

① 泄漏物必须可燃且具备适当的温度和压力条件。

② 必须在点燃之前即扩散阶段形成一个足够大的云团,如果在一个工艺区域内发生泄漏,经过一段延迟时间形成云团后再点燃,则往往会产生剧烈的爆炸。

③ 产生的足够数量的云团处于该物质的爆炸极限范围内才能产生显著的超压。

蒸气云团可分为 3 个区域:泄漏点周围是富集区;云团边缘是贫集区;介于两者之间的区域内的云团处于爆炸极限范围内。这部分蒸气云所占的比例取决于多种因素,包括泄漏物的种类和数量、泄漏时的压力、泄漏孔径的大小、云团受约束程度以及风速、湿度和其他环境条件。

(四) 化学品燃烧爆炸事故对人员和环境的危害

火灾与爆炸都会造成生产设施的重大破坏和人员伤亡,但两者的发展过程显著不同。火灾是在起火后火场逐渐蔓延扩大,随着时间的延续,损失数量迅速增长,损失约与时间的平方成比例,火灾时间延长 1 倍,损失可能增加 4 倍。爆炸则是猝不及防,可能仅在 1s 内爆炸过程已经结束,设备损坏、厂房倒塌和人员伤亡等巨大损失也将在瞬间发生。

1. 爆炸特点

(1) 爆炸性气体混合物的爆炸 在石化、化工生产过程中,发生的爆炸事故大多是爆炸性气体混合物的爆炸。可燃性物质从工艺装置、设备管线、阀门等处泄漏出来,或者是空气进入可燃气体存在的设备管线内,遇到点火源即可发生爆炸事故。

(2) 粉尘爆炸 在石化、化工生产过程中,一定浓度的可燃性固体微细粉尘浮游在空气等助燃气体中时,遇点火源即可发生爆炸。

粉尘本身的理化性质(燃烧热、氧化反应速率等)以及粉尘的颗粒大小、粉尘浓度都是粉尘爆炸的影响因素。水能抑制粉尘的悬浮性,因而降低了粉尘的爆炸性。

(3) 蒸气爆炸 处于过热状态的水、有机液体、液化气体等,瞬间汽化而产生的爆炸现象,称为蒸气爆炸。又称沸腾液体扩展为蒸气爆炸。蒸气爆炸不同于一般的爆炸,着点火源不是蒸气爆炸的必备条件,只要气、液两相的平衡遭到破坏就能引起蒸气爆炸。

有机液体、液化气体的蒸气爆炸原因有以下几种情况:

① 密闭容器内的液体受到外部点火源或热源的加热,温度升高使容器破裂。

② 密闭容器内的液体进行聚合或其他反应,因反应热积聚使液体温度上升,导致容器破裂;

③ 常温下,高压液化气体的密闭容器因设备缺陷导致容器破裂。

一旦发生蒸气爆炸后,可燃蒸气与空气混合后又能引起第二次爆炸。

2. 事故危害

爆炸通常伴随发热、发光、压力上升、真空和电离等现象,具有很强的破坏作用。它与爆炸物的数量和性质、爆炸时的条件以及爆炸位置等因素有关。主要破坏形式有以下几种:

(1) 直接的破坏作用 机械设备、装置、容器等爆炸后产生许多碎片,飞出后会在相当大的范围内造成危害。一般碎片在 100~500m 内飞散。

(2) 冲击波的破坏作用 物质爆炸时,产生的高温、高压气体以极高的速度膨胀,像活塞一样挤压周围空气,把爆炸反应释放出的部分能量传递给压缩的空气层,空气受冲击而发生扰动,使其压力、密度等产生突变,这种扰动在空气中传播就称为冲击波。冲击波的传播速度极快,在传播过程中,可以对周围环境中的机械设备和建筑物产生破坏作用和使人员伤亡。冲击波还可以在它的作用区域内产生震荡作用,使物体因震荡而松散,甚至破坏。冲击波的破坏作用主要是由其波阵面上的超压引起的。在爆炸中心附近,空气冲击波波阵面上的超压可达几个甚至十几个大气压,在如此高的压力作用下,建筑物被摧毁,机械设备、管道等也会受到严重破坏。当冲击波大面积作用于建筑物时,波阵面超压在 20~30kPa 内,就足以使大部分砖木结构建筑物受到严重破坏。超压在 100kPa 以上时,除坚固的钢筋混凝土建筑外，其余部分将全部破坏。

（3）造成火灾　爆炸发生后，爆炸气体产物瞬间内扩散，对一般可燃物而言，不足以引起火灾，而且冲击波造成的爆炸风还有灭火作用。但爆炸时产生的高温、高压，建筑物内遗留大量的热或残余火苗，会把从破坏的设备内部不断流出的可燃气体、易燃或可燃液体的蒸气点燃，也可能把其他易燃物点燃，引起火灾。当盛装易燃物的容器、管道发生爆炸时，爆炸抛出的易燃物有可能引起大面积火灾，油罐、液化气瓶爆破后最易发生这种情况。正在运行的燃烧设备或高温的化工设备被破坏，其灼热的碎片可能飞出，点燃附近的燃料或其他可燃物，引起火灾。

（4）造成中毒和环境污染　在实际生产中，许多物质不仅可燃，而且有毒，发生爆炸事故时，会使大量有害物质外泄，造成人员中毒和环境污染。

（五）危险化学品火灾控制与扑救

1. 火灾控制

（1）灭火注意事项　扑救化学品火灾时，不要单独灭火，应协同作战，疏散口应始终保持畅通，保证人员的安全。

（2）灭火对策　扑救初期火灾；对周围设施采取保护措施；火灾扑救。

2. 几种特殊化学品火灾扑救注意事项

① 扑救液化气体类火灾，切忌盲目扑灭火焰，在没有采取堵漏措施的情况下，必须保持稳定燃烧。否则，大量可燃气体泄漏出来与空气混合，遇点火源就会发生爆炸，后果将不堪设想。

② 扑救爆炸物品火灾，切忌用沙土盖压，以免增强爆炸物品爆炸时的威力；另外扑救爆炸物品堆垛火灾时，水流应采用吊射，避免强力水流直接冲击堆垛，以免堆垛倒塌引起再次爆炸。

③ 扑救遇湿易燃物品火灾，绝对禁止用水、泡沫、酸碱等湿性灭火剂扑救。

④ 氧化剂和有机过氧化物的灭火比较复杂，应针对具体物质采用不同的方案。

⑤ 扑救毒害品和腐蚀品的火灾时，应尽量使用低压水流或雾状水，避免腐蚀品、毒害品溅出；遇酸类或碱类腐蚀品，最好调制相应的中和剂稀释中和。

⑥ 易燃固体、自燃物品火灾一般都可用水和泡沫扑救，只要控制住燃烧范围，逐步扑灭即可。但有少数易燃固体、自燃物品的扑救方法比较特殊，如 2,4-二硝基苯甲醚、二硝基萘、萘等是易升华的易燃固体，受热放出易燃蒸气，能与空气形成爆炸性混合物；尤其在室内，易发生爆炸。在扑救过程中应不时向燃烧区域上空及周围喷射雾状水，并消除周围一切点火源。

（六）危险化学品的中毒抢救

1. 毒性危险化学品

毒性危险化学品通过一定途径进入人体，在体内积蓄到一定剂量后，就会表现出中毒症状。所谓慢性中毒就是毒性危险化学品长时期、小剂量进入人体所引起的中毒；若在较短时间（一般为 3～6 个月）有较大剂量毒性危险化学品进入人体内所引起的中毒称为亚急性中毒；若毒性危险化学品一次或短时间内大量进入体内所引起的中毒称为急性中毒。

毒性危险化学品在体内的毒性与毒性危险化学品的化学结构、理化性质、生产环境、劳动强度、个体因素以及几种毒性危险化学品的联合作用有关。

2. 急性中毒的现场抢救

① 救护者现场准备。急性中毒发生时，毒性危险化学品大多是由呼吸系统或皮肤进入体内。因此，救护人员在救护之前应做好自身呼吸系统和皮肤的防护。如穿好防护衣，佩戴供氧式防毒面具或氧气呼吸器。否则，不但中毒者不能获救，救护者也会中毒，使中毒事故

扩大。

② 切断毒性危险化学品来源。救护人员应迅速将中毒者移至空气新鲜、通风良好的地方。在抢救抬运过程中，不能强拖硬拉以防造成外伤，使病情加重，应松开患者衣服、腰带并使其仰卧，以保持呼吸道通畅，同时要注意保暖。救护人员进入现场后，除对中毒者进行抢救外，还应认真查看，并采取有力措施，如关闭泄漏管道阀门、堵塞设备泄漏处、停止输送物料等以切断毒性危险化学品来源。对于已经泄露出来的有毒气体或蒸气，应迅速启动通风排毒设施或打开门窗，或者进行中和处理，降低毒性危险化学品在空气中的浓度，为抢救工作创造有利条件。

③ 迅速脱去被毒性危险化学品污染的衣服、鞋袜、手套等，并用大量清水或解毒液彻底清洗被毒性危险化学品污染的皮肤。要注意防止清洗剂促进毒性危险化学品的吸收，以及清洗剂本身所致的呼吸中毒。对于黏稠性毒性危险化学品，可以用大量肥皂水冲洗（敌百虫不能用碱性液冲洗），尤其要注意皮肤褶皱、毛发和指甲内的污染，对于水溶性毒性危险化学品，应先用棉絮、干布擦掉毒性危险化学品，再用清水冲洗。

④ 若毒性危险化学品经口引起急性中毒，对于非腐蚀性毒性危险化学品，应迅速用1/5000的高锰酸钾溶液或1%～2%的碳酸氢钠溶液洗胃，然后用硫酸镁溶液导泄。对于腐蚀性毒性危险化学品，一般不宜洗胃，可用蛋清、牛奶或氢氧化铝凝胶灌服，以保护胃黏膜。

⑤ 令中毒患者呼吸氧气。若患者呼吸停止或心跳骤停，应立即施行复苏术。

3. 一些毒性物质污染的处理

清除有毒化学品污染的措施，主要是用有一定压力的水进行喷射冲洗，或用热水冲洗，也可用蒸气熏蒸，或用药物进行中和、氧化或还原，以破坏或减弱其危害性。对黏稠状的污染物，如油漆等不易冲洗时，可用沙搓和铲除。对渗透污染物，如联苯胺、煤焦油等，经洗刷后再用蒸气促其蒸发来清除污染。

① 对氰化钠、氰化钾及其他氰化物的污染，可用硫代硫酸钠的水溶液浇在污染处，因为硫代硫酸钠与氰化物反应，可以生成毒性低的硫氰酸盐。然后用热水冲洗，再用冷水冲洗干净。也可用硫酸亚铁、高锰酸钾、次氯酸钠代替硫代硫酸钠。

② 对硫、磷及其他有机磷剧毒农药，如苯硫磷、敌死通等首先用生石灰将泄漏的药液吸干，然后用碱水湿透污染处，用热水冲洗后再用冷水冲洗干净。因为有机磷农药属于磷酸酶类、硫代磷酸酶类、氟代磷酸酯类毒性危险化学品，在碱性溶液中会迅速分解破坏而失去毒性。

③ 硫酸二甲酯泄漏后，先将氨水洒在污染处进行中和，也可用漂白粉加5倍水浸湿污染处，再用碱水浸湿，最后用热水和冷水各冲洗一次。

④ 甲醛泄漏后，可用漂白粉加5倍水浸湿污染处，因为甲醛可以被漂白粉氧化成甲酸，然后再用水冲洗干净。

⑤ 苯胺泄漏后，可用稀盐酸或稀硫酸溶液浸湿污染处，再用水冲洗。因为苯胺呈碱性，能与盐酸反应生成盐酸盐。如与硫酸化合，可生成硫酸盐。

⑥ 汞泄漏后可先行收集，然后在污染处用硫黄粉覆盖，因汞挥发出来的蒸气遇硫黄生成硫化汞而不致逸出，最后冲洗干净。

⑦ 磷容器破裂失去水保护将会产生燃烧，此时应先戴好防毒面具，用工具将黄磷移放到完好的盛器中，切勿用手接触。污染处用石灰乳浸湿，再用水冲洗。被黄磷污染的用具，可用5%硫酸铜溶液冲洗。

⑧ 砷泄漏后可用碱水和氢氧化铁解毒，再用水冲洗。

⑨ 溴泄漏后可用氨水使生成铵盐，再用水冲洗。

三、危险化学品安全检测技术

正常作业环境中以及检修时的有害气体、氧含量的监测对石油及化工生产的安全是至关重要的。

作业环境中，常常会由于泄漏、挥发或其他多种原因产生有可燃气体（蒸气）、有毒气体（蒸气），它们通称为有害气体。因此，对作业环境中的有害气体浓度进行监测，是预防火灾、爆炸、中毒事故的重要措施。

在生产装置的检修、维护过程中，有时需要动火或进行产生火花的作业，有时需要作业人员进入设备内部工作。在诸如此类情况下，进行设备内外有害气体的监测以及进行氧含量的监测更为重要。

（一）作业环境气体检测内容

1. 可燃气体的检测

空气中可燃气体浓度达到其爆炸下限值时，称这个场所可燃气环境爆炸危险度为100％，即100％LEL。如果可燃气体含量只达到其爆炸下限的10％，则称这个场所此时的可燃气环境爆炸危险度为10％。总之，可燃气环境爆炸危险度为其空气中的含量占爆炸下限的百分数，即

$$可燃气环境爆炸危险度 = \frac{环境空气中可燃气体含量}{该可燃气体爆炸下限值} \times 100\%$$

对环境空气中可燃气体的监测，常常直接给出可燃气体环境危险度，即该可燃气体在空气中的含量与其爆炸下限的百分比来表示：［％LEL］。所以，这种监测有时也被称作"测爆"，所用的监测仪器也称"测爆仪"。

2. 有毒气体的检测

对车间空气中的毒物浓度应进行检测，以保证符合国家的最大容许浓度等有关规定。毒性危险较大的地方要进行有毒气体自动监测，在达到致人中毒的浓度前即可发出警报，以便采取相应对策。另外，进入设备检修，或进入隔离生产间、地沟、地下室、贮存室等容易产生有毒气体的地方操作时，对有毒气体的监测是必不可少的安全措施。

3. 氧气含量的检测

空气中缺氧会对人体产生影响，到一定程度时还可能导致窒息死亡事故；当可燃气或易燃液体的蒸气中氧含量过高，易引起爆炸。因此，应对以下情况监测氧含量。

（1）空气中缺氧监测　在一些可能产生缺氧的场所，特别是人员进入设备作业时，必须进行氧含量的监测，氧含量低于18％时，严禁入内，以免造成缺氧窒息事故。

（2）可燃气体中氧含量的监测　由于密闭失效或控制失误，会使可燃气体或易燃液体的蒸气体中空气（氧气）含量过高，当达到一定浓度时，就可能发生爆炸，所以对可燃气体中的氧含量进行监测报警，是重要的安全措施。

（二）几种常见危险化学品的检测技术

石油化工企业有毒有害、易燃、易爆物质种类繁多，对作业环境的有害物质进行准确、及时的检测、检验，是预防和控制石油化工企业中毒及火灾、爆炸事故的有效手段。下面仅对石油化工企业常见的几种危险化学品的检测技术进行介绍。

1. 苯

（1）理化性质　苯的物化性质：无色透明液体，有强烈芳香味；不溶于水，溶于醇、醚、丙酮等多数有机溶剂；相对密度为0.88（水为1）或2.77（空气为1）；闪点为−11℃；爆炸极限（体积分数）为1.2％～8.0％。

（2）检测方法　用大注射器采集空气中的苯直接进样，经聚乙二醇6000柱分离后，用氢火焰离子化检测器检测，以保留时间定性，峰高定量。

（3）技术手段　仪器，气相色谱仪（氢火焰离子化检测器）；色谱柱，2m×4mm 不锈钢柱，聚乙二醇 6000∶6201 载体＝5∶100；柱温，90℃；检测室温度，120℃；汽化室温度，150℃；载气（氮气）流速，69mL/min；标样，苯（色谱纯）。

2. 硫化氢

（1）理化性质　硫化氢的物化性质：无色有恶臭的气体；溶于水、乙醇；相对密度（空气为 1）为 1.19；闪点无意义；爆炸极限（体积分数）为 4.0%～46.0%。

（2）检测方法　硝酸银比色法：硫化氢与硝酸银作用形成黄褐色硫化银胶体溶液，比色定量。

（3）技术手段　配制硫代硫酸钠标准溶液作为吸收液，装入多孔玻板吸收管中，抽取一定量空气。采样后取样品溶液放入比色管，并用定量的硫化氢溶液与吸收液配制一系列标准管。向样品管及标准管中加入定量淀粉溶液及硝酸银溶液，摇匀、静置后目视比色。

3. 液化石油气压凝汽油

（1）理化性质　液化石油气压凝汽油的理化性质：无色气体或黄棕色油状液体，有特殊臭味；闪点为－74℃；爆炸极限（体积分数）为 2.25%～9.65%。

（2）检测方法　用大注射器采集空气中的液化石油气直接进样，经玻璃微球柱分离后，用氢焰离子化检测器检测，以保留时间定性，峰高定量。

（3）技术手段　仪器，气相色谱仪（氢火焰离子化检测器）；色谱柱，2m×4mm 不锈钢柱，80～100 目玻璃微球；柱温，70℃；检测室温度，130℃；汽化室温度，150℃；载气（氮气）流速，40mL/min；标样，正戊烷（色谱纯）。

取一定量的正戊烷绘制标准曲线，采样，样品分析。

4. 一氧化碳

（1）理化性质　无色无臭气体；微溶于水，溶于乙醇、苯等多数有机溶剂；闪点为－50℃。

（2）检测方法　一氧化碳于氢气流中经分子筛与碳多孔小球串联柱分离后，通过镍催化剂转化成甲烷，用氢火焰离子化检测器检测，以保留时间定性，峰值定量。

（3）技术手段　仪器，气相色谱仪（带一氧化碳转化炉、氢火焰离子化检测器）；色谱柱，1.2m×3mm，5A 分子筛与 0.8mm×3mm 碳多孔小球柱串联。柱温，60℃；检测室温度，130℃；转化室温度，380℃；载气（氢气）流速，55mL/min；标样，一氧化碳标准气。

取一定量的标准气绘制标准曲线，采样，样品分析。

5. 乙烯

（1）理化性质　无色气体，略具烃类特有臭味；不溶于水，微溶于乙醇、酮、苯，溶于醚；相对密度为 0.61（水为 1）或 0.98（空气为 1）；闪点无意义；爆炸极限（体积分数）为 2.7%～36.0%。

（2）检测方法　硝酸银比色法：硫化氢与硝酸银作用形成黄褐色硫化银胶体溶液，比色定量。

（3）技术手段　配制硫代硫酸钠标准溶液作为吸收液，装入多孔玻板吸收管中，抽取一定量空气。采样后取样品溶液放入比色管，并用定量的硫化氢溶液与吸收液配制一系列标准管。向样品管及标准管中加入定量淀粉溶液及硝酸银溶液，摇匀、静置后目视比色。

四、危险化学品安全技术

（一）危险化学品的生产安全技术

1. 化工生产与安全

众所周知，化工生产中从原料、中间产品到成品大都具有易燃、易爆、有毒、有腐蚀性、有放射性等化学危险性；工艺过程复杂多变，高压、高温、高速、深冷等不安全因素很多。如在生产过程中开错一个阀门、看错一个数据就有可能带来一场灾难性后果，这不仅造成人员伤亡和财产损失，甚至会毁灭整个工厂，造成一个地区、一个或几个工业部门不可弥补的损失。据报道，在工业爆炸事故中，化学工业占32.4%，机器制造业占23.5%，金属工业占17.7%，金属冶炼业占13.9%，其他工业占12.5%。而且每件事故所造成的损失也以化学工业最为严重，约为其他工业的五倍。可见了解化工生产的特点、明确安全生产的重要性是非常必要的。

（1）安全生产是化工生产的前提条件　化工生产具有易燃、易爆、易中毒，高温、高压、有腐蚀的特点，因而与其他行业相比，化工生产的危险性更大。

① 错开阀门酿成重大事故。例如1974年孟加拉乔拉塞化肥厂，由于错开阀门造成大爆炸，死伤15人，经济损失达6亿美元。

② 设备故障引起全厂性毁灭。如1975年美国联合碳化物公司比利时公司安特普工厂，年产高压聚乙烯15万吨，因一个反应釜填料盖泄漏、过热爆炸，发生连锁反应，整个工厂被摧毁。

③ 仪表失灵，反应失控造成严重危害。如1976年意大利一家制三氯酚钠的工厂，因反应釜温度失控，反应温度急剧上升而爆炸，1657亩农田受毒性很大的反应副产物四氯二苯二噁英（TCDD）的污染，附近855人强制避难，伤300余人。

④ 化学物自聚导致重大事故的发生。如1978年中国某合成橡胶厂乙腈工段再沸器，因自聚将其手孔处法兰闷头顶开，大量丁二烯外喷，遇火种而爆炸燃烧，造成1人死亡，22人受伤，经济损失30余万元。

从上述列举的一些情况，充分说明了离开安全生产这个前提条件，化工生产就难以正常进行。

（2）安全生产是化工生产发展的关键　装置规模的大型化，生产过程的连续化无疑是化工生产发展的方向，但要充分发挥现代化工生产的优越性，必须实现安全生产，确保装置长期、连续、安全运转。装置规模越大，停产1天的损失也越大。年产30万吨的合成氨装置停产1天，就少生产合成氨1000t。开停车愈频繁，不仅经济上损失大，丧失了装置大型化的优越性，而且装置本身的损坏也大，发生事故的可能性也愈大。

装置大型化，一旦发生事故其后果更严重，对社会的影响更大。如1973年南非一家化肥厂一只容量仅50t的液氨贮罐发生爆炸，38t液氨外泄，氨气云波及范围直径为150m，高20m，造成82人伤亡；1978年西班牙开达拉琴诺附近的海岸公路上，43t的丙烯罐车由于过量罐装和太阳暴晒而发生爆炸燃烧，死亡200人；1980年1月伊朗一家石油精制工厂新投产的乙烯装置发生火灾，影响了该国化学工业的聚乙烯和聚氯乙烯装置的生产；同年，比利时一家化工厂发生火灾，导致连续三次爆炸，致使氰化钠逸出，附近3500余人不得不紧急避难，12名消防人员负伤。日本20世纪70年代初期化工厂的爆炸、火灾事故占其整个工业爆炸、火灾事故的三分之一左右。最近几年来每年发生五十余次，其中四分之一属重大事故，且有增长之趋势。总之，化工企业的重大灾害事故造成人员伤亡，引起生产停顿、供需失调、社会不安。安全生产已成为化工生产发展的关键问题。

2. 化工生产企业必须具备的基本条件

《危险化学品安全管理条例》对生产、贮存、使用和经营、运输危险化学品单位的基本条件作出了明确规定，这也是这些单位在申请开业时必须具备的条件，因为这是单位安全运行的基本安全保障。这些基本条件是危险化学品生产、贮存企业的安全保证，是企业必须做到的，否则不能允许投产、开业。

（1）有符合国家标准的生产工艺、设备和贮存方式、设施　生产工艺、设备设施本身是否存在危险隐患，直接关系到生产、贮存系统的安全性，因此危险化学品生产、贮存企业的生产工艺、设备和贮存方式、设施必须符合国家标准的相应要求。

（2）工厂、仓库的周边防护距离符合国家标准或者国家有关规定　工厂、仓库的周边防护距离是为了减轻事故损失而规定的。当危险化学品工厂或仓库发生危险化学品事故时，由于有防护距离存在，能够避免或减少对周边相邻工厂、设施或者建筑物等的破坏，从而降低事故造成的损失。如果间距达不到防火间距的要求，一旦发生事故，不但能给本单位造成损失，还可能波及邻近的单位甚至居民区。

在很多技术规范中，如《建筑设计防火规范》、《石油化工设计防火规范》、《原油与天然气工程设计防火规范》等，对各类建筑物、厂房、库房、生产装置和设施之间的防火间距做了规定，在设计与建设时必须遵守。

（3）有符合生产或者贮存需要的管理人员和技术人员　人是保证安全生产的主体。有关人员必须具备能够保证本岗位安全的必要知识与技能。

为此他们必须接受有关法律、法规、规章、制度和有关安全技术、职业卫生及应急救援方面知识与技能的培训，并且要经考核合格，方可上岗。只有接受培训与考核，才能保证从业人员的必备素质和基本技能，从而使得有关危险化学品安全管理的各项法律法规、规章制度在企业中得到较好的遵守、实施。

（4）有健全的安全管理制度　生产、贮存或使用危险化学品的企业必须建立、健全企业安全管理规章制度。一般包括安全生产责任制、安全教育制度、安全检查制度、安全技术措施管理制度、生产性基建工程实施"三同时"制度、设备管理制度、电气安全制度、施工与检修制度、安全操作规程、防火与防爆制度、危险化学品管理制度和事故管理制度等。

（5）符合法律、法规规定和国家标准要求的其他安全条件　如有本单位的事故应急救援预案，有符合法律、法规标准的消防设施。设立剧毒化学品生产、贮存的企业和其他危险化学品生产、贮存的企业，应当分别向省、自治区、直辖市人民政府负责危险化学品安全监督管理综合工作的部门和设区的市级人民政府负责危险化学品安全监督管理综合工作的部门提出申请，并提交下列文件：

① 可行性研究报告；

② 原料、中间产品、最终产品或者贮存的危险化学品的燃点、自燃点、闪点、爆炸极限、毒性等理化性能指标；

③ 包装、贮存、运输的技术要求；

④ 安全评价报告；

⑤ 事故应急救援措施；

⑥ 符合危险化学品生产、贮存企业规定条件的证明文件。

省、自治区、直辖市人民政府负责危险化学品安全监督管理综合工作的部门或者设区的市级人民政府负责危险化学品安全监督管理综合工作的部门收到申请和提交的文件后，应当组织有关专家进行审查，提出审查意见后，报本级人民政府做出批准或者不予批准的决定。依据本级人民政府的决定，予以批准的，由省、自治区、直辖市人民政府负责危险化学品安全监督管理综合工作的部门或者设区的市级人民政府负责危险化学品安全监督管理综合工作的部门颁发批准书；不予批准的，书面通知申请人。

申请人凭批准书向工商行政管理部门办理登记注册手续。

3. 危险品生产单位的主要安全管理制度

为了执行国家职业安全卫生法律法规，生产单位必须结合自身的具体情况，建立本单位的安全生产管理制度。生产单位安全管理制度是企业的"法规"，实施本单位职业安全卫生工作的指南，也是做好此项工作的基本保证。

生产单位安全管理制度种类繁多，就危险品生产单位而言，首先应当建立单位通用的最基本的管理制度，包括安全生产责任制度、安全教育制度、安全检查制度、事故管理制度等。

此外，还应当制定一些基于自身生产特点的管理制度，主要有：安全用火管理制度；安全技术措施管理制度；装置停工检修安全制度；危险化学品管理制度；压力容器安全管理制度；厂内交通安全管理制度；安全用电管理制度；消防设施、火灾预防和扑救及应急救援管理制度；职业病防治管理制度。

4. 危险化学品安全生产许可证制度

国家对危险化学品生产企业实行安全生产许可制度。企业未取得安全生产许可证的，不得从事生产活动。国务院安全生产监督管理部门负责中央管理的危险化学品企业安全生产许可证的颁发和管理。省、自治区、直辖市人民政府安全生产监督管理部门负责前款规定以外的危险化学品的颁发和管理，并接受国务院安全生产监督管理部门的指导和监督。

企业取得安全生产许可证，应当具备下列安全生产条件：

① 建立、健全安全生产责任制，制定完备的安全生产规章制度和操作规程。

② 安全投入符合安全生产要求。

③ 设置安全生产管理机构，配备专职安全生产管理人员。

④ 主要负责人和安全生产管理人员经考核合格。

⑤ 特种作业人员经有关业务主管部门考核合格，取得特种作业操作资格证书。

⑥ 从业人员经安全生产教育和培训合格。

⑦ 依法参加工伤保险，为从业人员缴纳保险费。

⑧ 厂房、作业场所和安全设施、设备、工艺符合有关安全生产法律、法规、标准和规程的要求。

⑨ 有职业危害防治措施，并为从业人员配备符合国家标准或者行业标准的劳动防护用品。

⑩ 依法进行安全评价。

⑪ 有重大危险源检测、评估、监控措施和应急预案。

⑫ 有生产安全事故应急救援预案、应急救援组织或者应急救援人员，配备必要的应急救援器材、设备。

⑬ 法律、法规规定的其他条件。

企业进行生产前，应当依照本条例的规定向安全生产许可证颁发管理机关申请领取安全生产许可证，并提供符合上述条件的相关文件、资料。安全生产许可证颁发管理机关应当自收到申请之日起45日内审查完毕，经审查符合规定的安全生产条件的，颁发安全生产许可证；不符合规定的安全生产条件的，不予颁发安全生产许可证，书面通知企业并说明理由。

5. 危险化学品生产的主要技术要求

（1）安全距离 除运输工具加油站、加气站外，危险化学品的生产装置和贮存数量构成重大危险源的贮存设施，与下列场所、区域的距离必须符合国家标准或者国家有关规定：

① 居民区、商业中心、公园等人口密集区域。

② 学校、医院、影剧院、体育场（馆）等公共设施。

③ 供水水源、水厂及水源保护区。

④ 车站、码头（按照国家规定，经批准专门从事危险化学品装卸作业的除外）、机场以及公路、铁路、水路交通干线、地铁风亭及出入口。

⑤ 基本农田保护区、畜牧区、渔业水域和种子、种畜、水产苗种生产基地。

⑥ 河流、湖泊、风景名胜区和自然保护区。

⑦ 军事禁区、军事管理区。

⑧ 法律、行政法规规定予以保护的其他区域。

已建危险化学品的生产装置和贮存数量构成重大危险源的贮存设施不符合前款规定的，由所在地设区的市级人民政府负责危险化学品安全监督管理综合工作的部门监督其在规定期限内进行整顿；需要转产、停产、搬迁、关闭的，报本级人民政府批准后实施。

重大危险源，指生产、运输、使用、贮存危险化学品或者处置废弃危险化学品，且危险化学品的数量等于或者超过临界量的单元（包括场所和设施）。

（2）技术说明书和安全标签　生产危险化学品的，应当在危险化学品的包装内附有与危险化学品完全一致的化学品安全技术说明书，并在包装（包括外包装件）上加贴或者拴挂与包装内危险化学品完全一致的化学品安全标签。

危险化学品生产企业发现其生产的危险化学品有新的危害特性时，应当立即公告，并及时修订安全技术说明书和安全标签。

（3）安全设施　生产、贮存、使用危险化学品的，应当根据危险化学品的种类、特性，在车间、库房等作业场所设置相应的监测、通风、防晒、调温、防火、灭火、防爆、泄压、防毒、消毒、中和、防潮、防雷、防静电、防腐、防渗漏、防护围堤或者隔离操作等安全设施、设备，并按照国家标准和国家有关规定进行维护、保养，保证符合安全运行要求。危险化学品的生产、贮存和使用单位，应当在生产、贮存和使用场所设置通讯、报警装置，并保证其在任何情况下处于正常适用状态。

（4）剧毒化学品的管理　剧毒化学品的生产、贮存和使用单位，应当对剧毒化学品的产量、流向、贮存量和用途如实记录，并采取必要的保安措施，防止剧毒化学品被盗、丢失或者误售、误用；发现剧毒化学品被盗、丢失或者误售、误用时，必须立即向当地公安部门报告。

（二）危险化学品的包装安全技术

包装是指盛装和保护产品的器具（含容器）。危险化学品包装的作用，首先在于防止被包装物品因接触雨、雪、阳光、潮湿空气和杂质，使物品变质或发生剧烈的化学反应而导致事故；其次是减少被包装物品在贮存、运输过程所受到的撞击、摩擦和挤压等外部作用，使其在包装的保护下处于完整和相对稳定的状态；第三是防止撒、漏、挥发以及性质相抵触的物品直接接触而发生事故；第四是便于装卸、搬运和贮存保管，从而安全贮存、运输。

通常所说的包装是指盛装商品的容器，一般分运输包装和销售包装。危险化学品包装主要是用来盛装危险化学品并保证其安全运输的容器。危险化学品包装应具有以下特点：①防止危险品因不利气候或环境影响造成变质或发生反应；②减少运输中各种外力的直接作用；③防止危险品撒、漏、挥发和不当接触；④便于装卸、搬运。

1. 危险化学品包装分类

危险化学品包装按危险品种类可分为通用包装、气瓶、爆炸品、放射性物品和腐蚀品特殊专用包装等；按材质可分为纸质、木质、金属、玻璃、陶瓷或塑料包装等；按包装容器类型可分为桶、箱和袋包装等；按包装形式，有单一包装、复合包装和中型散装容器等。

根据国家标准《危险货物运输包装通用技术条件》（GB 12463—1990）规定，除了爆炸品、气体、感染性物品和放射性物品外，其他危险货物按其呈现的危险程度，按包装结构强度和防护性能，将危险品包装分成以下三类：

① Ⅰ类包装，货物具有较大危险性，包装强度要求高；

② Ⅱ类包装，货物具有中等危险性，包装强度要求较高；

③ Ⅲ类包装，货物具有的危险性较小，包装强度要求一般。

物质的包装类别决定了包装物或接收容器的质量要求。Ⅰ类包装表示包装物的最高标准；Ⅱ类包装可以在材料坚固性稍差的装载系统中安全运输；而使用最为广泛的Ⅲ类包装可以在包装标准进一步降低的情况下安全运输。由于各种《危险货物品名表》对所列危险品都具体指明了应采用的包装等级，实质上即表明了该危险品的危险等级。

《危险货物运输包装通用技术条件》（GB 12463—1990）规定了危险品包装的四种试验方法，即堆码试验、跌落试验、气密试验和液压试验。

2. 危险化学品容器与包装物的定点生产

《安全生产法》第三十条规定，生产经营单位使用的涉及生命安全、危险性较大的特种设备，以及危险物品的容器、运输工具，必须按照国家有关规定，由专业生产单位生产，并经取得专业资质的检测、检验机构检测、检验合格，取得安全使用证或者安全标志，方可投入使用。检测、检验机构对检测、检验结果负责。

《危险化学品安全管理条例》（以下简称《条例》）也对危险化学品包装的生产和使用作出了明确规定。危险化学品的包装物、容器（包括用作运输工具的槽、罐）必须由省、自治区、直辖市人民政府经济贸易管理部门审查合格的专业生产企业定点生产，并经国务院质检部门认可的专业检测、检验机构检测、检验合格，方可使用。

危险化学品生产、分装企业和单位必须使用定点企业生产并经国家法定检测、检验机构检验合格的包装物和容器，不得采购和使用非定点企业生产的产品或未经检验合格的产品。

重复使用的危险化学品包装物、容器在使用前，应当进行检查，并做出记录；检查记录应当至少保存 2 年。

为了加强危险化学品包装物、容器生产的管理，保证危险化学品包装物、容器的质量，保障危险化学品贮存、搬运、运输和使用安全，根据《危险化学品安全管理条例》，2002 年 10 月国家经贸委第 37 号令颁布了《危险化学品包装物、容器定点生产管理办法》共五章二十二条，自 2002 年 11 月 15 日起施行。其主要内容为：

① 在中华人民共和国境内生产危险化学品包装物、容器适用本办法。

② 本办法所称危险化学品包装物、容器是指根据危险化学品的特性，按照有关法规、标准专门设计制造的，用于盛装危险化学品的桶、罐、瓶、箱、袋等包装物和容器，包括用于汽车、火车、船舶运输危险化学品的槽、罐。

③ 危险化学品包装物、容器必须由取得定点证书的专业生产企业定点生产。未取得定点证书的任何单位和个人不得生产用于危险化学品包装的包装物、容器。定点证书和定点标志由国家安全生产监督管理局统一印制。

④ 国家安全生产监督管理局负责全国危险化学品包装物、容器定点生产的监督管理；省、自治区、直辖市人民政府经济贸易主管部门或其委托的安全生产监督管理机构负责本行政区包装物、容器定点生产的监督管理，并审批发放危险化学品包装物、容器定点生产企业证书。

⑤ 取得定点证书的企业，应当在其生产的包装物、容器上标注危险化学品包装物定点生产标志。

3. 危险化学品包装的安全管理

（1）《条例》对危险化学品包装的生产和使用的规定　《条例》在危险化学品包装的安全管理方面有以下的规定：

① 生产危险化学品的，应当在危险化学品的包装内附有与危险化学品完全一致的化学品安全技术说明书，并在包装（包括外包装件）上加贴或者拴挂与包装内危险化学品完全一致的化学品安全标签。

② 危险化学品的包装必须符合国家法律、法规、规章的规定和国家标准的要求。危险化学品包装的材质、形式、规格、方法和单件质量（重量），应当与所包装的危险化学品的

性质和用途相适应，便于装卸、运输和贮存。

③ 危险化学品的包装物、容器，必须由省、自治区、直辖市人民政府经济贸易管理部门审查合格的专业生产企业定点生产，并经国务院质检部门认可的专业检测、检验机构检测、检验合格，方可使用。重复使用的危险化学品包装物、容器在使用前，应当进行检查并做好记录，检查记录应当至少保存2年。质检部门应当对危险化学品的包装物、容器的产品质量进行定期的或者不定期的检查。

（2）危险化学品包装安全的基本要求　由于包装伴随危险品运输的全过程，情况复杂，直接关系危险化学品运输安全，因此各国都重视对危险化学品的包装进行立法。中国自1985年以后相继颁布了有关危险化学品包装的标准：《危险货物包装标志》（GB 190—1985），《危险货物运输包装通用技术条件》（GB 12463—1990）和《道路水路危险货物包装基本要求和性能试验》（JT 12463—1988）等。

危险化学品包装安全的具体要求如下：

① 危险货物运输包装应结构合理，具有一定强度，防护性能好。包装的材质、形式、规格、方法和单件质量（重量），应与所装危险货物的性质和用途相适应，并便于装卸、运输和贮存。

② 包装应质量良好，其构造和封闭形式应能承受正常运输条件下的各种作业风险，不应因温度、湿度或压力的变化而发生任何渗（撒）漏，包装表面应清洁，不允许黏附有害的危险物质。

③ 包装与内装物直接接触部分，必要时应有内涂层或进行防护处理，包装材质不得与内装物发生化学反应而形成危险产物或导致削弱包装强度。

④ 内容器应予固定。如属易碎性的应使用与内装物质相适应的衬垫材料或吸附材料衬垫妥实。

⑤ 盛装液体的容器，应能经受在正常运输条件下产生的内部压力。罐装时必须留有足够的膨胀余量（预留容积），除另有规定外，并应保证在温度55℃时内装液体不致完全充满容器。

⑥ 包装封口应根据内装物性质采用严密封口、液密封口或气密封口。

⑦ 盛装需浸湿或加有稳定剂的物质时，其容器封闭性应能有效地保证内装液体（水、溶剂和稳定剂）的百分比，在贮运期间保持在规定的范围以内。

⑧ 有降压装置的包装，其排气孔设计和安装应能防止内装物泄漏和外界杂质进入，排出的气体量不得造成危险和污染环境。

⑨ 复合包装的内容器和外包装应紧密贴合，外包装不得有擦伤内容器的凸出物。

⑩ 无论是新型包装、重复使用的包装、还是修理过的包装均应符合危险货物运输包装性能试验的要求。

（三）危险化学品的贮存安全技术

1. 危险化学品贮存的基本要求

《常用化学危险品贮存通则》（GB 15603—1995）规定了危险化学品贮存场所的要求、贮量的限制以及不同类别危险化学品的贮存要求。

危险化学品贮存的基本安全要求是：

① 贮存危险化学品必须遵照国家法律、法规和其他有关规定。

② 危险化学品必须贮存在经公安部门批准设置的专门的危险化学品仓库中，经销部门自管仓库贮存危险化学品及贮存数量必须经公安部门批准。未经批准不得随意设置危险化学品贮存仓库。

③ 危险化学品露天堆放，应符合防火、防爆的安全要求，爆炸物品、一级易燃物品、

遇湿燃烧物品、剧毒物品不得露天堆放。

④ 贮存危险化学品的仓库必须配备有专业知识的技术人员，其库房及场所应设专人管理，管理人员必须配备可靠的个人安全防护用品。

⑤ 贮存的危险化学品应有明显的标志，标志应符合 GB 190 的规定。同一区域贮存两种或两种以上不同级别的危险品时，应悬挂最高等级危险品的性能标志。

⑥ 危险化学品贮存方式分为 3 种：隔离贮存、隔开贮存、分离贮存。

⑦ 根据危险化学品性能分区、分类、分库贮存。各类危险品不得与禁忌物料混合贮存。

⑧ 贮存危险化学品的建筑物、区域内严禁吸烟和使用明火。

2. 危险化学品贮存的安全技术

贮存危险化学品，应该遵守下列规定：

① 危险化学品应当贮存在专门地点，不得与其他物资混合贮存。

② 危险化学品应该分类、分堆贮存，堆垛不得过高、过密，堆垛之间以及堆垛与墙壁之间，应该留出一定间距、通道及通风口。

③ 互相接触容易引起燃烧、爆炸的物品及灭火方法不同的物品，应该隔离贮存。

④ 遇水容易发生燃烧、爆炸的危险化学品，不得存放在潮湿或容易积水的地点。受阳光照射容易发生燃烧、爆炸的危险化学品，不得存放在露天或者高温的地方，必要时还应该采取降温和隔热措施。

⑤ 容器、包装要完整无损，如发现破损、渗漏必须立即进行安全处理。

⑥ 性质不稳定、容易分解和变质，以及混有杂质而容易引起燃烧、爆炸危险的危险化学品，应该经常进行检查、测温、化验，防止自燃、爆炸。

⑦ 不准在贮存危险化学品的库房内或露天堆垛附近进行试验、分装、打包、焊接和其他可能引起火灾的操作。

⑧ 库房内不得住人，工作结束时，应该进行防火检查，切断电源。

（四）危险化学品运输的安全技术

1. 危险化学品的安全运输规定

化学品在运输中发生事故比较常见，全面了解化学品的安全运输，掌握有关化学品的安全运输规定，对降低运输事故具有重要意义。

① 托运危险物品必须出示有关证明，在指定的铁路、交通、航运等部门办理手续。托运物品必须与托运单上所列的品名相符，托运未列入国家品名表内的危险物品，应附交上级主管部门审查同意的技术鉴定书。

② 危险物品的装卸人员，应按装运危险物品的性质，佩戴相应的防护用品，装卸时必须轻装、轻卸，严禁摔拖、重压和摩擦，不得损毁包装容器，并注意标志，堆放稳妥。

③ 危险物品装卸前，应对车（船）搬运工具进行必要的通风和清扫，不得留有残渣，对装有剧毒物品的车（船），卸车后必须洗刷干净。

④ 装运爆炸、剧毒、放射性、易燃液体、可燃气体等物品，必须使用符合安全要求的运输工具，禁止用电瓶车、翻斗车、铲车、自行车等运输爆炸物品。运输强氧化剂、爆炸品及用铁桶包装的一级易燃液体时，没有采取可靠的安全措施，不得用铁底板车及汽车挂车；禁止用叉车、铲车、翻斗车搬运易燃、易爆液化气体等危险物品；温度较高地区装运液化气体和易燃液体等危险物品，要有防晒设施；放射性物品应用专用运输搬运车和抬架搬运，装卸机械应按规定负荷降低 25%；遇水燃烧物品及有毒物品，禁止用小型机帆船、小木船和水泥船承运。

⑤ 运输爆炸、剧毒和放射性物品，应指派专人押运，押运人员不得少于 2 人。

⑥ 运输危险物品的车辆，必须保持安全车速，保持车距，严禁超车、超速和强行会车。

运输危险物品的行车路线，必须事先经当地公安交通管理部门批准，按指定的路线和时间运输，不可在繁华街道行驶和停留。

⑦ 运输易燃、易爆物品的机动车，其排气管应装阻火器，并悬挂"危险品"标志。

⑧ 蒸汽机车在调车作业中，对装载易燃、易爆物品的车辆，必须挂不少于 2 节的隔离车，并严禁溜放。

⑨ 运输散装固体危险物品，应根据性质，采取防火、防爆、防水、防粉尘飞扬和遮阳等措施。

2. 危险化学品道路运输安全技术

1993 年由原交通部颁布，并于 1994 年 3 月 1 日起施行的《道路危险货物运输管理规定》，对加强道路运输危险化学品货物的管理，提供了法律依据。现有道路危险货物运输规则包含原交通部颁发《道路危险货物运输管理规则》、国家标准《道路运输危险货物车辆标志》（GB 13392）和行业标准《汽车危险货物运输规则》（JT 617—2004）等。

原交通部令 2005 年第 9 号《道路危险货物运输管理规则》规定了从事道路危险货物运输单位的设立条件和申办程序，对道路危险货物的托运和运输、从事危险货物运输车辆的维修和改造提出了办理程序和管理要求，还对事故处理、监督检查做了规定。主要内容有总则、运输基本条件、申请与审批、运输管理、维修管理、事故处理、监督检查和附则，共七章，五十九条。

（1）道路运输安全管理基本要求　凡从事道路危险货物运输的单位，必须拥有能保证安全运输危险货物的相应设施设备。

从事营业性道路危险货物运输的单位，必须具有十辆以上专用车辆的经营规模，五年以上从事运输经营的管理经验，配有相应的专业技术管理人员，并已建立健全安全操作规程、岗位责任制、车辆设备保养维修和安全质量教育等规章制度。直接从事道路危险货物运输、装卸、维修作业和业务管理的人员，必须掌握危险货物运输的有关知识，经当地地（市）级以上道路运政管理机关考核合格，发给《道路危险货物运输操作证》，方可上岗作业。

运输危险货物的车辆、容器、装卸机械及工器具，必须符合原交通部 JT 3130《汽车危险货物运输规则》规定的条件，经道路运政管理机关审验合格。

（2）道路运输危险化学品的申请与审批　非营业性运输单位需从事道路危险货物运输，须事前向当地道路运政管理机关提出书面申请，经审查，符合本规定运输基本条件的报地（市）级运政管理机关批准，发给《道路危险货物非营业运输证》，方可进行运输作业。

从事一次性道路危险货物运输，须报经县级道路运政管理机关审查核准，发给《道路危险货物临时运输证》方可进行运输作业。

凡申请从事营业性道路危险货物运输的单位，及已取得营业性道路运输经营资格需增加危险货物运输经营项目的单位，均须按规定向当地县级道路运政管理机关提出书面申请，经地（市）级道路运政管理机关审核，符合本规定基本条件的，发给加盖道路危险货物运输专用章的《道路运输经营许可证》和《道路运输营运证》，方可经营道路危险货物运输。

（3）道路运输危险货物车辆的标志灯和标志牌　凡装运危险货物的车辆，必须按国家标准 GB 13392《道路运输危险货物车辆标志》悬挂规定的标志和标志灯。

标志灯包括灯体和安装件。标志灯灯体正面为等腰三角形状，由灯罩、安装底板或永磁体（A 型标志灯）、橡胶衬垫及紧固件构成。标志灯正、反面中间印有"危险"字样，侧面印有"!"，灯罩正面下沿中间嵌有标志灯编号牌。

A 型标志灯见图 10-2 和表 10-2。

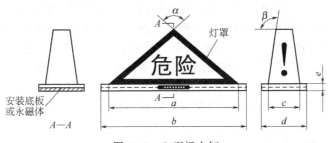

图 10-2　A 型标志灯

表 10-2　A 型标志灯尺寸

类 型	尺　寸						
	a/mm	b/mm	c/mm	d/mm	e/mm	α/(°)	β/(°)
A	400	440	100	140	22	100	100

3. 危险化学品铁路运输安全技术

1995 年由铁道部颁布，并于 1996 年 1 月 1 日起施行的《铁路危险货物运输管理规则》，对加强铁路运输危险化学品货物的管理提供了法律依据。

铁路危险货物运输实行托运人资质认证制度，办理铁路危险货物运输的托运人，应具有企业法人资格。在办理托运前，应按本规定取得《铁路危险货物托运人资格证书》（简称《资质证书》）。办理托运时，应向承运人出具《资质证书》，经承运人确认后方可受理运输。

铁道部运输局负责《资质证书》的监制和管理，委托铁路局危险货物主管部门具体受理托运人《资质证书》的申报、审核和发放工作。

托运人申报《资质证书》，应将本规定有关文件资料报发送站所在铁路分局危险货物运输主管部门登记核实，由铁路分局报铁路局主管部门审核。铁路局提出审核意见并将有关资料报铁道部。铁道部主管部门审核认定后，将批准的《资质证书》确认号以电报形式批复铁路局，由铁路局发放《资质证书》。《资质证书》确认号的编码方式及有关执行要求，由铁道部另行规定。

托运人申报《资质证书》，应具备以下基本条件：

①办理铁路危险货物运输的托运人，应是国家有关部门首批认定的具有企业法人资格的危险货物生产、贮存、使用和经营单位。

②危险货物生产单位应出具国务院质检部门颁发的危险化学品生产许可证。

③剧毒品和其他危险品的生产、贮存和经营单位，应出具省级人民政府经济贸易主管部门或社区的市级人民政府负责危险化学品安全监督管理综合工作部门颁发的经营许可证，以及同级人民政府工商管理部门核发的营业执照。

④托运人应有相应数量的技术管理人员和相对固定的铁路运输经办人员，应熟悉铁路危险货物运输业务和规定要求，并通过铁路危险货物运输知识考核认证，经办人必须执有铁路局发放的危险货物运输业务培训合格证书。

托运人办理铁路危险货物运输时，需出具《资质证书》、经办人身份证和铁路危险货物运输业务培训合格证书。并在铁路运单"托运人记载事项栏"内登记《资质证书》确认号、经办人身份证号和业务培训合格证号，并承诺对其向铁路提供的文件、有关货物资料及收货人资格的真实性、合法性负责，保证申报危险货物符合《资质证书》规定的范围。

4. 危险化学品水路运输安全技术

1996 年 11 月由原交通部颁布，并于 1996 年 12 月起施行的《水路危险货物运输规则》，为加强水路危险货物运输管理，保障运输安全提供了法律依据。要求水路运输危险货物有关托运人、承运人、作业委托人、港口经营者以及各有关单位和人员严格执行。

《水路危险货物运输规则》从包装和标志、托运、承运、装卸、贮存和交付、消防和泄漏处理等方面，规范了危险货物的水路运输的基本要求，并对内河运输危险化学品做出了明确的规定。

禁止利用内河以及其他封闭水域等航运渠道运输剧毒化学品以及国务院交通部门规定禁止运输的其他危险化学品。

利用内河以及其他封闭水域等航运渠道运输前款规定以外的危险化学品的，只能委托有危险化学品运输资质的水运企业承运，并按照国务院交通部门的规定办理手续，接受有关交通部门（港口部门、海事管理机构）的监督管理。

运输危险化学品的船舶及其配载的容器必须按照国家关于船舶检验的规范进行生产，并经海事管理机构认可的船舶检验机构检验合格，方可投入使用。

从事危险货物装卸的码头、泊位，必须符合国家有关安全规范要求，并征求海事管理机构的意见，经验收合格后，方可投入使用。

载运危险货物的船舶，必须持有经海事管理机构认可的船舶检验机构依法检验并颁发的危险货物港口作业认可证书，并按照国家有关危险货物运输的规定和安全技术规范进行配载和运输。

船舶装卸、过驳危险货物或者载运危险货物进、出港口，应当将危险货物的名称、特性、包装、装卸或者过驳的时间、地点以及进、出港时间等事项，事先报告海事管理机构和港口管理机构，经其同意后，方可进行装卸、过驳作业或者进、出港口；但是，定船、定线、订货的船舶可以定期报告。

载运危险货物的船舶，在航行、装卸或者停泊时，应当按照规定显示信号，其他船舶应当避让。

从事危险货物装卸的码头、泊位和载运危险货物的船舶，必须编制危险货物事故应急预案，并配备相应的应急救援设备和器材。

5. 危险化学品航空运输安全技术

2004 年 5 月由中国民用航空总局颁布，并于 2004 年 9 月 1 日起施行的《中国民用航空危险品运输管理规定》（CCAR—276），对民用航空危险品运输的安全管理，提供了法律依据。危险化学品属于危险品的管理范围。

危险品航空运输的基本要求如下：

① 使用民用航空器（以下简称航空器）载运危险品的运营人，应先行取得局方的危险品航空运输许可。

② 实施危险品航空运输应满足下列要求：

• 国际民用航空组织发布的现行有效的《危险品航空安全运输技术细则》（Doc9284—AN/905），包括经国际民用航空组织理事会批准和公布的补充材料和任何附录（以下简称技术细则）。

• 局方的危险品航空运输许可中的附加限制条件。

③ 中国民用航空总局（以下简称民航总局）对危险品航空运输活动实施监督管理；民航地区管理局依照授权，监督管理本辖区内的危险品航空运输活动。局方应当根据管理权限，对危险品航空运输活动进行监督检查。局方实施监督检查，不得妨碍被检查单位正常的生产经营活动，不得索取或者收受被许可人财物，不得谋取其他利益。

④ 从事航空运输活动的单位和个人应当接受局方关于危险品航空运输方面的监督检查，对违反规定的行为追究其法律责任。

（五）危险化学品经营的安全技术

1.《危险化学品安全管理条例》对危险化学品经营企业的有关规定

《危险化学品安全管理条例》（以下简称《条例》）第三章中对危险化学品的经营做了专门规定。

《条例》第二十七条规定：国家对危险化学品经营销售实行许可制度。未经许可，任何单位和个人不得经营销售危险化学品。

《条例》第二十九条明确了办理经营许可证的程序：

（1）申请　经营剧毒化学品和其他危险化学品的，应当分别向省、自治区、直辖市人民政府经济贸易管理部门或者设区的市级人民政府负责危险化学品安全监督管理综合工作的部门提出申请，并附送《条例》第二十八条规定的危险化学品经营企业必须具备条件的相关证明材料。

（2）审查　省、自治区、直辖市人民政府经济贸易管理部门或者设区的市级人民政府负责危险化学品安全监督管理综合工作的部门接到申请后，依照《条例》的规定对申请人提交的证明材料和经营场所进行审查。

（3）发证　经审查，符合条件的，颁发危险化学品经营许可证，并将颁发危险化学品经营许可证的情况通报同级公安部门和环境保护部门；对不符合条件的，书面通知申请人并说明理由。

（4）登记注册　申请人凭危险化学品经营许可证向工商行政管理部门办理登记注册手续。

为了加强危险化学品经营许可证的管理，国家经贸委依据《条例》颁布了《危险化学品经营许可证管理办法》，对经营许可证的种类、申请与审批、监督管理等做了详细规定。

《条例》第二十八条规定，危险化学品经营企业，必须具备下列条件：

① 经营场所和贮存设施符合国家标准。

② 主管人员和业务人员经过专业培训，并取得上岗资格。

③ 有健全的安全管理制度。

④ 符合法律、法规规定和国家标准要求的其他条件。

《条例》第三十条规定，经营危险化学品，不得有下列行为：从未取得危险化学品生产许可证或者危险化学品经营许可证的企业采购危险化学品；经营国家明令禁止的危险化学品和用剧毒化学品生产的灭鼠药以及其他可能进入人民日常生活的化学产品和日用化学品；销售没有化学品安全技术说明书和化学品安全标签的危险化学品。

《条例》第三十一条规定，危险化学品生产企业不得向未取得危险化学品经营许可证的单位或个人销售危险化学品。

《条例》第三十二条规定，危险化学品经营企业贮存危险化学品，应当遵守本条例第二章的有关规定。危险化学品商店内只能存放民用小包装的危险化学品，其总量不得超过国家规定的限量。

2.《危险化学品经营企业开业条件和技术要求》（GB 18265—2000）对经营场所和贮存设施的规定

① 危险化学品经营企业的经营场所应坐落在交通便利、便于疏散处。

② 危险化学品经营企业的经营场所的建筑物应符合 GB/J 16—2000 的要求。

③ 从事危险化学品批发业务的企业，应具备经县级以上（含县级）公安、消防部门批准的专用危险化学品仓库（自有或租用），所经营的危险化学品不得存放在业务经营场所。

④ 零售业务的店面应与繁华商业区或居住人口稠密区保持 500m 以上距离。

⑤ 零售业务的店面经营面积（不含库房）应不少于 60m²，其店面内不得设有生活

设施。

⑥ 零售业务的店面内只许存放民用小包装的危险化学品，其存放总质量不得超过 1t。

⑦ 零售业务的店面内危险化学品的摆放应布局合理，禁忌物料不能混放。综合性商场（含建材市场）所经营的危险化学品应有专柜存放。

⑧ 零售业务的店面与存放危险化学品的库房（或罩棚）应有实墙相隔；单一品种存放量不能超过 500kg，总质量不能超过 2t。

⑨ 零售店面备货库房应根据危险化学品的性质与禁忌分别采用隔离贮存、隔开贮存或分离贮存等不同方式进行贮存。

《危险化学品经营企业开业条件和技术要求》（GB 18265—2000）要求危险化学品经营企业的法定代表人或经理须经过国家授权部门的专业培训，取得合格证书方能从事经营活动。企业业务经营人员应通过国家授权部门的专业培训，取得合格证书方能上岗。

危险化学品经营企业要求有健全的安全管理制度。一般有危险化学品购销管理制度；剧毒物品购销管理制度；危险化学品经营手续环节交接责任管理制度；危险化学品运输管理制度；经营人员岗位责任制；商品贮存保管管理制度等。

《危险化学品经营企业开业条件和技术要求》（GB 18265—2000）规定了零售业务的范围，零售业务只许经营除爆炸品、放射性物品、剧毒物品以外的危险化学品。

① 零售业务的店面内显著位置应设有"禁止明火"等警示标志。

② 零售业务的店面内应放置有效的消防、急救安全设施。

③ 零售业务的店面备货库房应报公安、消防部门批准。

④ 运输危险化学品的车辆应专车专用，按照《条例》只能委托有危险化学品运输资质的运输企业承运并悬挂明显标志。

3. 剧毒品的经营

经营剧毒化学品的企业要申领经营许可证，经营剧毒品要设专人。

《危险化学品经营企业开业条件和技术要求》（GB 18265—2000）要求经营剧毒物品企业的人员，除要达到经国家授权部门的专业培训，取得合格证书方能上岗的条件外，还应经过县级以上（含县级）公安部门的专门培训取得合格证书方可上岗。

（1）剧毒化学品的销售规定　《条例》第三十三条规定：剧毒化学品经营企业销售剧毒化学品，应当记录购买单位的名称、地址和购买人员的姓名、身份证号码及所购剧毒化学品的品名、数量、用途。记录应当至少保存 1 年。

剧毒化学品经营企业应当每天核对剧毒化学品的销售情况；发现被盗、丢失、误售等情况时，必须立即向当地公安部门报告。

剧毒品的发运要按《条例》规定，委托有资质认定的运输企业进行运输。通过公路运输剧毒化学品的，托运人应当向目的地的县级人民政府公安部门申请办理"剧毒化学品公路运输通行证"。

办理剧毒化学品公路运输通行证时，托运人应当向公安部门提交有关危险化学品的品名、数量、运输始发地的和目的地、运输路线、运输单位、驾驶人员、押运人员、经营单位和购买单位资质情况的材料。

托运人托运危险化学品，应当向承运人说明运输的危险化学品的品名、数量、危害、应急措施等情况。

运输危险化学品需要添加抑制剂或者稳定剂的，托运人交付托运时应当添加抑制剂或者稳定剂，并告知承运人。

通过公路运输危险化学品，必须配备押运人员，并随时处于押运人员的监管之下，不得超装、超载，不得进入危险化学品运输车辆禁止通行的区域；确需进入禁止通行区域的，应事先向当地公安部门报告，由公安部门为其指定行车时间和路线，运输车辆必须遵守公安部门规定的行车时间和路线。

（2）购买剧毒化学品应遵守的规定　《条例》第三十四条规定，购买剧毒化学品，应当遵守下列规定：

① 生产、科研、医疗等单位经常使用剧毒化学品的，应当向设区的市级人民政府公安部门申请领取购买凭证，凭购买凭证购买。

② 单位临时需要购买剧毒化学品的，应当凭本单位出具的证明（注明品名、数量、用途）向设区的市级人民政府公安部门申请领取准购证，凭准购证购买。

③ 个人不得购买农药、灭鼠药、灭虫药以外的剧毒化学品。

剧毒化学品生产企业、经营企业不得向个人或者无购买凭证、准购证的单位销售剧毒化学品。不得伪造、变造、买卖、出借或者以其他方式转让剧毒化学品购买凭证、准购证，不得使用作废的剧毒化学品购买凭证、准购证。

剧毒化学品购买凭证、准购证的式样和具体申领办法由国务院公安部门制定。

（六）危险化学品的使用安全技术

一切危险化学品的生产最终都是为了使用。危险化学品的使用涉及众多的行业和人员。通常使用者对危险化学品性能的了解远不如生产、贮存、经营人员深透，危险化学品使用中的事故常源于"无知"或"知之甚少"。因此加强日常安全管理、严格控制使用程序、制定并演练应急措施、认真进行安全检查等都是十分必要的。

1. 《条例》对危险化学品安全使用的有关规定

《条例》在危险化学品安全使用方面的规定有：

① 任何单位和个人不得生产、经营、使用国家明令禁止的危险化学品，禁止用剧毒化学品生产灭鼠药以及其他可能进入人民日常生活的化学产品和日用化学品。

② 使用危险化学品从事生产的单位，其生产条件必须符合国家标准和国家有关规定，并依照国家有关法律、法规的规定取得相应的许可，必须建立、健全危险化学品使用的安全管理规章制度，保证危险化学品的安全使用和管理。

③ 生产、贮存、使用危险化学品的，应当根据危险化学品的种类、特性，在车间、库房等作业场所设置相应的监测、通风、防晒、调温、防火、灭火、防爆、泄压、防毒、消毒、中和、防潮、防雷、防静电、防腐、防渗漏、防护围堤或者隔离操作等安全设施、设备，并按照国家标准和国家有关规定进行维护、保养，保证符合安全运行要求。

④ 生产、贮存、使用剧毒化学品的单位，应当对本单位的生产、贮存装置每年进行一次安全评价；生产、贮存、使用其他危险化学品的单位，应当对本单位的生产、贮存装置每两年进行一次安全评价。

⑤ 危险化学品的生产、贮存、使用单位，应当在生产、贮存和使用场所设置通讯、报警装置，并保证在任何情况下处于正常适用状态。

⑥ 剧毒化学品的生产、贮存、使用单位，应当对剧毒化学品的产量、流向、贮存量和用途如实记录，并采取必要的保安措施，防止剧毒化学品被盗、丢失或者误售、误用；发现剧毒化学品被盗、丢失或者误售、误用时，必须立即向当地公安部门报告。

⑦ 危险化学品的生产、贮存、使用单位转产、停产、停业或者解散的，应当采取有效措施，处置危险化学品的生产或者贮存设备、库存产品及生产原料，不得留有事故隐患。处置方案应当报所在地设区的市级人民政府负责危险化学品安全监督管理综合工作的部门和同级环境保护部门、公安部门备案。负责危险化学品安全监督管理综合工作的部门应当对处置情况进行监督检查。

2. 化学品安全使用公约

随着经济全球化的发展，化学品安全使用成为国际性问题，有关国际组织为建立统一的国际化学品标准而积极工作。1990年国际劳工组织（RD）制定了《作业场所安全使用化学品公约》（即170公约）、《作业场所安全使用化学品建议书》（即177建议书），1993年制定了《预防重大工业事故公约》（即174号公约）、《预防重大工业事故实践守则（基本框架）》，规范世界各国安全使用化学品的行为，要求各国制定相应法规，预防重大事故的发生。

我国分别于1994年10月27日由全国人大常委会批准了170公约，于1992年8月27日由中国劳动部提交国务院批准了177建议书。170公约和174号公约的制定和在我国的执行，使我国化学品安全使用和管理具有国际法律依据，为我国进一步推进危险化学品的安全使用开创了新的篇章。实现危险化学品的安全使用，必须深入了解、掌握并贯彻执行这些公约。

3. 危险化学品使用登记制度

由国家经济贸易委员会于2002年10月颁布，2002年11月实行的《危险化学品登记管理办法》，为加强对危险化学品使用的安全管理，防范化学事故和应急救援技术及信息支持提供了法律依据。

《危险化学品登记管理办法》规定，凡在我国境内生产、贮存危险化学品的单位以及使用剧毒化学品和使用其他危险化学品数量构成重大危险源的，在工商行政管理机关进行了登记的法人或非法人单位单位，生产、使用、经营列入国家标准《危险货物品名表》（GB 12268）中的危险化学品，由国家安全生产监督管理局会同国务院公安、环境保护、卫生、质检、交通部门确定并公布的未列入《危险货物品名表》的其他危险化学品都必须进行使用登记。

4. 危险化学品使用安全措施

危险化学品使用安全措施包括预防各类使用事故的措施和实现使用安全的措施。前者属于被动措施，后者属于主动措施。

（1）危险化学品使用事故预防原则 在作业场所中，应对涉及危险化学品的使用进行严格控制。其目标是消除化学品危害或者尽可能降低其危害程度，以免危害工人，污染环境，引起火灾和爆炸等重大事故。

预防化学品引起的伤害以及火灾和爆炸的最理想的方式是在工作中不使用与上述危害有关的化学品，然而并不是总能做到这一点。因此，采取隔离危险源，实施有效的通风，或使用适当的个体防护用品等手段往往也是非常必要的。

通常采用操作控制的四条基本原则，从而有效地消除或降低化学品暴露，减少化学品引起的伤亡事故、火灾及爆炸。

因此，危险化学品使用事故预防的基本原则是：

① 取代。无毒取代有毒，低毒取代高毒。

② 隔离。密闭危险源或增大操作者与有害物之间的距离等。

③ 通风。用全面通风或局部通风手段排除或降低有害物如烟、气、气化物和雾气在空气中的浓度。

④ 使用个体防护用品。

（2）危险化学品使用程序控制 为了实现危险化学品的安全使用，必须实行与企业生产、销售、维修及质量控制等系统同样严谨的工作程序。这些工作程序的效果可以通过如下几方面反映：工作环境是否得到改善、工作场所事故及职业病是否有所降低、工人的健康是否得到保障等，这些方面的改善同时还将使得企业的生产率和利润均得到提高。

企业安全使用化学品的主要责任全在于管理人员。管理人员的重要工作是开发和贯彻一系列程序，通过严密和科学的操作程序实现化学品使用时的安全卫生方法和步骤，保证化学品使用的安全。

危险化学品使用程序控制的基本思想是：

① 管理人员应该知道企业中正在使用的所有化学品的数量和与之有关的危险性质。

② 工人应该知道他们在工作中使用的化学品的危险性，并应该接受一些必要的事故预防培训。

③ 工作场所的设计应该适应工人的需要，而不是使工人去适应工作场所。实现危险化学品使用程序控制首先要制定工作目标，其次要建立完整、严谨、可操作的工作程序。

（七）危险化学品的废弃处置安全技术

危险化学品具有易燃易爆、腐蚀、毒害等危险特性，如果对危险化学品及其废弃物管理、处置不当，不但会污染空气、水源和土壤，造成生态破坏，而且会对人体的安全与健康造成很大程度的危害。危险化学品处置按《条例》第二十四条规定：处置废弃危险化学品，应依照固体废物污染环境防治法和国家有关规定执行。

1. 废弃危险化学品处置的原则和基本原理

（1）废弃危险化学品处置原则 危险化学品废弃物的安全处置，必须遵循以下原则：

① 区别对待、分类处置、严格控制危险废物和放射性废物。

② 集中处置原则。对危险废弃物实行集中处置，不仅可以节约人力、物力、财力，有利于监督管理，也是有效控制乃至消除危险废物污染危害的重要形式和主要技术手段。

③ 无害化处置原则。危险废弃物最终处置原则是合理地、最大限度地将危害废物与生物圈相隔离，减少有毒有害物质释放进入环境的速度和总量，将其在长期处置过程中对人类和环境的影响减至最小程度。

（2）废弃危险化学品处置的基本原理 废弃危险化学品的处置，在设计上采用三道防护屏障组成的多重屏障原理。

① 废弃物的屏障系统。根据填埋的危险废物的性质进行预处理，包括固化或惰性化处理，以减轻废物的毒性或减少渗滤液中有害物质的浓度。

② 密封屏障系统。利用人为的工程措施将废物封闭，使废物渗滤液尽量少地突破密封屏障向外溢出。

③ 地质屏障系统。地质屏障系统包括场地的地质基础、外围和区域综合地质技术条件。

2. 废弃危险化学品处置方法

废弃危险化学品的处置，是指将废弃危险化学品焚烧和用其他改变其物理、化学、生物特性的方法，达到减少已产生的废物数量、缩小固体废物体积、减少或消除其危险成分的活动，或者将废弃危险物最终置于符合环境保护规定要求的场所或者设施并不再回收的活动。

废弃危险物处置办法主要有地质处置和海洋处置两大类。海洋处置包括深海投弃和海上焚烧。地质处置包括土地耕作、永久贮存或贮留地贮存、土地填埋、深井灌注和深地层处置等几种，其中应用最多的是土地填埋处置技术。海洋处置现已被国际公约禁止，但地质处置至今仍是世界各国最常采用的一种废物处置方法。

（1）固体废物的处置 危险废弃物的综合治理，在纵向上，要实行从生产到最终处置的全程管理体制，即"从摇篮到坟墓"的管理；在横向上要实现"减量化、资源化和无害化"的全面管理体制。

① 危险废弃物。使危险废弃物无害化采用的方法是使它们变成高度不溶性的物质，这就是固化、稳定化。

目前常用的固化、稳定化方法有：水泥固化、石灰固化、塑性材料固化、有机聚合物固化、自凝胶固化、熔融固化和陶瓷固化。

② 工业固体废弃物。工业固体废弃物是指在工业、交通等生产过程中产生的固体废物。

一般工业废弃物可以直接进入填埋场进行填埋。对于粒度很小的固体废物，为了防止填埋过程中引起粉尘污染，可装入编织袋后填埋。

（2）爆炸性物品的销毁 凡确认不能使用的爆炸性物品，必须予以销毁，在销毁以前应报告当地公安部门，选择适当的地点、时间及销毁方法。一般可采用以下4种方法：爆炸法、烧毁法、溶解法、化学分解法。

（3）有机过氧化物废弃物处理 有机过氧化物是一种易燃易爆品，其废弃物应从作业场所清除并销毁，销毁方法主要取决于该有机过氧化物的物化性质。根据其特性选择合适的方法处理，以免发生意外事故。处理方法主要有：分解、烧毁、填埋。

3. 危险化学品废物治理技术路线

危险化学品废物的特性决定了其收集、运输、利用、处理、存放、处置等各个环节都是污染源，必须实行从产生到最终处置的全面管理体制。因此，危险化学品废物污染防治的技术路线是：从危险化学品废物产生、收集、贮存、运输、综合利用、处理，到最终处置的全过程控制，重点废物进行特殊管理。

（1）从源头控制危险化学品废物污染，实现废物减量化 通过经济和政策措施鼓励企业进行清洁生产，尽可能防止和减少危险化学品废物的产生。企业需根据经济和技术发展水平，采用低废、少废、无废工艺，实施清洁生产。

（2）鼓励和促进危险化学品废物交换，为废物回收利用创造条件 在环保主管部门的监督和管理下，产生危险化学品废物的各地区、各企业要互通信息，充分利用危险化学品废物，实现其资源化。

（3）加强对危险化学品废物收集运输的管理，降低环境风险 危险化学品废物必须根据成分，采用专用容器进行分类收集，不得混合收集，并注意与综合利用和处理处置相结合。家庭产生的危险化学品废物需同垃圾的分类收集相结合，通过分类收集提高家庭危险化学品废物的回收利用和资源化。发展安全、高效的危险化学品废物运输系统，鼓励发展各种形式的密闭车辆。淘汰敞开式危险化学品废物运输车辆，减少运输过程中的二次污染和对环境的风险。

（4）鼓励危险化学品废物综合利用，实现其资源化 通过优惠政策鼓励危险化学品废物回收利用企业的发展和规模化，鼓励综合利用，避免处理和利用过程中的二次污染。对于大型危险化学品废物焚烧设施，必须进行余热的回收利用。

（5）发展危险化学品废物的焚烧处置，实现其减量化和资源化 危险化学品废物的焚烧处置目的是危险化学品废物的减量化和无害化，并回收利用其余热。焚烧处置适用于不能回收利用其有用组分、并具有一定热值的危险化学品废物。

危险化学品废物焚烧处理设施要将烟气排放作为一项关键指标，采取先进的技术手段进行严格的处理，使其稳定达到污染物控制标准要求后排放。焚烧产生的残渣、烟气处理产生的飞灰，按危险化学品废物进行安全填埋处置。

（6）建设危险化学品废物填埋处置设施，实现安全处置 安全填埋是危险化学品废物的最终处置方式。安全填埋处置适用于不能回收利用其有用组分、不能回收利用其能量的危险化学品废物，包括焚烧过程的残渣和飞灰。安全填埋场的规划、选址、建设和运营管理，要严格按照国家有关标准的要求执行。

（7）有效控制特殊危险化学品废物，减少环境污染 需建设专用医疗废物处理设施对医院临床废物进行处置。机动车用废铅酸电池必须进行回收利用，不允许利用其他办法进行处置。含多氯联苯废物因其毒性极大需集中在专用焚烧设施中进行处置。废矿物油需首先进行回收利用，残渣进行焚烧处置。

（8）提高危险化学品废物处理相关技术和装备研究和开发水平，推进其国产化　鼓励引进、消化、吸收国外先进技术，同时自行开发、发展危险化学品废物处理技术和装备。

复习思考题

1. 什么是工艺的本质安全设计？
2. 简述石油、化工生产的特点及其主要危险。
3. 防止化工装置发生火灾爆炸事故的工艺参数有哪些？
4. 分析蒸馏过程的主要危险及其危险控制要点有哪些方面？
5. 分析硝化反应的主要危险性及其危险控制要点是什么？
6. 动火作业有什么安全要求？
7. 化工装置的检修有哪些特点？
8. 化工装置停车检修有哪些安全要求？
9. 检修后开车有哪些安全规定？
10. 什么是化学腐蚀？常见的腐蚀类型有哪些？
11. 什么是电化学腐蚀？举例说明电化学腐蚀的机理。
12. 在化工生产中腐蚀有哪些危害？
13. 在化工生产中常用的防腐措施有哪些？
14. 简述罐内作业的安全要点。
15. 基本灭火方法有哪些？如何正确选用常用灭火剂？
16. 扑救危险化学品火灾有哪些基本安全要求？
17. 什么是危险化学品？危险化学品分为哪几大类型？
18. 简述危险化学品的危险特性及其主要危害。
19. 危险化学品生产单位的主要安全管理制度有哪些？
20. 危险化学品安全存贮的基本要求有哪些？
21. 危险化学品安全运输的基本安全要求有哪些？
22. 危险化学品包装的基本安全要求有哪些？
23. 处置危险化学品的基本安全要求有哪些？
24. 作业环境气体安全检测的内容包括哪些方面？
25. 简述危险化学品急性中毒的现场抢救措施。

参 考 文 献

[1] 全国注册安全工程师执业资格考试辅导教材编审委员会. 安全生产技术 [M]. 北京：煤炭工业出版社，2005.

[2] 全国注册安全工程师执业资格考试辅导教材编写组. 安全技术 [M]. 北京：中国大百科全书出版社，2006.

[3] 安全工程师实务手册编写组. 安全工程师实务手册 [M]. 北京：机械工业出版社，2006.

[4] 徐明，师祥洪，王来忠. 企业安全生产监督管理 [M]. 北京：中国石化出版社，2006.

[5] 钮英建，袁化临，杨泗霖. 安全生产技术 [M]. 北京：化学工业出版社，2006.

[6] 杨丰科，孟广华. 安全工程师基础教程——安全技术 [M]. 北京：化学工业出版社，2004.

[7] 中国安全生产科学研究院. 企业安全生产基本条件 [M]. 北京：化学工业出版社，2006.

[8] 陈宝智，王金波. 安全管理 [M]. 天津：天津大学出版社，1999.

[9] 张庆河. 电气与静电安全技术 [M]. 北京：中国石化出版社，2005.

[10] 杨泗霖. 防火与防爆 [M]. 北京：首都经济贸易大学出版社，2000.

[11] 袁化临. 起重与机械安全 [M]. 北京：首都经济贸易大学出版社，2000.

[12] 刘清方，吴孟娴. 锅炉压力容器安全 [M]. 北京：首都经济贸易大学出版社，2000.

[13] 杨有启，钮英建. 电气安全工程 [M]. 北京：首都经济贸易大学出版社，2000.

[14] 张庭祥. 通用机械 [M]. 北京：冶金工业出版社，2007.

[15] 金龙哲等. 金属非金属矿山主要负责人和安全管理人员培训教程 [M]. 北京：煤炭工业出版社，2007.

[16] 任轶蕾，马兰，骆中钊. 建筑工程施工安全常识 [M]. 北京：化学工业出版社，2006.

[17] 杜荣军. 建筑篙工安全手册 [M]. 北京：建筑工业出版社，2007.

[18] 崔克清，张礼敬，陶刚. 化工安全设计 [M]. 北京：化学工业出版社，2004.

[19] 崔克清，张礼敬，陶刚. 安全工程与科学导论 [M]. 北京：化学工业出版社，2004.

[20] 崔克清，陶刚. 化工工艺及安全 [M]. 北京：化学工业出版社，2004.

[21] 崔克清. 化工单元运行安全技术 [M]. 北京：化学工业出版社，2006.

[22] 蒋军成，虞汉华. 危险化学品安全技术与管理 [M]. 北京：化学工业出版社，2005.

[23] 刘景良. 化工安全技术 [M]. 北京，化学工业出版社，2003.

[24] 周忠元，陈桂琴. 化工安全技术与管理 [M]. 北京：化学工业出版社，2002.

[25] 朱宝轩. 化工安全技术. 第2版 [M]. 北京：化学工业出版社，2005.

[26] 孙连捷，张梦欣. 安全科学技术百科全书 [M]. 北京：中国劳动和社会保障出版社，2003.